高等职业教育“十四五”系列教材

高等职业教育土建类专业“互联网+”数字化创新教材

BIM技术基础教程
A Basic Instruction to BIM

贾廷柏　黄杨彬　曹珊珊　编著

中国建筑工业出版社

图书在版编目（CIP）数据

BIM技术基础教程 = A Basic Instruction to BIM / 贾廷柏，黄杨彬，曹珊珊编著. — 北京：中国建筑工业出版社，2022.9

高等职业教育“十四五”系列教材　高等职业教育土建类专业“互联网+”数字化创新教材

ISBN 978-7-112-27476-5

Ⅰ. ①B… Ⅱ. ①贾… ②黄… ③曹… Ⅲ. ①建筑设计-计算机辅助设计-应用软件-高等职业教育-教材

Ⅳ. ①TU201.4

中国版本图书馆CIP数据核字（2022）第097068号

本教材根据学习者的学习规律组织内容，从简单的“两间房”建模开始引入，然后建设一栋建筑物的建筑模型、结构模型、机电模型等，在基本掌握了Revit建模的能力后，再介绍BIM的概念、应用场景以及应用规范等。与国内很多BIM教材不同，本书将在读者掌握BIM概念及A系（Autodesk）BIM软件后，介绍B系（Bentley）BIM软件。在学习完成BIM概念、A系和B系软件后，介绍教育部“1+X”证书制度的BIM证书应用规范，使学习者的学习更能贴近实际应用场景。最后，从学习者角度介绍如何使用本教材和相关的资源进行远程开放学习，从教育者角度介绍如何使用教材和相关资源组织线上和线下学习。

为了更好地支持相应课程的教学，我们向采用本书作为教材的教师提供课件，有需要者可与出版社联系。

建工书院：http：//edu.cabplink.com

邮箱：jckj@cabp.com.cn　电话：（010）58337285

责任编辑：柏铭泽　陈　桦
责任校对：张　颖

高等职业教育“十四五”系列教材
高等职业教育土建类专业“互联网+”数字化创新教材
BIM技术基础教程
A Basic Instruction to BIM
贾廷柏　黄杨彬　曹珊珊　编著
*
中国建筑工业出版社出版、发行（北京海淀三里河路9号）
各地新华书店、建筑书店经销
北京鸿文瀚海文化传媒有限公司制版
河北鹏润印刷有限公司印刷
*
开本：787毫米×1092毫米　1/16　印张：23　字数：574千字
2022年9月第一版　2022年9月第一次印刷
定价：**69.00**元（赠教师课件）
ISBN 978-7-112-27476-5
（39640）

前　言

建构主义（Constructivism，J. Piaget）认为学习是学习者基于原有的知识经验“建构”出理解和意义的过程，这一过程在学习者与社会互动中逐步完成，通俗地说，学习是让知识和技能在大脑里逐步“长”出来，而不是“搭建”出来。“搭建”出来的知识很难应用到具体的场景，这也充分解释了一些高分低能现象，那是因为有些高分学习者“搭建”出的知识体系能够高分通过学习评估，但无法把知识体系在实际场景中应用。

学习者建构的过程需要有相应的支持服务，课堂、教材、视频、网络、实验室等都属于支持服务的手段。随着技术的进步，支持服务的手段不再单一，也不是各种单一手段的简单叠加，而是各种手段的多维度有机整合。我们尝试把文本教材、视频资料、开放教育资源和学习网站有机整合，进行同步建设，并设计在使用过程中根据学习者和BIM应用场景进行内容和学习模式的优化，形成可自我优化的智能化BIM学习集合。教材的内容从简单的“两间房”建模开始引入，然后建设一栋建筑物的建筑模型、结构模型、机电模型等，在基本掌握了Revit建模的能力后，再介绍BIM的概念、应用场景以及应用规范等。与国内很多BIM教材不同，本书将在读者掌握BIM概念及A系BIM软件Autodesk后，介绍B系BIM软件：Bentley。在学习完成BIM概念、A系和B系软件后，介绍教育部“1+X”证书制度的BIM证书应用规范，使学习者的学习过程更能贴近实际应用场景。最后，从学习者角度介绍如何使用本教材和相关的资源进行远程开放学习，从教育者角度介绍如何使用教材和相关资源组织线上和线下学习。

基于Linux开发的安卓系统在很多设备中都被使用，Linux是一种开源系统，也就是它的源代码是向所有人开放的，使用者可以使用系统，也可以优化并为系统作出贡献。开源思维也是共享思维，不仅在信息技术还在其他领域被广泛使用。开源思维的实质是在自我价值实现的同时为社会的进步作出贡献。在教育领域，应用开源思维进行教学和提供支持服务将有效促进学科内涵建设，提升学习的效率。编者在教学的互动中发现，从学习者的角度理解问题和教师的理解有一定差异，而且学习者的角度也会因为不同的年级、不同的区域而不同，因此，学生对课程的理解是本届或下一届的学生的优质学习资源。因此开设了公众号“亦说雅影”用于教学，把学生学习的过程做成图文、视频资源进行发布，并不断对内容进行优化。扫描书中二维码链接的一些视频资源都是组织学生录制并进行分享的。在编写教材的同时，还把资源放在Moodle交互教学平台上，教师可以通过平台组织学习，同时也可以把自己的教学经验和教学资源进行不断优化，如果愿意也可以分享给平台的其他用户，学习者可以在平台上获得适合自己学习习惯的学习资源，同时为平台的课程作出自己的贡献，与其他学习者分享。

在文本编写中，我们尽量以学习者的视角组织内容，采用类似于交流的形式，拉近读者与教材的距离，让读者更有兴趣阅读，并制作醒目的图标放在相应的位置进行提示及学习引导，使读者能够通过使用课本中相关的学习资源，用多维度的视角投入到学习中。这些图标分别是：

开放教育资源（Open Educational Resources，简称 OERs）这个术语是在 2002 年的一次联合国教科文组织会议上被采纳的，意思指通过信息与传播技术来建立教育资源的开放供给，用户为了非商业的目的可以参考、使用和修改这些资源。应用 OERs 进行学习，具有：节约时间、教学资源开发快、学习内容丰富、支持持续学习和深度学习，以及节约成本等优势。本书中各章节将提供使用开放教育资源的建议，并用此图标进行提示。

“学习成果（Learning Outcomes）”一词，被广泛应用于高等教育中，是指在完成特定教学环节的学习后，预期掌握的知识或者技能。成果到导向教育（Outcome Based Education，简称 OBE）的教育理念和“项目导入，任务驱动”的教学模式都基于学习成果，本书中各章节的具体学习成果要求将用此图标提示。

本书基于建构主义思想编写，读者基于已经掌握的知识和技能逐渐建构自己的体系，因此在最初的案例中，有些操作有更多的扩展使用说明，形成 BIM 学习的“Scaffolding”（脚手架）。此图标用于提示操作还有扩展，并在图标后给出在本文中的位置。

编者在教学过程发现学生一些经常碰到的问题并用此图片提示，且在图标后给出解决问题所在本教材中的位置。提出的问题本教材没有提及，可以在公众号的推文或后台中提出，我们进行共同探讨。

在一般学习中不会注意的，在主要知识介绍中没提及的，但对学习会有帮助的一些小经验，用此标志进行提示。

特别说明：考虑到版本兼容性，本书中的 Revit 案例演示采用 2018 版本，部分截图采用了 2021 版本，Bentley 的 OBD 采用 U8 版本。

本书由云南农业大学金永超和中建交通建设集团张坤审稿，贾廷柏负责本书的统稿，章节分工是：第 1 章 Revit 建筑建模，由贾廷柏编写；第 2 章 Revit 结构建模，由黄杨彬编写；第 3 章 Revit 机电建模，由赵家敏编写；第 4 章 BIM 技术的进阶，由曹珊珊编写；第 5 章 Bentley 入门，由刘亚基编写；第 6 章 OBD 使用，由贾廷柏编写；第 7 章“1+X”证书成果导向，由耿永红编写；第 8 章开放学习，由解运编写。感谢云南开放大学学生王应丽、胡伟、张涛、赵德洪、祝朝亮、文润，云南农业大学学生杨珀的共同努力，他们录制了部分配套视频，组织了部分文本，并对教材和平台进行应用测试。

目　录

第 1 章 Chapter 01

Revit建筑建模

BIM 的概念自 20 世纪 70 年代开始使用，是英文单词“Building Information Modeling”的缩写，Building 是动名词，应该理解为建设的过程，“Information”指的是信息，“Modeling”也是动名词可以理解为建设模型（简称建模），因此本教材对 BIM 的理解为建设信息建模。随着 BIM 技术的应用发展，M 从仅仅是建模扩展到管理（Management），BIM 技术贯穿到建设项目的规划、设计、施工、运维、清理等各个阶段，是多种软件的组合应用，在没有掌握任何 BIM 应用软件的情况下，很难对 BIM 的概念进行全面地理解。本章将从简单的模型建设开始，逐步使读者掌握目前应用最为广泛的建模软件：Revit 进行模型的建设。在第 5 章中将详细介绍 BIM 的概念及相关的应用，避免使读者产生“BIM 就是 Revit，BIM 就是建模”般片面的理解。

1.1 导入：两间房建模

Revit 软件是多数人了解 BIM 技术最开始使用的软件，本教材开篇还是从 Revit 软件入手，继而再进一步介绍其他软件。对于软件学习类的教材，普遍从界面和指令开始逐一讲述，这样容易导致学习者通过一段时间的学习，仍然是“只见树木，不见森林”，不知道软件呈现出怎样的结果，从而逐渐失去学习的耐心和兴趣。本节通过一个简单两间房（图 1-1）的建模，使学习者快速了解 Revit 的常用操作，并呈现出建模的可视化效果，提升学习兴趣。

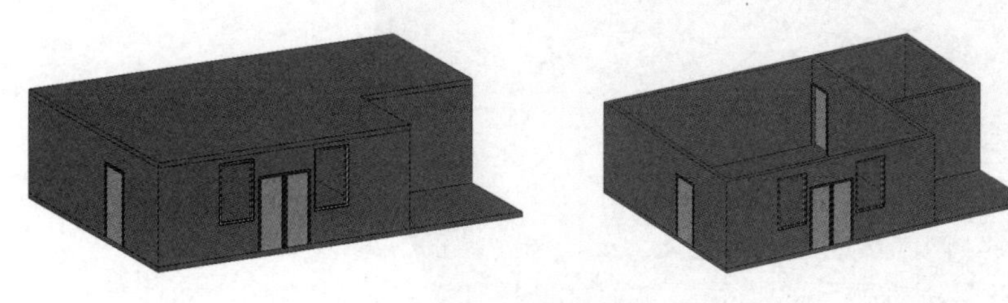

图 1-1　两间房模型

	①用 Revit 新建一个文件； ②设置标高； ③添加构件(轴网、墙、门、窗、楼板)。
	辅助学习视频链接： 

1.1.1 用 Revit 新建一个文件

在主页的“模型”下，单击“新建建筑样板”，如图 1-2 所示。

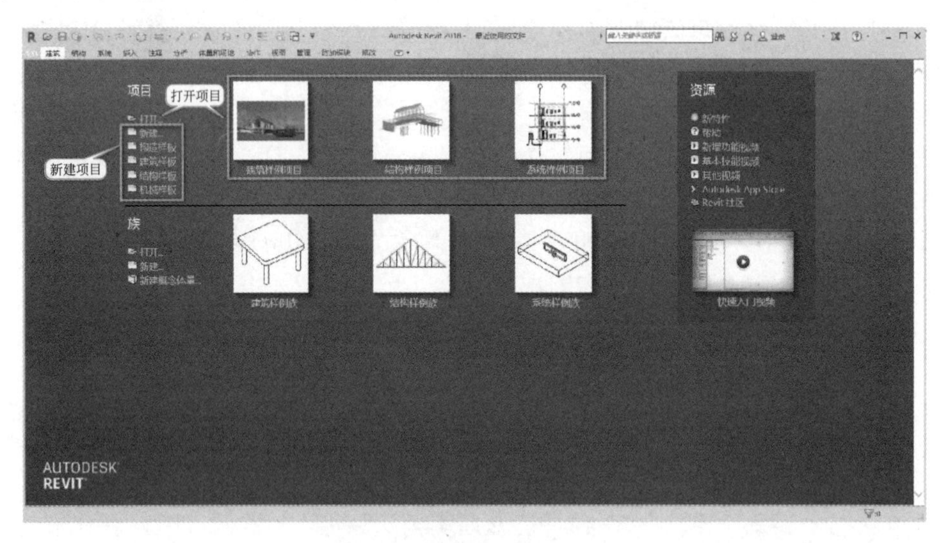

图 1-2 新建项目方法（一）

或者，从功能区依次单击“文件”选项卡→“新建”→（项目），然后选择“建筑样板”如图 1-3 所示（按照图中的①到⑥的序号顺序操作）。

新建完成一个项目后，把新建的项目存为扩展名为“. rvt”的项目文件，如图 1-4 所示（按照图中的①到⑤的序号顺序操作）。

1.1.2 设置标高 参见：第 1.4.4 节

从完成的模型看，两间房有两个标高：一是地坪，二是屋顶面。在项目新建完成后，开始设置标高，两间房的层高设定为 3m，标高设置的具体操作如下：

1. 在“项目浏览器”的“立面”下，选择任意视图从而在绘图区域中打开相应视图面。项目样板中已经默认设立了两个标高（初始标高符在部分样板为三角和部分样板中为圆，图 1-5）。

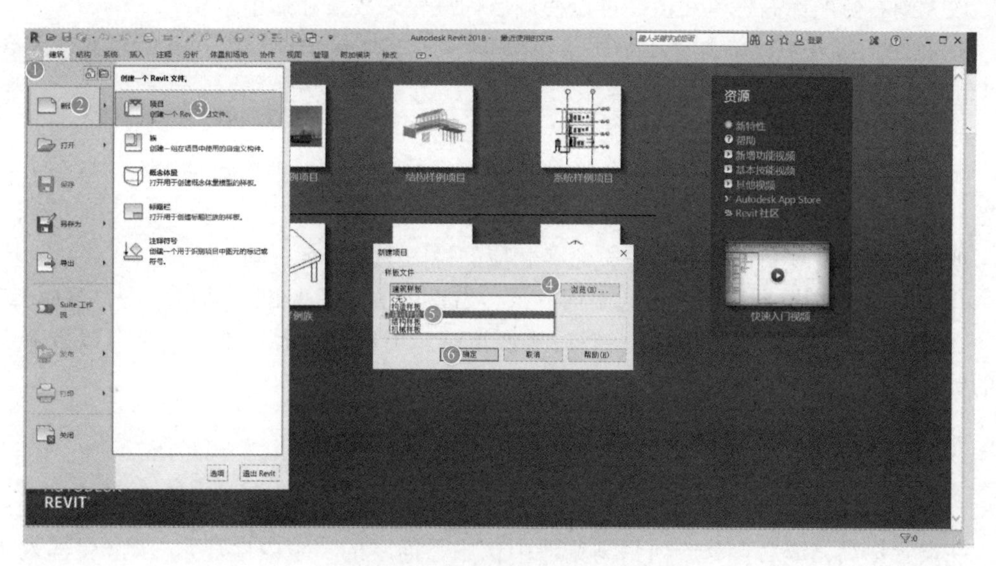

图 1-3　新建项目方法（二）

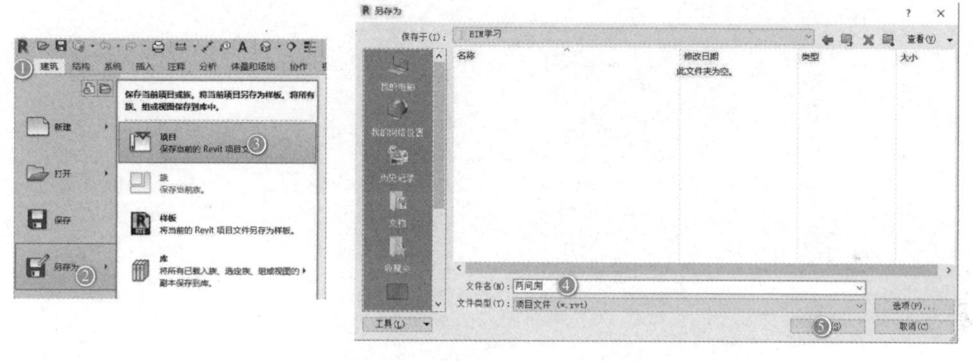

图 1-4　文件另存为“. rvt”文件

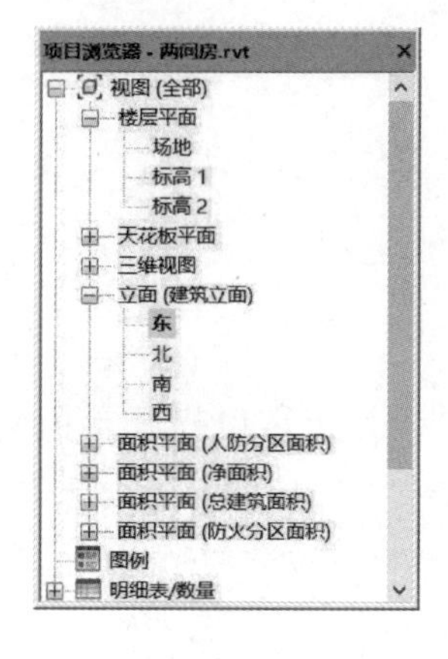

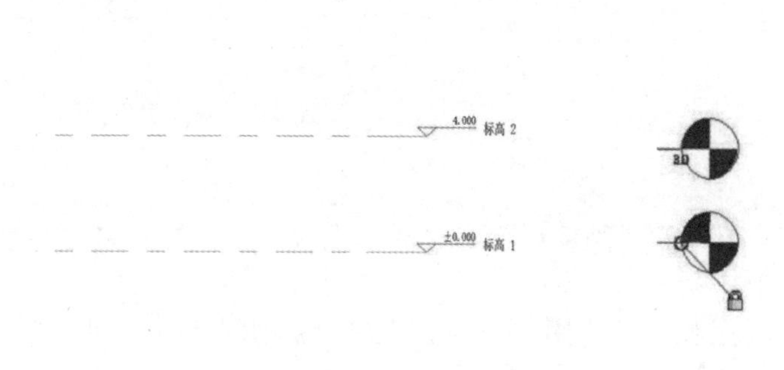

图 1-5　设置标高

放大到右侧的标高标签和值。可以使用鼠标滚轮来放大和缩小。

2. 在绘图区域中，单击“4.000”的值，输入“3”，单击空白处，此时层高已经设置为 3m。

3. 单击“标高 1”的标签，然后输入“室内地坪”。

单击标签的外侧以保存所作的修改。出现提示时，单击“是”以使 Revit 重命名相应视图。

或者可以在“项目浏览器”中重命名相应的视图来重命名标高。

4. 在“项目浏览器”的“楼层平面”下，右键单击“标高 2”，然后单击“重命名”。

在“名称”中，输入“屋面”，然后按回车键。出现提示时，单击“是”以重命名相应的标高和视图。

1.1.3 添加构件

在设置标高完成后，双击项目浏览器中楼层平面下的“室内地坪”，双击后进入“室内地坪”的平面，添加轴、墙、门、窗、楼板等构件，就完成了两间房的模型建设。两间房的平面图如图 1-6 所示。

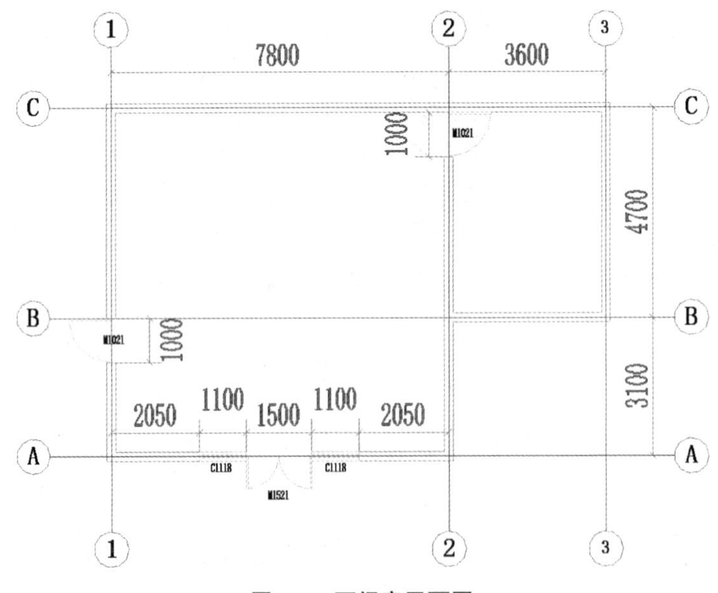

图 1-6 两间房平面图

1. 绘制轴网

在“项目浏览器”的“楼层平面”下，双击“室内地坪”，在主窗口开始添加构件（图 1-7）。

用 CAD 绘制建筑图纸首先要绘制轴网，Revit 也一样，但绘制的方法简单很多，按照以下步骤：

1）在功能区上，单击（轴网）。

“建筑”选项卡→“基准”面板→（轴网）

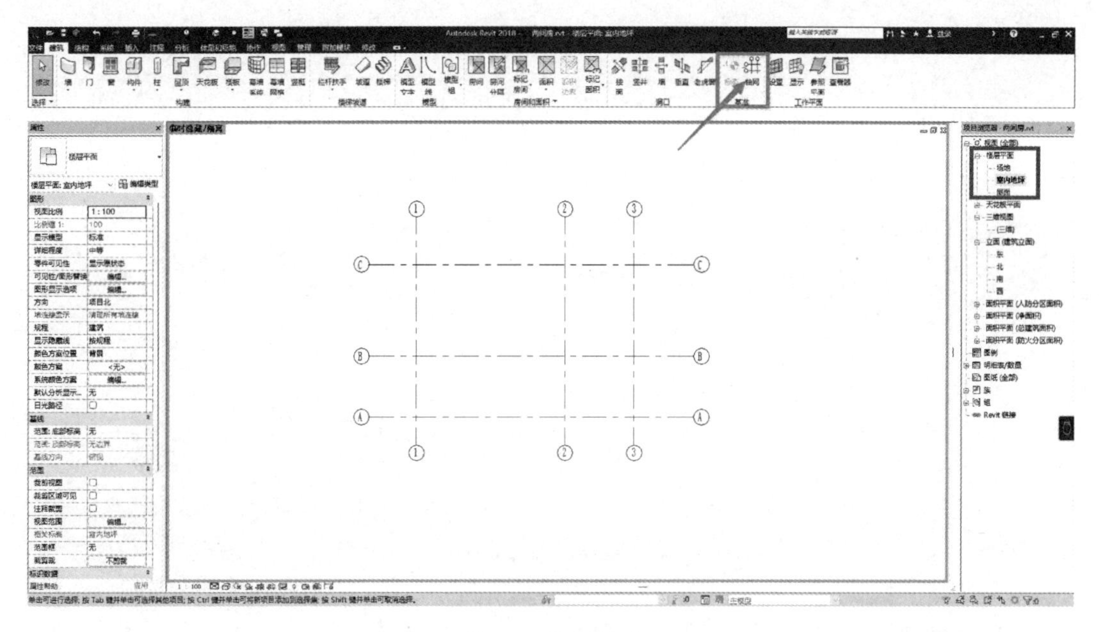

图 1-7　绘制轴网

轴网不仅有直线，其他形状的线型查看详解。 参见：第 1.4.6 节

2）在初始点单击鼠标，当轴线达到正确的长度时再次单击鼠标。

Revit 会自动为每个轴线编号。要修改轴线编号，请单击编号，输入新值，然后按回车键。可以使用字母作为轴线的值。如果您将第一个轴线编号修改为字母，则随后绘制的轴线将从前一个字母开始顺序自动编号。

当绘制轴线时，可以让各轴线的头部和尾部相互对齐。如果轴线是对齐的，则选择该线时会出现一个锁以指明对齐。如果移动轴网的范围，则所有对齐的轴线都会随之移动。

3）绘制其他轴线

在绘制第二条轴线时，鼠标靠近第一条轴线会出现距离第一轴线的距离数值，当数值达到要求时可以绘制第二条轴线（图 1-8a），也可以直接在这时输入距离的数值（图 1-8b），也可以如辅助学习视频中介绍的方法复制其他轴线。

在绘制轴网时，会出现轴网中间的线看不见，需要设置轴网的一些参数。参见：第 1.4.6 节

2. 绘制墙　参见：第 1.4.10 节

完成轴网的绘制后，还是在室内地坪楼层的平面视图，在已经完成的轴网基础上绘制墙，进行如下操作步骤：

1）单击“建筑”选项卡→“构建”面板→墙，如图 1-9（a）所示。

2）单击“修改｜放置墙”选项卡→“绘制”面板→（线），如图 1-9（b）所示。

3）在绘图区域绘制如图 1-10（a）所示的墙。

注：使用鼠标滚轮来放大和缩小，或在放置墙时进行平移。

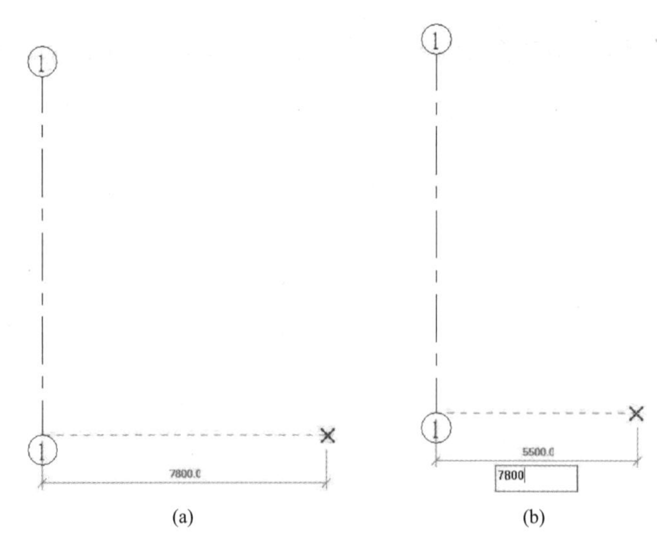

图 1-8 添加轴线

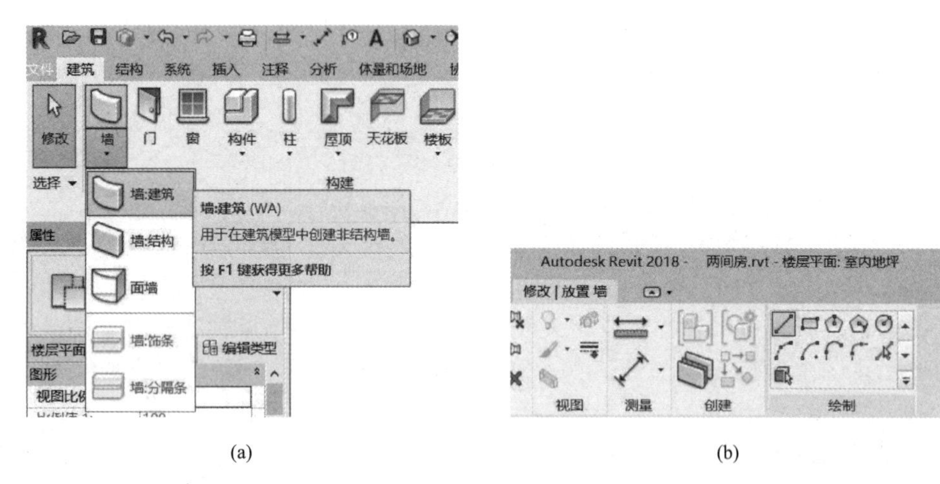

图 1-9 添加墙

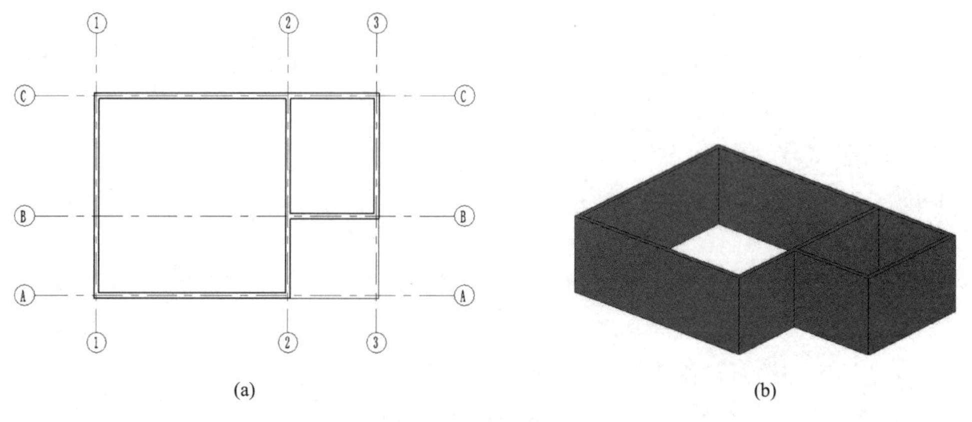

图 1-10 墙绘制完成

按 Esc 键，即可退出“墙”工具。

4）单击“视图”选项卡→“创建”面板→（默认三维视图）。可以看到已经绘制完成如图 1-10（b）所示的墙体的三维图。

注：同时按下 Shift 键和鼠标滚轮键并移动鼠标，可以旋转查看三维视图，也可以点击或者拖动绘图区域右上方的图标旋转。

（1）不要着急在墙上留下门窗的位置，绘制门窗时，系统会自动根据门窗的尺寸开洞。

（2）Autodesk 的软件包括 AutoCAD 提供人性化的帮助服务，当鼠标停留在相应操作按钮时间稍长，会有帮助提示怎么操作，有时是动画。在鼠标在“建筑墙”上停留，就出现建筑墙的介绍，如图 1-11 所示。可以尝试其他操作的演示和说明。

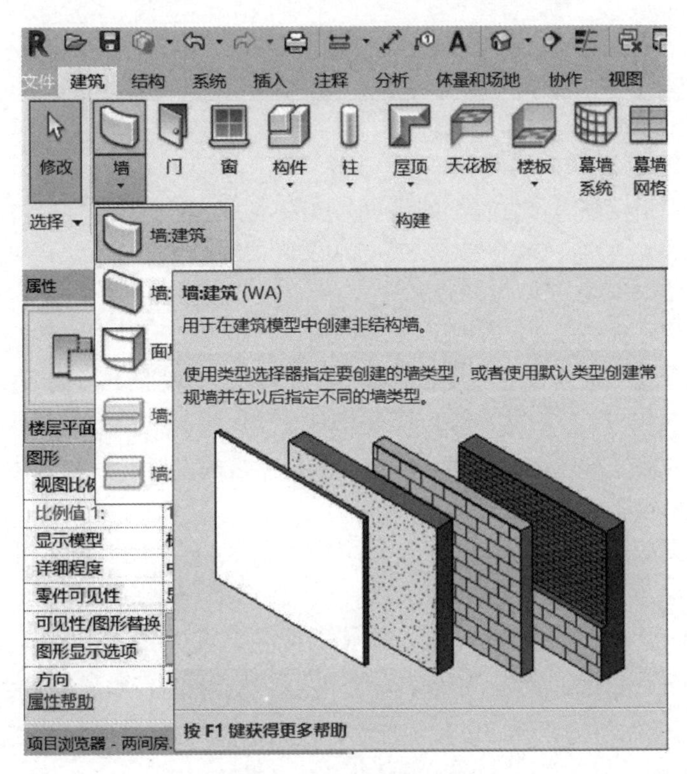

图 1-11　建筑墙的介绍

3. 绘制门、窗 *参见：第 1.4.14 节*

完成墙的绘制后，回到室内地坪楼层的平面视图，接下来就是往墙上添加门、窗。使用“门”或“窗”工具在建筑模型的墙中放置门窗。洞口将自动剪切进墙以容纳。添加门、窗的操作如下：

1）单击“建筑”选项卡→“构建”面板→（门）。

2）将光标移到墙上以显示门的预览图像（图 1-12a）。

在平面视图中放置门时，按空格键可将开门方向从左开翻转为右开。要翻转门面（使其向内开或向外开），请相应地将光标移到靠近内墙边缘或外墙边缘的位置。

默认情况下，临时尺寸标注指示从门中心线到最近垂直墙的中心线的距离。

3）预览图像位于墙上所需位置时，单击以放置门（图 1-12b）。

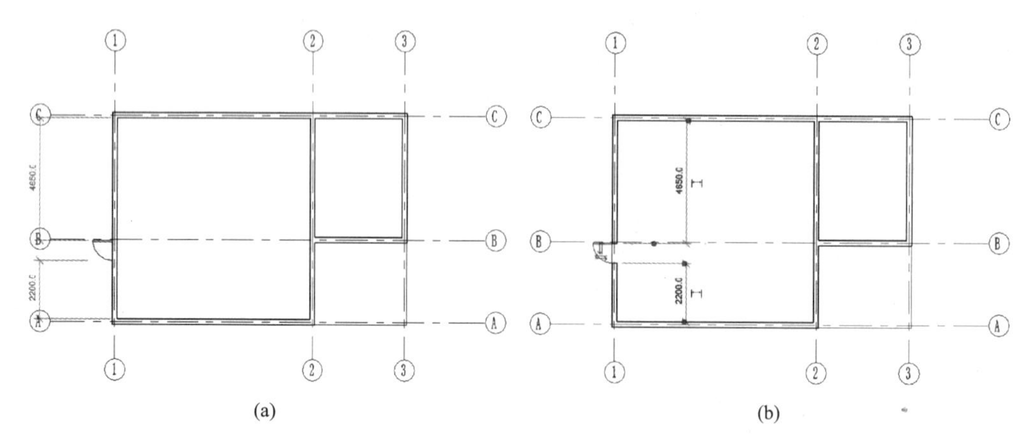

图 1-12　添加门

临时尺寸标注设置：

在设计中可以指定临时尺寸标注的显示和放置，可以将临时尺寸标注设置为：

① 从墙中心线、墙面、核心层中心或核心层表面开始测量；

② 从门和窗的中心线或洞口开始测量。

要指定临时尺寸标注设置，请执行下列操作：

（1）单击“管理”选项卡→“设置”面板→“其他设置”下拉列表→（临时尺寸标注）。

（2）从“临时尺寸标注属性”对话框中，选择适当的设置。

（3）单击“确定”。

4）图纸中的双开门类型与“类型选择器”中显示的门类型不同，可以从下拉列表中选择其他类型。

要从 Revit 库中载入其他门、窗、家具等族类型 *参见：第 1.3.1 节*，请单击选项卡“模式”面板“载入族”，定位到族文件夹，然后打开所需的族文件（图 1-13）。

5）添加窗的操作与门类似，在此不赘述，只需把操作对象换成“窗”。

4. 绘制楼板

进入三维视图看看，基本构件已经添加完成，现在只需要最后一步：添加楼板。可以看到，模型中有顶板和底板，绘制楼板操作步骤是一样的，绘制的形状不一样。在项目浏览器中选择“屋面”楼层，开始绘制顶板：

1）单击“建筑”选项卡→“构建”面板→“楼板”下拉列表→（楼板：建筑），如图 1-14（a）所示。

2）使用以下方法之一绘制楼板边界，如图 1-14（b）所示：

拾取墙：默认情况下，“拾取墙”处于活动状态。如果它不处于活动状态，请单击“修改｜创建楼层边界”选项卡→“绘制”面板→（拾取墙）。在绘图区域中选择要用

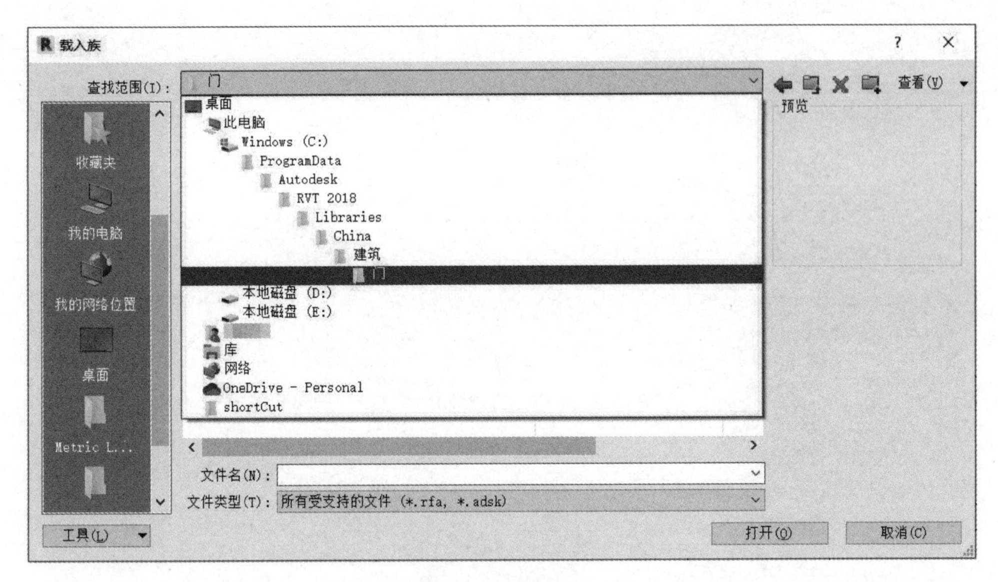

图 1-13　载入族

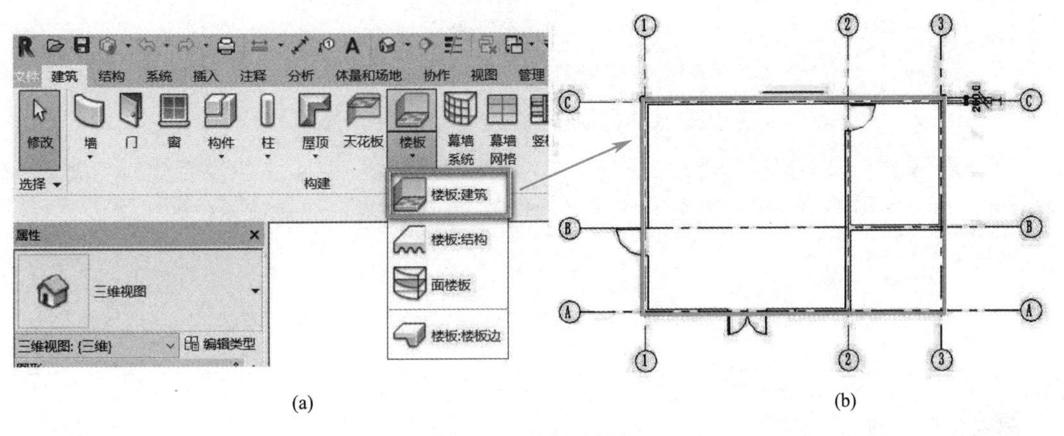

图 1-14　绘制楼板

作楼板边界的墙。

绘制边界：要绘制楼板的轮廓，请单击“修改｜创建楼层边界”选项卡→“绘制”面板，然后选择绘制工具。

楼层边界必须为闭合环（轮廓）。要在楼板上开洞，可以在需要开洞的位置绘制另一个闭合环。

3）在选项栏上，指定楼板边缘的偏移作为“偏移”。

注：使用“拾取墙”时，可选择“延伸到墙中（至核心层）”测量到墙核心层之间的偏移。

4）单击✔（完成编辑模式，图 1-15a）。

5）在项目浏览器中选择“室内地坪”楼层，用同样的方法绘制底板，如图 1-15（b）所示。

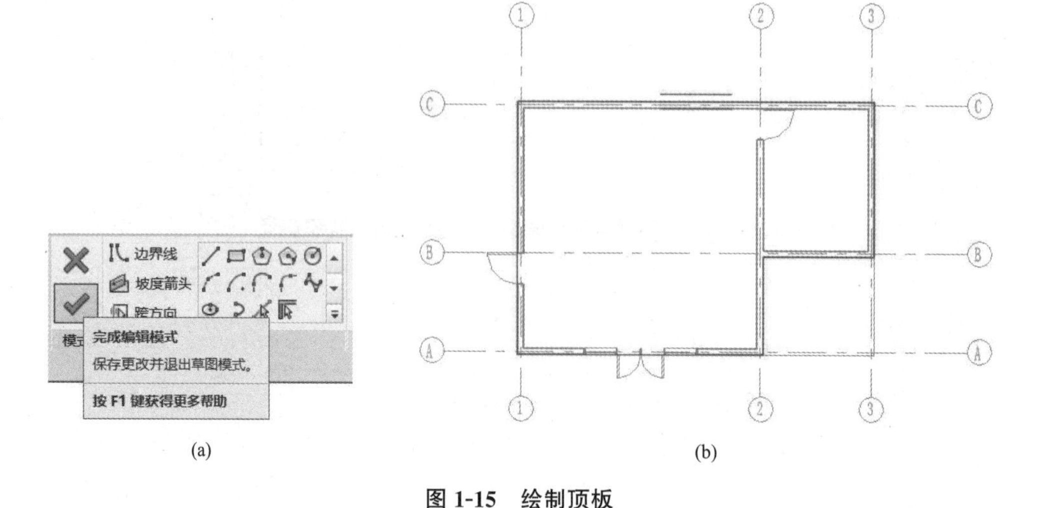

(a)　　(b)

图 1-15　绘制顶板

1.2 建筑建模任务用例

两间房案例虽然简单，就是用 Revit 建模的基本流程，但实际建模当然没有那么简单，如下以“1+X”考试的案例，通过学习建设一个小别墅了解建筑建模的主要内容。

1.2.1　小别墅案例

Learning Outcomes	①建筑图纸的解读； ②设置建模环境； ③用 Revit 进行参数化建模； ④对模型进行输出。
Open Educational Resources	①辅助学习视频链接： ②小别墅模型(Revit2018 以上版本打开，见本书数字资源)

用 Revit 建设小别墅模型（注：参考“1+X”建筑信息模型（BIM）职业技能等级考试初级 2021 年第六期实操题第一题），主要建筑构件参数：

1. BIM 建模环境设置

设置项目信息如下：

项目发布日期：2021 年 11 月 27 日；

项目名称：别墅；

项目地址：中国重庆市。

2. BIM 参数化建模

1）根据给出的图纸创建标高、轴网、柱、墙、门、窗、楼板、屋顶、台阶、散水、楼梯等，栏杆尺寸及类型自定，未标明尺寸不做要求。

2）主要建筑构件参数要求如下：

外墙：240mm，10mm 厚灰色涂料（外部）、220mm 厚混凝土砌块、10mm 厚白色涂料（内部）；

内墙：240mm，10mm 厚白色涂料、220mm 厚混凝土砌块、10mm 厚白色涂料；

楼板：150mm 厚混凝土；

一楼底板：450mm 厚混凝土；

屋顶：100mm 厚混凝土；

散水：800mm 宽混凝土；

柱子：240mm×240mm 混凝土。

门窗：表 1-1 的尺寸完成，窗台底的高度见立面图。

3. 创建图纸

1）创建门窗明细表，门明细表要求包含：类型标记、宽度、高度、合计字段。窗明细表要求包含：类型标记、底高度、宽度、高度、合计字段。门窗明细表均计算总数。

2）创建项目一层平面图，创建 A3 图纸，将一层平面图插入，并将视图比例调整为 1∶100。

4. 模型渲染

对建筑的三维模型进行渲染，质量设置：中，背景为“天空。少云”，照明方案为“室外：日光和人造光”，其他未标明选项不做要求，并将渲染结果以“别墅渲染 .JPG”为文件名保存至本题文件夹中。

5. 模型文件管理

将模型文件命名为“别墅＋考生姓名”，并保存项目文件。

门窗表 **表 1-1**

类型	设计编号	洞口尺寸(mm)	数量
单扇木门	M0721	700×2100	1
单扇木门	M0921	900×2100	6
双扇木门	M1521	1500×2100	1
双扇推拉门	TLM1521	1500×2100	3
固定窗	C0610	600×1000	1
双扇推拉窗	C1518	1500×1800	6
组合窗	C2418	2400×1800	3

案例图纸如图 1-16 至图 1-21 所示。

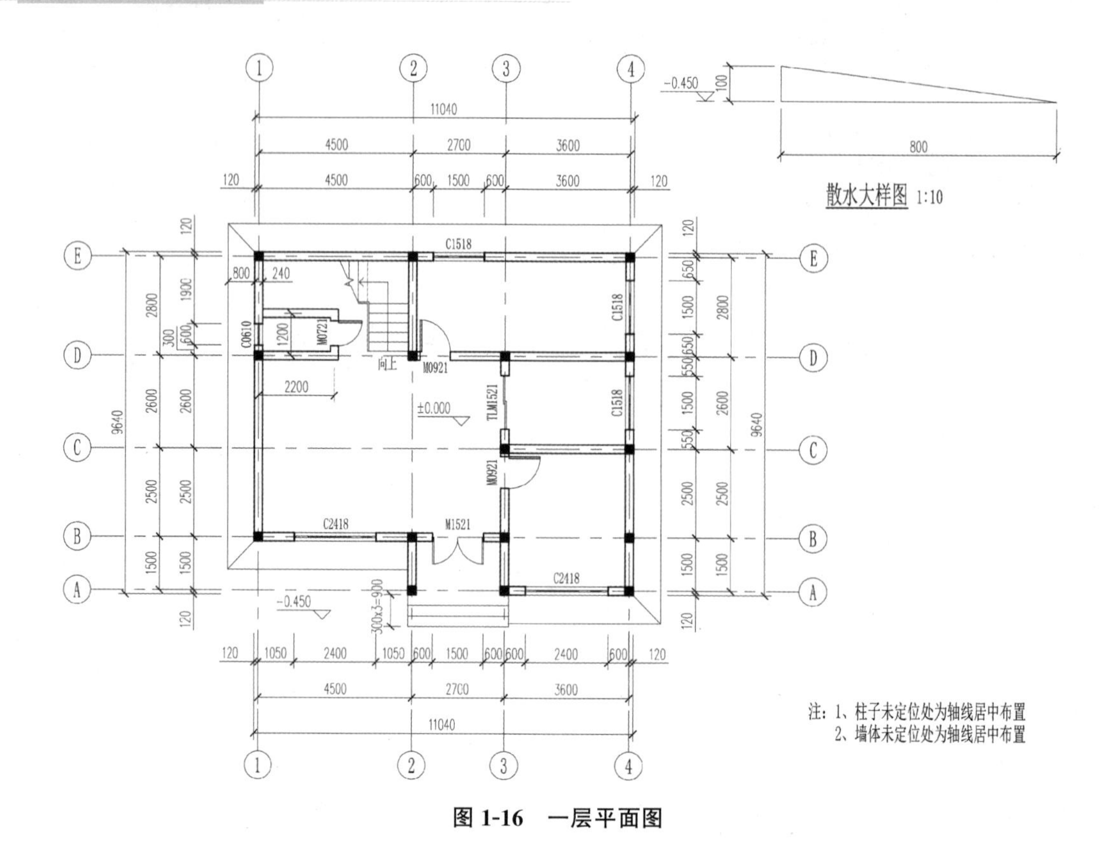

图 1-16　一层平面图

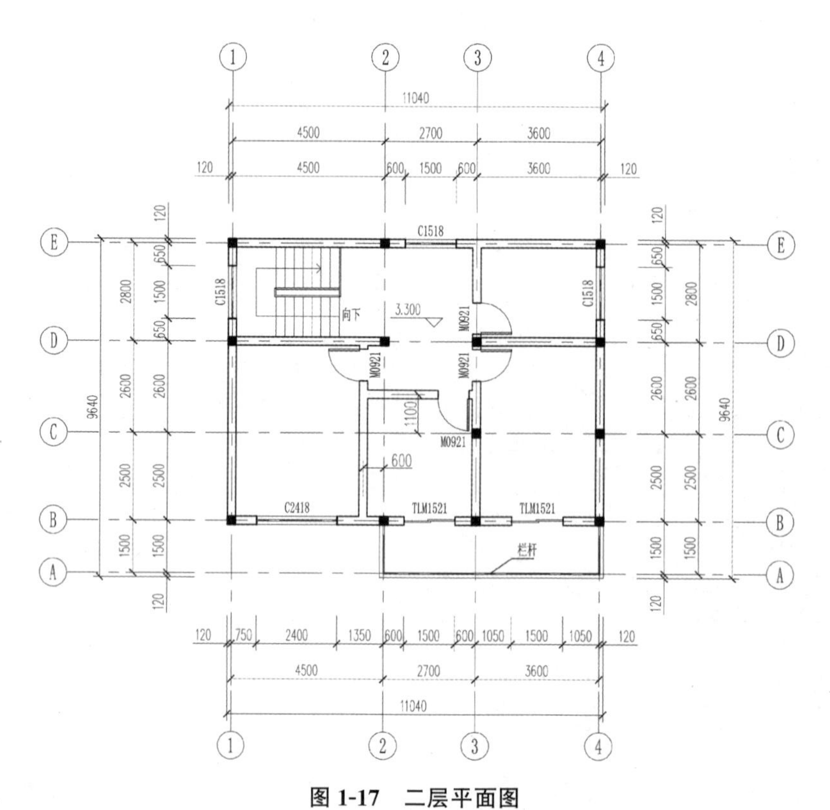

图 1-17　二层平面图

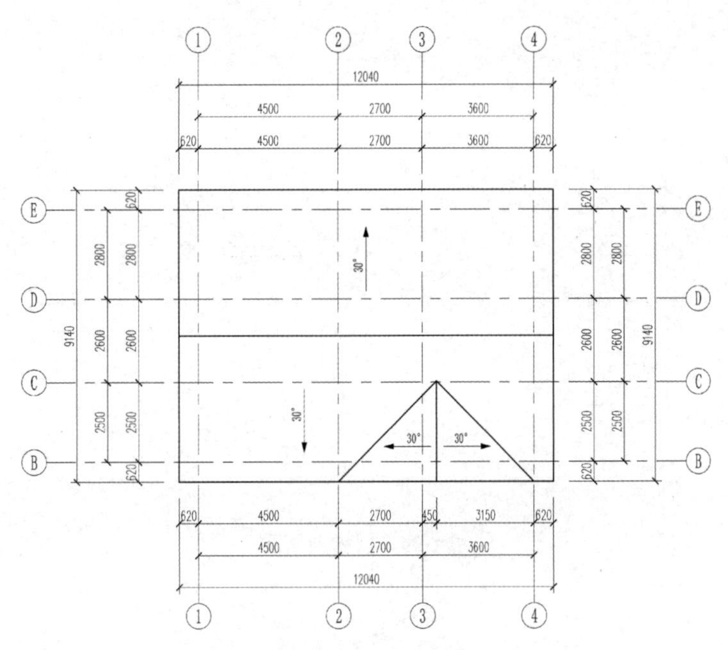

图 1-18　屋顶平面图

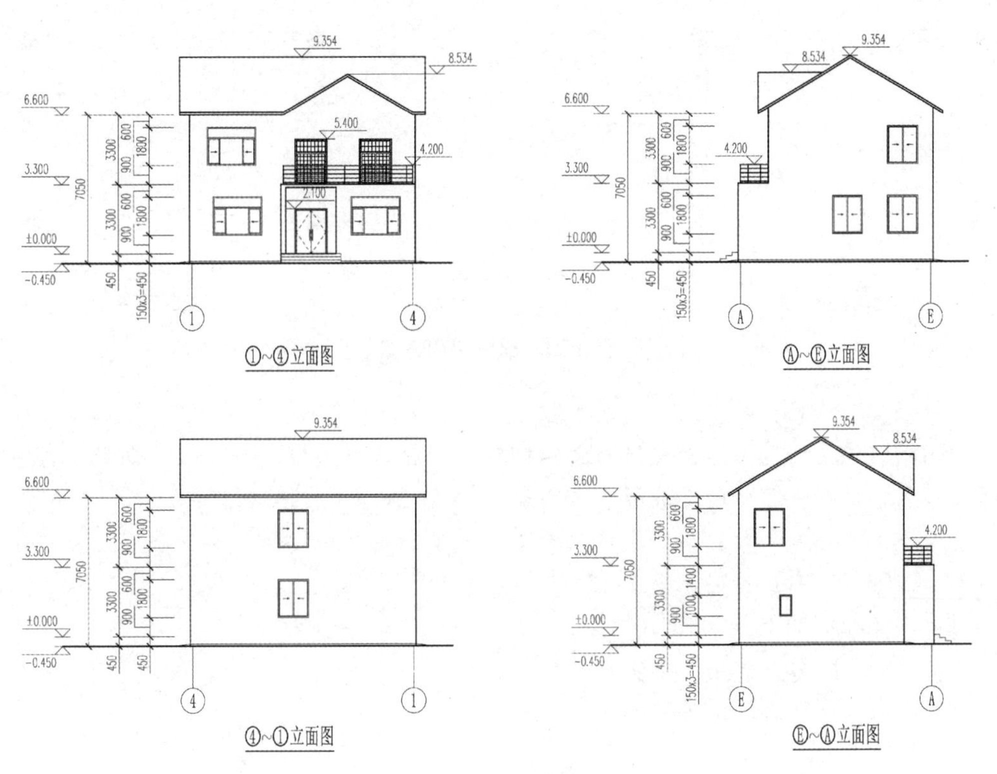

图 1-19　立面图

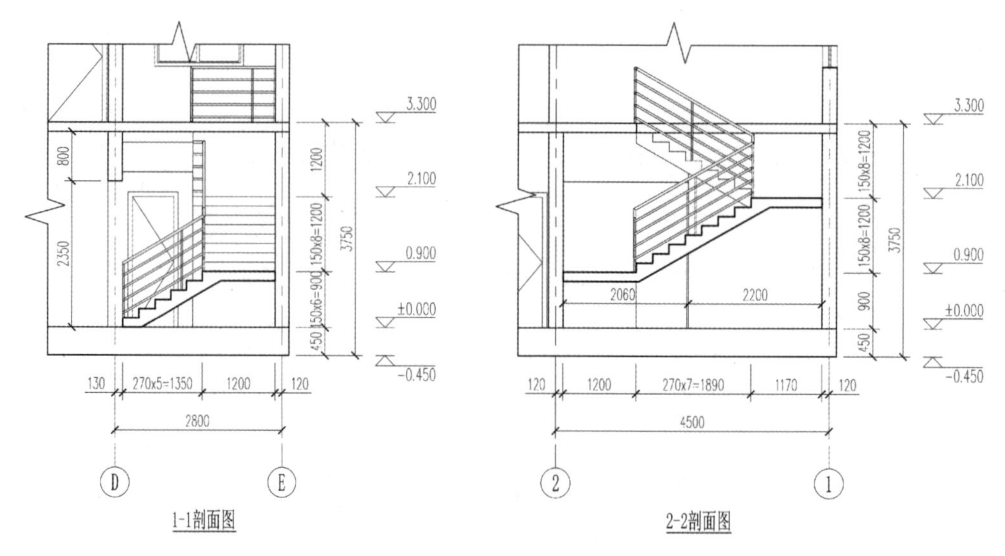

图 1-20　楼梯剖面图

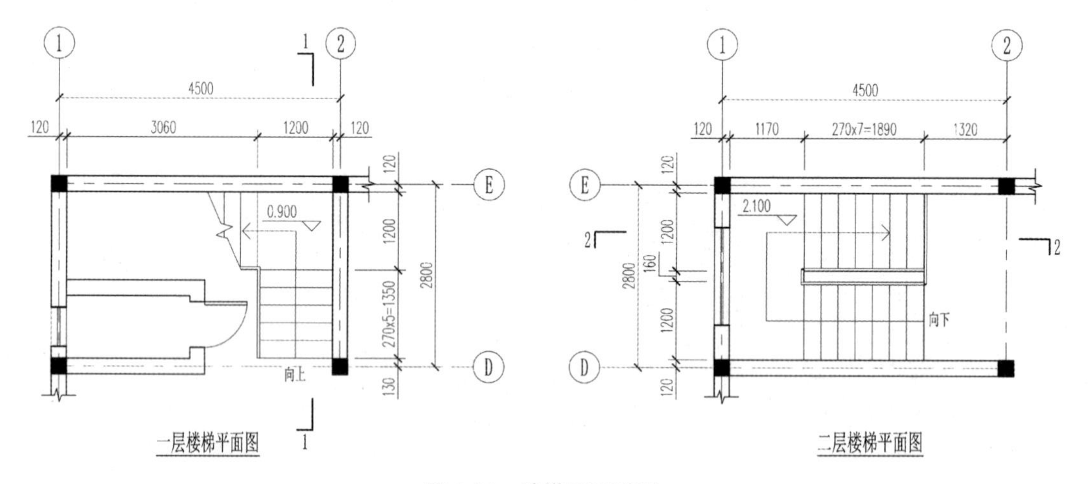

图 1-21　楼梯平面详图

6. 新建项目 *参见：第 1.4.1 节*

单击新建项目→选择样板文件（建筑样板）→新建（项目）→输入“别墅+考生名”作为文件名，选择存储→地址确定。

7. 设置项目信息 *参见：第 1.4.3 节*

8. 绘制标高 *参见：第 1.4.4 节*

标高绘制完成如图 1-22 所示：

9. 绘制轴网 *参见：第 1.4.5 节*

轴网绘制完成如图 1-23 所示：

10. 绘制一层

1）绘制墙 *参见：第 1.4.9 节*

设置外墙如图 1-24 所示。

图 1-22　小别墅标高

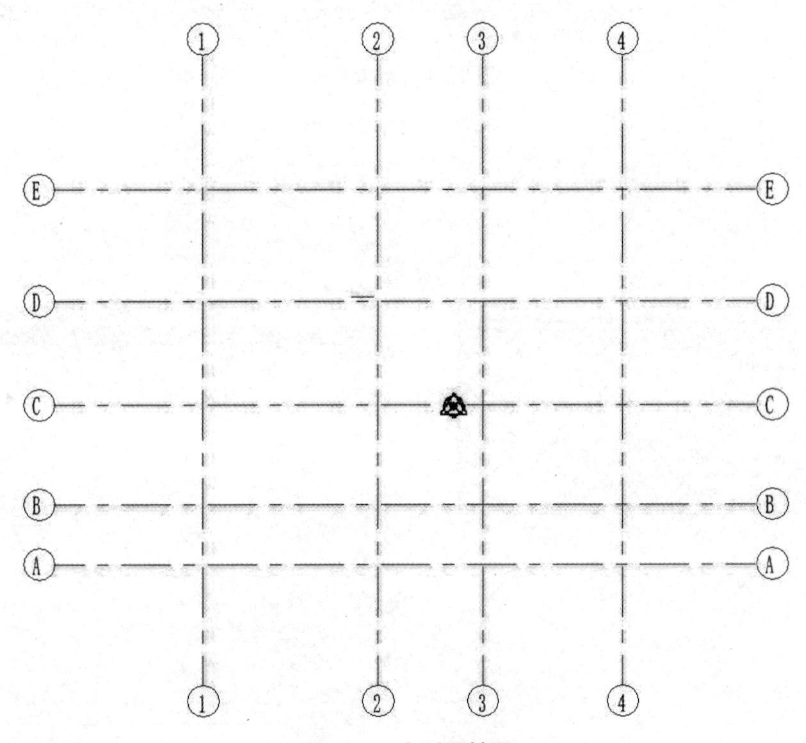

图 1-23　小别墅轴网

设置内墙如图 1-25 所示。

一楼绘制完成如图 1-26 所示。

2）绘制柱 参见：第 1.4.6 节

3）绘制门窗 参见：第 1.4.13 节

4）创建板 参见：第 1.4.11 节

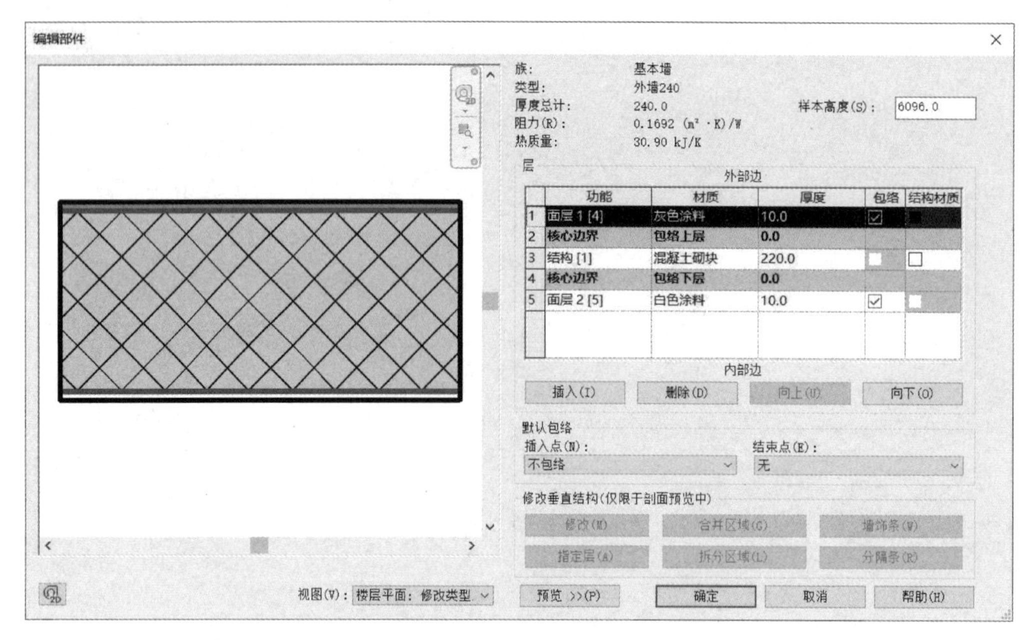

图 1-24 外墙设置

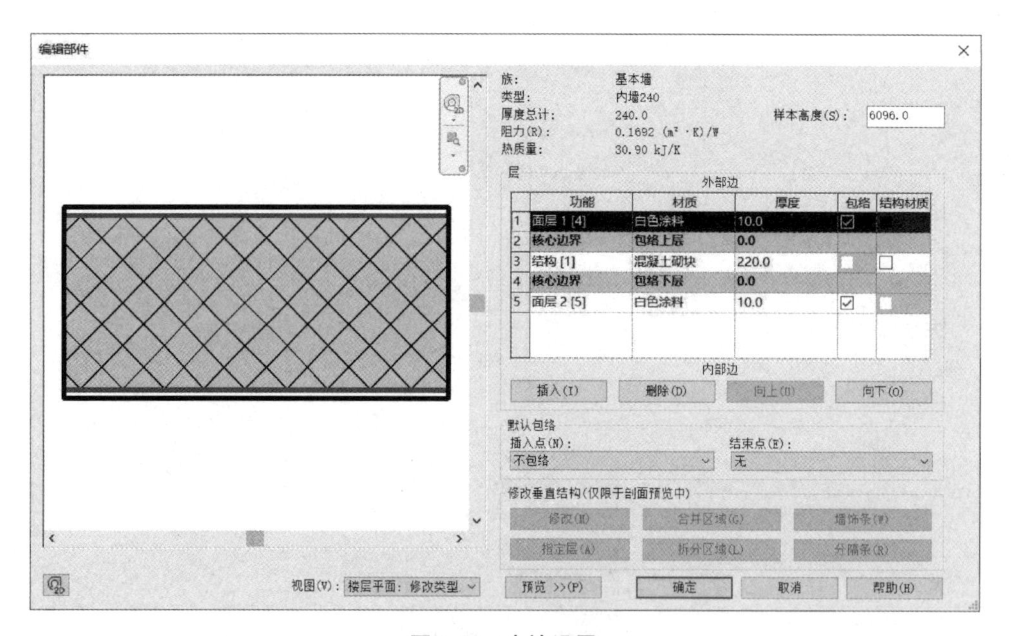

图 1-25 内墙设置

5）绘制楼梯 ⊙ *参见：第 1.4.17 节*

6）绘制散水 ⊙ *参见：第 1.3.2 节*

7）绘制室外台阶 ⊙ *参见：第 1.4.17 节或者第 1.3.2 节*

一楼绘制后效果如图 1-27 所示。

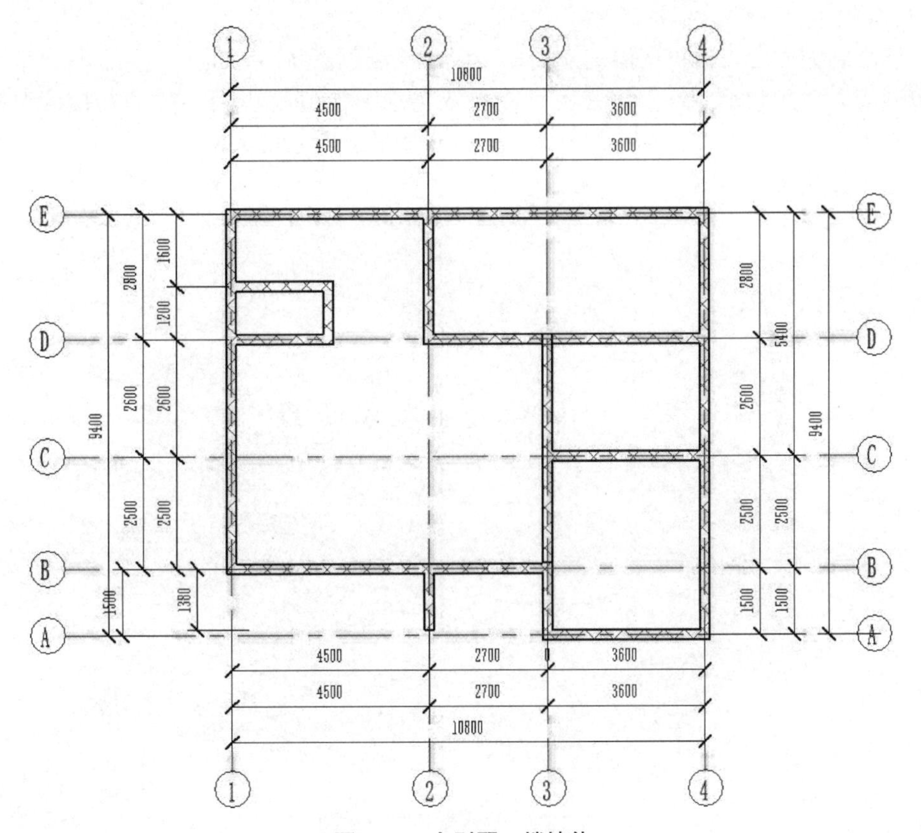

图 1-26　小别墅一楼墙体

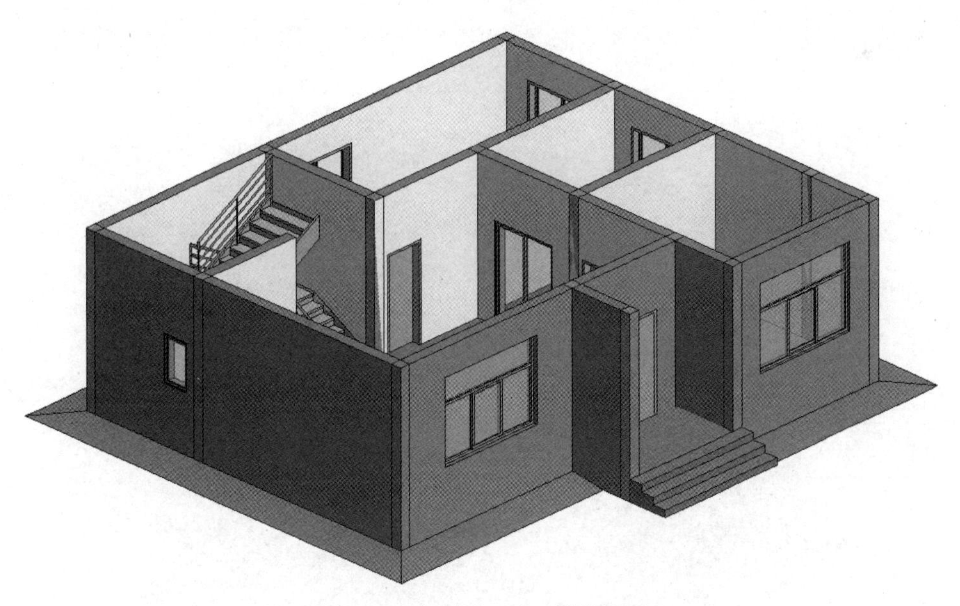

图 1-27　小别墅一楼三维效果图

11. 二楼的绘制

一层绘制完成后，进行二层的绘制。二层的绘制可以将一层的楼、板、柱、墙等构件通过复制的方式复制至“2F”层，也可以在双击项目浏览器里面的“2F”按照绘制一层的方式来进行重新绘制，并将一层的墙体和柱子附着到二层的底部。

二层完成后效果如图 1-28 所示。

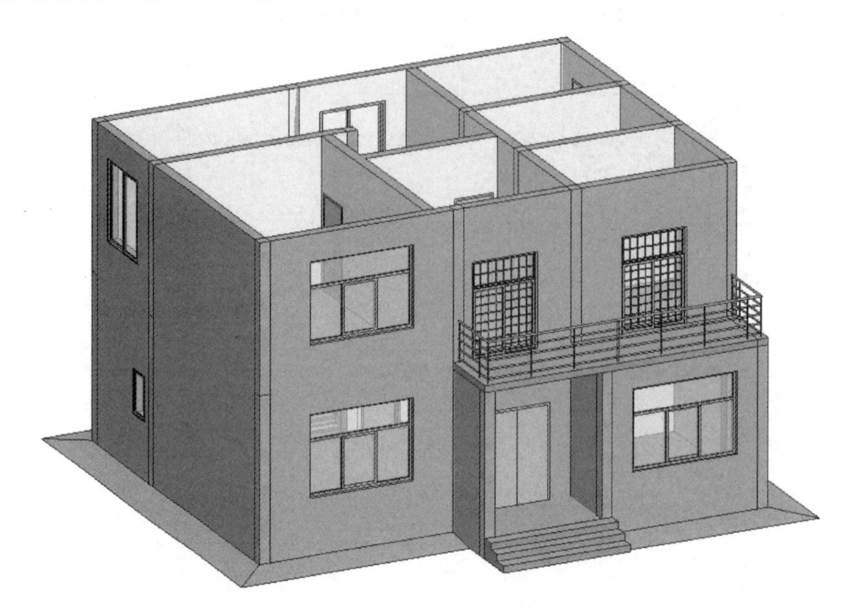

图 1-28　小别墅二层效果图

12. 绘制屋顶 参见：第 1.4.14 节

该建筑有老虎窗，参看老虎窗绘制，整体完成的效果如图 1-29 所示。

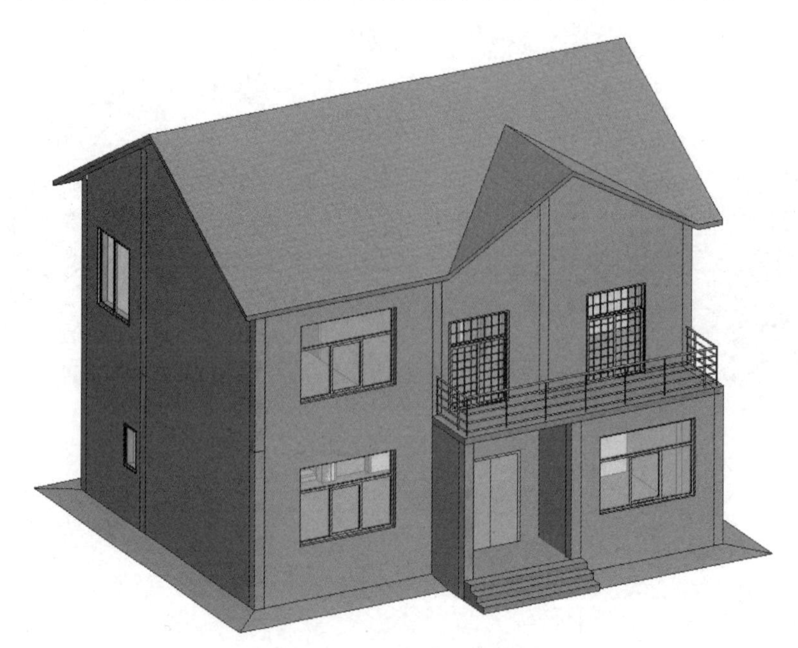

图 1-29　小别墅三维效果图

13. 创建图纸

1）明细表 参见：第 1.4.22 节

完成门窗明细表如图 1-30 所示。

〈门明细表〉

A	B	C	D
类型标记	宽度	高度	合计
M0721	700	2100	1
M0921	900	2100	6
M1521	1500	2100	1
TLM1521	1500	2100	3
总计：11			

〈窗明细表〉

A	B	C	D	E
类型标记	底高度	宽度	高度	合计
C2418	900	2400	1800	1
C2418	900	2400	1800	1
C0610	900	600	1000	1
C1518	900	1500	1800	1
C1518	900	1500	1800	1
C1518	900	1500	1800	1
C2418	900	2400	1800	1
C1518	900	1500	1800	1
C1518	900	1500	1800	1
C1518	900	1500	1800	1
总计：10				

图 1-30 小别墅门窗明细表

2）一层平面图： 参见：第 1.4.22 节

一层平面图出图效果如图 1-31 所示。

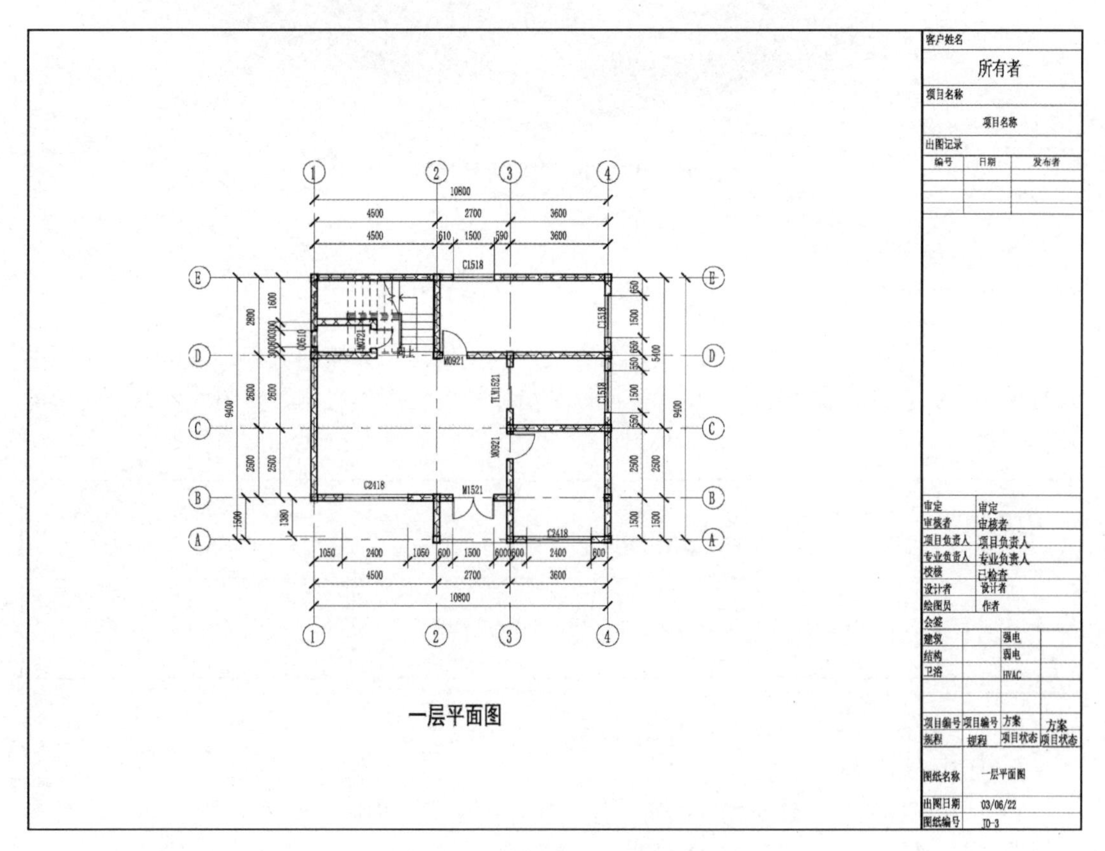

图 1-31 小别墅一层平面出图

14. 模型渲染 参见：第 1.4.22 节

在“视图”选项卡，单击“渲染”，进行设置。质量设置为：中，背景为“天空：少云”，照明方案为“室外：日光和人造光”，最后单击渲染。单击输出，选择路径，命名为：别墅渲染。

效果如图 1-32 所示。

图 1-32 小别墅渲染效果图

1.2.2 后勤楼案例

在第 1.1 节中介绍了两间房建模，后面的案例也看出，大概的流程是一样的，不同的是规模和需要获得的数据更多一些。下面以某高校的后勤楼为案例，介绍一栋办公建筑的建模过程。

	①大型建筑图纸的解读； ②用 Revit 进行大型建筑参数化建模。
	后勤楼模型(Revit2018 以上版本打开，见本书数字资源)。

以下图 1-33 至图 1-45 为后勤楼的图纸。

1. 图纸分析

1）从平面图看出，建筑物一共有 4 层，整体由两部分构成，整体呈“L”形，在转角处有明显的分隔缝。每层格局基本相似，一层有散水和进楼台阶，需要专门处理。

2）从立面图看出，层高分别是：一层高 4.5m，二、三、四层高 3.9m，屋顶有 1.2m 高的女儿墙。

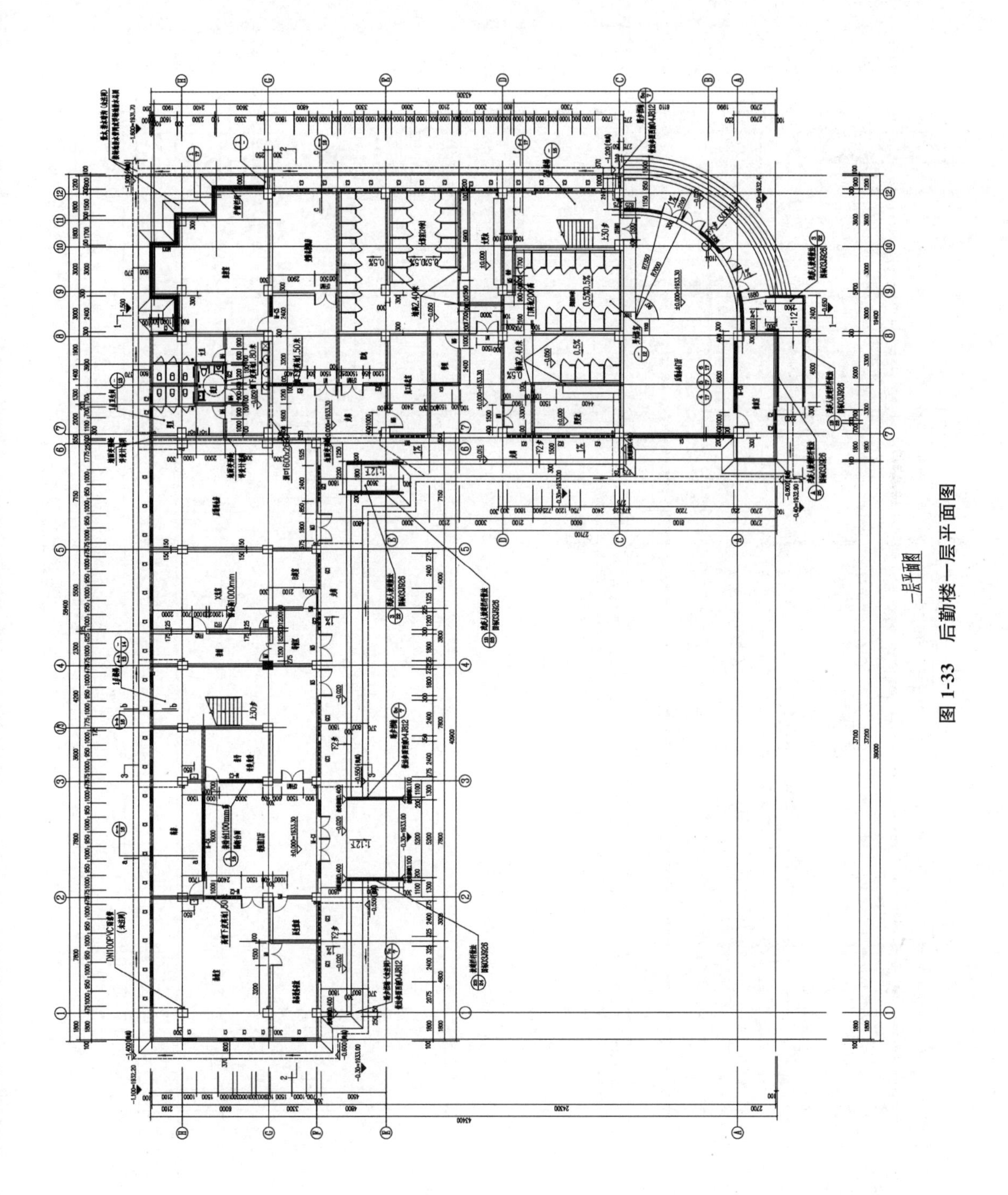

图 1-33 后勤楼一层平面图

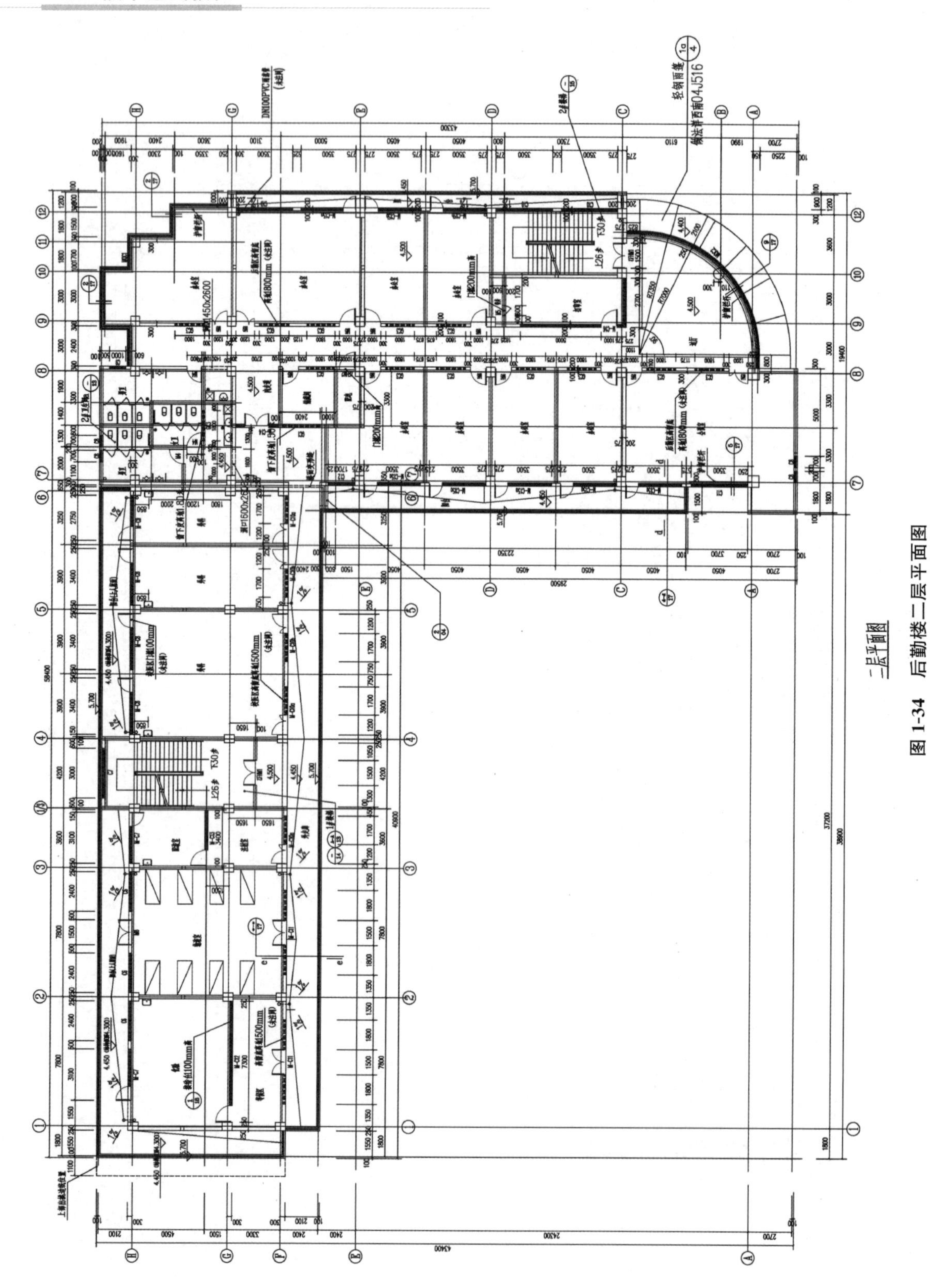

图 1-34　后勤楼二层平面图

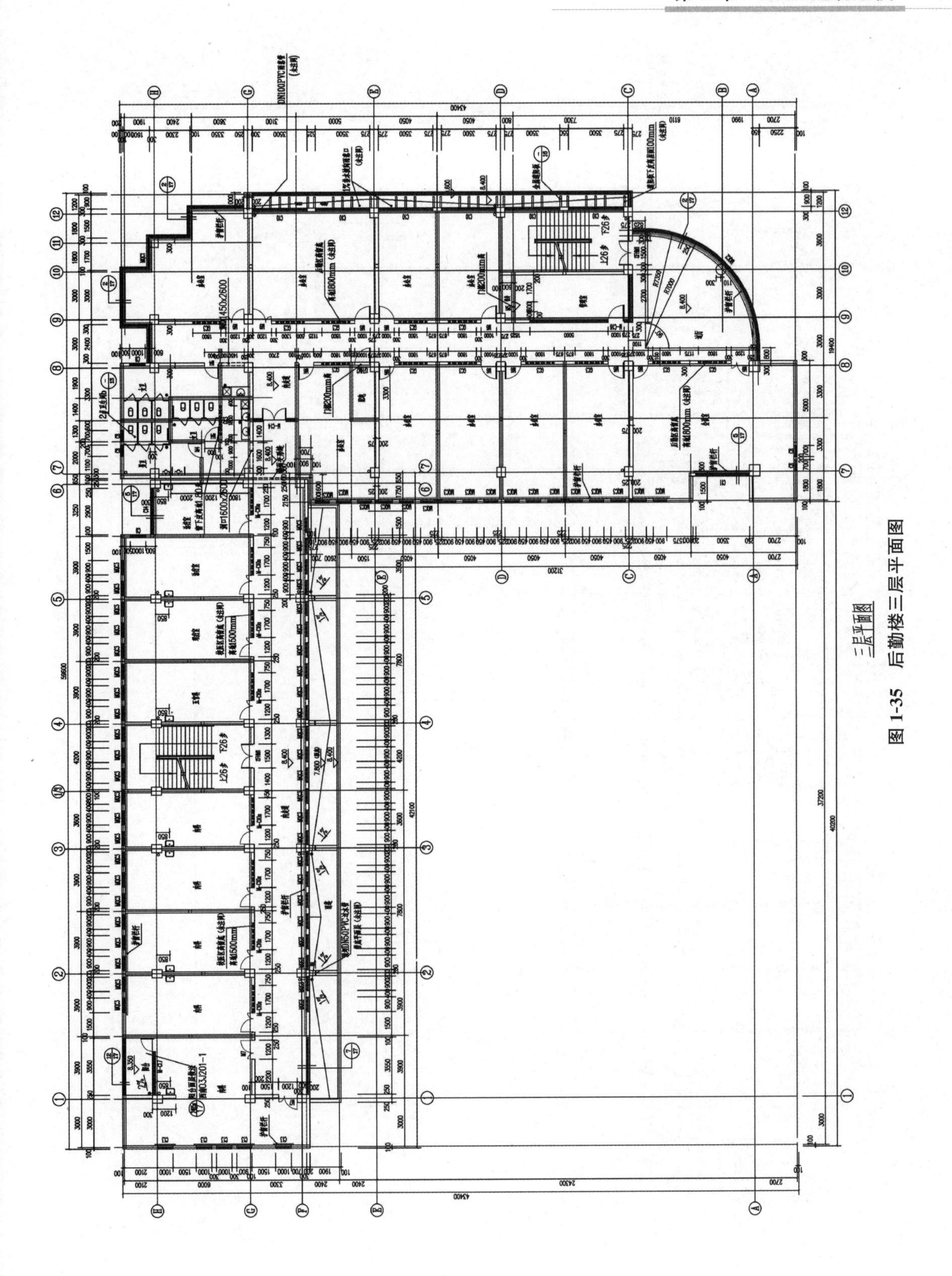

图 1-35　后勤楼三层平面图

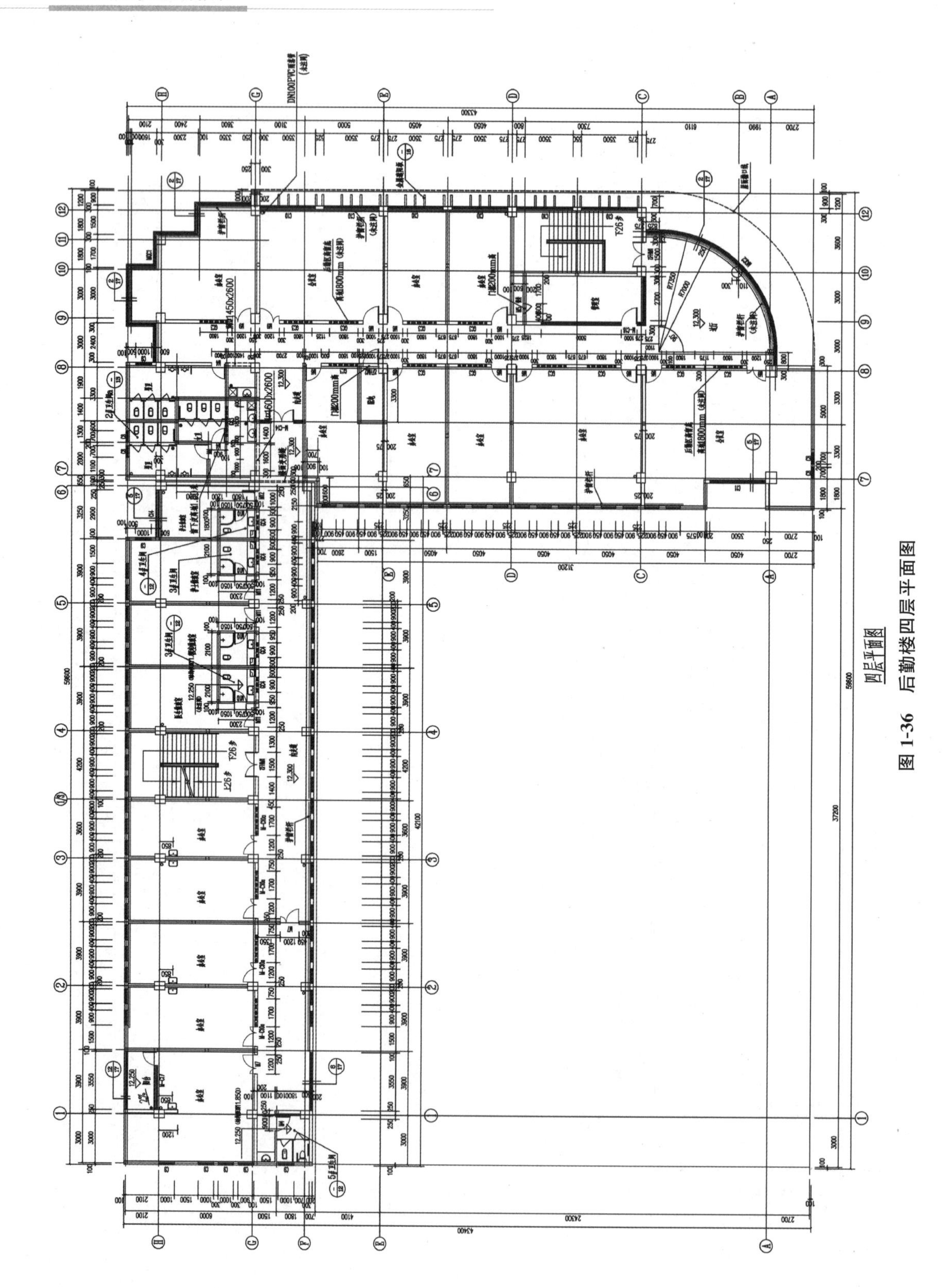

图 1-36 后勤楼四层平面图

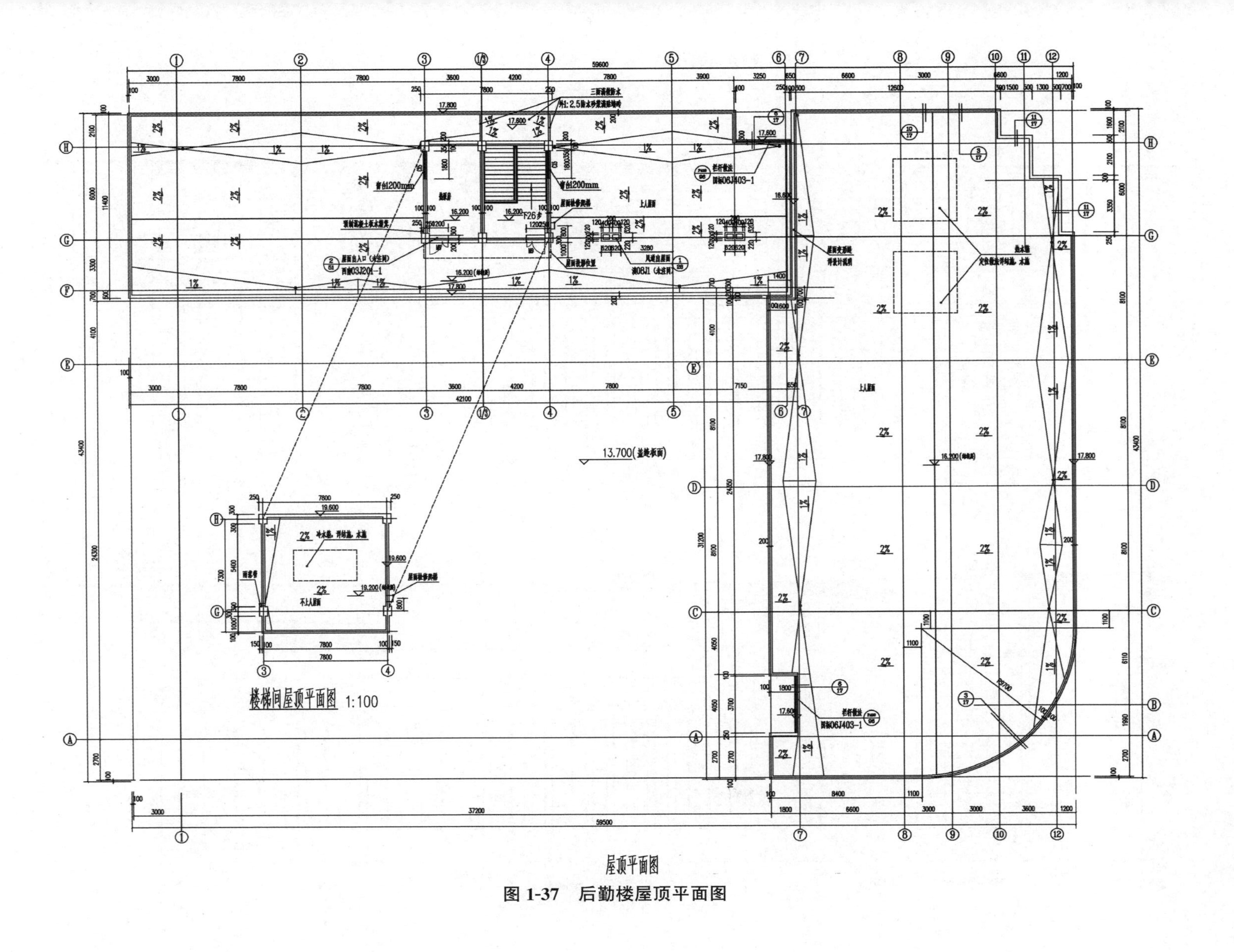

图 1-37　后勤楼屋顶平面图

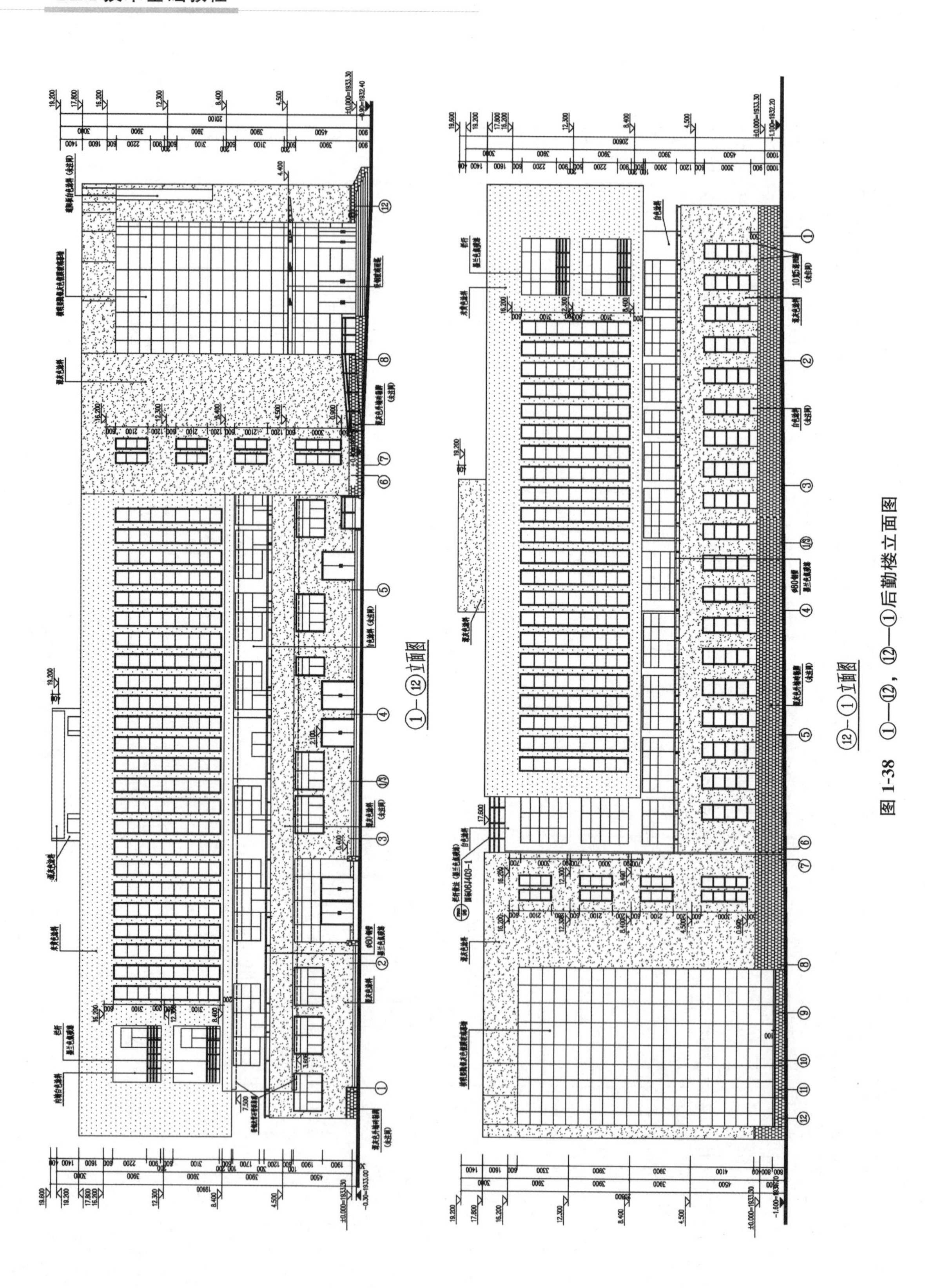

图 1-38 ①—⑫，⑫—①后勤楼立面图

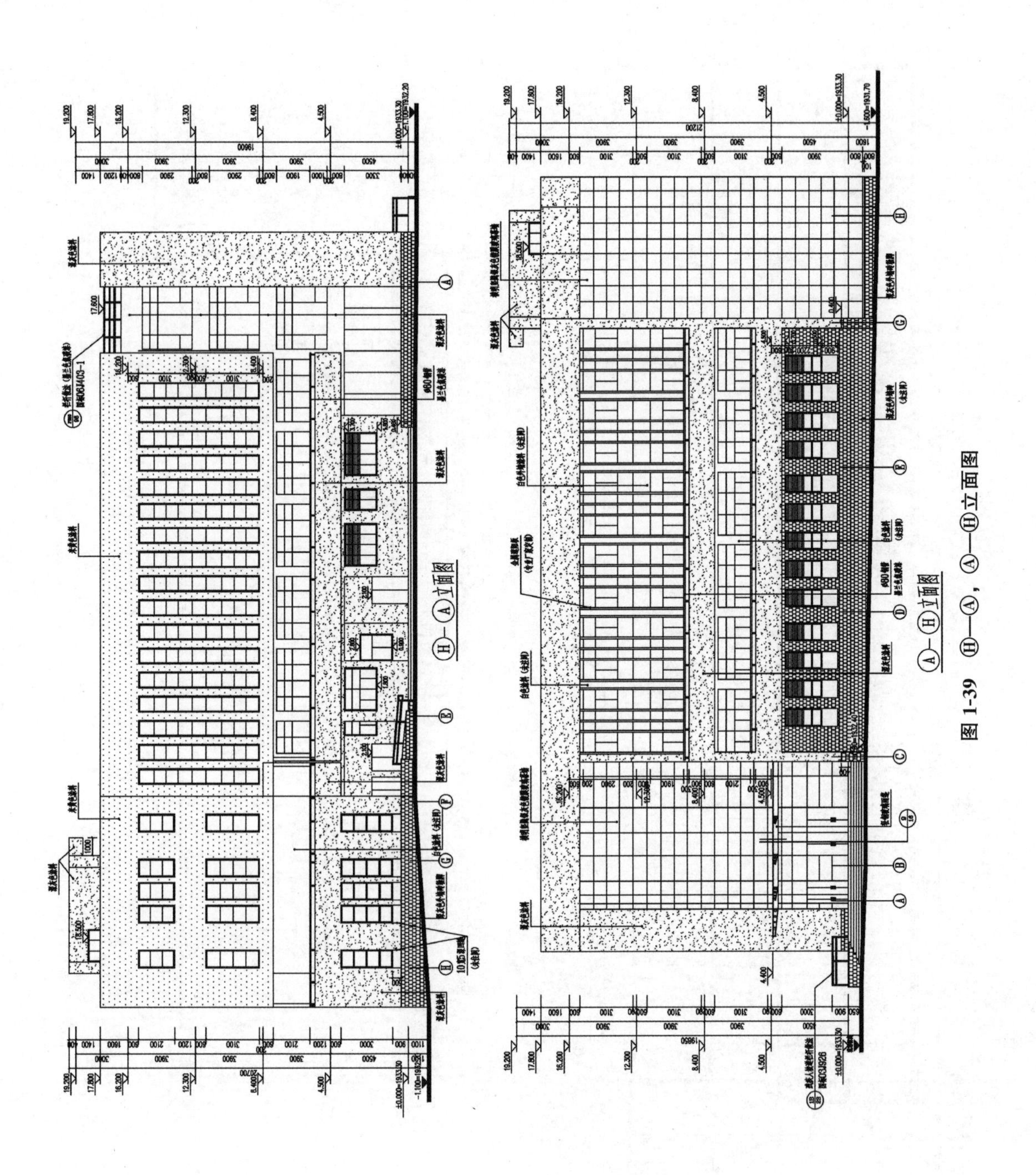

图 1-39　Ⓗ—Ⓐ，Ⓐ—Ⓗ立面图

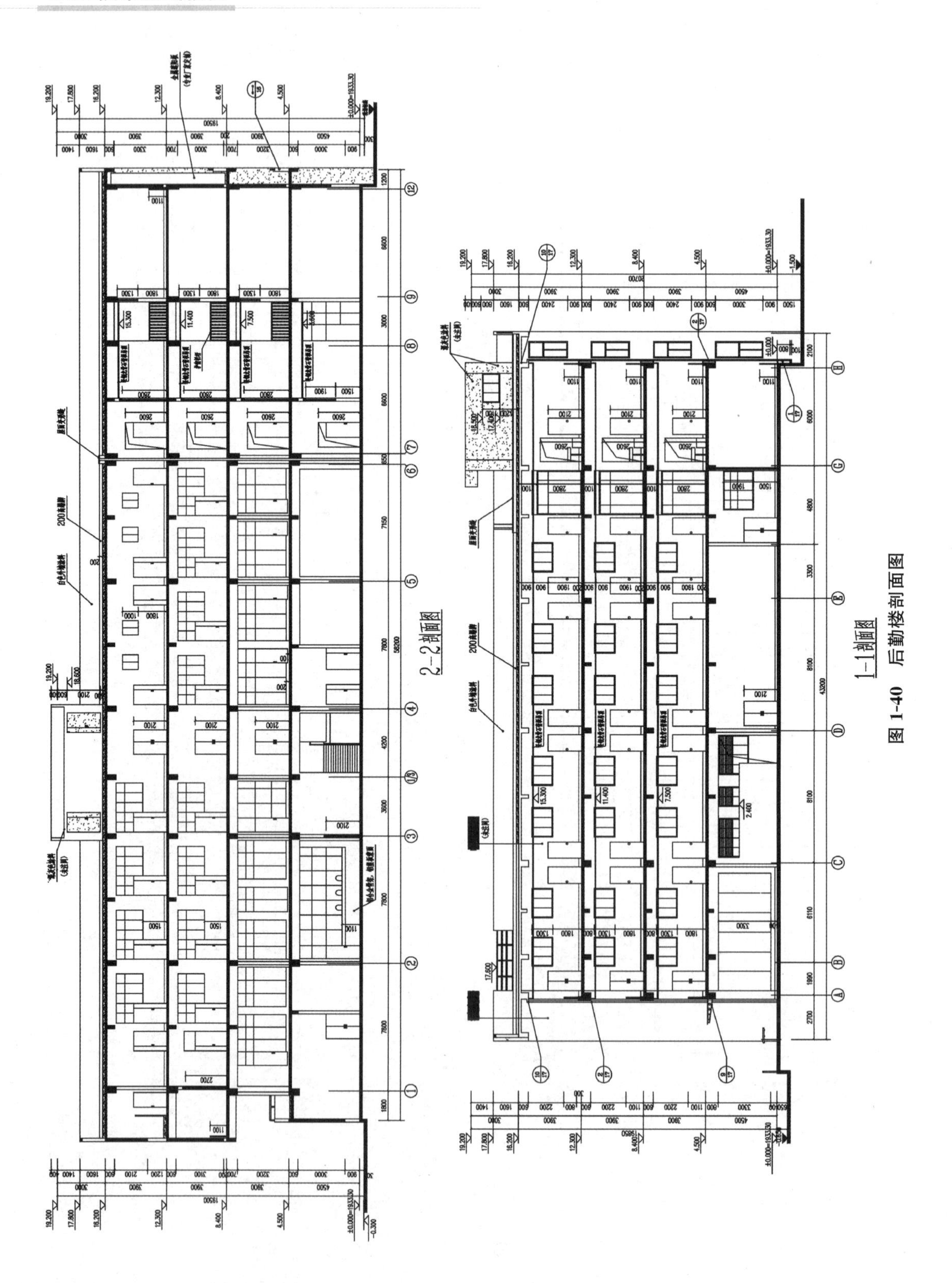

图 1-40　后勤楼剖面图

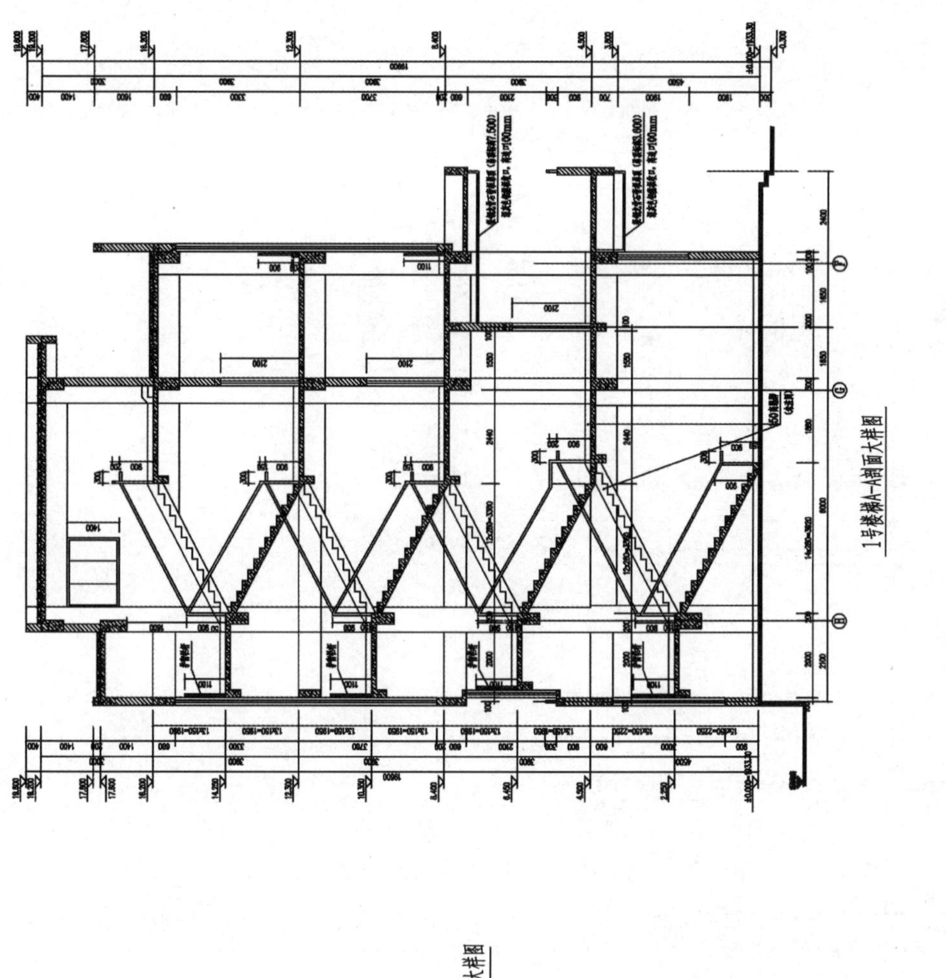

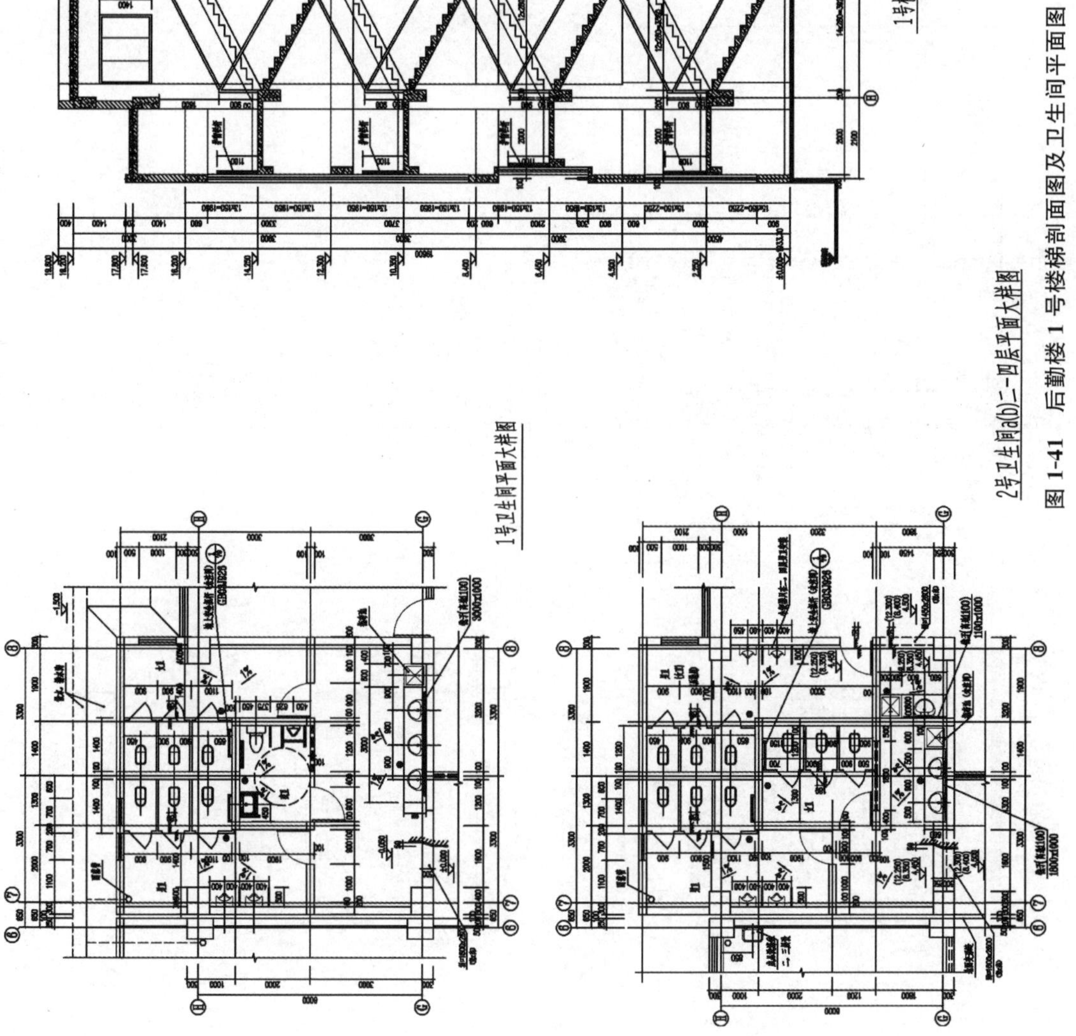

图 1-41　后勤楼 1 号楼梯剖面图及卫生间平面图

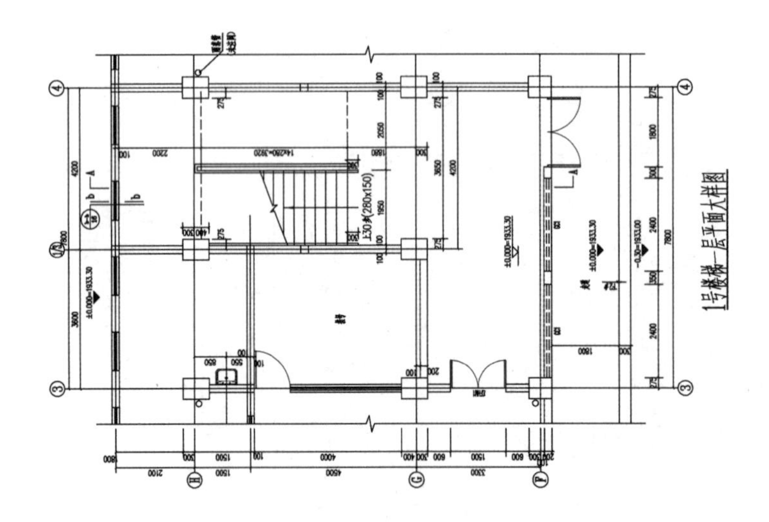

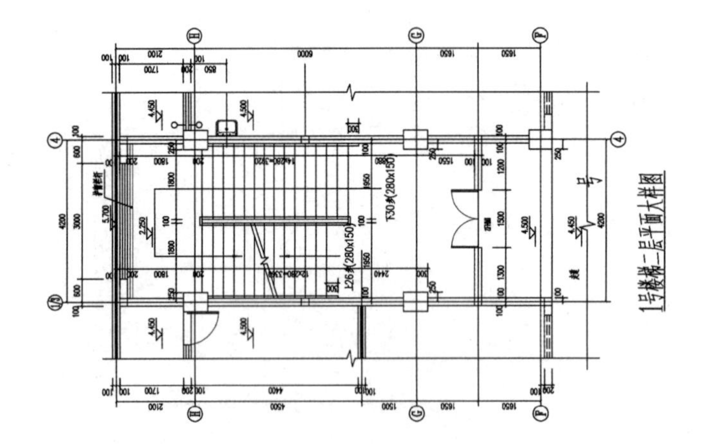

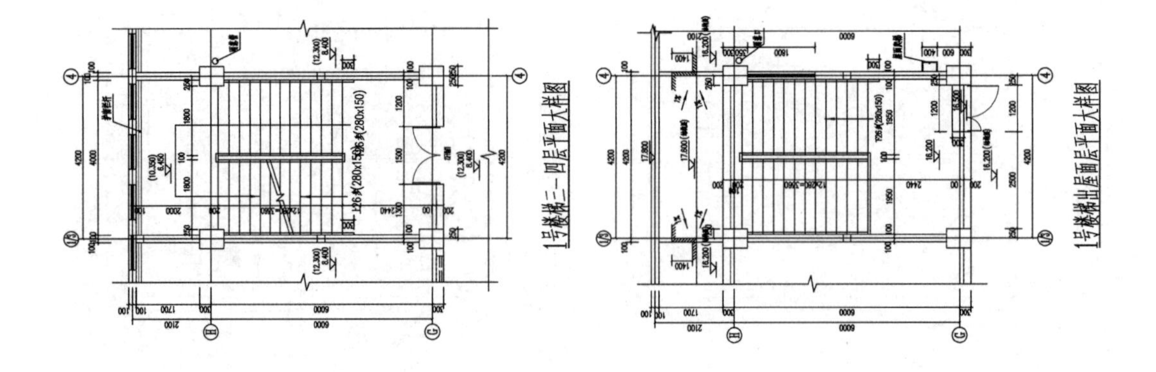

图 1-42 后勤楼 1 号楼梯平面图

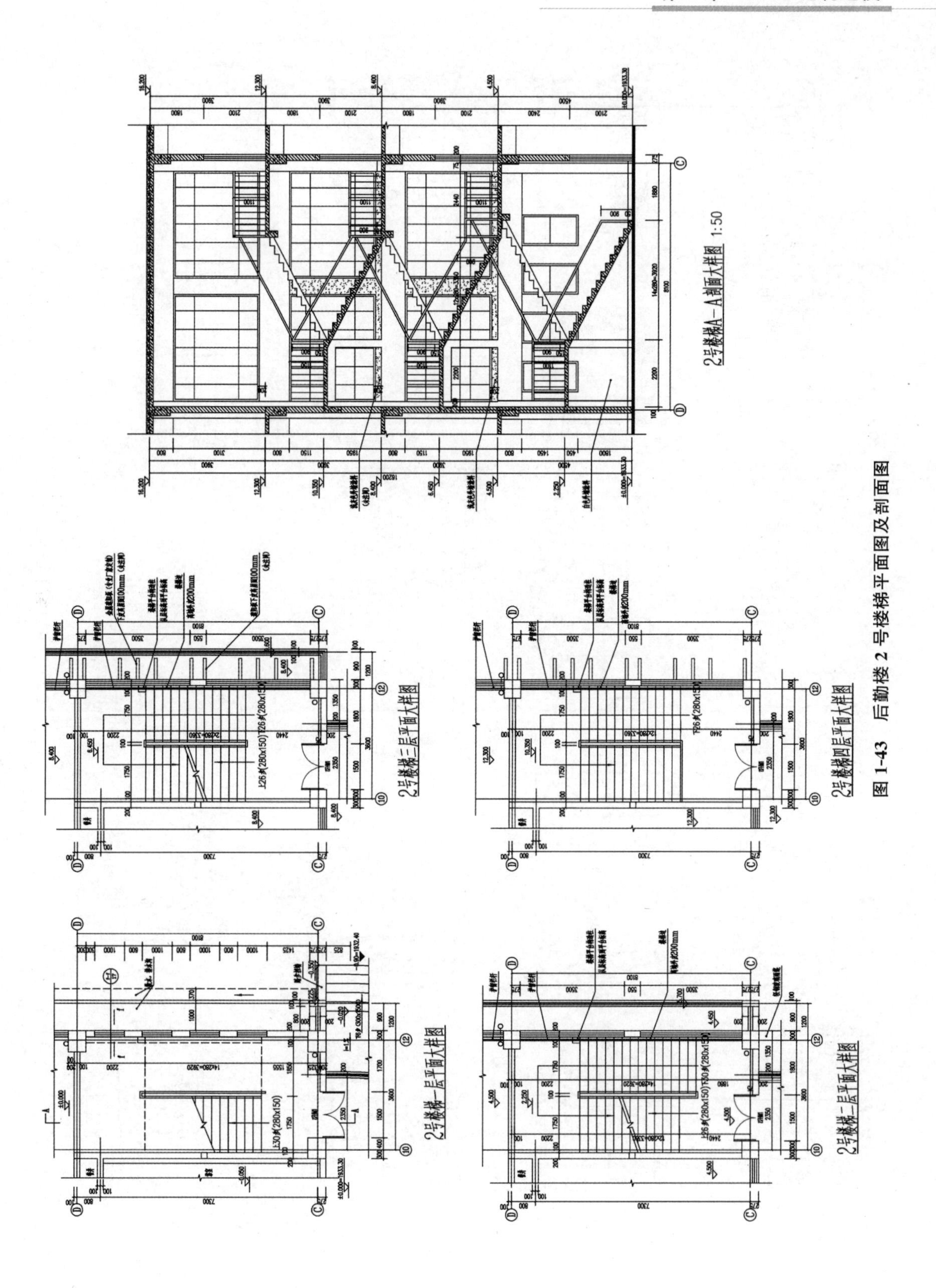

图 1-43　后勤楼 2 号楼梯平面图及剖面图

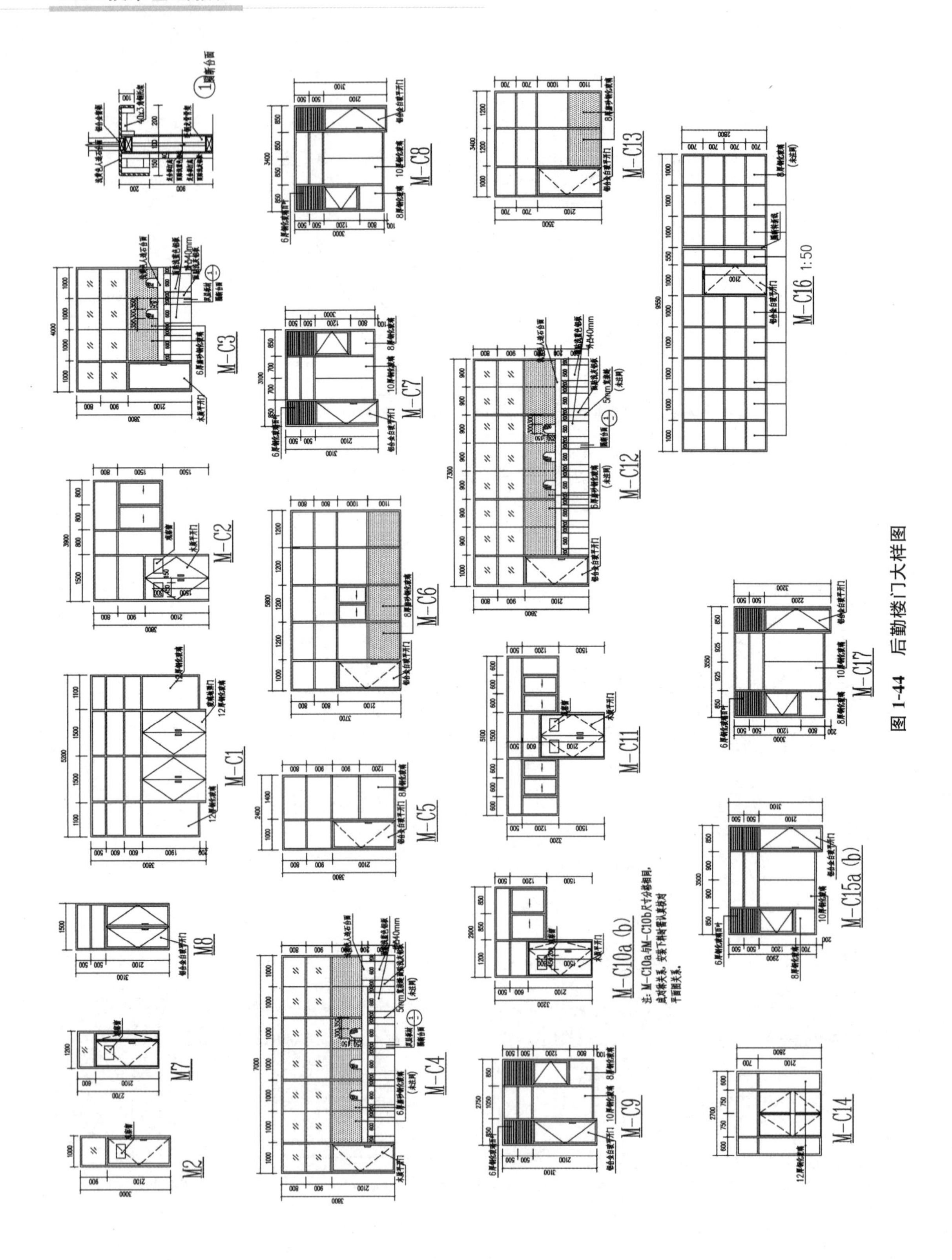

图 1-44 后勤楼门大样图

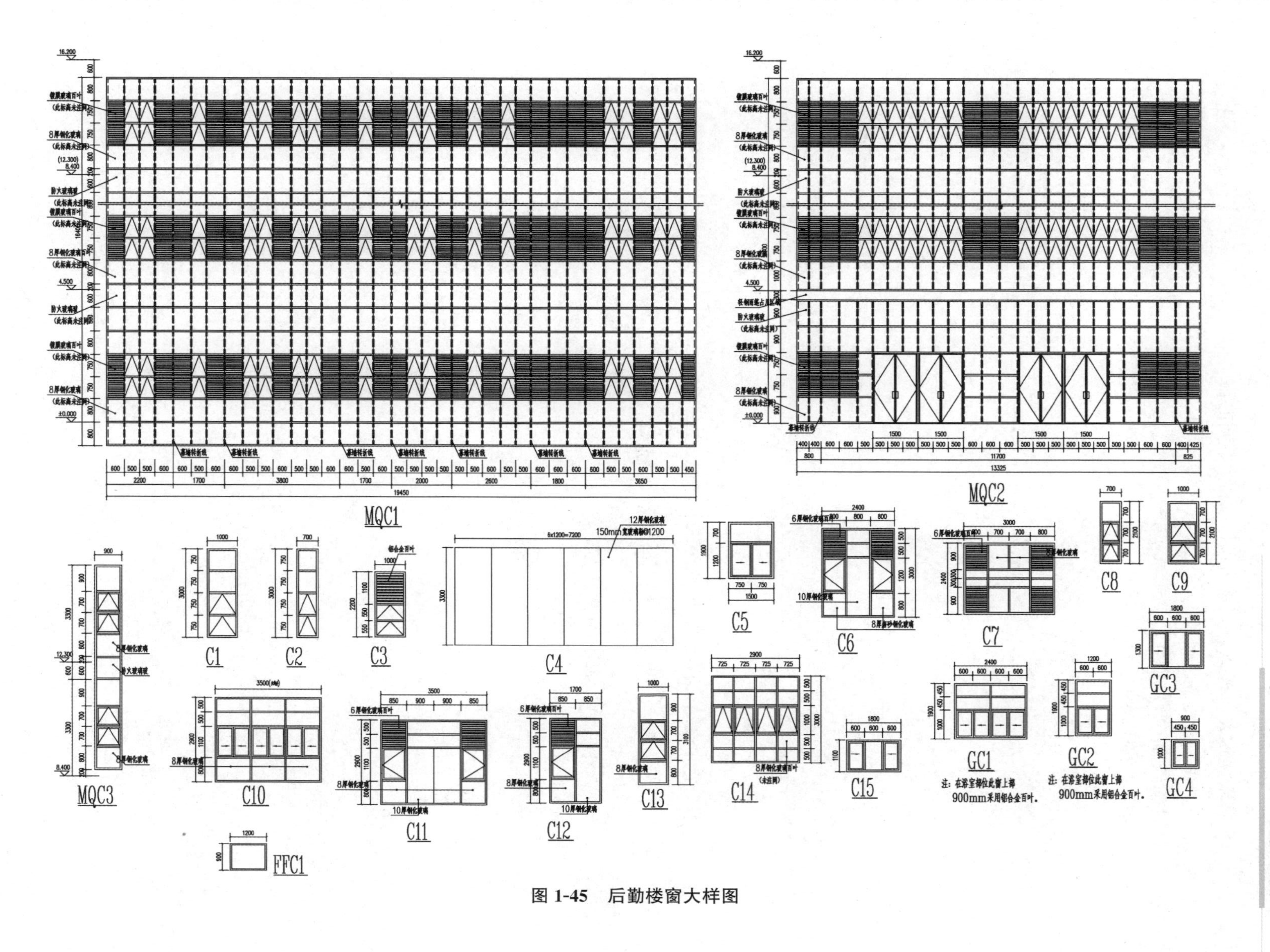

图 1-45　后勤楼窗大样图

3）幕墙面积大，有 20 种不同的门，23 种不同的窗。

2. 新建项目，根据图纸信息设置建模环境 *参见：第 1.4.3 节*

3. 绘制标高 *参见：第 1.4.4 节*

绘制完成的标高如图 1-46 所示。

图 1-46　后勤楼标高

4. 绘制轴网 *参见：第 1.4.5 节*

绘制完成的标高如图 1-47 所示。

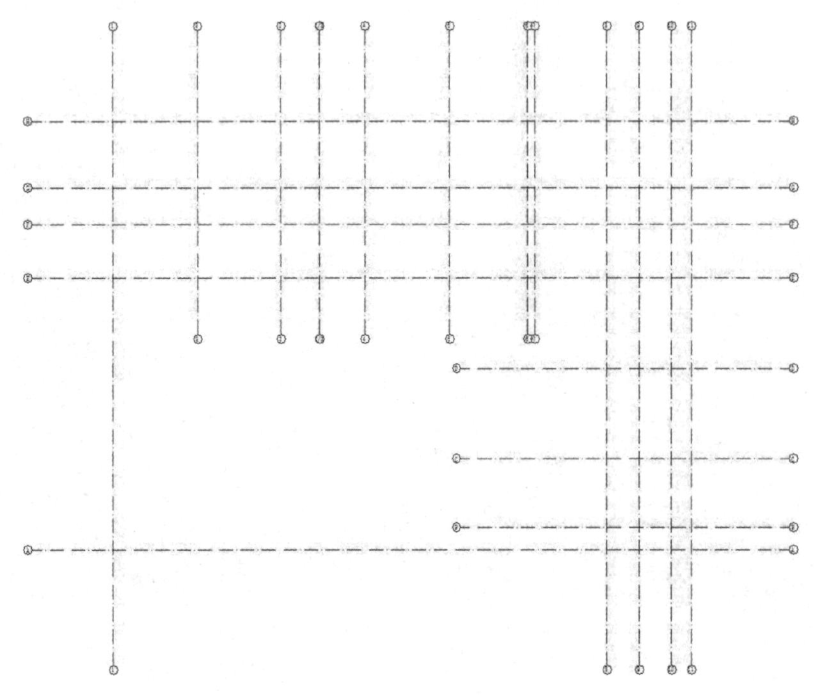

图 1-47　后勤楼轴网

5. 根据门、窗图（图 1-33、图 1-44、图 1-45）载入并设置门窗 *参见：第 1.4.13 节*

6. 绘制一层

在项目浏览器中点击“F1”平面进行绘制。

1）墙体 *参见：第 1.4.9 节*

设置外墙如图 1-48 所示，内墙如图 1-49 所示。

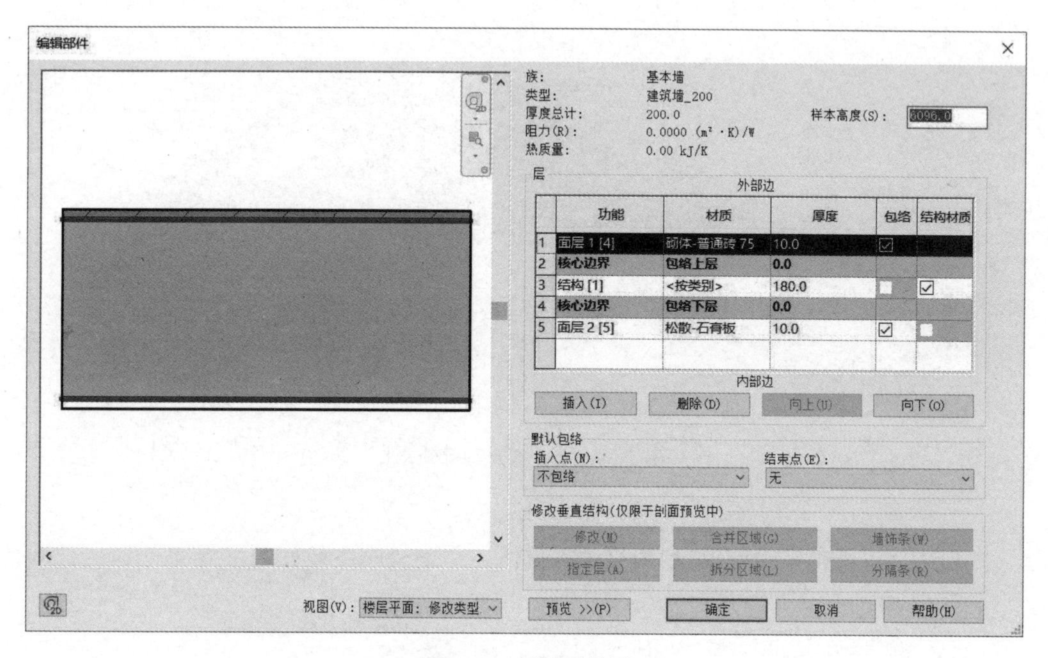

图 1-48　后勤楼外墙

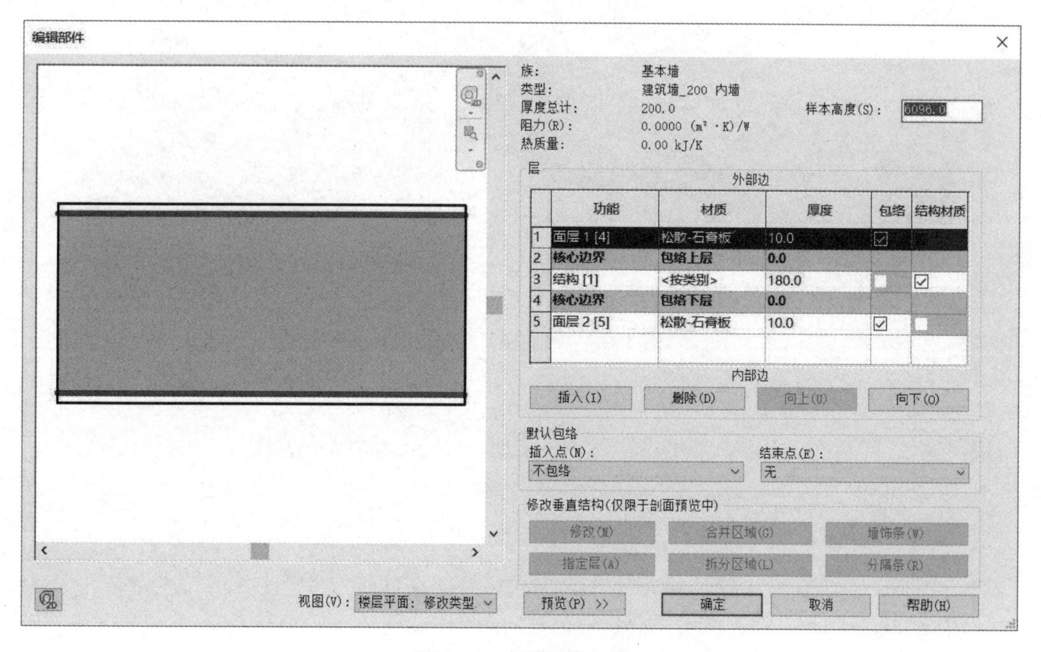

图 1-49　后勤楼内墙

2）绘制幕墙 参见：第 1.4.10 节

3）把门窗放置到相应位置 参见：第 1.4.13 节

4）楼板采用 150mm 厚的现浇混凝土楼板 参见：第 1.4.11 节

5）绘制散水和进门楼梯 参见：第 1.3.2 节

一层完成后效果如图 1-50 所示。

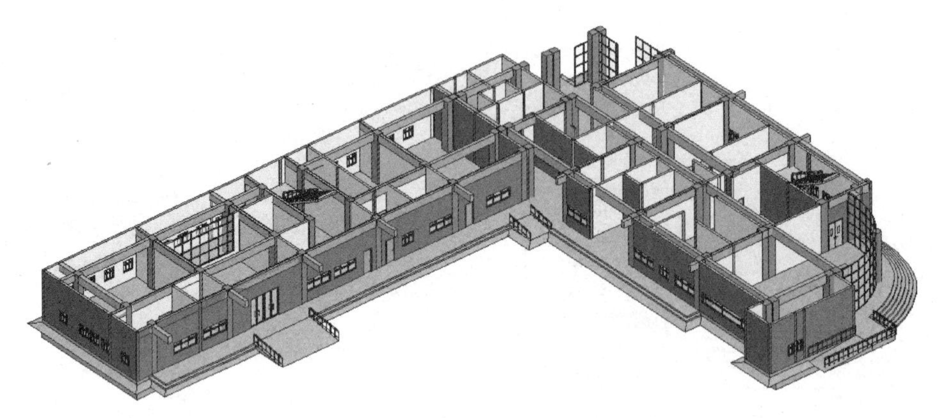

图 1-50 后勤楼一层效果图

7. 绘制二层

把“F1”复制到“F2”，根据图纸进行修改，二层绘制完成如图 1-51 所示。

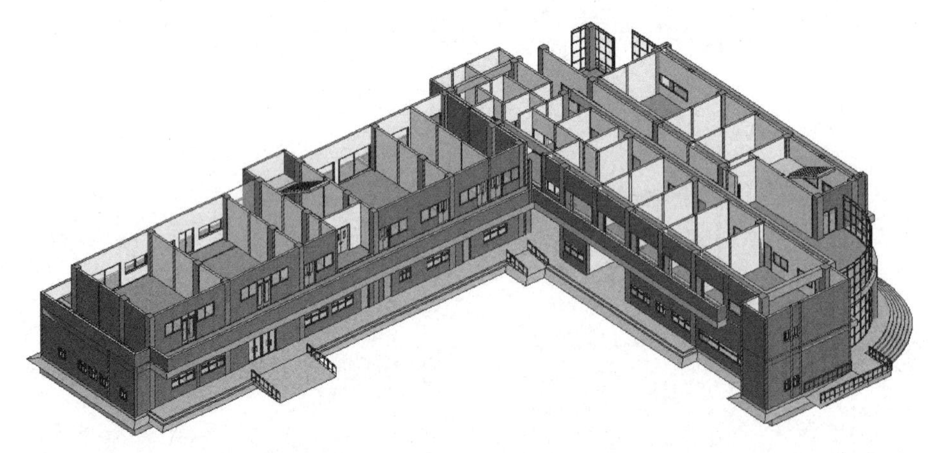

图 1-51 后勤楼二层效果图

8. 绘制三层

把“F2”复制到“F3”，根据图纸进行修改，三层绘制完成如图 1-52 所示。

9. 绘制四层

把“F3”复制到“F4”，根据图纸进行修改，四层绘制完成如图 1-53 所示。

10. 绘制楼梯和扶手 参见：第 1.4.17 节，第 1.4.18 节

1）在楼板上扣洞 参见：第 1.4.17 节

2）绘制 1 号楼梯，效果如图 1-54（a）所示。

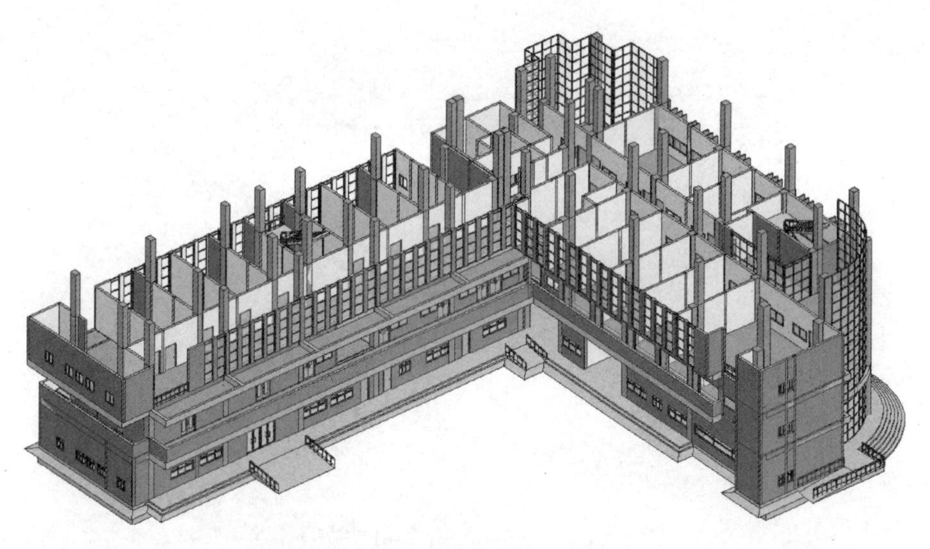

图 1-52 后勤楼三层效果图

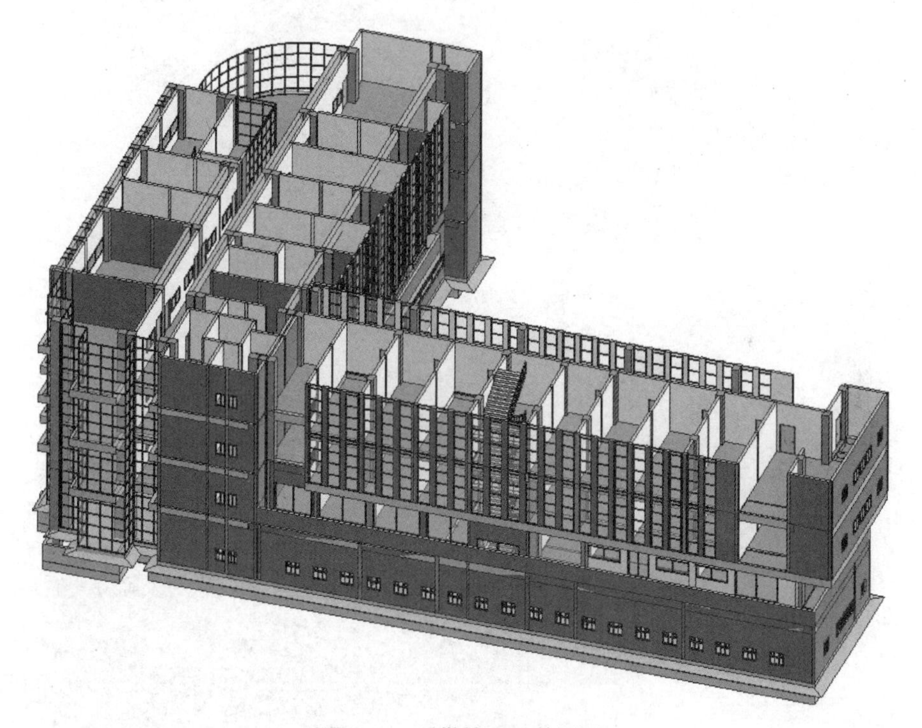

图 1-53 后勤楼四层效果图

3）绘制 2 号楼梯，效果如图 1-54（b）所示。

11. 根据图纸绘制屋顶

完成如图 1-55 所示。

12. 效果图渲染 *参见：第 1.4.24 节*

渲染效果如图 1-56 所示。

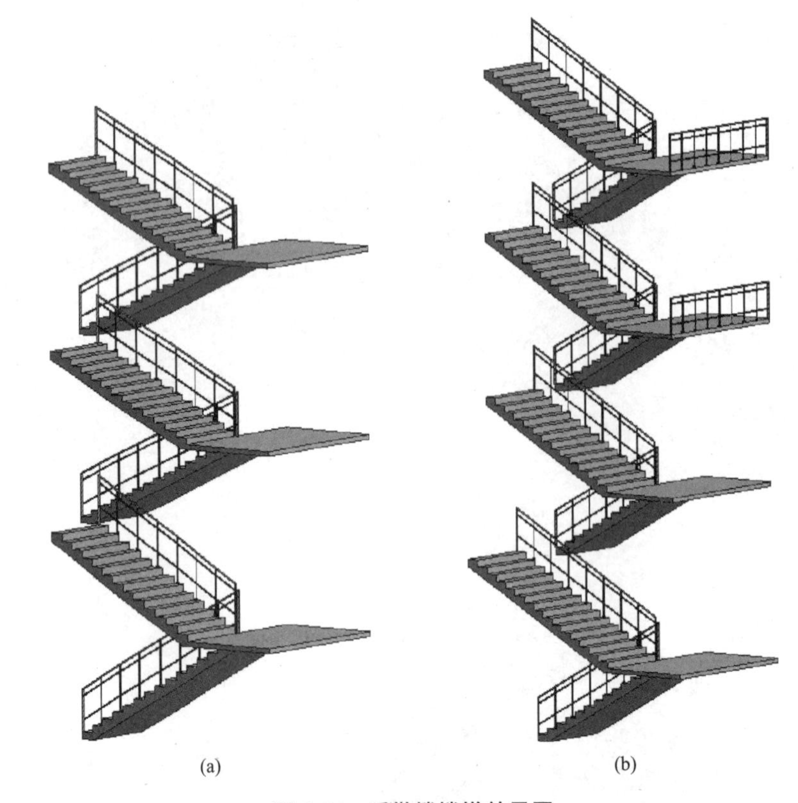

图 1-54　后勤楼楼梯效果图

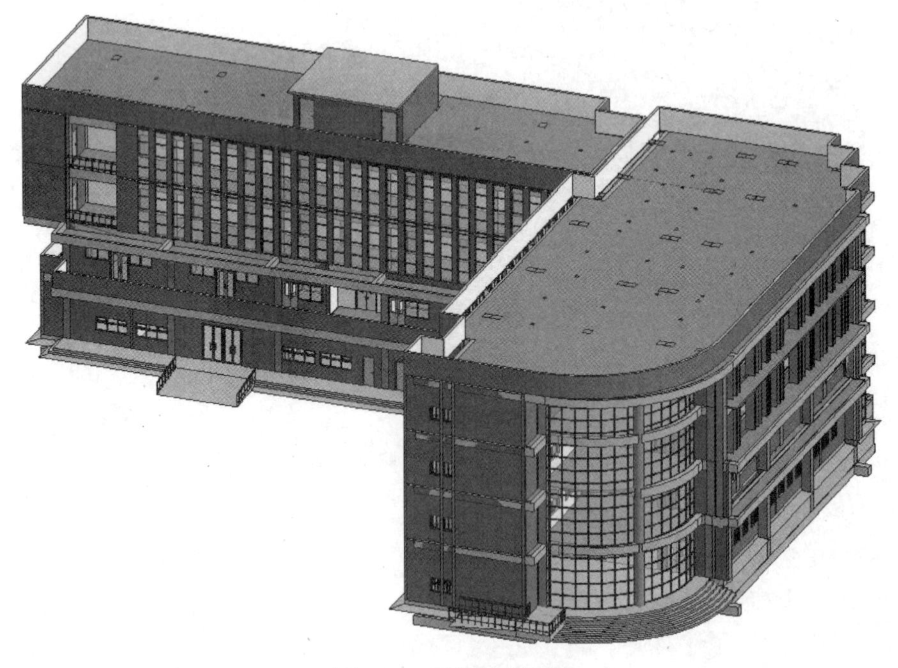

图 1-55　后勤楼效果图

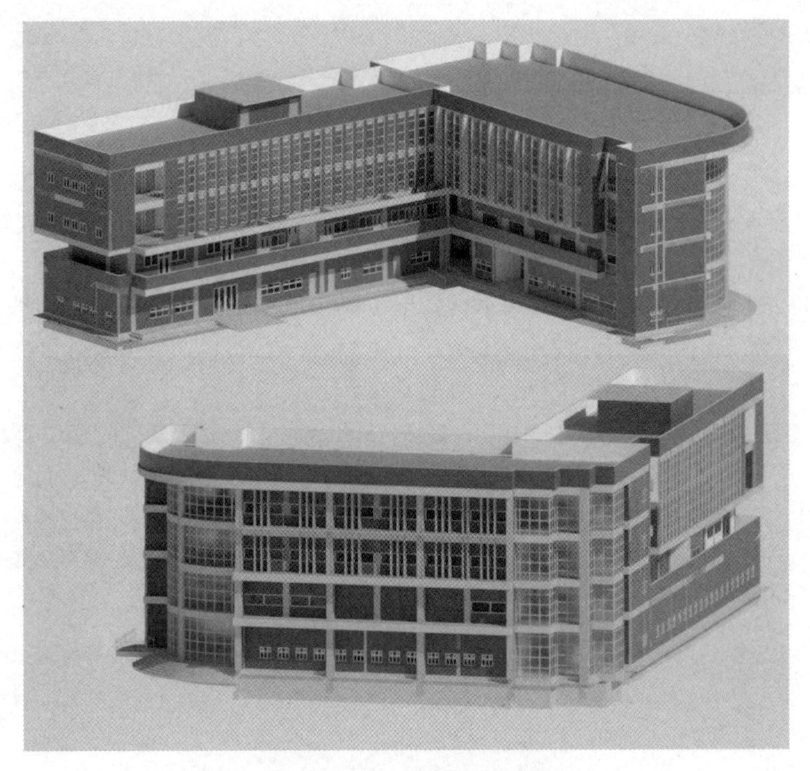

图 1-56　后勤楼渲染效果图

1.3 族和体量

Revit 采用参数化设计方法将模型中的定量信息变量化，使之成为任意调整的参数。对于变量化参数赋予不同数值，就可得到不同大小和形状的构件模型。

Revit 中的所有图元（墙、门窗、标高、轴网、明细表、图纸样式）都基于“族”(Family)，每个族文件内都含有很多的参数和信息，像尺寸、形状、类型和其他的参数变量设置。

概念体量（Mass）也是一种族。概念体量设计环境是为了创建概念体量而开发的一个操作界面，在这个界面用户可以专门用来创建概念体量。概念设计环境其实是一种族编辑器，在该环境中，可以使用内建和可载入的体量族图元来创建概念设计。

	①掌握族和体量的概念； ②学会创建族和体量的基本操作。
	推荐学习——中国大学 MOOC： “轻松学 BIM”，江西财经大学，殷乾亮等。

1.3.1 族的种类

1. Revit 有三种族类型

1）系统族：系统族是在 Revit 中预定义的族，包含基本建筑构件，例如墙、窗和门。可以复制和修改现有系统族，但不能创建新系统族。可以通过指定新参数定义新的族类型。

2）标准构件族（可载入族）：在默认情况下，在项目样板中载入标准构件族，但更多标准构件族存储在构件库中。使用族编辑器创建和修改构件。可以复制和修改现有构件族，也可以根据各种族样板创建新的构件族。

3）内建族：可以是特定项目中的模型构件，也可以是注释构只能在当前项目中创建内建族，因此它们仅可用于该项目特定的对象，例如，自定义墙的处理。创建内建族时可以选择类别，使用的类别将决定构件在项目中的外观和显示控制。

2. 族的基本操作

1）系统族，直接调用（图 1-57）。

图 1-57 调用系统族

2）载入族，安装在系统硬盘里待需要时载入调用（图 1-58）。

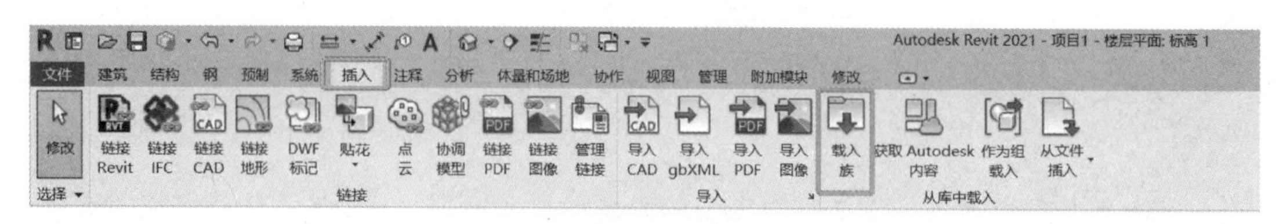

图 1-58 调用可载入族

3）内建族，系统族与载入族不满足使用者需求时，由使用者创建（图 1-59），本节主要介绍内建族的创建。

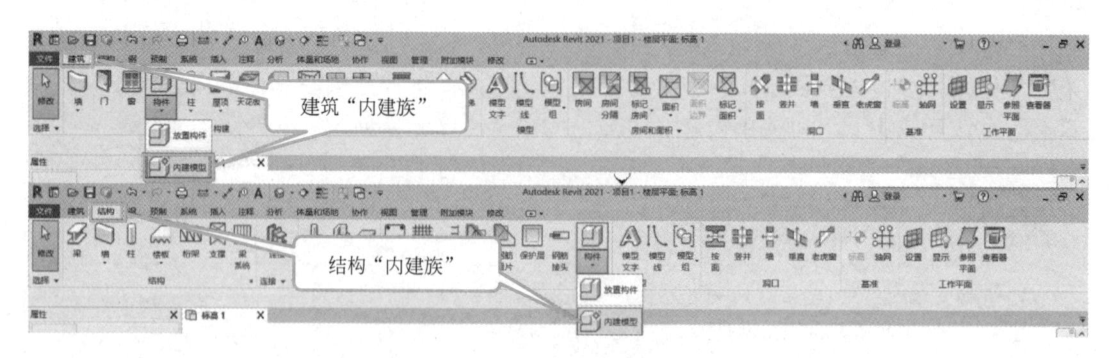

图 1-59 创建内建族

1.3.2　内建族的基本操作

	辅助学习视频链接： 

打开项目，在功能区上，单击（内建模型）：

①“建筑”选项卡→“构建”面板→“构件”下拉列表→（内建模型）；

②“结构”选项卡→“模型”面板→“构件”下拉列表→（内建模型）；

③“系统”选项卡→“模型”面板→“构件”下拉列表→（内建模型）；或者新建族（图 1-60）。

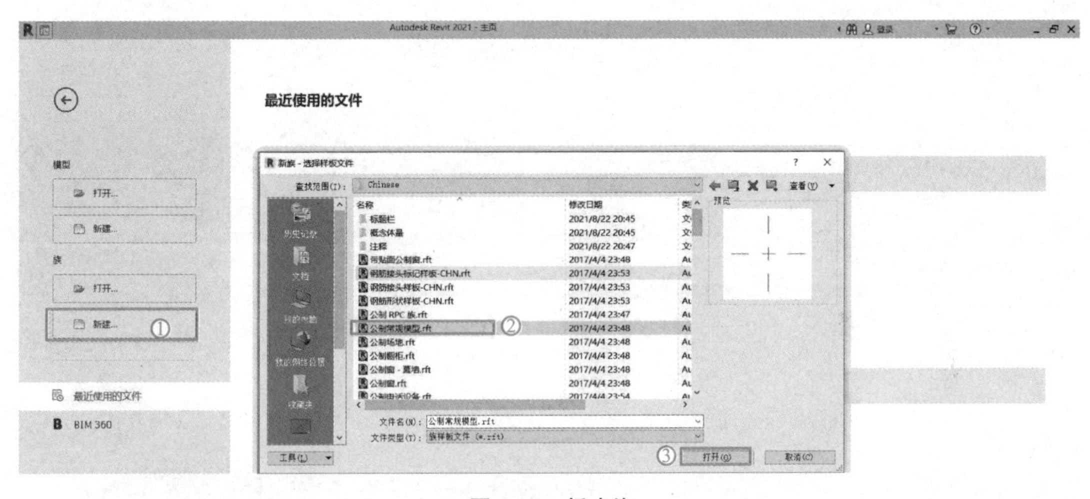

图 1-60　新建族

创建内建族的界面与建筑建模的界面有所差别（图 1-61）。

由于建族的方式与建筑建模不同，是通过拉伸、融合、放样、放样融合、旋转、空心等基本操作创建不规则模型。因此，在建族界面中，平面视图只有一层，即“参照标高”，立面视图不是绝对方向，而是相对方向“前、后、左、右”。

下面分别对基本操作进行介绍：

1. 拉伸

让我们来回忆一下“三打白骨精”的故事，孙悟空出去化缘，在地上画了个圈，让唐僧待在里面，这样妖怪就进不去了。拉伸的操作就类似于孙悟空的操作：

如图 1-62 所示：选择参照标高平面或者其他参考面视图，①在“创建”选项卡中选择“拉伸”→②选择绘制工具→③绘制封闭的曲线条→④设置拉伸起点和终点→⑤点击✔形成一个底面和顶面一样，高度为拉伸终点减去拉伸起点的拉伸体。

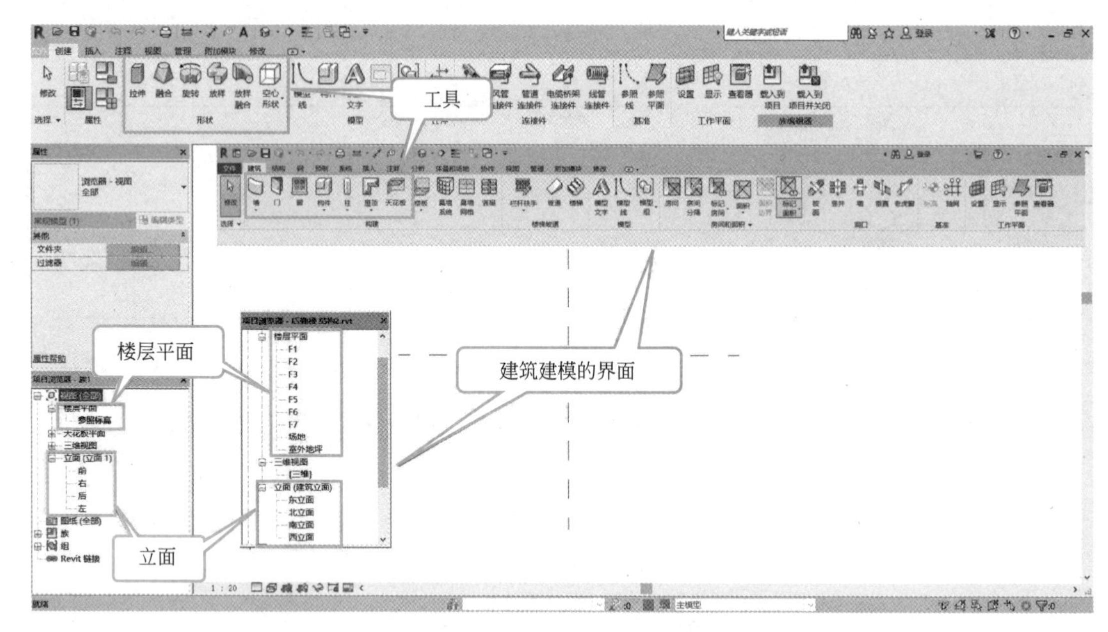

图 1-61　内建族的操作界面

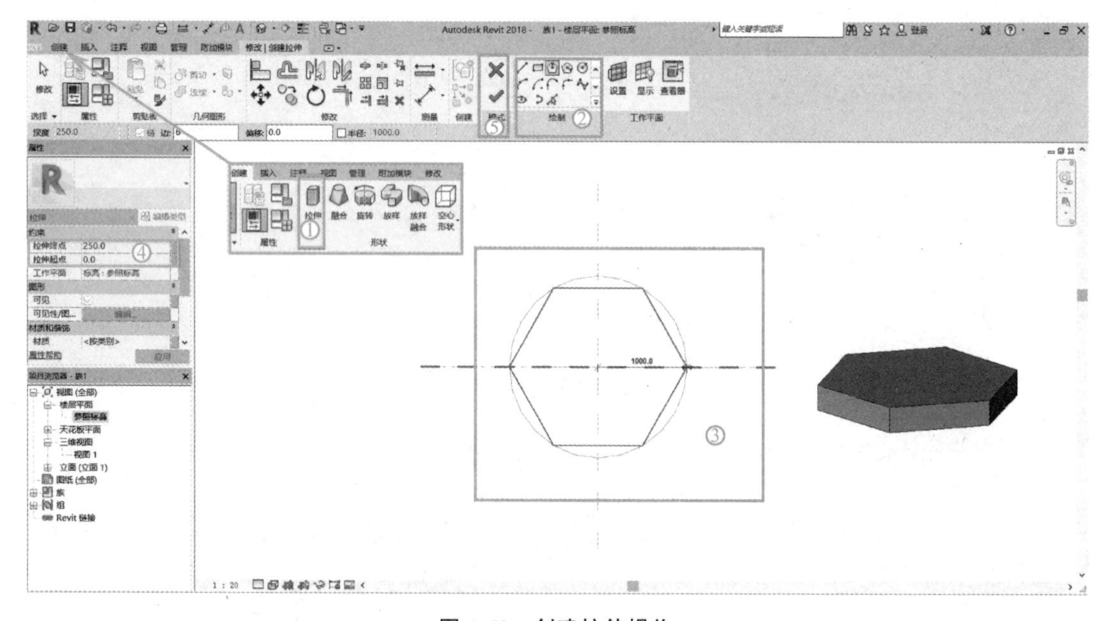

图 1-62　创建拉伸操作

2. 融合

如图 1-63 所示：选择参照标高平面或者其他参考面，①在“创建”选项卡中选择“融合”→②选择绘制工具→③绘制封闭曲线条→④设置第一端点和第二端点→⑤点击编辑顶部→⑥绘制第二个封闭曲线→⑦（可选）切换到编辑底部修改第一条封闭曲线→⑧✔形成一个底面和底面不一样，高度为第二端点减去第一端点的融合体。

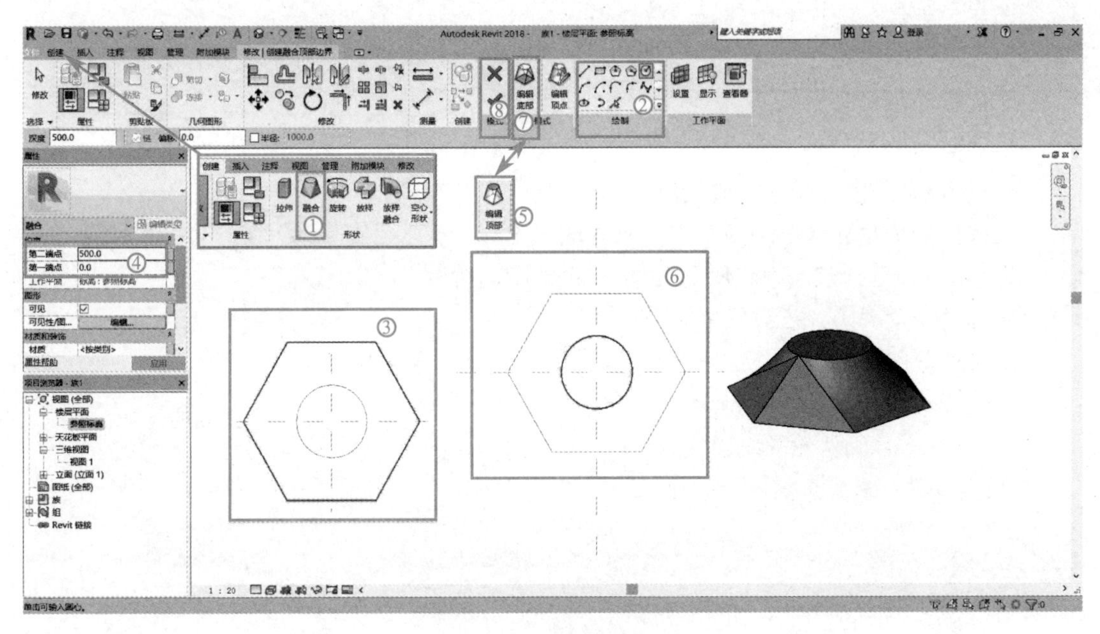

图 1-63　创建融合操作

3. 放样

拉伸操作创建的是一个底面和顶面一致，而且中间是直线的物体，如果连接两个面的是曲线，可以用放样操作来实现。两个面的闭合线称为轮廓，连接两个面之间的部分用“路径”表示。

如图 1-64 所示，选择参照标高平面或者其他参考面视图：

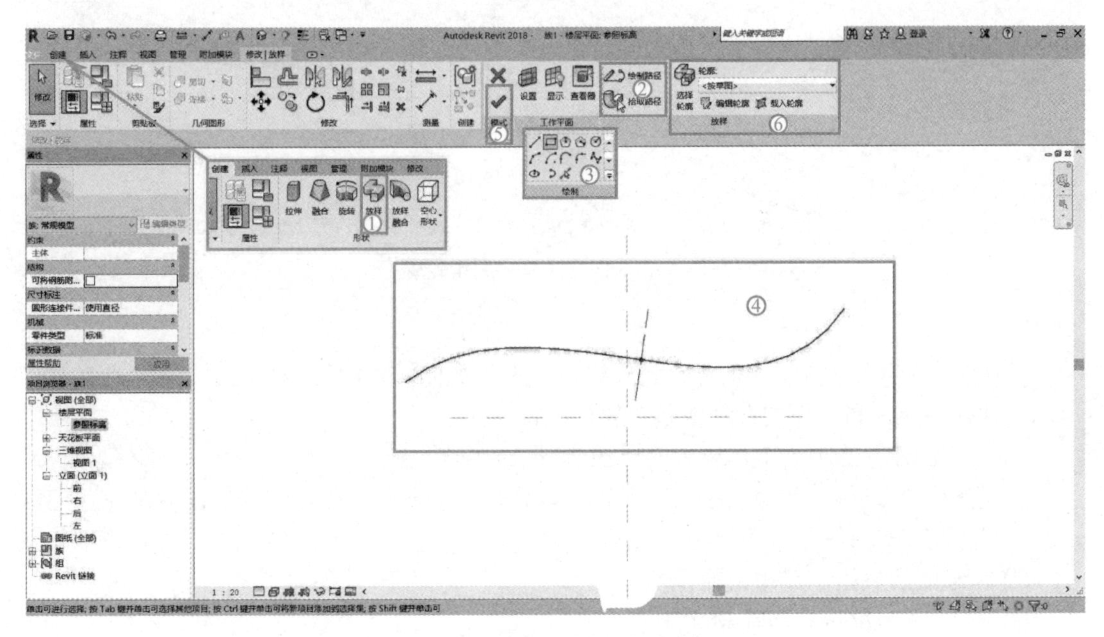

图 1-64　创建放样—绘制路径

① 在“创建”选项卡中选择“放样”；

② 选择绘制路径（新绘制路径）或者拾取路径（拾取已经存在的线条作为路径）；

③ 选择绘制工具；

④ 在绘图区域绘制一条路径；

⑤ 点击✔，确认路径绘制完成；

⑥ 选择编辑轮廓（新绘制轮廓）或者载入轮廓（载入已有轮廓）。

接下来，以选择“编辑轮廓”为例，如图 1-65 所示：

① 选择一个视图，进行轮廓编辑；

② 选择绘图工具；

③ 绘制封闭曲线作为轮廓线；

④ 点击✔，确认轮廓编辑完成；

⑤点击✔，确认放样操作完成。

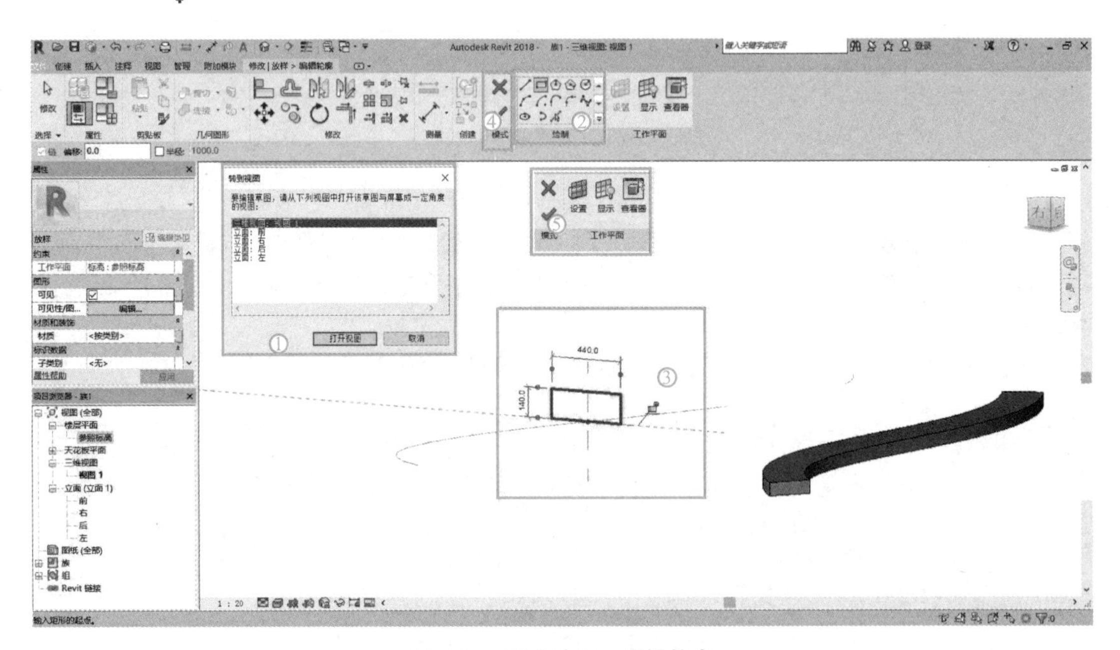

图 1-65　创建放样—编辑轮廓

4. 放样融合

放样融合和放样类似，不同的是：放样融合两个顶面的轮廓不一样。具体操作如图 1-66 所示，选择参照标高平面或者其他参考面视图：

① 在“创建”选项卡中选择“放样融合”；

② 选择绘制路径（新绘制路径）或者拾取路径（拾取已经存现的线条作为路径）；

③ 选择绘制工具；

④ 在绘图区域绘制一条路径；

⑤ 点击✔，确认路径绘制完成。

接下来如图 1-67 所示，分别绘制放样融合的两个顶面轮廓：

① 选择轮廓 1，点击编辑轮廓；

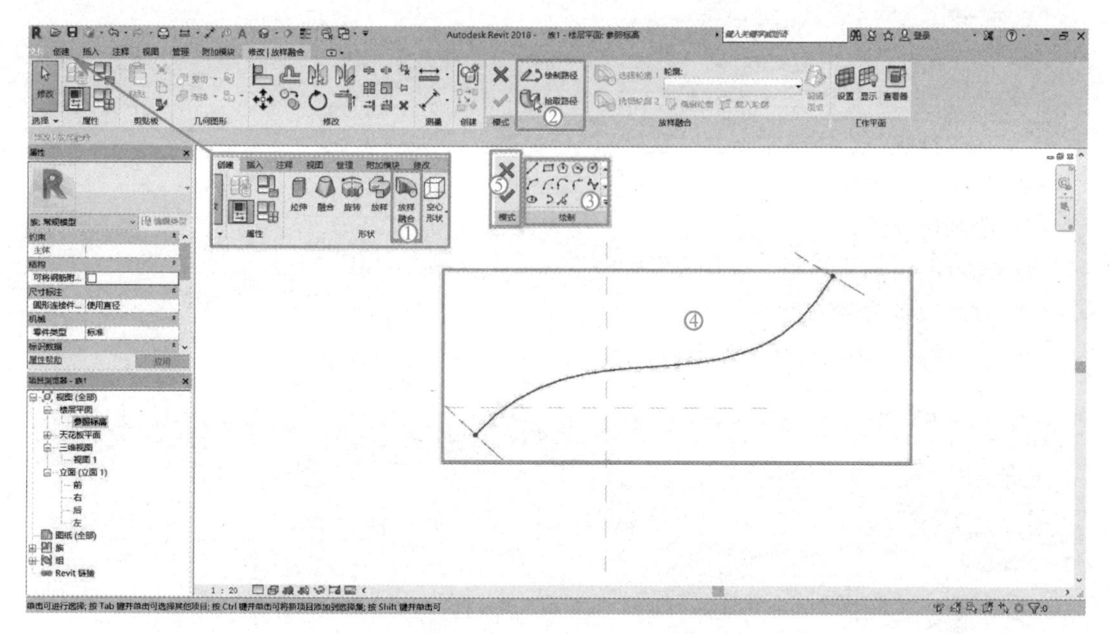

图 1-66　创建放样融合—绘制路径

② 选择绘图工具；

③ 绘制封闭曲线作为轮廓线；

④ 点击✔，确认轮廓 1 编辑完成；

⑤选择轮廓 2，点击编辑轮廓，编辑完成后点击④✔，确认轮廓 2 编辑完成；

⑥点击✔，确认放样融合操作完成。

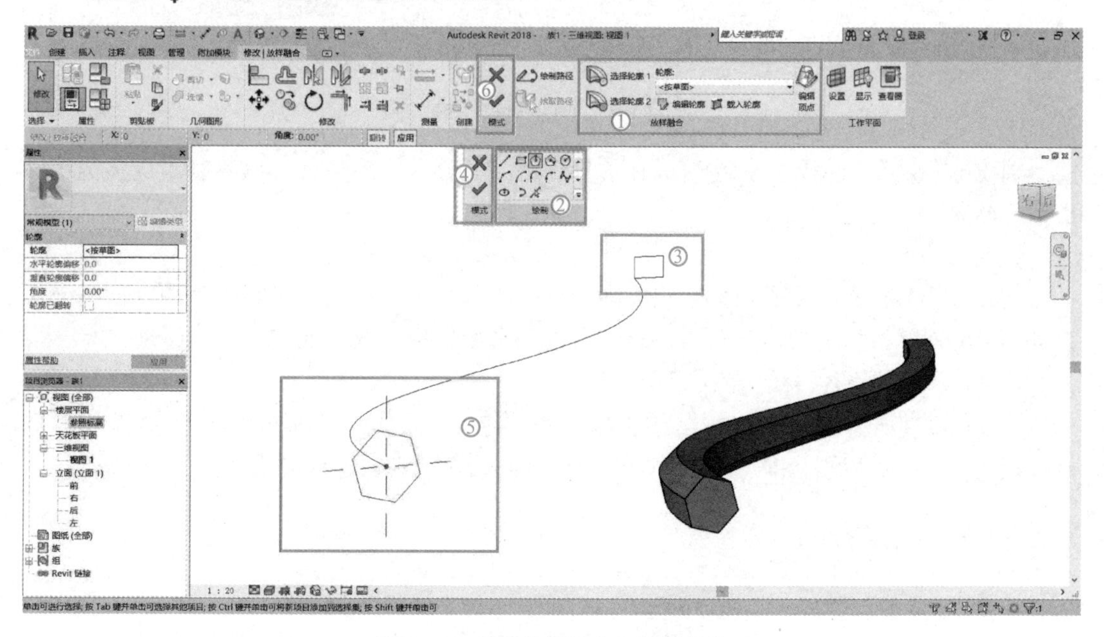

图 1-67　创建放样融合—编辑轮廓

5. 旋转

绘制一条边界线，然后设置一条轴线，边界线绕轴线旋转形成旋转体。具体操作如图 1-68 所示，选择立面“前”视图或者其他参考面视图：

① 在“创建”选项卡中选择“旋转”；

② 选择“边界线绘制工具”；

③ 绘制边界线；

④ 选择旋转轴线绘制工具，或者轴线拾取线工具；

⑤ 绘制或者拾取轴线；

⑥ 点击，确认旋转绘制完成。

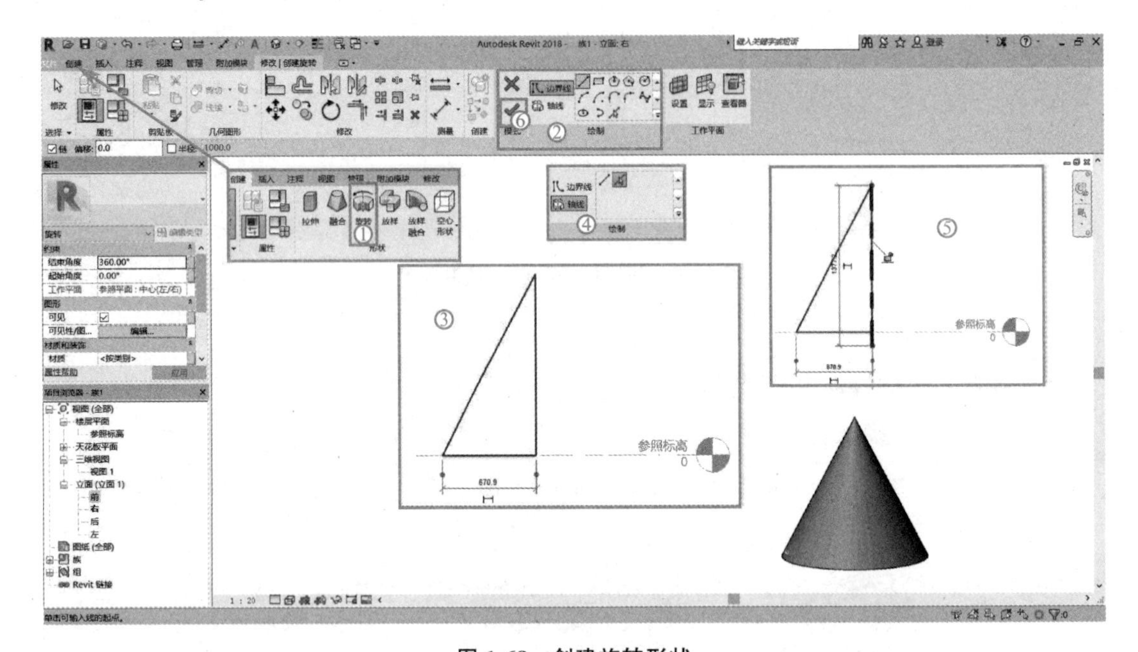

图 1-68 创建旋转形状

轴线不一定要在边界内，也可以在边界线外，充分发挥想象，可以绘制出更多的旋转形状，如圆环（图 1-69）。

6. 空心形状

空心形状分别有：空心拉伸、空心融合、空心放样、空心放样融合，是用上面的方法挖去相应的形状。所有的形状都可以在“属性”选项栏中修改切换“空心”还是“实心”。

7. 载入到项目和保存

内建族建设完成后，可以保存为扩展名为“. rfa”的族文件或者扩展名为“. rft”的族样板文件，也可以点击（载入到项目），直接载入到正在建设的模型中。

1.3.3 族应用案例

建族的操作根据人的行为习惯开发，因此操作并不复杂，但要把模型分解成为给定的几种操作就需要更多的案例演练。下面就几个案例作供参考学习。

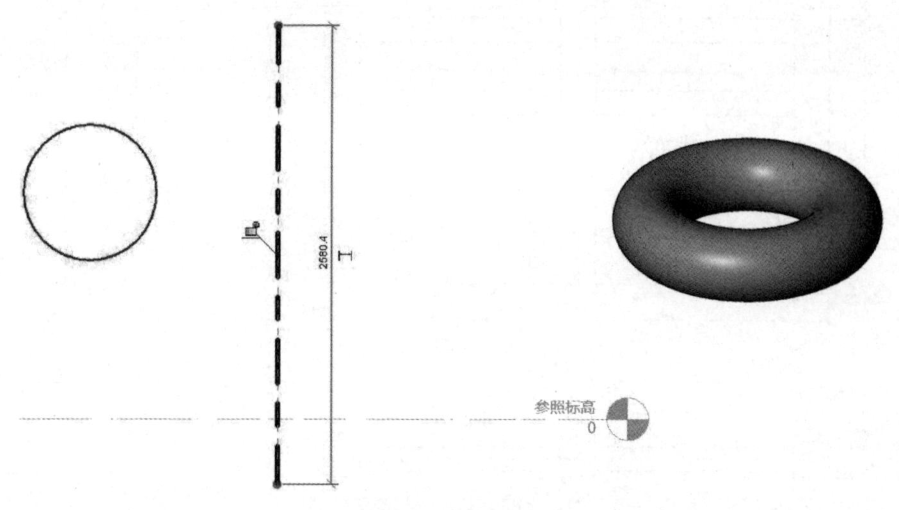

图 1-69　绘制圆环

1. 木栏杆

2021 年第 6 期“1＋X”BIM 证书考试题目，题目要求：根据图 1-70 所示给定尺寸，创建木栏杆模型，整体材质为“红木”，将模型以“木栏杆＋考生姓名”保存至本题文件夹中。

1）在参照标高视图，用拉伸命令按照俯视图中的尺寸在中间绘制 150×150 的矩形边界线（图 1-71a），设置拉伸终点为 1000，绘制出中间的矩形柱。

2）打开前视图，调整好已绘制的图形，复制到左右两边（图 1-71b）。

3）打开前视图，用拉伸命令画出图纸其余部分（如图 1-72 所示，也可分开绘制），设置拉伸终点为 100。

4）开左视图，按照图纸调整好位置。

5）用连接命令连接各个部分（图 1-73a），设置材质为“红木”，完成并保存（图 1-73b）。

2. 储水罐

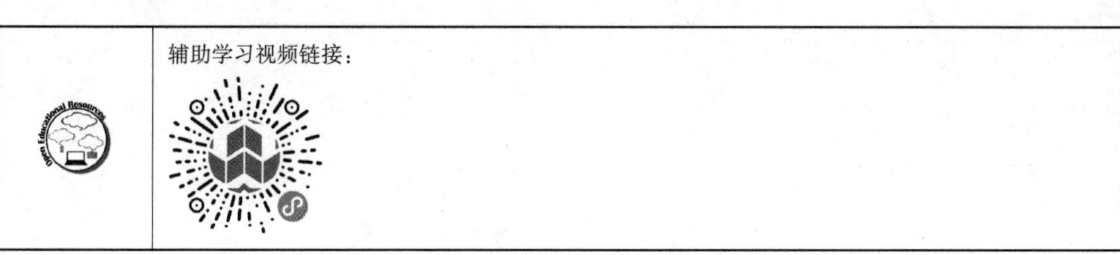

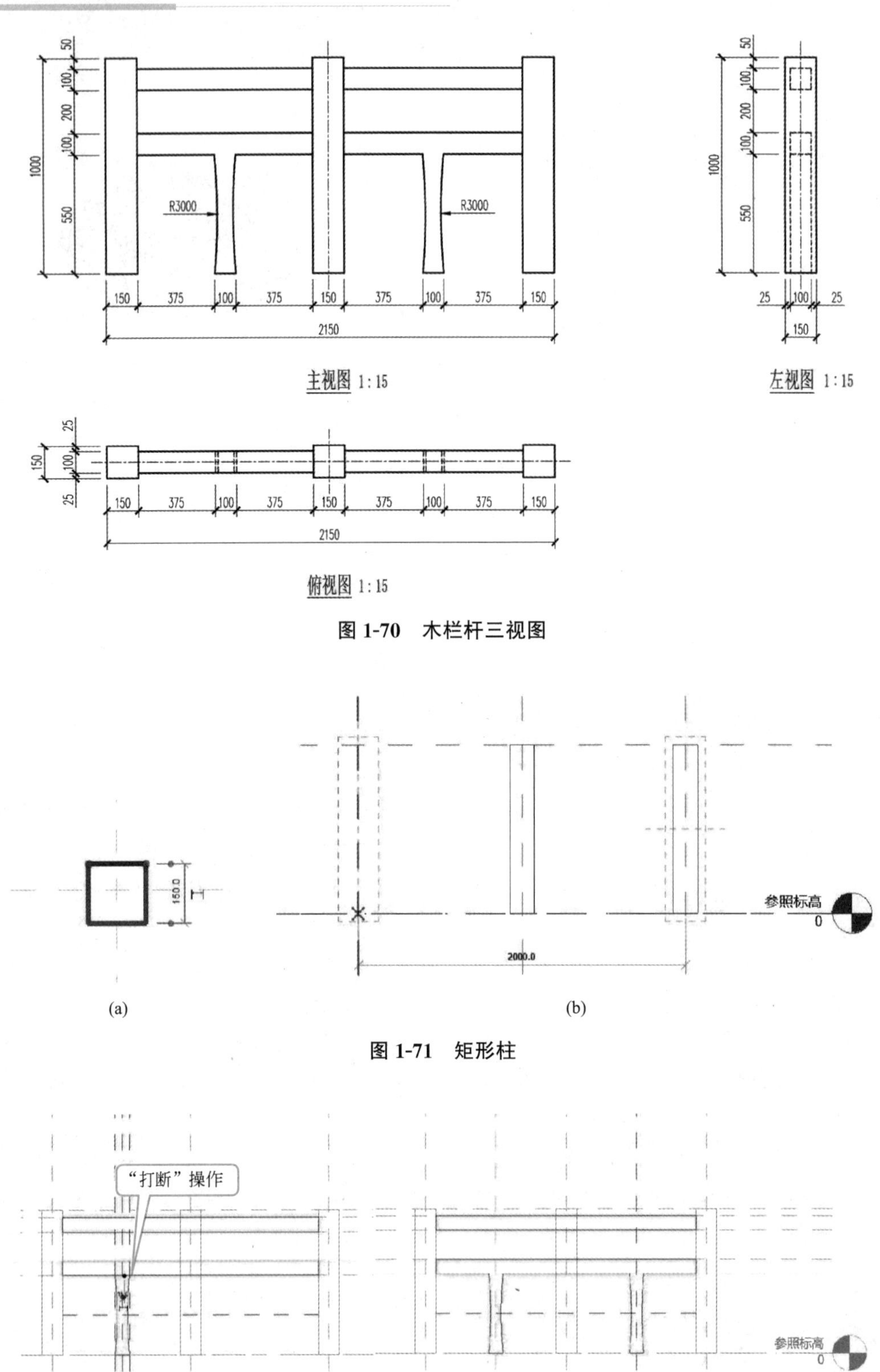

图 1-70　木栏杆三视图

图 1-71　矩形柱

图 1-72　绘制其余部分

图 1-73　木栏杆完成图

2020 年第 1 期“1＋X”BIM 证书考试题目，题目要求：按照图 1-74 所示中尺寸，创建储水箱模型，并将储水箱材质设置为“不锈钢”，结果以“储水箱＋考生姓名”为文件名保存在考生文件夹中。

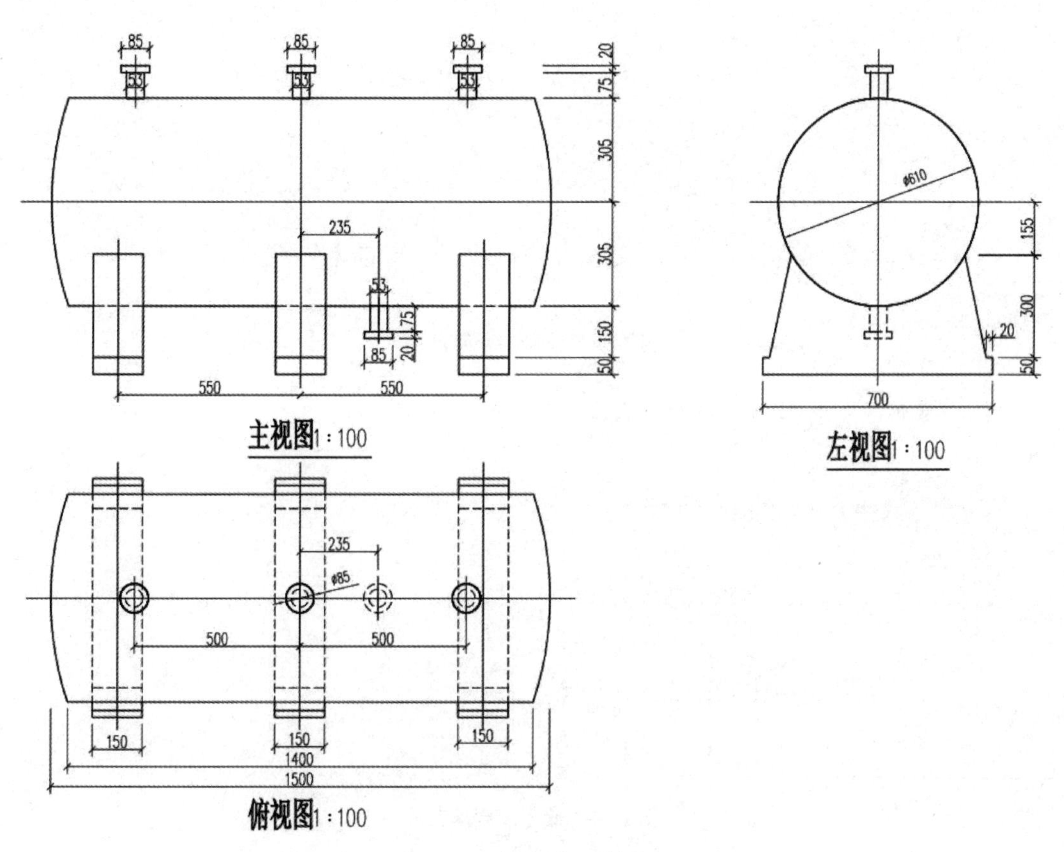

图 1-74　储水罐三维视图

1）用旋转命令绘制罐体：在参照标高视图按照图纸设置参照平面，用旋转命令绘制出罐体下一半的边界线（如图 1-75a 所示，注：用边界线中的直线和起点终点半径弧画出，后用轴线完成旋转，如图 1-75b 所示）。

2）在左视图查看是否与图纸上一致（如图 1-75c 所示），不一致则做调整。

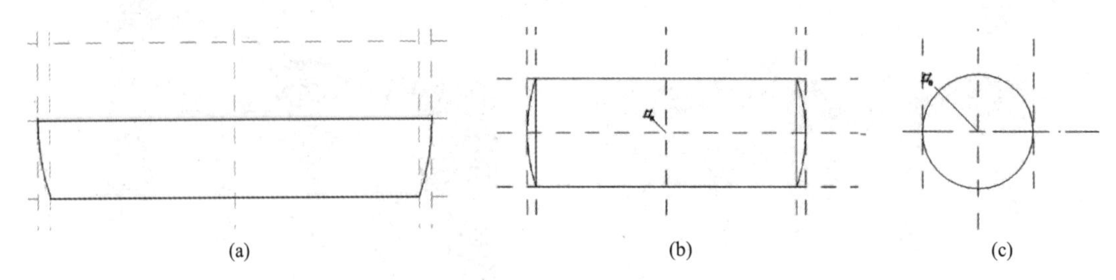

图 1-75　绘制罐体

3）用拉伸命令画支座部分：打开左视图，按照图纸绘制出支座的边界线（图 1-76a），完成拉伸（图 1-76b）。

4）在前视图调整支座的位置与符合图纸要求（图 1-76c）。

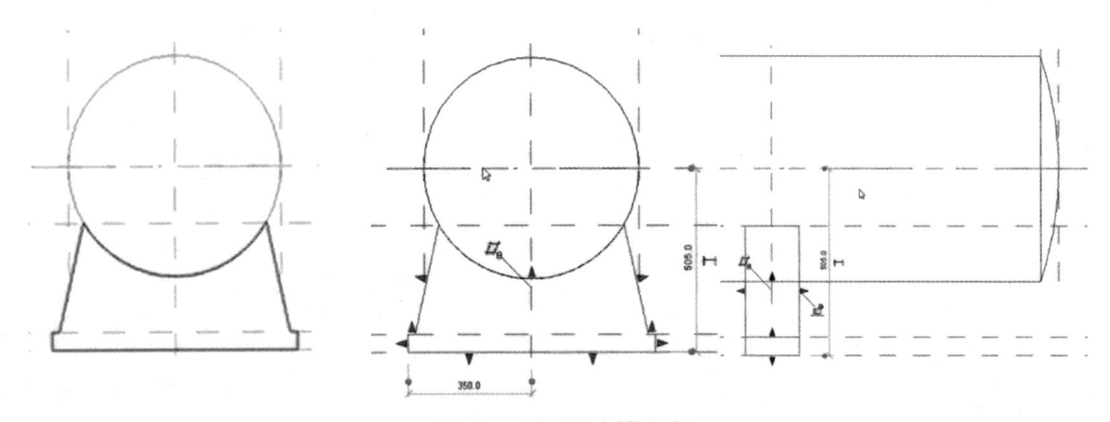

图 1-76　绘制储水罐底座

5）用复制命令复制出另外两个支座（图 1-77）。

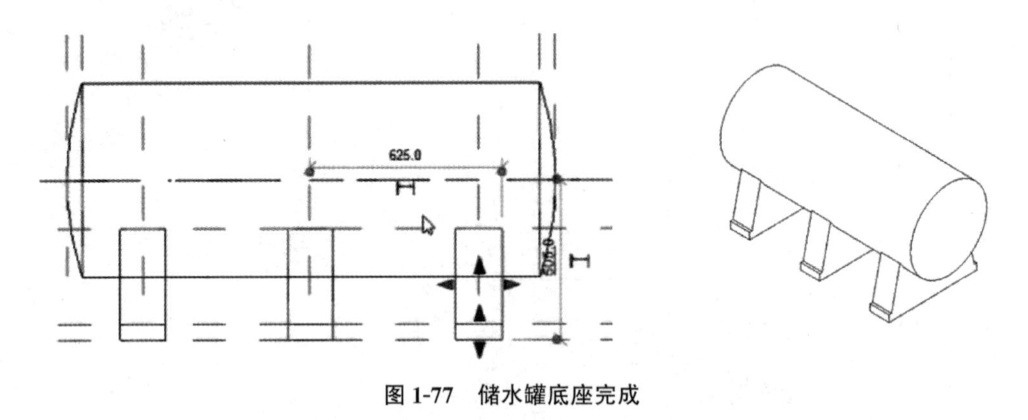

图 1-77　储水罐底座完成

6）用旋转命令绘制上面的注水口和下面的出水口。在前视图设置好参照平面，根据图纸，复制出另外两个注水口（图 1-78）。

7）绘制完成之后，用“连接”命令连接好各部分，并设置材质为“不锈钢”，最后保存（图 1-79）。

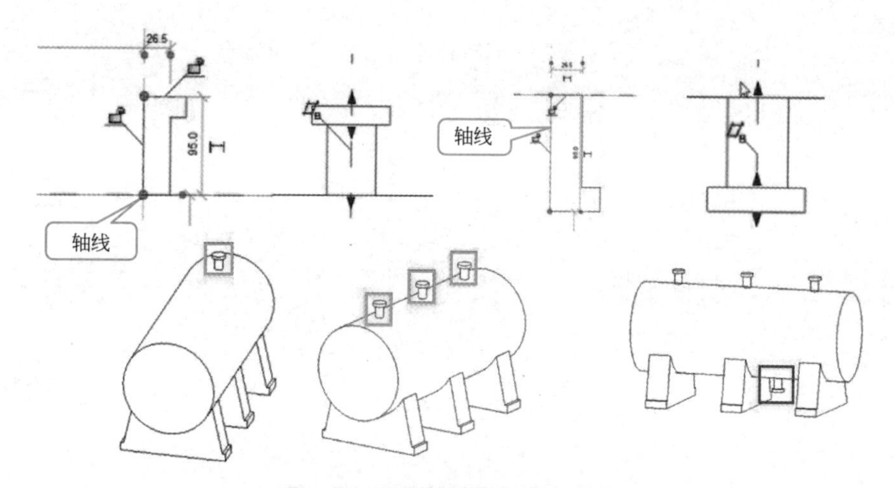

图 1-78　储水罐注水口和出水口

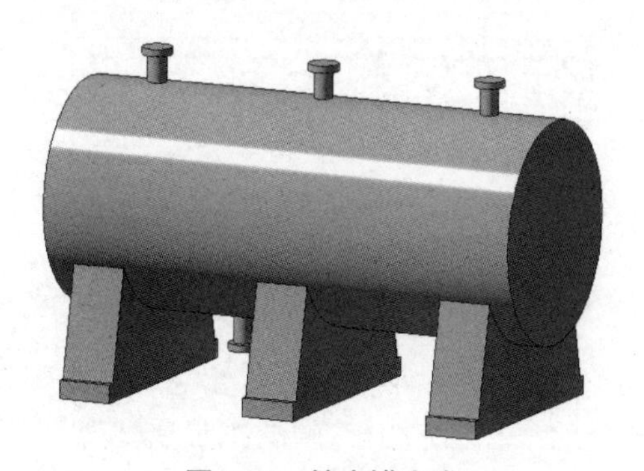

图 1-79　储水罐完成

3. 钢拱桥

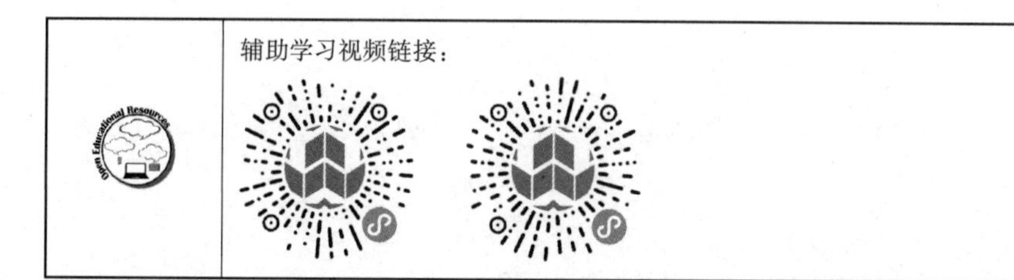

2021 年第 6 期的“1＋X”BIM 证书考试题目，题目要求：根据图 1-80 所示给定尺寸，创建钢拱桥模型，建模方式不限，工字钢均位于拱肋下方中心处，桥面材质为“混凝土”，其余材质均为“钢”，请将模型以“钢拱桥＋考生姓名”保存至本题文件夹中。

根据图纸分析，钢拱桥分为 4 个部分来绘制：桥面、拱形受力柱、横梁、工字钢索，主要使用拉伸命令完成。

下面为钢拱桥的具体操作步骤：

1）在参照标高视图按照图纸设置一个参照平面定位出桥面的具体位置，用拉伸命令中的矩形工具绘制 22 000×150 000 的矩形框，设置拉伸终点为 2000，完成桥面绘制。

2）在前视图，用参照平面定位出拱形受力架的高度，再用拉伸命令中的起点→终点

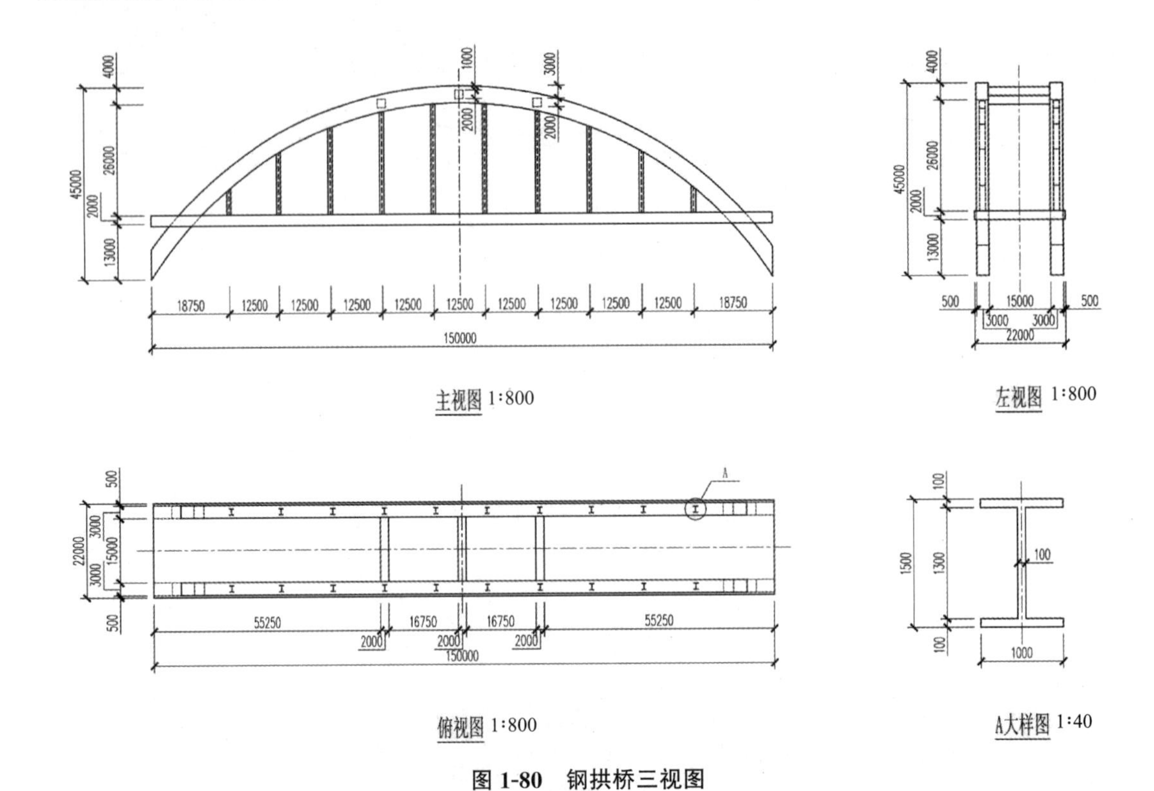

图 1-80　钢拱桥三视图

→半径弧命令按图纸绘制出下面一条拱形受力架的轮廓线，并用偏移命令绘制出另一条轮廓线，用裁剪命令裁剪多余的线，绘制出一侧的拱形受力架，用镜像命令绘制另外一侧（图 1-81）。

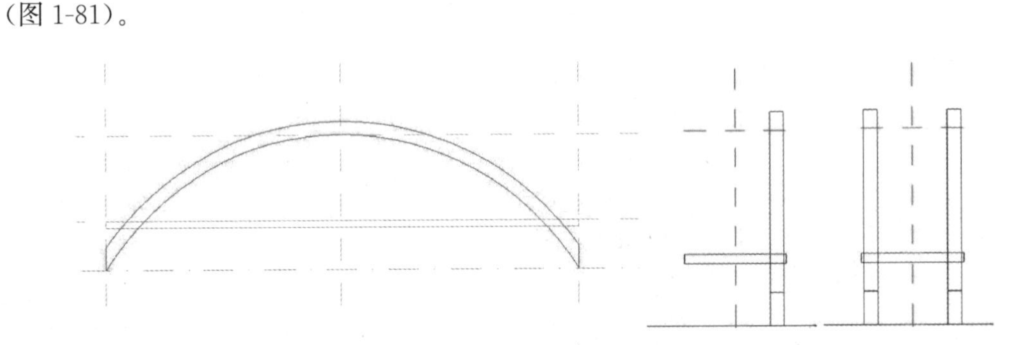

图 1-81　绘制钢拱桥拱形受力架

3）用拉伸命令绘制横梁并复制（图 1-82）。

4）用拉伸命令绘制“工”字形拉杆，根据图纸复制到相应的位置，然后设置不同的拉伸终点（图 1-83）。

5）连接相同材质的构件，设置“混凝土”和“钢”材质，保存文件（图 1-84）。

1.3.4　概念体量

概念体量（Mass）也是一种族，简称“体量”。体量设计环境是为了创建概念体量而

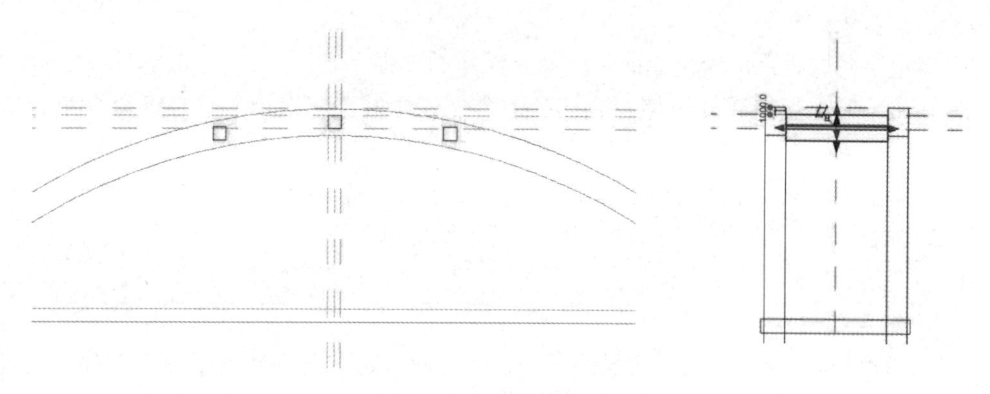

图 1-82　绘制钢拱桥横梁

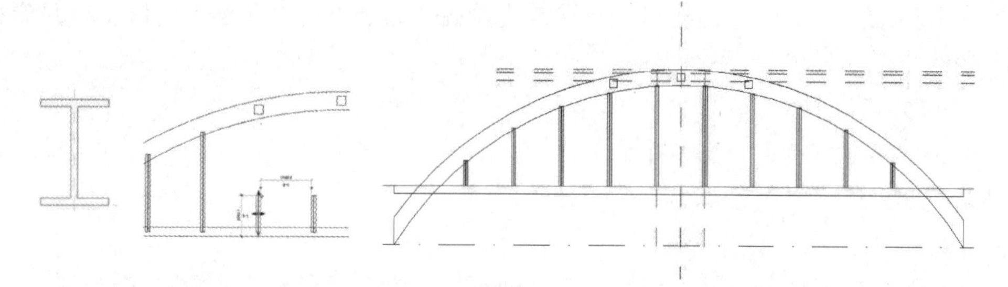

图 1-83　绘制钢拱桥“工”字型拉杆

图 1-84　钢拱桥完成

开发的一个操作界面，在这个界面用户可以专门用来创建体量。

“Mass” 的原意是巨大、大量的（东西），因此，概念体量在整个建筑设计过程中比较适合在概念设计段使用。目前也有用户将它用在施工图阶段，但是为了准确定位，还是会有一定的工作量。

体量除了创建复杂形体之外，在修改推敲模型方面也是非常灵活和方便的。并且它也同样继承和延续了 BIM 的属性。概念设计环境也是一种族编辑器，在该环境中，可以使用内建和可载入的体量族图元来创建概念设计。

Revit 中，体量与族都是以“. rfa”格式存放，都需要载入到项目中作为族构件使用。

但，族与体量的区别有：

① 体量绘制过程是由线生成面、由面生成体的过程完成；

② 族的绘制过程是通过拉伸、放样、融合、放样融合、旋转、空心等命令组合来生成形体；

③ 在体量中可以是不闭合的线条和图形；而在族中就不行，无论采用“拉伸、放样、融合、放样融合、旋转”哪一种命令，轮廓线必须是闭合的。

由于以上的区别，体量与族的操作界面和工具具体有以下不同：

1. 编辑环境不同

体量编辑环境与族编辑环境明显的区别在于：前者是在三维标高平面中创建，后者是在平面标高创建。

2. 建模工具不同

族主要借助拉伸、融合、旋转、放样、放样融合几个工具创建形状，体量就只有模型线、参照线来创建形体。

3. 建模方式不同

族的创建是通过特定的工具绘制出形体，体量则是通过绘制几何图形生成实体，相对而言体量的建模方式更简单。

4. 形体控制方式不同

通过族绘制的形体，若是使用拉伸工具创建的形体只能利用拉伸命令编辑形体，其他命令绘制的形体也一样，体量绘制的形体可以不受拘束，可以编辑整体形状、某一个面，或者一条线段，甚至一个点，体量中可以通过参照点来约束控制形体，是族环境中没有的功能。

5. 表面网格划分

体量提供了分割表面的工具，通过 UV 网格或交点的形式将表面进行了有理化，进而一些复杂的单元构件便可以通过划分的网格进行填充。

1.3.5 体量基本操作

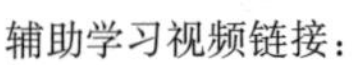

辅助学习视频链接：

在体量设计环境中，建筑师可以进行下列操作：

① 创建自由形状；

② 编辑创建的形状；

③ 形状表面有理化处理；

④ 体量研究。

1. 新建体量

新建体量的操作如图 1-85 所示，①主界面→族→新建→②概念体量→③公制体量→设置文件名→④打开。

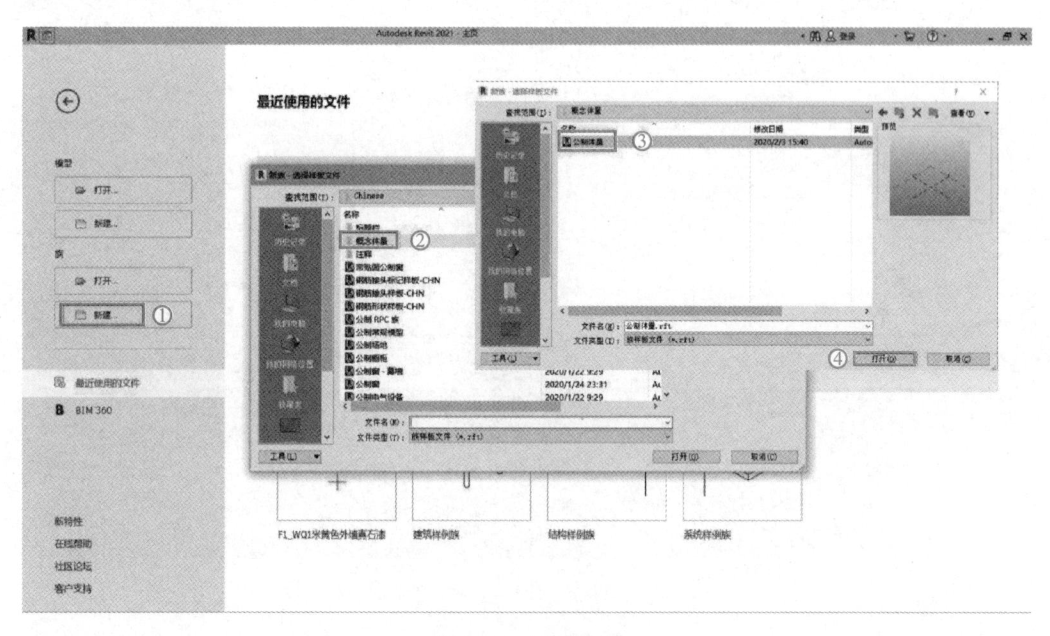

图 1-85　新建体量

2. 创建自由形状

1）选择操作平面

在体量编辑界面中用“显示”开关来显示当前的操作平面。如图 1-86 所示①为关闭状态，②为打开状态。

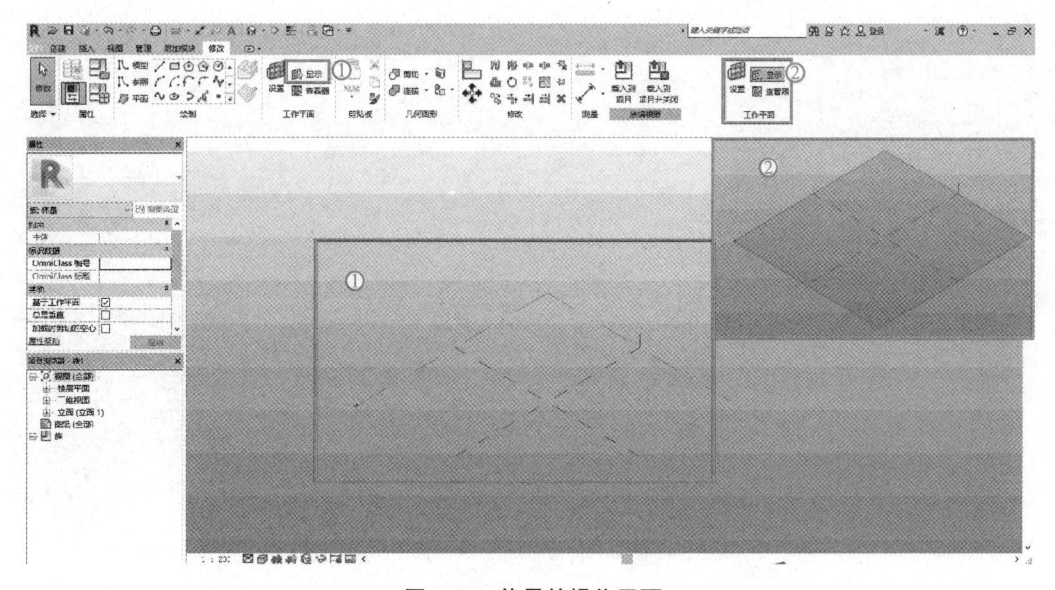

图 1-86　体量的操作平面

需要切换操作平面如图 1-87 所示：①点击设置→②选择（拾取）操作平面→③（可选）显示操作平面。

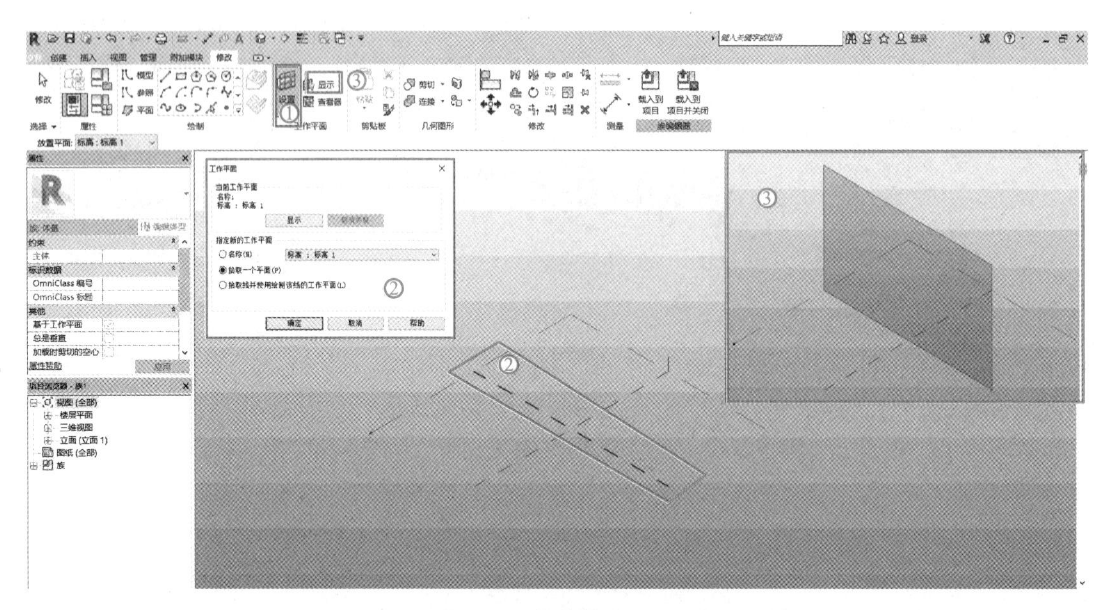

图 1-87　切换操作平面

2）绘制图形、创建形状

在选择操作平面，绘制图形，如图 1-88 所示：①选择绘图工具→②绘制图形→③创建形状→④完成形状。

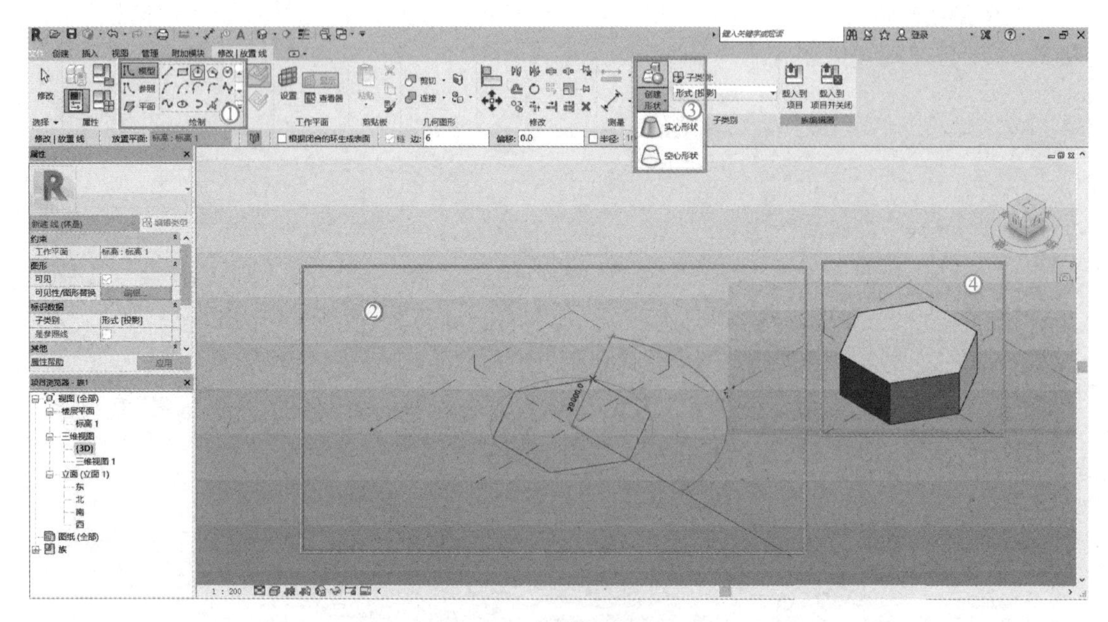

图 1-88　切换操作平面

3. 编辑形状

1）拖拽

创建形状完成后，在形状点选“边”或者“面”，则在形状上出现的坐标系，选择坐标的轴进行拖拽，完成对形状的修改（图 1-89）。

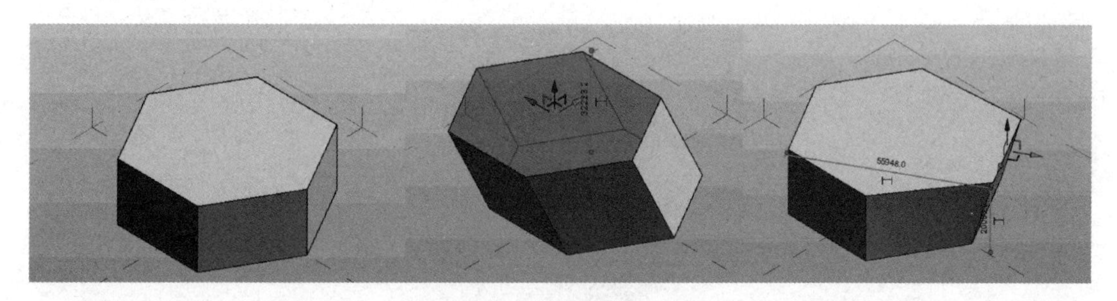

图 1-89　切换操作平面

2）添加边

添加边操作是在形状上添加垂直的边，具体操作及对应模型效果如图 1-90 的①。

3）添加轮廓

添加轮廓边操作是在形状上添加平行于底面的一个截面，具体操作及对应模型效果如图 1-90 所示的②。

4）融合

融合操作可以删除已经添加的轮廓，具体操作及对应模型效果如图 1-90 所示的③。

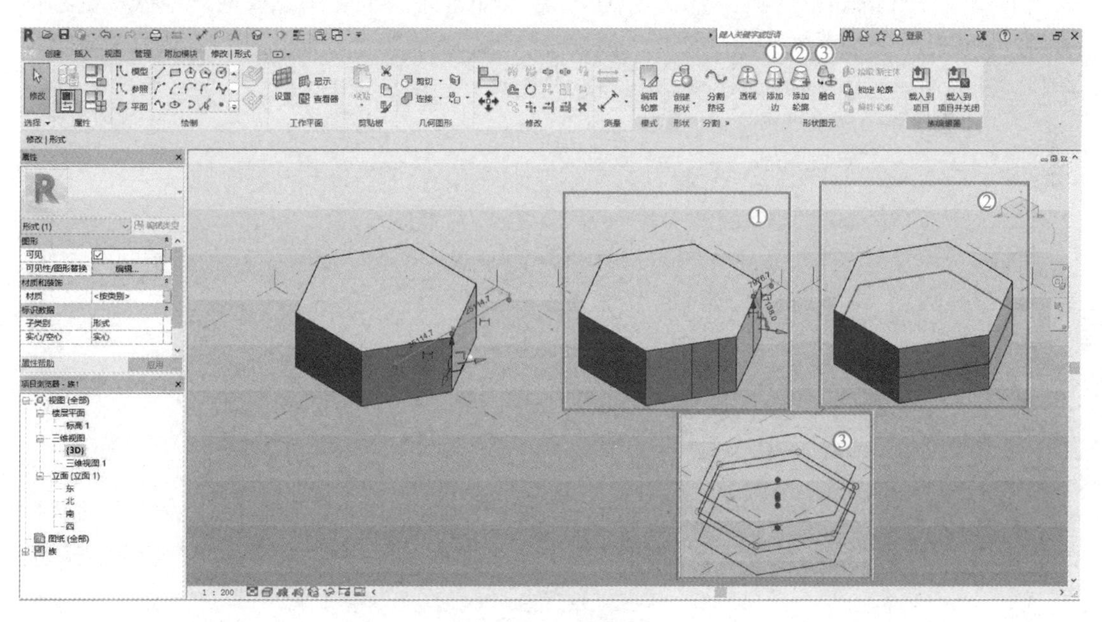

图 1-90　编辑形状

4. 形状表面有理化处理

有理化主要是处理建筑的表面形式，具体操作如图 1-91 所示：①选择形状表面→②点击“分割”→③设置封→④分割表面→⑤形成有理化处理的表面→⑥选择表面填充的图案→⑦形成六边形填充的表面。

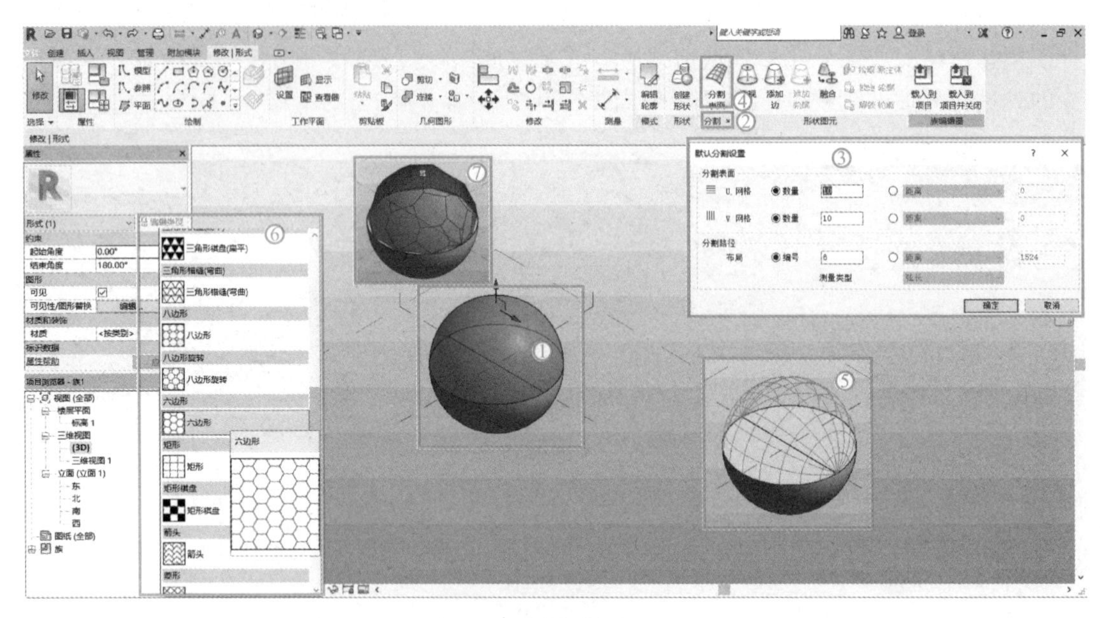

图 1-91　表面有理化处理

5. 体量研究

将体量模型引用到 Revit Architecture 项目文件中，并继续对其进行修改。将体量导入到 Revit Architecture 的项目环境当中后，在项目环境里面，可以选取已经做成的一些曲面、斜面生成幕墙系统、墙、楼板、屋顶等；可以生成体量楼层，然后对体量模型楼层面积、外表面积、体积和周长分析，可将这些值统计在明细表中去。

1.3.6　体量案例

体量的操作与族不一样，但可以由体量操作实现族的基本操作：拉伸、融合、旋转、放样、放样融合，以下用这些基本操作作为体量的案例。

1. 拉伸

前面已经介绍过用体量操作实现拉伸如图 1-88 所示：①选择绘图工具→②绘制图形→③创建形状→④完成拉伸形状。

2. 融合

如图 1-92 所示，①设置两个参考面→②在两个参考面上绘制图形→③选中两个图形（选中其中一个图形，按 Ctrl 键同时选中第二个图形）→④创建形状→⑤完成融合形状。

3. 旋转

如图 1-93 所示：选择参考面→①选择绘制工具→②绘制一个图形和一条旋转轴→③选中两个图形（选中旋转图形，按 Ctrl 键同时选中轴线）→④创建形状→⑤完成旋转形状。

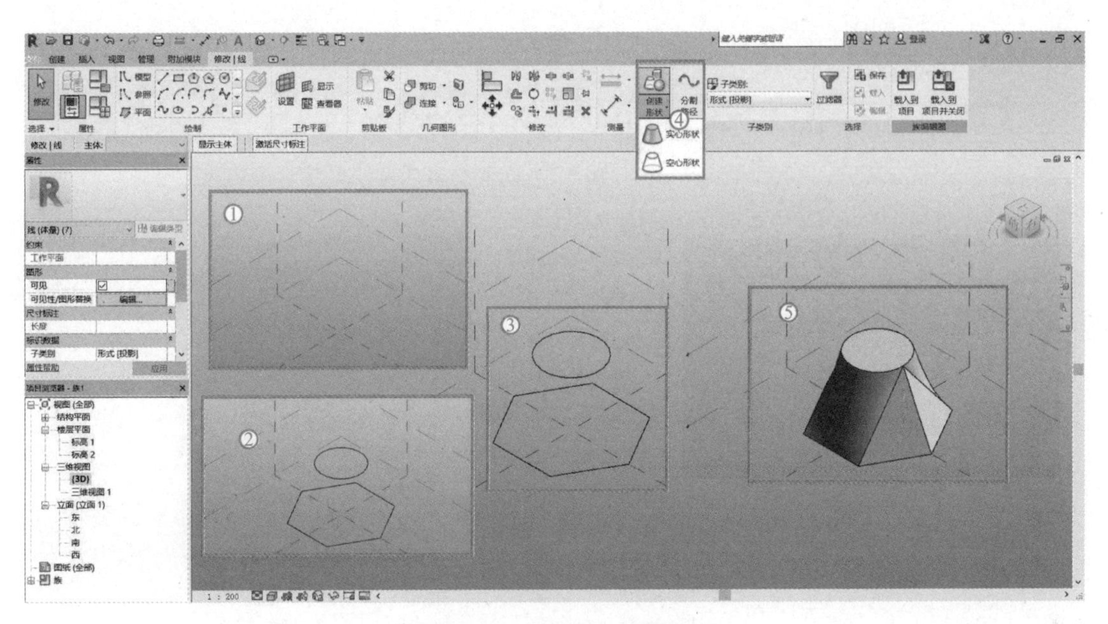

图 1-92　用体量实现融合

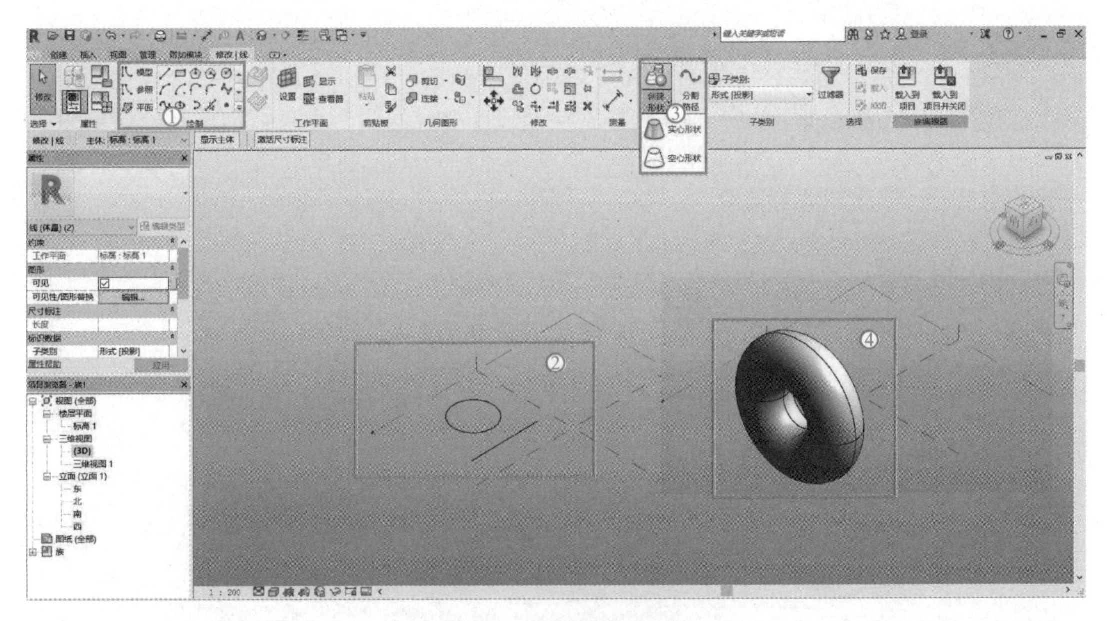

图 1-93　用体量实现旋转

4. 放样

如图 1-94 所示：选择参考面→①在参考平面绘制放样路径→②选择绘图工具中的点→③在路径上找设置一个点→④选择在该点与路径垂直的平面→⑤绘制放样形状→⑥选中两个图形（选中路径，按 Ctrl 键同时选中放样图形）→⑦创建形状→⑧完成放样形状。

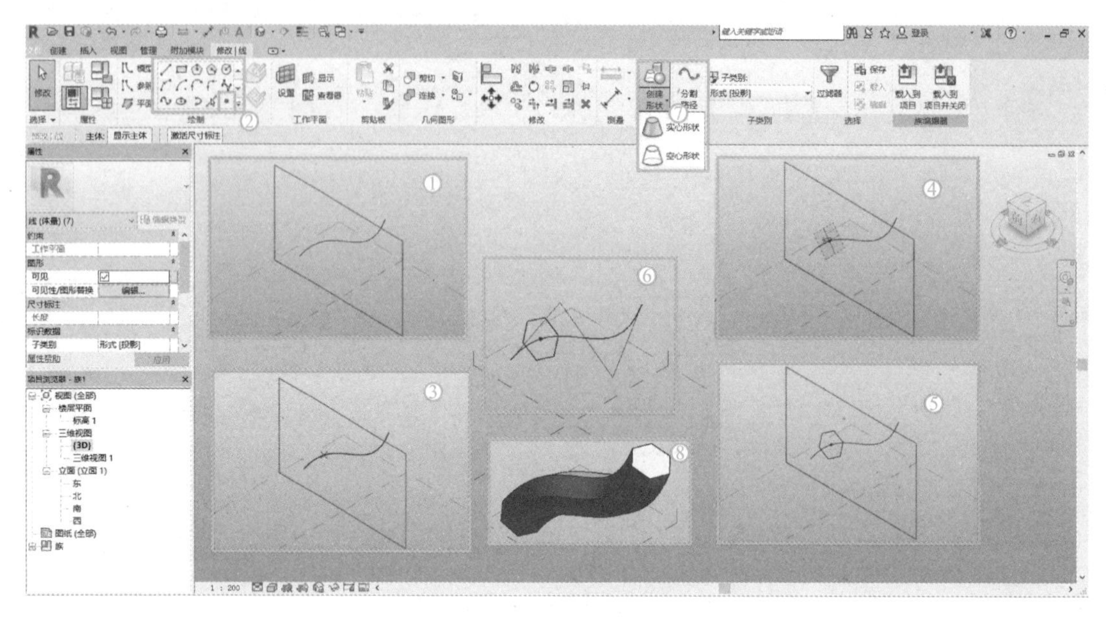

图 1-94　用体量实现放样

5. 放样融合

如图 1-95 所示：选择参考面→①在参考平面绘制放样路径→②在路径上设置两个点→③选择在该点与路径垂直的平面→④分别绘制放样融合的两个垂直截面图形→③选中三个图形（选中路径，按 Ctrl 键同时选中两个放样图形）→⑤创建形状→⑥完成放样融合形状。

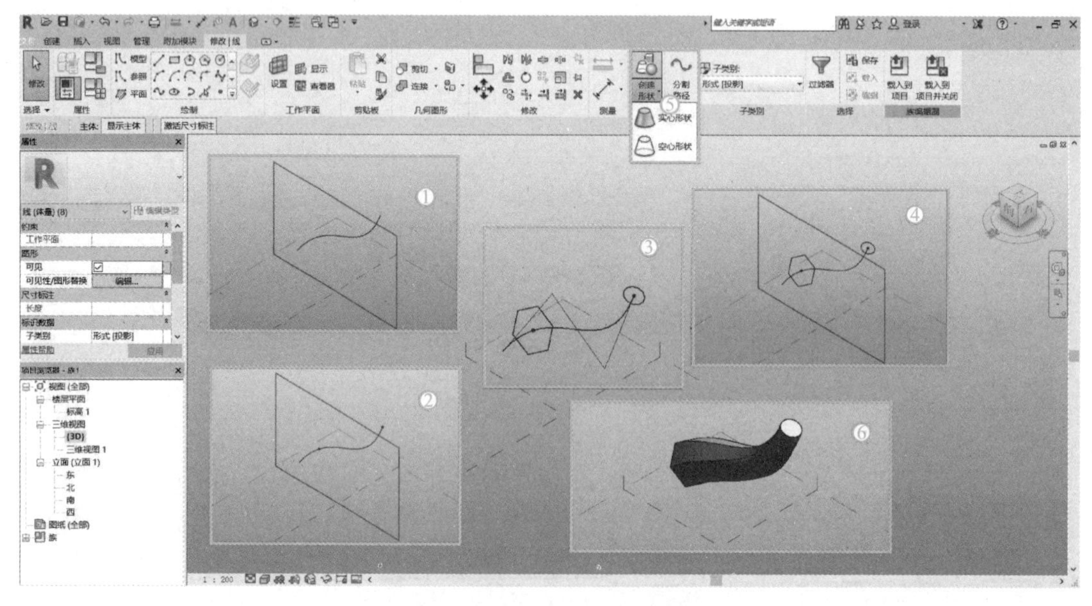

图 1-95　用体量实现放样融合

1.4 建筑建模操作详解

在前面的学习中，通过两间房建模的学习基本了解了 Revit 的使用流程，后勤楼建模的学习基本掌握了 Revit 的使用逻辑，族和体量的学习基本掌握了导入族、内建族，以及体量的建模方面。但很多 Revit 软件的操作和应用并没有涉及，本节的内容可以称为是学习的“脚手架”，提供了使用 Revit 进行建筑建模的主要操作详解的文本和视频演示，在具体案例可以参考。

1.4.1 文件操作和相关设置

	①项目文件； ②族文件； ③相关设置。
	辅助学习视频链接： 

在工程项目中，当需要多个软件协同完成任务时，不同系统之间就会出现数据交换和共享的需求。这时，工程人员都希望能将工作成果（这里就是工程数据），从一个软件完整地导入到另外一个软件，这个过程可能反复出现。如果涉及的软件系统很多，这将是一个很复杂的技术问题。

1994 年 Autodesk 公司发起的一项产业联盟，用于定义建筑信息可扩展的统一数据格式，以便在建筑、工程和施工软件应用程序之间进行交互，产生了 Industry Foundation Class（IFC）。

行业基础类（IFC）文件格式由 BuildingSMART®维护。IFC 为不同软件应用程序之间的协同问题提供了解决方案。此格式确立了用于导入和导出建筑对象及其属性的国际标准。

IFC 提高了整个建筑生命周期中的通信能力、生产力和质量，并缩短了交付时间。由于确定建筑行业中常用对象的标准，因此它使得从一个应用程序到另一个应用程序传输过程中的信息丢失情况减少。

Revit 支持多种行业标准和文件格式，根据类型有以下几种：

① Revit 原生格式：RVT、RFA、RTE 和 RFT；

② CAD 格式：DGN、DWF、DWG、DXF、IFC、SAT 和 SKP；

③ 图像格式：BMP、PNG、JPG、JPEG 和 TIF；

④ 其他格式：ODBC、HTML、TXT 和 gbXML。

本节只介绍由 Revit 生成的文件格式，包括：“. rvt”格式→项目文件，“. rte”格式→项目样板文件，“. rfa”格式→族（体量）文件，“rft”格式→族（体量）样板文件。各个类型的文件，在不同的窗口打开或者新建。

Revit 不同版本软件生成的文件格式有略微的差异，因此不能相互打开。低版本软件生成的文件，用高版本软件打开时，系统会自动进行转换，转换完成后进行保存，则自动生成高版本的格式的文件。高版本软件生成的文件不能由低版本的软件打开，如果要打开，可以先把高版本的文件导出为中间格式（如 IFC），再由低版本的软件打开，但这样打开的文件可能出现不可预测的信息丢失。因此为方便读者阅读，本书的部分介绍基于 2021 版本，但有些具体操作则为 2018 版本，并存成 2018 版本的文件，以方便读者参考。

打开 2021 版本的 Revit（其他版本类似），进入软件的开始界面（图 1-96）。

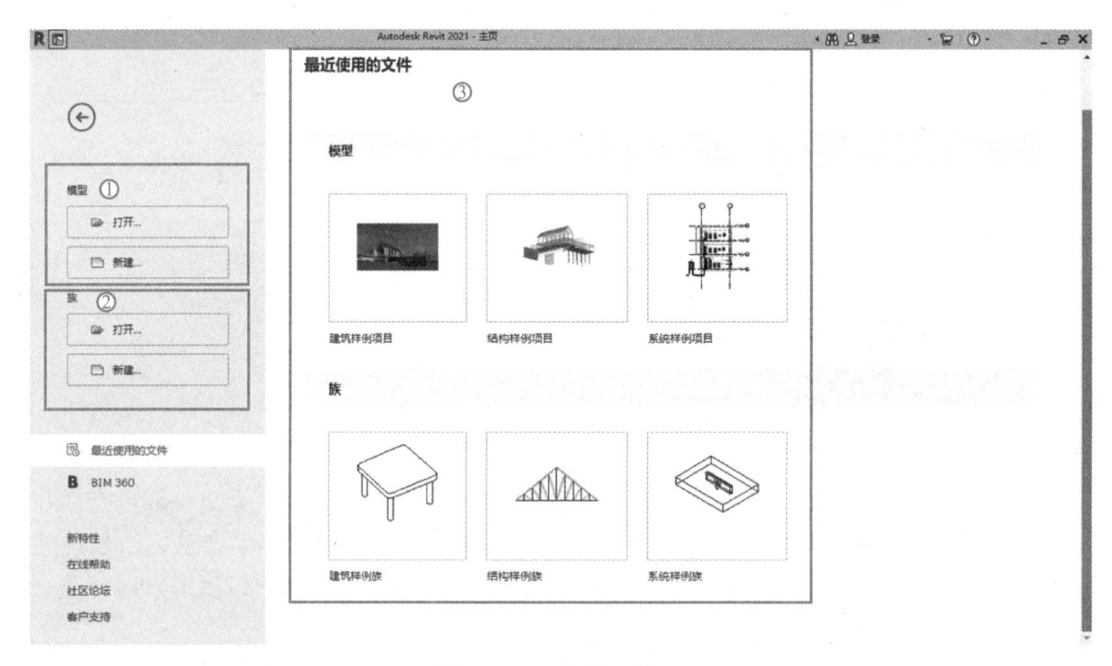

图 1-96　Revit 打开界面

在这个界面里，可以看到由三个主要的部分组成，分别是①模型、②族、③最近使用的历史文件。

1. 项目文件

在图 1-96 的①区域中，可以打开查看做好的项目，还可以新建项目、新建样板，在新建项目的时候，除了可以选择系统自带的样板外，还可以选择已经创建的样板载入。

1）新建项目。

新建项目的操作步骤是：①新建→②选择样板→③项目→④确定（图 1-97）。

2）新建样板

新建样板的步骤是：①新建→②选择项目样板→③选择项目→④确定（图 1-97）。

3）使用已有样板建设项目

使用已有样板建设项目的步骤是：①新建→②浏览（已经建成的样板文件并且进行载

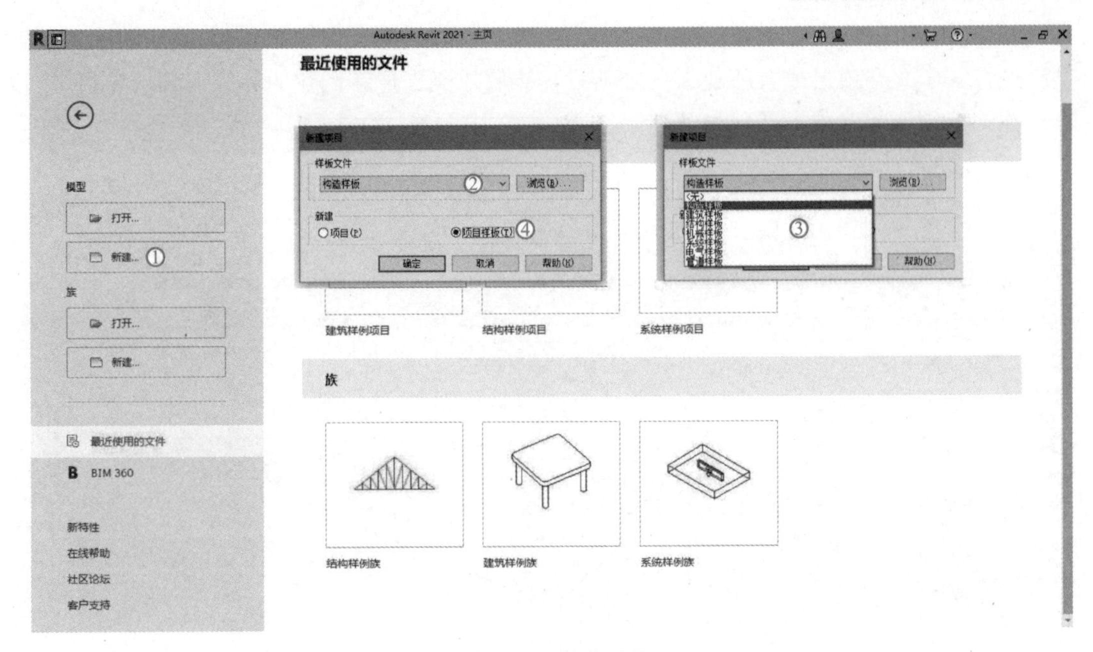

图 1-97　新建项目

入）→③选择新建项目→④确定。

添加内容后另存为新的项目文件即可。

2. 新建族和体量

在图 1-96 的②区域中，可以打开已有的族文件，也可以新建族。

1）新建族

新建族的步骤是：①新建→②选择族样板文件→③打开（图 1-98）。

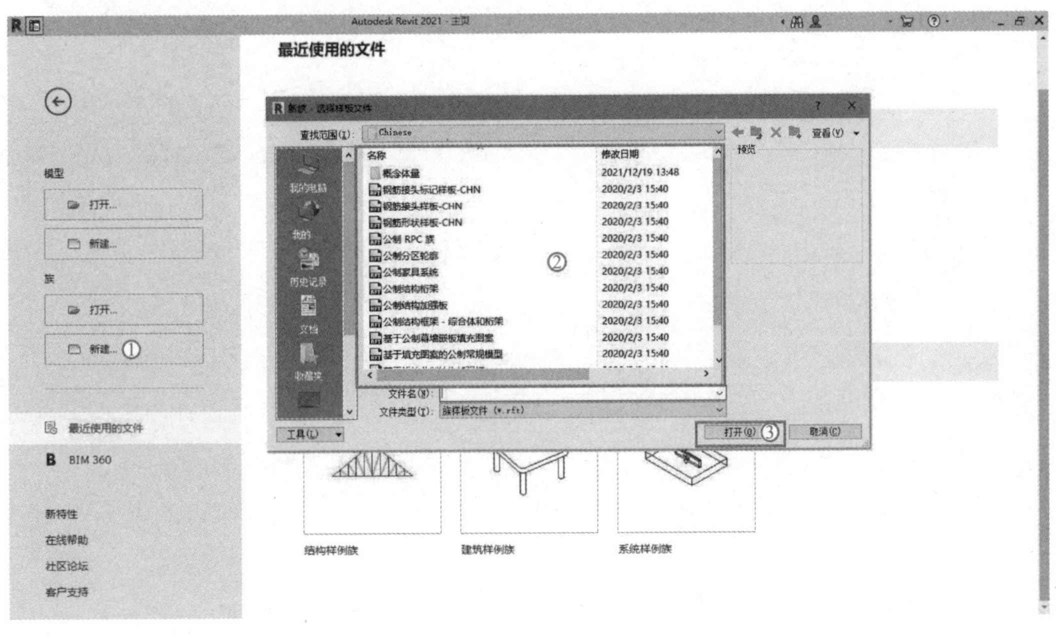

图 1-98　新建族

新建的族可以被保存为单独的可载入族文件，也可以把它直接载入到项目当中（前提是已经打开了一个项目或者新建了一个项目，然后才能去把新创建的族载入到该项目中）。

注：把创建的族载入到项目如图 1-99 所示。

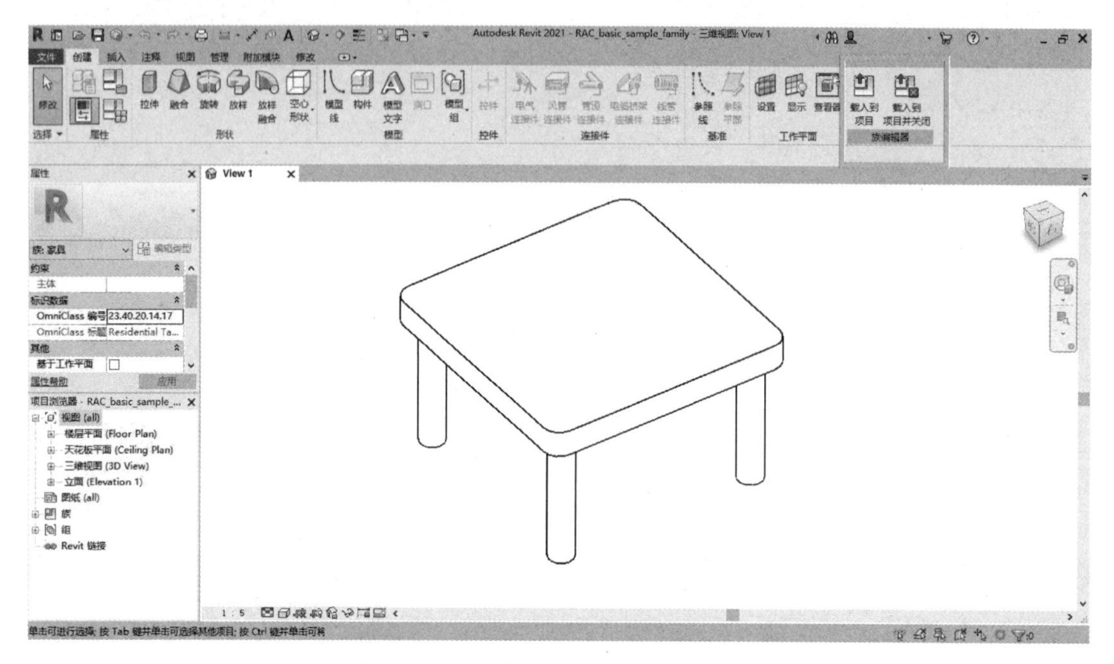

图 1-99　把族载入到正在建设的项目中

2）另存为族文件

保存族文件的步骤是：①文件→②另存为→③族（图 1-100）。

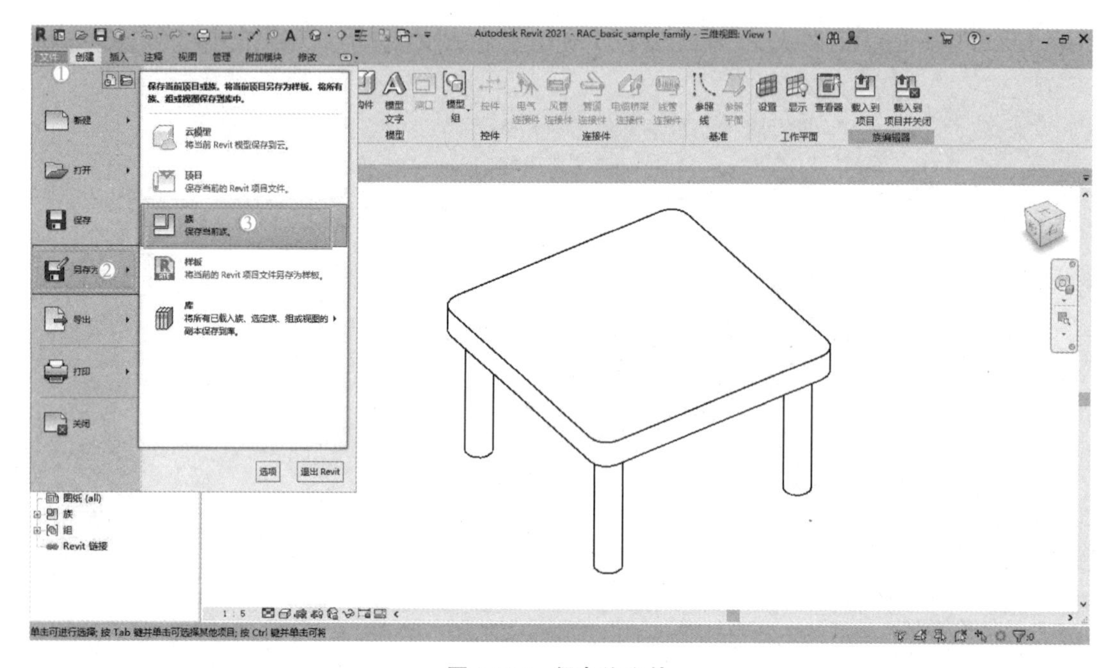

图 1-100　保存族文件

3. Revit 文件设置

在开始项目创建之前，可以根据自己的一些操作习惯对 Revit 进行一些设置，如保存提醒间隔时间、备份的个数、项目浏览器和“属性”选项板的位置摆放、选项卡的显示、背景颜色的设置等等。

如图 1-101 所示，在菜单栏中①打开“文件”，②点击“选项”按钮，③进行设置，本书介绍常用的“常规”“用户界面”“图形”“文件位置”等设置，更多设置可到 Autodesk 的官网中查找。

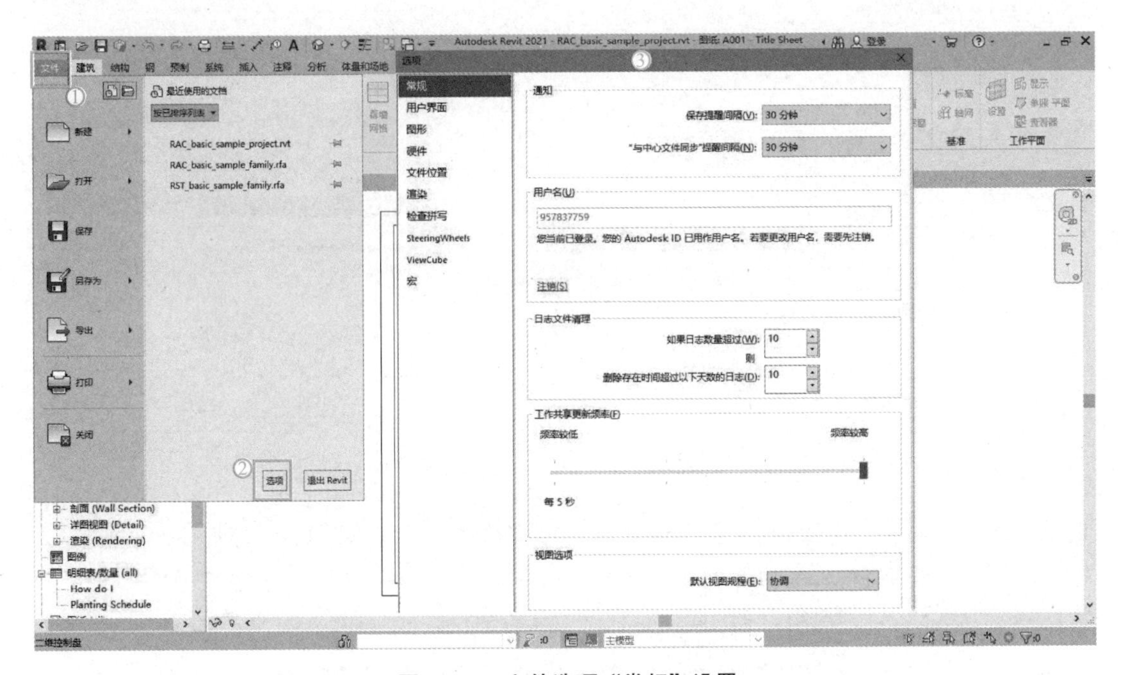

图 1-101　文件选项“常规”设置

1）常规

如图 1-101 所示，在“常规”选项里，可以设置保存提醒间隔时间，形成随手保存的好习惯，以防文件进度意外丢失。

2）用户界面

如图 1-102 所示，在“用户界面”里，主要进行工具和分析的更改、快捷键的自定义、双击选项的定义等等的设置。

工具和分析的更改：可以设置“菜单栏”和“选项卡”的显示，当取消勾选“建筑选项卡和工具”项后，进入到项目创建的界面，上方的“菜单栏”将不会显示“建筑”这一栏，其他选项一样。

快捷键的自定义：点击快捷键的定义，可以更改原先的快捷键，也可以新添加自己定义的快捷键。

双击选项的定义：默认的双击选项是指：“双击对象进行对象的编辑”；比如，双击族时进入到族的编辑界面。可以对双击选项驱动的对象进行更改，自定义。

3）图形

“图形”设置（图 1-103）主要进行背景颜色、选择、警告的颜色显示的更改；如：当

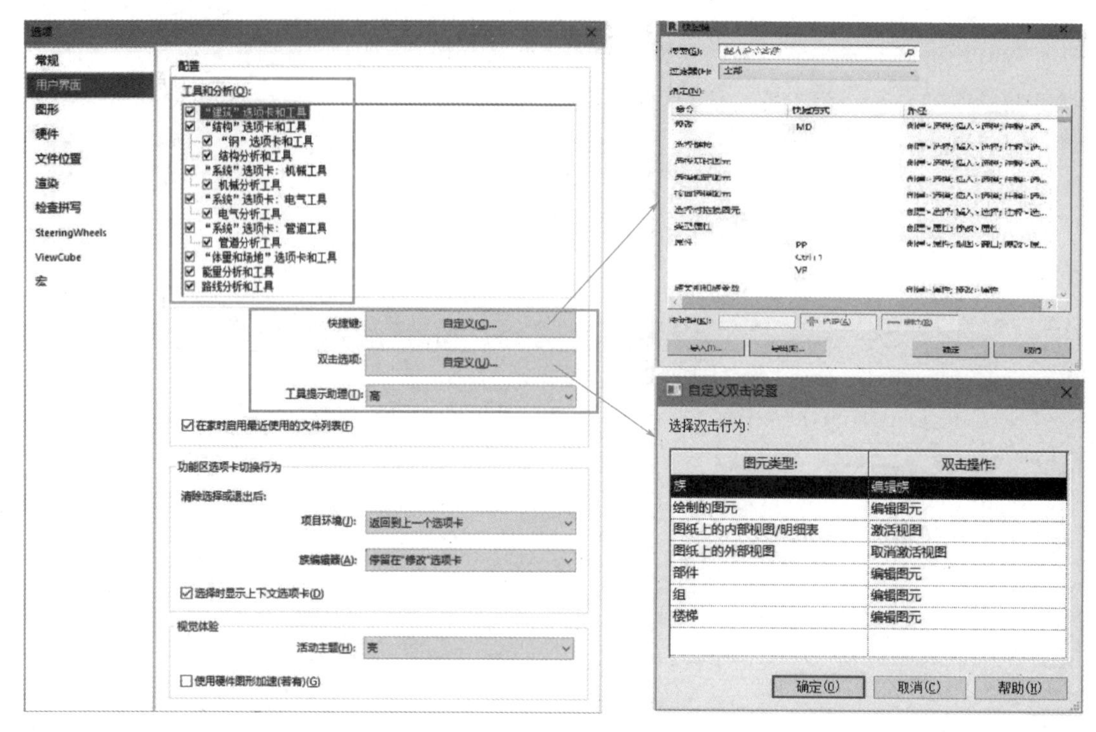

图 1-102 "用户界面"设置

需要链接 CAD 图纸来进行辅助绘图时，可以将背景颜色更改为黑色，方便对 CAD 图纸上的一些线型进行查看。"警告""选中对象"的颜色显示提示，可以根据自己的偏好进行更改。

图 1-103 "图形"设置

4）文件位置

如图 1-104 所示，在文件位置里设置文件默认样板文件路径、保存路径、族样板文件路径、云根路径，系统分析工作流等。

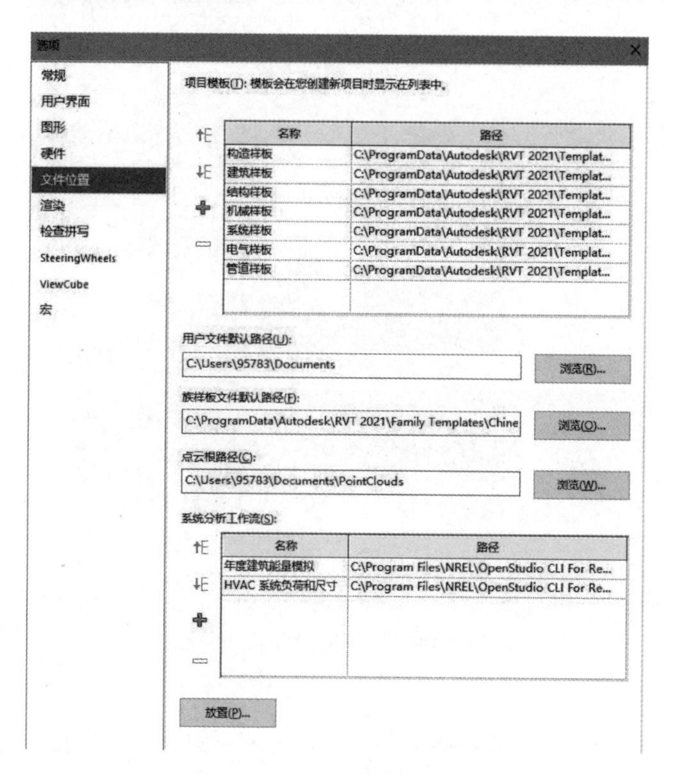

图 1-104　“文件位置”设置

1.4.2　Revit 应用界面及使用

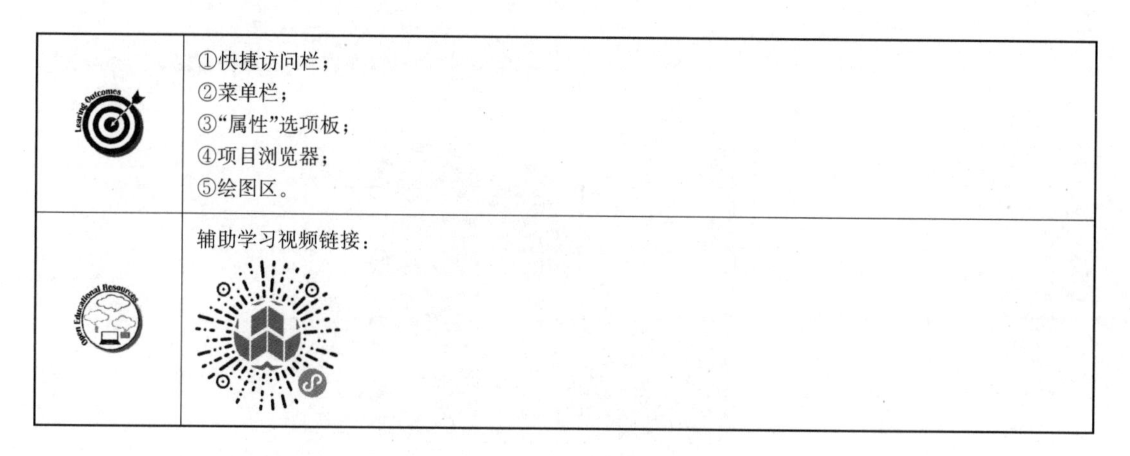

Learning Outcomes	①快捷访问栏； ②菜单栏； ③“属性”选项板； ④项目浏览器； ⑤绘图区。
Open Educational Resources	辅助学习视频链接：

建筑建模操作界面主要有五个区域，它们分别是①快捷访问栏、②菜单栏、③“属性”选项板、④项目浏览器、⑤绘图区。随着软件使用熟练程度的增加，使用者都将发现更适合自己使用的功能。在 OERs 的视频中演示了常用的一些功能。希望您能在使用中逐

步建构自己的 Revit 使用功能体系。

在打开软件，选择“建筑样板”后，进入如图 1-105 所示的建筑建模操作界面。

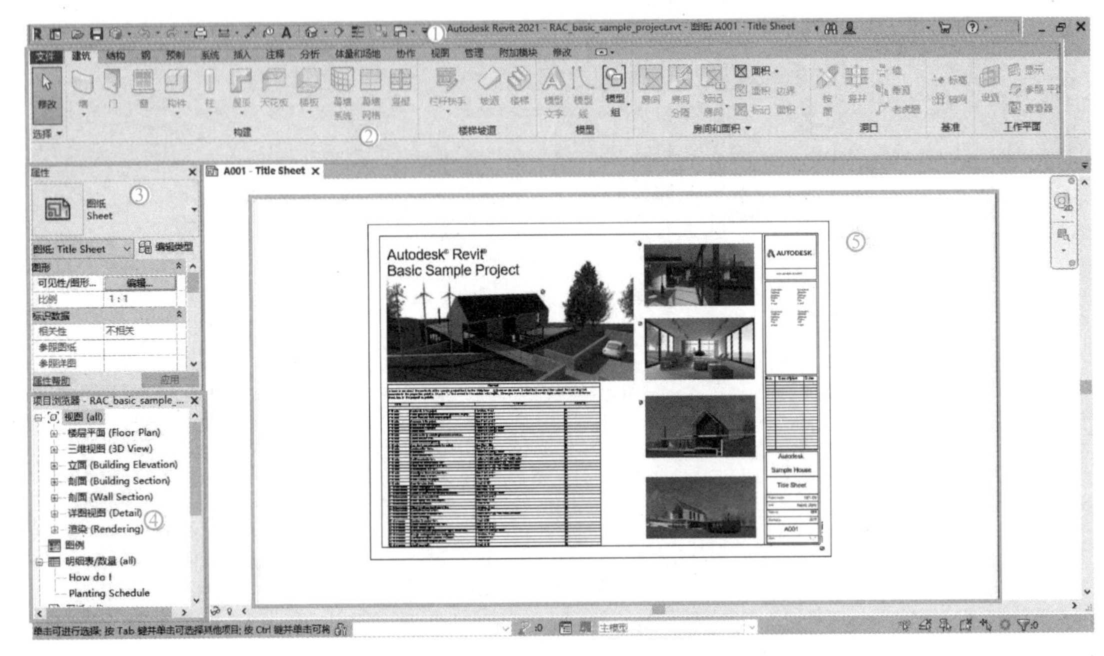

图 1-105　的建筑建模操作界面

1. 快捷访问栏

快捷访问栏里面包含了一些快捷方式，如图 1-106 所示，可以自定义快捷访问栏，还可以调整快捷访问栏的位置。

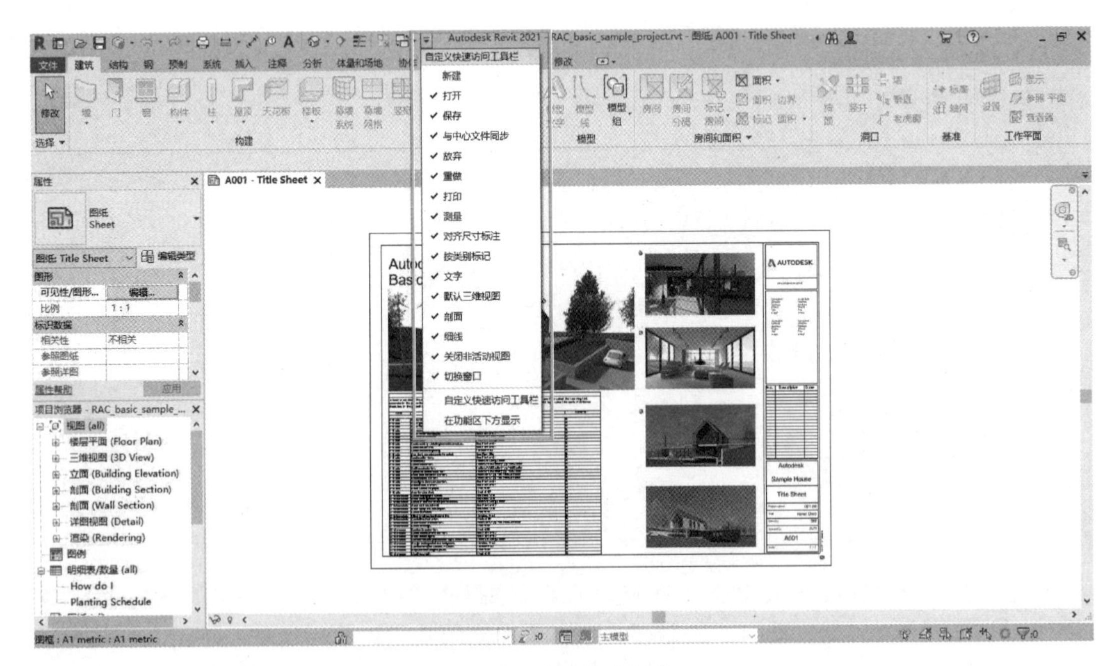

图 1-106　快捷访问栏

2. 菜单栏

如图 1-107 所示，从上往下的第二排是“文件”“建筑”“结构”等菜单，这一栏就是菜单栏，每一个菜单栏下都有对应的选项卡，这些菜单栏、选项卡在创建项目的时候使用率都比较高。例如在文件这个菜单下，可以对文件进行新建、打开、保存、另存为、导出、打印、关闭等操作以及相应操作选项的设置。

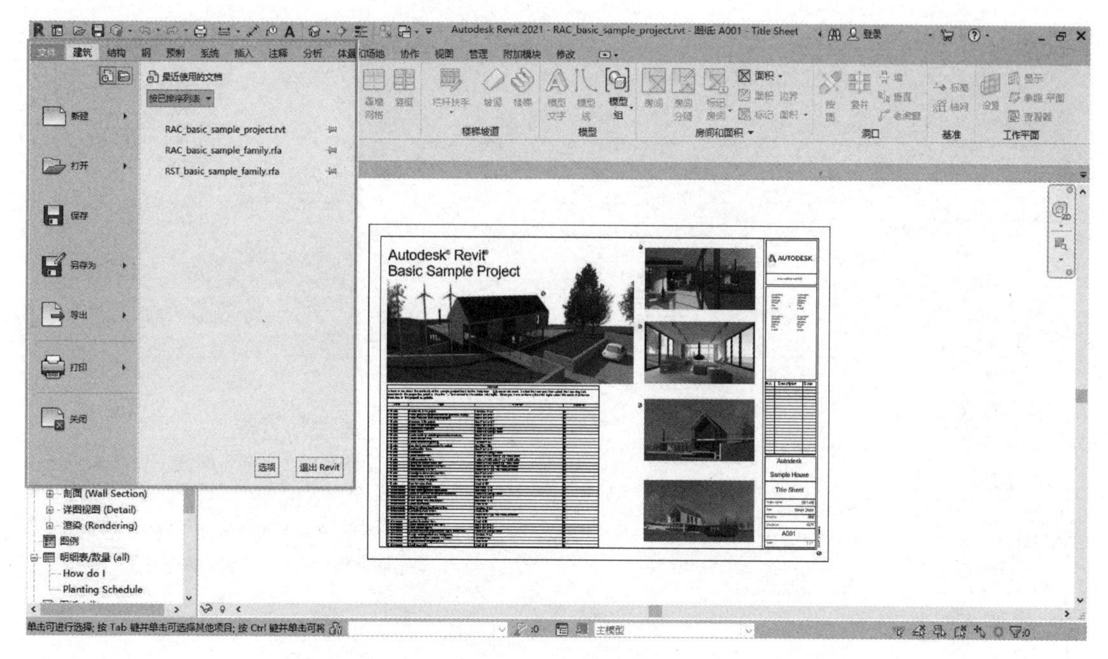

图 1-107　菜单栏

3. “属性”选项板

“属性”选项板是一个对话框，通过该对话框，可以查看和修改用来定义图元属性的参数。如图 1-108 所示，用于设置“墙”的属性，其中①为“类型选择器”，②为“属性过滤器”，③为“编辑类型按钮”，④为“实例属性”。

4. 项目浏览器

“项目浏览器”用于显示当前项目中所有视图、明细表、图纸、组和其他部分的逻辑层次。展开和折叠各分支时，将显示下一层项目，如图 1-109 所示。

5. 绘图区

绘图区是进行建模的操作区域。

1.4.3　项目设置

	①设置项目基点：模型的原点； ②设置测量点：在环境中测量的原点； ③项目北和正北。

续表

	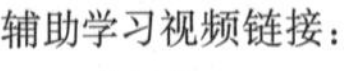辅助学习视频链接： 

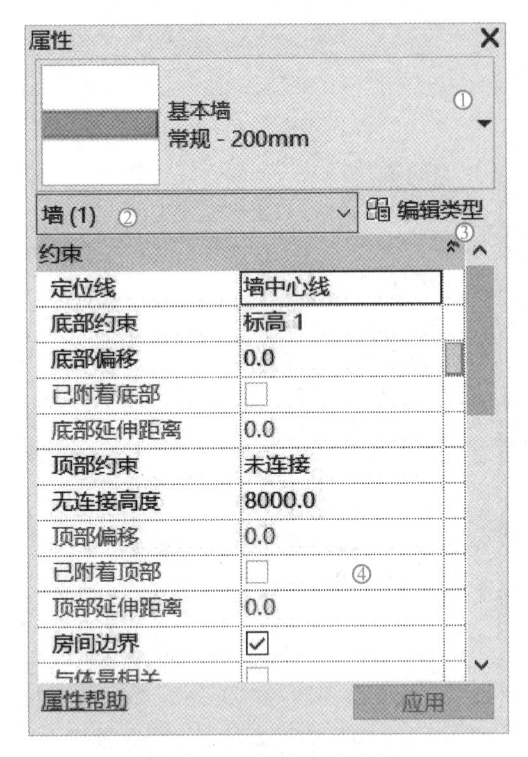

图 1-108 “属性”选项板

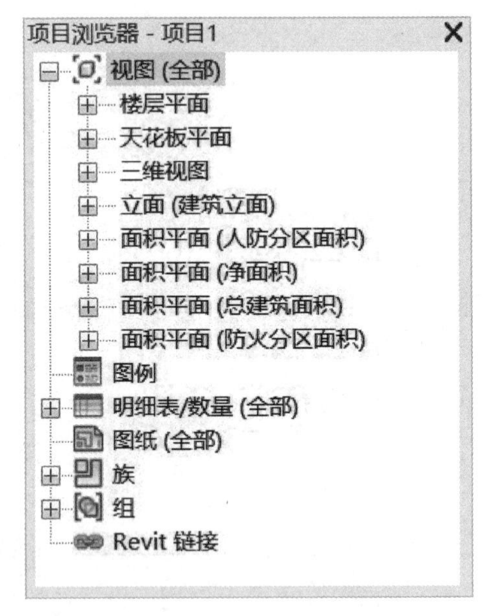

图 1-109 项目浏览器

启动 Revit 模型时，需要指定项目基点位置从而建立参照，以便在模型关联环境中测量距离和定位对象，利用项目基点和测量点，还可以提供模型的关联环境。

项目基点⊗定义了项目坐标系的原点（0，0，0），利用项目基点作为参考点可在场地中进行测量。

测量点△会标识模型附近的真实世界位置，如项目场地的角或 2 条建筑红线的交点。它定义了测量坐标系的原点，为模型提供真实世界的关联环境（图 1-110）。

1. 定义项目基点

1）打开场地平面视图或其他能显示测量点的视图。

最初，项目基点⊗和测量点△位于相同位置，如图标所示。

2）若要选中项目基点，请将光标移动到图标上方，然后查看工具提示或状态栏。如果显示“场地：测量点”，请按 Tab 键，直到显示“场地：项目基点”为止。单击并选择项目基点。

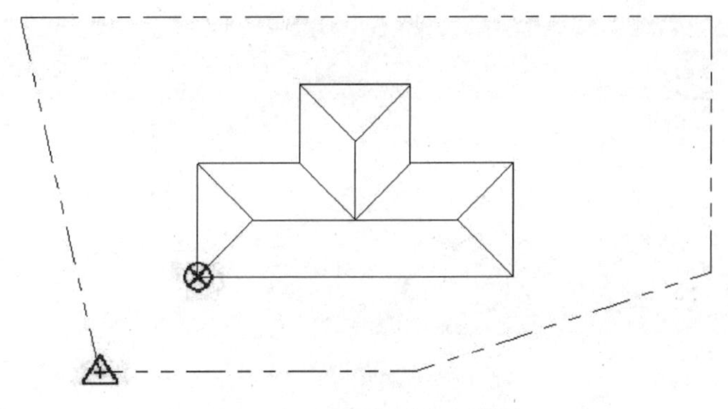

图 1-110　项目基点和测量点

3）将该项目基点拖放到所需位置。

或者，在绘图区域使用“属性”选项板或“项目基点”字段，输入“南/北”（北距）、“东/西”（东距）、“高程”和“到正北的角度”的值。设置“到正北的角度”相当于使用“旋转正北”工具。

4）可选：要确保项目基点不会在无意中被移动，请将其锁定在原地，方法是单击“修改”选项卡→“修改”面板→（锁定）。

固定项目基点将会禁用“重新定位项目”和“旋转项目北”工具。项目基点的内容包括：南北朝向、东西朝向、高程、到正北的角度。

2. 定义测量点

1）若要选中测量点，请将光标移动到图标上方，然后查看工具提示或状态栏。如果显示“场地：项目基点”，请按 Tab 键，直到显示“场地：测量点”为止。单击以选中测量点。

测量点旁边的剪裁符号表示该测量的剪裁状态。它可能已被剪裁或未被剪裁。

2）如果测量点已被剪裁，请单击以取消剪裁，如图标所示。

3）将该测量点拖放到所需位置。或者在绘图区域使用“属性”选项板或“测量点”字段，输入“南/北”（北距）、“东/西”（东距）和“高程”的值。

4）在绘图区域中，单击以再次剪裁测量点，如图标所示。

5）可选：要确保测量点不会在无意中被移动，请将其锁定在原地，方法是单击“修改”选项卡→“修改”面板→（锁定）。

固定测量点将会禁用“旋转正北”“获取坐标”和“指定坐标”工具。

测量点的内容包括：位置、天气、场地（图 1-111）。

项目基点和测量点在项目中默认出现在“楼层平面”中的“场地”平面里，在其他的楼层平面不显示“项目基点”和“测量点”。若要将其他楼层平面里显示“项目基点”和“测量点”，则需要应用“可见性”调出来。

两种方式：一种方式是通过上方“视图”找到“可见性”，另一种方式是通过“属性框”找到“可见性”。

方式一：打开其他楼层→视图→可见性→场地→测量点，项目基点如图 1-112 所示。

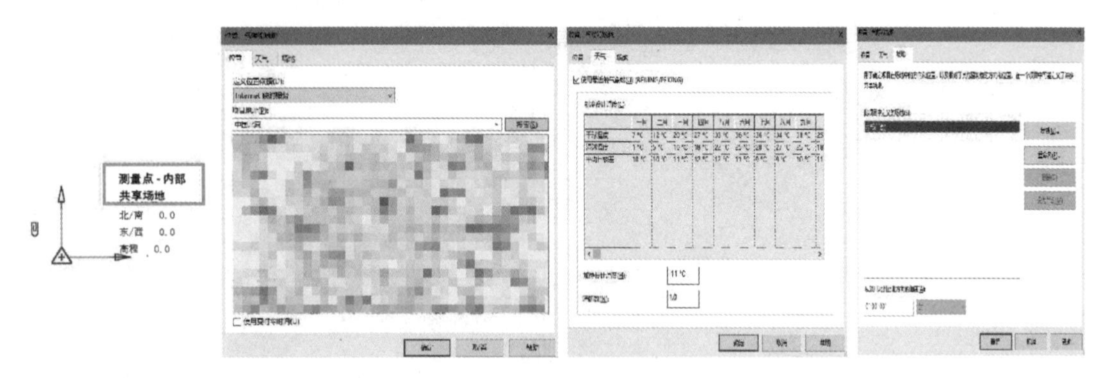

图 1-111　测量点的内容

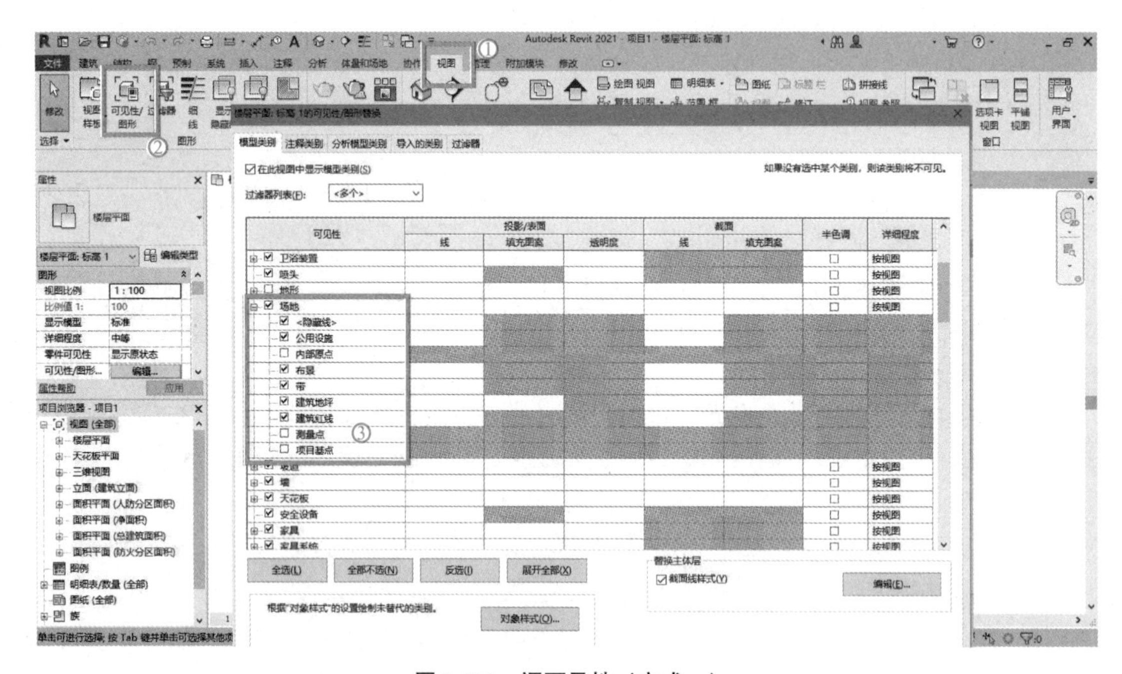

图 1-112　调可见性（方式一）

方式二：打开其他楼层→“属性框”→“可见性”（图 1-113）。

项目北和正北的区别

项目北：它通常基于建筑几何图形的主轴，其会影响如何在视图上绘制以及如何将视图放置在图纸上。设计模型时，将“项目北”与绘图区域的顶部对齐。此策略可简化建模过程。

正北：它是基于场地情况的真实世界北方向。为避免产生混淆，仅在开始使用与绘图区域顶部对齐的“项目北”进行建模，并收到可靠的测量坐标后，才会定义“正北”。

该场地平面中显示的北向箭头注释符号表示正北方向。

3. 设置项目信息及其他

设置项目信息：单击“管理”选项卡→“设置”面板→（项目信息）。在“其他”下，输入项目信息参数的值，单击“确定”。

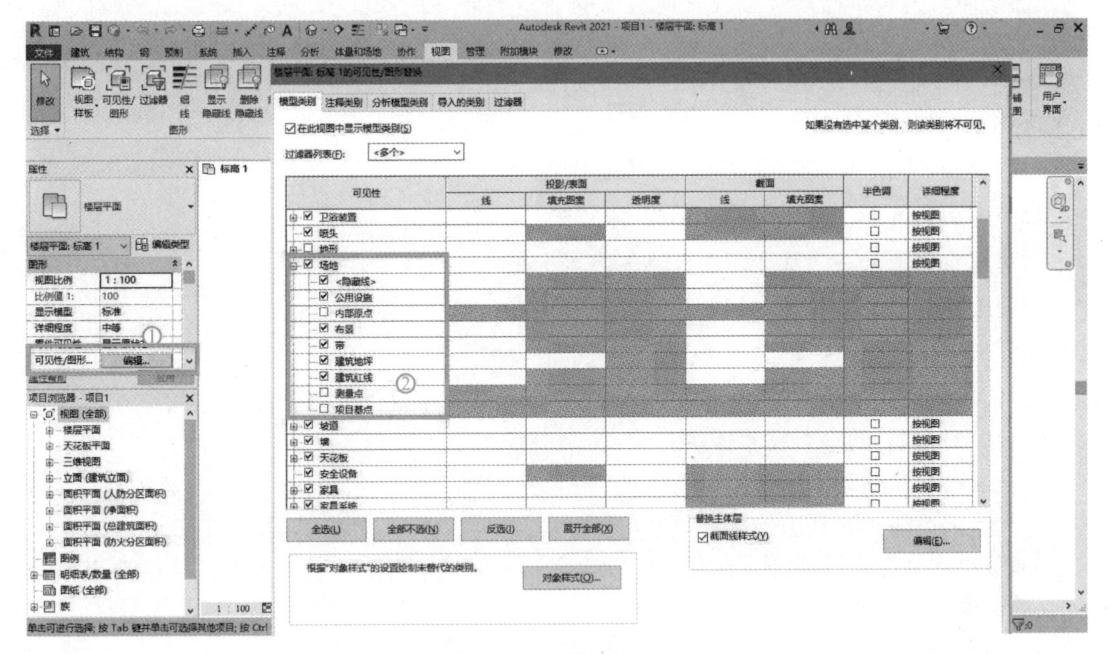

图 1-113　调可见性（方式二）

设置项目参数："管理"选项卡→"设置"面板→（项目参数），输入项目参数值，单击"确定"。

设置单位："管理"选项卡→"设置"面板→（项目单位），输入项目单位和格式，单击"确定"。

更多其他设置参考相关 OERs 资料。

Revit 中默认标高单位为"米"，其余标注单位为"毫米"。

1.4.4　绘制标高

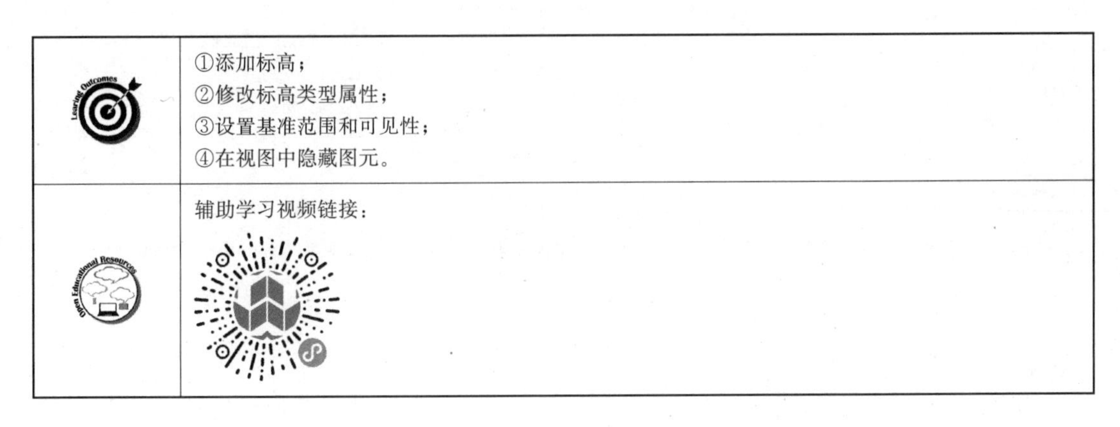

Learning Outcomes	①添加标高； ②修改标高类型属性； ③设置基准范围和可见性； ④在视图中隐藏图元。
Open Educational Resources	辅助学习视频链接：

设置标高其实是设置了一个有限水平平面，用作屋顶、楼板和顶棚等以标高为主体的

图元的参照。为每个已知楼层或其他必需的建筑参照（例如，第二层、墙顶或基础底端）创建标高。要添加标高，必须处于剖面视图或立面视图中。添加标高时，同时也创建一个关联的平面视图。

1. 添加标高

1）打开要添加标高的剖面视图或立面视图。

2）在功能区上，单击（标高）。

“建筑”选项卡→“基准”面板→（标高）

“结构”选项卡→“基准”面板→（标高）

3）将光标放置在绘图区域之内，然后单击鼠标。

注：当放置光标用以创建标高时，如果光标与现有标高线对齐，则光标和该标高线之间会显示一个临时的垂直尺寸标注。

4）通过水平移动光标绘制标高线。

5）当标高线达到合适的长度时单击鼠标。

通过单击其编号以选择该标高，可以改变其名称。也可以通过单击其尺寸标注来改变标高的高度。

6）复制标高

选中已经绘制的一个标高，在复制的时候同时勾选“约束”和“多个”，然后选择要绘制标高的方向，输入对应的数值，可连续绘制多个标高（图 1-114）。

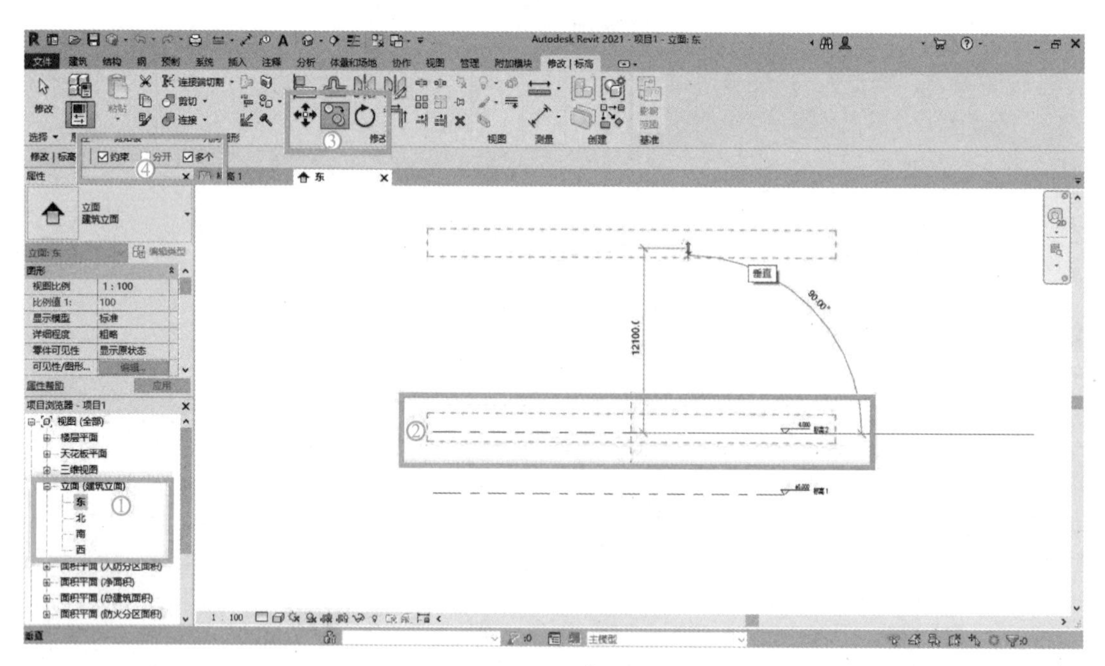

图 1-114 复制标高

7）标高的阵列操作

需要绘制多个相同层高的标高时，可以使用“阵列”的方式快速地完成多个标高绘制。步骤是：①进入立面图→②选中标高→③选择阵列→④设置阵列参数（图 1-115）。

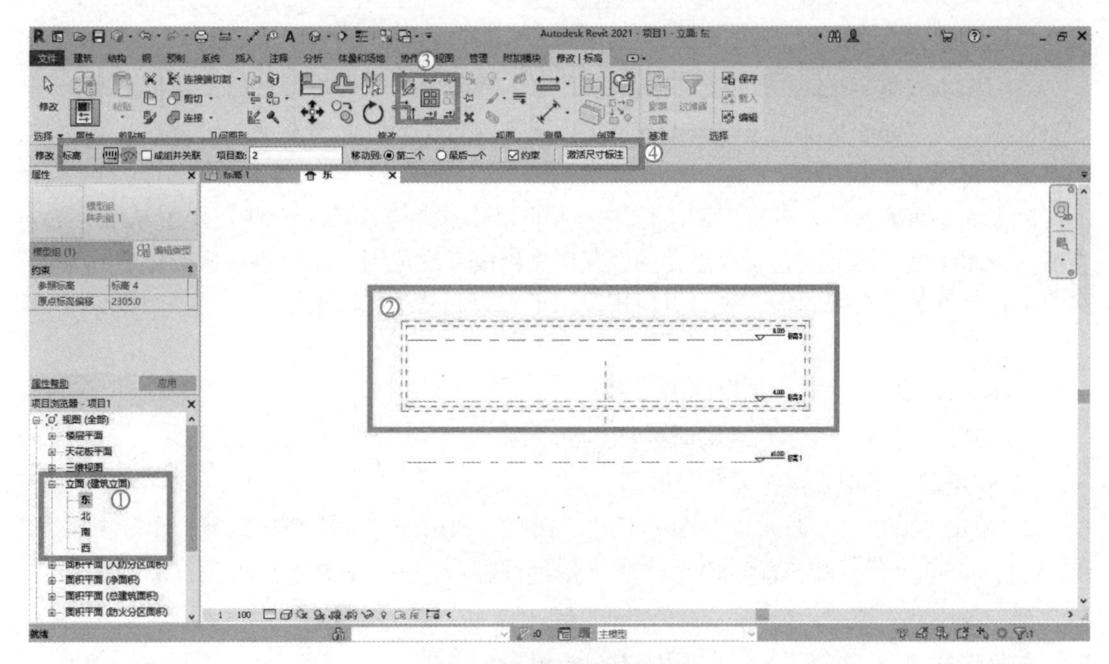

图 1-115　标高的阵列操作

2. 修改标高类型属性

在建模过程中，需要修改标高的一些参数时，操作的步骤为：①选中标高→②编辑类型→③修改相关参数，也可以④直接更改标高标头的类型（图 1-116）。

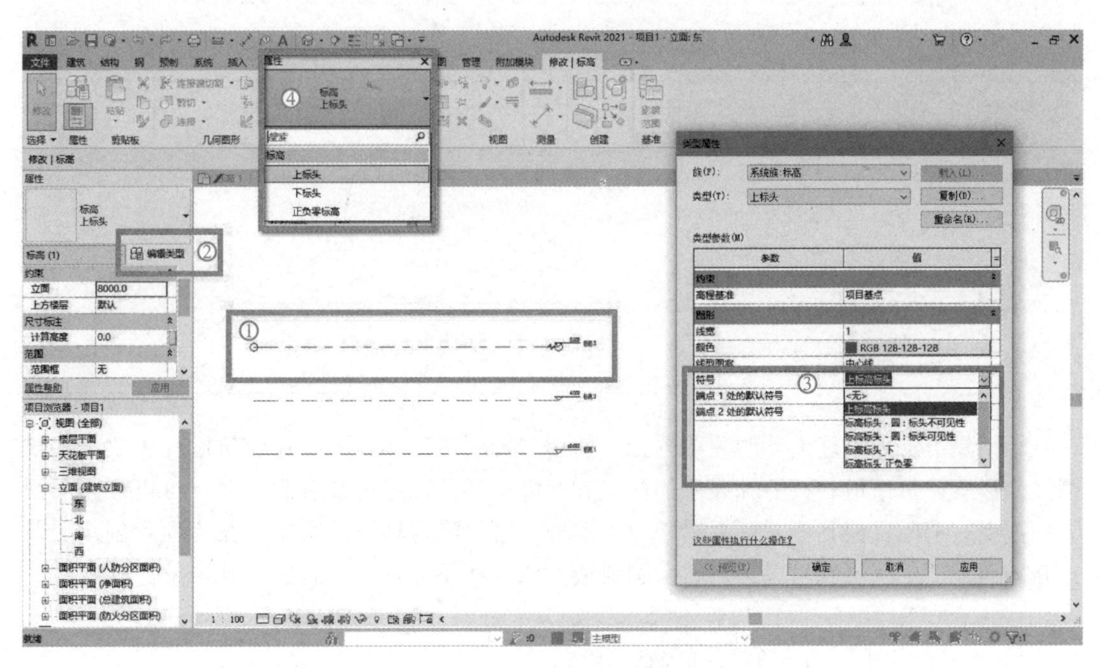

图 1-116　修改标高类型属性

3. 设置基准范围和可见性

可以调整标高范围的大小，以便使其不显示在某些视图中。

标高、轴网和参照平面的基准面并不是在所有视图中都是可见的。如果基准与视图平面不相交，则此基准在该视图中不可见。为确保可见性，此标高的三维范围必须与裁剪区域重叠。

基准面是可修改的，既可以调整范围的大小以使这些基准面在有些视图中是可见的，在有些视图中是不可见的，又可以在一个视图中修改基准范围，然后将此修改扩散到基准可见的任意所需平行视图中。还可以使用范围框来控制基准的可见性。

4. 在视图中隐藏图元

在添加标高注释之后，可以隐藏它们。

在不希望图元显示在视图时可将其隐藏：

1）在绘图区域中，选择要隐藏的图元。

2）单击“修改｜＜图元＞”选项卡→“视图”面板→“在视图中隐藏”下拉列表→（隐藏图元）、（隐藏类别）或（按过滤器隐藏）。或者，在图元上单击鼠标右键，然后单击“在视图中隐藏”→“图元”“类别”或“按过滤器”。

如果选择“隐藏图元”，将在视图中隐藏该图元。

如果选择“隐藏类别”，将在视图中隐藏此类别的所有图元。

如果选择“按过滤器隐藏”，则“可见性/图形替换”对话框上将显示用于修改、添加或删除过滤器的“过滤器”选项卡。

1.4.5 绘制轴网

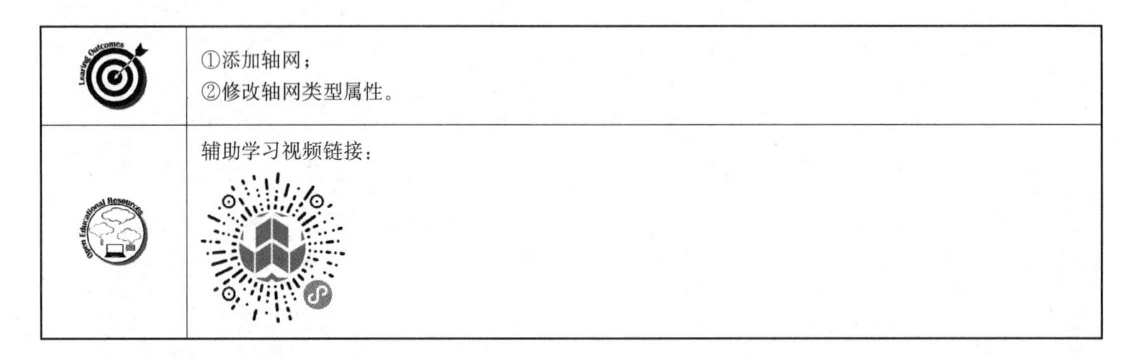

轴网是可帮助整理设计的注释图元。使用“轴网”工具，可以在建筑设计中放置柱轴网线。然后，可以沿着柱的轴线添加柱。和标高一样，轴线也是有限平面。可以在立面视图中拖曳其范围，使其不与标高线相交。这样，可以确定轴线是否出现在为项目创建的每个新平面视图中。轴网可以是直线、圆弧或多段。在添加轴线之后，可以隐藏它们。

1. 添加轴网

1）在功能区上，单击（轴网）。

（1）“建筑”选项卡→“基准”面板→（轴网）。

(2)“结构”选项卡→“基准”面板→(轴网)。

2)单击“修改 | 放置轴网”选项卡→“绘制”面板，然后选择一个草图选项。

使用(拾取线)将轴网捕捉到墙等现有线条。

(可选)单击“修改 | 放置轴网”选项卡→“绘制”面板→(多段)以绘制需要多段的轴网。

注：无法使用“复制/监视”工具监视和协调对多段轴网进行的更改。

3)当轴网达到正确的长度时单击鼠标。

Revit 会自动为每个轴网编号。要修改轴网编号，请单击编号，输入新值，然后按回车键。可以使用字母作为轴线的值。如果您将第一个轴网编号修改为字母，则所有后续的轴线将进行相应地更新。

当绘制轴线时，可以让各轴线的头部和尾部相互对齐。如果轴线是对齐的，则选择线时会出现一个锁以指明对齐。如果移动轴网范围，则所有对齐的轴线都会随之移动。

4)复制轴网

① 进入楼层平面图→选中已经绘制的轴网→②选择复制→③设置复制参数→④输入数值连续绘制轴网(图 1-117)。

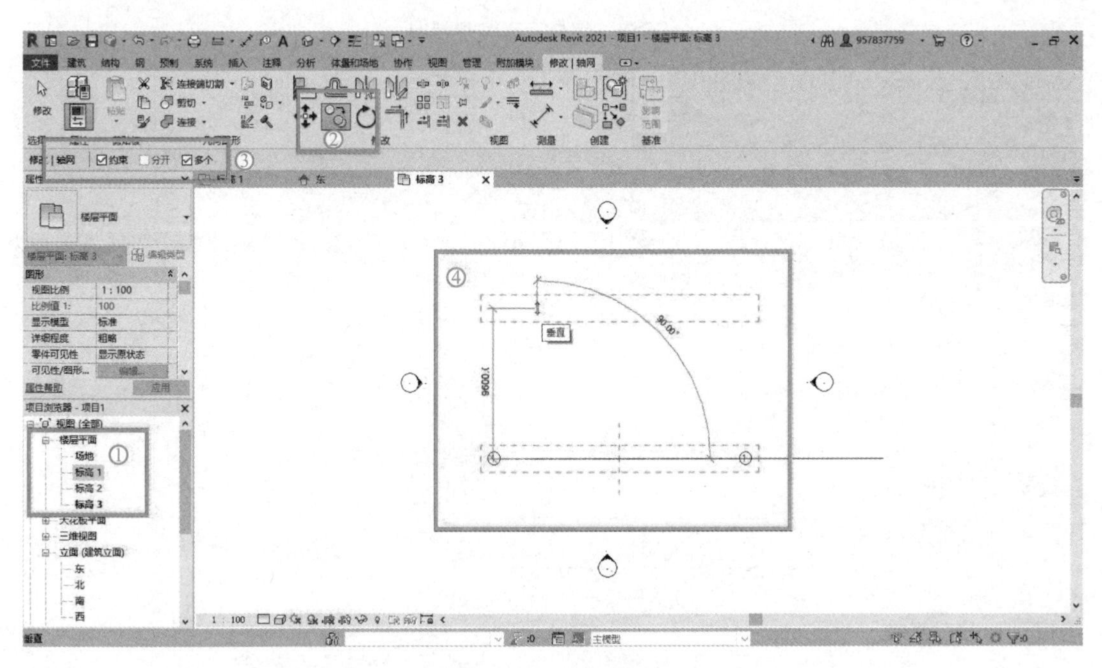

图 1-117 复制轴网

5)阵列方式快速绘制轴网。

①进入楼层平面→②选中轴网→③选择阵列→④设置阵列参数→定位置方向进行阵列(图 1-118)。

2. 修改轴网类型属性

在建模过程中，需要修改轴网的一些参数时，操作的步骤为：①选中轴网→②编辑类型→③修改相关参数(具体参数意义请根据本章第一节的 OERs 提示查阅资料)，也可以

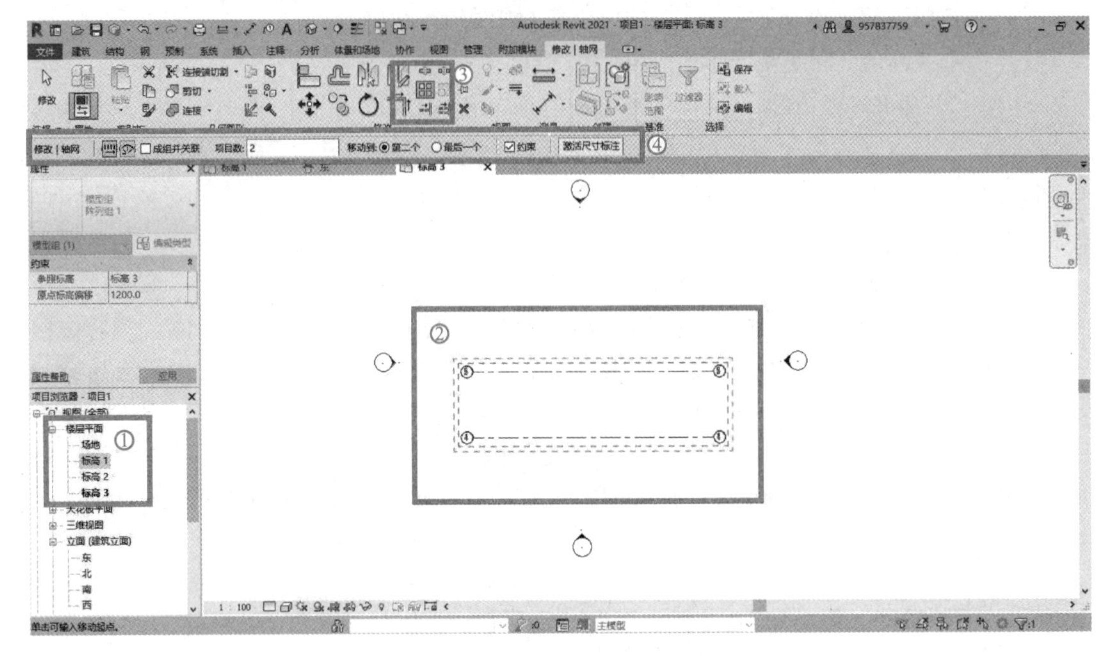

图 1-118　阵列方式绘制轴网

④直接更改轴网类型（图 1-119）。

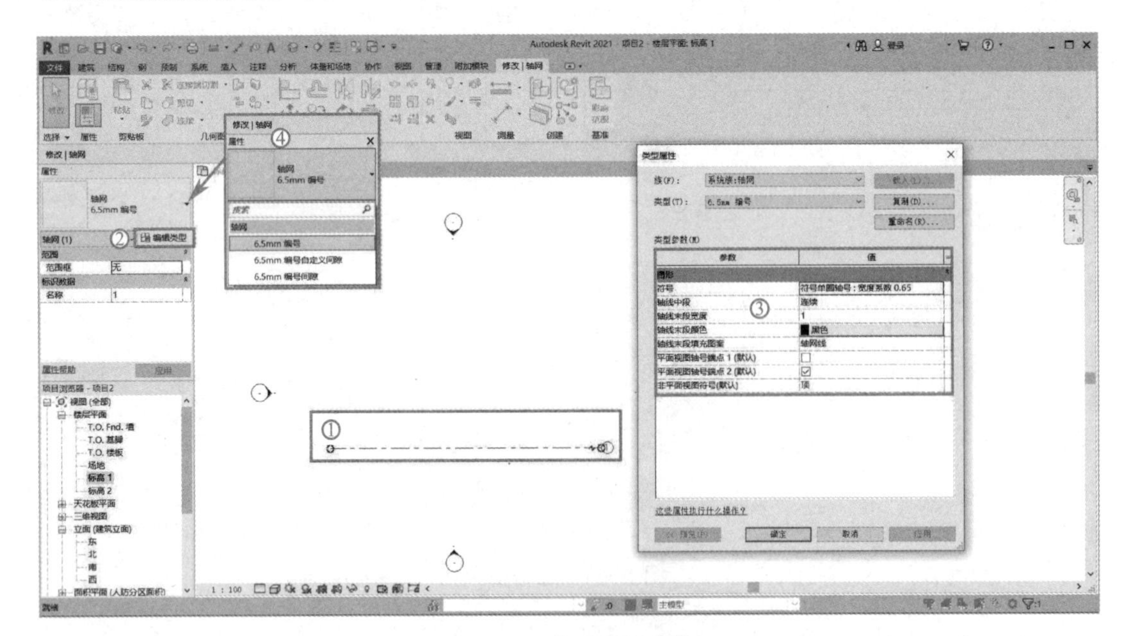

图 1-119　修改轴网参数

❓ 轴网的中段不显示（设置中段不显示）：

1）打开显示轴线的视图。

2）选择一条轴线，然后单击“修改｜轴网”选项卡→“属性”面板→（类型属性）。

3）在“类型属性”对话框中，执行下列操作（图 1-120）：

选择“连续”作为“轴线中段”（不要中段显示，则选择“无”）。

为“轴线末段宽度”“轴线末段颜色”和“轴线末段填充图案”指定线段的线宽、线颜色和填充图案，以便在轴线的各个端点上显示。

对于“轴线末段长度”，请输入线段长度（图纸空间），以便在轴线的各个端点上显示。

4）单击“确定”。

Revit 将更新所有视图中该类型的所有轴线。

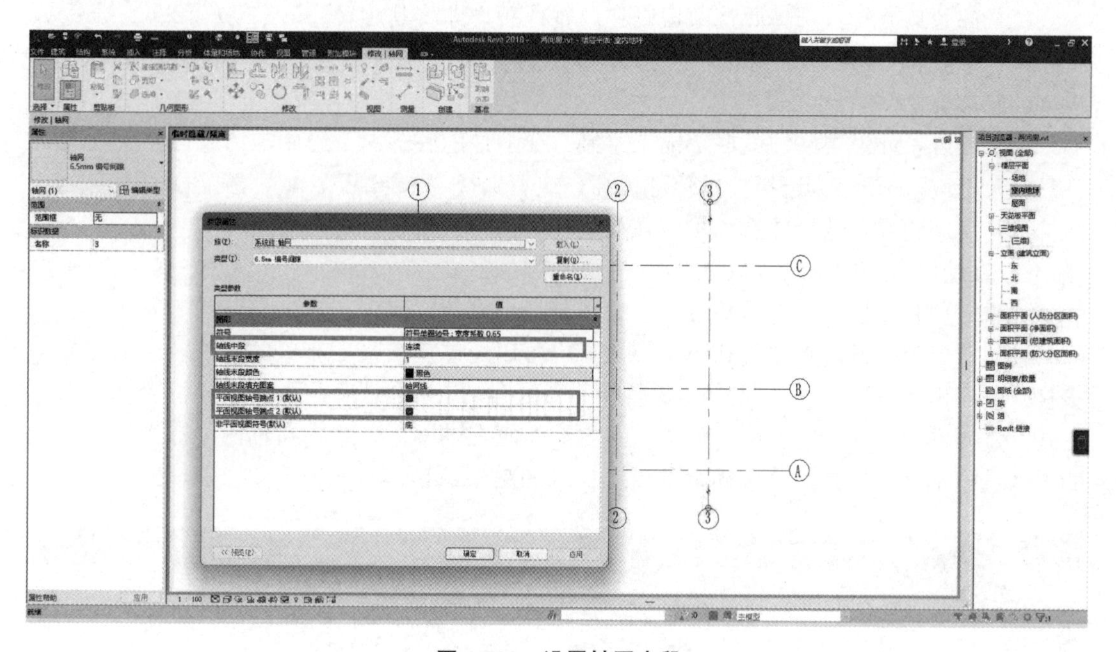

图 1-120　设置轴网中段

1.4.6　柱体

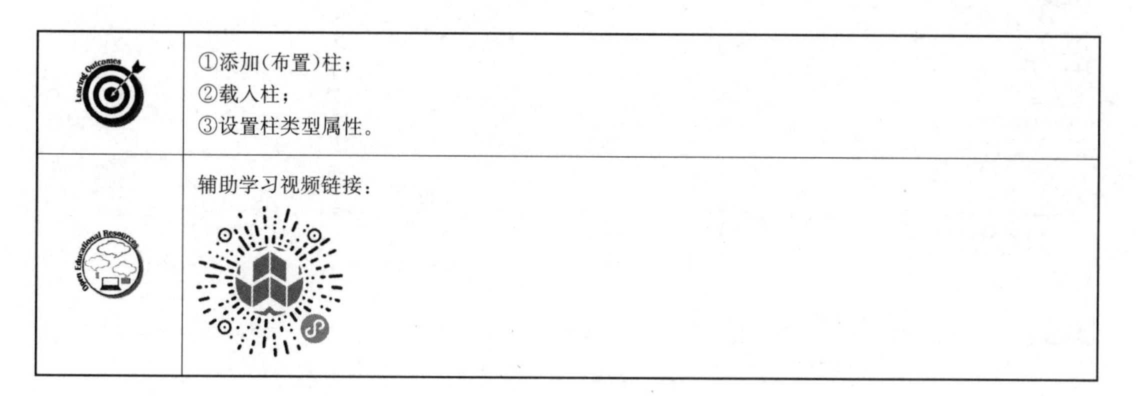

	①添加(布置)柱； ②载入柱； ③设置柱类型属性。
	辅助学习视频链接：

柱体分为建筑柱和结构柱，使用结构柱工具将垂直承重图元添加到建筑模型中，使用

建筑柱围绕结构柱创建柱框外围模型，并将其用于装饰应用。墙的复合层包络建筑柱不适用于结构柱。

1. 添加（布置）柱

1）选择建筑柱或结构柱：

建筑柱：单击“建筑”选项卡→“构建”面板→“柱”下拉列表→ （柱：建筑）。

结构柱：“结构”选项卡→“结构”面板→ （柱）。

“建筑”选项卡→“构建”面板→“柱”下拉列表→ （结构柱）。

2）在选项栏上指定下列内容：

（1）放置后旋转：选择此选项可以在放置柱后立即将其旋转。

（2）标高：（仅限三维视图）为柱的底部选择标高。在平面视图中，该视图的标高即为柱的底部标高。

（3）高度：此设置从柱的底部向上绘制。要从柱的底部向下绘制，请选择“深度”。

（4）标高/未连接：选择柱的顶部标高，或者选择“未连接”，然后指定柱的高度。

（5）房间边界：选择此选项可以在放置柱之前将其指定为房间边界。

3）在绘图区域中单击以放置柱。

如果需要移动柱，请选择该柱，然后将其拖动到新位置。

柱的布置可以通过点的方式单个布置，也可以通过在轴网上布置的方式，同时布置多根柱。进入楼层平面，在①载入族设置好“高度”，在柱的编辑界面里②的位置选择布置方式，选择好之后在③的绘图区域进行布置，布置在轴网上。选择在轴网上布置则用框选的方式选中轴网，能同时多个连续的布置柱（如图 1-121）。

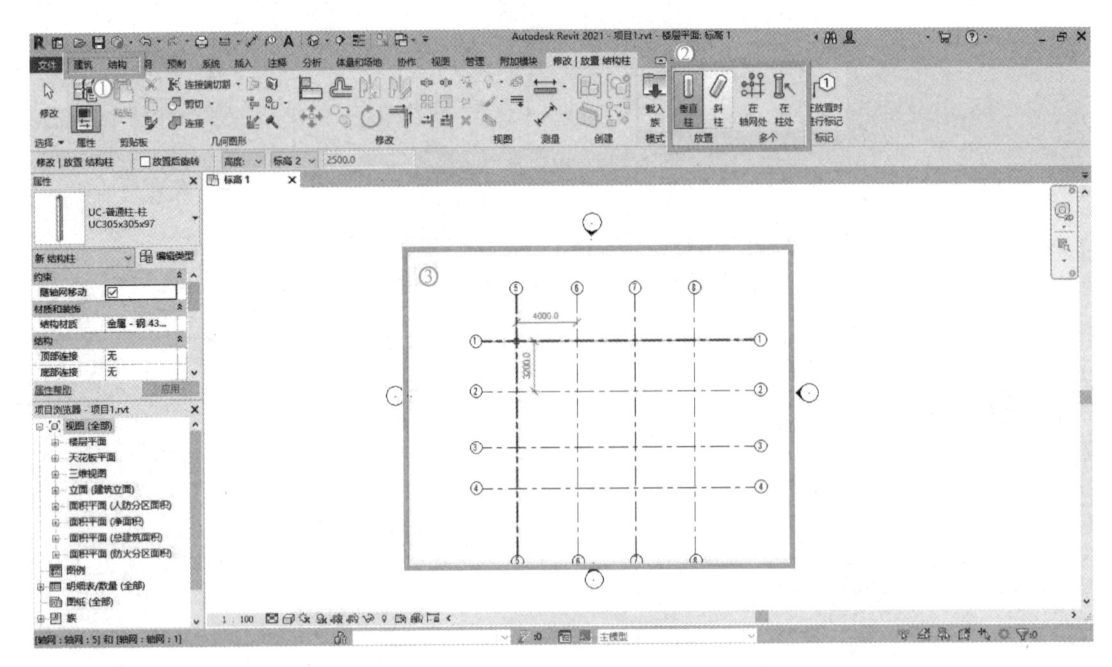

图 1-121　布置多根柱

通常，通过选择轴线或墙放置柱时将会对齐柱。如果在随意放置柱之后要将它们对齐，请单击“修改”选项卡→“修改”面板→（对齐），然后选择要对齐的柱。在柱的中间是两个可选择用于对齐的垂直参照平面。

2. 载入柱

1）通过“属性框”里的“编辑类型”的载入柱：

这种方式载入族，只能载入“结构（建筑）柱”这一种“族”，不能跨类别进行“族”的载入。如果打开的是“结构柱”，通过“编辑类型”载入“族”只能载入“结构柱”，不能载入“建筑柱”（如图 1-122 所示按①到④的顺序载入）。

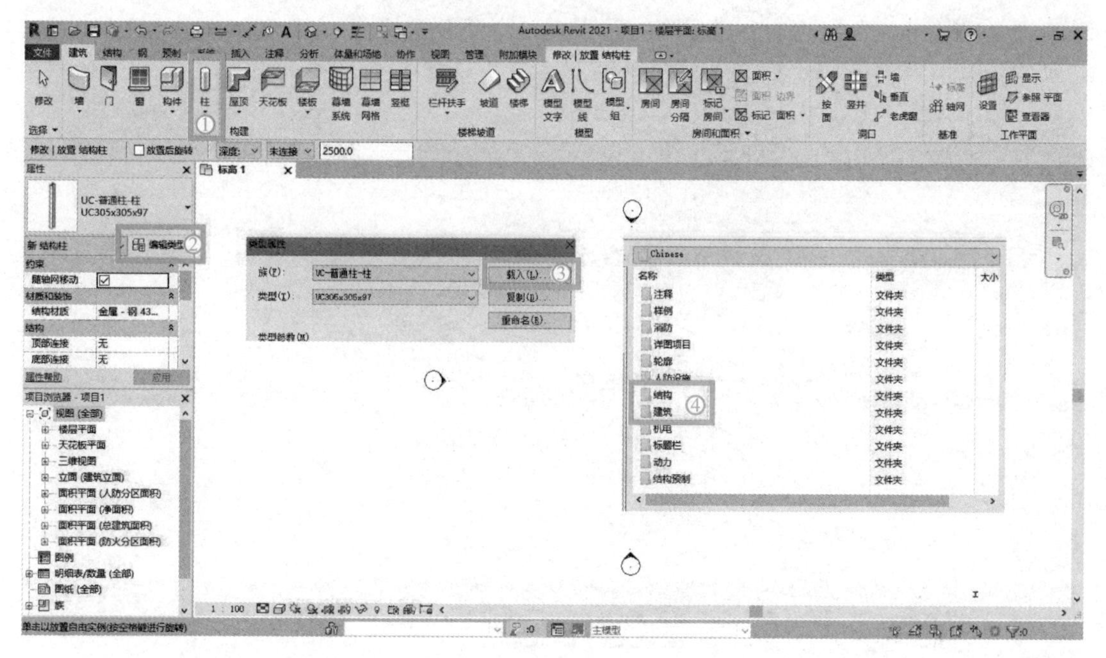

图 1-122　载入柱

2）“插入族”方式载入柱

这种方式载入柱，就不仅可以载入“结构（建筑）柱”，还可以载入其他类型的“族”，如“家具”或者“墙”等等（图 1-123）。

3. 设置柱类型属性

载入“柱”之后，需要对“柱”的“材质”“尺寸”“名称”进行定义。在进行定义前，需要按图 1-124 所示①到③的顺序复制，并修改复制后的柱的名称。

名称定义好之后，进行“尺寸”和“材质”定义，在属性框里直接进行材质定义，可以更换现有的材质，也可以新建一个材质进行替换。

“尺寸”在“编辑类型”里进行定义，需修改“h”深度和“b”宽度（图 1-125）。

“高度”和“深度”的区别

如图 1-126 所示为是“深度”和“高度”在立面图看到的样子，深度指的是往下，高度指的往上。

图中“深度、未连接”是指柱从标高 1 往下延伸 2500，“高度、标高 2”是指柱从标高 1 往上到达标高 2。

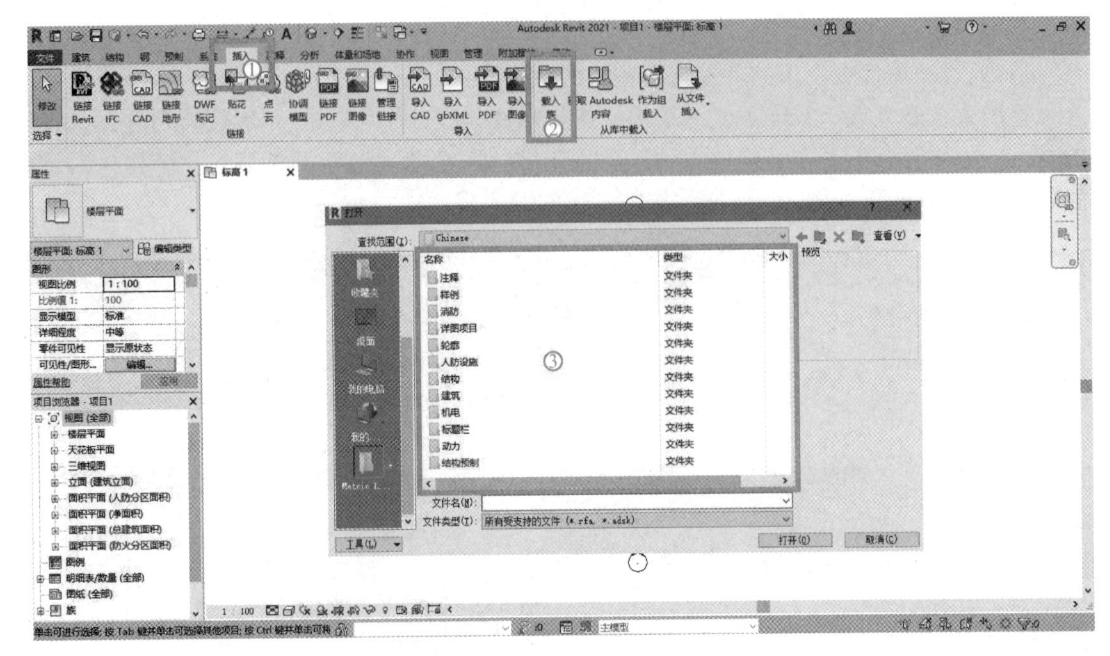

图 1-123 “插入族”方式载入柱

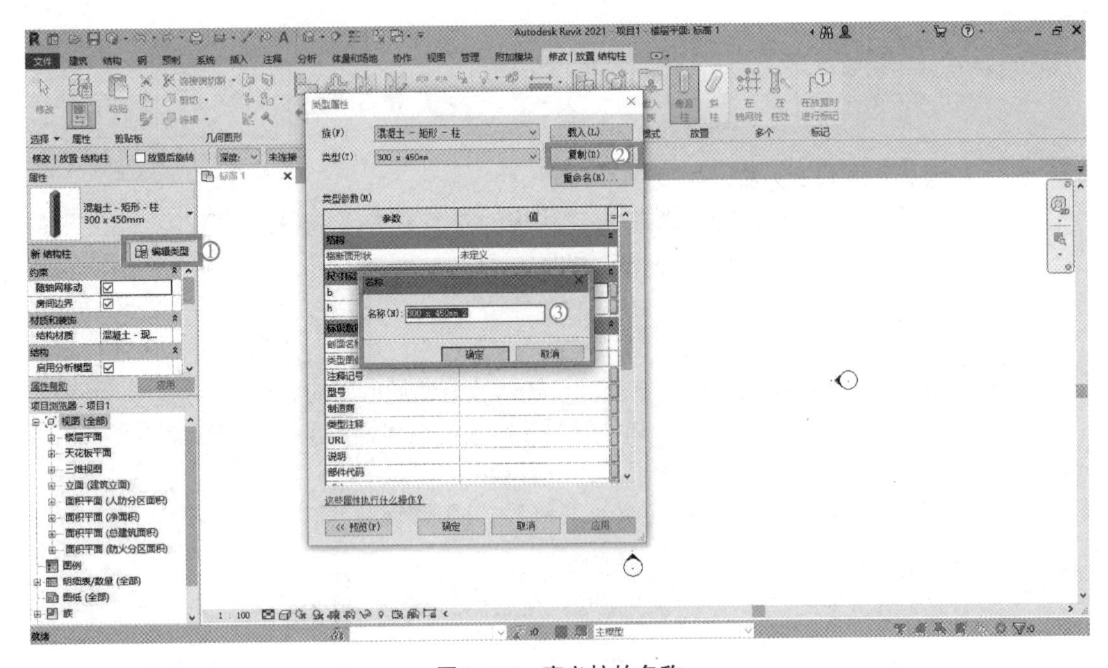

图 1-124 定义柱的名称

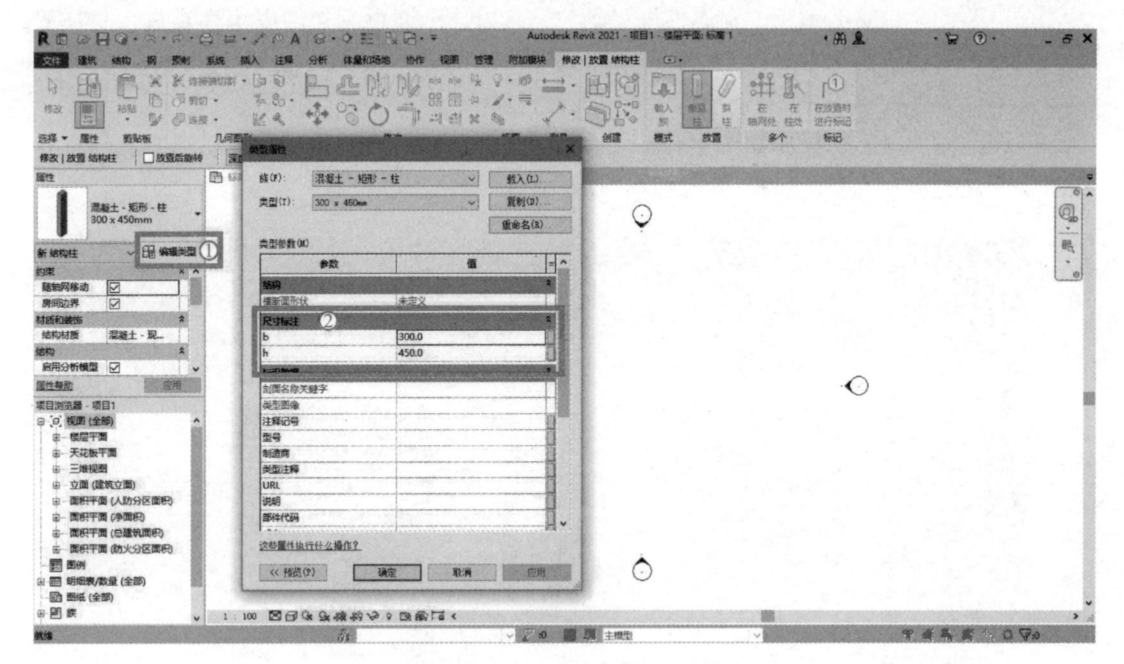

图 1-125　定义柱的深度和宽度

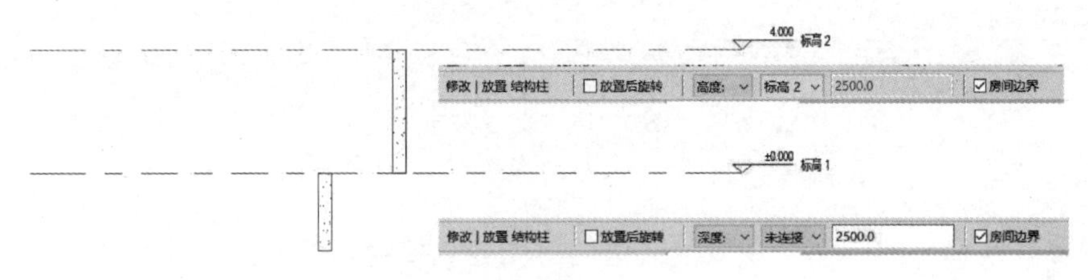

图 1-126　深度与高度

1.4.7　材质

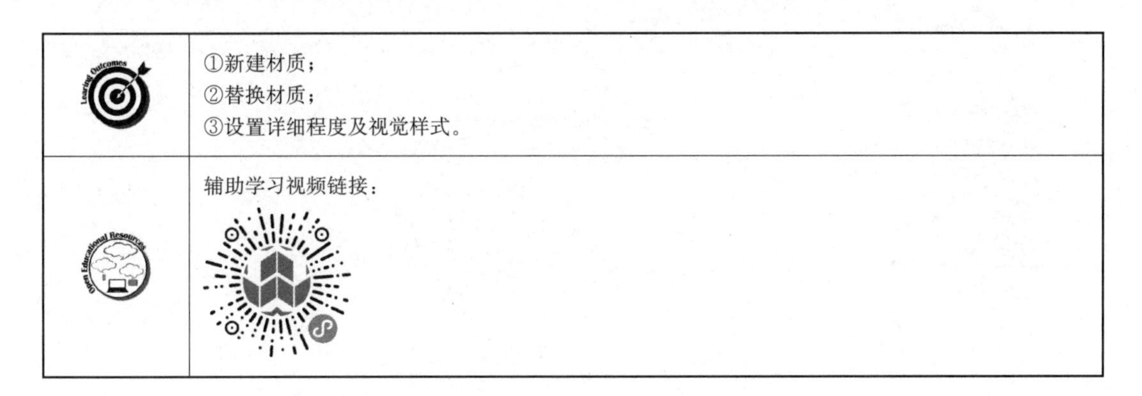

Learning Outcomes	①新建材质； ②替换材质； ③设置详细程度及视觉样式。
Open Educational Resources	辅助学习视频链接：

材质操作是将材质应用到建筑模型的图元中。对材质进行管理的基本操作是："管理"选项卡→"设置"面板→"材质"，还可在定义图元族时将材质应用于图元。

选中要创建材质的图元，在属性框里的“结构材质”通过右边的三个小点进入材质界面，对材质进行替换或者新建。

1. 新建材质

对图元添加材质的操作如图 1-127 所示：①选中图元（如“柱”）→②点击属性框材质→③新建材质→④重命名材质→选择材质外观库。

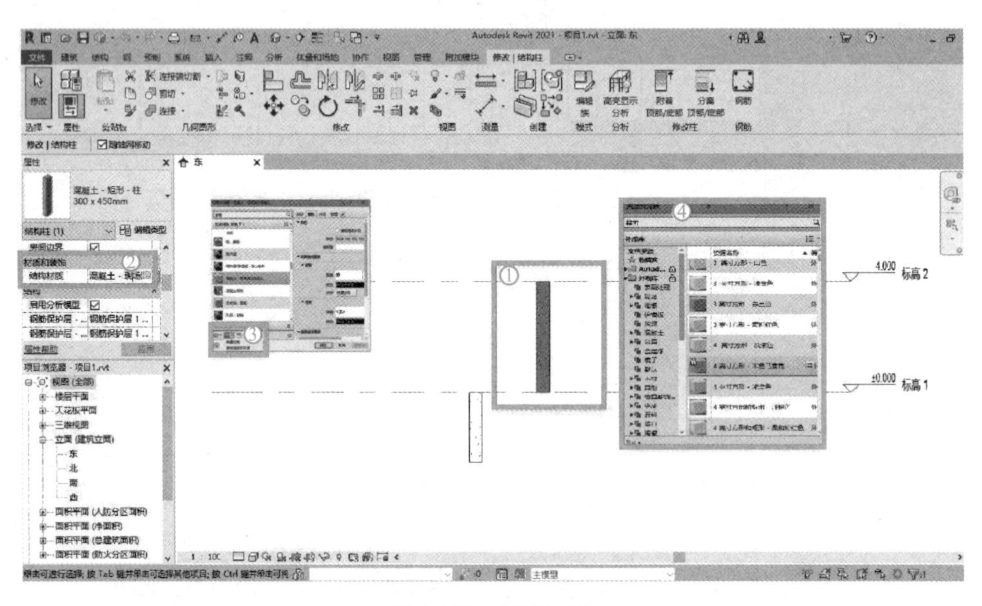

图 1-127　新建材质

2. 替换材质

选中要替换材质的图元，在属性框里的材质处直接输入已有的材质名称直接进行材质替换（图 1-128）。

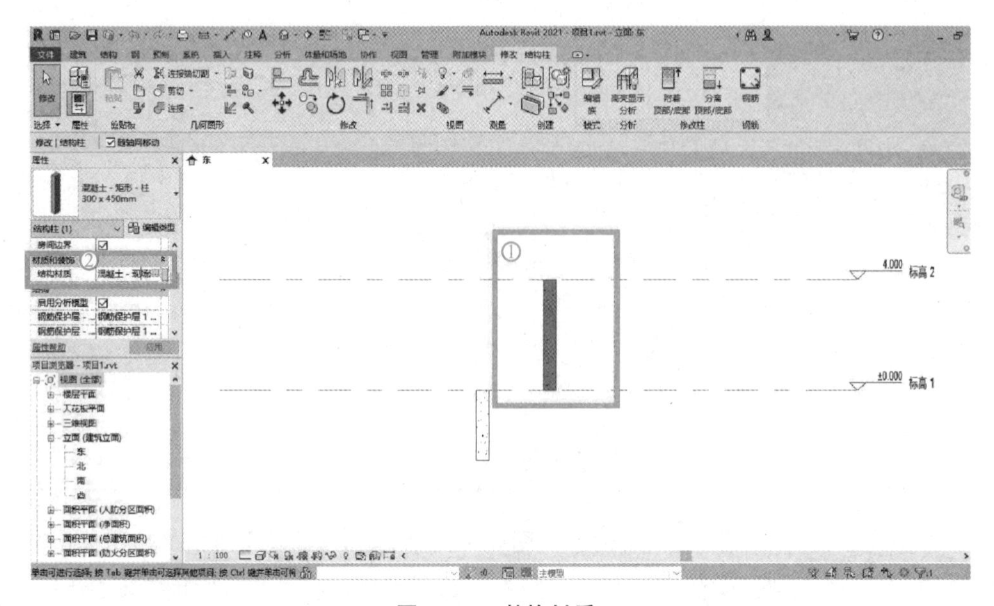

图 1-128　替换材质

3. 设置详细程度及视觉样式

材质设置好后，可以对直观的显示样式进行一个设置，在绘图区域的最下一排，分别对“详细程度”及“视觉样式”进行设置（图 1-129），鼠标移到相应的图标后，系统将会进行提示。

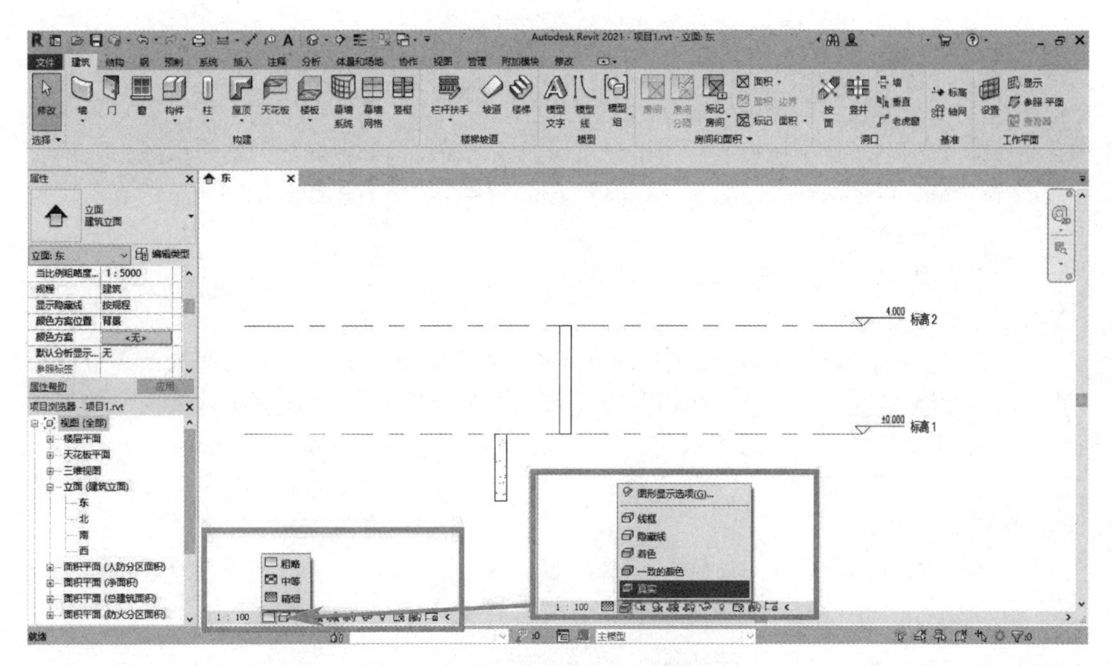

图 1-129　设置详细程度及视觉样式

1.4.8　梁

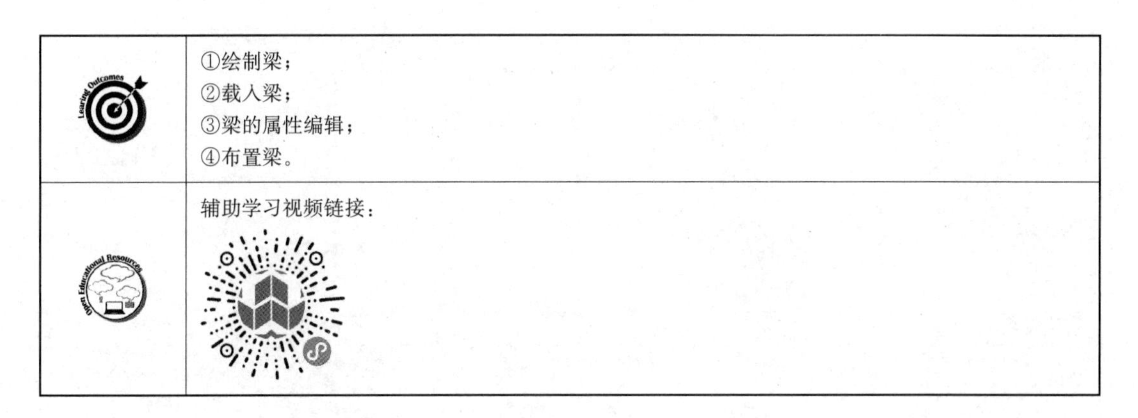

①绘制梁；
②载入梁；
③梁的属性编辑；
④布置梁。

辅助学习视频链接：

使用梁工具将承重结构图元添加到建筑模型中，比较好的做法是先添加轴网和柱，然后再创建梁。

将梁添加到平面视图中时，必须将底剪裁平面设置为低于当前标高；否则，梁在该视图中不可见。但是如果使用结构样板，视图范围和可见性设置会相应地显示梁。

每个梁的图元是通过特定梁族的类型属性定义的。此外，还可以修改各种实例属性来定义梁的功能。

1. 绘制梁

1）单击“结构”选项卡→“结构”面板→ （梁）。

2）在选项栏上：

指定放置平面（如果需要工作平面，而不是当前标高）。

指定梁的结构用途。

选择“三维捕捉”来捕捉任何视图中的其他结构图元。您可在当前工作平面之外绘制梁。例如，在启用了三维捕捉之后，不论高程如何，屋顶梁都将捕捉到柱的顶部。

选择“链”以依次连续放置梁。在放置梁时的第二次单击将作为下一个梁的起点。按 Esc 键完成链式放置梁。

3）在绘图区域中单击起点和终点以绘制梁。

2. 载入梁

“梁”和“柱”都可以通过载入族的方式进行绘制，不同的是“建筑”选项卡中没有“梁”的图元插入，“梁”只在“结构”选项卡中存在。载入“梁”族之后，要对梁的属性进行设置。设置尺寸和材质的方法与“柱”类似，“梁”的绘制方法不同于“柱”的是：“柱”是通过“点”来布置，“梁”是通过“线”进行创建，在“梁”的编辑界面里有关“线”的绘制方法更多。

载入族如图 1-130 所示：①插入→②载入族→③选中（结构→框架→混凝土→混凝土矩形梁）。

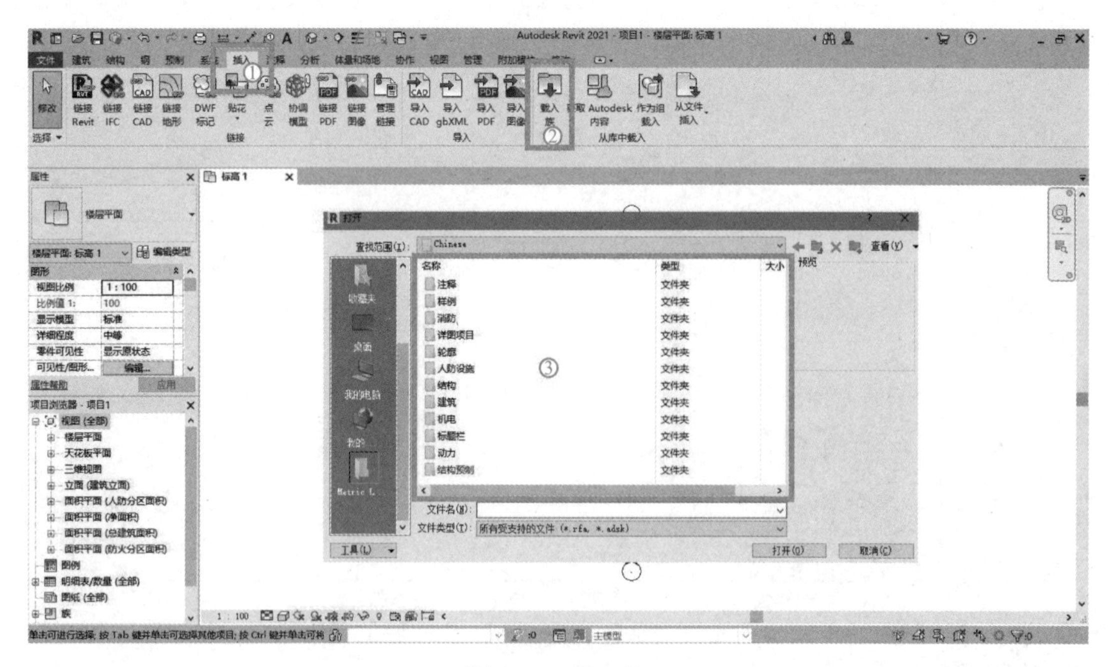

图 1-130　载入族

3. 梁的属性编辑

1）载入“梁”后，需要对“梁”进行重命名（图 1-131）：①编辑属性→②复制→③

重命名。

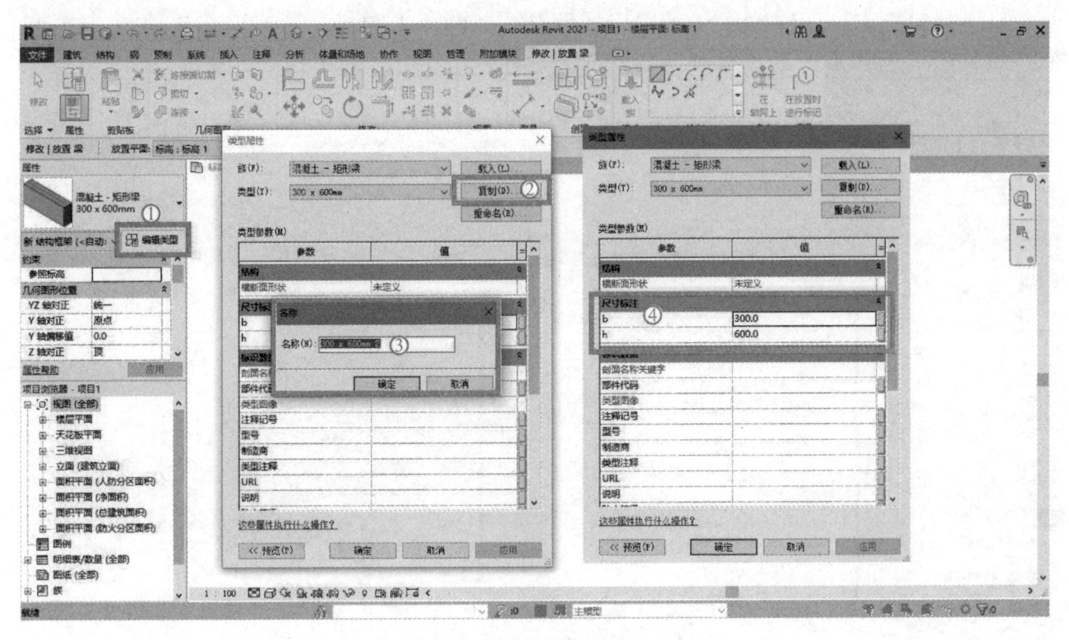

图 1-131　重命名梁

2）尺寸定义：图 1-131 中的步骤④。

3）材质修改。 参见：第 1.4.7 节

4. 布置梁

布置梁如图 1-132 所示：①选择进入一个楼层平面→②点击结构选项卡中的梁→③进入梁的编辑界面→④选择绘制方式→⑤在绘图区域进行绘制。

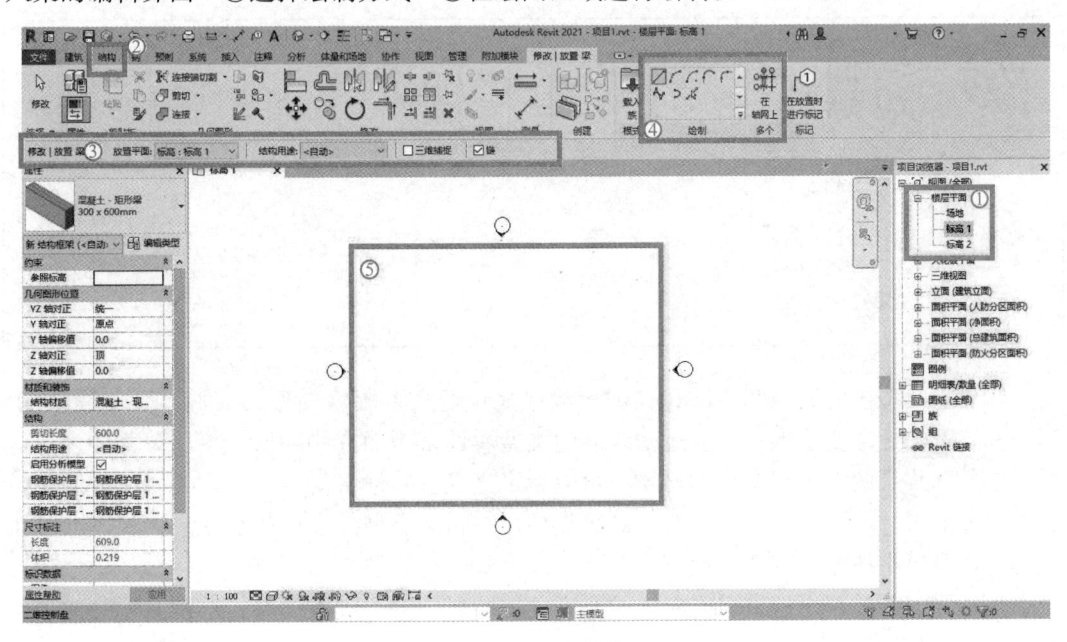

图 1-132　布置梁

在图 1-132 中的④绘制方式中，有一个“在轴网上绘制多个”的操作，选中此操作时，可以在轴网上同时绘制多个梁，用这种方式绘制多个梁时，需要提前在轴网上绘制好柱，然后用框选的方式进行布置（如图 1-133 所示，其中⑤为布置后的效果）。

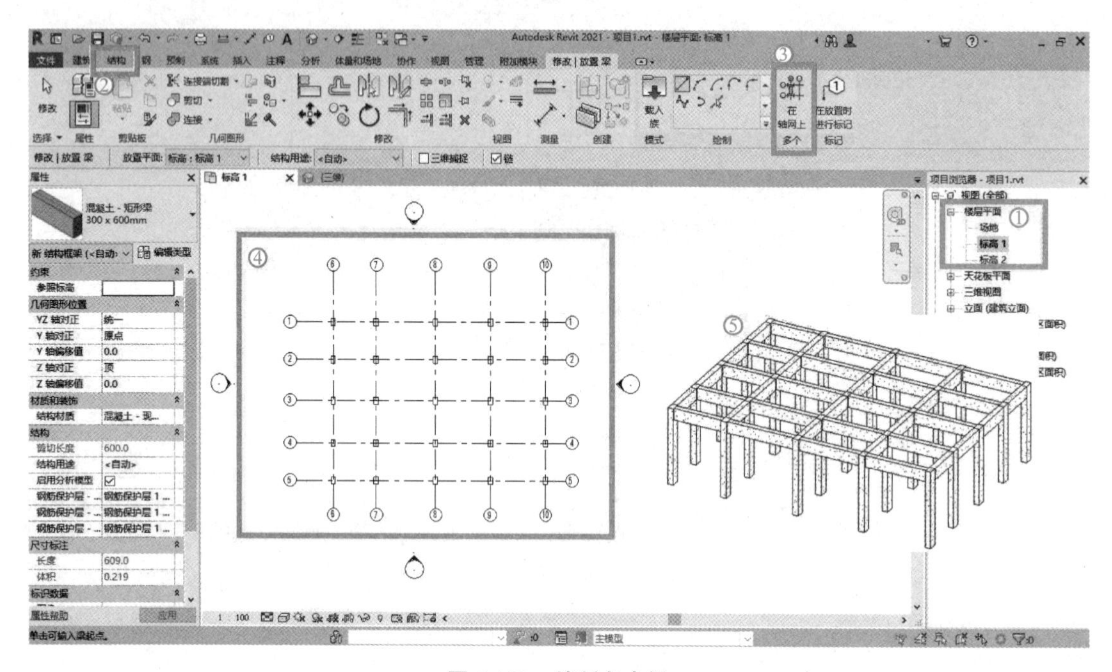

图 1-133　绘制多个梁

1.4.9　绘制墙

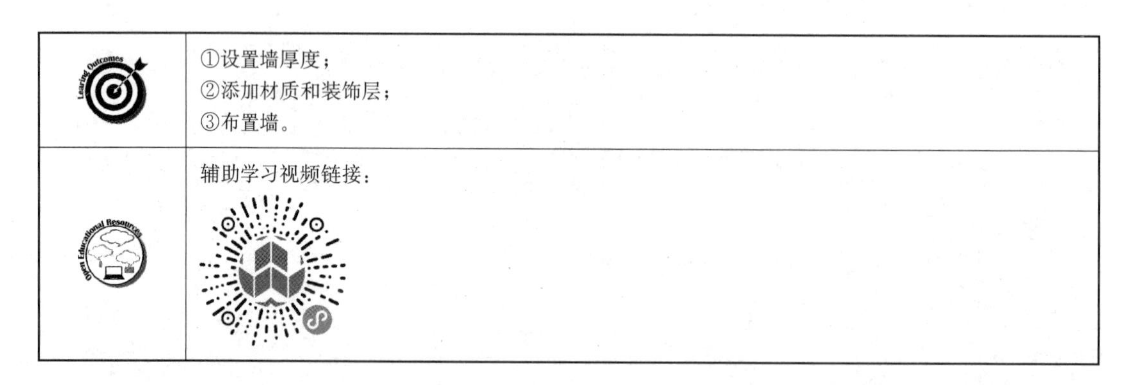

	①设置墙厚度； ②添加材质和装饰层； ③布置墙。
	辅助学习视频链接：

与建筑模型中的其他基本图元类似，墙也是预定义系统族类型的实例，表示墙功能、组合和厚度的标准变化形式。通过修改墙的类型属性来添加或删除层、将层分割为多个区域，以及修改层的厚度或指定的材质，可以自定义这些特性。

通过单击“墙”工具，选择所需的墙类型，并将该类型的实例放置在平面视图或三维视图中，可以将墙添加到建筑模型中。

选择要绘制的墙之后，需要对墙的厚度、墙的材质进行设置，墙在绘制时同样需要对“深度”和“高度”进行定义。

1. 设置墙厚度

如图 1-134 所示，①点击“建筑”选项卡的墙→②点击编辑类型→③复制→④重命名→⑤选择编辑结构→⑥设置结构厚度。

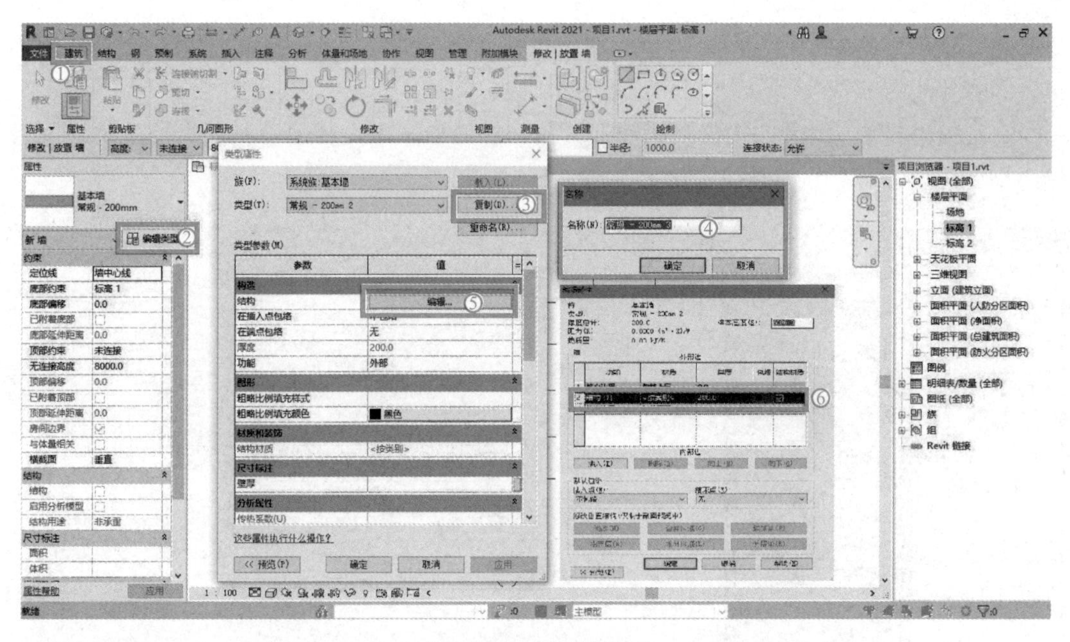

图 1-134　设置墙厚度

2. 添加材质和装饰层

通过“建筑”选项卡或者“结构”选项卡，选择进入墙的编辑界面，用插入“面层”的方式定义装饰面层，然后再添加不同的材质（图 1-135）。

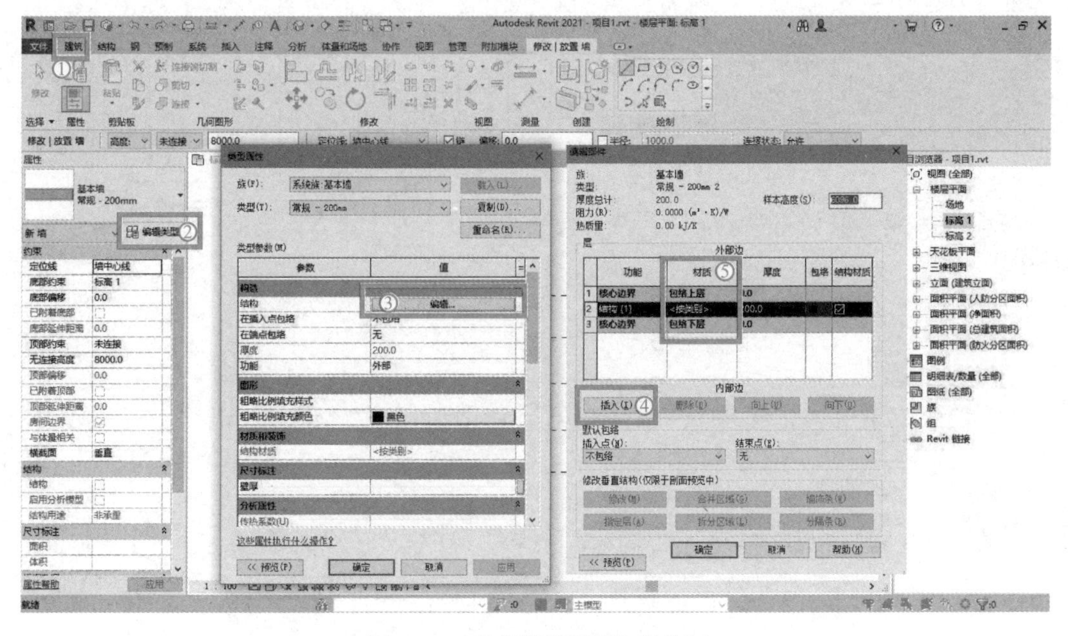

图 1-135　设置墙的材质和装饰层

注意：核心边界使其划分为了“核心层内部”和“核心层外部”，在“核心层外部”插入时，需注意插入的“衬底”“保温层”“隔热层”等这些后面所附带的序号，在“核心层外部”添加时，需按照从“核心层向外”逐渐增大的顺序进行排列，否则会导致创建不成功。

在“核心层内部”添加时没有这些要求，核心层外部添加的东西不会影响到核心层内部，二者互不影响。

在进行“核心层内部”“核心层外部”添加的时候，可以打开“预览”直观地看到各层（图 1-136）。

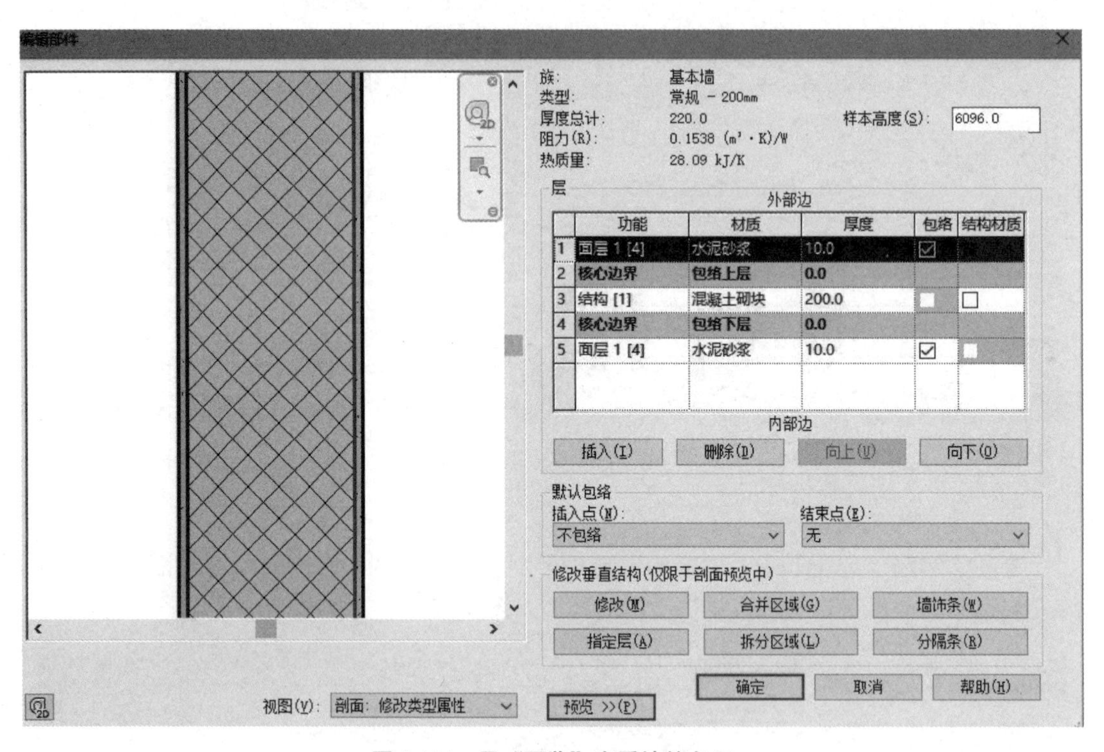

图 1-136　用“预览”查看墙的各层

3. 布置墙

设置完成后，开始布置墙，墙的布置方式和“梁”的布置方式类似，也是用“线”进行布置。

如图 1-137 所示，①选择绘制方式→②设置“高度”“深度”等→③布置墙。

1.4.10　幕墙

	①添加幕墙； ②添加网格和竖梃（“编辑类型”添加）； ③添加网格和竖梃（“建筑”选项卡添加）。

续表

	辅助学习视频链接：

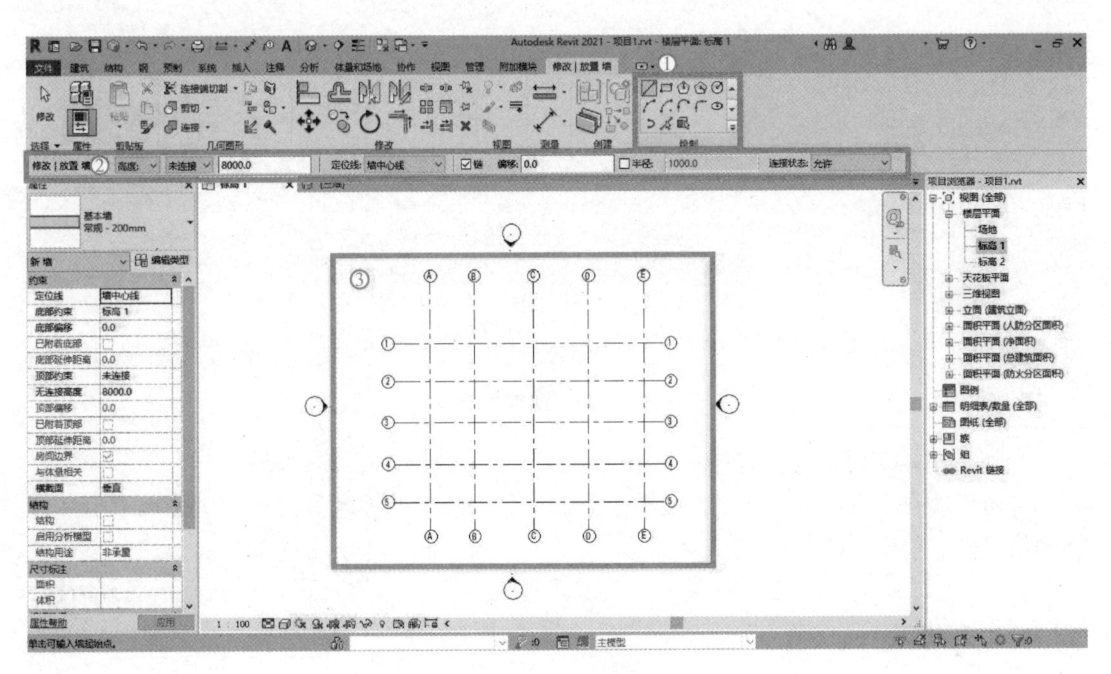

图 1-137　布置墙

幕墙是一种外墙，附着到建筑结构，而且不承担建筑的楼板或屋顶荷载。在一般应用中，幕墙常常定义为薄的、通常带铝框的墙，包含填充的玻璃、金属嵌板或薄石。绘制幕墙时，单个嵌板可延伸墙的长度。如果所创建的幕墙具有自动幕墙网格，则该墙将被再分为几个嵌板。

在幕墙中，网格线定义放置竖梃的位置。竖梃是分割相邻窗单元的结构图元。可通过选择幕墙并单击鼠标右键访问关联菜单，来修改该幕墙。在关联菜单上有几个用于操作幕墙的选项，例如选择嵌板和竖梃。

可以使用默认 Revit 幕墙类型设置幕墙。这些墙类型提供三种复杂程度，可以对其进行简化或增强。

① 幕墙—没有网格或竖梃：没有与此墙类型相关的规则，此墙类型的灵活性最强；

② 外部玻璃—具有预设网格：如果设置不合适，可以修改网格规则；

③ 店面—具有预设网格和竖梃：如果设置不合适，可以修改网格和竖梃规则。

1. 添加幕墙

如图 1-138 所示，①选择楼层平面→②点击“建筑”选项卡的墙→③在属性卡的下方选择幕墙→④选择绘制方式→⑤设置“高度”“标高 2”→⑥在绘图区域进行绘图。

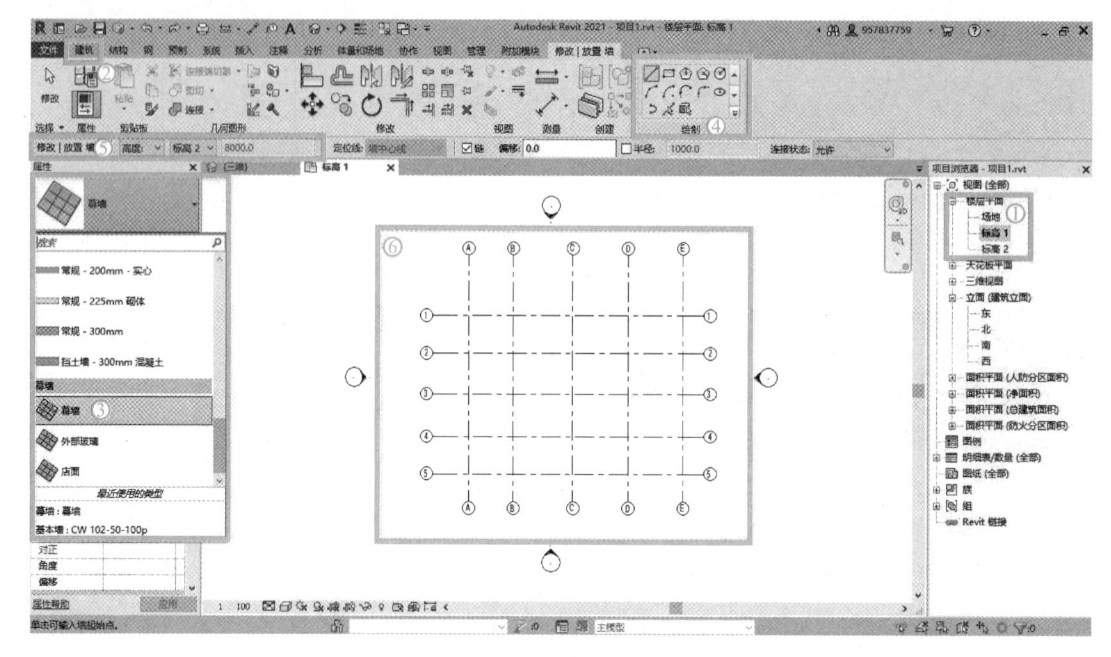

图 1-138　添加幕墙

2. 添加网格和竖梃（“编辑类型”添加）

普通幕墙在不设置网格和竖梃之前，绘制出的一整块的玻璃。可以选中幕墙进行“幕墙网格”和“竖梃”的添加。

如图 1-139 所示：①选中幕墙→②点击编辑类型→③添加“水平网格”“垂直网格”“垂直竖梃”和“水平竖梃”。

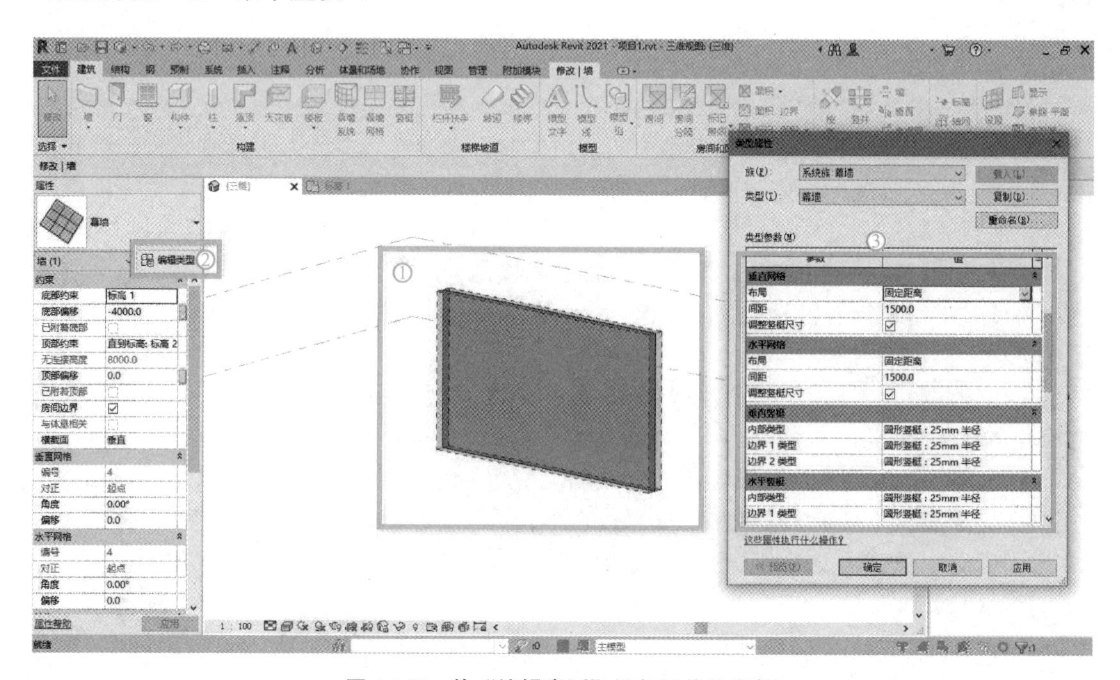

图 1-139　从“编辑类型”添加网格和竖梃

3. 添加网格和竖梃（“建筑”选项卡添加）

如图 1-140 所示：①选中幕墙→②点击“建筑”选项卡→③选择手动分别添加“幕墙网格”和“竖梃”。

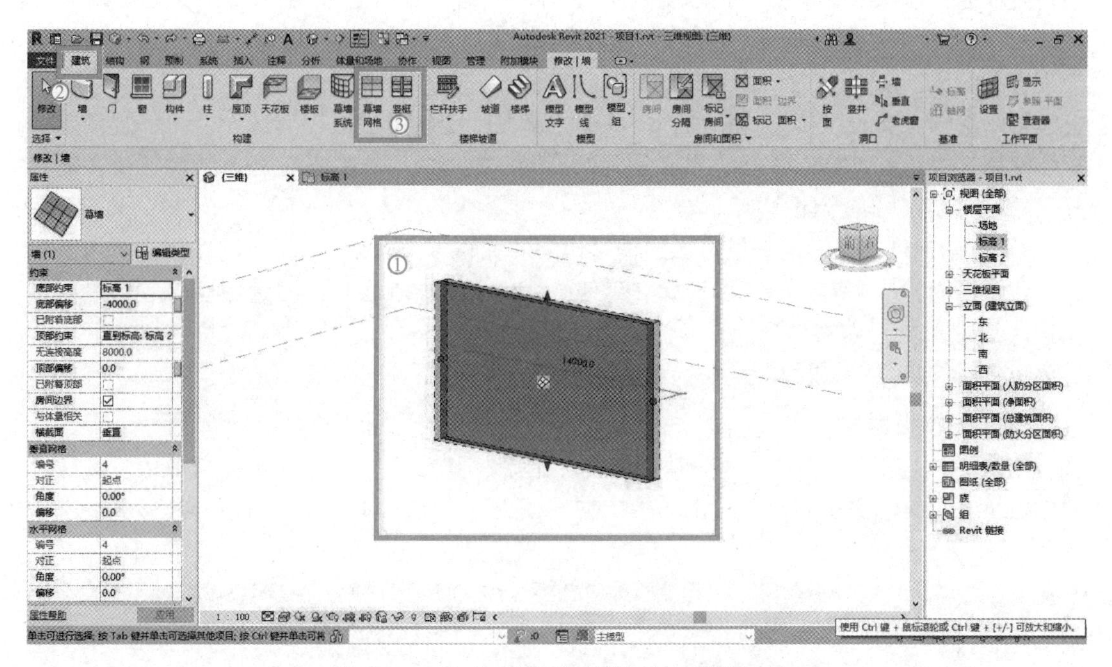

图 1-140　从“建筑”选项卡添加网格和竖梃

1.4.11　绘制楼板

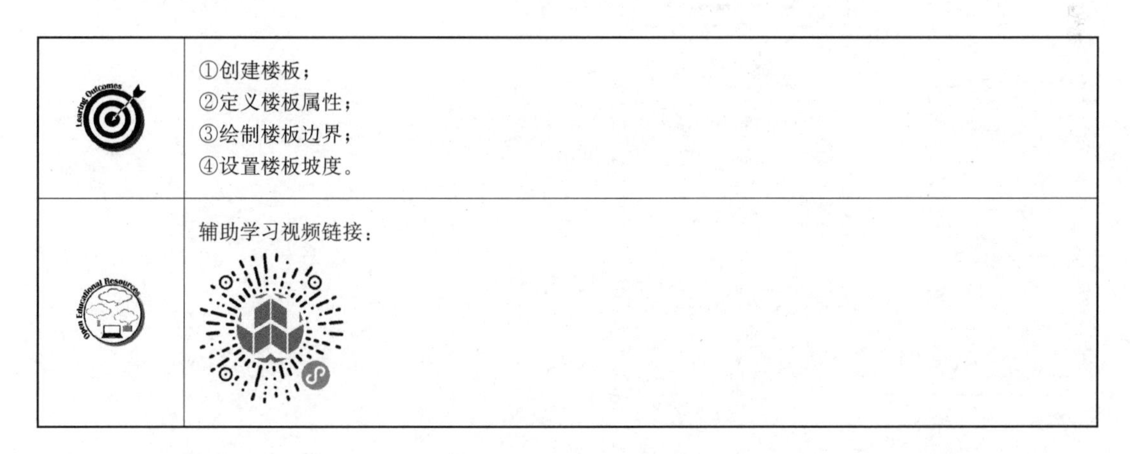

Learning Outcomes	①创建楼板； ②定义楼板属性； ③绘制楼板边界； ④设置楼板坡度。
Open Educational Resources	辅助学习视频链接：

可通过拾取墙或使用绘制工具定义楼板的边界来创建楼板。通常在平面视图中绘制楼板，当三维视图的工作平面设置为平面视图的工作平面时绘制楼板。楼板会沿绘制时所处的标高向下偏移。可以创建坡度楼板、添加楼板边缘至楼板或创建多层楼板。在概念设计中，可使用楼层面积面来分析体量，以及根据体量创建楼板。

1. 创建楼板

1）单击“建筑”选项卡→“构建”面板→“楼板”下拉列表→（楼板：建筑）。

2）使用以下方法之一绘制楼板边界：

拾取墙：默认情况下，“拾取墙”处于活动状态。如果它不处于活动状态，请单击“修改｜创建楼层边界”选项卡→“绘制”面板→（拾取墙）。在绘图区域中选择要用作楼板边界的墙。

绘制边界：要绘制楼板的轮廓，请单击“修改｜创建楼层边界”选项卡→“绘制”面板，然后选择绘制工具。楼层边界必须为闭合环（轮廓）。要在楼板上开洞，可以在需要开洞的位置绘制另一个闭合环。

3）在选项栏上，指定楼板边缘的偏移作为“偏移”。

注：使用“拾取墙”时，可选择“延伸到墙中（至核心层）”测量到墙核心层之间的偏移。

单击（完成编辑模式）。

2. 定义楼板属性

如图 1-141 所示：①选择一个楼层平面→②选择“建筑”选项卡或者“结构”选项卡的楼板→④复制重命名→⑤点击结构中的“编辑”设置厚度。

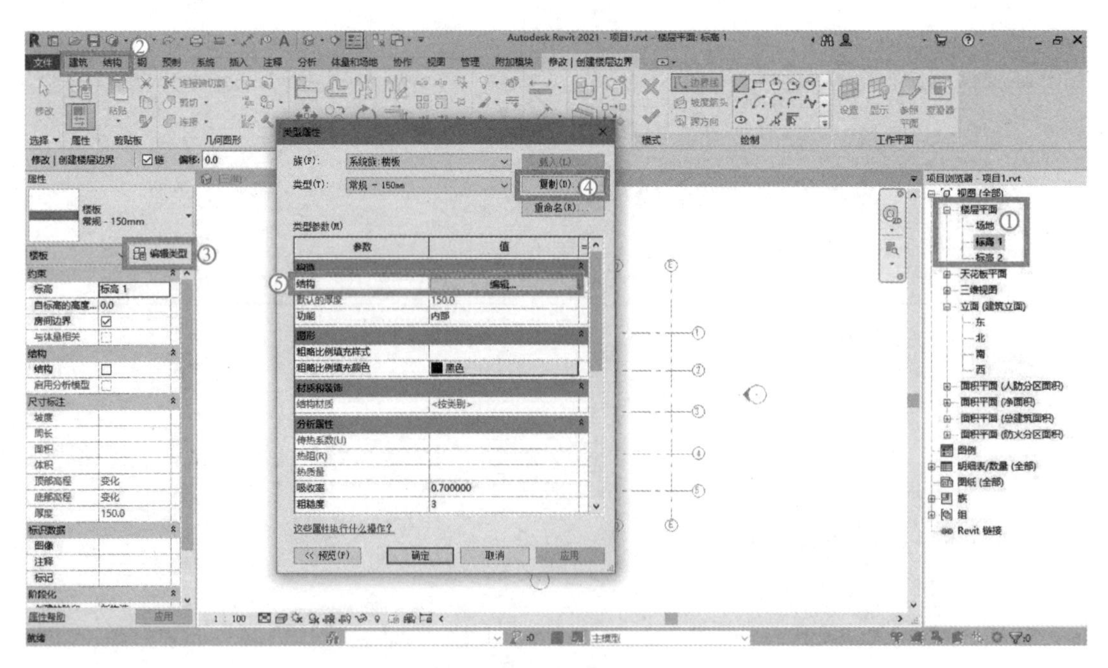

图 1-141　定义楼板属性

3. 绘制楼板边界

点击选择绘制方式，在绘图区域进行绘制（图 1-142）。

4. 设置楼板坡度

双击楼板进入编辑边界模式或者选中楼板，点击上方的“编辑边界”。

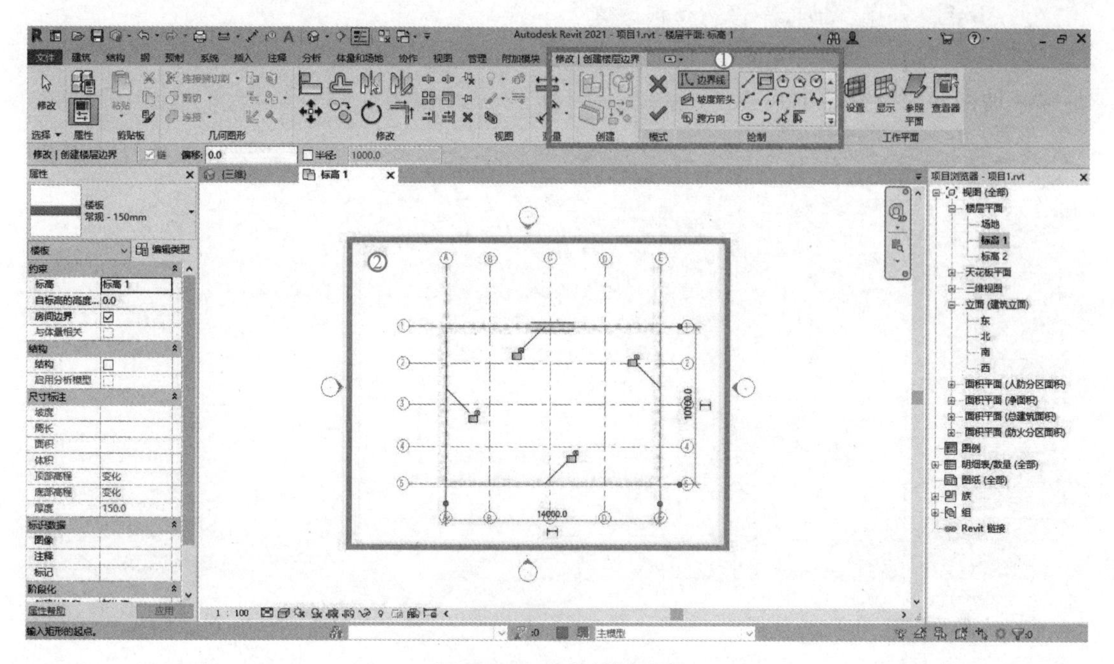

图 1-142　绘制楼板边界

1）**方式一：**用“尾高”设置楼板坡度

进入“编辑边界”之后，选择坡度箭头，然后在楼上绘制坡度箭头，绘制好之后在左边的属性框定义坡度，“尾高”接着定义“尾高度偏移”或者“头高度偏移”。在箭头的尾部称之为“尾高”，在箭头的头部称之为“头高”（图 1-143）。

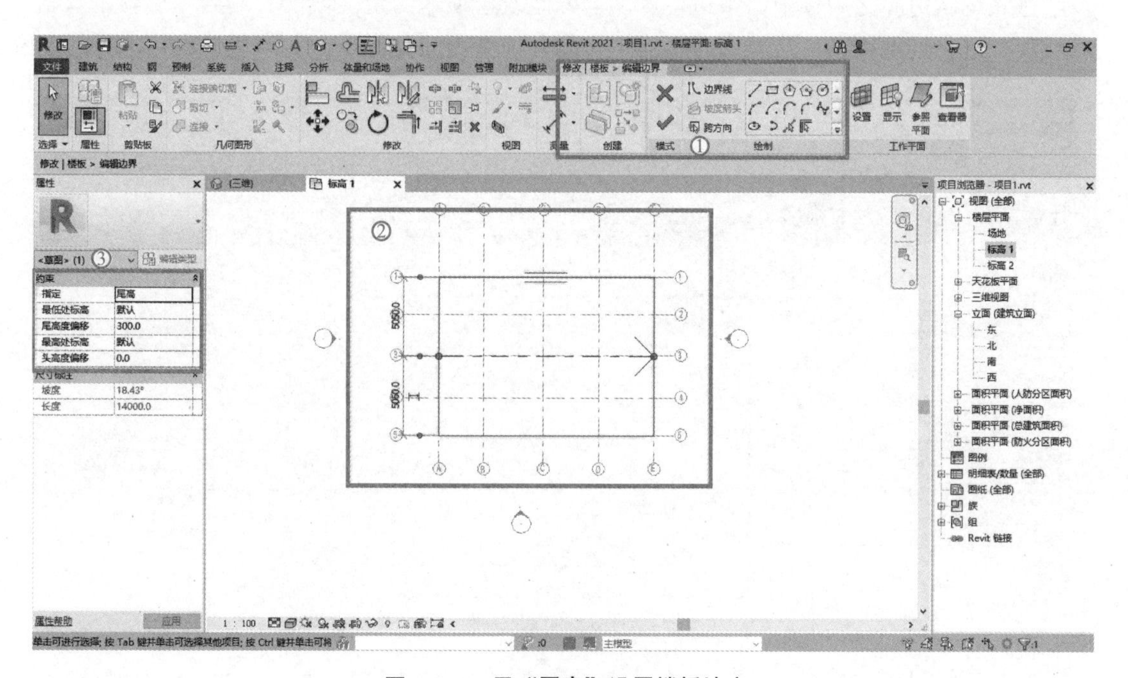

图 1-143　用“尾高”设置楼板坡度

2）**方式二：**用“坡度”设置楼板坡度

进入编辑边界之后，先绘制坡度箭头，然后在左边的属性框的地方选择“坡度”，然后输入坡度的数值（图 1-144）。

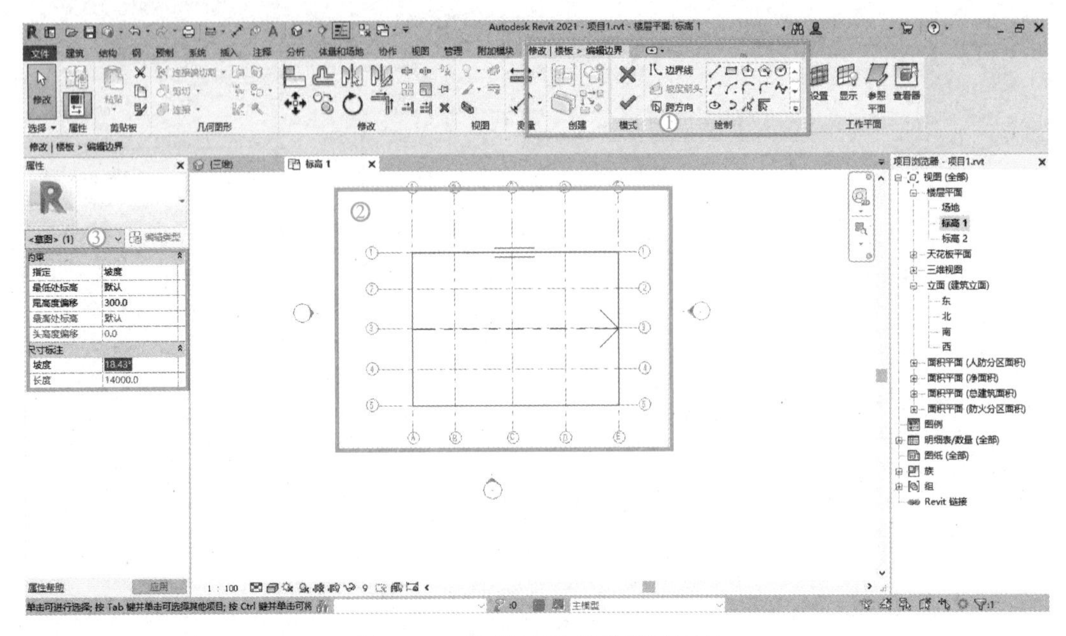

图 1-144　用“坡度”设置楼板坡度

3）**方式三：**用“边”设置楼板坡度

进入编辑边界之后选中一条边，点击上方修改选项卡的定义坡度，然后在属性框里输入坡度，进行坡度定义。这种方式不能定义多条边（图 1-145）。

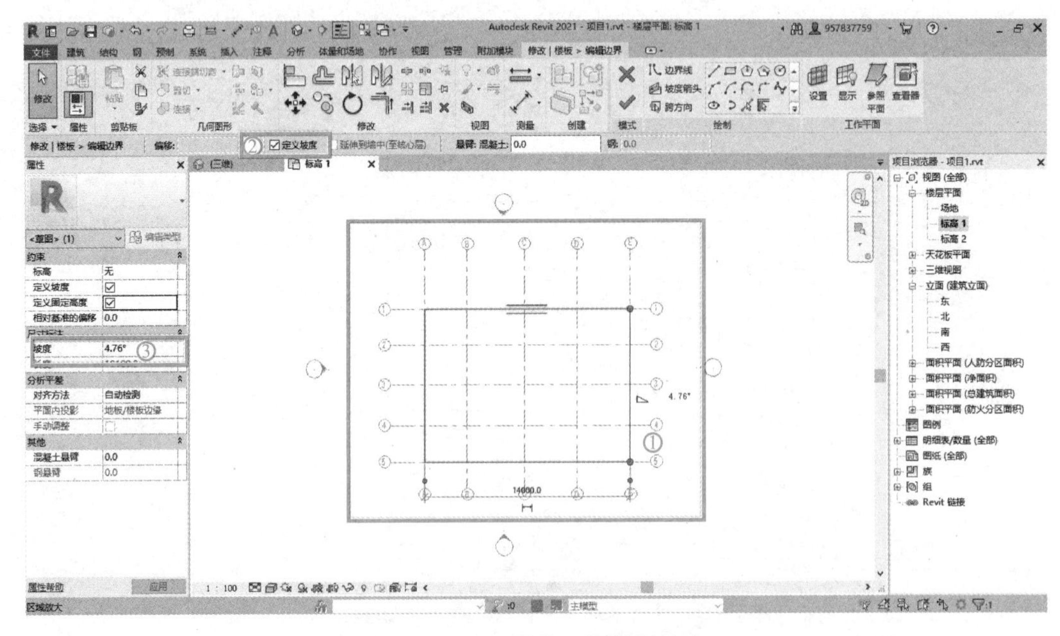

图 1-145　用“边”设置楼板坡度

4）**方式四**：用“修改子图元”设置楼板坡度

选中楼板，选择“修改子图元”。可以选中一条边修改其边缘高程，也可以点击四周的点来修改其点位；还可以通过上方的“添加点”“添加分割线”的方式来定义坡度（图 1-146）。

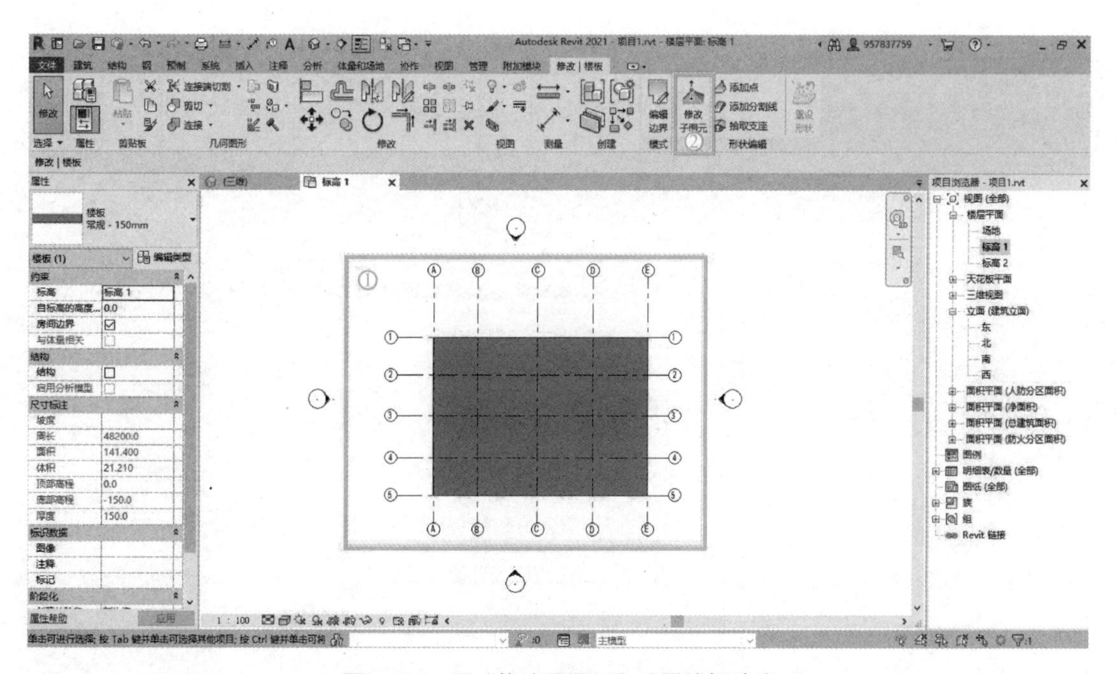

图 1-146　用“修改子图元”设置楼板坡度

1.4.12　天花板[①]

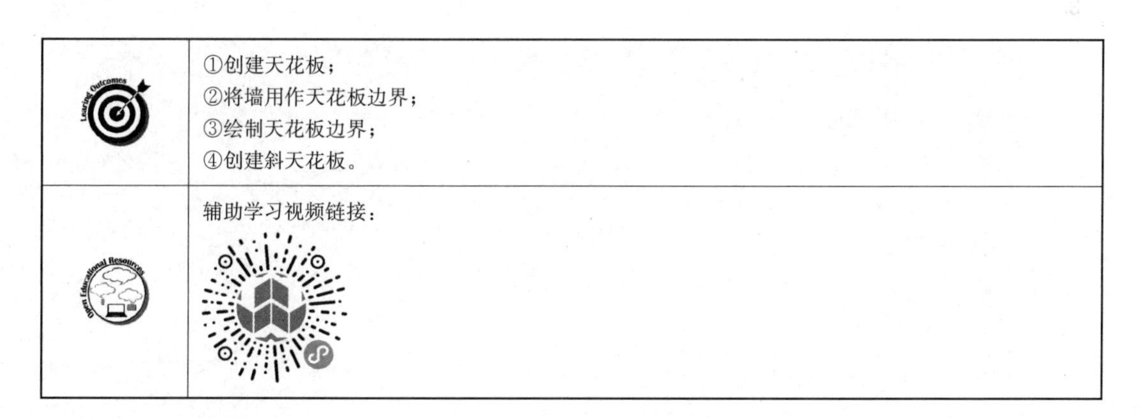

Learning Outcomes	①创建天花板； ②将墙用作天花板边界； ③绘制天花板边界； ④创建斜天花板。
Open Educational Resources	辅助学习视频链接：

天花板是基于标高的图元：创建天花板是在其所在标高以上指定距离处进行的。可以创建由墙定义的天花板，也可以绘制其边界。在天花板投影平面视图中创建天花板。

① 因软件采用“天花板”说法，为方便读者阅读与操作，故保持此说法。通常情况采用国标说法，用“顶棚”替换“天花板”。

1. 创建天花板

1）打开天花板平面视图。

2）单击“建筑”选项卡→“构建”面板→（天花板）。

3）在“类型选择器”中，选择一种天花板类型。

2. 将墙用作天花板边界

默认情况下，“自动天花板”工具处于活动状态。在单击构成闭合环的内墙时，该工具会在这些边界内部放置一个天花板，而忽略房间分隔线（图 1-147）。

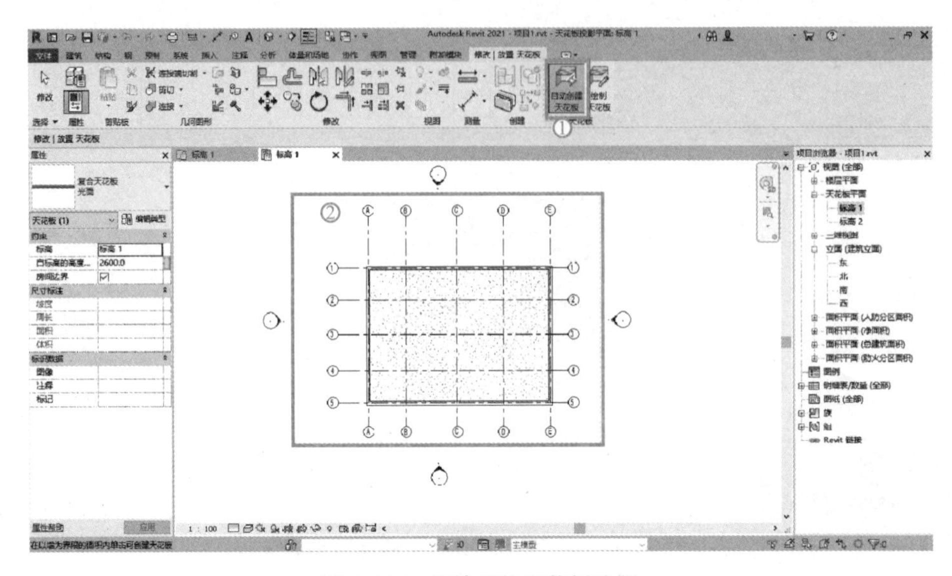

图 1-147　将墙用作天花板边界

3. 绘制天花板边界

如图 1-148 所示：①选择天花板平面→②单击“修改｜放置天花板”选项卡→“天花

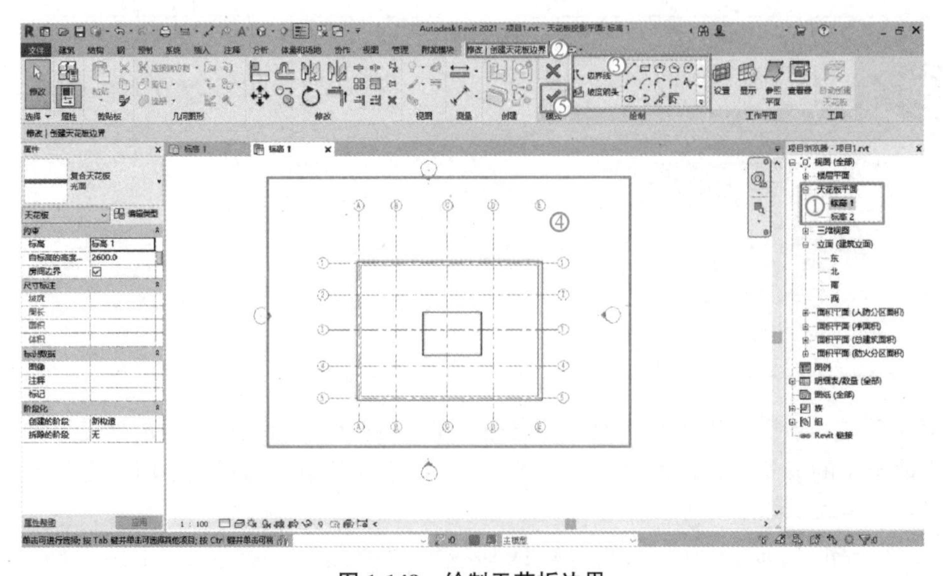

图 1-148　绘制天花板边界

板”面板→（绘制天花板）→③使用功能区上“绘制”面板中的工具→④绘制用来定义天花板边界的闭合环（要在天花板上创建洞口，请在天花板边界内绘制另一个闭合环）→⑤在功能区上，单击（完成编辑模式）。

4. 创建斜天花板

要创建斜天花板，请使用下列方法之一：

1）在绘制或编辑天花板边界时，绘制坡度箭头。

2）为平行的天花板绘制线指定“相对基准的偏移”属性值。

3）为单条天花板绘制线指定“定义坡度”和“坡度”属性值。

1.4.13　绘制门、窗

	①放置门、窗； ②更改门（窗）的方向； ③在幕墙上添加门、窗。
	辅助学习视频链接： 

门、窗是基于主体的构件，可以添加到任何类型的墙内。可以在平面视图、剖面视图、立面视图或三维视图中添加门。选择要添加的门、窗类型，然后指定门、窗在主体图元上的位置。Revit 将自动剪切洞口并放置。

1. 放置门、窗

打开平面视图、立面视图、剖面视图或三维视图。

1）单击“建筑”选项卡→“构建”面板→（门）或者（窗）。

2）如果要放置的门（窗）类型与“类型选择器”中显示的门（窗）类型不同，从下拉列表中选择其他类型，点击“编辑类型”设置“类型属性”。

注：若要从库载入其他窗类型，单击“修改｜放置门（窗）”选项卡→“模式”面板→“载入族”，浏览到“门（窗）”文件夹，然后打开所需的族文件。

3）如果希望在放置门时自动对门进行标记，请单击“修改｜放置门”选项卡→“标记”面板→（在放置时进行标记），然后在选项栏上指定标记选项（图 1-149）。

注：对于门：在“属性”选项板上，为“标记”标记输入值即可（门④）。

对于窗：点击属性→类型编辑→修改类型属性中标识数据下的“类型标记”（窗④）

4）单击以将门（窗）放置在墙上。

2. 更改门（窗）的方向

1）在平面视图中选择门（窗）。

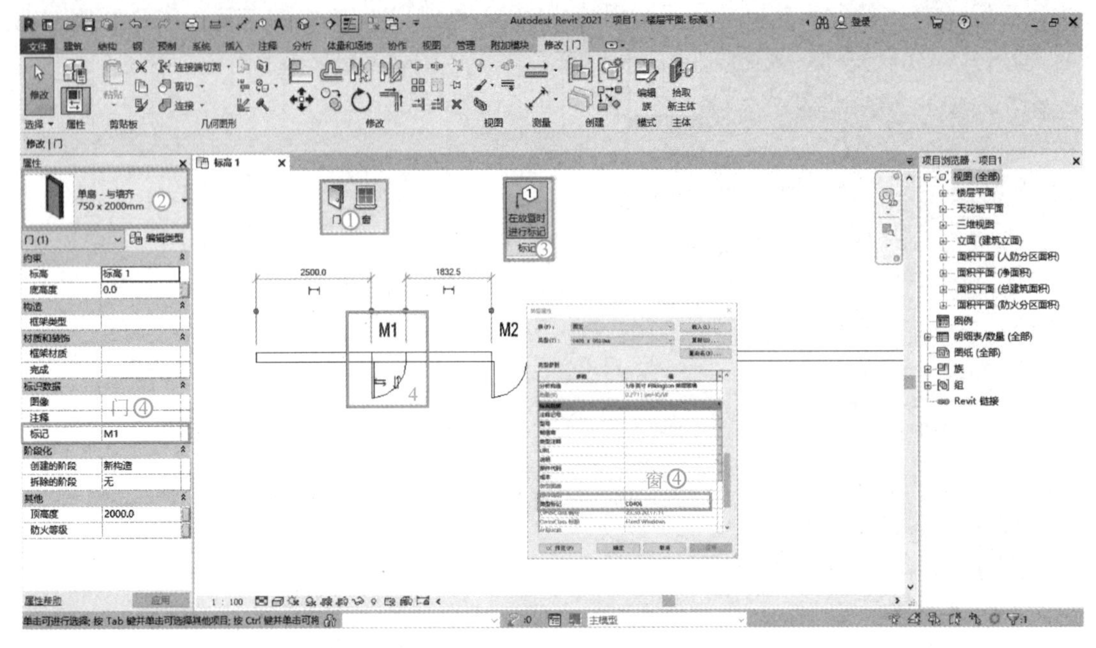

图 1-149　放置门（窗）

2）单击鼠标右键，然后单击所需选项的“翻转面（方向）”，或者直接点击 或者 中的翻转控制柄 进行翻转。

3. 在幕墙上添加门、窗

在基本墙上布置门（窗），只需要载入门（窗）族然后进行布置就行，但在幕墙上布置门（窗），需要添加门窗嵌板。

如图 1-150 所示：①选中一个幕墙嵌板→②点击编辑类型→③选择载入→④找到建筑里面的幕墙，载入嵌板。

1.4.14　屋顶

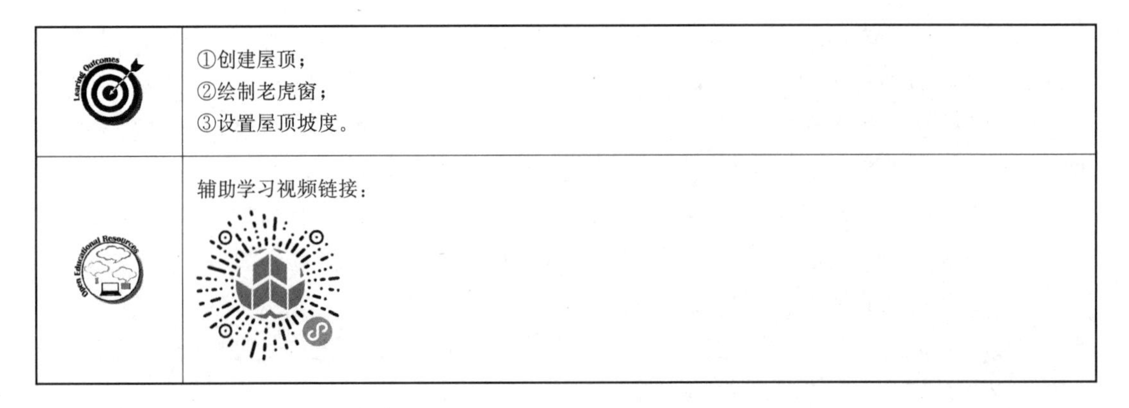

①创建屋顶；
②绘制老虎窗；
③设置屋顶坡度。

辅助学习视频链接：

Revit 提供了几种创建屋顶的方法，可以从建筑迹线、作为拉伸、与玻璃斜窗、从体量实例创建屋顶，屋顶不能切过窗或门。

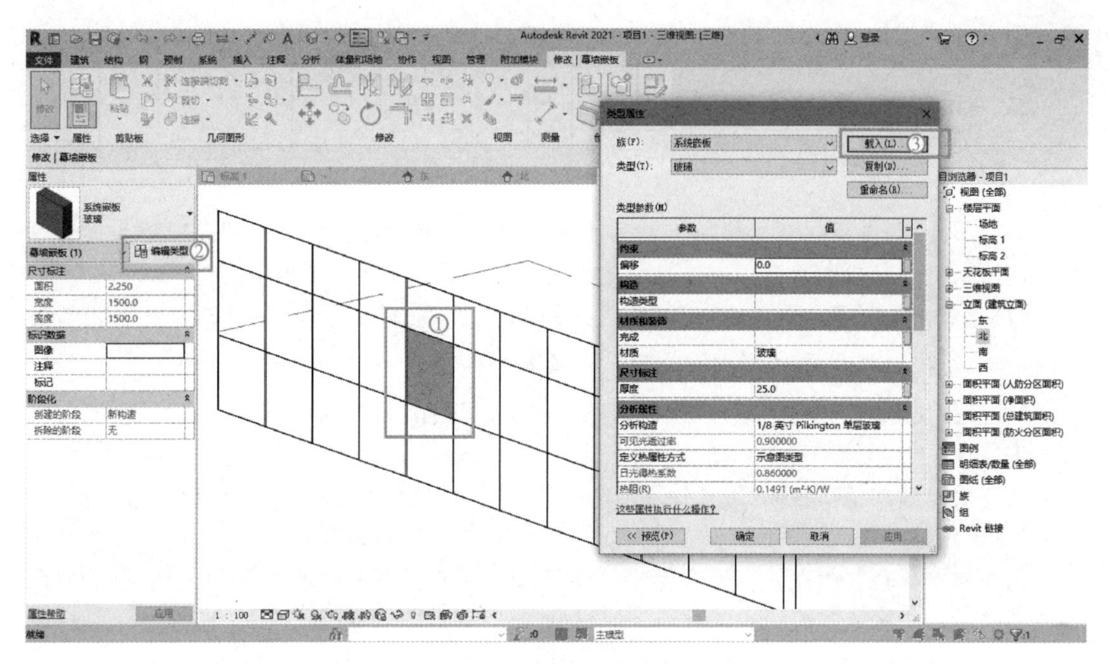

图 1-150　在幕墙上添加门窗

1. 创建屋顶

如图 1-151 所示：①打开屋顶的楼层平面图，定标高→②在“建筑”选项卡下方选择（迹线屋顶）或（拉伸屋顶）或其他→③选择绘制方式→④绘制→⑤单击（完成编辑模式）

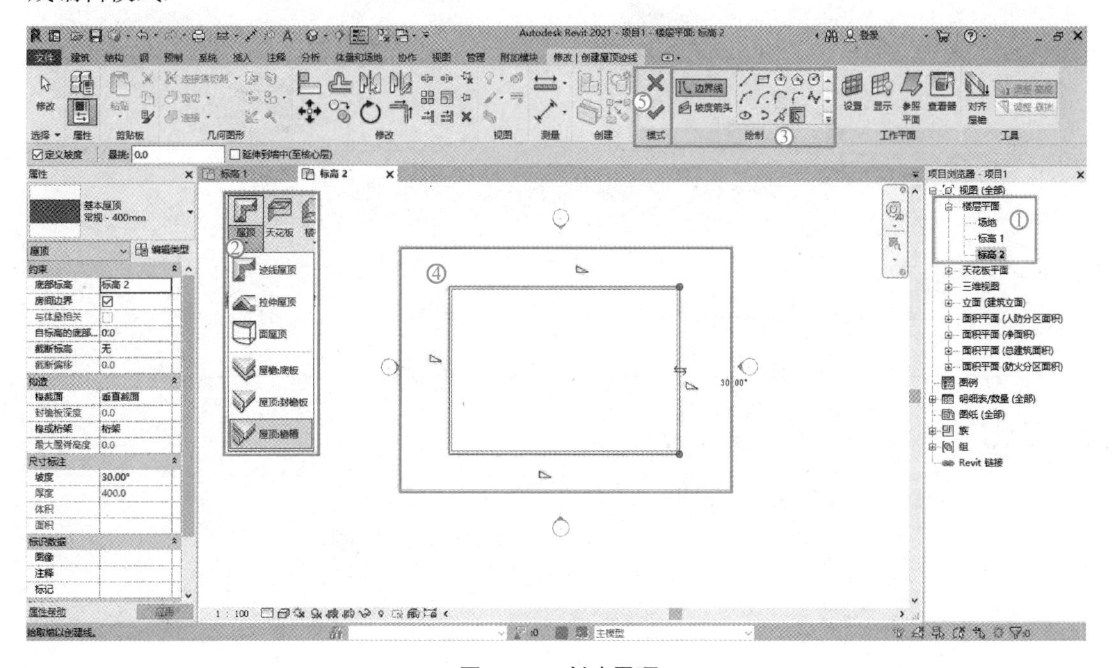

图 1-151　创建屋顶

2. 绘制老虎窗

1）创建构成老虎窗的墙和屋顶图元。

2）使用“连接屋顶”工具将老虎窗屋顶连接到主屋顶。

注：在此任务中，请勿使用“连接几何图形”屋顶工具，否则会在创建老虎窗洞口时遇到错误。

3）打开一个可在其中看到老虎窗屋顶及附着墙的平面视图或立面视图。如果此屋顶已拉伸，则打开立面视图。

（1）“建筑”选项卡→“洞口”面板→（老虎窗洞口）。

（2）“结构”选项卡→“洞口”面板→（老虎窗洞口）。

4）高亮显示建筑模型上的主屋顶，然后单击以选择它。查看状态栏，确保高亮显示的是主屋顶。

5）“拾取屋顶/墙边缘”工具处于活动状态，使可以拾取构成老虎窗洞口的边界。

6）将光标放置到绘图区域中。

高亮显示了有效边界。有效边界包括连接的屋顶或其底面、墙的侧面、楼板的底面、要剪切的屋顶边缘或要剪切的屋顶面上的模型线。

7）单击（完成编辑模式）。

3. 设置屋顶坡度

在任意视图双击屋顶进入屋顶编辑界面，如图 1-152 所示是编辑界面对应的屋顶，屋顶边线旁有三角符合则表示这面屋顶有斜坡，点击该边线后，可在属性框里修改坡度以及是否有坡度。

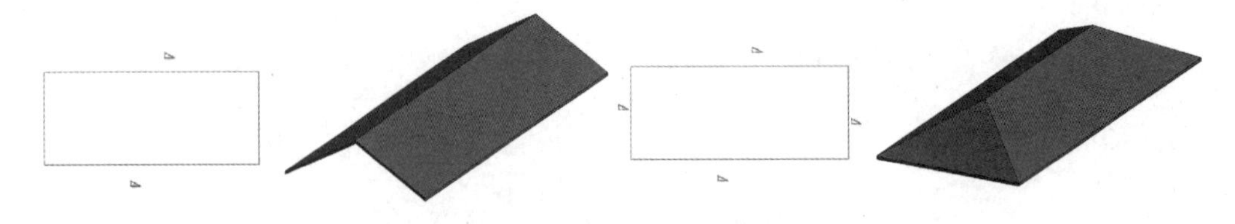

图 1-152　屋顶坡度编辑界与三维视图对比

1.4.15　绘制洞口

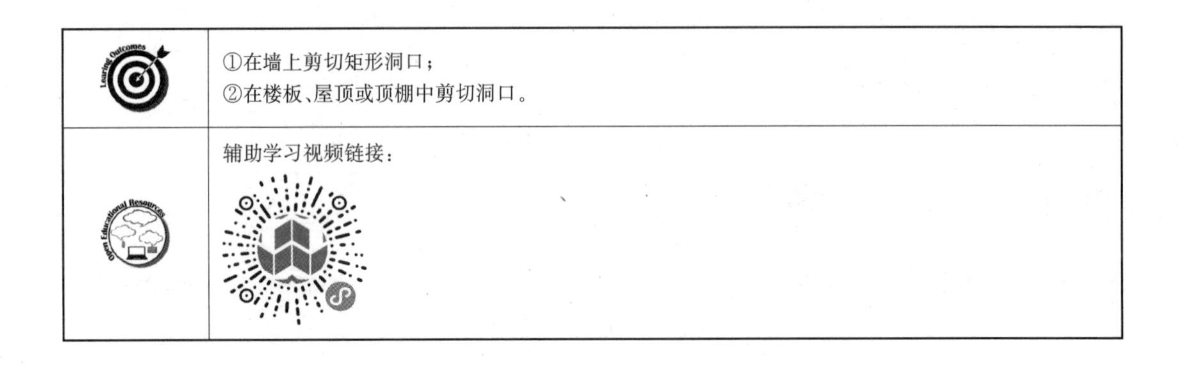

	①在墙上剪切矩形洞口； ②在楼板、屋顶或顶棚中剪切洞口。
	辅助学习视频链接：

使用“洞口”工具可以在墙、楼板、顶棚、屋顶、结构梁、支撑和结构柱上剪切洞口。在剪切楼板、顶棚或屋顶时，可以选择竖直剪切或垂直于表面进行剪切。还可以使用绘图工具来绘制复杂形状；在墙上剪切洞口时，可以在直墙或弧形墙上绘制一个矩形洞口（对于墙，只能创建矩形洞口，不能创建圆形或多边形形状洞口）。

1. 在墙上剪切矩形洞口

打开可访问作为洞口主体的墙的立面或剖面视图，①单击（墙洞口）→②选择将作为洞口主体的墙，绘制一个矩形洞口（图 1-153），双击。

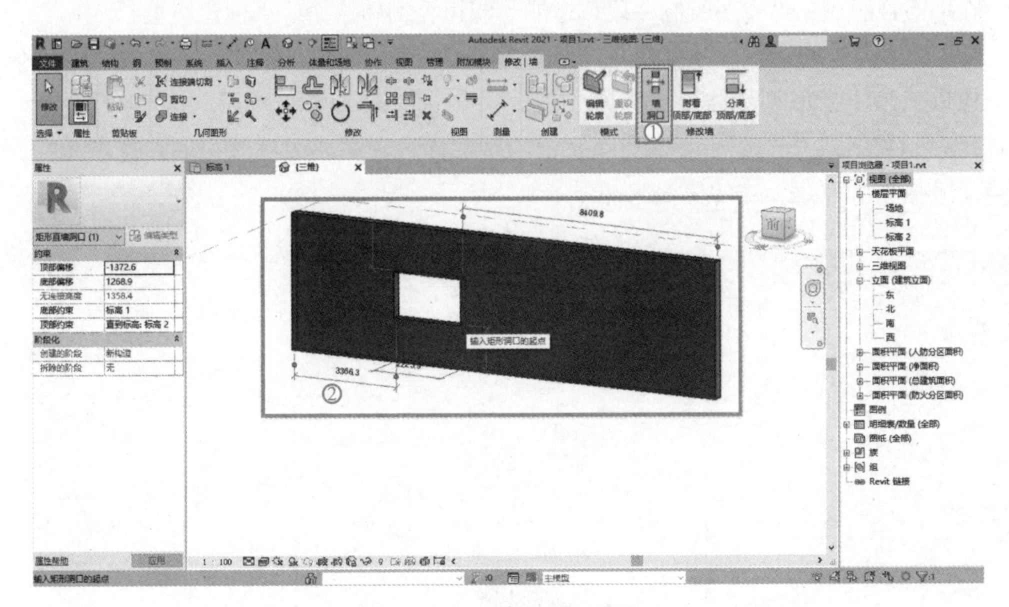

图 1-153　在墙上剪切矩形洞口

2. 在楼板、屋顶或顶棚中剪切洞口

使用任一“洞口”工具在楼板、屋顶或顶棚上剪切垂直洞口（例如用于安放烟囱）。可以在这些图元的面剪切洞口，也可以选择整个图元进行垂直剪切。

1）单击（按面）或（垂直）。

如果希望洞口垂直于所选的面，请使用“面洞口”选项。如果希望洞口垂直于某个标高，请使用“垂直”选项。

2）如果选择了“按面”，则在楼板、顶棚或屋顶中选择一个面。如果选择了“垂直”，则选择整个图元。

Revit 将进入草图模式，可以在此模式下创建任意形状的洞口。

3）单击“完成洞口”。

1.4.16　坡道

	添加坡道。

续表

	辅助学习视频链接： 

在平面视图或三维视图绘制一段坡道或绘制边界线和踢面线来创建坡道。

如图1-154所示：①打开平面视图或三维视图→②单击“建筑”选项卡→“楼梯坡道”面板→（坡道）→单击“修改｜创建坡道草图”选项卡→“绘制”面板，→③然后选择（线）或（圆心—端点弧）→④将光标放置在绘图区域中，并拖曳光标绘制坡道梯段→⑤单击（完成编辑模式）。

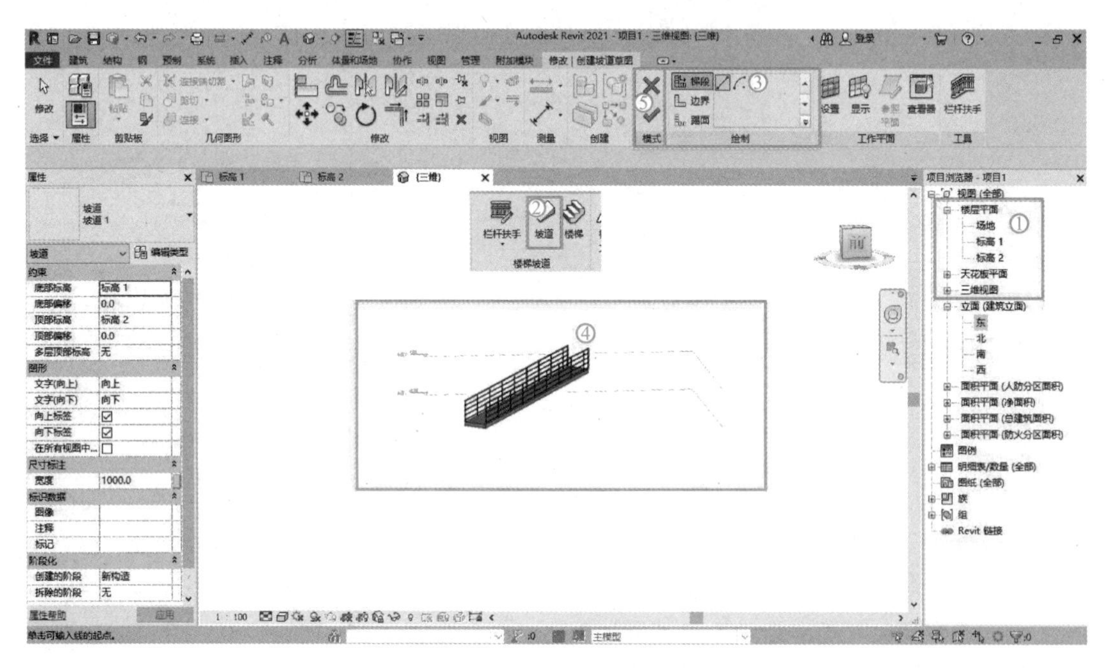

图1-154　添加坡道

1.4.17　绘制楼梯

	①创建单条直梯段； ②创建两个由平台连接的垂直梯段； ③创建全台阶螺旋梯段； ④创建单条螺旋梯段； ⑤创建斜踏步梯段。

续表

	辅助学习视频链接：

楼梯可以包括以下内容：

① 梯段：直梯、螺旋梯段、U 形梯段、L 形梯段、自定义绘制的梯段；

② 平台：在梯段之间自动创建，通过拾取两个梯段，或通过创建自定义绘制的平台；

③ 支撑（侧边和中心）：随梯段自动创建，或通过拾取梯段或平台边缘创建；

④ 栏杆扶手：在创建期间自动生成，或稍后放置。

注：楼梯无法添加到部件中。

1. 创建单条直梯段

如图 1-155 所示：

①选择平面视图→②选择“直梯段构件”工具，然后指定初始选项和属性→③在绘图区域中，单击以指定梯段的起点→在绘制时，Revit 将指示梯段边界和达到目标标高所需的完整台阶数→移动光标以绘制梯段→④单击以指定梯段的终点和踢面总数→⑤在“模式”面板上，单击✔（完成编辑模式）。

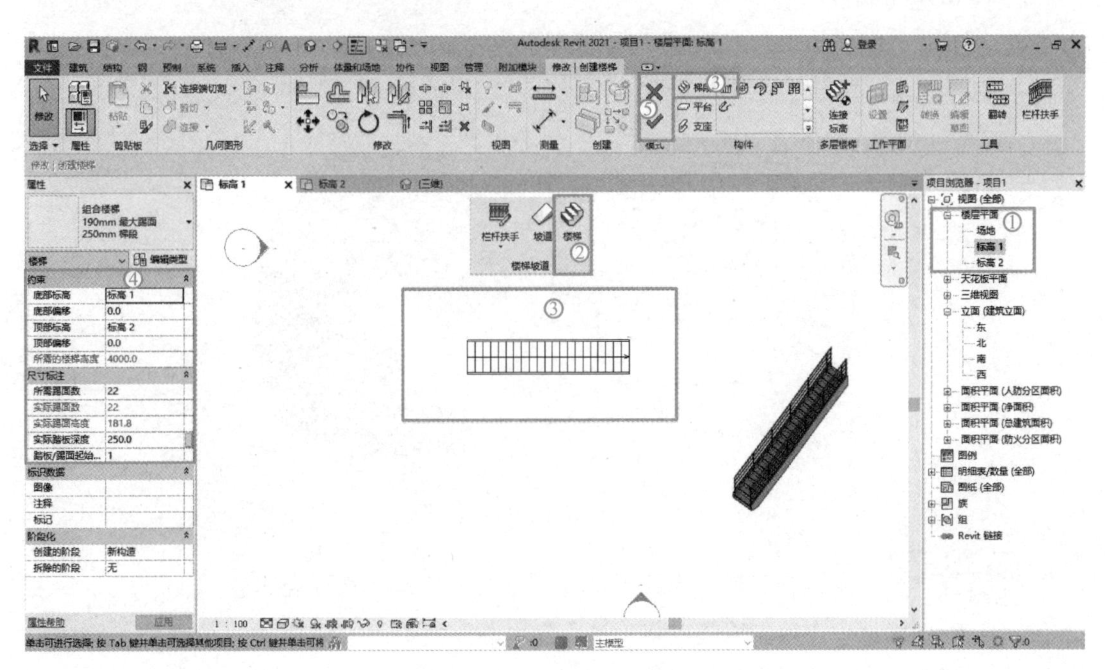

图 1-155　建单条直梯段

2. 创建两个由平台连接的垂直梯段（图 1-156）

1）选择直梯段构件工具▥并指定初始选项。

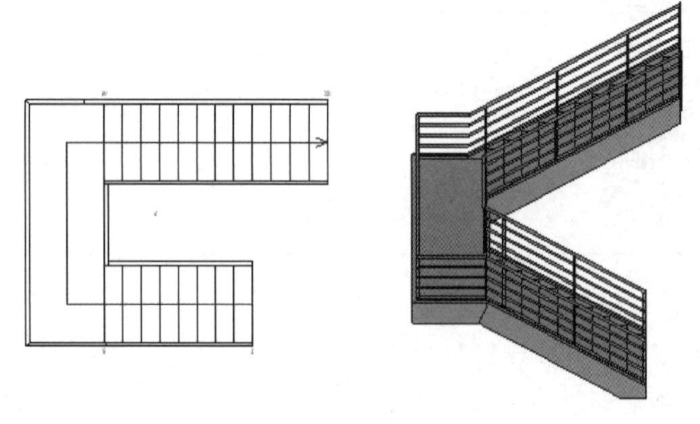

图 1-156　两个由平台连接的垂直梯

2）在选项栏上：

选择“定位线”的值（梯段：在后面插图中选择的是“右”）。

3）确认“自动平台”处于选定状态。

4）单击从而开始绘制第一个梯段。

5）在达到所需的踢面数后，单击以定位平台。

6）沿着延长线移动光标，然后单击以开始绘制第二个梯段剩下的踢面。请注意，平台是自动创建的（默认平台深度等于梯段宽度）。

7）单击以完成第二个梯段。

8）在“模式”面板上，单击✔（完成编辑模式）。

3. 创建全台阶螺旋梯段（图 1-157）

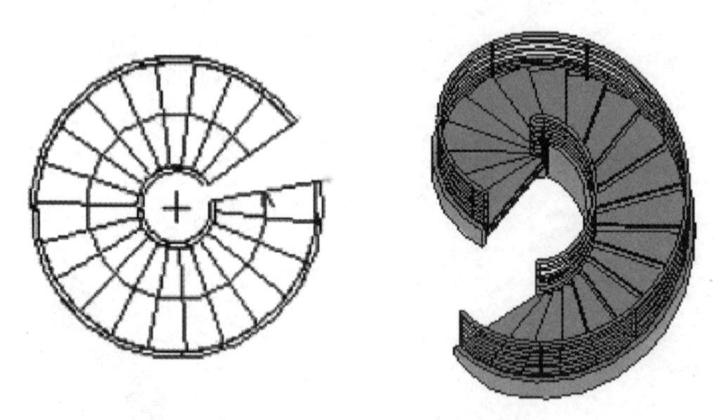

图 1-157　创建全台阶螺旋梯段

1）选择“全台阶螺旋”梯段构件工具，然后指定初始选项和属性。

2）在绘图区域中，单击以指定螺旋梯段的中心点。

3）移动光标用以指定梯段的半径。

4）在绘制时，工具提示将指示梯段边界和达到目标标高所需的完整台阶数。默认情况下，按逆时针方向创建梯段。

5）单击以完成梯段。

（1）（可选）在快速访问工具栏上，单击（默认三维视图），在退出楼梯编辑模式之前以三维形式查看梯段。

（2）（可选）在“工具”面板上，单击（翻转）可将楼梯的旋转方向从逆时针更改为顺时针。

6）在“模式”面板上，单击（完成编辑模式）。

4. 创建单条螺旋梯段（图 1-158）

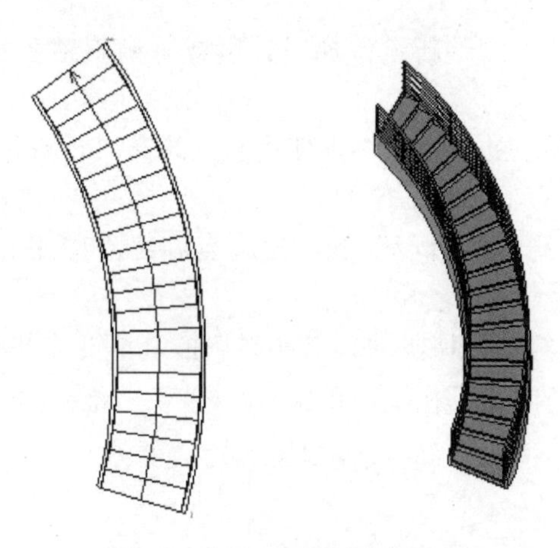

图 1-158　创建单条螺旋梯段

1）选择“圆心—端点螺旋”梯段构件工具，然后指定初始选项和属性。

2）在绘图区域中，单击以指定梯段的中心。

3）单击以指定起点。

4）顺时针或逆时针移动光标以设置旋转方向，然后单击以指定端点和踢面总数。

5）（可选）在“工具”面板上，单击（翻转）可将楼梯的旋转方向从逆时针更改为顺时针。

6）在“模式”面板上，单击（完成编辑模式）。

5. 创建斜踏步梯段（图 1-159）

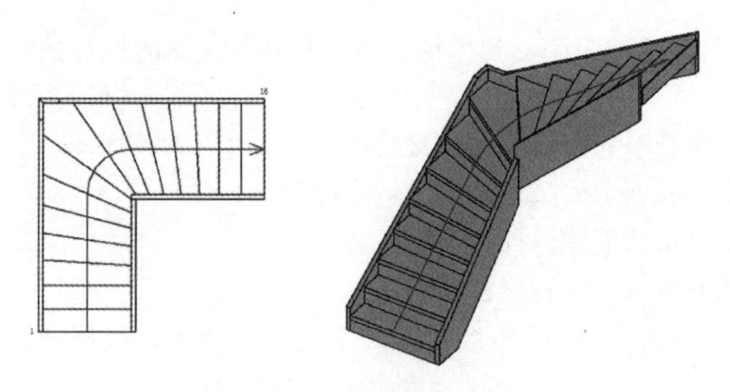

图 1-159　创建斜踏步梯段

1）选择“斜踏步梯段”构件工具，然后指定初始选项和属性。

2）在选项栏上，对于“定位线”，如果要将带支撑的梯段与墙对齐，选择“梯边梁外侧：左”或“梯边梁外侧：右”。要对齐不带支撑的梯段，“梯边梁外侧：左”和“梯段：左”具有相同的对齐效果（“外部支撑：右”和“梯段：右”与此相同）。

3）在选项栏上，清除或选中“镜像预览”以更改默认的斜踏步布局方向。

4）按空格键可旋转斜踏步梯段的形状，以便梯段朝向所需的方向。

5）如果相对于墙或其他图元定位梯段，请将光标靠近墙，使用者会注意到斜踏步楼梯捕捉到相对于墙的位置。

6）单击以放置斜踏步梯段。

7）使用直接操纵控件可以重新定位梯段长度或平衡斜踏步长度之间的台阶，以及修改其他布局属性。

(1)（可选）可以在梯段的起点和终点使用直（均布）台阶替换斜踏步台阶。

选择梯段。

在“属性”选项板上的“斜踏步”下，为起点和终点的平行踏板输入所需的均布台阶数。

在下面的图像中，在斜踏步梯段的起点和终点指定了 3 个平行踏板。

(2)（可选）在快速访问工具栏上，单击（默认三维视图）。

8）在模型面板上，单击（完成编辑模式）。

1.4.18 栏杆及扶手

	①通过绘制创建栏杆扶手； ②在主体上放置栏杆扶手。
	辅助学习视频链接： 

添加独立式栏杆扶手或是附加到楼梯、坡道和其他主体的栏杆扶手。使用栏杆扶手工具，可以：

① 将栏杆扶手作为独立构件添加到楼层中；

② 将栏杆扶手附着到主体（如楼板、坡道或楼梯）；

③ 在创建楼梯时自动创建栏杆扶手；

④ 在现有楼梯或坡道上放置栏杆扶手；

⑤ 绘制自定义栏杆扶手路径并将栏杆扶手附着到楼板、屋顶板、楼板边、墙顶、屋顶或地形。

1. 通过绘制创建栏杆扶手

如图 1-160 所示：①选择楼层平面或者三维视图→②选择“建筑”选项卡下方的栏杆扶手，选择绘制路径→③选择绘制方式→④在绘图区域进行绘制→⑤点击，完成绘制

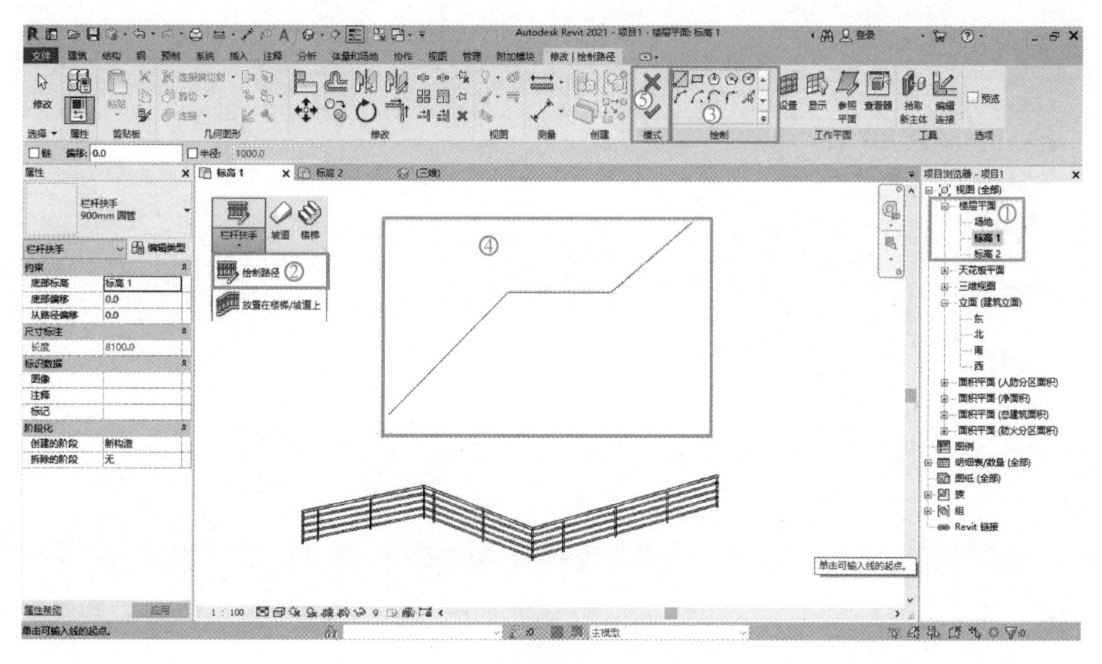

图 1-160 通过绘制创建栏杆扶手

并且退出绘图模式。

2. 在主体上放置栏杆扶手

如图 1-161 所示：①选择楼层平面或者三维视图→②选择建筑选项卡下方的栏杆扶手，选择放置在主体上→③选择放置位置→④在楼梯或者楼板、坡道上进行放置→⑤完成放置并且退出绘图模式。

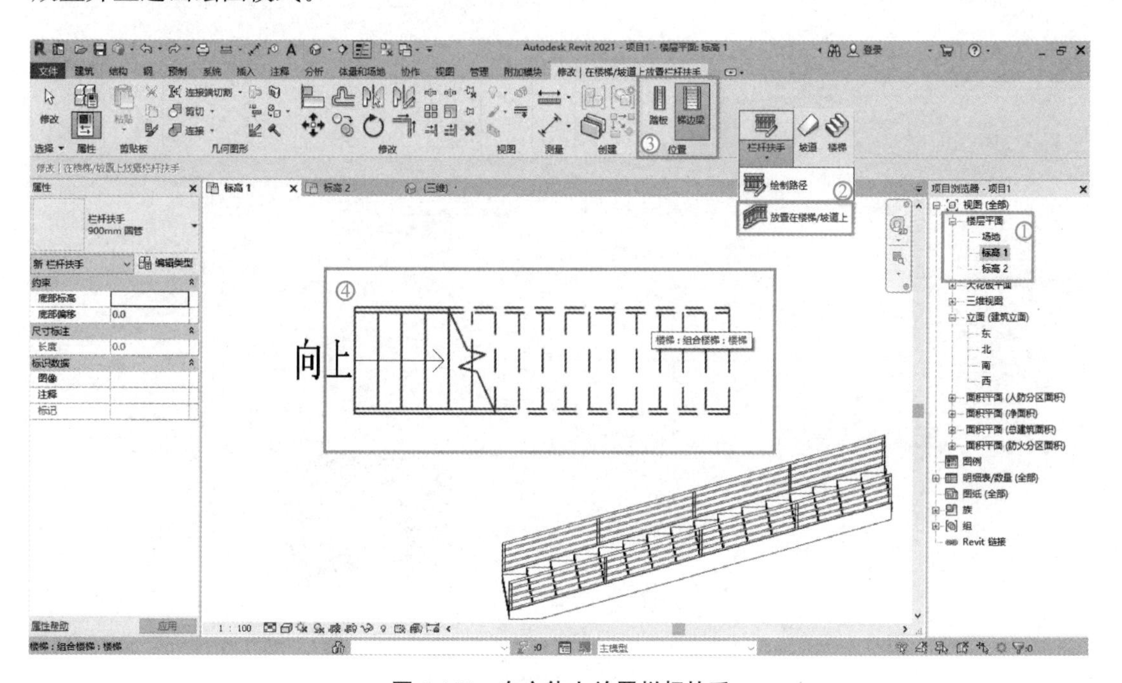

图 1-161 在主体上放置栏杆扶手

1.4.19 地形表面

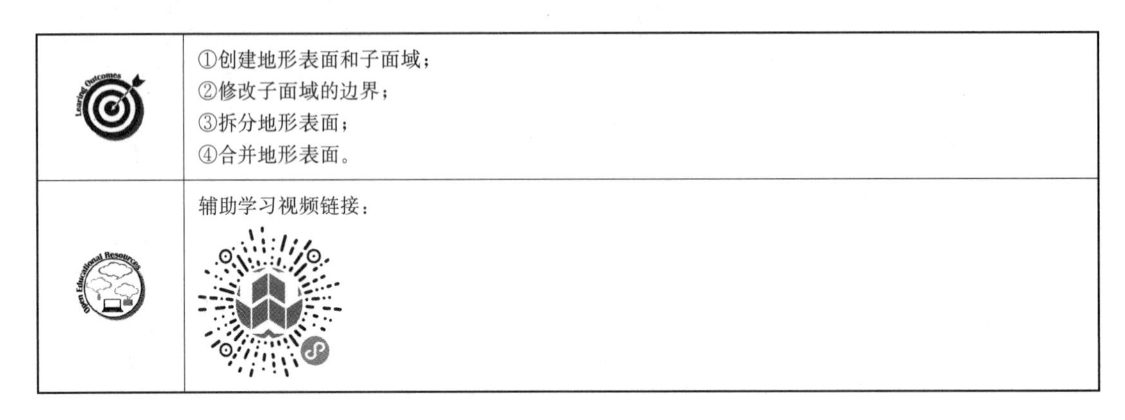
①创建地形表面和子面域；
②修改子面域的边界；
③拆分地形表面；
④合并地形表面。

辅助学习视频链接：

“地形表面”工具使用点或导入的数据来定义地形表面。可以在三维视图或场地平面中创建地形表面。

1. 创建地形表面和子面域

创建地形表面的步骤是：①“体量和场地”选项卡→②“场地建模”面板→③选择（地形表面）或者（子面域）或者（拆分表面）或者（合并表面）或者（平整区域）。

创建子面域如图 1-162 所示：

1）打开一个显示地形表面的场地平面。

2）单击“体量和场地”选项卡“修改场地”面板（子面域）。此时 Revit 将进入草图模式。

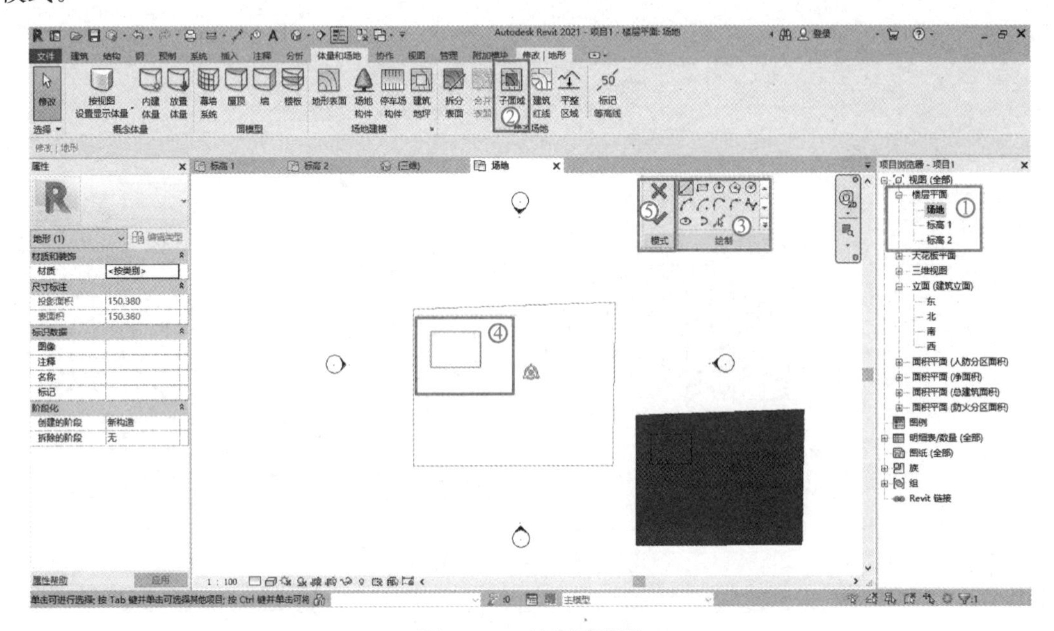

图 1-162 创建子面域

3）单击（拾取线）或使用其他绘制工具在地形表面上创建一个子面域。

4）注：使用单个闭合环创建地形表面子面域。如果创建多个闭合环，则只有第一个环用于创建子面域，其余环将被忽略。

5）绘制子面域。

6）单击（完成编辑模式）。

2. 修改子面域的边界

修改子面域的边界如图 1-163 所示：

1）点击场地楼层。

2）选择子面域。

3）单击“修改｜地形”选项卡→“模式”面板→（编辑边界）。

4）单击（拾取线）或使用其他绘制工具修改地形表面上的子面域。

5）修改子面域的边界。

6）单击（完成编辑模式）。

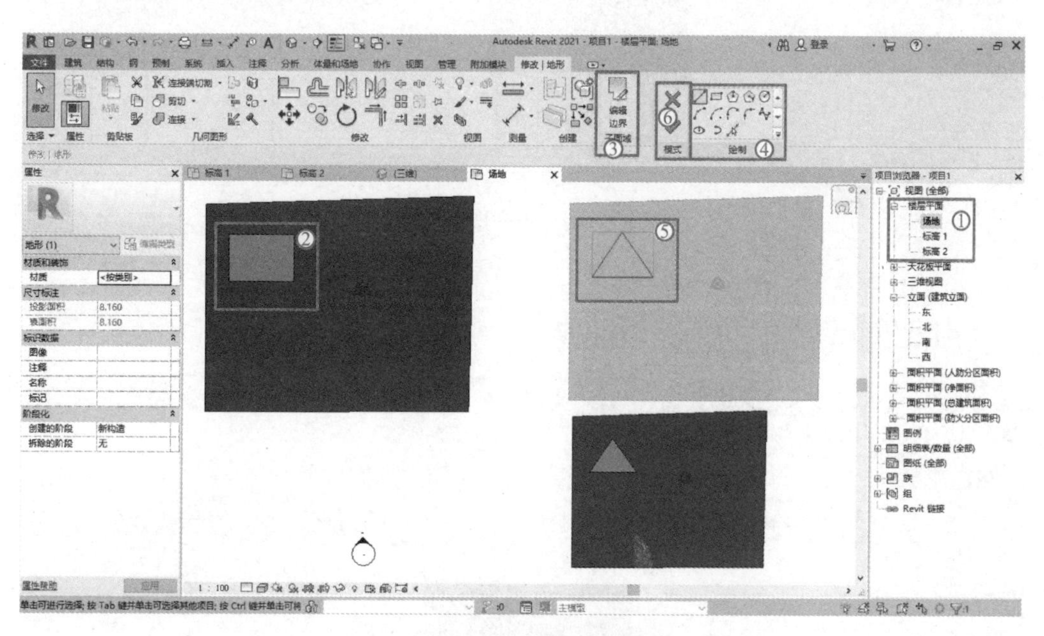

图 1-163　修改子面域的边界

3. 拆分地形表面

拆分地形表面如图 1-164 所示：

1）打开场地平面或三维视图。

2）单击“体量和场地”选项卡“修改场地”面板（拆分表面）。

3）在绘图区域中，请选择要拆分的地形表面。

此时 Revit 将进入草图模式。

4）单击“修改｜拆分表面”选项卡“绘制”面板（拾取线），或者使用其他绘制工具拆分地形表面。

不能使用“拾取线”工具来拾取地形表面线。可以拾取其他有效线，例如墙。

5）绘制一个单独闭合回路。

6）单击✔（完成编辑模式）。

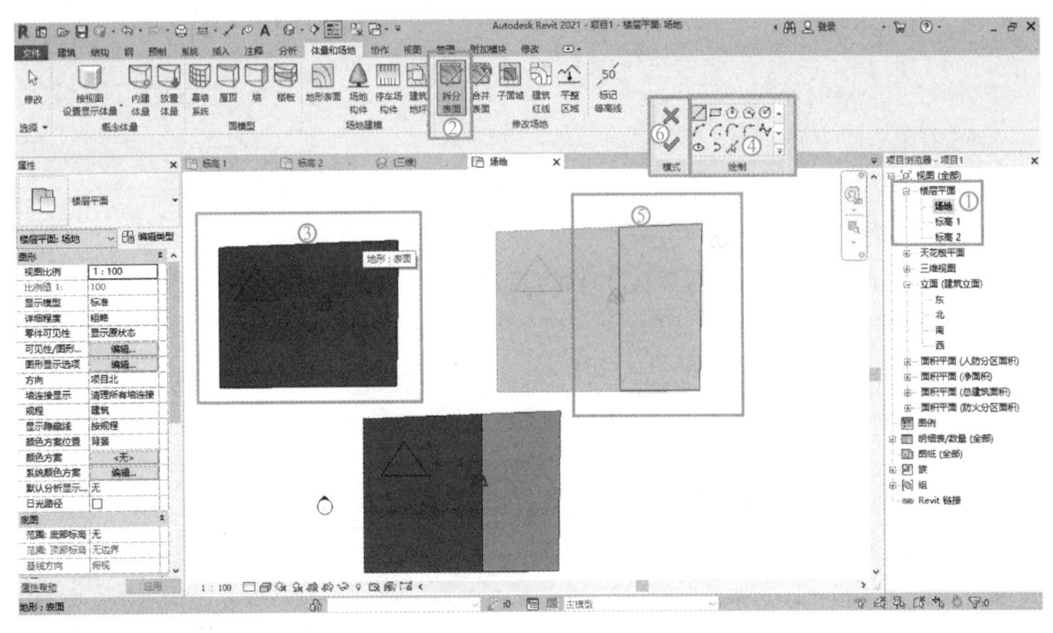

图 1-164　拆分地形表面

4. 合并地形表面

1）打开场地平面或三维视图，合并地形表面如图 1-165 所示。

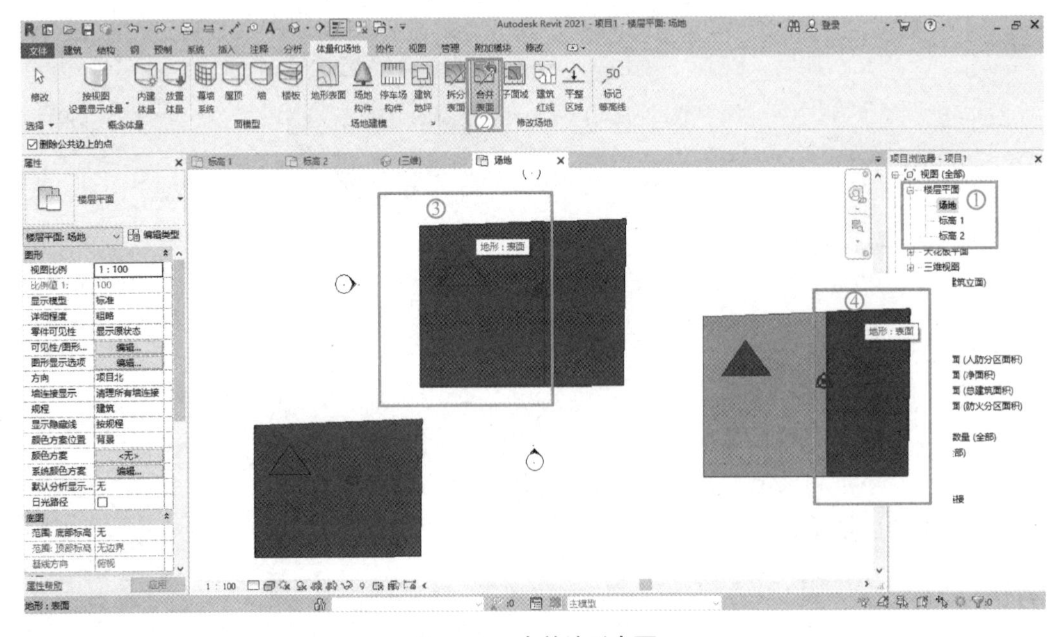

图 1-165　合并地形表面

2）单击“体量和场地”选项卡→“修改场地”面板→（合并表面）。

（可选）在选项栏上，清除“删除公共边上的点”。

此选项可删除表面被拆分后所被插入的多余点。此选项在默认情况下处于选中状态。

3）选择一个要合并的地形表面。

4）选择另一个地形表面。这两个表面将合并为一个。

单击（完成编辑模式）。

1.4.20　详图说明

<table>
<tr><td></td><td>①创建详图流程；
②详图工具；
③详图在墙剖面中的应用。</td></tr>
<tr><td></td><td>辅助学习视频链接：
</td></tr>
</table>

详图搭建建筑设计和实际建筑之间的桥梁，并将有关如何实现设计的信息传递给施工人员和承包人。

使用 Revit 时，不是每一个构件都需要进行三维建模。建筑师和工程师可创建标准详图，以说明如何构造较大项目中的材质。详图是对项目的重要补充，因为它们显示了材质应该如何相互连接。

有两种主要视图类型可用于创建详图：即详图视图和绘图视图。

① 详图视图包含建筑信息模型中的图元；

② 绘图视图是与建筑信息模型没有直接关系的图纸。

1. 创建详图流程

1）创建视图

创建剖面、详图索引和绘图视图以细化模型，并生成施工文档。细化时，可以将视图中的模型图元用作详图的一部分、用作详图图元的参照，或者在详图视图中根本不使用模型几何图形。

进入楼层平面后，单击“视图”选项卡→“创建”面板→（剖面），或者“详图索引”→双击。

2）添加详图构件

详图构件是视图特定的二维图元，添加到视图或用于构成详图视图。详图图元通常是太小或太多而无法建模的图元，它们改为在详图视图中显示一次。若有一个典型详图构件族的库，则可以在细化时节省时间。Revit 提供了一个含有 500 多个详图构件族的示例库。创建模型的详图视图时，还将使用线和填充区域。

3）注释详图

使用“注释”工具来使用尺寸标注和注释对详图进行注释。注释记号系统提供了一种使用注释信息预填充详图构件族的方法。注释记号可实现快速一致地注释详图视图。

4）重复使用详图

将典型详图保存到用作库的文件中。将典型详图库中的视图传输到项目以节省时间。在绘图视图中使用原有 CAD 详图，Revit 工作流中就可以利用这项旧工作。

2. 详图工具

进入视图中创建详图，点击“注释”选项卡在以下详图工具选择使用：

1）详图索引

创建详图索引，以便获得平面视图或立面视图的特写视图。所有详图注释都会被添加到该详图索引视图中。使用步骤：“视图”选项卡→“创建”面板→“详图索引”下拉列表→（矩形）或者（草图）。

2）详图线

使用详图线，在现有图元上添加信息或进行绘制。使用步骤：单击“注释”选项卡→“详图”面板→（详图线）。

3）尺寸标注

将特定尺寸标注应用到详图中。使用步骤：“注释”选项卡→“尺寸标注”面板，进行各种尺寸标注。

4）文字注释

使用文字注释来指定构造方法。使用步骤：单击“注释”选项卡→“文字”面板→A（文字）。

5）详图构件

创建和载入自定义详图构件，以放置到详图中。详图构件可以是实际构造构件，例如结构钢、门樘或金属龙骨。使用步骤：“注释”选项卡→“详图”面板→“构件”下拉列表→（详图构件），或者（重复详图）。

6）符号

放置符号（如方向箭头或截断标记符号），以指示省略的信息。使用步骤：“注释”选项卡→“符号”面板→（符号）。

7）遮罩区域

创建遮罩区域以在视图中隐藏图元。使用步骤：“注释”选项卡→“详图”面板→“区域”下拉列表→（遮罩区域）。

8）填充区域

创建详图填充区域，并为它们指定填充图案来表示各种表面，包括混凝土或压实土壤样式。在默认的工作平面上绘制区域，不需要为它们选择工作平面，同时将填充图案应用到区域。使用步骤：“注释”选项卡→“详图”面板→“区域”下拉列表→（填充区域）。

9）隔热层：

在显示全部墙体材质的墙体详图中放置隔热层。例如，外墙可以包括石膏层、隔热层、金属龙骨、覆盖层、空气层和砖层。使用步骤：单击“注释”选项卡→“详图”面板→（隔热层）。

3. 详图在墙剖面中的应用

1）在绘制好的墙体上创建剖面视图（图 1-166）。

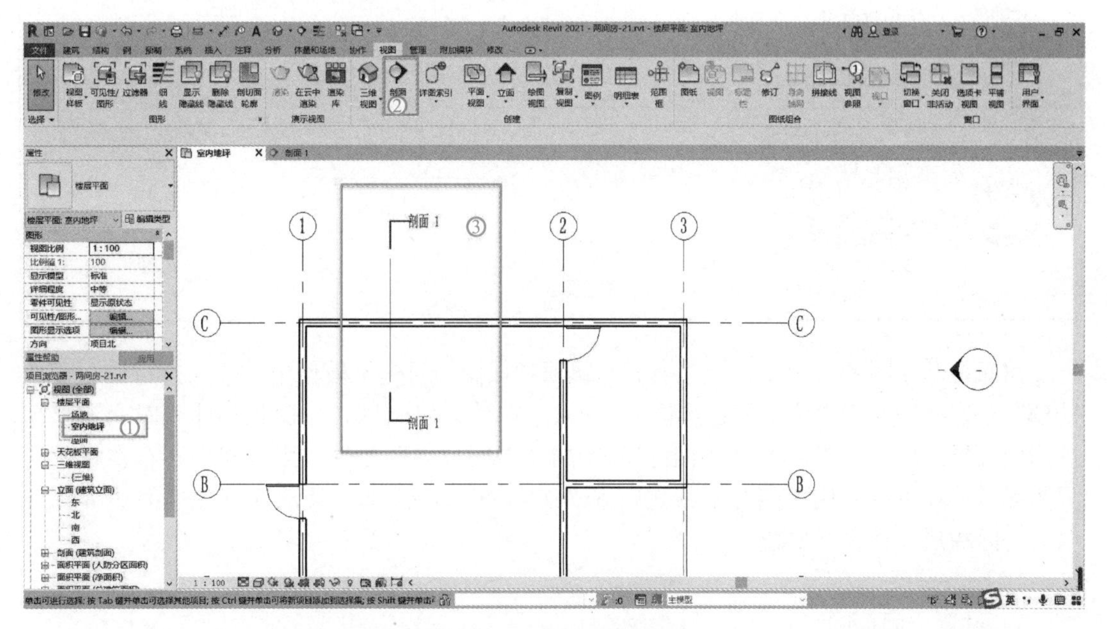

图 1-166　创建剖面视图

2）双击“剖面 1”，进入剖面视图进行详图标注（图 1-167）。

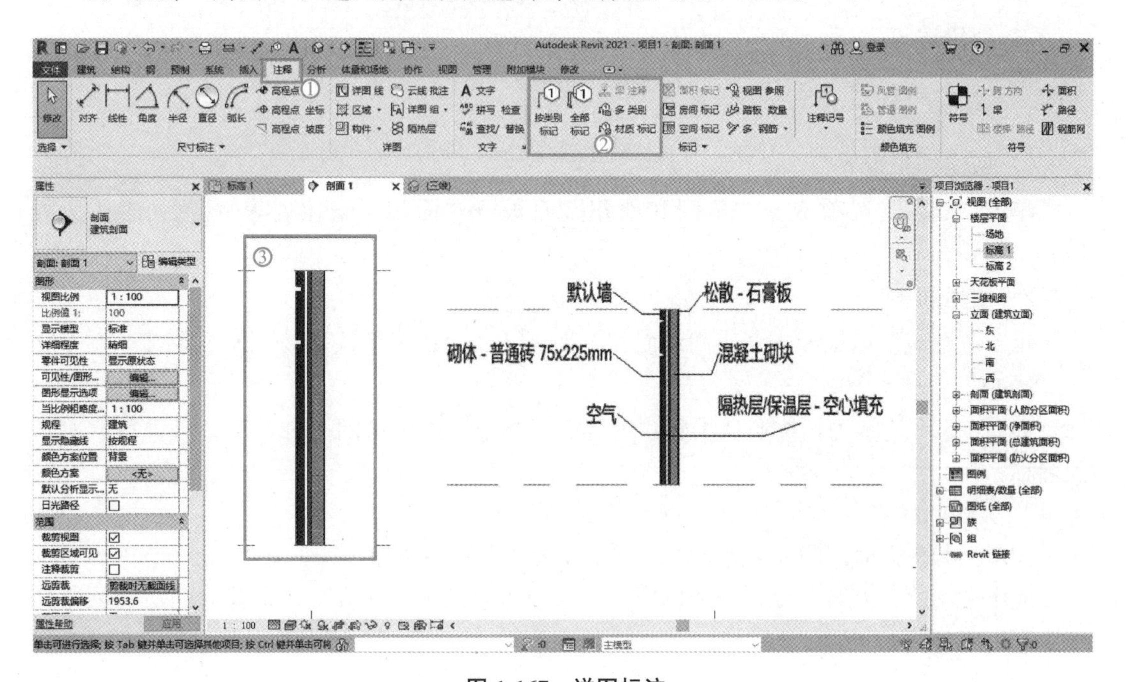

图 1-167　详图标注

1.4.21 房间

	①创建房间； ②创建面积； ③房间标记； ④房间颜色方案。
	辅助学习视频链接： 

房间是基于图元（例如，墙、楼板、屋顶和顶棚）对建筑模型中的空间进行细分而成的部分。这些图元定义为房间边界图元。Revit 在计算房间周长、面积和体积时会参考这些房间边界图元。可以启用/禁用很多图元的“房间边界”参数。当空间中不存在房间边界图元时，还可以使用房间分隔线进一步分割空间。当添加、移动或删除房间边界图元时，房间的尺寸将自动更新。

1. 创建房间

1）设置房间范围

（1）绘制墙形成房间范围。

（2）点击“建筑”选项卡→“房间和面积”面板→（房间分割）设置房间范围。

2）创建房间

单击“建筑”选项卡→“房间和面积”面板→（房间）。

2. 创建面积

1）创建面积边界

单击“建筑”选项卡→“房间和面积”面板→“面积”下拉列表→（面积边界线）。

2）创建面积

单击“建筑”选项卡→“房间和面积”面板→“面积”下拉列表→（面积）。

3. 房间标记

如图 1-168 所示为，按照从①到⑤进行房间标记，选中房间名称双击，可进行修改房间名称。

4. 房间颜色方案

如图 1-169 所示，按照从①到④的顺序设置房间颜色方案。

应用房间颜色方案：分析→颜色填充→选择房间颜色填充方案，设置后的房间颜色如图 1-170 所示。

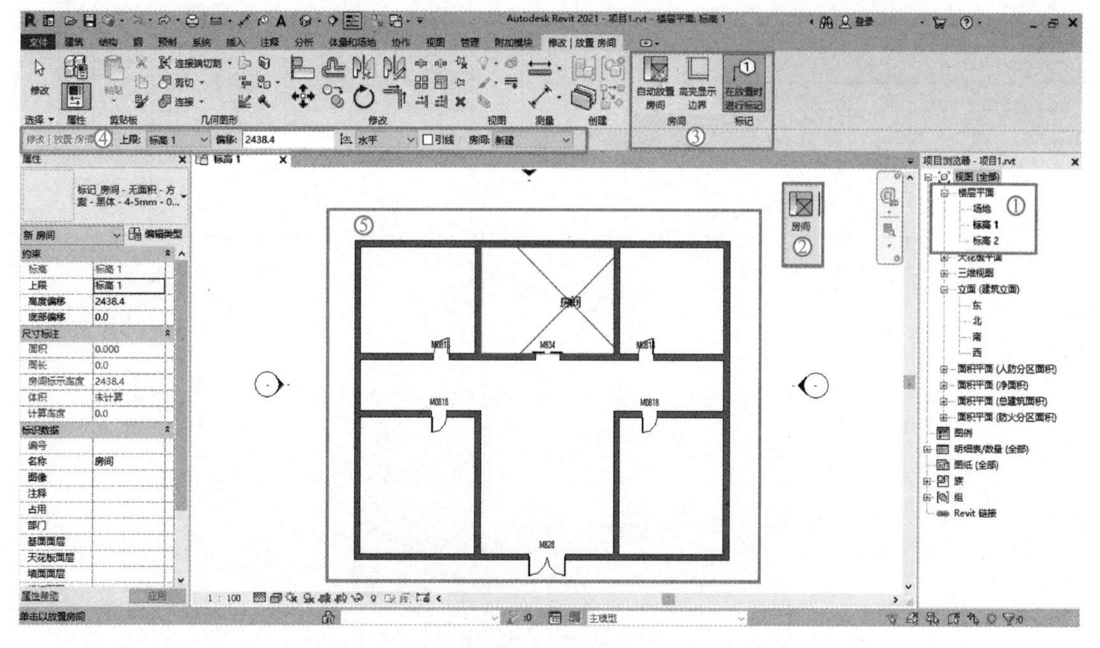

图 1-168　房间标记

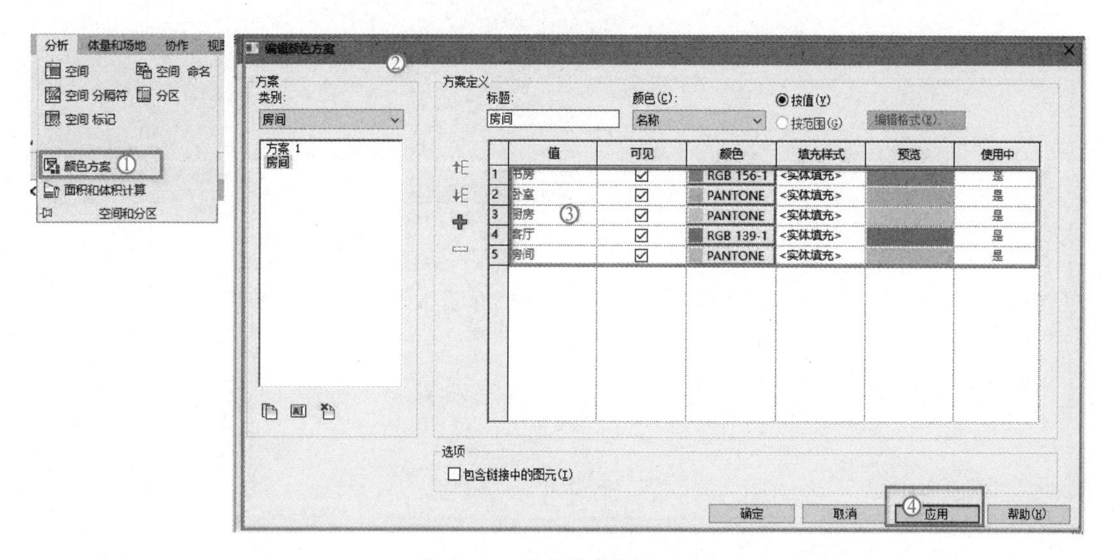

图 1-169　设置房间颜色方案

1.4.22　明细表

	①创建明细表； ②设置明细表； ③添加修改明细表字段。

续表

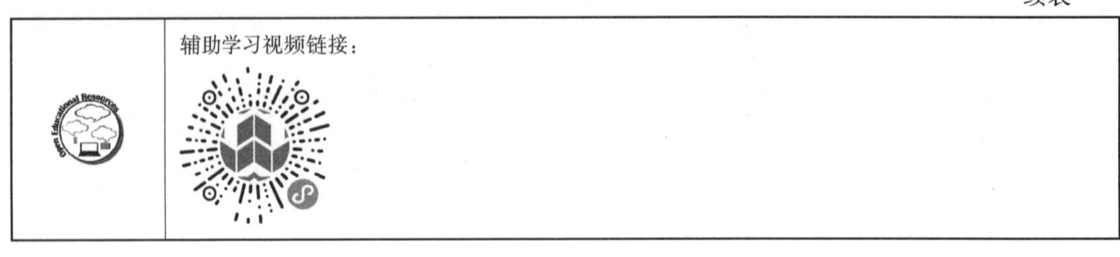

	辅助学习视频链接：

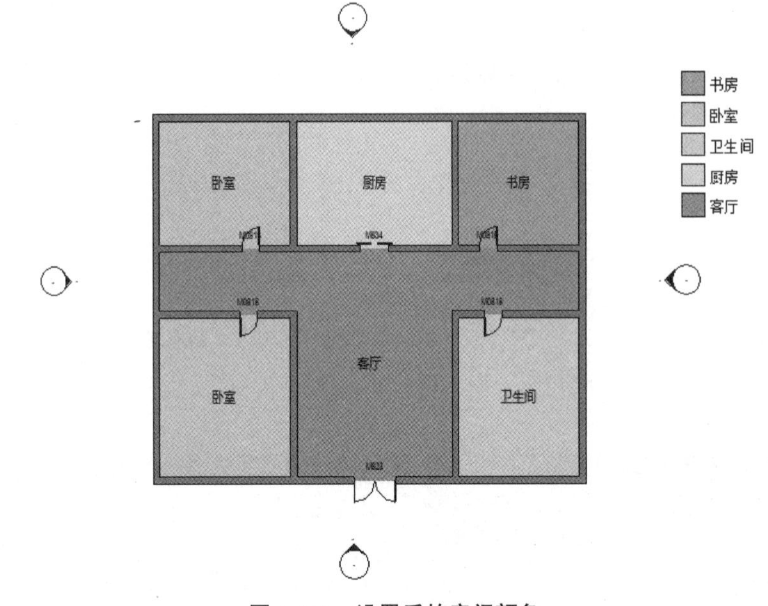

图 1-170　设置后的房间颜色

明细表以表格形式显示信息，这些信息是从项目中的图元属性中提取而来。明细表可以列出要编制明细表的图元类型的每个实例，或根据明细表的成组标准将多个实例压缩到一行中。

明细表类型：

① 明细表（或数量）；

② 关键字明细表；

③ 材质提取；

④ 注释明细表（或注释块）；

⑤ 修订明细表；

⑥ 视图列表；

⑦ 图纸列表；

⑧ 配电盘明细表；

⑨ 图形柱明细表。

1. 创建明细表

创建明细表、数量和材质提取，以确定并分析在项目中使用的构件和材质。

操作步骤：“视图”选项卡→“创建”面板→“明细表”下拉列表→选择下列之一：

1）（明细表/数量）。

2）（图形柱明细表）。

3）（材质提取）。

4）（图纸列表）。

5）（注释块）。

6）（视图列表）。

或者如图 1-171 所示，右击“项目浏览器”中的“明细表”选择添加明细表的种类。

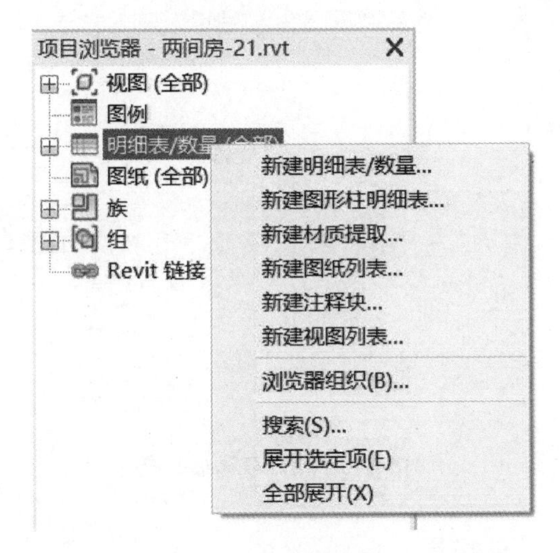

图 1-171　右击“项目浏览器”添加明细表

2. 设置明细表

如图 1-172 所示，①过滤器选择模型类型→②选择构件类型→③设定表格名称→④选择阶段→⑤确定。

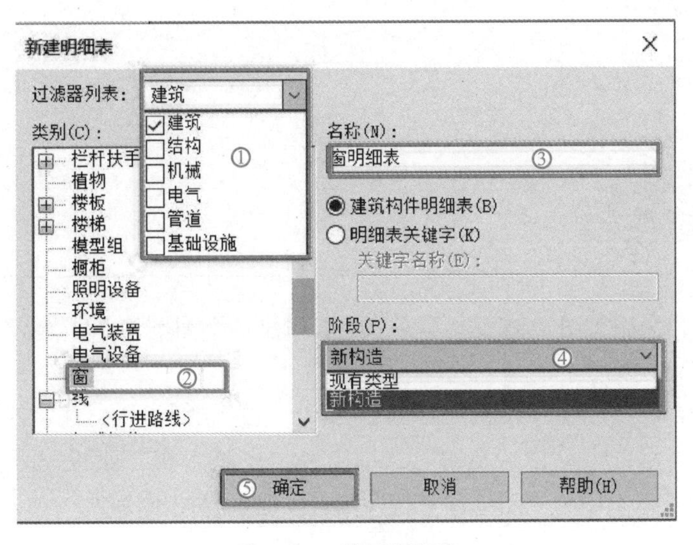

图 1-172　设置明细表

3. 添加修改明细表字段

如图 1-173（a）所示，添加（修改）明细表字段，在绘图区域显示见图 173（b）的明细表。

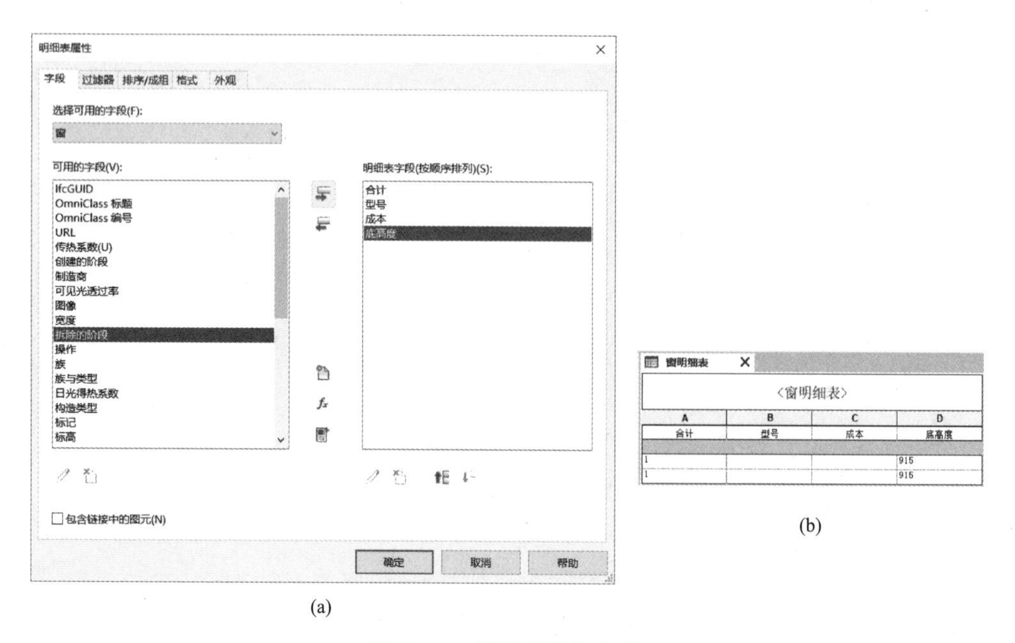

(a)

(b)

图 1-173　明细表添加完成

1.4.23　图纸

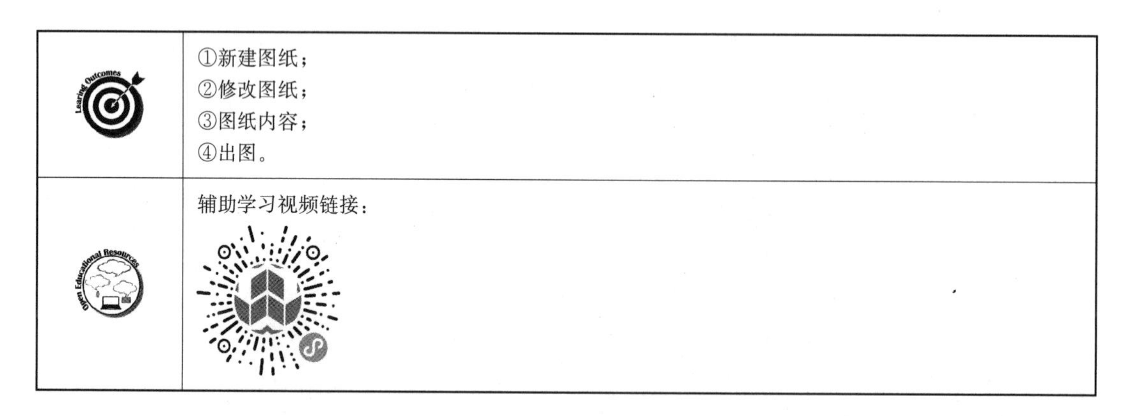

	①新建图纸； ②修改图纸； ③图纸内容； ④出图。
	辅助学习视频链接：

在 Revit 中，为施工图文档集中的每个图纸创建一个图纸视图。然后在每个图纸视图上放置多个图形或明细表。

1. 新建图纸

如图 1-174 所示：①单击“视图”选项卡→“图纸组合”面板→（图纸），或者②右击“项目浏览器”中的“图纸”→新建图纸→③选择图纸类型，或者④载入图纸族→⑤确定。

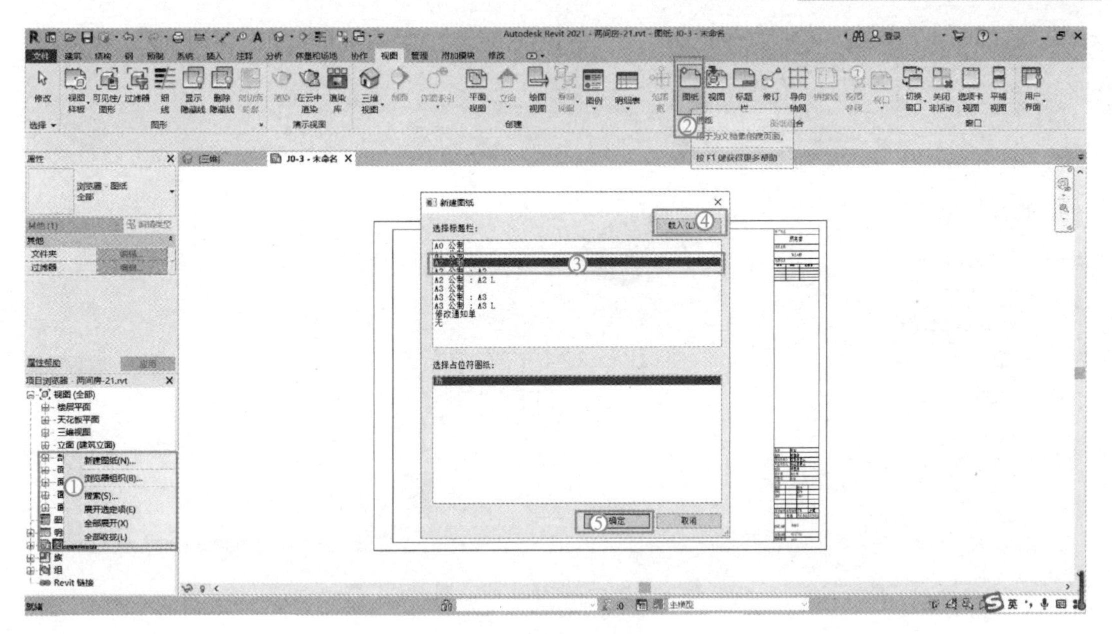

图 1-174　新建图纸

2. 修改图纸

双击图纸，修改图纸的参数和图纸构件（如图 1-175 所示修改图纸）。

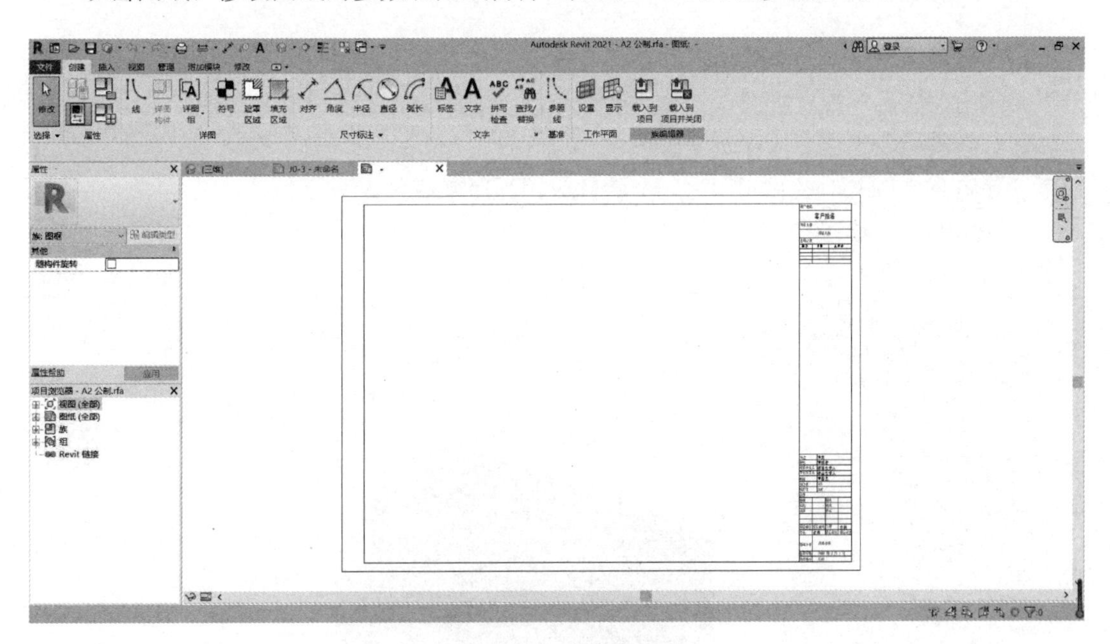

图 1-175　修改图纸

3. 图纸内容

从“项目浏览器”中把需要出图的视图拖入图纸中（图 1-176）。

4. 出图

选择文件，点击导出，选择导出格式。

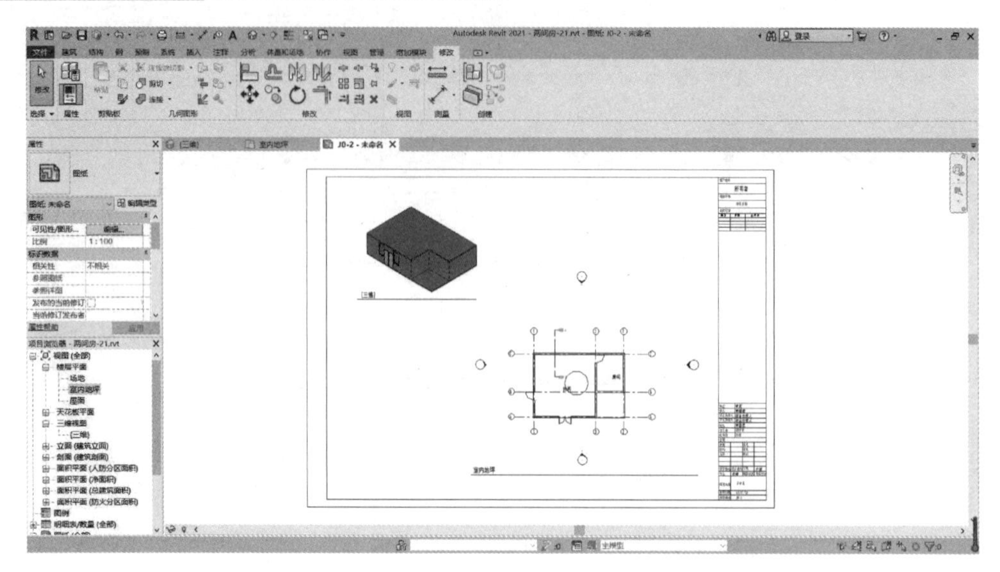

图 1-176　在图纸中放入内容

1.4.24　渲染、漫游

1. 渲染

向客户演示设计或与团队成员共享设计、渲染模型，可使用下列方法之一：

①使用“真实”视觉样式，该样式实时显示 Revit 中的真实材质和纹理；

②渲染模型以创建照片级真实感图像；

③导出三维视图，然后使用另一个软件应用程序来渲染该图像。

1）“真实”视觉样式

如图 1-177 所示，选择“真实”视觉样式。

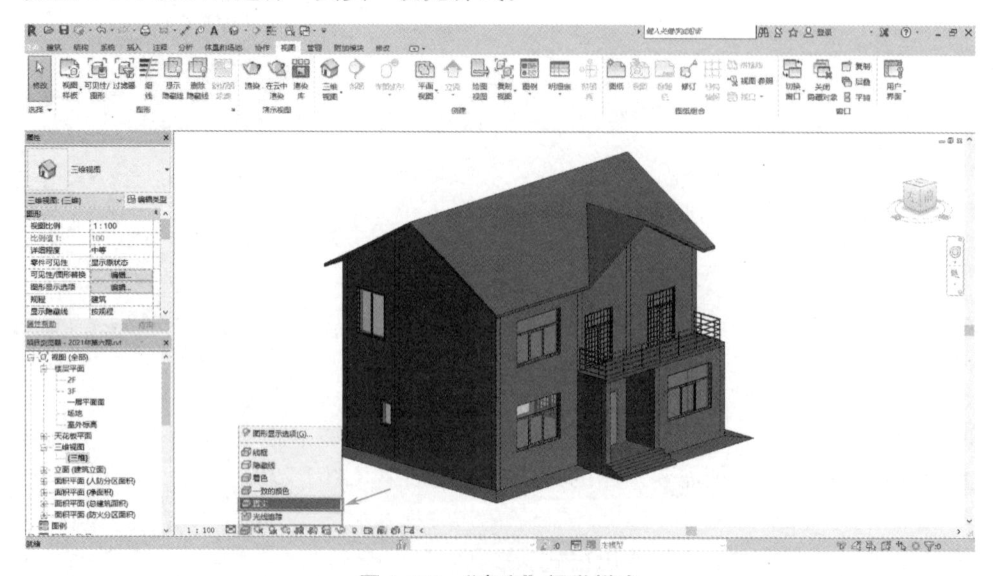

图 1-177　“真实”视觉样式

2）渲染模型

创建建筑模型的三维视图，然后点击“视图”选项卡→“图形”面板→（渲染）。

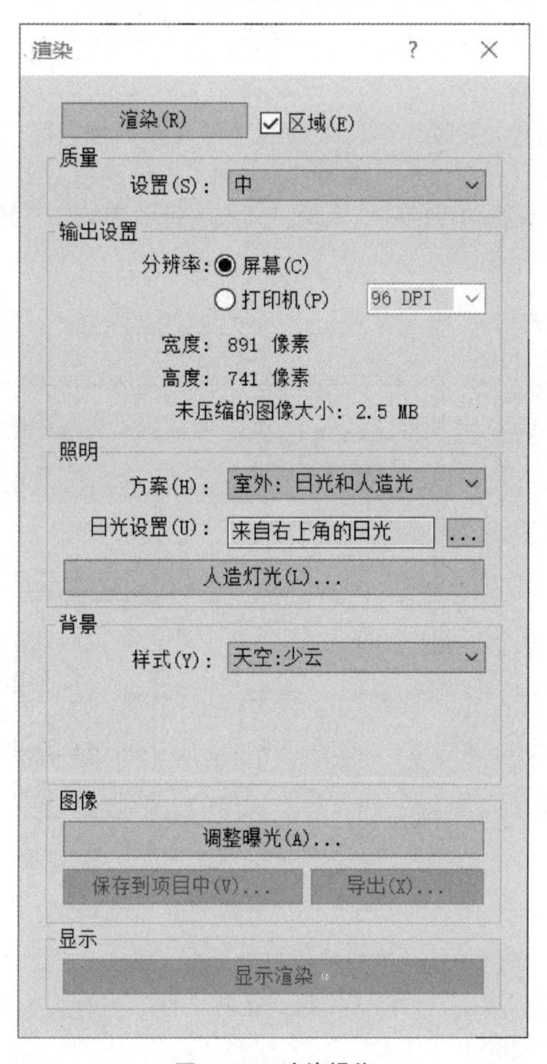

图 1-178　渲染操作

在如图 1-178 所示的窗口中进行以下步骤操作：

（1）指定材质的渲染外观，并将材质应用到模型图元。

（2）为建筑模型定义照明。

① 如果渲染图像将使用人造灯光，请将它们添加到建筑模型；

② 如果渲染图像将使用自然灯光，定义日光和阴影设置。

（3）（可选）将以下内容添加到建筑模型中：

① 植物；

② 人物、汽车和其他环境；

③ 贴花。

（4）定义渲染设置。

（5）渲染图像。

（6）点击“导出”，保存渲染图像。

2. 漫游

漫游是使用沿所定义路径放置的相机位置对现场或建筑的模拟浏览。创建漫游，以向客户或团队成员展示模型。

漫游路径由相机帧和关键帧组成。关键帧是可修改的帧，可以更改相机的方向和位置。默认情况下，漫游创建为一系列透视图，但也可以创建为正交三维视图。

如图 1-179 所示为漫游路径的一个示例。圆点表示关键帧，三角形表示视野，可用于定义相机视图的宽度和深度。

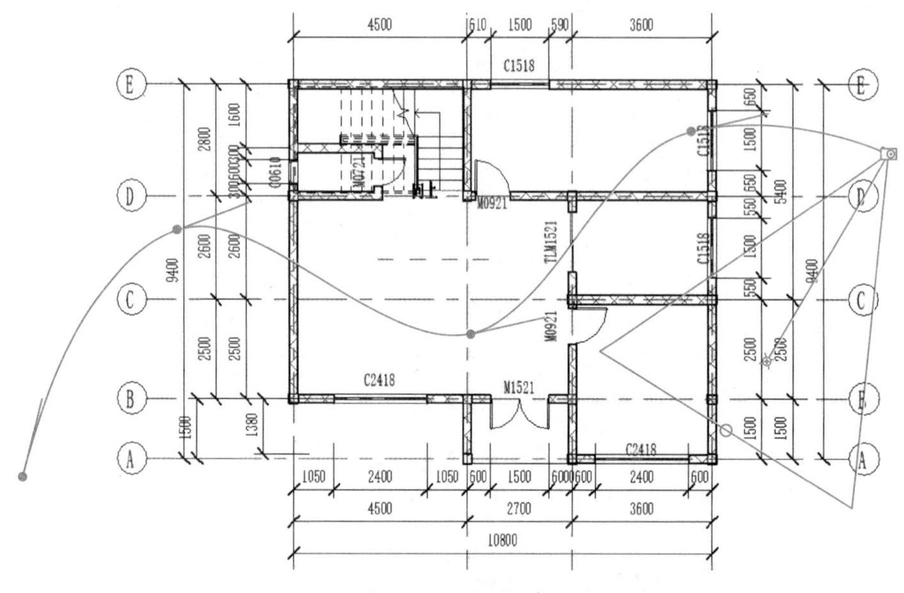

图 1-179　漫游路径

完成创建漫游后，导出该漫游以与其他用户共享。

导出漫游时，可以创建一系列静态图像或视频文件。当有人查看视频时，他们无法通过模型或相机角度更改路径。

如果希望实现更好的漫游效果，可以将模型导入到其他软件如 3DsMax、Lumion、lumenRT 等软件做进一步处理。

在 Revit 中的渲染步骤如下：

（1）打开要放置漫游路径的视图。

（2）单击“视图”选项卡→“创建”面板→“三维视图”下拉列表→（漫游）。

（3）若要将漫游创建为正交三维视图，清除选项栏上的“透视图”复选框。为该三维视图选择视图比例。

（4）放置关键帧：

① 将光标置于视图中并单击即可放置关键帧。

② 沿所需方向移动光标用以绘制路径。

在平面视图中，通过设置相机距所选标高的偏移可调整路径和相机的高度。从下拉列表中选择一个标高，然后在“偏移”文本框中输入高度值。例如，使用这些设置可创建上楼或下楼的相机效果。

(5) 继续放置关键帧，以定义漫游路径。

可以在任意位置放置关键帧，但在创建路径期间不能修改这些关键帧的位置。路径创建完成后，编辑关键帧。

(6) 要完成漫游，请执行下列操作之一：

① 单击“完成漫游”；

② 双击结束路径创建；

③ 按 Esc 键。

Revit 会在“项目浏览器”的“漫游”分支下创建漫游视图，并为其指定名称“漫游1”，可以重命名漫游。

第2章 Revit结构建模

Chapter 02

2.1 建筑结构基础

本节学习完成后，读者可以对建筑结构的概念有基本认知，其中主要的内容包括：
①建筑结构以及主要构件的概念；
②建筑结构的主要功能。

2.1.1 建筑结构的含义

建筑结构：由板、梁、柱、墙和基础等建筑构件形成的具有一定空间功能，并能安全承受建筑物各种正常荷载作用的骨架结构。建筑结构一般由水平构件（梁、板、桁架、网架等）、竖向构件（柱、墙等）基础组成。

板：结构楼板主要为现浇钢筋混凝土楼板，指在现场依照设计位置，进行支模、绑扎钢筋、浇筑混凝土，经养护、拆模板而制作的楼板。结构楼板直接承受荷载的平面形构件，通过板将荷载传递到梁或墙上。

梁：由支座支承，承受的外力以横向力和剪力为主，以弯曲为主要变形的构件称为梁。梁承托着建筑物上部构架中的构件及屋面的全部重量，是建筑上部构架中最为重要的部分。依据梁的具体位置、详细形状、具体作用等的不同有不同的名称。大多数梁的方向都与建筑物的横断面一致。

柱：柱是建筑物中垂直方向的主要受力构件，承托在它上方物件的重量。

墙：建筑物竖直方向的主要构件，起分隔、围护和承重等作用，还有隔热、保温、隔声等功能。

基础：埋入土层一定深度的建筑物向地基传递荷载的下部承重结构。

2.1.2　建筑结构的功能

在建筑物中，建筑结构的功能主要体现在以下三个方面：

① 服务于空间应用和美观要求；

② 抵御自然界或人为荷载作用；

③ 充分发挥建筑材料的作用。

对单个建筑体对象而言，建筑设计更侧重满足人们对它的使用功能和视觉感受的需求，结构设计则更侧重在保障结构承重的安全性。通过 Revit 建模软件，在结构建模的过程中与建筑建模有大部分内容是相通的，本章在保证完整介绍结构建模的基础上重点讲授与建筑建模的不同部分。

2.2 结构模型创建

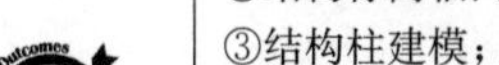
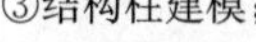

能掌握建筑结构构件建模的基本方法，其中主要的内容包括：

①结构项目设置；

②结构标高轴网建模；

③结构柱建模；

④结构梁建模；

⑤结构墙建模；

⑥结构板建模；

⑦基础建模；

⑧楼梯建模。

2.2.1　项目设置

1. 新建项目文件

1）单击“文件”选项卡→“新建”→“项目”，如图 2-1 所示。

快捷键：Ctrl＋N

图 2-1　新建项目

2）在弹出的“新建项目”对话框中，在“样板文件”一栏中，选择“结构样板”，Revit 程序会选择针对我国用户定制的“Structural Analysis -DefaultCHNCHS. rte”样板文件，用户也可以单击“浏览”按钮，选择其他结构样板文件，如图 2-2 所示。

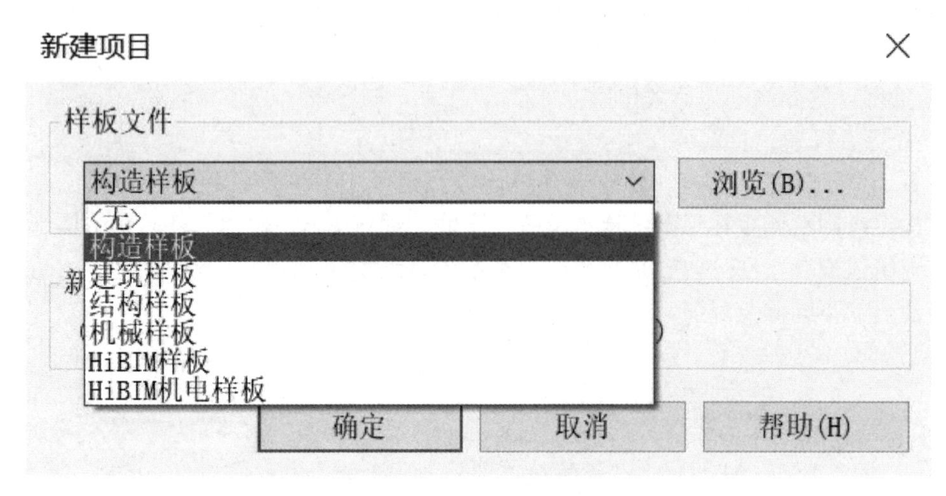

图 2-2　构造样板文件

3）保存项目文件，单击快速访问工具栏或“文件”选项卡中的“保存”按钮，保存文件，保存为“新建项目文件”，“*.rvt”格式是项目文件的文件格式，如图 2-3 所示。

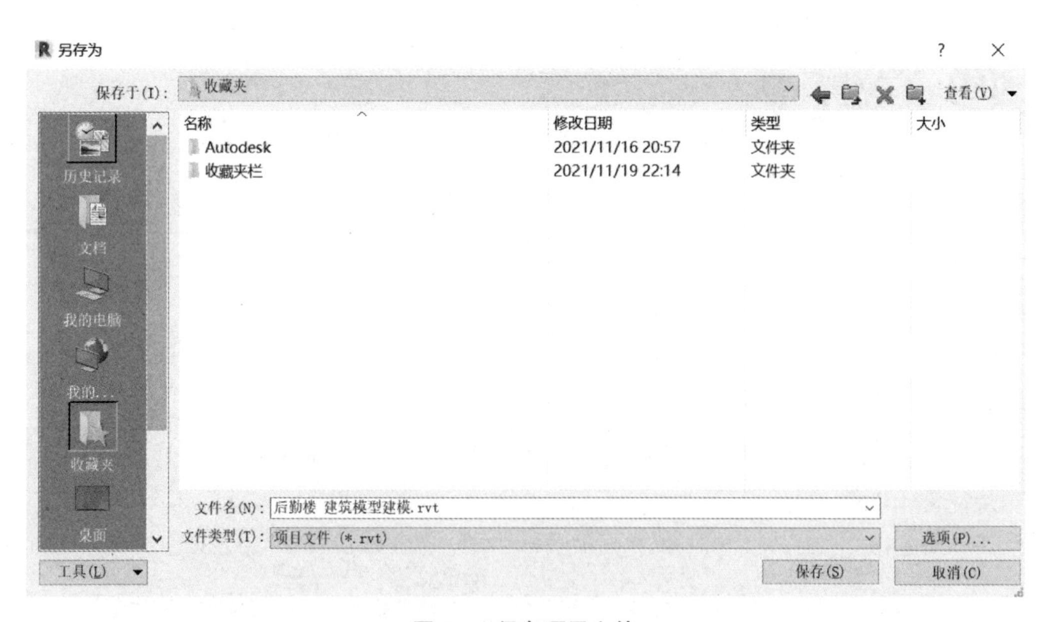

图 2-3　保存项目文件

2. 新建项目样板文件

使用项目样板来开始新的项目。使用默认样板或自定义样板，以执行办公标准。

项目样板为新项目提供了起点，包括视图样板、已载入的族、已定义的设置（如单位、填充样式、线样式、线宽及视图、比例等）和几何图形。

具体新建项目样板文件步骤如下：

1）单击“文件”选项卡→“新建”→“项目”。

2）在“新建项目”对话框的“样板文件”下，选择“无”可从一个空白项目文件创建样板。“浏览”可使样板基于现有的项目样板，定位到样板位置。

3）单击“新建”→“项目样板”，单击“确定”，如图 2-4 所示。

4）如果此样板不是基于现有样板的，则显示“未定义度量制”对话框，指定“英制”或“公制”单位进行选择，如图 2-5 所示。

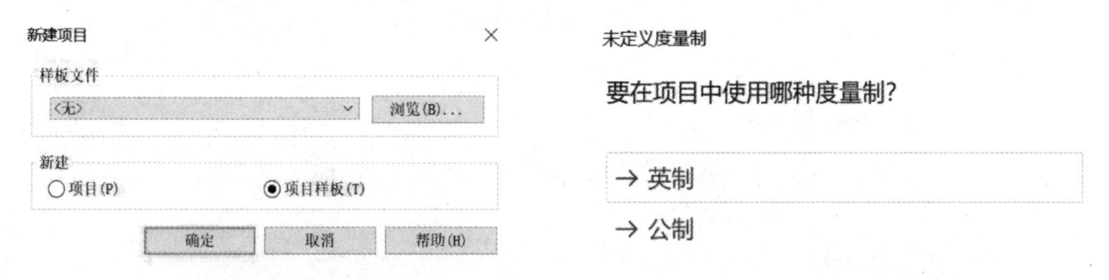

图 2-4　新建项目样板文件　　　　图 2-5　定义度量制

5）在绘图区域创建任意几何图形。

6）单击“文件”选项卡→“另存为”→“样板”。

7）输入该样板名称并选择样板目录，单击“保存”按钮保存。“*.rte”格式是项目样板的文件格式。

3. 项目样板设置

项目样板设置注意以下几点：

1）内容位置：项目样板可以包含自定义族以及注释图元，在创建项目样板前指定位置来存储，以便可以轻松访问。

2）命名标准：具有精准的命名标准将使样板排列整齐且便于使用，如图 2-6 所示。

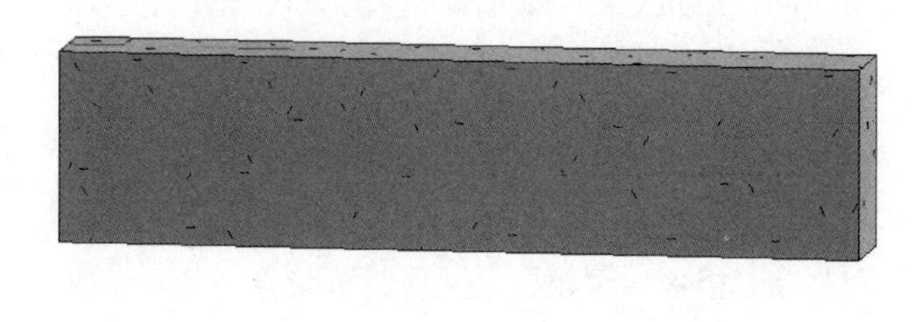

图 2-6　图元命名

3）注释：项目样板应包含要在项目中使用的注释族。此方法便于在项目中准确载入想要的族。使用“注释”选项卡→“标记”→“载入的标记和符号”，如图 2-7、图 2-8 所示。

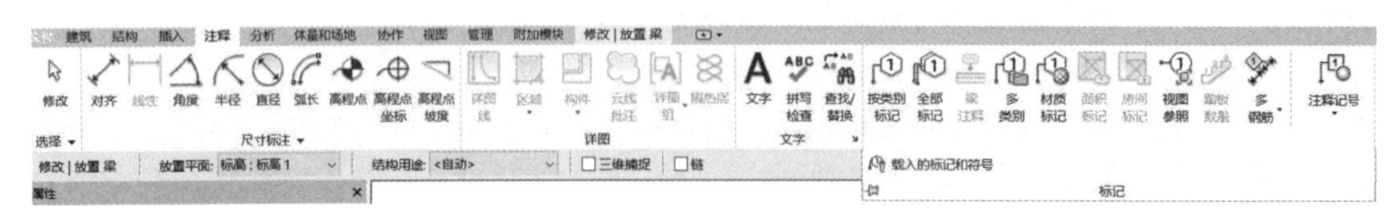

图 2-7 新建注释标记

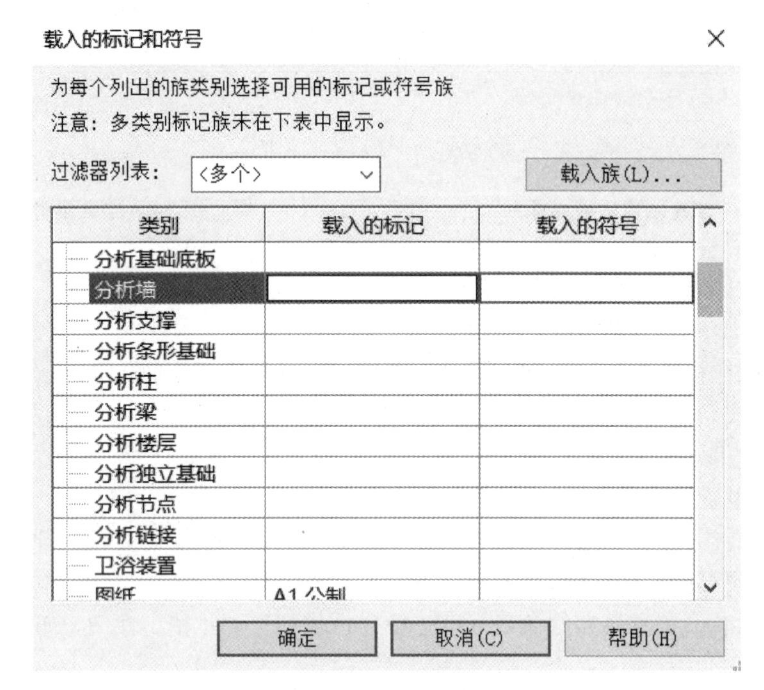

图 2-8 载入标记和符号

4）标题栏：创建不同图纸所需的标题栏族用以记录项目。为不同项目使用标题栏节约时间、提高效率，如图 2-9、图 2-10 所示。

5）内容：在样板中创建基本系统族内容，在项目中创建足够的内容以满足常用需求，如图 2-11 所示。单击“管理”选项卡→“设置”→“项目参数”。

在创建系统族类型时，将使用定义中的材质，首先应定义材质，单击“管理”选项卡→“设置”→“材质”，弹出“材质浏览器”对话框，如图 2-12 所示。要考虑的系统族包括墙、楼板、天花板、屋顶、幕墙等。

6）过滤器：创建项目中常用视图过滤器。选择“视图”选项卡→“图形”→“可见性/图形”，弹出当前图层的“可见性/图形替换”对话框，选择“过滤器”选项，如图 2-13 所示。

7）视图样板：为项目中所用的不同视图类型创建视图样板。选择“视图”选项卡→“图形”→“视图样板”，弹出“视图样板”对话框，如图 2-14 所示。

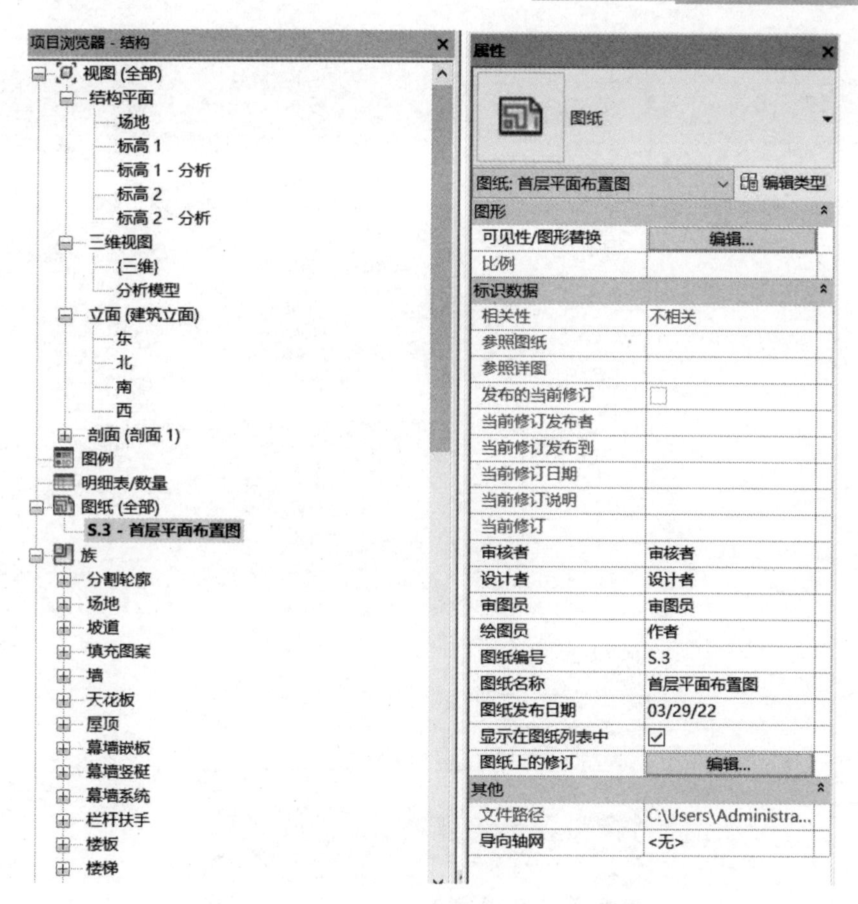

图 2-9　新建图纸

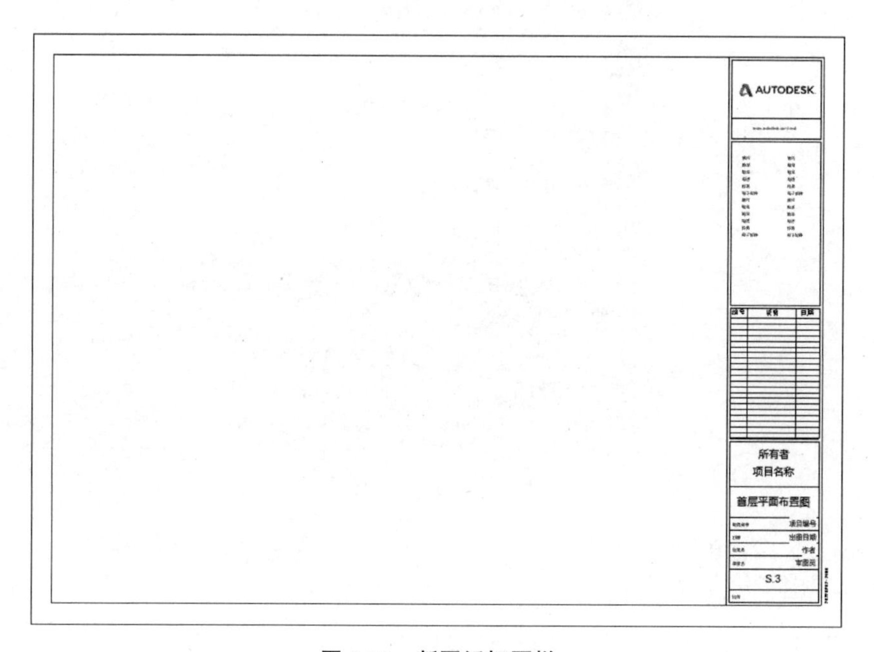

图 2-10　新图纸标题栏

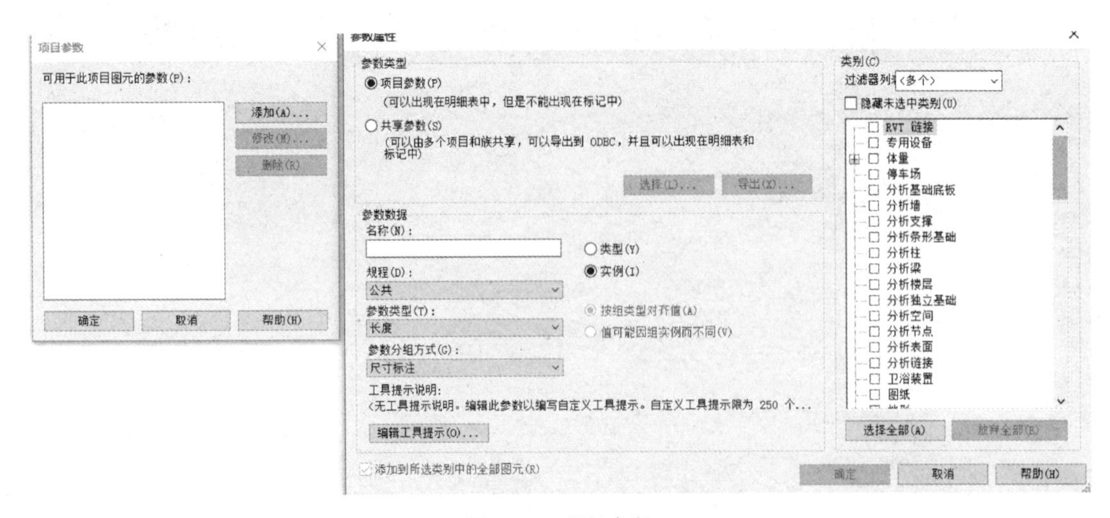

图 2-11　项目参数

图 2-12　材质浏览器

8）线样式：使用“管理”选项卡→“设置”→“其他设置”→“线样式”工具来定义样板的线样式，如图 2-15 所示。

9）对象样式/线宽：单击“管理”选项卡→“设置”→“对象样式”按钮，弹出“对象样式”对话框，如图 2-16 所示。

图 2-13　可见性/图形替换设置

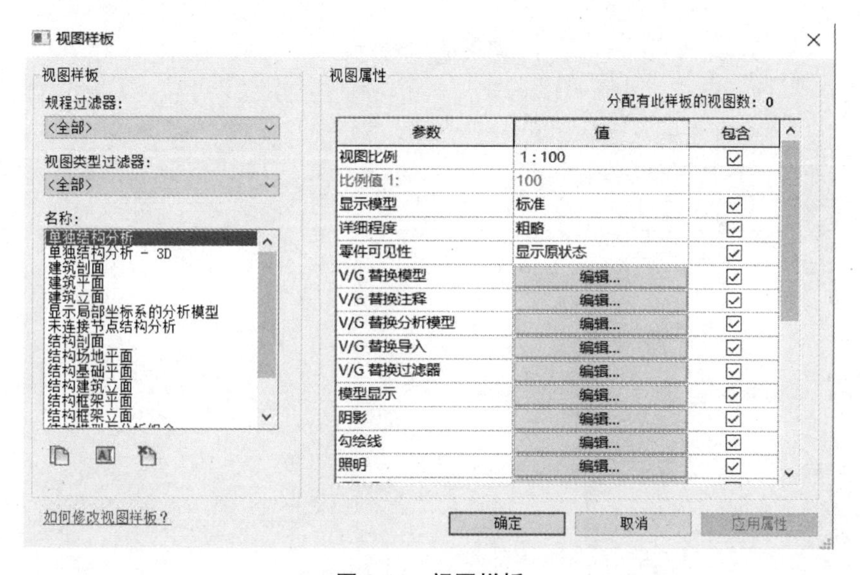

图 2-14　视图样板

10）结构样板与建筑样板存储路径不同，可以在“文件”→“选项”→“文件位置”中查看并修改，如图 2-17 所示。

11）平面视图不同，如图 2-18、图 2-19 所示。

2.2.2　标高轴网　*参见第 1.4.4、1.4.5 节*

本节略。

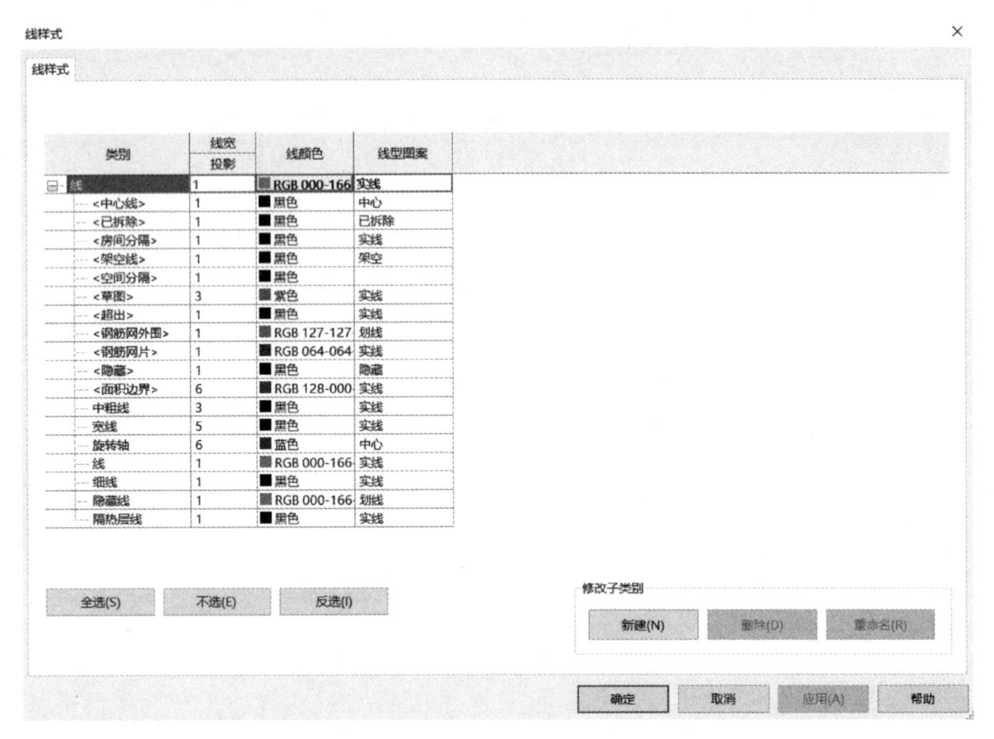

图 2-15　线样式

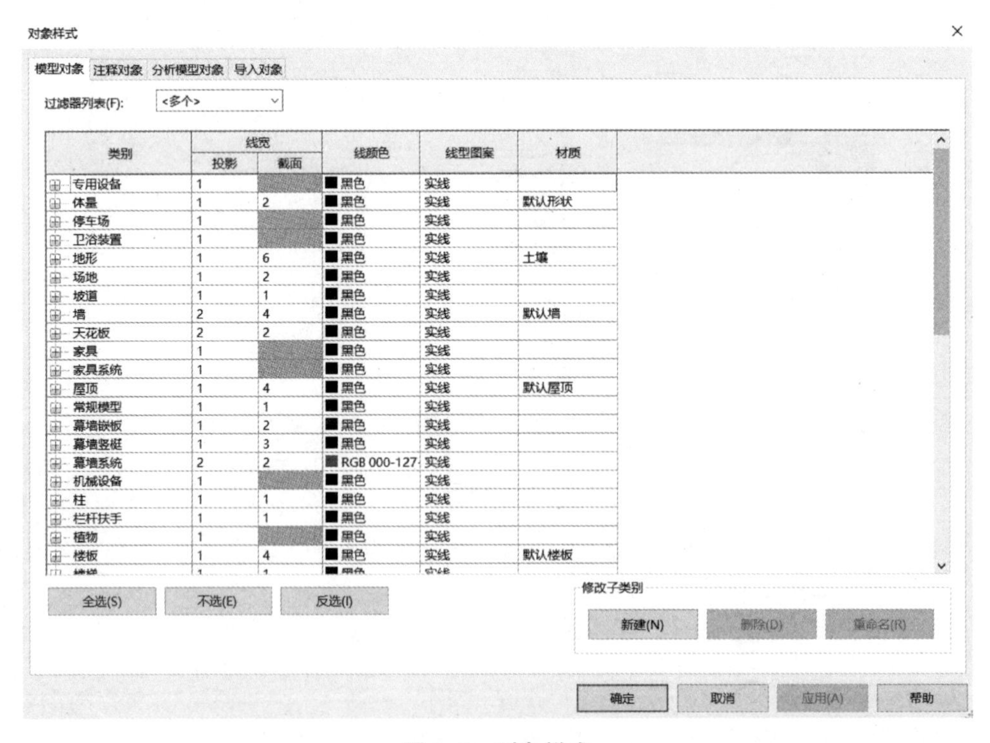

图 2-16　对象样式

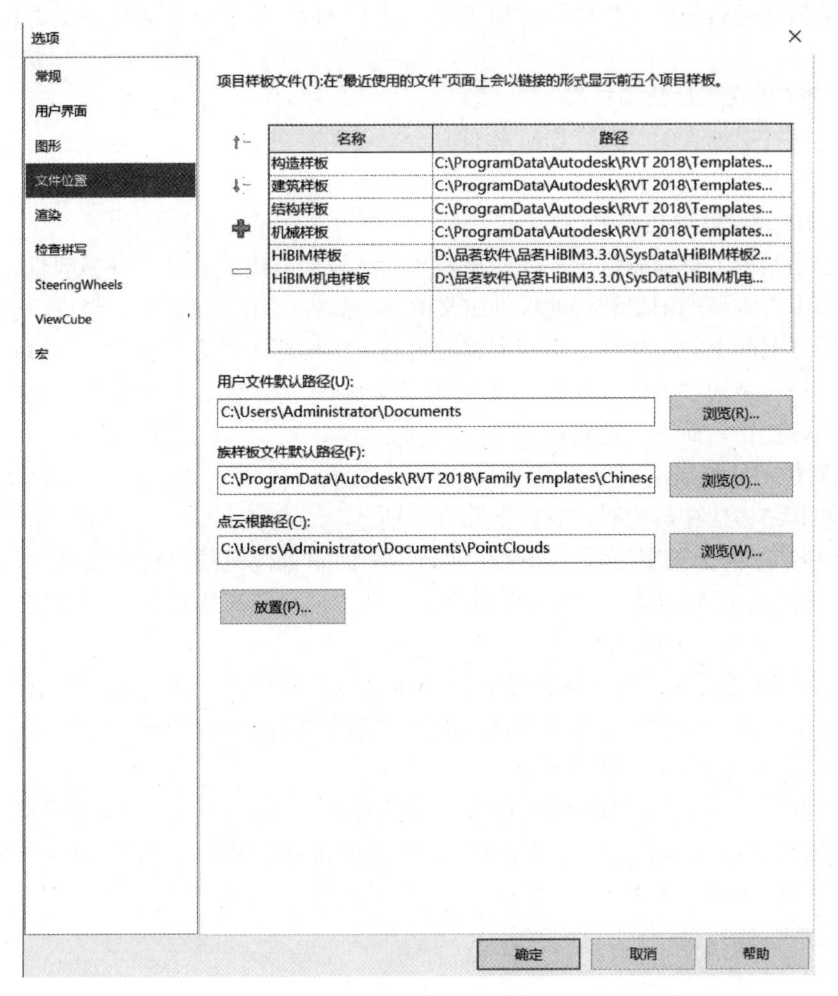

图 2-17　样板文件存储路径

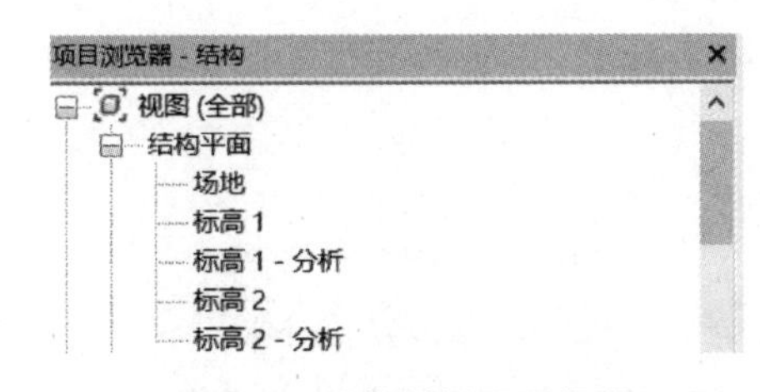

图 2-18　结构样板平面视图

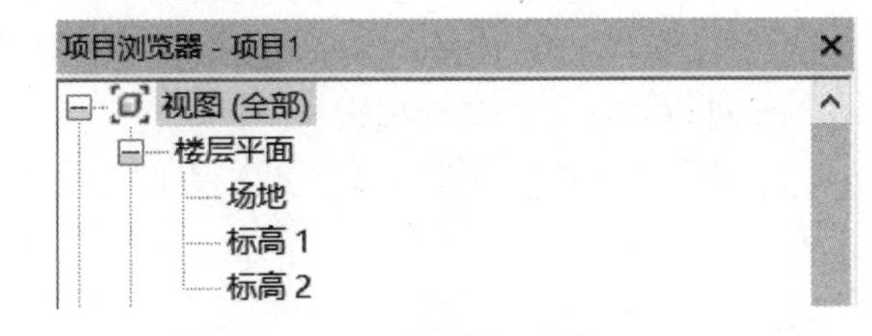

图 2-19　建筑样板平面视图

2.2.3　结构柱

在 BIM 软件中，柱分为建筑柱和结构柱，两者的区别如下。

1. 服务对象不同

建筑柱主要为建筑师提供柱子示意使用，建筑柱虽然有比较复杂的造型，但是功能比较单薄。结构柱是由结构工程师设计和布置，便于结构工程师进行后续的受力计算及配筋等操作。

2. 明细表里只统计结构柱

在出结构柱明细表的时候，BIM 软件只会对结构柱进行统计，而建筑柱由于只作示意用，其造型也是在二次施工中完成，因此不会计入明细表。

3. 结构柱的属性参数更多

结构柱是结构工程师非常重要的构件，尽管结构柱与建筑柱共享许多属性，但结构柱还具有许多由它本身的配置和行业标准定义的其他属性。比如建模时，可以设置结构柱的材质，如果是混凝土的结构柱，里面可以配钢筋。结构柱还带有分析性，可直接导入分析软件进行分析。结构柱可以是竖直的也可以是倾斜的。结构图元（如梁、支撑和独立基础）与结构柱连接，而不与建筑柱连接。

4. 在建模时的特点不同

建筑柱和结构柱在建模时，有以下几点区别。

1）在楼层平面上布置柱时，如果在标高 1 平面布置建筑柱，则建筑柱默认底部标高为标高 1，顶部标高为标高 2。而如果同样在标高 1 平面布置结构柱，则结构柱默认按深度绘制，其顶部标高为标高 1。

2）当绘制附墙柱时，如果选用建筑柱与墙交接，则放置完成之后，建筑柱会与墙融合并继承墙的材质，而结构柱不会与墙融合。如果非要让结构柱与墙连接，则墙被切掉，而结构柱保持自己的形状和材质不变。

3）结构图元（如梁、支撑和独立基础）与结构柱连接，而不与建筑柱连接。

4）建筑柱只可以单击放置，但结构柱可以通过捕捉轴网交点或建筑柱进行批量放置。

5. 在轴网中放置结构柱

放置柱的步骤如下：

1）调出“结构柱”命令

调出“结构柱”命令主要有两种方式如下（图 2-20、图 2-21）：

①“结构”选项卡→“结构”面板→“柱”；

②“建筑”选项卡→“构件”面板→“柱”→“结构柱”。

2）进行柱的类型属性编辑

① 单击“属性”面板（图 2-22）上的”编辑类型”；

图 2-20　结构面板的柱选项

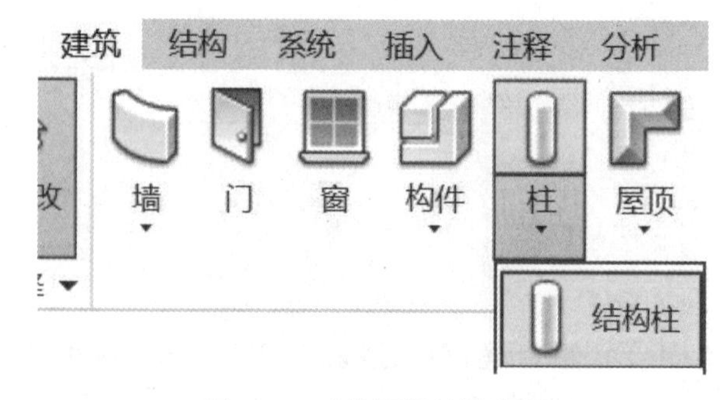

图 2-21　建筑面板的柱选项

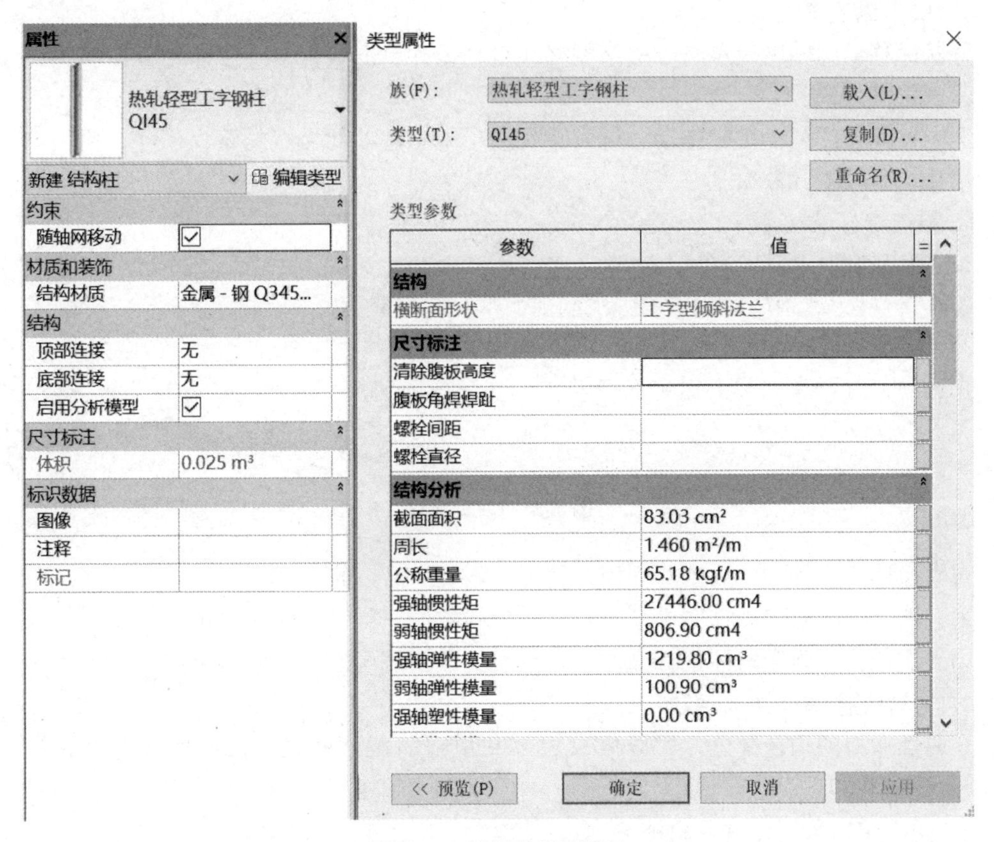

图 2-22　编辑柱类型属性

② 在弹出的“类型属性”窗口内单击“载入”来选择合适的柱族；

③ 单击“复制”将柱类型名称进行修改；

④ 修改柱的相关尺寸。

3）选项栏设置

在选项栏（图 2-23）上指定下列内容：

图 2-23　放置垂直柱

观察操作窗上部的“放置”面板，确定默认为“垂直柱”后，修改选项栏。

放置后旋转：选择此选项可以在放置柱后立即将其旋转。

深度/高度：选择“深度”，默认柱顶为本层标高，柱子向下绘制。选择“高度”，默认柱底为本层标高，柱子向上绘制。

未连接/各层标高：若选择“未连接”，需在数据框里指定柱的高度。若选择柱的某层标高为柱的顶标高，则数据框为灰色。

4）单击以放置柱

将鼠标移动到轴网交点时，两组网格线将亮显，单击布置柱。

5）设置柱偏心尺寸

选中柱，按住鼠标左键拖动，可以看到柱子中心与轴网交点的距离尺寸，单击需要修改的尺寸，手动输入数据。

6. 斜支撑柱的放置

1）调出“结构柱”命令

2）进行柱的类型属性编辑的方法同前面部分内容介绍

3）选项栏设置

在选项栏（图 2-24）上指定下列内容：

修改 | 放置 结构柱 | 第一次单击: 标高 1 | -2500.0 | 第二次单击: 标高 2 | 0.0 | ☑三维捕捉

图 2-24　放置斜柱

观察操作窗上部的“放置”面板，选择“斜柱”后，修改选项栏：

第一次单击：确定斜柱底标高位置，其后的数据框可以修改偏移距离。

第二次单击：确定斜柱顶标高位置，其后的数据框可以修改偏移距离。

4）修改左侧属性面板参数

在属性面板的构造部分，可以修改底部和顶部的截面样式，截面样式有“垂直于轴线”“水平”和“垂直”三种。

5）两次单击鼠标以放置斜柱

将鼠标移动到轴网相应位置，第一次点击斜柱底标高位置，第二次点击斜柱顶标高位置。

2.2.4　结构梁

1. 梁的定义与分类

梁是搁置在竖向受力的柱、承重墙上，承受竖向荷载，以受弯为主的构件。梁一般水平放置，用来支撑板并承受板传来的各种竖向荷载和梁的自重。

梁从功能上分为与柱、承重墙等竖向构件共同构成空间结构体系的结构梁，如基础地梁、框架梁等；或起到抗裂、抗震、稳定等构造性作用的构造梁，如圈梁、过梁、连系梁等。从施工工艺上分，有现浇梁、预制梁等。从材料上分，工程中常用的有型钢梁、钢筋混凝土梁、木梁、钢包混凝土梁等。依据截面形式，可分为矩形截面梁、T 形截面梁、十字形截面梁、工字形截面、不规则截面梁等。

2. 梁的结构信息

在梁结构模型信息创建时除了考虑梁的截面大小、长度、空间定位信息、配筋外，还需设置梁的材质、类型等信息，以便能在建筑信息模型中分类统计、计算梁。本节中主要介绍梁的截面大小、材质、类型等梁建筑信息的输入，梁的配筋信息将会在结构钢筋中进行详细介绍。

3. 建立梁模型

Revit 提供了梁和梁系统两种创建结构梁的方式。但不论哪种方式创建梁，都需完成梁属性信息设置后，进行梁模型绘制。

1）梁的创建

单击“结构”选项卡→“梁”，进入梁创建模块，如图 2-25 所示，出现“修改｜放置梁”的选项卡和实例属性。“修改｜放置梁”选项卡主要是对梁绘制方法、绘制类型、放置位置和编辑操作等进行选择编辑；“实例属性”主要对梁截面尺寸、材质和放置的形式等进行设置。

梁模型绘制的一般顺序为：完成梁的实例属性设置后绘制梁。

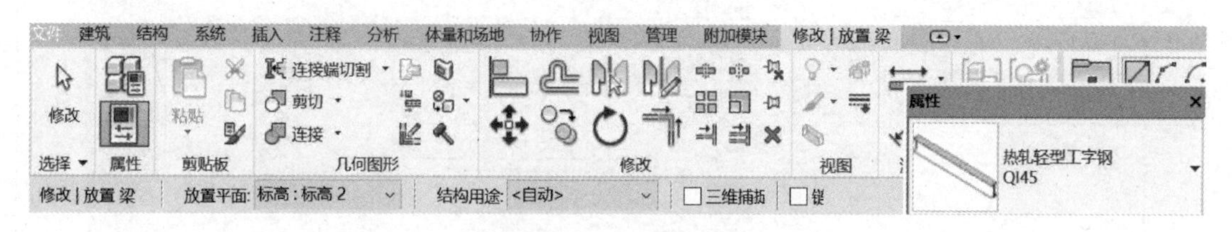

图 2-25　创建梁模型

（1）梁的载入和属性编辑

“结构”选项卡→“结构”面板→“梁”，在“属性”面板类型下拉菜单中选择合适的梁类型，通过复制一个新的类型属性，将图纸中梁的截面信息在尺寸标注中进行修改。梁信息修改创建的具体操作：单击“编辑类型”，打开“类型属性”，点击“复制”，输入新类型名称，单击“确定”完成类型创建，然后在“类型属性”对话框中修改尺寸。当项目中没有合适的梁类型时，可单击载入族，从外部载入梁构件族文件，载入方式和柱相同。

这里以框架梁 KL8（7）-350 x700 设置为例。

“结构”选项卡→“结构”面板→“梁”，如图 2-26 所示，在“属性”编辑框中单击“编辑类型”，在“类别属性”中单击“复制”，修改名称为 KL11（1）-400 x700，单击“确定”，修改尺寸标注后单击“确定”。

（2）梁的放置

完成梁实例属性的编辑后，在上下文选项卡“修改｜放置梁”的绘制面板中选择梁绘制的方法，如图 2-27 所示。绘制面板包含了不同绘制方式，依次为“直线”“起点—终点—半径弧”“圆心—端点弧”“相切—端点弧”“圆角弧”“样条曲线”“半椭圆”“拾取线”以及“在“轴网上”放置梁。在绘制梁时，除了选择适合的绘制方法外，还需对“修改｜放置梁”的“状态栏”的参数进行设置。

“状态栏”的参数说明：

① 放置平面：系统会自动识别绘图区当前标高平面，不需要修改。如在结构平面标高 2 中绘制梁，则在创建梁后“放置平面”会自动显示“标高 2”，如图 2-27 所示；

② 结构用途：此参数用于设定绘制梁的结构用途，包含“自动”“大梁”“水平支撑”“托梁”“其他”和“檩条”；系统默认为自动，会根据梁的支撑情况自动判断，用户也可在绘制梁前或后修改结构用途；结构用途参数会被记录在结构框架的明细表中，方便统计模型中各类型的结构框架的数量；

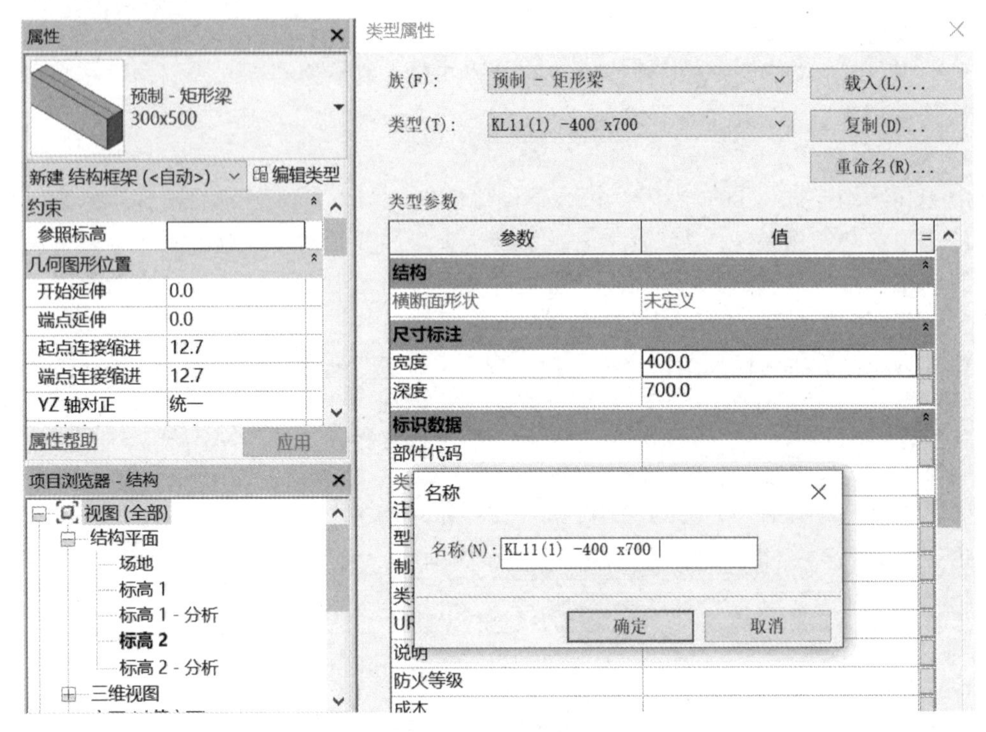

图 2-26　新建梁类型

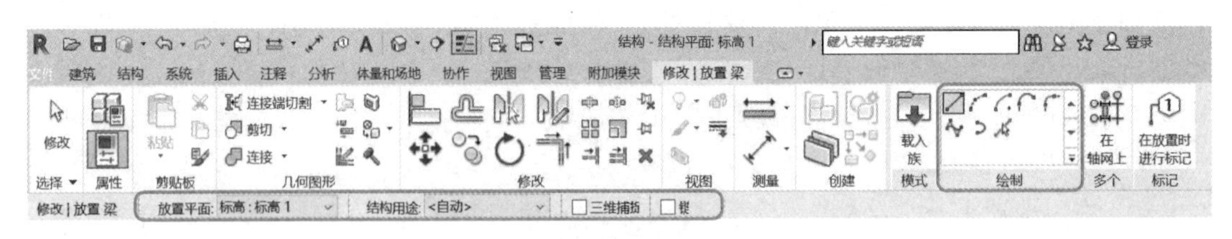

图 2-27　绘制梁模型

③ 三维捕捉：此功能主要用于在三维视图中绘制梁，勾选“三维捕捉”可以在三维视图中捕捉到已有图元上的点，不勾选则捕捉不到点；

④ 链：勾选“链”可以连续地绘制梁，不勾选则每次只能绘制一根梁，即每次都需要点选梁的起点和端点；当梁绘制较多且连续集中时，建议使用此功能，否则一般不勾选。

在绘制梁时，除了曲梁，一般都选用“直线”或“拾取线”绘制方法。具体绘制梁的方法：在结构平面视图的绘图区，单击绘制梁的起点，拖动鼠标绘制梁线至梁的终点，完成一根梁的绘制。如果用“拾取线”绘制，则点选线后在该线处生成梁，拾取线为该梁中线。

若在轴网上添加多个梁，则可以使“在轴网上”的绘制方法。具体操作：启动梁命令，单击“修改/放置梁”选项卡→“多个”面板→“在轴网上”，选择需要放置梁的轴线，完成梁的添加。也可按住“Ctrl”键选择多条轴线，或框选轴线。放置完成后，单击功能区的“完成”。

放置完成后选中添加的梁，在“属性”面板中，会显示梁的属性，与放置前属性栏相比，新增如下几项：

① 起点标高偏移：梁起点与参照标高间的距离，一般梁绘制时，梁顶面与参照标高并齐；若绘制梁在参照标高上或下，可利用该项进行调整；

② 终点标高偏移：梁终点与参照标高间的距离，若需要绘制斜梁可通过修改梁起点、终点不同的偏移量绘制；

③ 横截面旋转：控制旋转梁和支撑，从梁的工作平面和中心参照平面方向测量旋转角度；

④ 起点附着类型："端点高程"或"距离"，该项主要确定梁放置的高度位置，即指定梁的高度方向，"端点高程"是梁放置位置与梁约束的高度位置一致，"距离"用于确定梁与柱搭接位置的高度。

2）梁系统绘制梁

结构梁系统命令："结构"选项卡→"结构"面板→"梁系统"。

梁系统用于创建一系列平行放置的结构梁图元。例如，某个待定区域需要放置等间距固定数量次梁，即可使用梁系统进行创建。用户可通过手动创建梁系统边界和自动创建梁系统两种方法进行创建。

（1）手动创建梁系统边界

启动梁系统命令后，进入创建梁系统边界模式。单击"绘制梁系统"→"绘制"面板→"边界线"，可以使用面板中的各种绘制工具绘制梁边界（图 2-28）。

图 2-28 创建梁系统边界

绘制边界线必须为闭合轮廓，绘制方法一般有如下三种：①绘制水平闭合的轮廓；②通过拾取线（梁、结构墙等）的方式定义闭合的梁系统边界；③通过拾取支座的方式定义系统边界。

完成边界线设置后，进行结构梁系统"属性"的设置。梁系统的属性设置主要包括布局规则、固定间距、梁类型等，用户可根据需要选择不同的布局排列规则。

绘制梁系统：单击"修改｜创建梁系统边界"选项卡→"绘制"面板→"梁方向"，在绘图区点击需设置梁方向对应的边界线，即选中此方向为梁的方向，单击"修改｜创建梁系统边界"选项卡→"模式"面板→"✓"按钮，退出编辑模式，完成梁系统创建。

（2）自动创建梁系统

当绘制区已有封闭的结构墙或梁时，启动"梁系统"命令，进入放置结构梁系统模式，单击"自动创建梁系统"，如图 2-29 所示。在选项栏中，用户可以在此设置梁系统中的类型、对正以及布局方式。

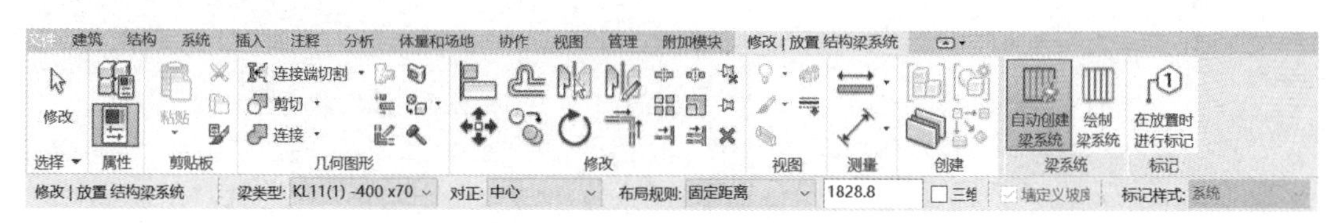

图 2-29 自动创建梁系统

设置好梁系统的属性后，便可绘制梁系统。光标移动到水平方向的支撑处（如梁、结构墙等）时会显示出梁系统中各梁的中心线，单击鼠标，系统会创建该水平方向的梁系统。

（3）梁系统的编辑修改

若需要对创建的梁系统进行修改，单击“修改 | 结构梁系统”选项卡→“模式”面板→“编辑边界”，可修改梁系统的边界和梁的方向，单击“删除梁系统”可删除梁系统。

2.2.5 结构墙

“墙”是个族，以方便用户调用。用户可在系统族和标准构件族库中载入，也可自行创建“族”。

结构墙在“基本墙”族内的墙类型都有一个名为“结构用途”的实例属性，该属性具有下列值：抗剪、非承重、承重和复合结构。结构墙为创建承重墙和剪力墙时使用。

在使用“墙”工具时，假设放置的是隔墙，默认的“结构用途”值为“非承重”；如果使用“墙：结构”工具，选择同一种墙类型，则默认的“结构用途”值为“承重”。在任一情况下，该值均为只读，但是用户可以在放置墙后修改该值。

当单击“墙：结构”工具，在“属性”面板中，如图 2-30 所示，点击下拉按钮▼，出现下拉菜单，选择所需要或类似的墙类型，如图 2-31 所示。

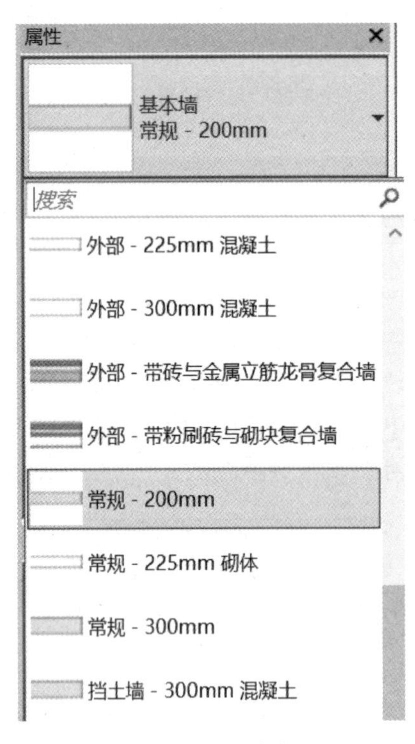

图 2-30　不同墙类型

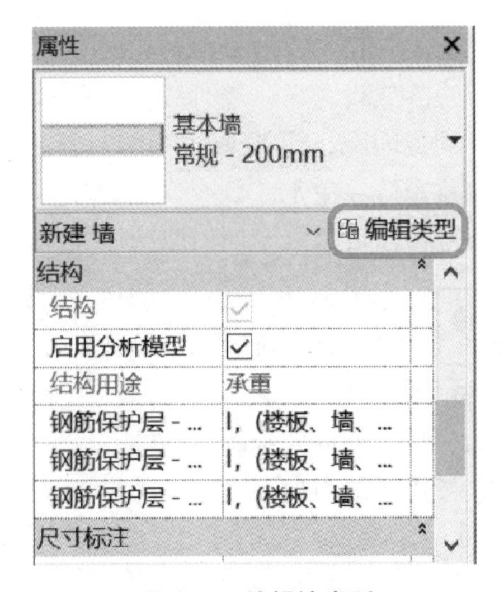

图 2-31　编辑墙类型

另一种载入方法，单击“插入”选项卡，“从库中载入”面板的“载入族”，如图 2-32 所示，打开库文件夹。

图 2-32 载入新的墙族

如果结构墙选用的是基本墙，是系统族文件，则不能通过载入族的方式添加到项目中，在“类型属性”对话框中的“载入”按钮，是暗的，不可选。

结构墙的创建

1）结构墙建模

依次选择“结构”选项卡→“结构”面板→墙→墙：结构。

2）进行结构墙的类型属性编辑

在“属性面板”的类型下拉菜单中，可以看到多种墙体，如图 2-30 所示。选择较为合适的基本墙常规—200mm 作为样板。由于基本墙是系统族文件，不能通过加载或载入来添加，只能通过复制来创建新的墙类型。

如果需要建立不在下拉列表中的墙体，单击“编辑类型”，打开“类型属性”对话框，单击“复制”，在弹出的名称对话框中输入新类型名称，单击“确定”完成类型复制，如图 2-33 所示。

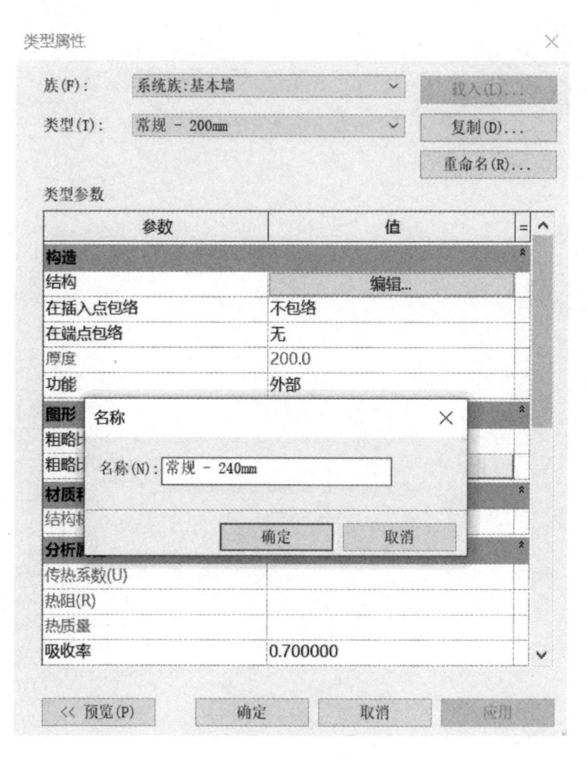

图 2-33 新建墙体

然后进行构造编辑，单击“类型属性”对话框中结构一栏的“编辑”按钮。在弹出的“编辑部件”对话框中改变结构［1］的厚度为240，单击按类别后的“…”按钮，在弹出的“材质浏览器”中选择“混凝土现场浇注 C30”，更改完成后，单击“确定”完成编辑，回到“类型属性”对话框中，单击“确定”完成新类型的创建。

3）在选项栏上指定下列内容

在选项栏完成相应的设置，如图 2-34 所示。

图 2-34　绘制结构墙选项栏

（1）深度/高度：表示自本标高向下/向上的界限。

（2）定位线：用来设置墙体与输入墙体定位线之间的位置关系。

（3）链：勾选后，可以连续地绘制墙体。

（4）偏移量：偏移定位线的距离。

（5）半径：勾选后，右侧输入框激活，输入半径值。绘制的两段墙体之间以设定的半径弧连接。

对“属性面板”中的参数进行修改，如图 2-35 所示。

4）放置结构墙

在绘制面板中，选择一个绘制工具，如图 2-36 所示，可使用以下方法放置墙。

图 2-35　基本墙属性修改面板

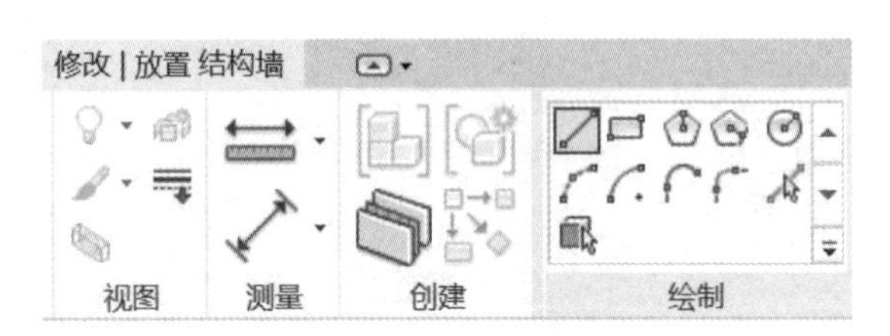

图 2-36　基本墙绘制面板

（1）绘制墙：使用默认的“线”工具可通过在图形中指定起点和终点放置直墙段，或者指定起点，沿所需方向移动光标，然后输入墙的长度值，放置墙。

使用绘制面板的其他工具，可以绘制矩形、多边形、圆形、弧形的墙。

（2）沿着现有的线绘制墙：使用“拾取线”工具，可以沿着图形中选定的线来放置墙段。

2.2.6　结构板

楼板主要被视作竖向受力构件，其作用是将竖向荷载传递给梁、柱、墙等承重构件。在水平荷载作用下，楼板对结构的整体刚度、竖向构件和水平构件的受力都有一定的影响。结构板从受力特点上分为单向板和双向板。结构板的创建不仅用于楼地板，坡道、楼梯休息平台、雨篷、散水等，都可以采用结构板的方式创建。

1. 常规板建模

此处常规板指的是无坡度的水平板，它可能是普通的楼地板，也可能是雨篷、楼梯的休息平台等。常规结构板与墙、梁等构件类似，属于主体图元，不依附于其他构件，可直接手动绘制，也可通过拾取墙或者梁进行创建，需要注意的是绘制或拾取的只是结构板的轮廓不同形状的板通过编辑楼板轮廓实现。对于多跨板，由于软件不能自动根据底部支座进行板跨划分，所以需要根据底部支座划分的区域逐块绘制。

常规结构板绘制的流程如下：“结构”选项卡→“楼板”下拉菜单→选择“楼板：结构”→在属性栏选择需要的楼板类型或者复制新建一个类型→“绘制”面板点选“边界线”，选择需要的线形创建楼板轮廓→单击“✓”完成楼板的创建，如图2-37所示。

2. 斜楼板建模

斜楼板建模有三种方法，第一种是在楼板轮廓编辑状态下通过某边线定义坡度（图2-38），第二种是在楼板轮廓编辑状态下通过坡度箭头定义坡度（图2-39），第三种是通过选中结构板后的“形状编辑”面板中的“修改子图元”（图2-40）。

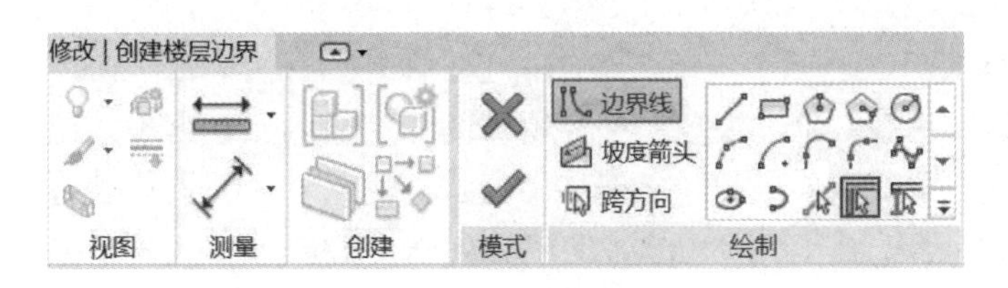

图2-37　结构板绘制界面

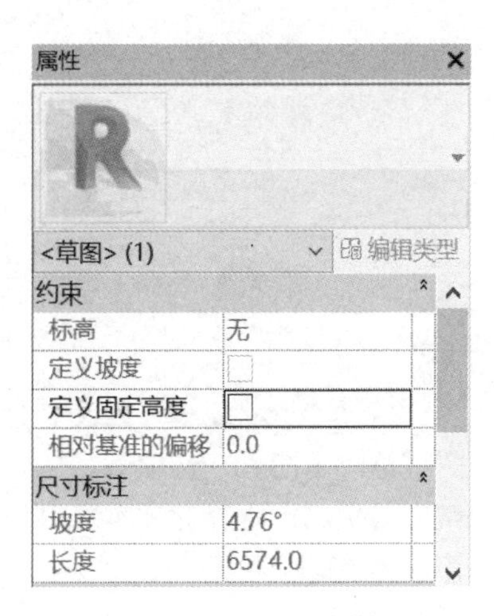

图2-38　定义斜楼板坡度

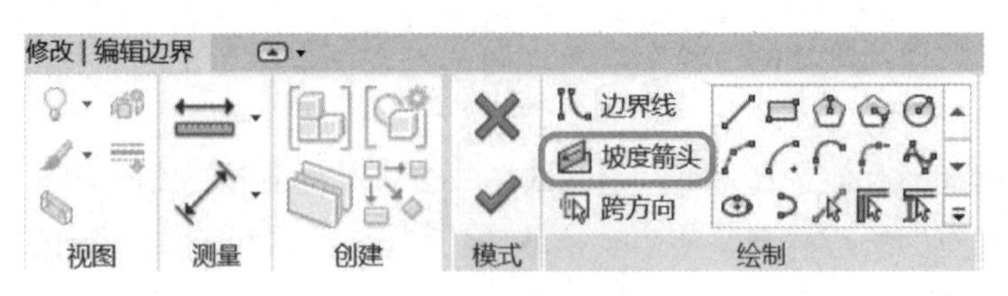

图 2-39　设置坡度箭头

图 2-40　修改斜楼板子图元

通过边线定义坡度的方法适合楼板有一边为水平边的情况，操作步骤：双击楼板进入草图绘制界面→点选水平边线→勾选定义坡度选项→填写实际坡度→点击“✓”完成单块楼板编辑（图 2-38）。

通过坡度箭头定义坡度的方法适合任何情况的斜楼板创建，楼板坡度以坡度箭头方向及参数为准。操作步骤：双击楼板进入草图绘制界面→单击坡度箭头→绘制坡度箭头方向→定义坡度箭头的坡度→点击“✓”完成斜楼板创建（图 2-41）。

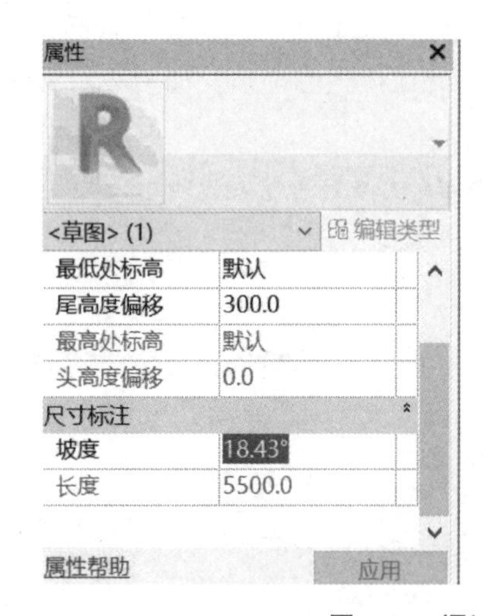

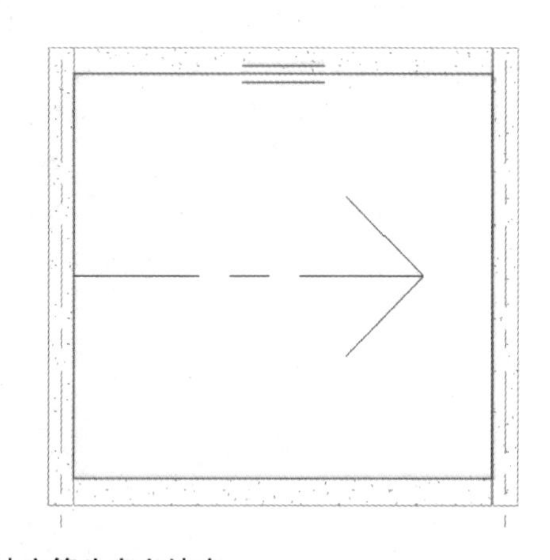

图 2-41　通过坡度箭头定义坡度

通过“形状编辑”绘制斜楼板（图 2-42），选中已有结构板，单击“形状编辑”面板的“修改子图元”选项后，进入编辑状态，单击视图中楼板轮廓的绿色边界点，出现“0”字样的文本框，在此文本框可设置该楼板边界点的竖向偏移高度，如输入“100”，代表将该边界点竖向抬升 100，如果一边都需要抬升，则在此边的各边界点上均输入“100”，如图 2-43 所示。

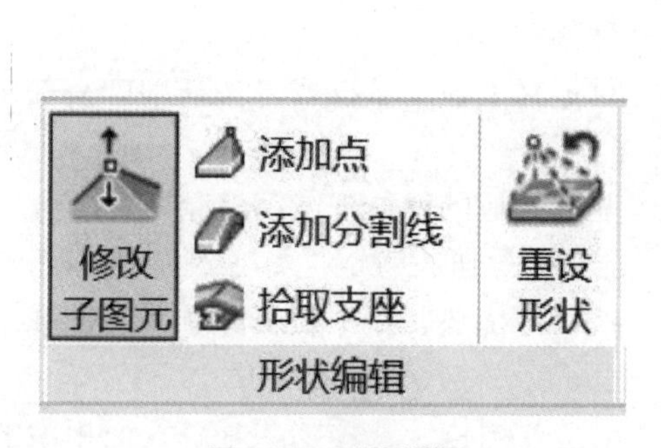

图 2-42　形状编辑

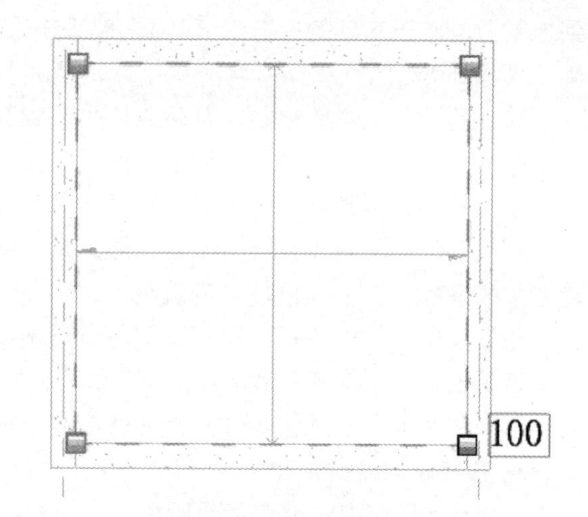

图 2-43　修改边界点参数

通过“形状编辑”中的“修改子图元”和“添加分割线”还可绘制折板（图 2-44），具体操作如下：绘制水平结构板→选中结构板，单击“添加分割线”，将板划分成三部分（图 2-45）→单击左侧两个边界点输入需要降低（负值）的数值，假设“−800”（图 2-46）→单击右侧两个边界点输入需要抬升（正值）的数值，假设“800”（图 2-47）→输入完成，折板模型完成。

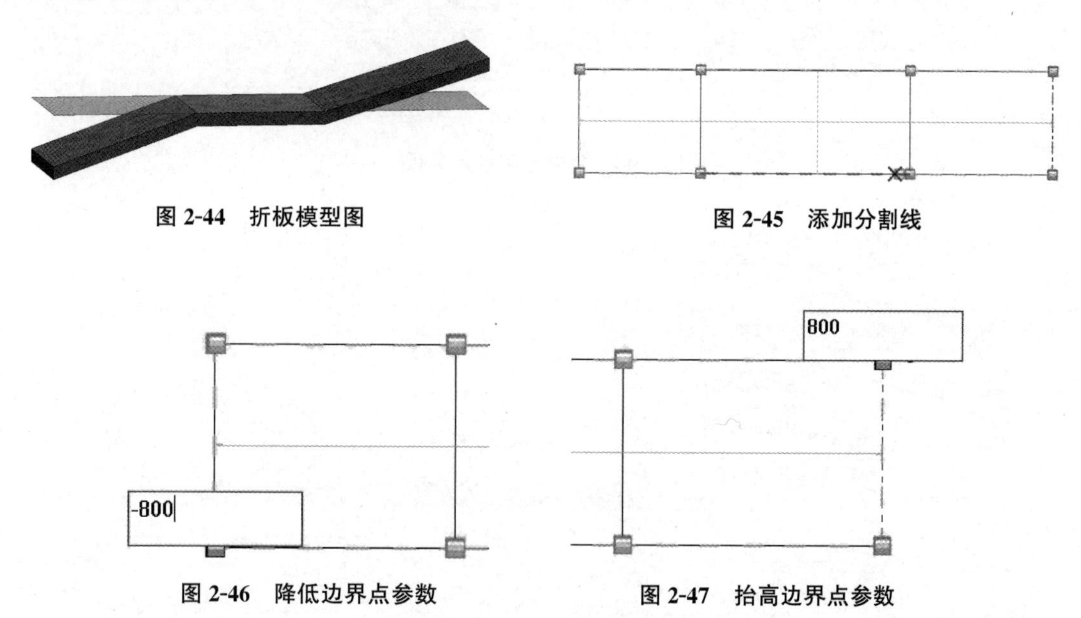

图 2-44　折板模型图

图 2-45　添加分割线

图 2-46　降低边界点参数

图 2-47　抬高边界点参数

2.2.7　基础

在建筑工程中，把建筑物与土壤直接接触的部分称为基础，基础是建筑物的组成部分，它承受着建筑物上部结构传递下来的全部荷载，并把这些荷载连同本身的重量一起传到地基上。按照基础的构造形式不同可以分为独立基础、条形基础、筏板基础、箱型基础、桩基础等。

独立基础：又叫作独立式基础或柱式基础。当建筑物上部结构采用框架结构或单层排架结构承重时，基础常采用方形或矩形的单独基础，其形式有阶梯形、锥形等。

条形基础：指基础长度远大于宽度和厚度的一种基础形式。

筏板基础：又叫作筏板型基础，即满堂基础。是把柱下独立基础或者条形基础全部用连系梁联系起来，下面再整体浇筑底板。

箱形基础：指由底板、顶板、钢筋混凝土纵横隔墙构成的整体现浇钢筋混凝土结构。

桩基础：属于深基础范畴，具有承载力高、抗震能力强、稳定性好、沉降量小而均匀、沉降速率低而收敛快，并且能够适应复杂地质条件等优势，在工程项目中广泛应用。

1. 独立基础模型创建

在 Revit 软件中，进入基础所在的平面视图，单击“结构”选项卡“基础”面板中的“独立基础”（图 2-48），尺寸设置及修改可通过“属性”面板的“编辑类型”进入，相关信息可在“类型属性”界面下修改，如图 2-49 所示，在属性面板可以选择添加默认形式的独立基础，在定位到的轴网上或者柱位置上进行布置，单击完成（图 2-50、图 2-51）。

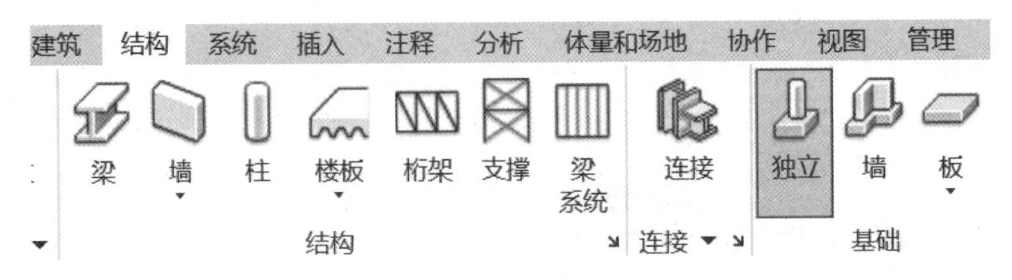

图 2-48　独立基础绘制面板

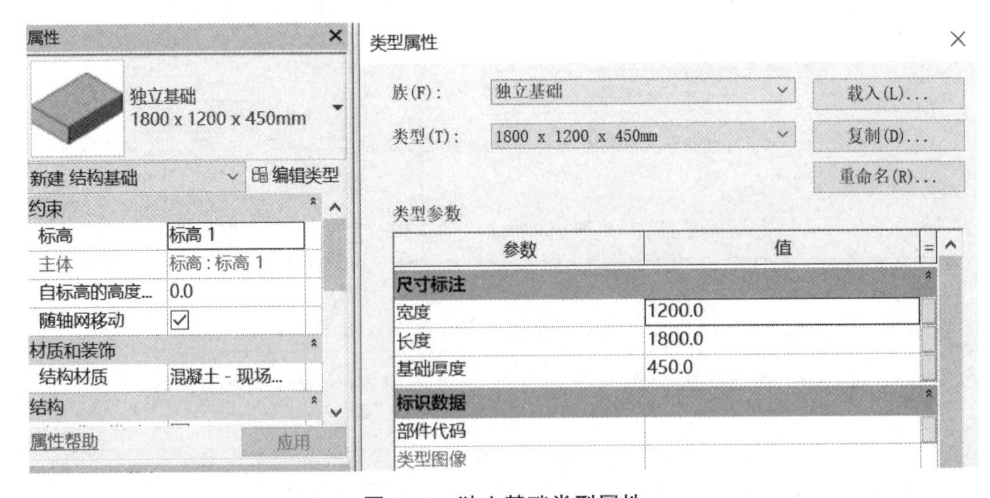

图 2-49　独立基础类型属性

以上为软件默认的一阶独立基础的创建及尺寸信息修改的过程，对于多阶的、异形承台及杯口基础模型创建需要通过载入族或新建族的方式创建（图 2-52、图 2-53）。

图 2-50　独立基础放置界面

图 2-51　独立基础模型

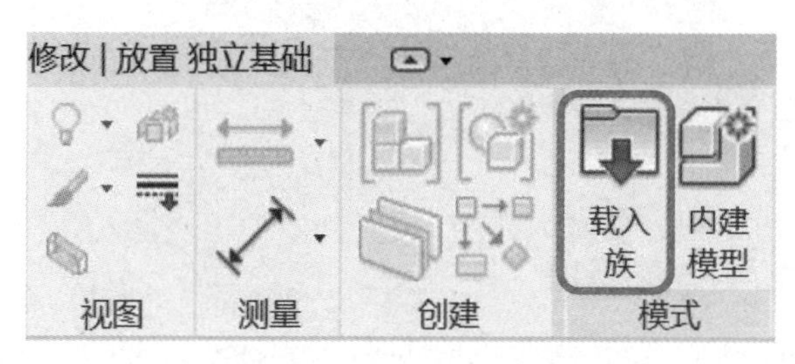

图 2-52　创建其他形式基础

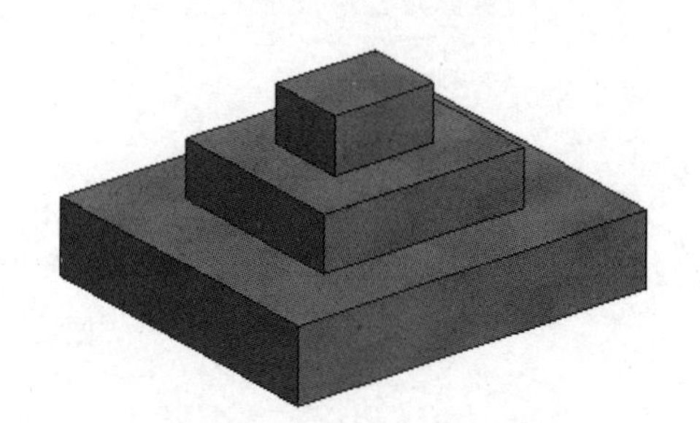

图 2-53　三阶独立基础模型

2. 条形基础模型创建

在常用的建模软件中，进入基础所在的平面视图，单击“结构”选项卡“基础”面板中的“条形基础”可进入条形基础布置界面，但与独立基础布置不同的是，此处的条形基础属于附属图元，特指“墙下条形基础”，只有在墙体存在的情况下才能布置，墙体删除条形基础也被同步删除，同时该“条形基础”属于系统族且为一阶，无法编辑和修改，这直接影响了此操作的通用性。为满足工程上的需要，可自行创建条形基础族，鉴于条形基础族的创建与梁族的创建过程类似，可使用“公制结构框架”模板来创建条形基础，所以本小节介绍两种创建方式，一种是基于系统默认的方式，另一种是基于族的方式。

1）基于系统默认的方式创建

墙下条形基础或组合墙单阶承台可用此方式。

（1）墙下条形基础

布置墙下条形基础步骤为：“结构”选项卡→“基础”面板→单击“墙”，在其左侧“属性”栏选择“条形基础承重基础 900×300”→单击编辑类型尺寸属性栏→点选已有的墙体自动布置，最终完成条形基础模型创建（图 2-54），基础类型名称中的 900×300，反映的是该单阶条形基础截面尺寸，可在属性栏“编辑类型”中修改基础类型参数。

（2）同轴墙柱下条形基础

上述提到条形基础有墙下和柱下两种，而在 Revit 中，默认创建时只能识别到墙进行

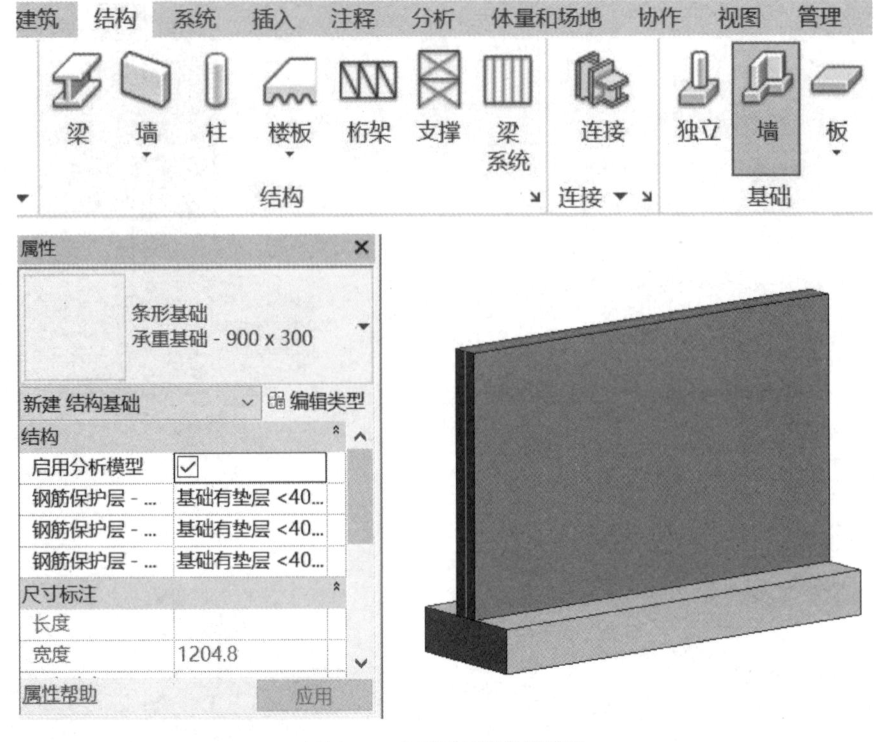

图 2-54 创建条形基础模型

布置，对于单独的柱下条形基础布置后续内容再介绍，但当同一轴线上有墙又有柱时，依然可采用系统默认的方式，即识别此轴线上的墙先对条形基础进行布置，然后将其拉伸通过柱子，柱下条形基础也就创建完成，但需要注意，此种布置随着墙体的删除，条形基础也会被删除。

（3）多个墙体下快速布置

当有多道墙体且墙体下基础类型及相关参数一致时，逐个布置较麻烦，可勾选布置界面的“选择多个”按钮实现框选墙体批量布置。

2）基于族的方式创建

条形基础的族模型创建，可通过编辑梁族的方式产生或者直接创建。通过编辑梁族的方式操作流程如下：新建族→选择“公制结构框架—梁和支撑”样板→“族类别和族参数”对话框中选择“结构基础”，这样该族就自动归类到“结构基础”类（图 2-55）。载入梁族样板后，视图中出现一根直线梁，可对此梁进行拉伸轮廓的编辑，实现条形基础的创建。新建族直接创建的流程如下：新建族→选择“公制结构基础”样板→进入族创建界面→通过“拉伸”或“放样”命令可实现多形式条形基础的创建，材质类型应在族创建时进行设定，以便于载入项目后的视图表达。如图 2-56 所示为用上述族创建方式新建的部分条形基础模型。

3. 筏板模型创建

筏板基础有板式和梁板式两种构造样式。板式筏板基础类似于一块很厚的结构板，所以它的创建及编辑方式与结构板一致，只是它们的归属不同（图 2-57），板式筏板基础在

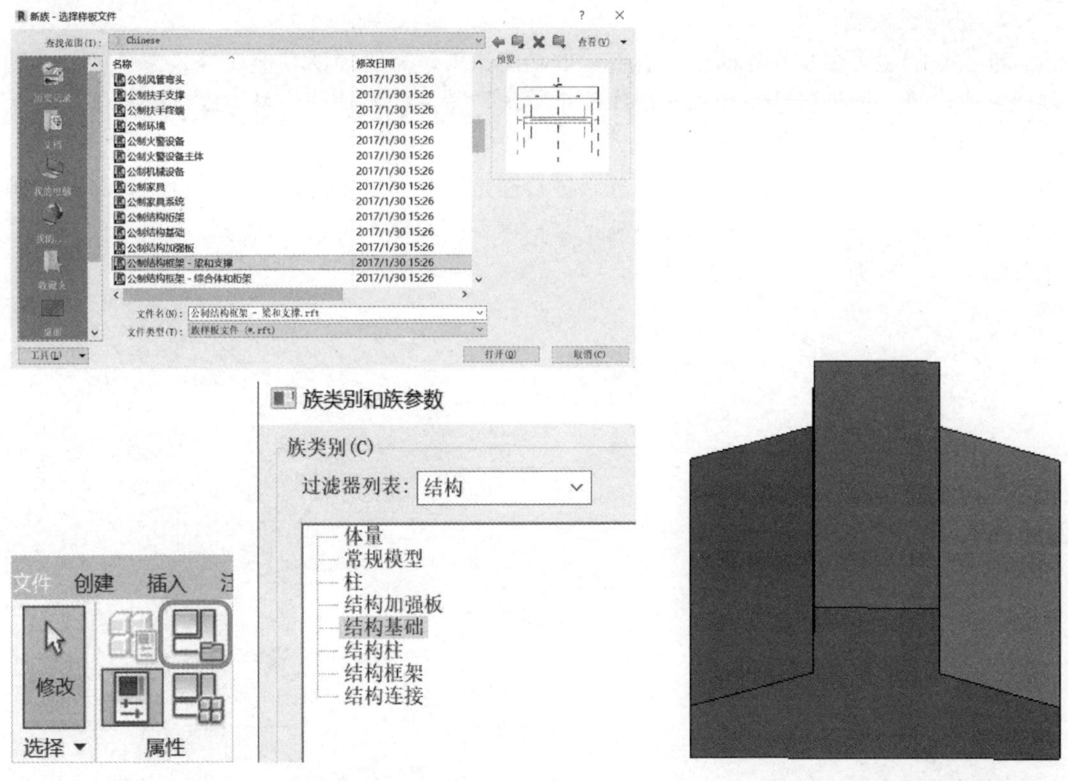

图 2-55　创建结构基础族　　　　图 2-56　条形基础模型

软件界面的“结构”选项卡下选择“基础”面板中的“板”进行创建（图 2-58）。梁板式筏板基础的创建即在板式的基础之上，选择“结构梁”命令创建基础梁部分。

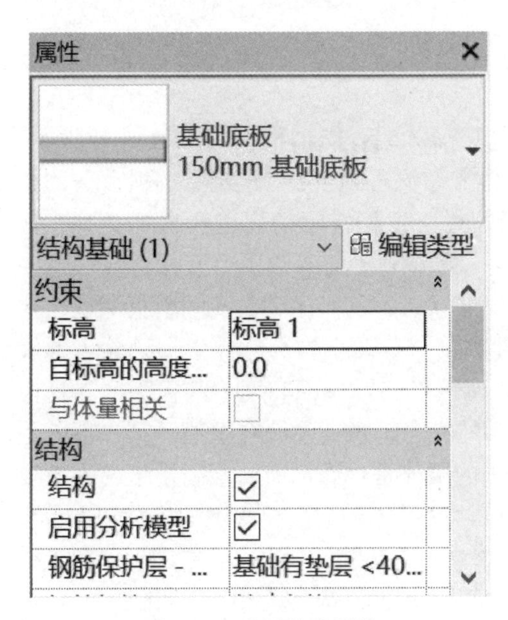

图 2-57　设置基础属性

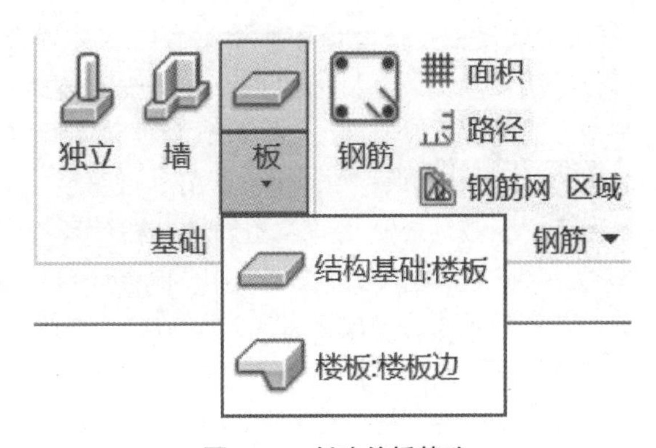

图 2-58　创建筏板基础

4. 桩基础模型创建

桩基础的创建在软件界面上没有直接的功能选项，需要辅助其他命令。常见的有两种创建方法，第一种是将桩身和承台视作一个整体，通过载入软件自带族库中的桩族，载入后根据需要编辑族最终创建（图 2-59），若阶数或者桩根数不满足可直接对此族进行编辑；另一种方法是将桩身和承台看作两部分，桩身通过柱的创建实现，承台通过结构板或者独立基础的方式实现，当现有的构件不满足时，可直接编辑相关族，这种方法较为便捷且通用性强。

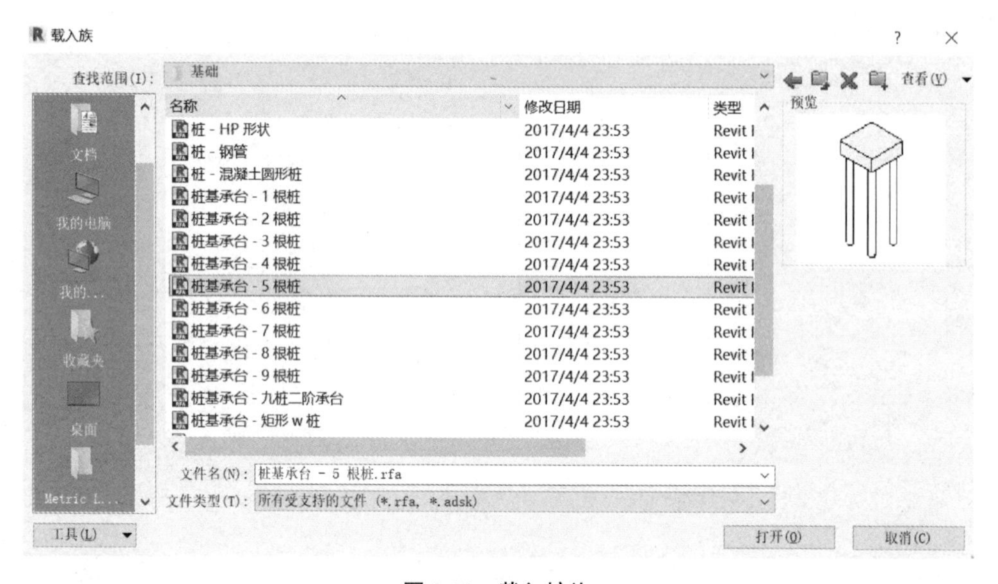

图 2-59　载入桩族

2.2.8　楼梯

楼梯的结构模型一般只需绘制主要承重构件，无需布置装饰构件。在 Revit 软件中，布置楼梯需要到“建筑”选项卡下进行操作。具体操作流程如下：“建筑”选项卡→“楼梯坡度”面板→“楼梯”进入绘图界面→在“属性栏”根据实际情况选择楼梯类型，如“现场浇注楼梯”→设置楼梯相关参数→放置楼梯。需要设置的参数主要有两部分。第一部分是窗口左侧属性栏的参数，包括放置楼梯的底部标高、顶部标高、实际踏板深度（这三个参数需要手动输入）、所需梯面数和实际梯面高度（这两个参数软件根据已输入参属性栏数和默认的计算规则自动算出）。此处注意，属性栏实际梯面高度、踏板深度和梯段宽度三个参数需要满足“类型属性”栏计算规则中的规定，否则系统会报错。第二部分是“类型属性”栏的参数（图 2-60），检查计算规则中的限值是否满足需要绘制模型的参数要求，若不满足可重新输入并单击“确定”完成修改；设置“构造”模块中的梯段和平台相关参数，可修改梯段、平台的类型、厚度和材质等参数；“支撑”中的选项主要设置的是梯段板及休息平台下是否有梁，比如板式楼梯就是选择左右两侧支撑均为“无”（图 2-61），梁式楼梯则有支撑（图 2-62），同时也可修改支撑类型、位置、尺寸及材质等参数（图 2-63）。

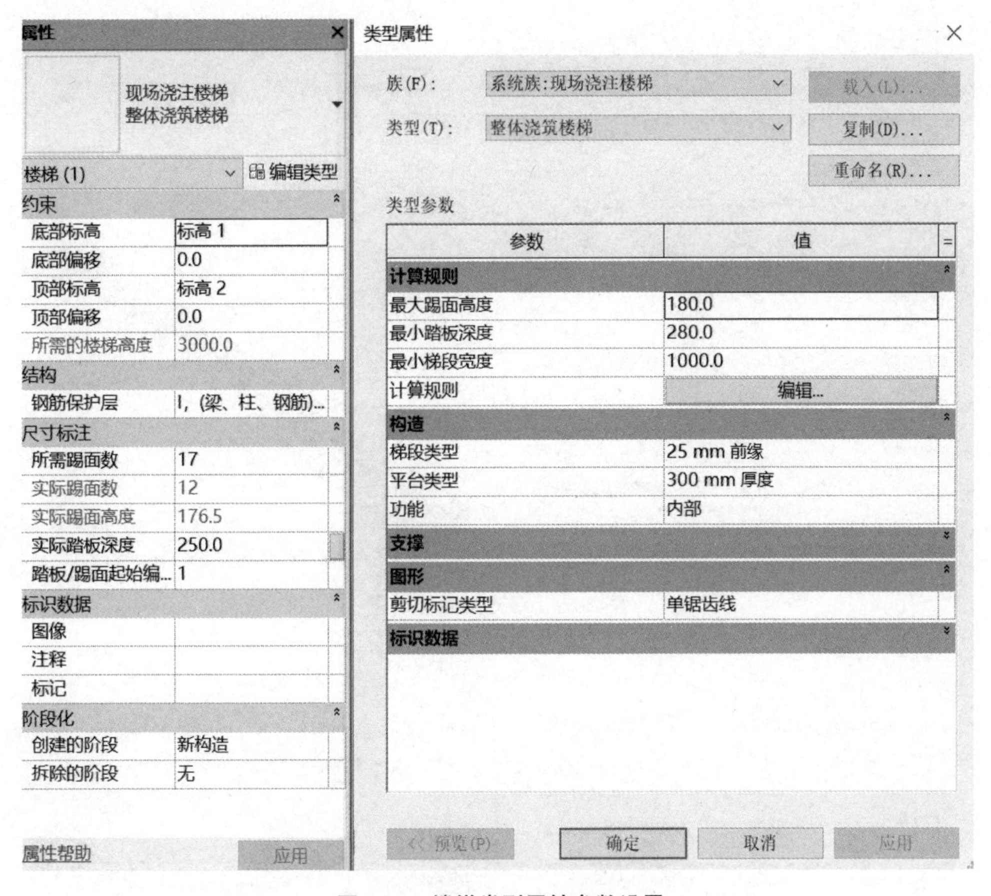

图 2-60　楼梯类型属性参数设置

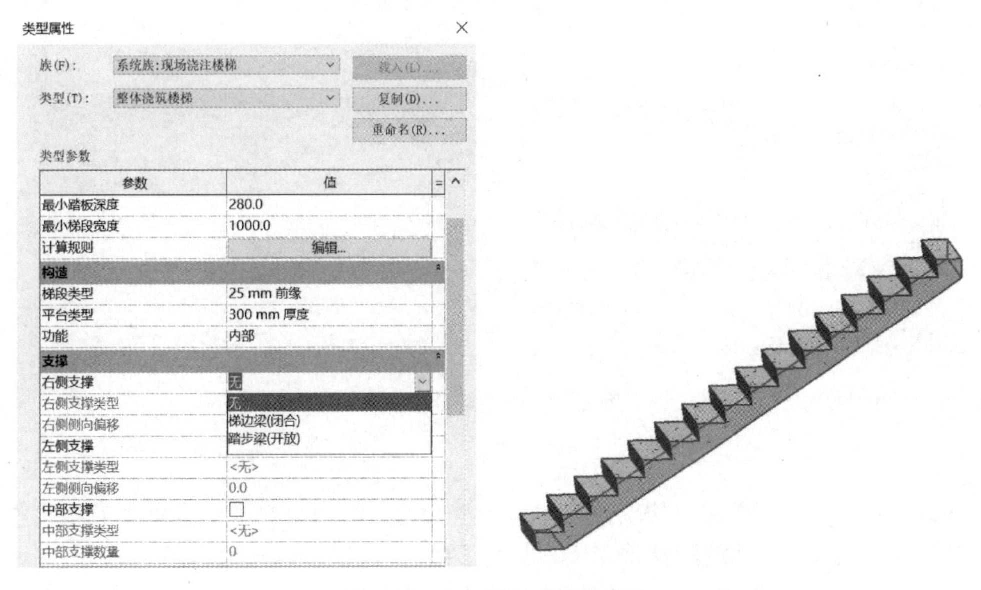

图 2-61　无两侧支撑楼梯设置

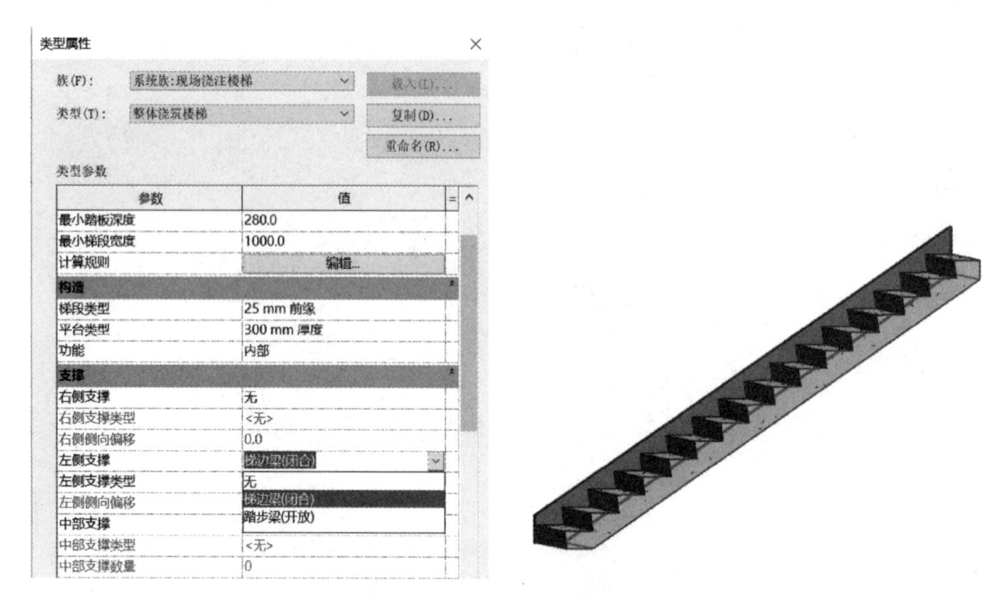

图 2-62　有支撑楼梯设置

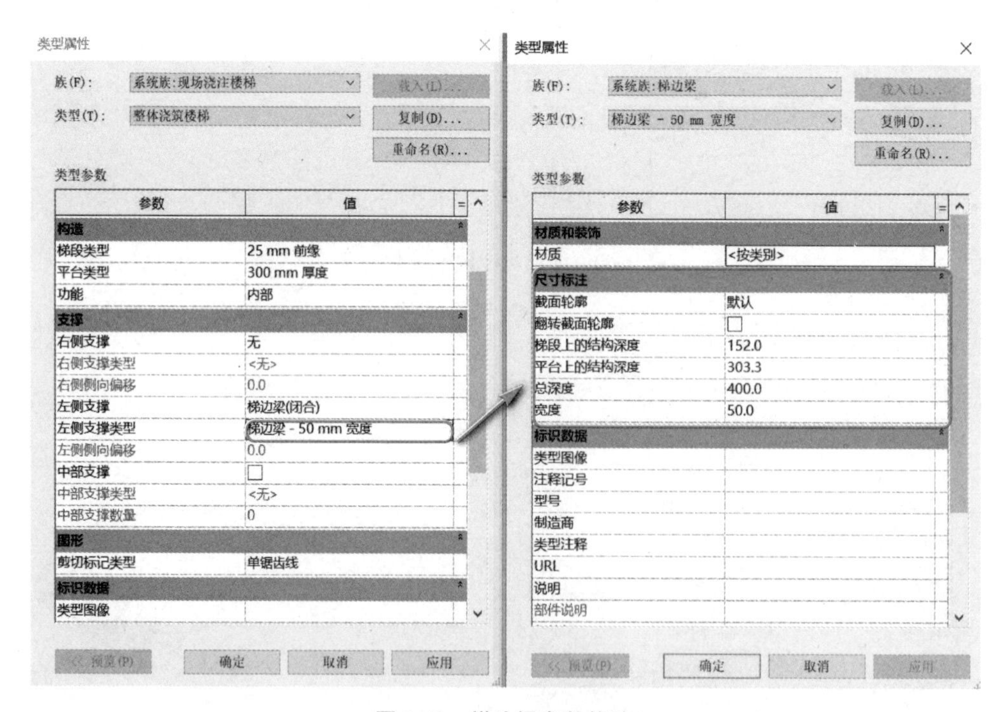

图 2-63　梯边梁参数修改

注意：在结构样板中建立的项目与建筑样板中建立的项目在默认设置上有很多不同。针对楼梯模型的建立，系统默认楼梯模型归属于建筑。在三维视图中如果想显示楼梯的三维模型，可以用“VV”快捷键调出三维视图过滤器，在“过滤器列表中”把“建筑”和“结构”都打上勾，并在下方列表中把楼梯打上勾，如此才能正常显示楼梯三维模型。

2.3 结构钢筋创建

本节学习完成，能掌握建筑结构模型中钢筋的创建方法，其中主要的内容包括：创建钢筋保护层和创建钢筋形状。

2.3.1 创建钢筋保护层

1. 钢筋保护层基本设置

1）钢筋保护层设置

单击“结构”选项卡→“钢筋”面板下拉菜单中的“钢筋保护层设置”（图 2-64）。

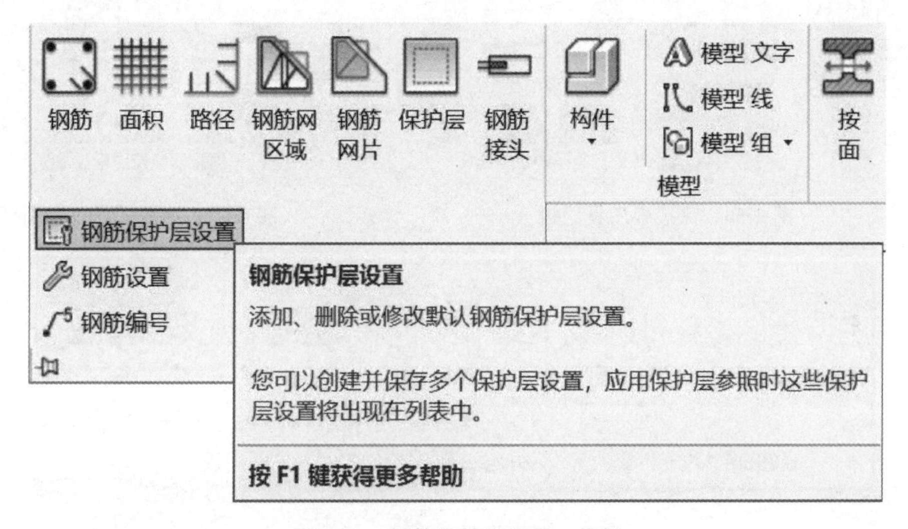

图 2-64 钢筋保护层设置工具栏

在弹出的“钢筋保护层设置”面板（图 2-65）中通过直接修改或“复制”“添加”“删除”等方法设置钢筋保护层。

2）修改图元上的钢筋保护层设置

以上设置完成后，在项目中创建的混凝土构件，程序会为其设置默认的保护层厚度。若需要设置保护层厚度，可以利用“保护层”工具修改整个钢筋主体的钢筋保护层设置。为整个图元设置钢筋保护层的方法如下：

（1）单击“结构”选项卡→“钢筋”面板中的“保护层”（图 2-66）。

（2）在选项栏上，单击“拾取图元”（图 2-67）。

（3）选择要修改的图元。

（4）在选项栏上，从“保护层设置”下拉列表（图 2-68）中选择相应保护层设置。

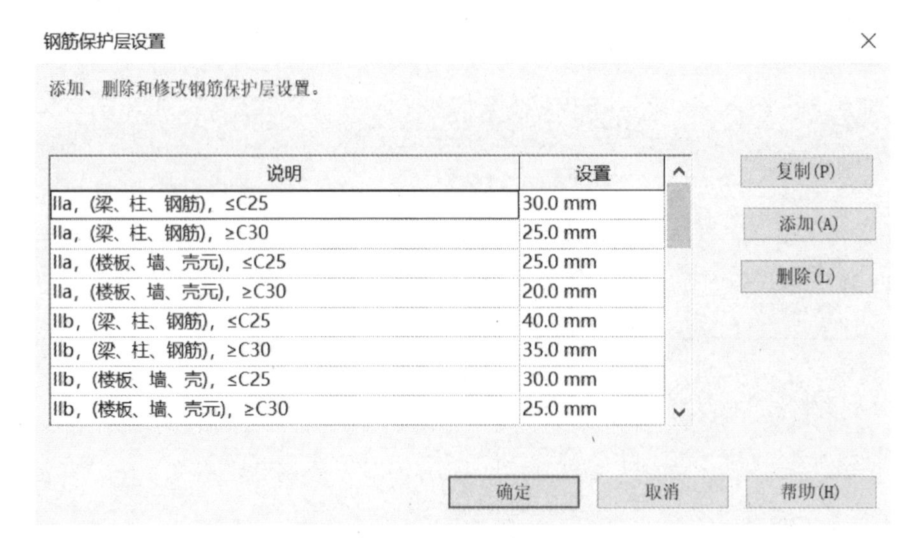

图 2-65　钢筋保护层设置面板

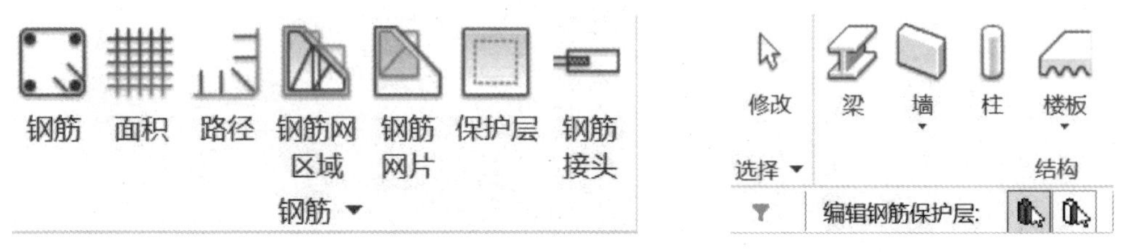

图 2-66　保护层工具面板　　　　图 2-67　拾取图元工具面板

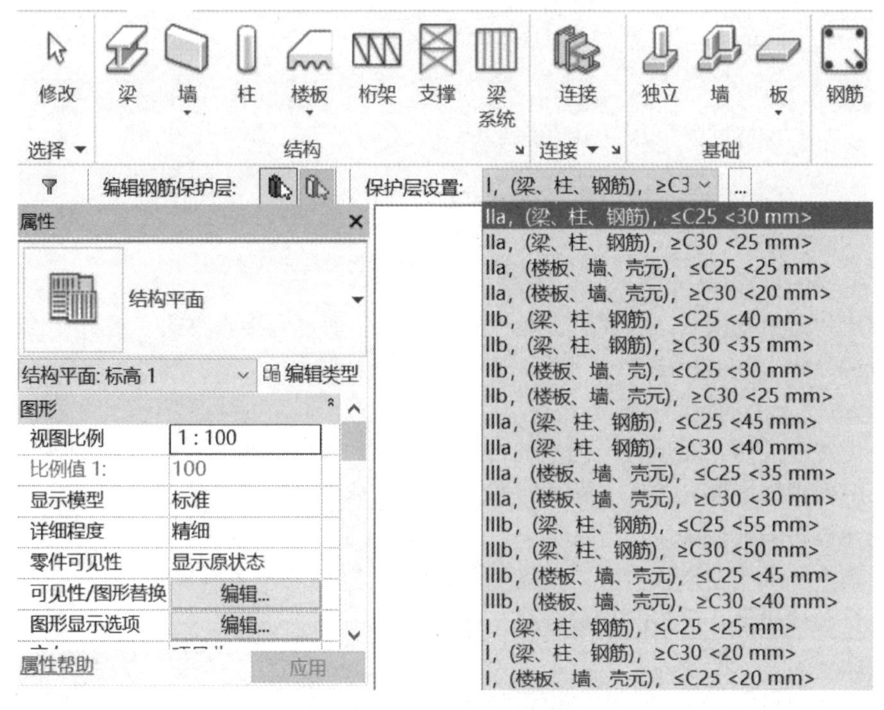

图 2-68　保护层设置下拉列表

新的保护层设置将应用于选定的整个图元。

2. 钢筋保护层的修改

只修改图元上的一个面的钢筋保护层厚度，方法如下：

（1）单击“结构”选项卡→“钢筋”面板中的“保护层”工具。

（2）在选项栏上，单击“拾取面”（图 2-69）。

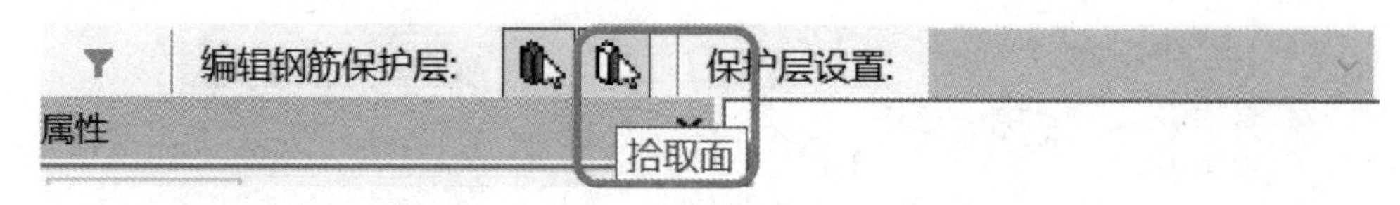

图 2-69　拾取面工具栏

（3）在要修改的混凝土图元上选择一个面（图 2-70）。

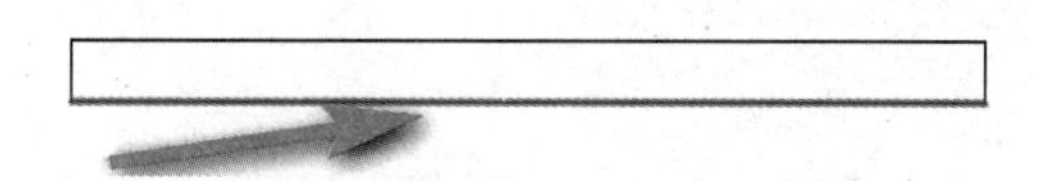

图 2-70　混凝土图元面的选择

（4）在选项栏上，从“保护层设置”下拉菜单中选择相应保护层设置。

新的保护层设置将应用于选定的图元面。

【注意】如果下拉列表中没有可应用于特定情况的保护层设置，可以单击选项栏右侧“编辑保护层设置”以添加新的保护层设置。

2.3.2　创建钢筋形状

1. 创建梁钢筋

1）创建箍筋

创建配筋视图：

（1）进入到结构平面视图。

（2）单击“视图”选项卡→“创建”面板→“剖面”工具（图 2-71），在梁的合适位置创建“剖面 1”剖面视图。

2）放置箍筋

拟创建双肢箍，加密区和非加密区均为 8mm 直径 HPB300 钢筋，加密区间距 100mm，非加密区间距 200mm，加密范围为 900mm，具体操作如下。

（1）进入“剖面 1”视图，显示出剖切的梁。可以对剖面图的范围进行调整，选中剖面视图的边界线，变为可拖动状态。拖动边界以屏蔽不希望显示的构件。

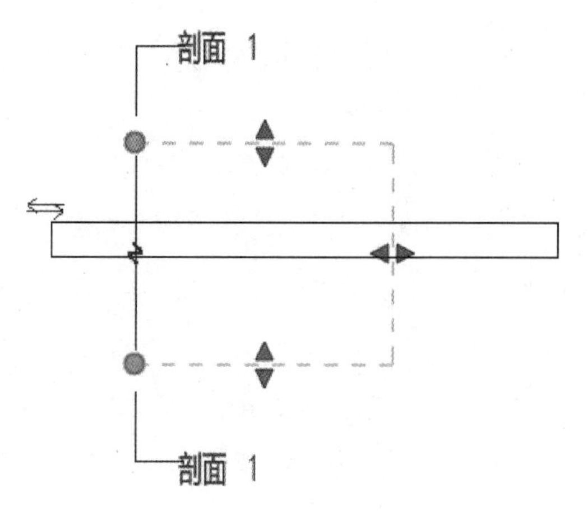

图 2-71　添加剖面 1 视图

（2）单击“结构”选项卡“钢筋”工具（图 2-72）；在钢筋形状浏览器中选择“钢筋形状：33”（图 2-73），钢筋属性栏默认选择“8HPB300”钢筋，上下文选项卡“放置方向”面板修改为“平行于工作平面”、钢筋集下拉菜单中钢筋布局改为“最大间距”、间距为“100mm”，如图 2-74 所示；单击梁截面可配置钢筋，设置完成后按 Esc 键退出。

此时箍筋沿梁全长进行设置。

图 2-72　钢筋工具面板

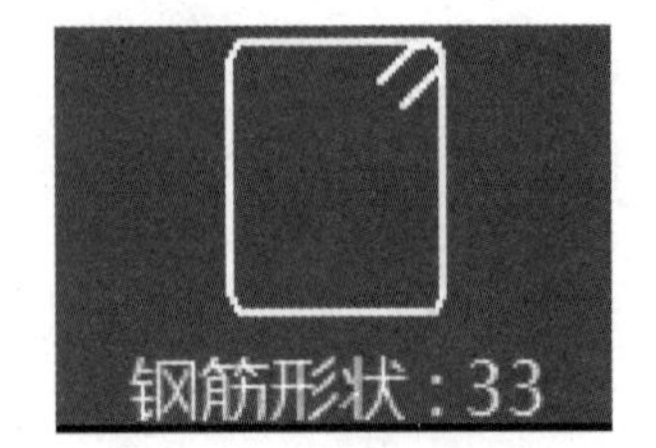

图 2-73　选择钢筋形状

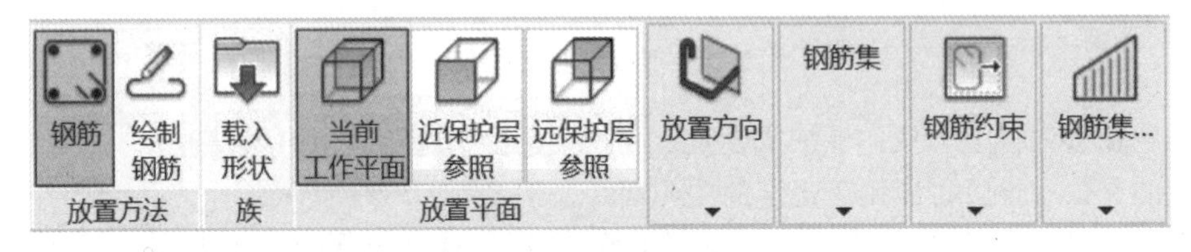

图 2-74　创建钢筋设置

3）调整箍筋位置

（1）如图 2-75 所示，创建剖面 2。

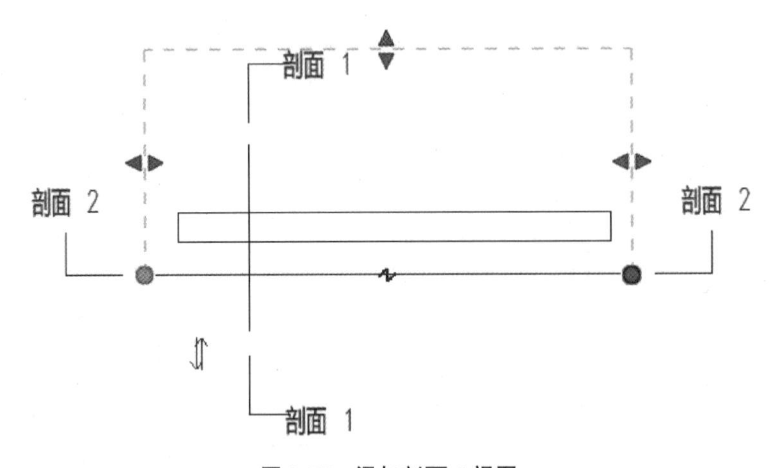

图 2-75　添加剖面 2 视图

（2）进入“剖面 2”视图，视觉样式改为“线框”。根据箍筋设置要求，先在梁的一端绘制参照平面，用以确定箍筋加密区的范围；“放置平面”选择“近保护层”，“放置方向”选择“垂直于保护层”再选择箍筋，根据加密区长度及钢筋间距选择固定数量间距值将箍筋调整到加密范围。复制左侧设置完成的箍筋，粘贴到右侧，调整位置，创建完成的加密区箍筋如图 2-76 所示。

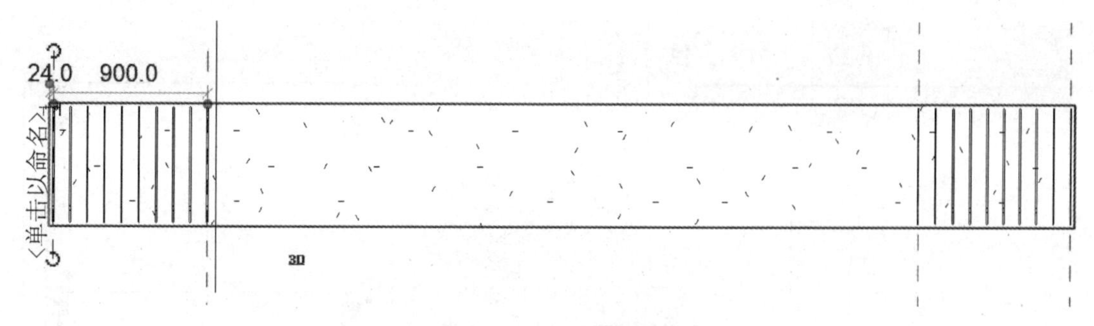

图 2-76 加密区箍筋设置

(3) 使用相同的步骤，完成梁中部的非加密区箍筋。最后的箍筋如图 2-77 所示。

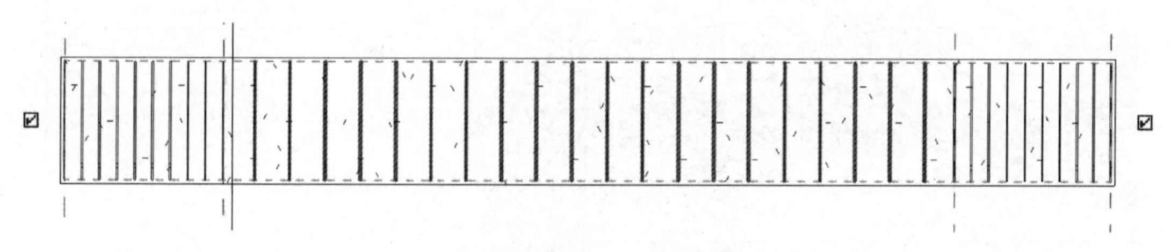

图 2-77 非加密区箍筋设置

4) 创建纵筋

该框架梁有上部、中部、下部纵向钢筋，此处按梁顶角部 HRB400 钢筋创建。

进入剖面 1 视图，单击“结构”选项卡“钢筋”工具；在钢筋形状浏览器中选择“钢筋形状：01”，钢筋属性栏选择“22HRB400”钢筋，上下文选项卡“放置方向”面板为“垂直于保护层”，钢筋布局为“单根”，将纵筋放到合适位置（图 2-78）。按此方法完成其余纵筋，注意钢筋间距，可以使用参照平面确定钢筋定位。

5) 创建抗扭钢筋

梁中存在抗扭钢筋，在剖面视图中单击“钢筋形状：02”，钢筋属性栏选择“8HPB300”钢筋，修改放置方向为“平行于工作平面”（图 2-79），按空格键可以改变抗扭钢筋方向选择合适的方向和位置放置好两根拉筋。

放置钢筋时，可以按空格键调整钢筋的方向。

完成后的梁断面图如图 2-80 所示。

6) 显示实体钢筋

钢筋在 Revit 的三维视图中默认使用单线条，若需要显示真实的钢筋效果，需要进行相关设置。

选择创建的所有钢筋（可以在三维视图中选择所有图元，再用过滤器过滤出结构钢筋），单击属性栏“视图可见性状态”中的“编辑”，在“钢筋图元视图可见性状态”对话框中，勾选“三维视图”栏的“清晰的视图”和“作为实体查看”复选框，如图 2-81 所示。

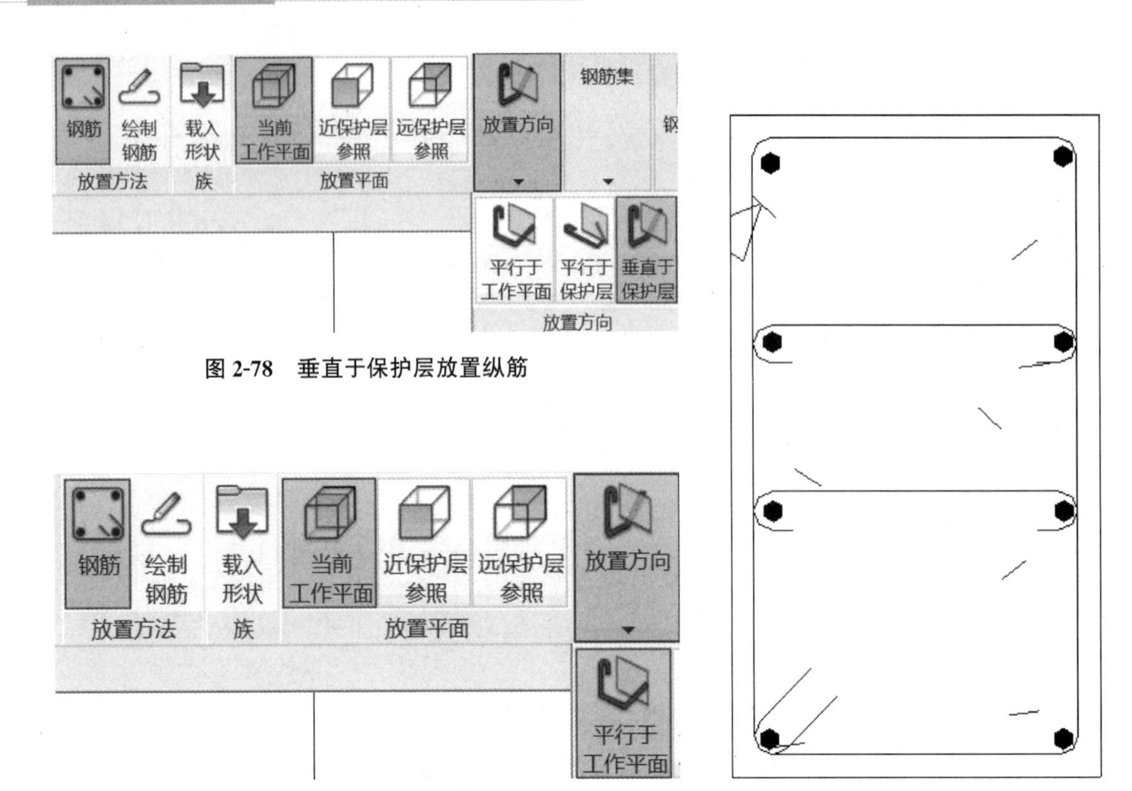

图 2-78　垂直于保护层放置纵筋

图 2-79　平行于工作平面放置纵筋

图 2-80　梁断面图

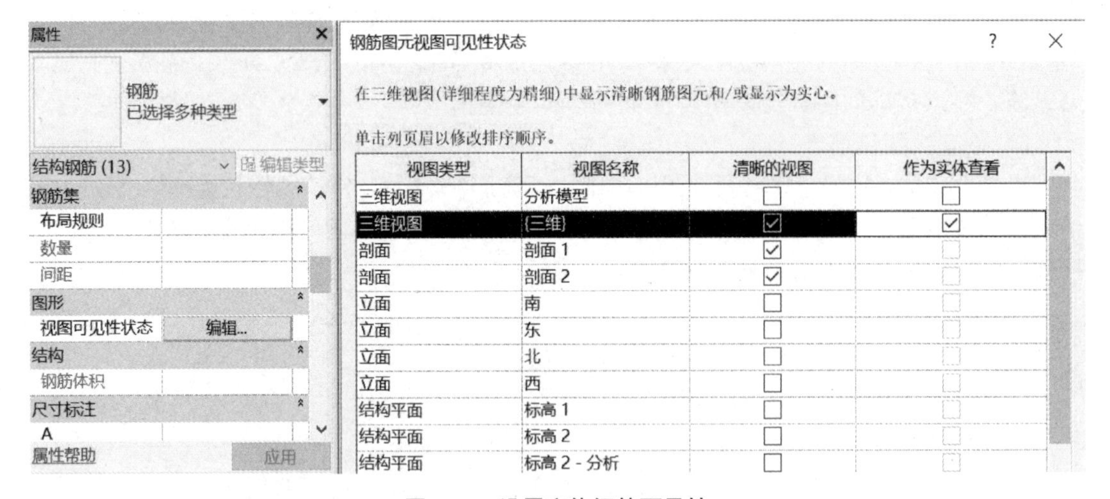

图 2-81　设置实体钢筋可见性

设置完成后，转到三维视图，设置详细程度为“精细”、视觉样式为“真实”，显示效果如图 2-82 所示。

设置详细程度为“精细”、视觉样式为“隐藏线”，在“细线”下的显示效果如图 2-83 所示。

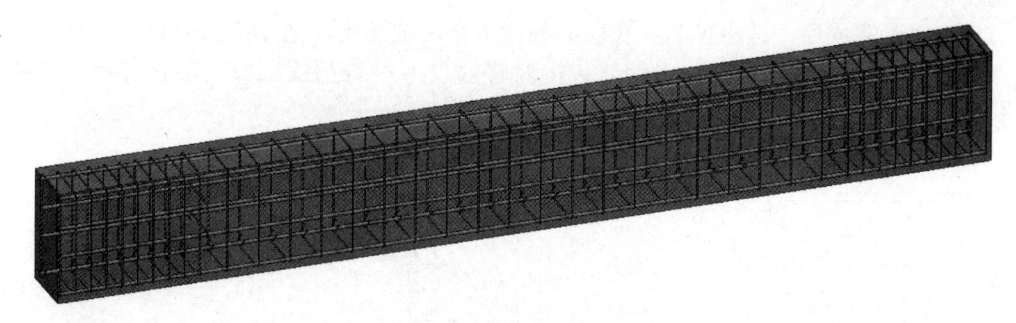

图 2-82　实体钢筋显示模型

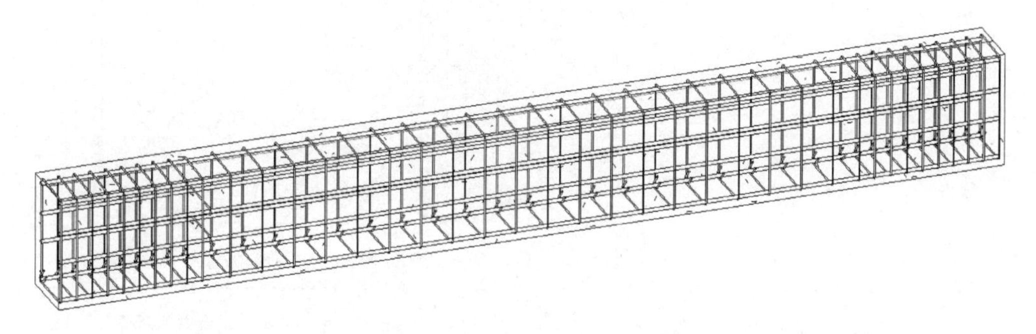

图 2-83　隐藏线钢筋显示模型

2. 创建柱钢筋

1）创建箍筋

（1）进入结构平面视图。

（2）使用“钢筋”工具，选择钢筋形状 33，选“8HRB400”类型钢筋，放置平面设为“近保护层参照”，放置方向设为“平行于工作平面”；钢筋集布局选择“最大间距”，间距设为“200mm”，如图 2-84 所示。

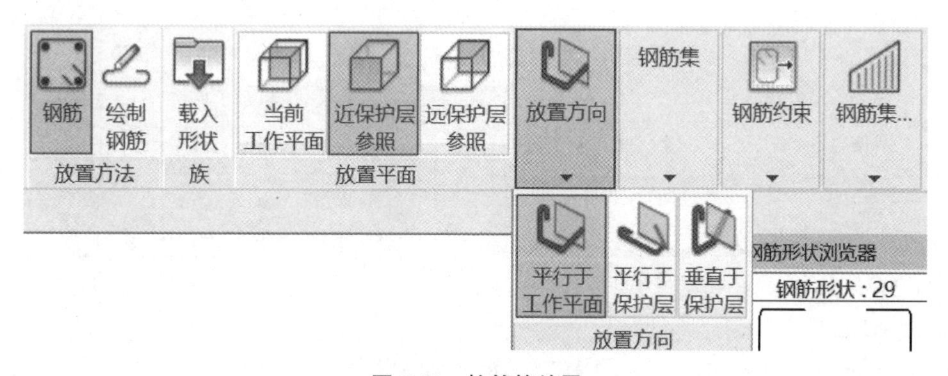

图 2-84　柱箍筋放置

（3）将鼠标移动至混凝土柱内部，会显示出箍筋的预览，通过将鼠标移动至截面内的不同位置或按空格键可以改变弯钩的位置，也可在放置后选中钢筋再按空格键来切换方向。放置时的虚线表示混凝土保护层，钢筋会自动附着在保护层上。如图 2-85 所示为放置后的样子。

（4）放置完成后，选中箍筋，在箍筋的四边会出现箭头，拖动箭头可以改变相应的位置，如图 2-86 所示。也可以在属性面板中对箍筋尺寸进行精确调整，配合移动命令摆放到目标位置。

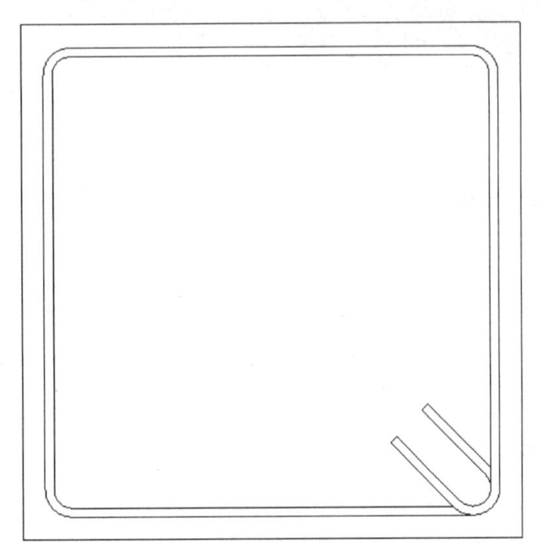

图 2-85　柱箍筋横断面图

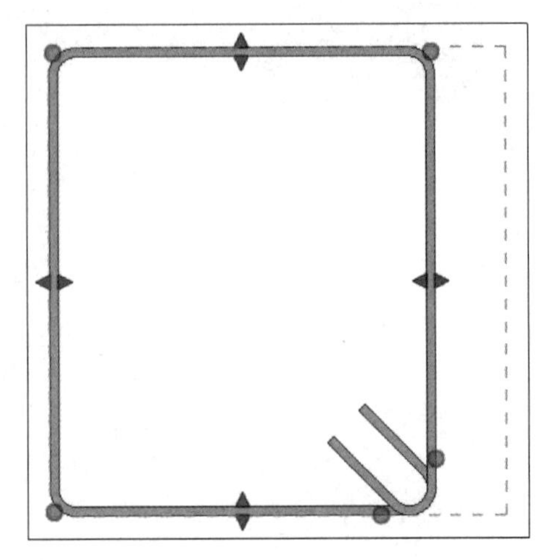

图 2-86　调整柱箍筋

（5）使用相同的方法，添加箍筋并改变形状，可以在属性面板中对箍筋形状进行精确调整，也可选中箍筋后，单击上下文选项卡中的“编辑约束”（图 2-87）调整参数。可以准确无误地对选定钢筋图元上的默认主体约束行为应用替换（图 2-88）。

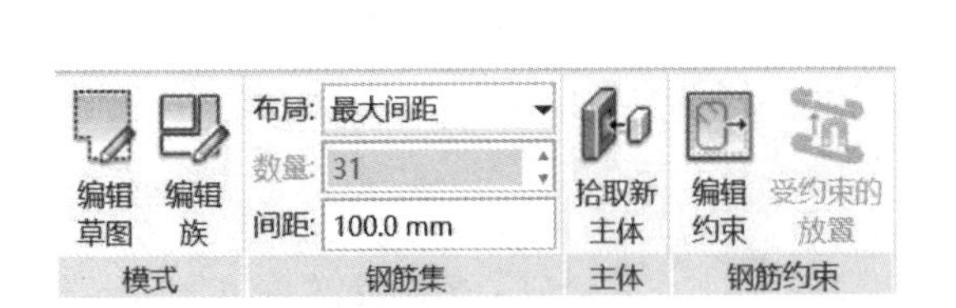

图 2-87　编辑约束

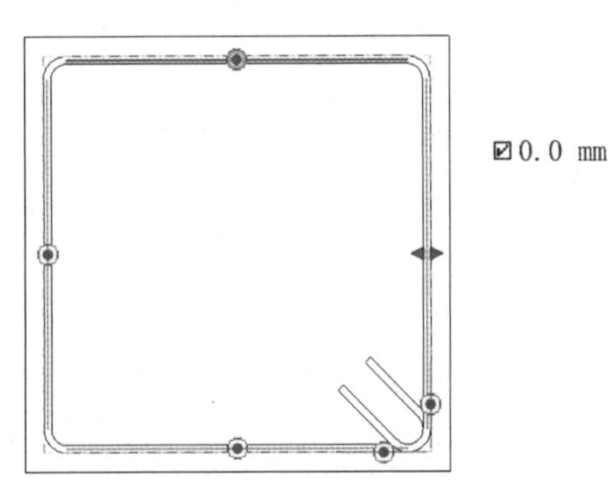

图 2-88　替换约束行为

（6）创建柱底加密区：进入“南”立面，视觉样式设为“线框”模式，选中某一箍筋，将钢筋集布局改为“间距数量”，数量为“10”，间距为“100mm”。其余箍筋相同操作，调整完毕后如图 2-89 所示。

（7）柱顶加密区和非加密区箍筋：复制箍筋，用上述方法对竖向分布进行调整，创建箍筋非加密区和加密区，顶部加密区高度取 800mm。可以配合移动命令调整位置，完成后如图 2-90 所示。

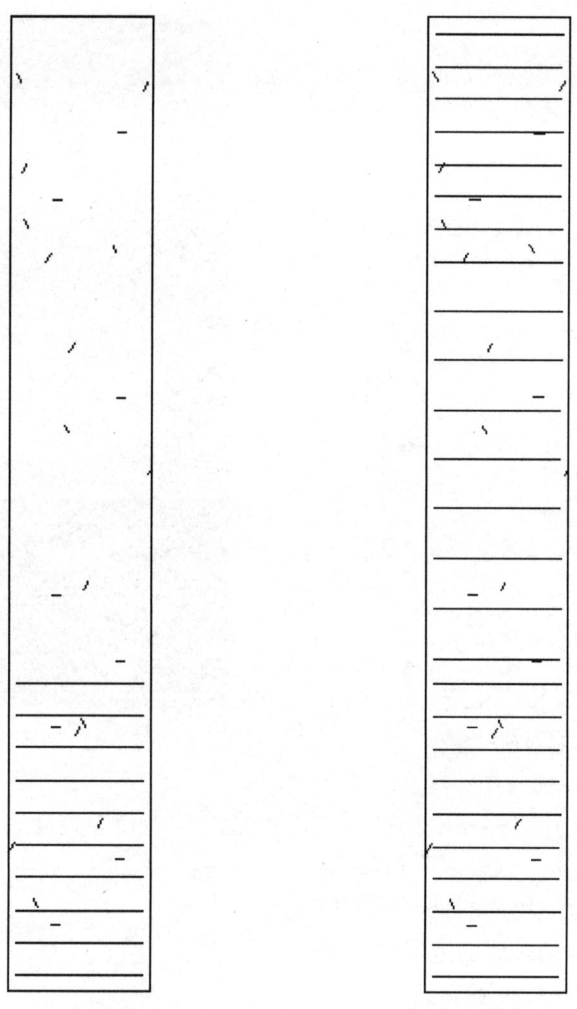

图 2-89　创建柱底加密区箍筋　　　图 2-90　创建柱顶箍筋

2）创建纵筋

（1）进入平面视图。

（2）使用“钢筋”工具，钢筋选择“20HRB400”，钢筋形状选择“01”，放置平面设为“近保护层参照”，放置方向设为“垂直于保护层”，钢筋集布局选择“单根”。在柱中放置纵筋，纵筋会吸附在箍筋上。放置完成后，如图 2-91 所示。

（3）选中钢筋，设置可见性，进入三维视图中，详细程度设为“精细”，视觉样式设为“真实”，效果如图 2-92 所示。

3. 在墙和结构楼板中平面放置钢筋

在 Revit 中，混凝土墙和结构楼板不需要使用剖面视图进行钢筋布置，可以使用选项栏中的“放置方向”面板和适当的立面视图或结构平面视图来在这些图元中放置钢筋。

1）使用立面视图在墙中放置钢筋

（1）打开与墙平行的相应立面视图。

（2）单击“结构”选项卡→“钢筋”面板中的“钢筋”工具。

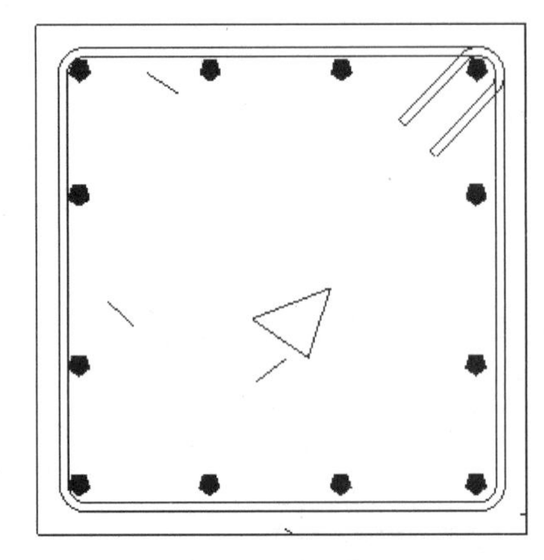

图 2-91　柱纵筋布置

图 2-92　柱纵筋三维模型

(3) 在上下文选项卡中，在“放置方向”面板中设置放置方向为“平行于工作平面”，在“放置平面”面板中，选择以下两项之一：

① 距离视图最远的墙面的远保护层参照；

② 距离视图最近的墙面的近保护层参照。

(4) 沿着墙面单击以放置钢筋。

2) 使用结构平面视图在结构楼板中放置钢筋

(1) 打开与结构楼板平行的某个相应的结构平面视图。

(2) 单击“结构”选项卡→“钢筋”面板中的“钢筋”工具。

(3) 在上下文选项卡中，在“放置方向”面板中设置放置方向为“平行于工作平面”；在“放置平面”面板中，选择以下两项之一：

① 距离视图最远的墙面的远保护层参照；

② 距离视图最近的墙面的近保护层参照。

(4) 沿着结构楼板面单击以放置钢筋。

4. 基础配筋

1) 创建基础的剖面，进入剖面。

2) 放置基础底部钢筋：选择“18HRB400”，形状选择“01”，放置方向为“平行于工作平面”，钢筋布局为“最大间距”、间距“150mm”，向基础中放置纵向钢筋，如图 2-93 所示。之后将放置方向调整为“垂直于保护层”，放置横向钢筋。

3) 放置基础插筋：由于钢筋生成时可以捕捉某一构件的保护层，而插筋位置特殊，

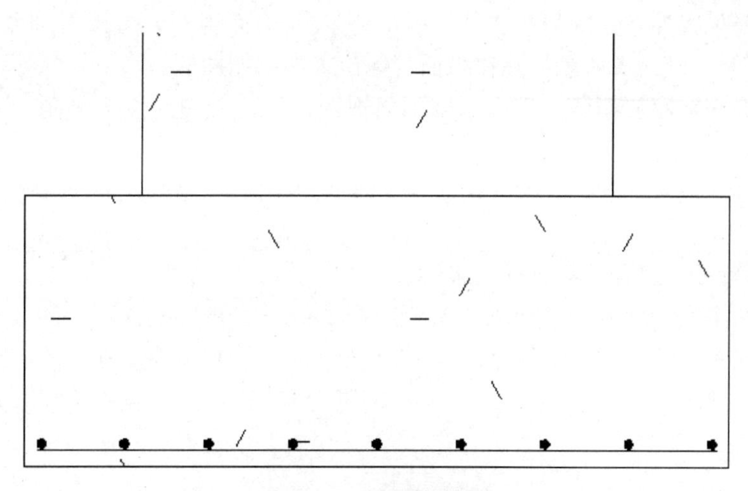

图 2-93　放置基础纵筋

无法直接添加。因此先将其添加至模型中，再进行调整。选择“22HRB400”钢筋，钢筋形状“09”，放置平面“当前工作平面”，放置方向“平行于工作平面”，在截面中插入钢筋，如图 2-94 所示。

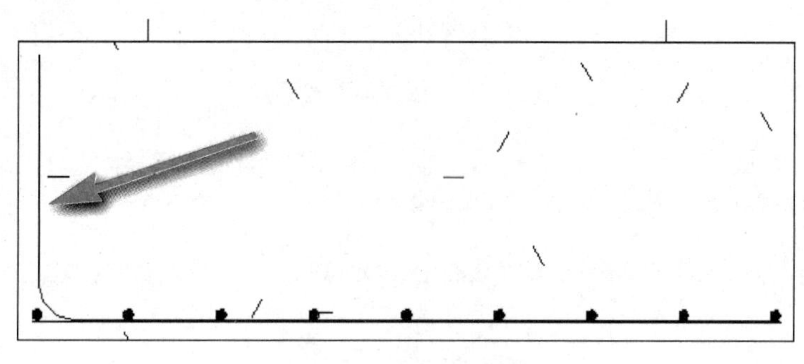

图 2-94　放置基础插筋

选择刚刚添加的钢筋拖动其造型操作柄，对其形状进行修改并调整属性参数，精确设定尺寸，调整后如图 2-95 所示。

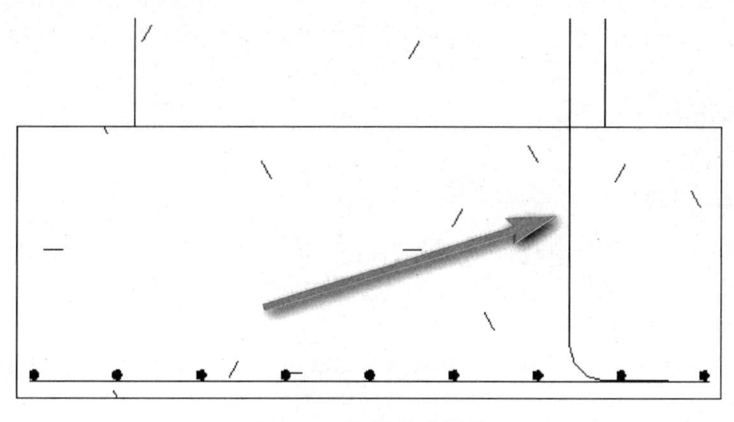

图 2-95　调整基础插筋

4）将插筋设置为在柱剖面视图中可见，进入柱剖面视图，可以看到刚创建的插筋。利用移动、复制、旋转等命令，在柱纵筋其他位置处添加插筋。

5）为插筋添加定位箍筋：进入基础剖面视图，将柱中箍筋逐个复制到基础中，拖动造型拖动柄进行调整。

6）利用拖动端点的方式，调整插筋与柱纵筋的搭接。至此，独立基础配筋完成。

5. 楼板配筋

使用区域钢筋、路径钢筋创建楼板钢筋：

1）创建一个长 9000mm、宽 8000mm、厚 150mm 的混凝土楼板。

2）选择楼板，使用“区域钢筋”工具（图 2-96）为楼板创建底部的主筋和分布筋：底部主筋为“ 12HRB400”、间距 200mm，底部分布筋为“ 10 HRB400”、间距 200mm，顶部无钢筋。

图 2-96　楼板钢筋创建面板

3）区域钢筋是一个整体，无法对其单独调整，需删除这一整体关系：选中区域钢筋，单击上下文选项卡中的“删除区域系统”（图 2-97）。

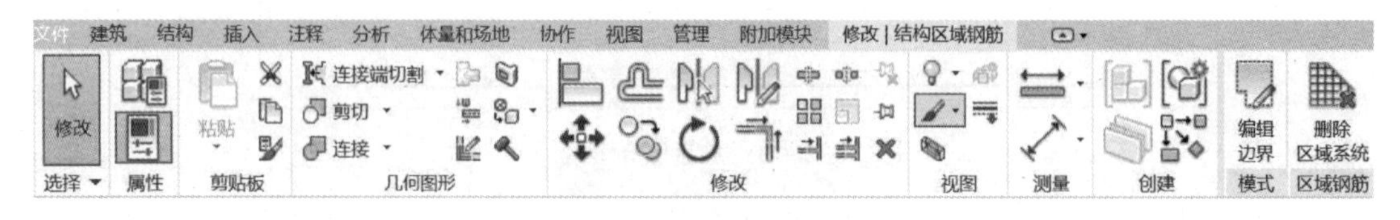

图 2-97　删除区域钢筋

4）选择楼板，使用“路径钢筋”工具（图 2-98）添加板四周的上部钢筋：钢筋“12 HRB400”，间距 150mm，长度 1500mm，主筋形状“21”（图 2-99）。沿楼板四周顺时针创建路径钢筋。

完成的模型如图 2-100 所示。

6. 钢筋的调整和优化

1）变更钢筋形状的主体

（1）选择要变更主体的钢筋。

（2）单击上下文选项卡“主体”面板中的“拾取新主体”工具。

（3）选择新主体以重定位钢筋。

有效的钢筋主体包括族“结构材质类型”参数为“混凝土”或“预制混凝土”的任何梁、支撑、柱或独立基础。此外，对于墙、结构楼板和楼板边缘，只要它们包含混凝土层且“结构用途”实例属性设置为非结构以外的其他选项，即为有效的主体。

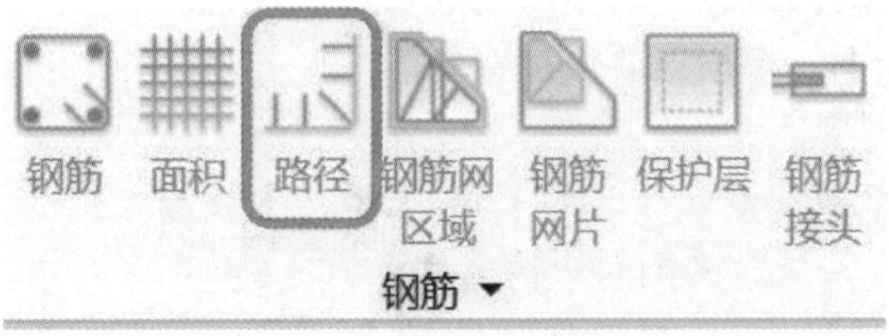

图 2-98 使用路径创建钢筋

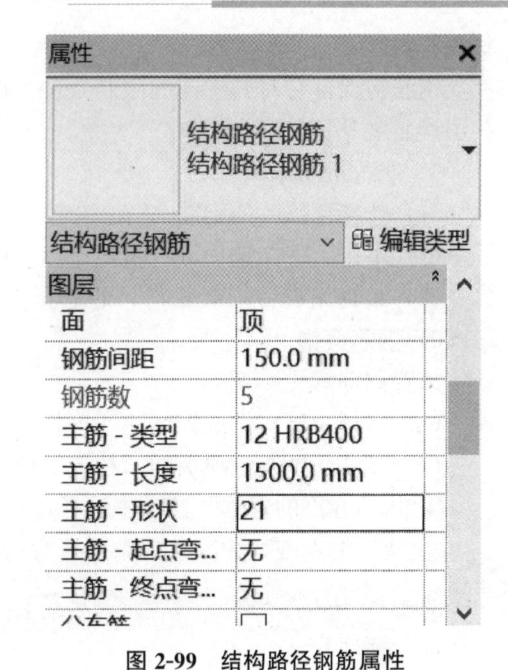

图 2-99 结构路径钢筋属性

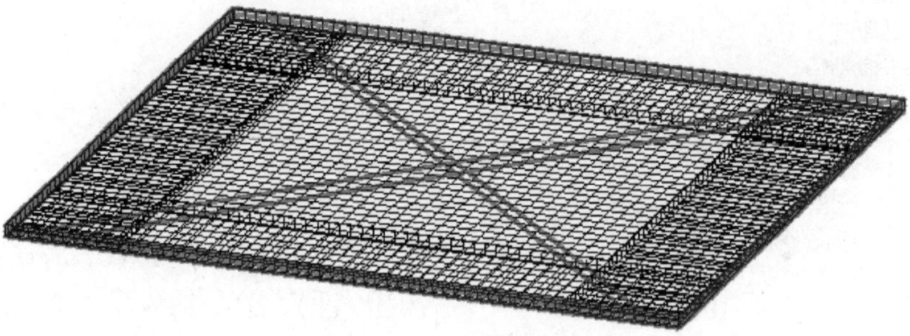

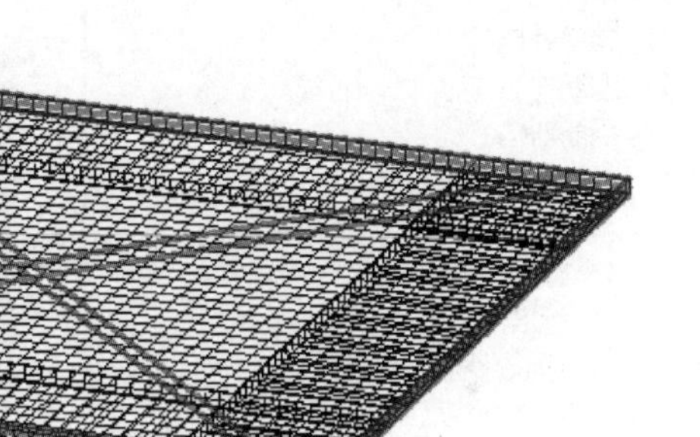

图 2-100 楼板钢筋模型

有效的主体中包含了下列族：结构框架、结构柱、结构基础、墙、结构楼板、基础底板、条形基础、楼板边缘。

2）更改钢筋形状的方向

在放置期间按空格键可以处理钢筋形状在边界框内的方向。放置后，可以通过选择钢筋，然后类似地使用空格键来切换方向。

3）修改钢筋形状

用钢筋形状控制柄调整钢筋形状。

三角形控制柄只能向它们所指的方向调整形状的段。点控制柄是多方向的，可以调整相邻段的端点和交点位置。段移动时将捕捉并附着到主体保护层。

4）选择新钢筋形状

（1）选择要修改的钢筋。

（2）从选项栏上的“钢筋形状类型”下拉列表中选择新形状。

（3）要从“钢筋形状浏览器”中进行选择，需要在选项栏上单击“启动/关闭钢筋形状浏览器”。

钢筋将保留它对其主体的限制条件。但是，很大的形状变更可将钢筋延伸到主体的保护层参照之外。

5）修改钢筋草图

（1）选择要修改的钢筋。

（2）单击上下文选项卡“模式”面板中的“编辑草图”，选定钢筋处于草图模式下。

（3）编辑完成后，单击上下文选项卡“模式”面板中的“完成编辑模式”。

6）钢筋弯钩

放置钢筋弯钩：

（1）选择钢筋实例或钢筋集。这将需要剖面视图或清晰的钢筋可见性设置。

（2）在“属性”选项板的“构造”部分下，根据需要添加弯钩。

① 从“起点的弯钩”参数中选择弯钩类型；

② 从“终点的弯钩”参数中选择弯钩类型。

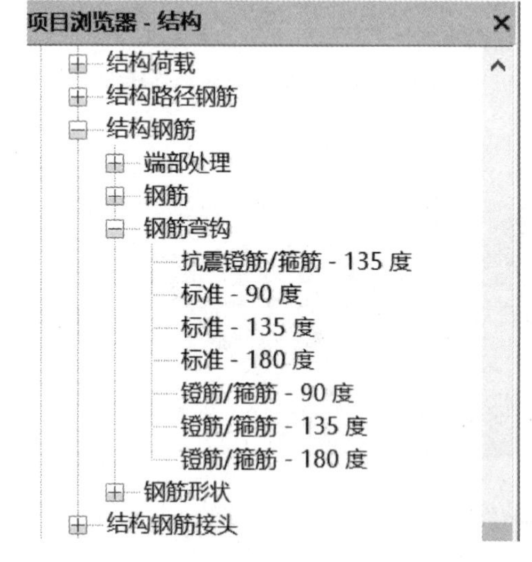

图 2-101 项目浏览器定位钢筋弯钩

定义钢筋弯钩类型：

（1）在项目浏览器中，定位到“族”→“结构钢筋”→“钢筋弯钩”（图 2-101）。

（2）在弯钩上单击鼠标右键，然后选择“复制”。

（3）双击新副本。

（4）在钢筋弯钩类型属性下定义“样式”“弯钩角度”和“延伸乘数”。

（5）单击“确定”。

（6）在新弯钩类型上单击鼠标右键，然后选择“重命名”。输入弯钩类型的名称。

现在可以将该弯钩类型应用于该项目的实例。例如，将弯钩与所有钢筋实例相关联，以确保明细表精确。

7）螺旋钢筋的调整

桩基础中常用到螺旋钢筋，螺旋钢筋在钢筋形状浏览器中是“钢筋形状：53”，它是一种独特的钢筋形状族，这种钢筋是非平面的，并且不能编辑。但由于螺旋钢筋具有完全的空间性，因此在项目内可以通过其自己的造型操纵柄和控制柄来进行缩放、旋转和调整大小，操作如下：

（1）使用“钢筋”工具，钢筋形状选择“钢筋形状：53”。

（2）在“放置透视”面板中选择适合的放置方式，如“顶”，如图 2-102 所示。

螺旋钢筋的“顶、底、前侧、后侧、右、左”是指放置这类多平面钢筋时，这类多平面钢筋的顶面、地面、前面、后面、右面、左面，与当前工作平面平行。例如，当选择“顶”时，该钢筋的顶面与当前工作平面平行。

（3）调整顶部和底部的钢筋密集匝数：修改“属性”面板中“顶部面层匝数”和“底部面层匝数”的数值，该属性指定了螺旋箍筋的顶部与底部起始位置的密集匝数，通常它

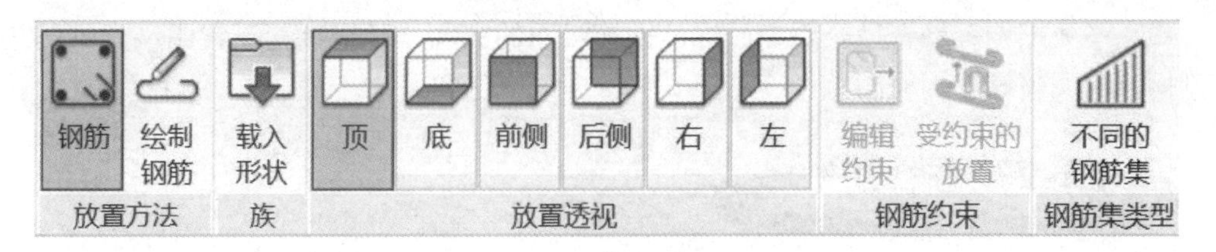

图 2-102 螺旋钢筋放置面板

们会以上下垒在一起的形式表现，如图 2-103 所示为底部和顶部面层匝数均为 3 时的结果。

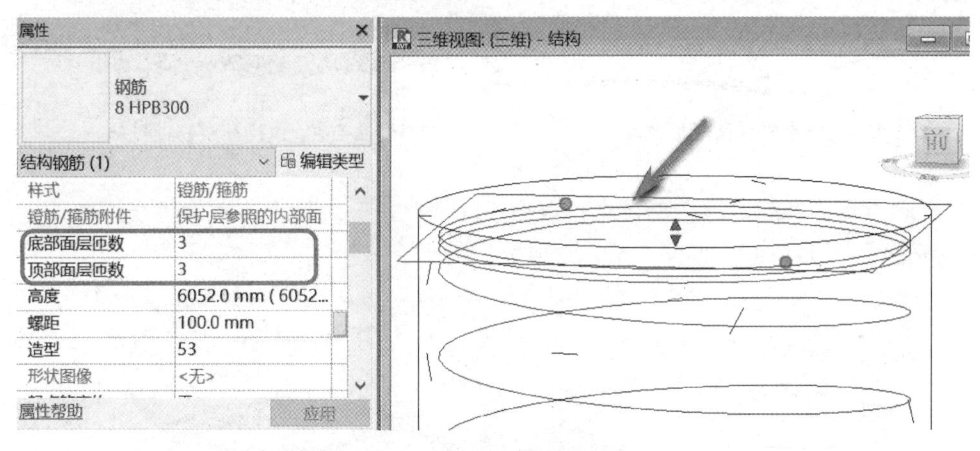

图 2-103 调整螺旋筋匝数

（4）调整螺旋钢筋的螺距：“螺距”是指螺旋箍筋的螺旋间距，如图 2-104 所示为“高度”参数与“螺距”参数自动设置后的效果图。

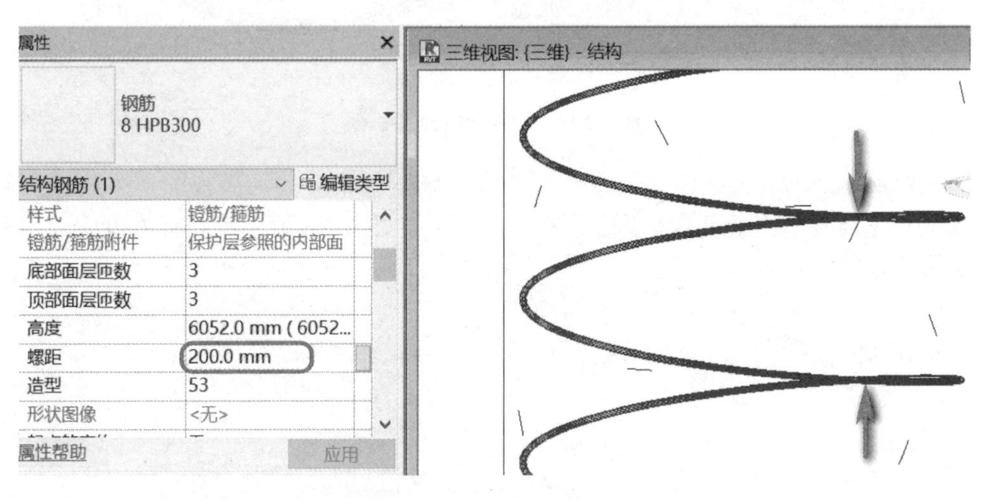

图 2-104 调整螺旋筋螺距

（5）调整螺旋钢筋的高度：通常“高度”参数不必修改，该参数会根据构件主体高度自动设置。要修改螺旋的长度，可在三维视图中使用钢筋螺旋顶部和底部的三角形控制柄（图 2-105），相应拖曳箭头，以延长或缩短螺旋。这个控制柄并不会拉伸螺旋，而是在使螺旋钢筋保持指定高度的前提下呈比例地增加线圈数。

（6）缩放螺旋钢筋直径：要缩放螺旋钢筋线圈的宽度，可拖拽钢筋线圈端点处的旋转控制柄，以调整螺旋钢筋的直径（图 2-106）。

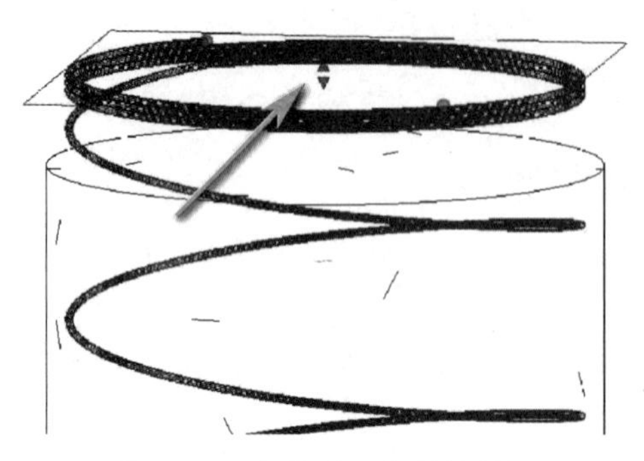

图 2-105　螺旋筋三角形控制柄

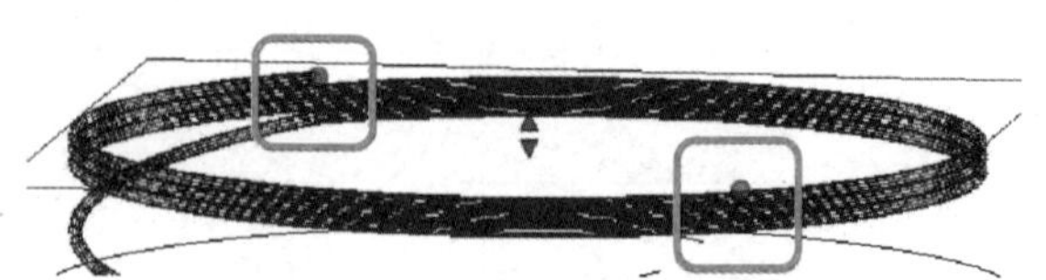

图 2-106　螺旋筋旋转控制柄

（7）起点弯钩和终点弯钩的设置：根据实际情况，决定是否为螺旋箍筋添加“起点的弯钩”和“终点的弯钩”，如图 2-107 所示。

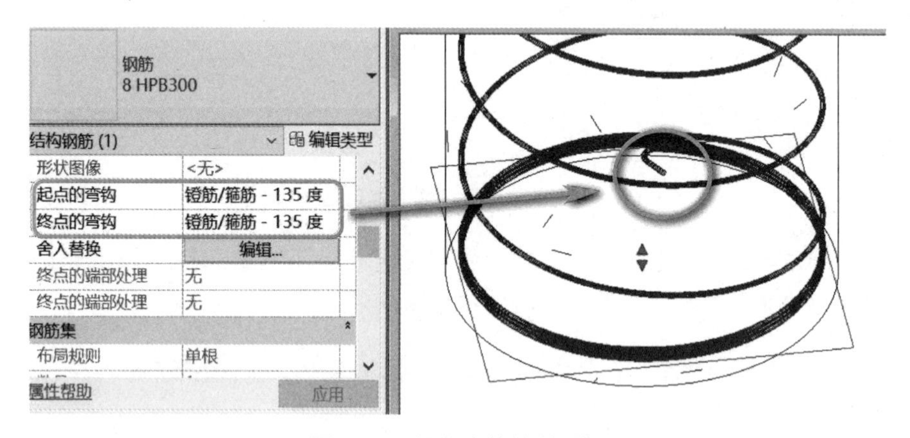

图 2-107　添加弯钩控制面板

（8）螺旋钢筋的放置：在合适的视图（例如与柱身相切的标高视图）中放置螺旋箍筋。在放置钢筋时，注意光标应靠近圆桩中心处。如图 2-108 所示为光标靠近中心与靠近边界放置钢筋的区别。

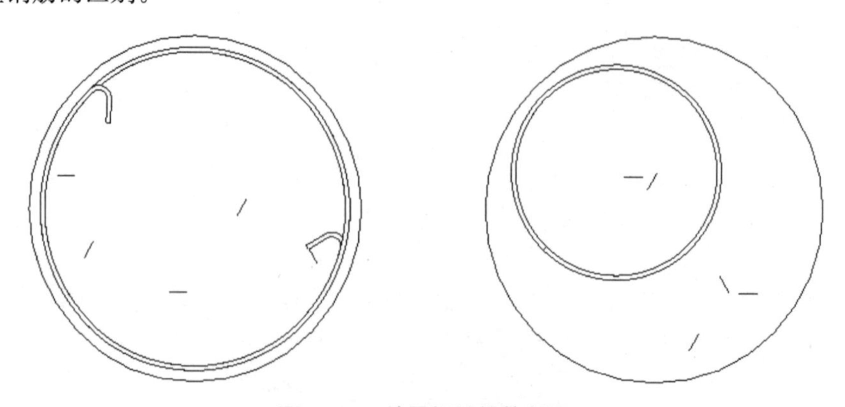

图 2-108　放置螺旋箍筋断面

2.4 结构模型应用

本节学习完成后，读者能了解当前市场上结合 BIM 模型进行结构分析的相关软件平台情况。

随着 BIM 技术的进一步发展，BIM 模型的应用也从最初常见的建筑模型用于方案讨论，机电模型用于碰撞检查推进到结构模型用于分析计算。但是由于软件发展程度以及设计规范、设计习惯的不同，在 Revit 建立的结构模型，难以直接将软件内计算分析结果，应用于当前中国市场的结构设计成果。目前，常用的解决方法是把已经建立完成的 BIM 模型导入到国内成熟的结构设计软件中，从而极大降低结构计算中建模的工作量。

1. Revit 软件的结构分析概述

Revit 分析模型是指对结构物理模型的全部工程说明进行简化后的三维表示（图 2-109、图 2-110）。分析模型中包含了构成工程系统的结构构件、几何图形、材质属性和荷载。

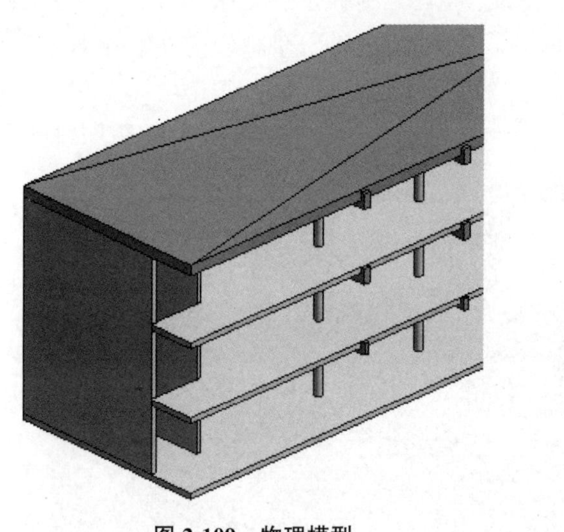

图 2-109 物理模型

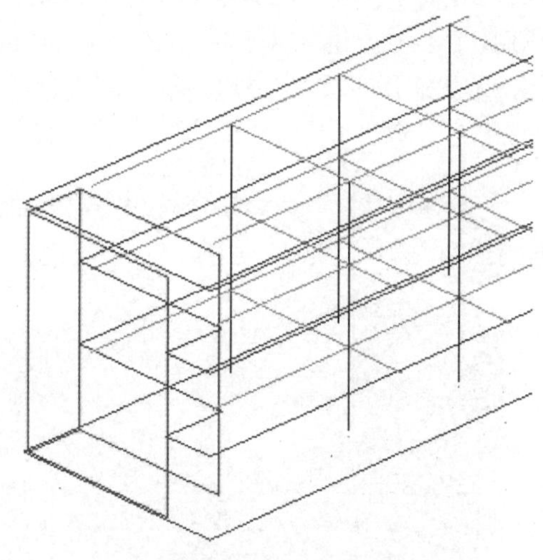

图 2-110 分析模型

结构的分析模型由一组结构构件分析模型组成，结构中的每个图元都与一个结构构件分析模型对应。以下结构图元具有结构构件分析模型：结构柱、结构框架图元（如梁和支撑）、结构楼板、结构墙，以及结构基础图元。

为保证将 Revit 模型传输到其他结构分析程序时，需要查看结构构件释放以确认它们正确无误。同时官网也提出了结构模型的创建规则。

在物理模型中，每个结构构件（柱、梁等）都必须具有点支撑（支撑构件与被支撑构件有一个点相交）。

1）柱必须至少有一个点支撑。有效支撑包括：其他柱、独立基础或连续基础、梁、墙、楼板或坡道。

2）墙必须至少有两个点支撑或一个线支撑。有效支撑包括：柱、连续基础或独立基础、梁、楼板或坡道。

3）梁必须具备下列支撑条件之一：①至少两个点支撑，②一个必须位于释放条件设置为固定一端的点支撑，③或者一个面支撑。有效支撑包括：柱、连续基础或独立基础、梁、或墙。

4）支撑必须只有两个点支撑。有效支撑包括：柱、连续基础或独立基础、梁、楼板、墙或坡道。

5）楼板必须具备下列支撑条件之一：①至少三个点支撑，②一个线支撑和一个不位于该线上的点支撑，③两个不共线的线支撑，④或者一个面支撑。有效支撑包括：柱、连续基础或独立基础、梁、或墙。

2. 建筑结构分析的 BIM 软件概述

常用的 BIM 结构分析软件有国内的盈建科、PKPM 等，国外的 ETABS、STAAD、Robot 等，都可以与 BIM 核心建模软件配合使用。

1）盈建科（YJK）软件

北京盈建科软件股份有限公司致力于建筑结构设计软件和 BIM 相关产品的开发、销售及技术服务。服务范围包括建筑、市政、桥梁、道路、地铁，以及各类工业厂房等。在 BIM 技术上，盈建科（YJK）（图 2-111）推出了基于 Revit 的三维结构设计软件 REVIT-YJKS。从通用工具、辅助建模、结构模型、结构平面、施工图等方面给出了全套解决方案，致力于解决 REVIT 在结构专业应用的数据孤岛。目前，REVIT-YJKS 软件匹配的

图 2-111　盈建科软件

Revit 版本为 2016—2020 年五个版本，针对每个版本都有单独的安装程序。REVIT-YJKS 并没有针对的自定义样板文件，软件对于通用结构样板均可以自由适应。结构模型部分实现了 YJK 结构模型（上部结构、基础结构、装配式结构、钢结构）和 Revit 三维模型的信息互导，还提供了荷载导荷、计算信息，以及钢筋信息注入等一系列和结构信息相关的内容。

2）PKPM

北京构力科技有限公司是我国建筑行业计算机技术开发应用的最早单位之一，前身为中国建筑科学研究院建筑工程软件研究所，1988 年创立了 PKPM（图 2-112）软件品牌。PKPM 产品涵盖了建筑、结构、机电、绿色建筑全专业应用，以及面向设计、生产、施工、运维各阶段的应用软件或系统。PKPM-BIM 结构设计软件整体架构以 PKPM-BIM 平台为基础，利用其成熟的数据存储、模型管理和基础操作功能，提供快速创建结构 BIM 模型、结构 BIM 模型转设计模型、结构计算、基础设计、钢筋深化、高效出图及图模联动等功能，同时也可以通过协同工作机制形成全专业模型与相关应用。

图 2-112 PKPM 软件

3）ETABS

ETABS 是由美国 CSI 公司开发研制的房屋建筑结构分析与设计软件，已有近 30 年的发展历史，是国外公认的高层结构计算程序，在世界范围内广泛被应用。目前，ETABS（图 2-113）已经发展成为一个建筑结构分析与设计的集成化环境：系统利用图形化的用户界面来建立一个建筑结构的实体模型对象，通过先进的有限元模型和自定义标准规范接口技术来进行结构分析与设计，实现了精确的计算分析过程和用户可自定义的设计规范来进行结构设计工作。

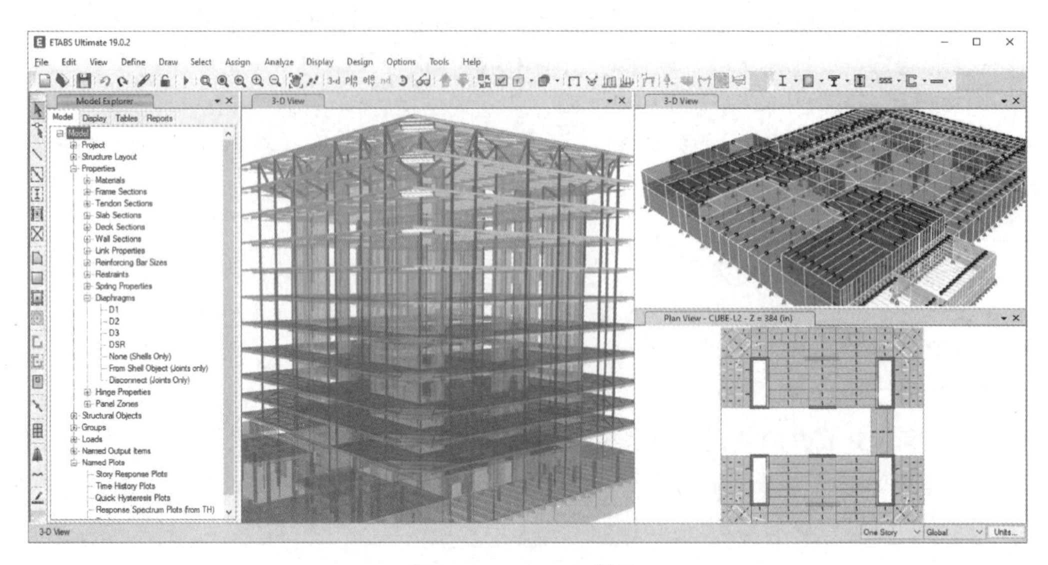

图 2-113　ETABS 软件

4）STAAD

STAAD（图 2-114）是美国 Bentley 公司出品的结构设计软件，是国际上结构设计领域里较为出色的通用结构分析与设计软件。它具有强大的分析能力、图形建模和后处理功能。该软件在中国的应用主要集中在复杂工业建筑或构筑物中，可通过其灵活的建模环境、高级的功能和流畅的数据协同进行涵洞、石化工厂、隧道、桥梁、桥墩等几乎任何设施的钢结构、混凝土结构、木结构、铝结构和冷弯型钢结构设计。

图 2-114　STAAD 软件

5）Robot

Autodesk® Robot™ Structural Analysis Professional（图 2-115）软件与 Revit 软件同属于 Autodesk 公司，为结构工程师提供了面向大型复杂结构的高级建筑模拟和分析功能。该软件提供了流畅的工作流，使工程师可以更快速地对各种结构进行模拟和分析。

图 2-115　Robot 软件

第 3 章 Chapter 03

Revit机电建模

Revit MEP 为机械、电气和给水排水建模与应用，为工程建设行业广泛推进建筑信息模型（BIM）技术的应用提供了有力支持。本章主要介绍建筑设备基本概念、建筑设备各系统、建筑设备 BIM 应用概况，BIM 软件操作环境设置、建筑设备模型创建准备，建筑电气 BIM 模型的桥架及线管设置、系统建模，建筑暖通空调 BIM 模型的风管及空调水管设置、系统建模，建筑给水排水 BIM 模型的管道设置、系统建模，BIM 深化设计分析及管线综合优化的方法。

3.1 建筑设备基础

本节学习完成后，读者将能对建筑设备内容有一个大概认识，其中主要的内容包括：
① 建筑设备的内涵；
② 建筑设备的专业特点。

3.1.1 建筑设备的内涵

1. 建筑设备的基本概念

现代建筑工程一般由建筑工程、结构工程、建筑设备工程和建筑装饰工程等几大部分组成。为打造卫生、舒适、方便、安全的工作生活和生产环境，需在建筑物内设置完善的给水排水、热水、供服、通风、空调、供电、照明、通信、建筑自动化等系统设施，这些设备系统总称为建筑设备。

2. 建筑设备设计 BIM 应用

建筑设备设计 BIM 应用是基于 BIM 的建筑设备“水、暖、电”各专业系统设计。在设计过程中，专业内部、专业间基于不断深化的 BIM 模型进行信息交换共享，减少了专业内、专业间因设计变化导致的协调修改和碰撞，避免了设计信息的丢失错漏。通过数据模型的参数化特性，可基于模型进行水量计算、水力计算、冷热负荷计算、照度防雷计算等工作，同时运用信息化工具完成部分模型的自动建立及设计成果自动校验等。

建筑设备设计 BIM 应用的工作流程包括设计建模、设计校审、专业协调、二维视图生成及调整、交付及归档。与传统的工作流程相比，主要发生了以下变化：

1）在专业分析环节，通过信息交换，可以用 BIM 模型生成各类分析模型，避免了重复输出和错误；

2）在专业校审环节，通过可视化手段，完成关键设备、复杂管路等检查；

3）在专业协调环节，通过将设备模型与其他模型综合，减少了错、漏、碰、缺等现象，提升专业协调的效率和质量；

4）在图纸生成和交付环节，在准确的 BIM 模型基础上，通过模型剖切、模型转换，可快速准确生成建筑设备各专业的平、立、剖面二维视图。

3.1.2　建筑设备专业特点

建筑设备通常包含三类系统：建筑给水排水系统、建筑暖通空调系统、建筑电气系统。

1. 建筑给水排水系统

该系统是以合理利用与节约水资源、系统布置合理、外形美观实用和注重节能及环境保护为约束条件，实现生活给水、消防给水、生活排水、屋面雨水排水、热水供应等功能的综合性系统。

2. 建筑暖通空调系统

该系统是为创造适宜的生活或工作条件，用人工方式将室内空气质量、温湿度或洁净度等保持在一定状态的专业技术，以满足卫生标准和生产工艺的要求，包括供暖、通风及空气调节三方面的建筑环境控制系统。

3. 建筑电气系统

该系统是以电能、电气设备、电气技术以及工程技术为手段，创造、维持与改善建筑环境来实现建筑的某些功能的综合性系统。与之相关的还有建筑智能化系统和防雷接地系统。

4. 建筑设备三大系统协作

建筑设备工程协作是指建筑给水排水、建筑暖通空调、建筑电气专业之间的协调作业和交叉配合，并进行设备管线协调工作。设备管线协调是指在建筑结构的限制条件下合理设置设备，以及排布管线，这项工作直接影响到建筑空间的合理利用与内部功能的正常运行。传统管线设计及图纸会审容易存在疏漏，利用 BIM 技术能够高效地协调设备管线系统，极大地降低施工过程中因设计不当造成返工的可能性，有效保证工程进度，排除安全隐患，使工程质量得到有力保障。

3.2 操作环境设置与创建准备

本节学习完成后，读者将能对建筑设备项目样板设置及模型创建准备充分认识，其中主要的操作包括：
① 建筑设备项目样板设置；

② 建筑设备模型创建准备。
本节学习完成，将能建筑设备内容有一个大概认识，其中主要的内容包括：
① 建筑设备的内涵；
② 建筑设备的专业特点。

3.2.1 项目样板设置

1. 样板设置操作

通过“管理”选项卡对样板参数进行地理位置、高程、项目单位、线样式、填充样式、对象样式、文字尺寸标记样式、专业样式等设置。专业样式设置包括结构设置、MEP（给水排水、暖通、电气）设置、建筑/空间类型设置等，如图 3-1 所示。

图 3-1 样板设置操作

2. 视图样板创建

进入“视图”选项卡，选择“视图样板”选项，其下拉列表中的三个选项分别为“将样板属性应用于当前视图”“从当前视图创建样板”“管理视图样板”，如图 3-2 所示。

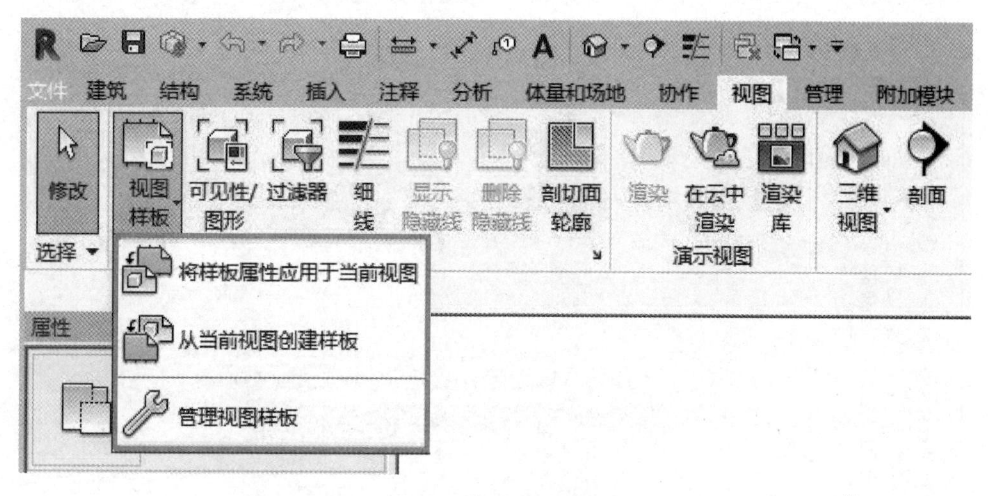

图 3-2　视图创建样板

1）将样板属性应用于当前视图：进入“视图”→“视图样板”→“将样板属性应用于当前视图”→“应用视图样板”对话框，在对话框左侧视图样板中选择所需的样板，完成后单击“确定”按钮，所选样板的属性即可应用于当前视图，如图 3-3 所示。

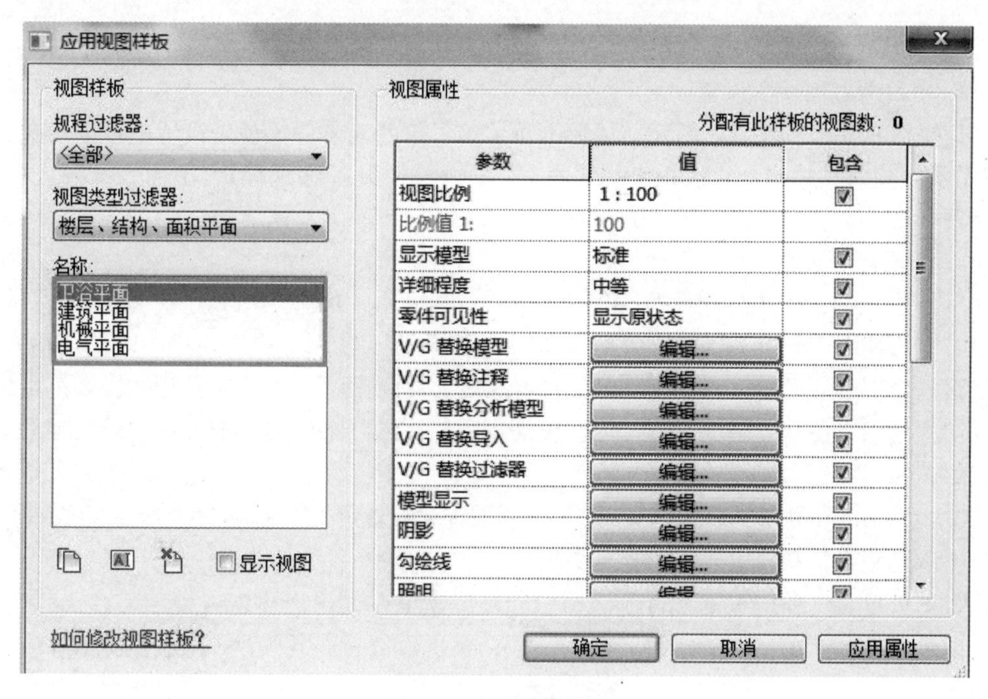

图 3-3　应用视图样板

2）从当前视图创建样板：方法与“将样板属性应用于当前视图”类似。

3）管理视图样板：进入“视图”→“视图样板”→“管理视图样板”→“视图样板”对话框，可以复制、重名、删除样板，如图 3-4 所示。

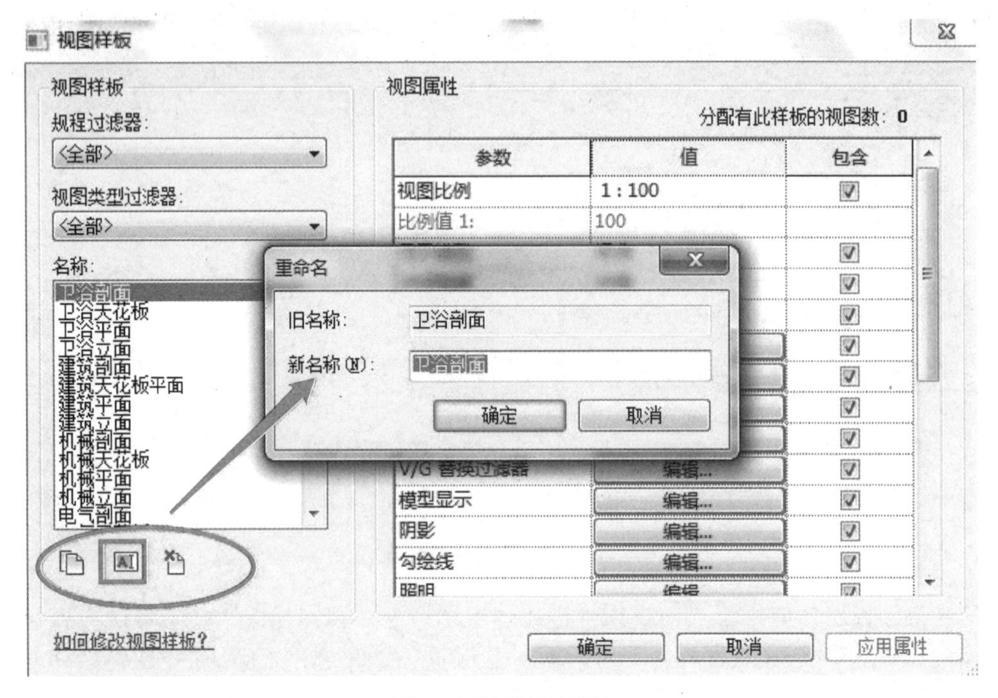

图 3-4　管理视图样板

4）视图范围：参照第一章相关内容。

3. 项目浏览器视图设置

应根据专业样板特点，新建“项目浏览器”下拉列表窗口，预先设置的视图可包括专业①分类（建筑、结构、给水排水、暖通空调、电气、设备综合等）、工作（出图或建模）视图等。

4. 规程与子规程

“属性”选项板中的“规程”用来确定图元在视图中的显示方式。系统自带“建筑”“结构”“协调”“机械”“卫浴”和“电气”六个规程。这六个规程用户不能新建和删除。关于这六个规程的显示方式如下，如图 3-5 所示。“子规程”和“规程”一样，都可以用来在“项目浏览器”中组织视图，但“子规程”并不区分图形的显示方式，可新建和修改“子规程”。

“Plmtbing-DefaultCHSCHS. rte”给水排水专业样板，会自动将所有视图动归类至“卫浴”规程，在“卫浴”规程下，结构以及建筑模型会以半色调显示，其他设备专业的构件不可见，这种情况下有可能会影响建模。这个时候可以将所有视图调整为“协调”程，显示所有几何模型，然后再针对需要的专业构件进行可见性、线图形及半色调的显示。

① 本章所涉及专业名称采用软件内适用说法，而非学科专业名词。

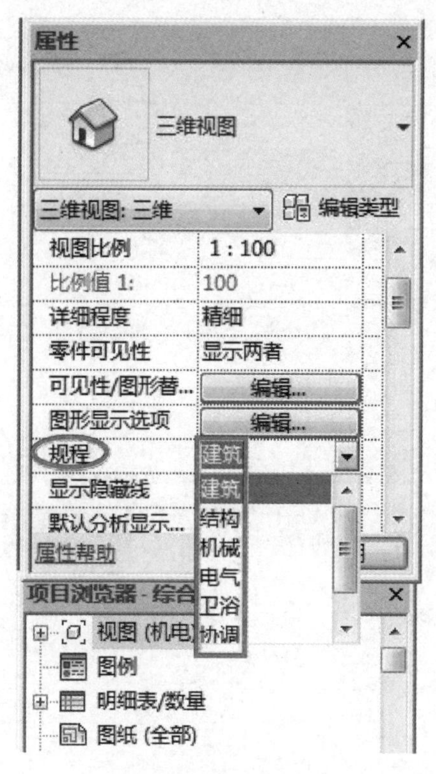

图 3-5　规程与子规程

5. 过滤器设置

对于当前视图上的图元，如果需要依据某些原则进行隐藏或者区别显示，可以使用“过滤器”功能。过滤条件可以是系统自带的参数，也可以是创建项目参数或者是共享参数。

进入“属性”→“可见性/图像替换”→“编辑”按钮，进入相应楼层的“可见性/图形替换”对话框。

进入“过滤器”→“编辑/新建”→“过滤器”→“新建”→“过滤器名称”→“名称”→“重新命名”→“确定”按钮。

6. 图纸出图视图设置

图纸出图视图设置主要包括图纸目录、图框添加、图纸信息、视图标题设置等。

3.2.2　建筑设备模型创建准备

1. 项目文件

启动 Revit 软件，单击初始界面中“新建”→“新建项目对话框”→“浏览”按钮可选择系统自带的设备专业样板，如图 3-6 所示。如果系统没有自带，可以到专业网站下载并添加。给水排水专业专用的样板文件为“Plumbing-DefaultCHSCHS. rte”；暖通空调专业专用的样板文件为“Mechanical-DefaultCHSCHS. rte”；电气专业专用的样板文件为“Electrical-DefaultCHSCHS. rte”。

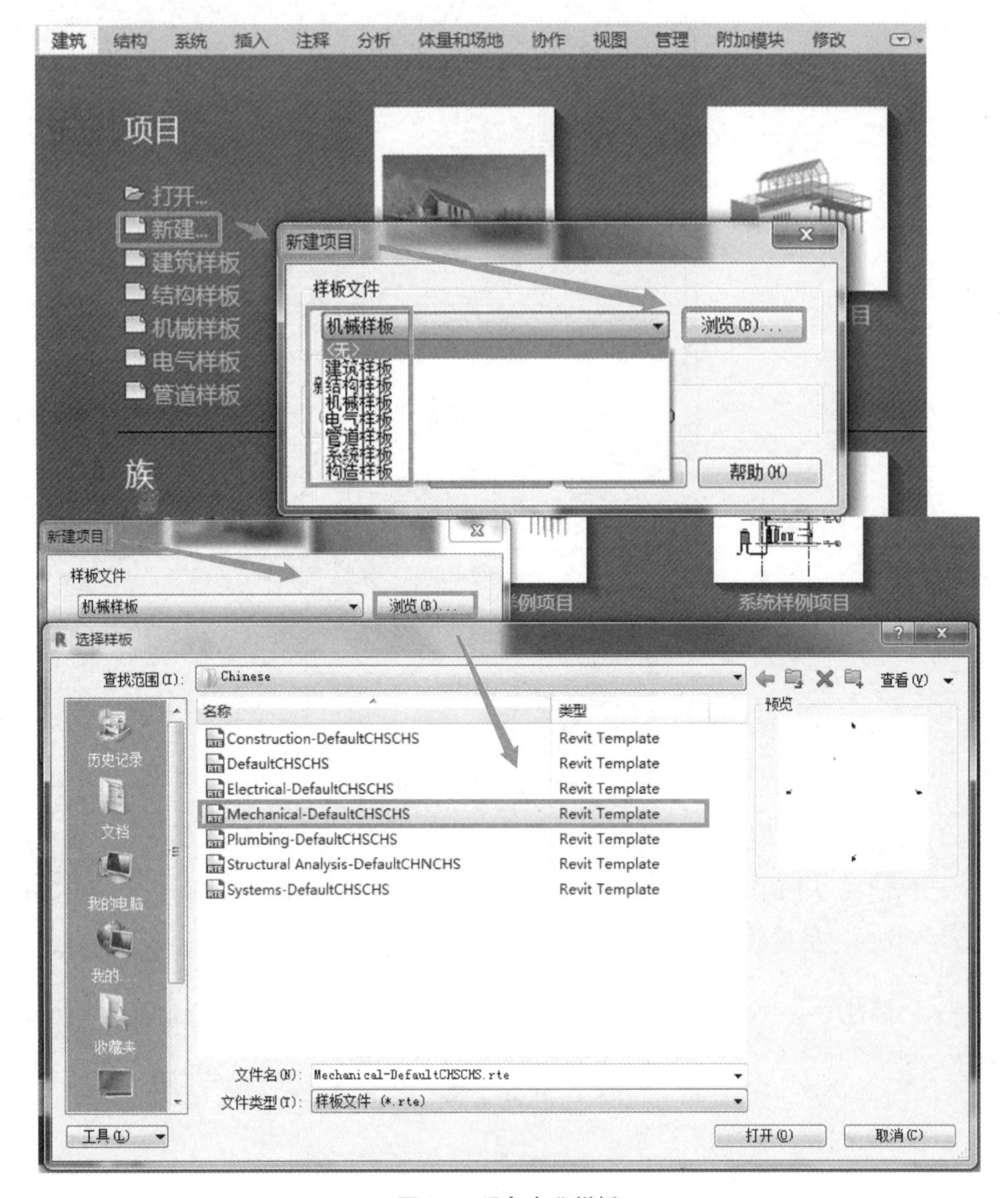

图 3-6　设备专业样板

2. 链接模型

进入“插入”→“链接 Revit”→“导入/链接 RVT”对话框，选择需要链接模型的路径以及文件，“文件类型”默认选择“RVT 文件（*.rvt）”，“定位”选择“自动—原点到原点”，完成后单击“打开”按钮。

3. 标高轴网

1）轴网创建：进入“协作”→“复制/监视”→“选择链接”选项，将鼠标指针移至链接模型后会出现蓝色边框，在此状态下“单击”链接模型。

激活“复制/监视”选项卡。选择“复制”选项激活选项栏，在选项栏中勾选“多个”

复选框后框选整个项目。然后单击选项栏中“过滤器”按钮▼，弹出“过滤器”对话框，进行构件过滤，只勾选“轴网”复选框，完成后单击“确定”按钮。此时轴网处于一个被选中的状态，单击选项栏中的“完成”按钮。此时轴网周围出现“⁓”符号，说明当前的监视行为已经形成。然后进入“复制/监视”选项卡，单击“完成”按钮✔，此时“复制/监视”行为才算真正完成。整个步骤操作顺序如图 3-7 所示。

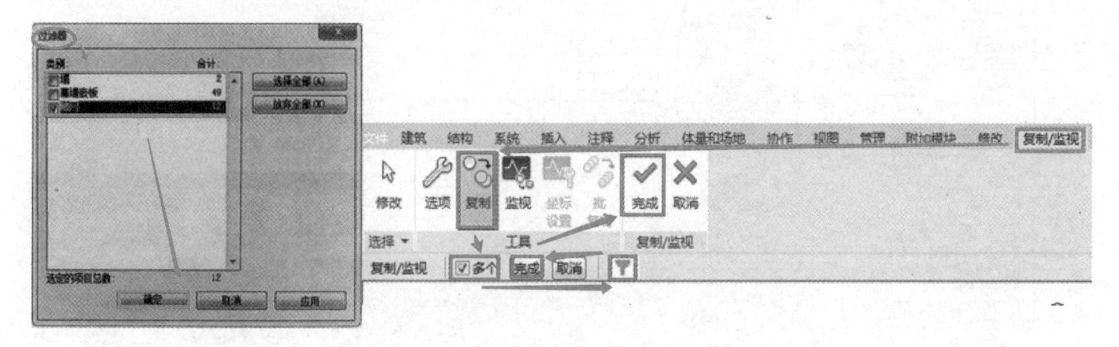

图 3-7　复制与监视

2）标高创建：参照第一章相关内容。

💡标高创建完成后，可将表头进行移动，使其不能与建筑模型的标高进行重合，避免标高无法辨别。

4. 创建楼层平面

轴网、标高使用“复制/监视”命令进行提取复制后，进入“视图”→“平面视图”→“楼层平面”→“新建楼层平面”对话框，选择全部楼层，完成后单击“确定”按钮，此时可以在“项目浏览器”下拉列表窗口中“楼层平面”下拉列表中找到刚创建的楼层平面。

5. 链接 CAD 文件

❓在设计完成后进行翻模时，需要将相关的 CAD 底图插入对应的楼层平面视图之后再进行建模。

在“项目浏览器”下拉列表窗口中选择“楼层平面”下拉列表选择平面视图。进入“插入”→“链接 CAD”→“链接 CAD 格式”对话框，选择需要链接 CAD 底图的路径以及文件。其中“文件类型”按默认选择，勾选左下角处“仅当前视图”复选框；“颜色”选择“保留”；“导入单位”选择“毫米”；“定位”选择“自动—原点到原点”，如图 3-8 所示。完成后单击“打开”按钮。CAD 底图进入项目后，将底图移动至模型处与其轴网对齐。

勾选仅当前视图复选框，则链接文件仅显示在当前视图中；不勾选，则链接文件将显示在所有相关视图中。

💡链接的 CAD 底图进入项目后，先将 CAD 底图解锁后再移动。

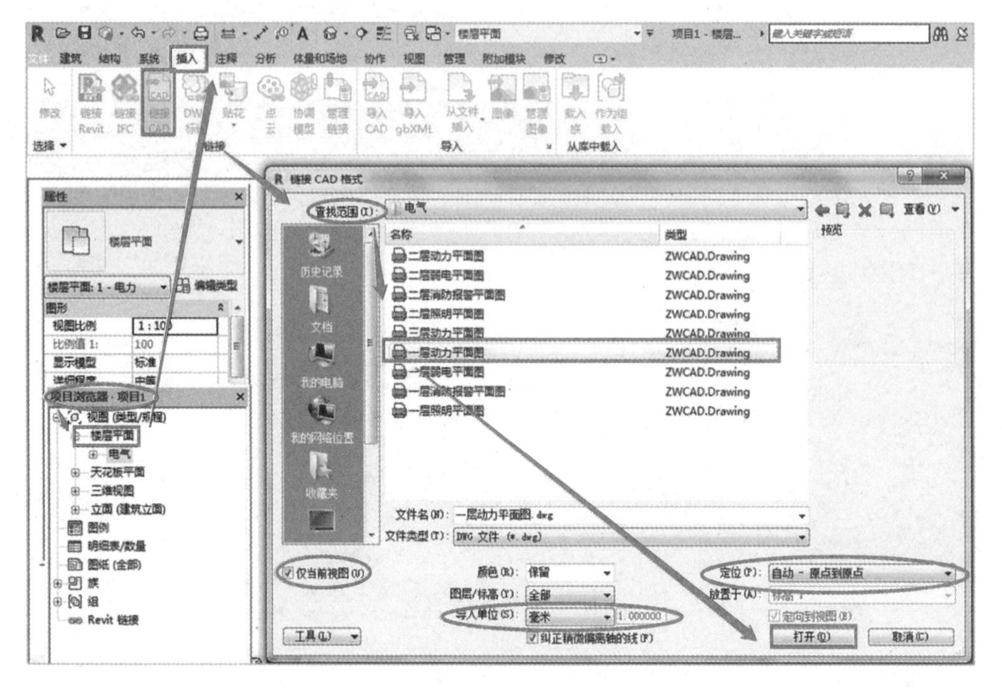

图 3-8　链接 CAD

3.3 建筑给水排水 BIM 模型创建

本节学习完成后，读者将能对建筑设备给水排水设备及系统建模充分认识，其中主要的操作包括：
①建筑设备给水排水管道设置；
②建筑设备给水排水系统建模。

3.3.1 管道设置

1. 管道类型创建及设置

1）在“项目浏览器”下拉列表窗口中选择“族”并单击“+”符号展开下拉列表，选择“管道”→“管道类型”选项，系统自带管道类型包括“PVC-U-排水”及“标准”，如图 3-9 所示。选择“标准”选项，使用鼠标右键复制创建“标准 2”，选择“标准 2”选项，使用鼠标右键单击“重命名”按钮，将“标准 2”重命名为“铝合金衬塑复合管”。

2）双击“铝合金衬塑复合管”→“类型属性”→“布管系统配置”→“编辑”→“布管系统配置”→“管段和尺寸”→“机械设置”。系统自带 16 种管段类型，如图 3-10 所示。

3）选择“管段”右边的“新建” 按钮进入“新建管段”对话框。单击“材质和规

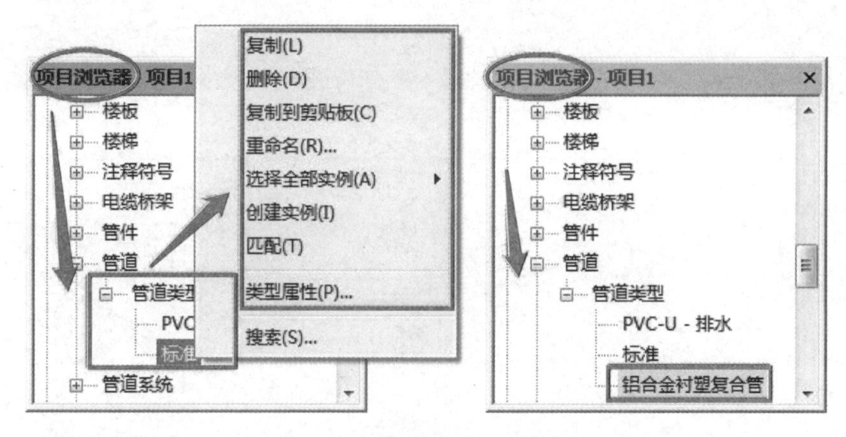

图 3-9　重命名铝合金衬塑复合管

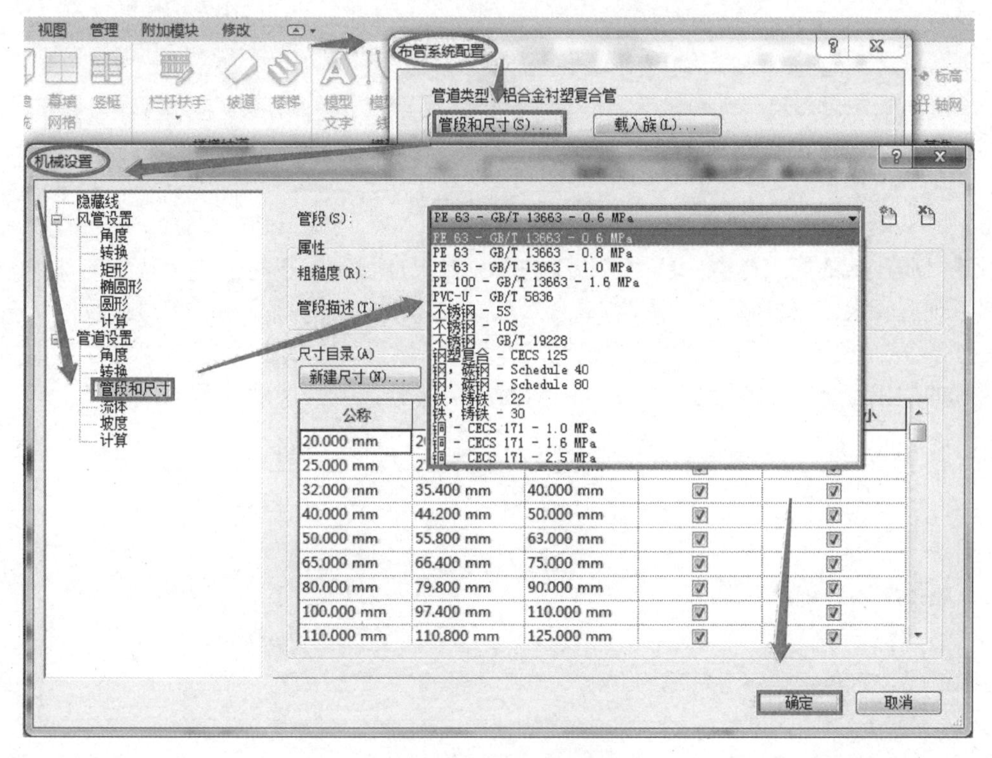

图 3-10　布管系统配置

格/类型”单选按钮，选择“材质”右边的 按钮，进入“材质浏览器”对话框，单击按钮选择“新建材质”选项，在项目材质库列表中自动添加“默认为新材质”，选择“默认为新材质”选项，并使用鼠标右键进行重命名为“铝合金衬塑复合管”，完成后单击“确定”按钮，如图 3-11 所示。

管道的材质不能手动输入。

4）返回“新建管段”对话框，在“规格/类型”文本框中输入“CJ/T 321—2010”对

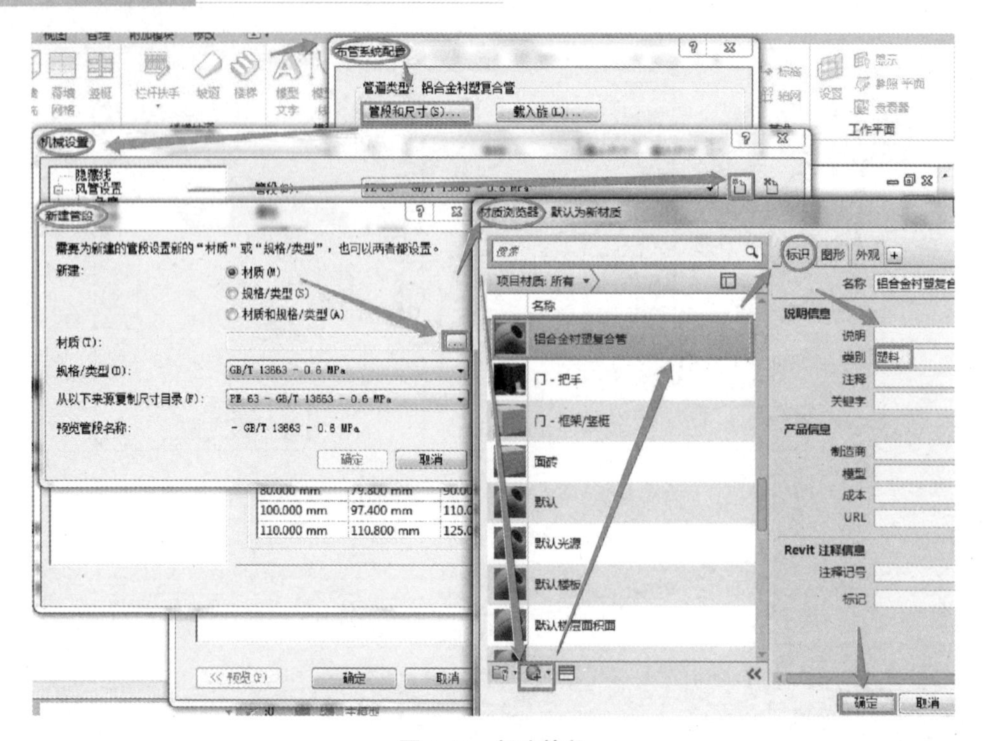

图 3-11 新建管段

应管道材质执行的国家标准。从“从以下来源复制尺寸目录”下拉列表中选择与新建管段最接近现有管段。“材质”及“规格/类型”信息的添加都可通过“预览管段名称”进行预览，如图 3-12 所示。单击“确定”按钮，返回“机械设置”对话框，在“管段”中选择刚添加的“铝合金衬塑复合管-CJ/T 321—2010”，并修改其“尺寸目录”。

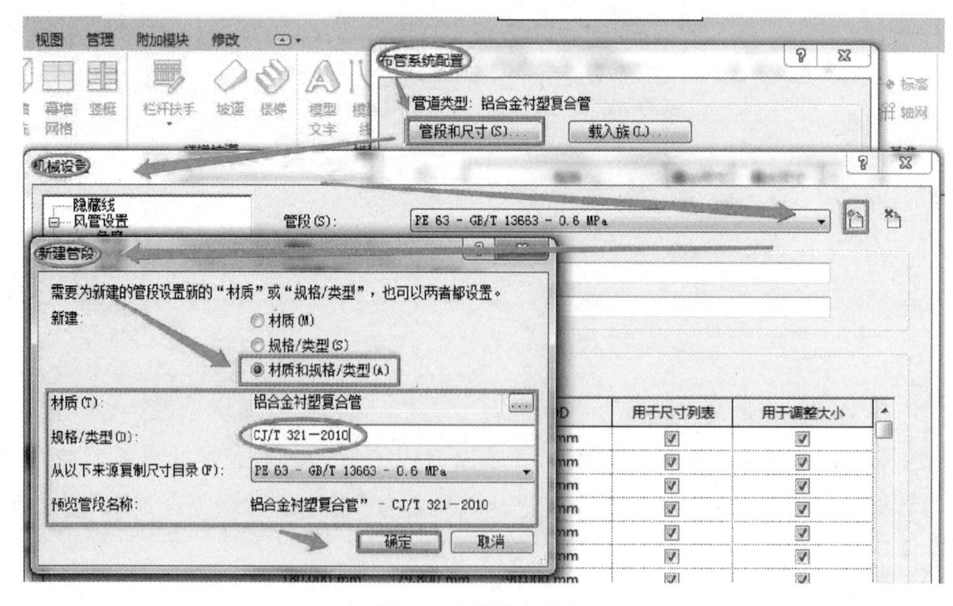

图 3-12 规格与类型

💡对应管道材质修改管道尺寸时，新建的公称直径和现有列表中的公称直径不允许重复，具体尺寸如图 3-13 所示。其他管道类型创建方法相同。

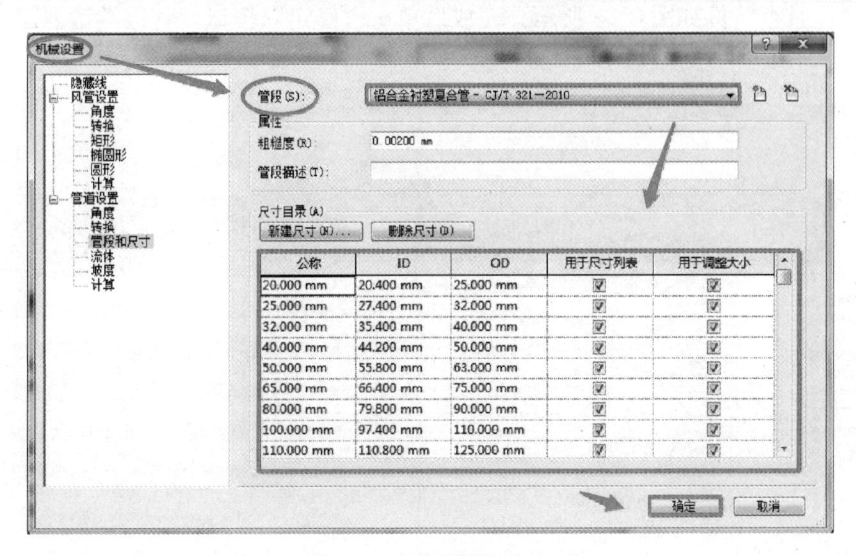

图 3-13　修改管道尺寸

5）在“项目浏览器”下拉列表窗口中选择“族”并单击“+”符号展开下拉列表，选择“管件”选项，系统自带“PVC-U-排水”及“常规”两种管道类型专用管件。不同管道类型对应不同材质管件，可创建多个族类型区分构件，以便后期明细表统计。选择“T 形三通-常规”，按“+”符号可展开该族类型。当前只有一个“标准”类型，选择“标准”单击鼠标右键并复制，选择“标准 2”并用鼠标右键单击重命名为“铝合金衬塑复合管”，其余管件包括“四通、弯头、管接头、过渡件”修改类似，如图 3-14 所示。

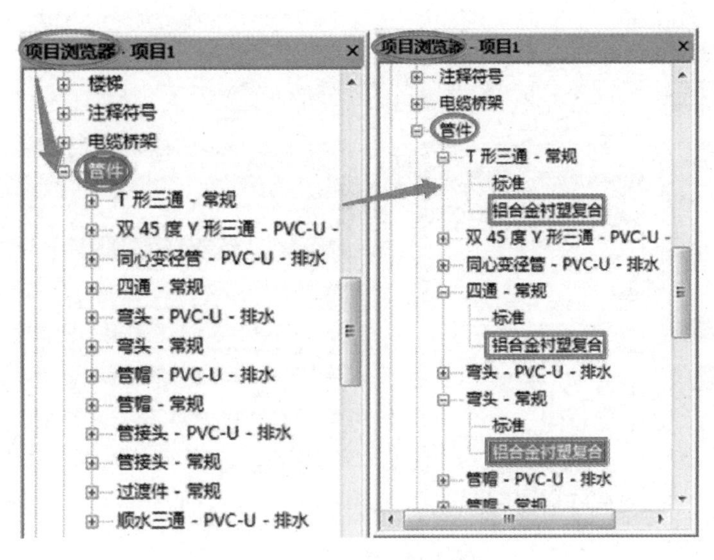

图 3-14　管件重命名

6）修改完成后进入“布管系统配置”→“管段”→“铝合金衬塑复合管 CJ/T 321—2010”，选择管段“最小尺寸”及“最大尺寸”。在“弯头”选择“弯头-常规：铝合金衬塑复合管”，其余管件如图 3-15 所示，完成后单击“确定”按钮，管道类型创建完成。

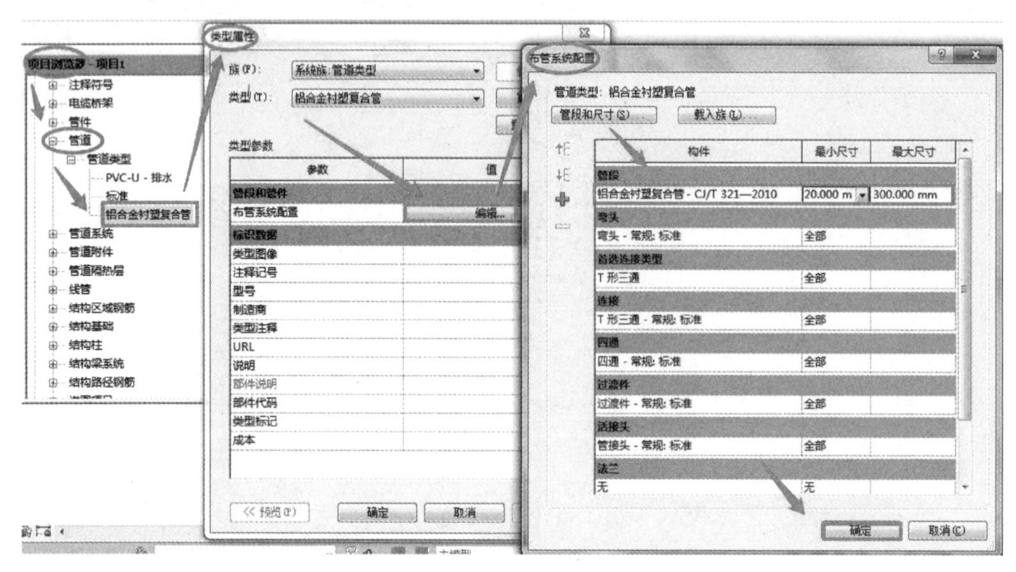

图 3-15　布管系统配置

内外热镀锌钢管、PPR 管等管道类型创建方法相同。

💡消防管道一般情况下有两种连接方式，大于或等于 $DN100$ 为卡箍连接，小于 $DN100$ 的为螺纹连接。可在管道布管系统配置中为消防管道设置两种连接方式，根据管径大小来智能生成不同的连接件。选中“弯头”一栏，单击左侧绿色加号新建并载入其他连接弯头，通过“最小尺寸”和“最大尺寸”来控制生成的弯头类型，如图 3-16 所示。

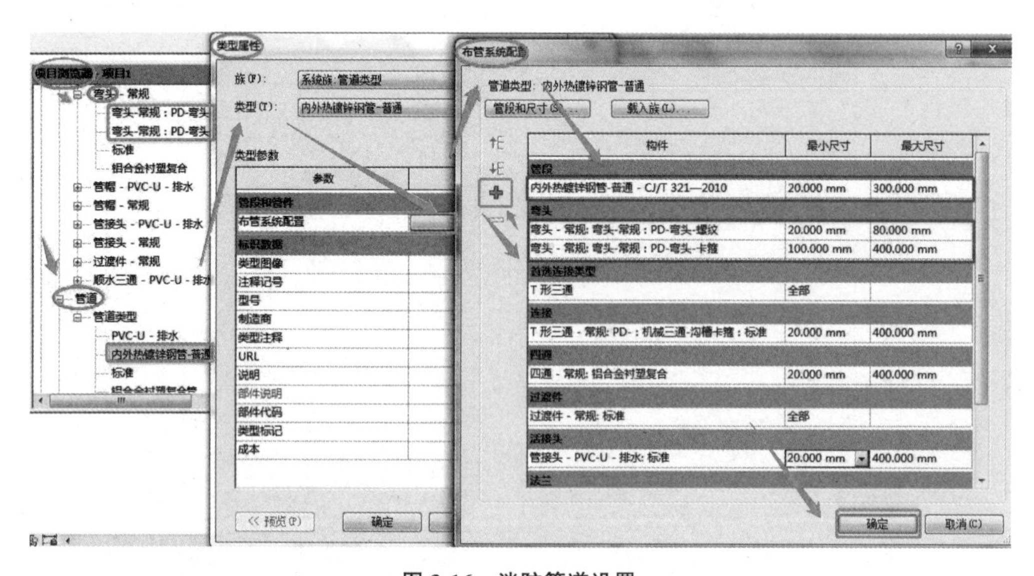

图 3-16　消防管道设置

2. 管道系统创建及设置

1）在“项目浏览器”下拉列表窗口中选择“族”并单击“+”符号展开下拉列表，选择“管道系统”选项，系统默认自带 11 个管道系统。只能在此基础上修改以及复制，不能直接将其删除。

选择“家用冷水”并单击鼠标右键将其重命名为“生活给水系统”，依次选择“卫生设备”“其他”“湿式消防系统”“其他消防系统”分别重命名为“生活污水系统”“雨水系统”“消火栓系统”“自动喷水灭火系统”，如图 3-17 所示。

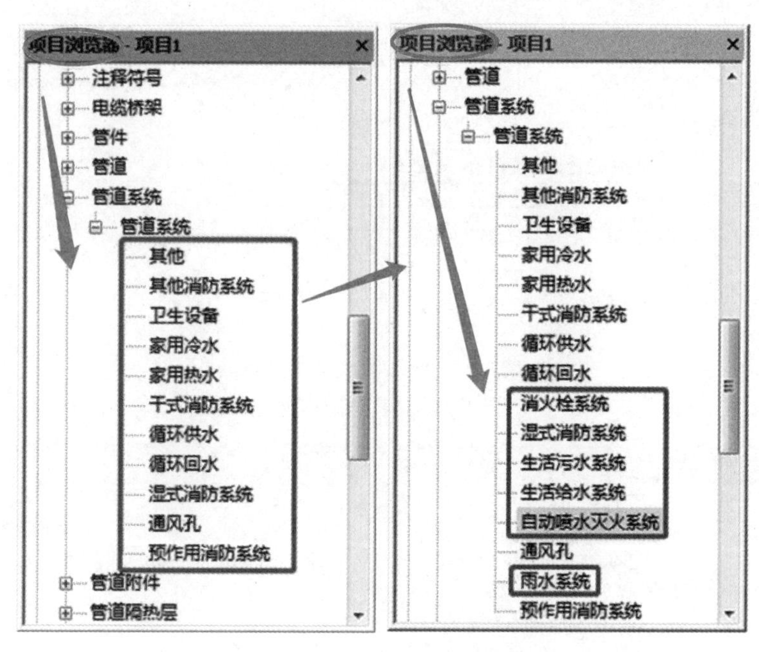

图 3-17　生活给水系统重命名

2）双击“生活给水系统”→“类型属性”→“标识数据”→“缩写”选项，将“生活给水系统”缩写代号“J”填入。然后选择“图形替换”→“编辑”→“线图形”对话框设置，根据出图效果“宽度”选择“1”线宽、“颜色”选择“RGB 063-255-000”（绿色）、“填充图案”选样“实线”，完成后单击“确定”按钮，如图 3-18 所示。其余管道系统“缩写”“图像替换”设置方法相同。

3）在楼层平面视图绘制管道前，要先将“属性”选项板中“视图样板”设置为“无”，如图 3-119 所示。

3.3.2　系统建模

1. 横管绘制

进入“系统”→“管道”选项，进入管道绘制模式后，“属性”选项板与“修改 | 放置 管道”选项栏同时被激活。

绘制管道时，在“属性”选项板中选择所需要绘制的管道类型、系统类型。在“修

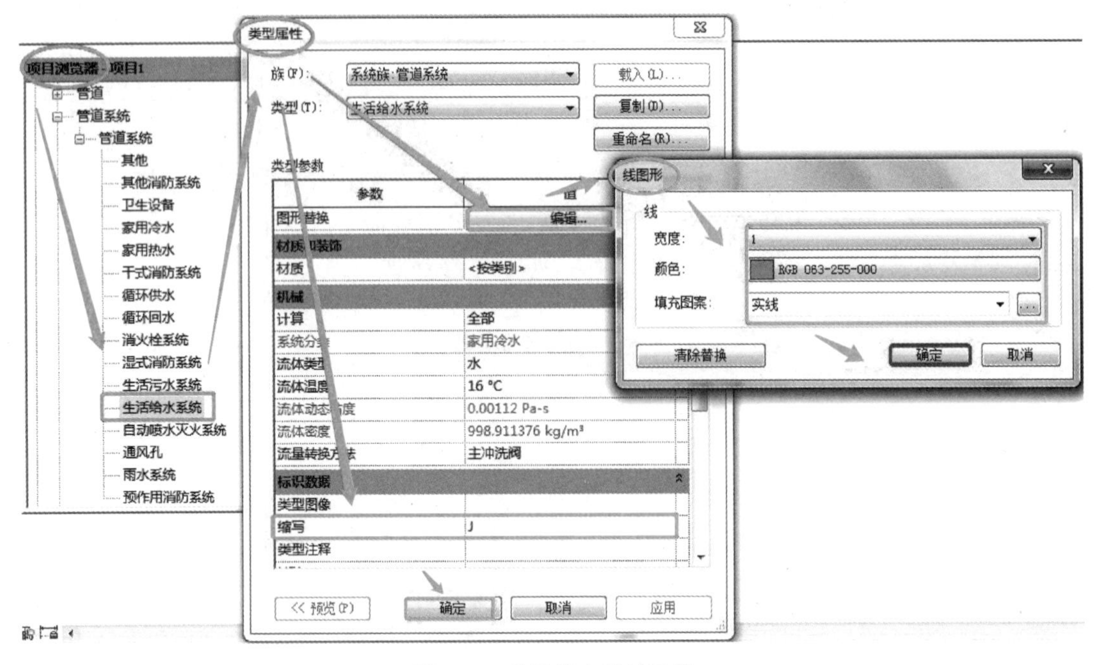

图 3-18　生活给水系统设置

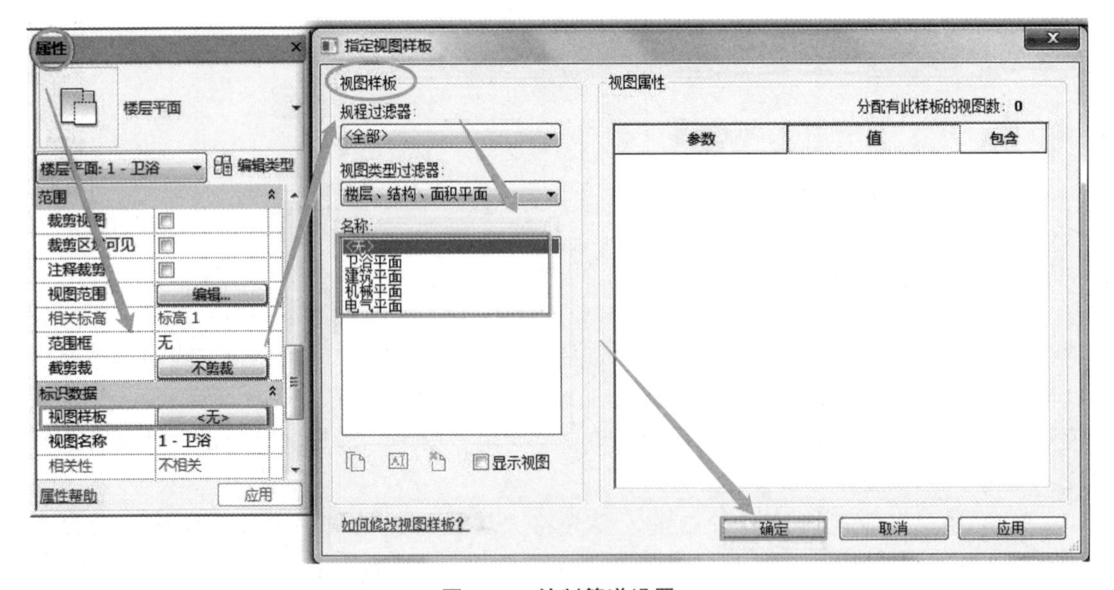

图 3-19　绘制管道设置

改 | 放置 管道”选项栏“直径”下拉列表中选择所需管道直径，也可手动输入。在“偏移量”选项中单击下拉按钮，选择项目中已用到的管道偏移量，也可直接输入自定义偏移值，默认单位为 mm。完成绘制管道参数设置后，将鼠标指针移动到绘图区域，在所需位置单击即为管道起点，移动鼠标指针至终点再次单击，管段绘制完成，如图 3-20 所示。

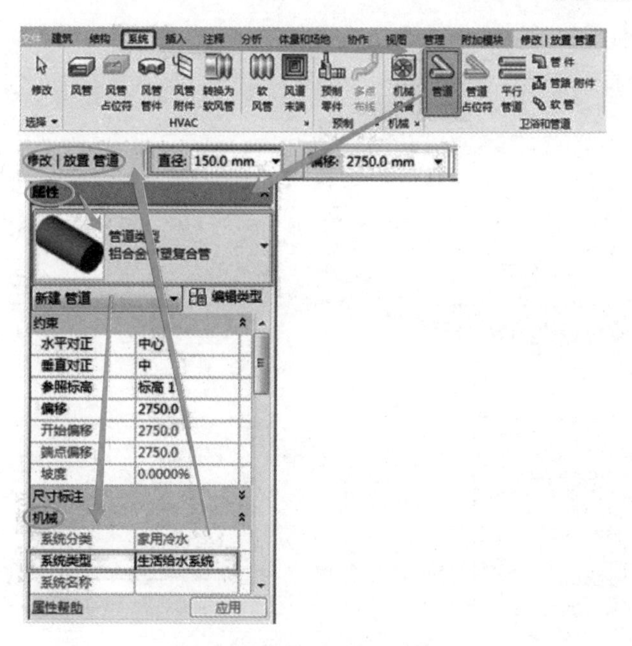

图 3-20　进入管道绘制模式

2. 立管绘制

1）直接绘制

激活“管道”命令，在“修改 | 放置 管道”选项栏“偏移量”中输入立管的底标高值（如 1000.0mm），在绘图区域选择立管位置并单击，修改“偏移量”，输入立管的顶标高值（如 3500.0mm）后单击“应用”按钮，生成立管，如图 3-21 所示。

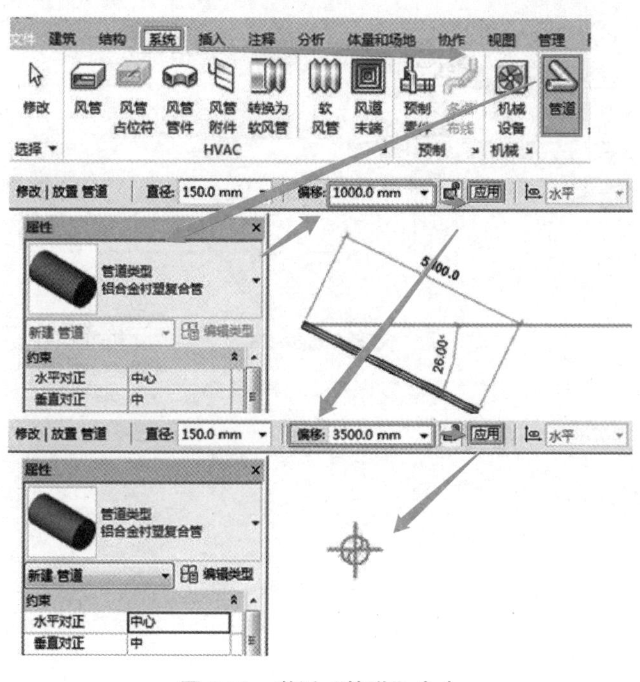

图 3-21　激活“管道”命令

2）借助剖面框绘制

（1）创建剖面框，进入“视图”→“剖面”选项，如图 3-22 所示。

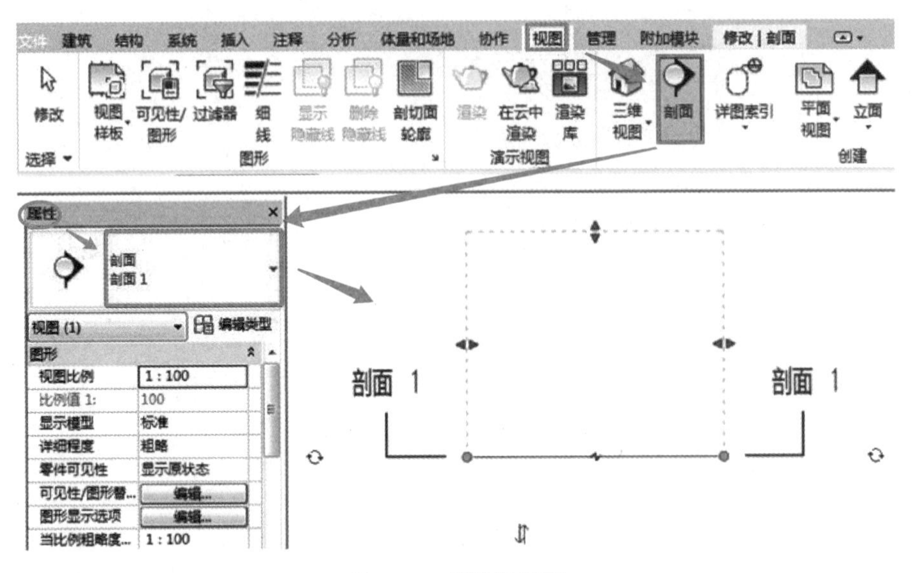

图 3-22 创建剖面框

（2）选择剖面框，使用鼠标右键选择“转到视图”选项。在剖面视图中单击激活“管道”绘制命令即可，绘制后的剖面视图和平面视图，如图 3-23 所示。

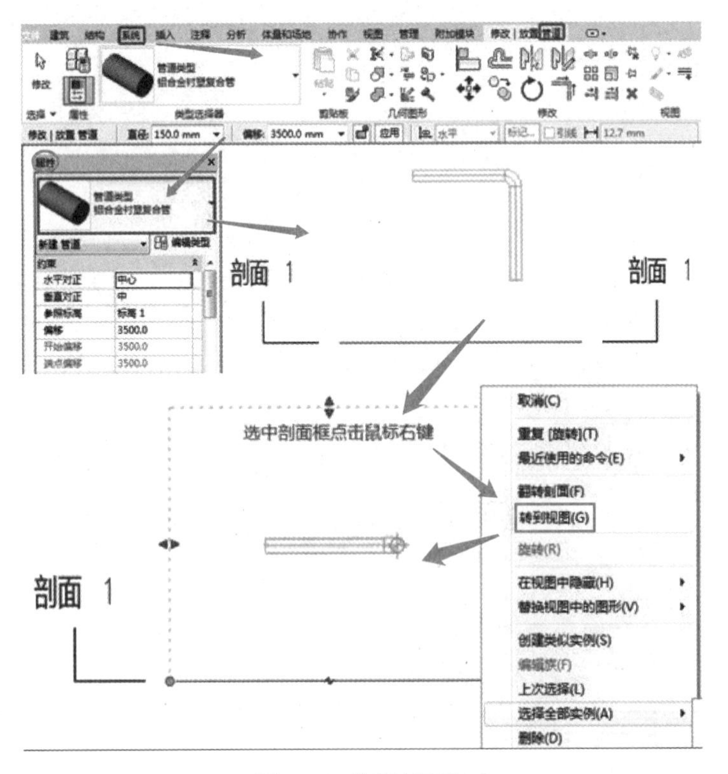

图 3-23 选择剖面框

3. 管道对齐

利用“对正”命令调整当前管道与后续绘制管道的水平、竖直关系。在激活“管道”命令状态下，进入“修改 | 放置 管道”→“对正”→“对正设置”对话框，可看到“水平对正”“水平偏移”“垂直对正”3 个选项，如图 3-24 所示。

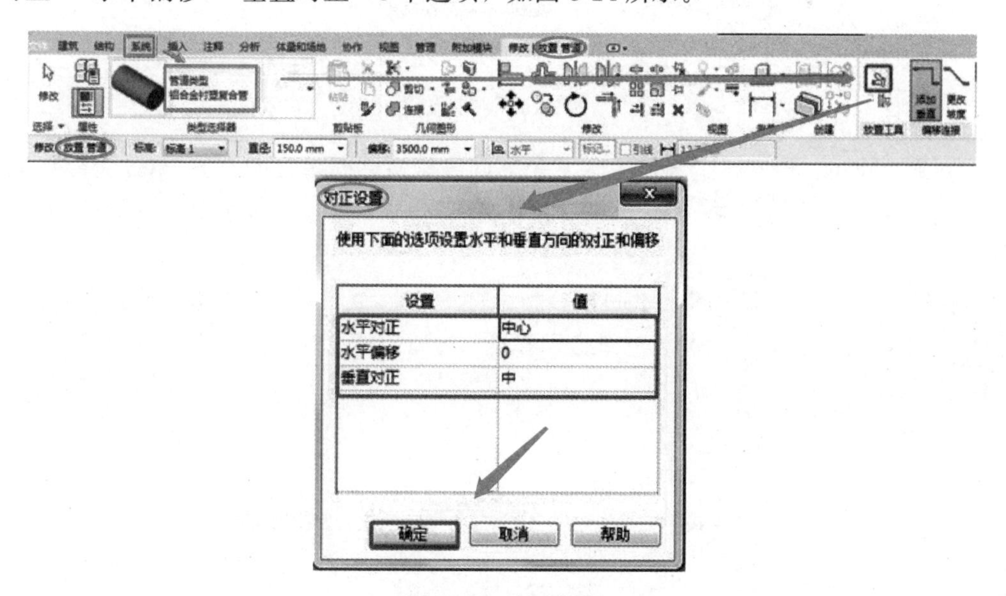

图 3-24　对正设置

1）水平对正：用来指定当前视图下相邻两段管道之间水平对齐方式。对正有“中心”“左”“右”3 种形式。“水平对正”后的效果还与绘制管道的方向有关。不同“水平对正”方式的绘制效果，如图 3-25 所示。

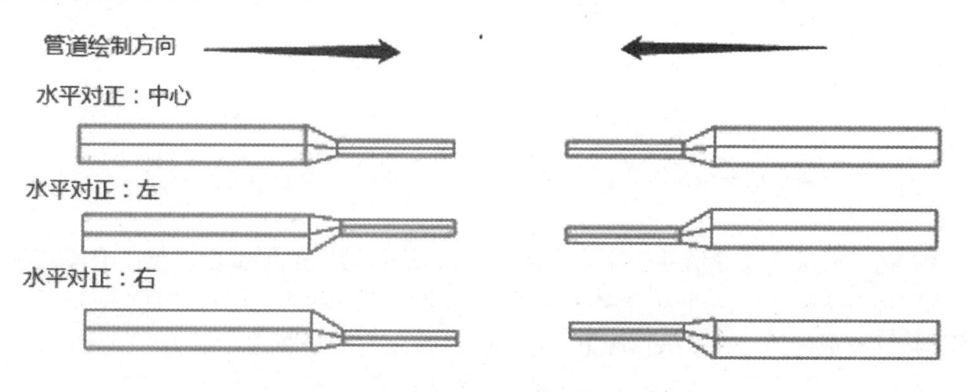

图 3-25　水平对正

2）水平偏移：用于指定管道绘制起始点位置与实际管道位置之间的偏移距离。该功能多用于指定管道与墙体等参考图元之间的水平偏移距离。

❓设置“水平偏移”值 400mm 后，捕捉参照线绘制直径 100mm 的管道，这样实际绘制位置是按照“水平偏移”值偏移参照线的位置。同时，该距离还与“水平对正”方式及绘制管道的方向有关，如果选择从左至右绘制管道，3 种不同的“水平对正”方式下，管道中心线到参照线的距离标注，如图 3-26 所示。

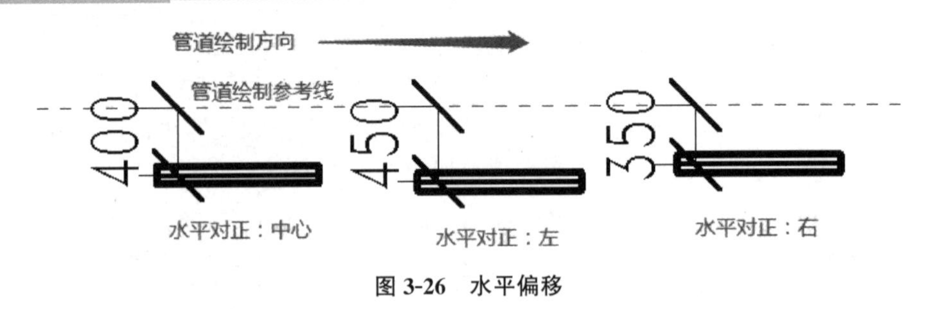

图 3-26　水平偏移

3）垂直对正：用于指定当前视图下相多两段管道之间垂直的对齐方式，针对立面或剖面状态下的管线状态。对正有“中”“底”“顶”3 种形式。“垂直对正”的设置会影响“偏移量”。

❓在 0.00m 的平面视图中绘制偏移量为 3000mm 且直径为 100mm 的管道，设置不同的“垂直对正”方式，绘制后的管道偏移量（即管道中心标高）会发生变化，如图 3-27 所示。

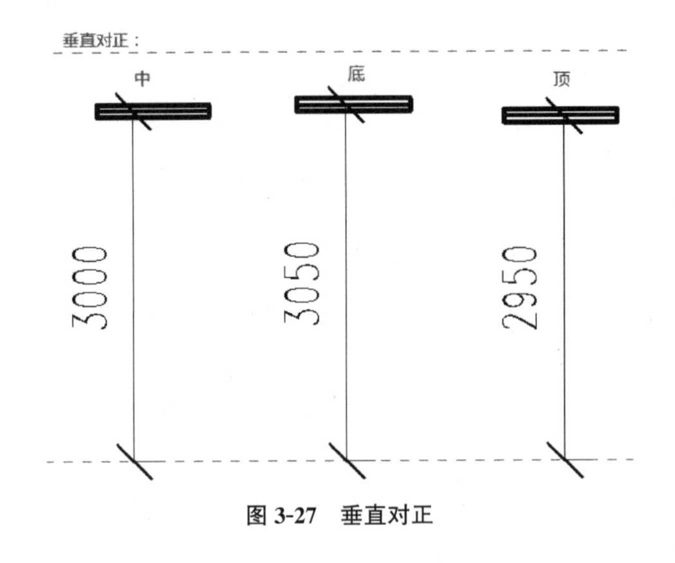

图 3-27　垂直对正

4. 自动连接

在激活“管道”命令的状态下，“修改 | 放置 管道”选项卡会出现“自动连接”功能，如图 3-28 所示。该功能用于某一管段开始或结束时自动捕捉相交管段，并添加相应管道连接件完成连接，在默认情况下，该功能处于激活的状态。

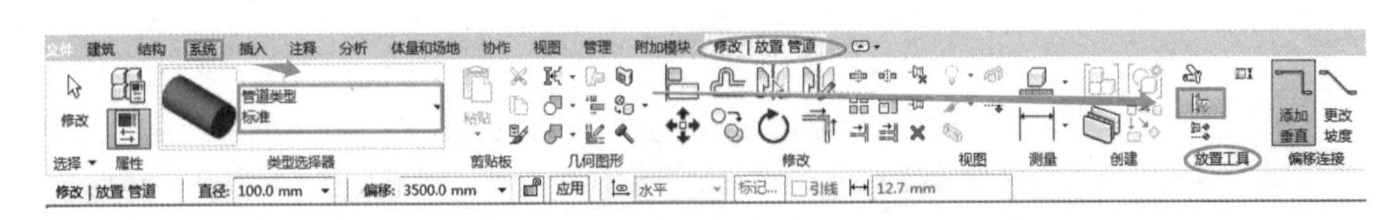

图 3-28　自动连接

❓当“自动连接”命令激活时，绘制两段正交的管道，在相交处系统会自动添加四通；如果没有激活“自动连接”命令，则管件不会自动添加，效果如图 3-29 所示。

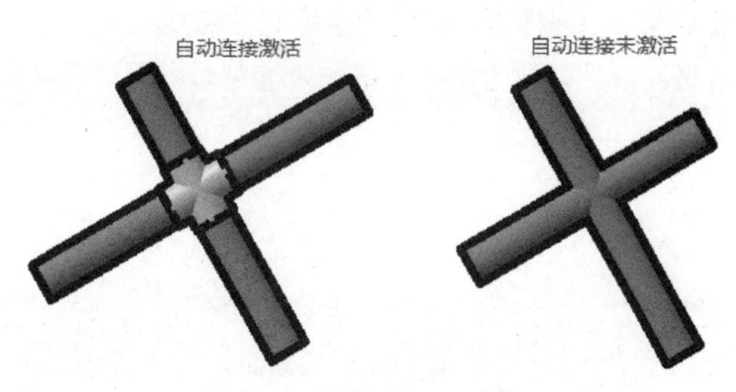

图 3-29　绘制两段正交管道

5. 带坡度管道绘制

1）在“机械设置”对话框中，用户可预先设定在项目中需要使用的管道坡度值，如图 3-30 所示。

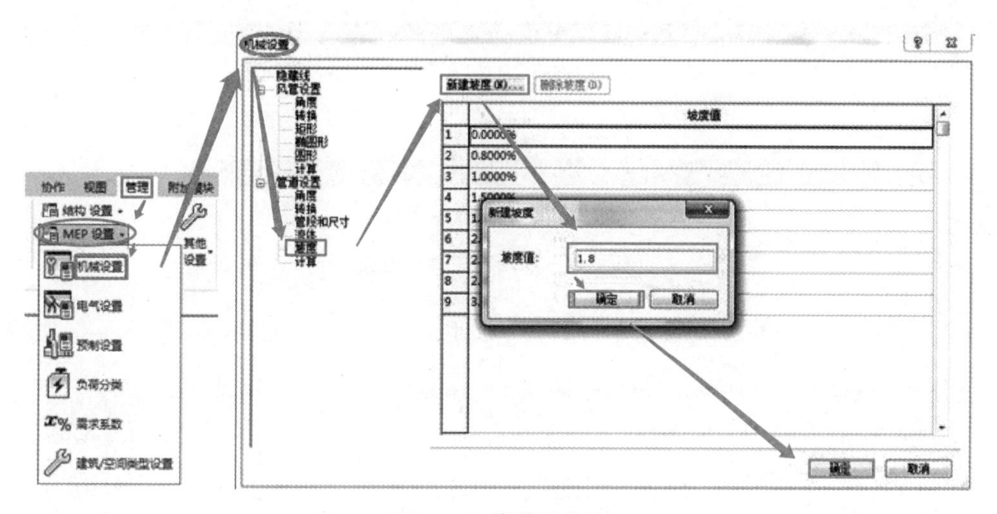

图 3-30　管道坡度值

2）预定义坡度在激活“管道”命令状态下，且“向下坡度”或“向上坡度”命令激活时将出现在“坡度值”的下拉列表中，如图 3-31 所示。可在绘制管道的同时设置坡度，也可在管道绘制完成后对管道的坡度进行编辑。

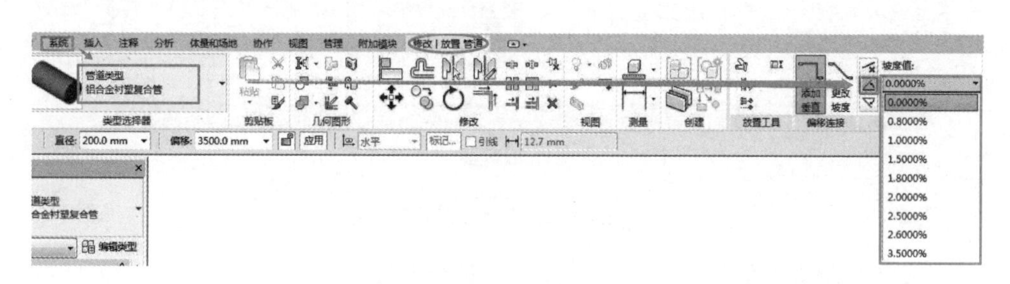

图 3-31　激活“管道”命令

（1）直接绘制带坡度管道：在激活“管道”命令状态下，“修改 | 放置 管道”选项卡中默认状态下为“禁用坡度”，选择“向上坡度”或“向下坡度”选项后可指定对应坡度

值。直接绘制下一段管道时，同样需要确定管道的起点标高。

💡绘制带坡度管道完成后，要重新绘制下一段管道时，需注意管道的起点标高。

（2）编辑管道坡度：

① 绘制一段不带坡度的管段，选取该段管并修改其起点或终点标高生成坡度，如图 3-32 所示。

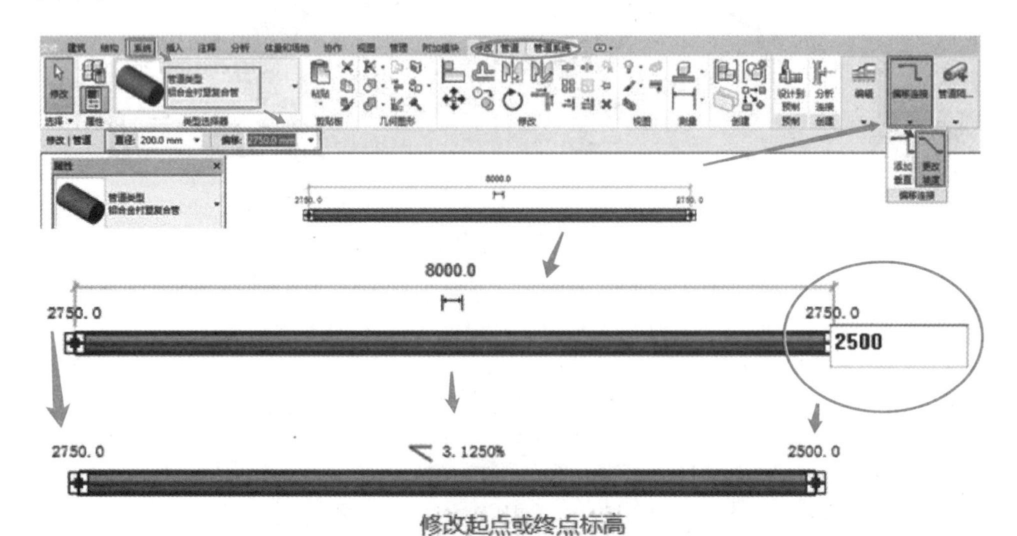

图 3-32　绘制不带坡度管段

② 当管段上出现带坡度符号时，可选择该符号进行坡度值的修改，如图 3-33 所示。

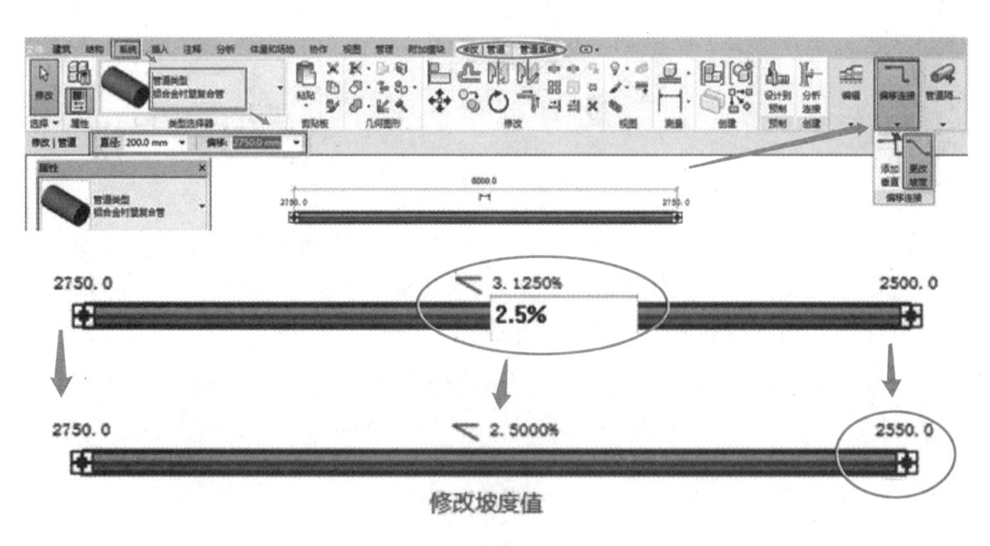

图 3-33　坡度值修改

③ 选择不带坡度的管段，选择功能区中“坡度”选项。激活“坡度编辑器”→“坡度值”及“坡度控制点”→“完成”按钮，效果如图 3-34 所示。

6. 管件的放置

1）添加管件：在平面视图、立面视图、剖面视图和三维视图中均可放置管件，在绘

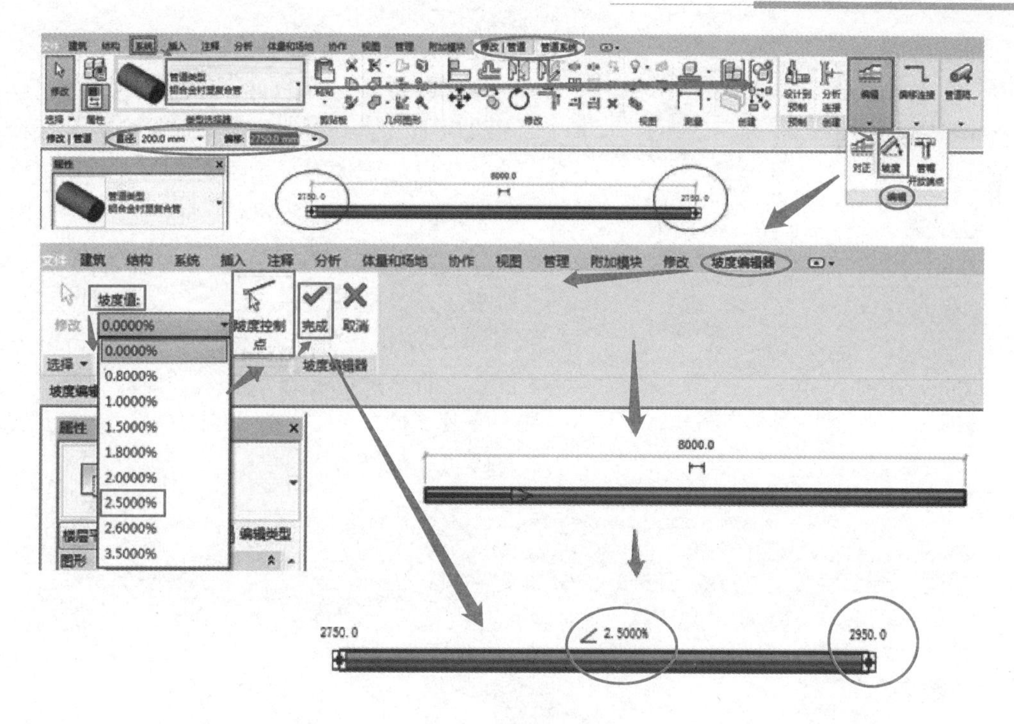

图 3-34　坡度编辑器

制管道过程中，可在管道“布管系统配置”对话框中预先设置自动添加管件。管件手动添加方法有以下两种。

（1）进入“系统”→“管件”→“属性”选项板中选择需要的管件，在绘图区域所需位置进行放置，如图 3-35 所示。

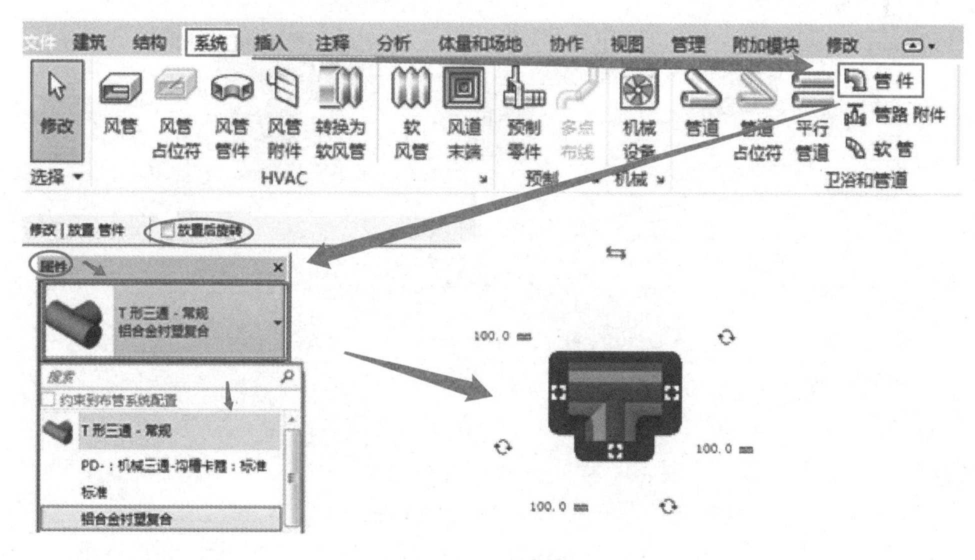

图 3-35　添加管件

（2）在“项目浏览器”下拉列表窗口中，展开“族”→“管件”选项，直接以拖拽的方式将管件拖到绘图区域所需位置进行放置，如图 3-36 所示。

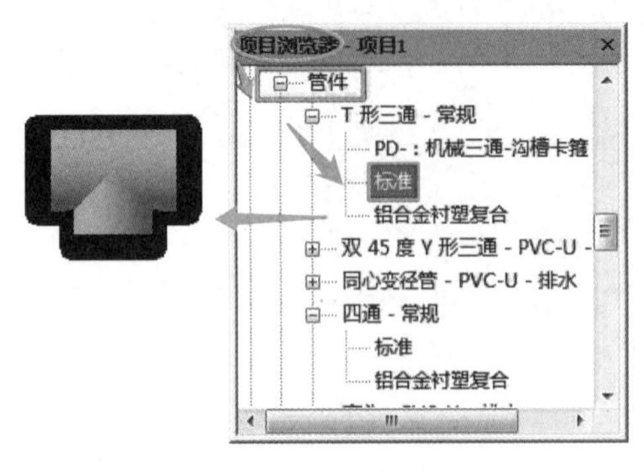

图 3-36　管件拖放置

2）放置管帽：管帽的放置方式和其他自动加载的管件有所不同，在绘制过程中，软件无法识别该管道是否需要添加管帽或者保持开放，所以需要进行手动添加。快速添加管帽步骤：选择需要添加管帽的管道；进入“修改｜管道”→“管帽开放端点”选项，如图 3-37 所示。

3）编辑管件：在绘图区域中单击某一管件后，管件周围会显示一组管件控制柄，可用于修改管件尺寸、调整管件方向、控制升级或者降级，如图 3-38 所示。

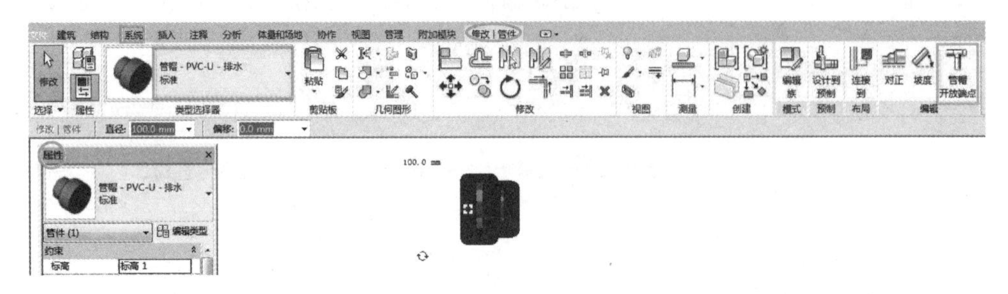

图 3-37　放置管帽

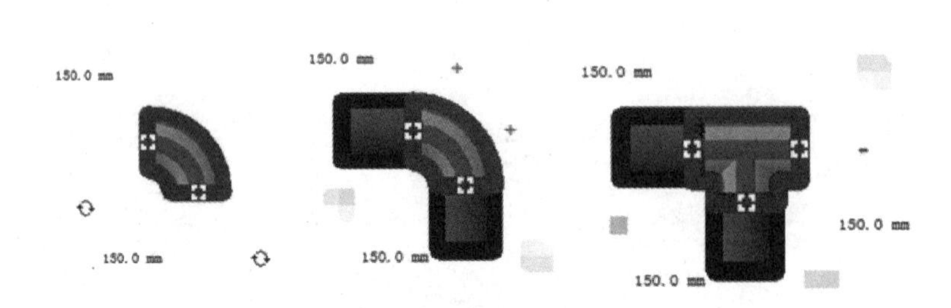

图 3-38　编辑管件

（1）单击“⇆”符号，可实现管件水平或垂直旋转 180°。

（2）单击“⟲”符号，可旋转管件。

当管件连接管道后，该符号不再出现。

（3）如果管件旁边出现“+”符号，表示可以升级该管件。

弯头可升级为 T 形三通，T 形三通可升级为四通。

（4）如果管件的旁边出现“－”符号，表示可以降级该管件。

带有未使用连接件的四通可以降级为 T 形三通，带有未使用连接件的 T 形三通可以降级为弯头。如果管件上有多个未使用的连接件，则不会显示“－”符号。

7. 管路附件放置

在平面视图、立面视图、剖面视图、三维视图中均可放置管路附件。管路附件需要手动添加，管路附件的放置方法有下列 3 种。

1）进入“系统”→“管路附件”选项。在“属性”选项板中选择需要的管路附件，放置在绘图区域所需位置，如图 3-39 所示。

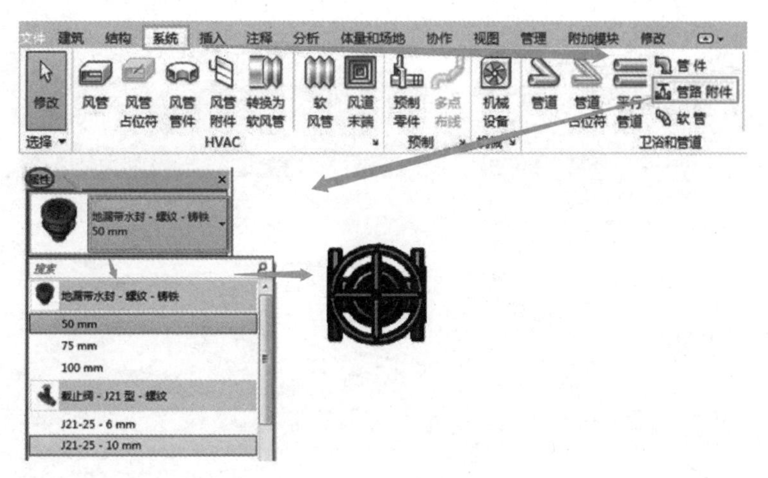

图 3-39　管路附件

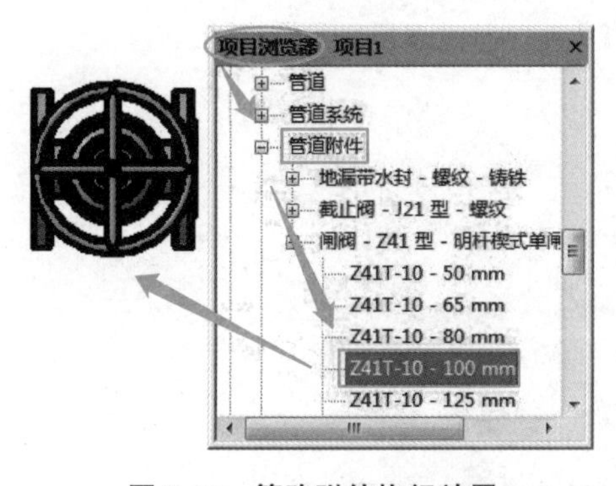

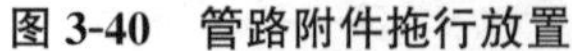

图 3-40　管路附件拖行放置

2）在“项目浏览器”下拉列表窗口中，展开“族”→“管道附件”选项，直接以拖拽的方式将管路附件拖到绘图区域所需位置进行放置，如图 3-40 所示。

3）当前项目中没有所需的管路附件，进入“属性”→“编辑类型”→“类型属性”→“载入”按钮，进行族的载入，如图 3-41 所示。

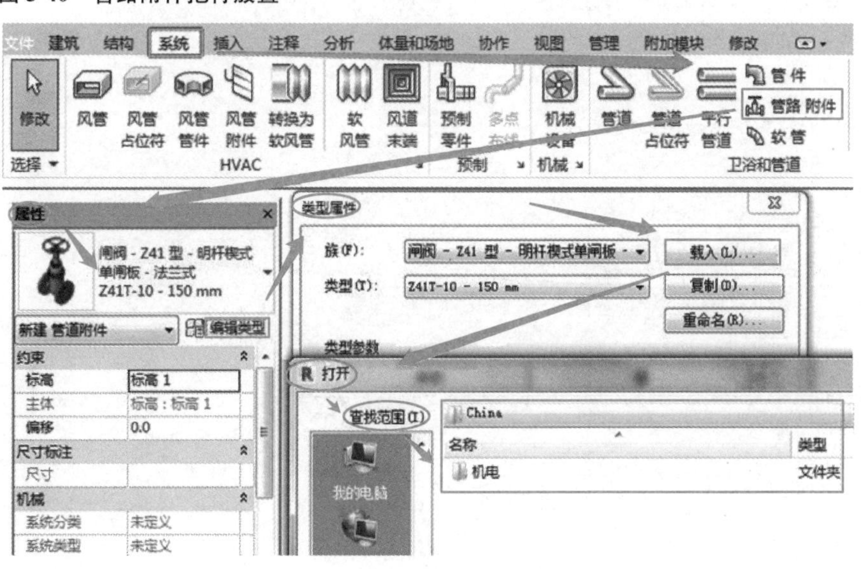

图 3-41　管路附件编辑类型

8. 生活给水系统设备放置连接

系统自带卫生设备大部分需要基于主体放置，主体包括墙、柱子，以及楼板等。用户在放置卫生器具时需要注意。

1）进入“系统”→“卫浴装置”→“属性”→“卫生器具”，即可在绘图区域所需位置放置。如果当前项目中没有所需的“卫浴装置”，可在“属性”→“编辑类型”→“类型属性”→“载入”按钮，进行族的载入，如图 3-42 所示。

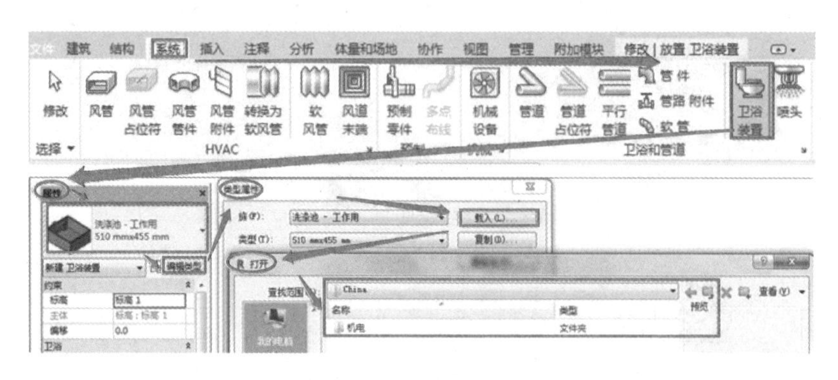

图 3-42 卫浴装置载入

2）按照 CAD 卫生间大样底图进行放置。在“插入”选项卡下，链接、导入 CAD 图纸或 CAD 图像文件，并调整好图纸或图片的比例；照底图放置，可按“空格键”改变放置方向，如图 3-43 所示。

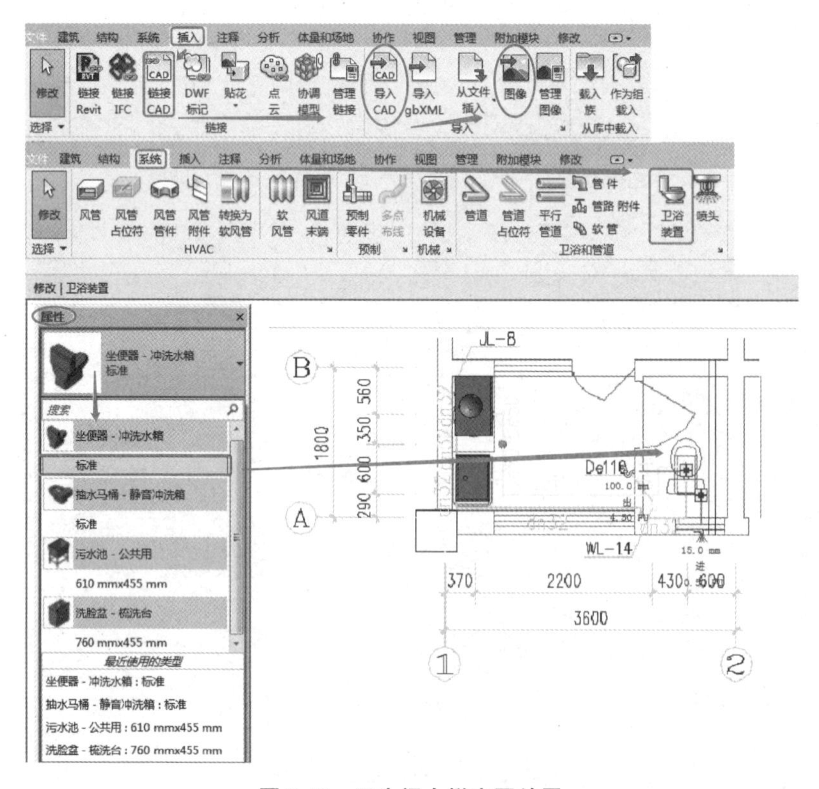

图 3-43 卫生间大样底图放置

在进行项目管道绘制时，需要确定当前视图的“视图样板”是否设置为“＜无＞”，“规程”是否设置为“协调”，如图 3-44 所示。

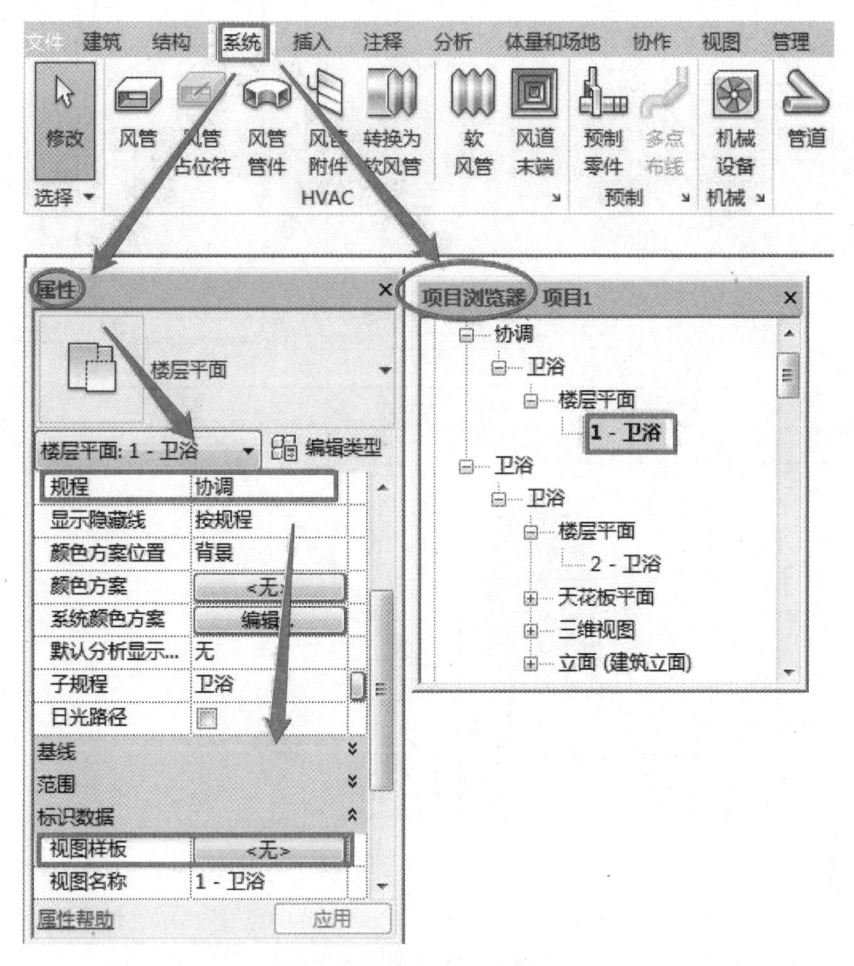

图 3-44　项目管道绘制设置

3）选择卫生器具，先查看其进水点位置，进入“系统”→“管道”→“属性”→“管道类型”→“PPR”，“系统类型”→“生活给水系统”，“直径”为 32.0mm、“偏移量”为 0.0mm，绘制一段管道，将鼠标指针移至卫生器具进水点附近，直至出现“捕捉”光标，单击绘制管段起点绘制一段管道，如图 3-45 所示。

4）进入“修改”选项卡，单击“修剪/延伸为角”按钮，将管道进行连接，如图 3-46 所示。

使用“连接到”命令也可进行连接。选择卫生器具，在“修改｜卫浴装置”→“连接到”选项，再选择需要连接的管道，完成管道及卫生器具的自动连接，如图 3-47 所示。

使用“连接到”命令时，从连接件连出的管道默认与目标管道的最近端点进行连接。

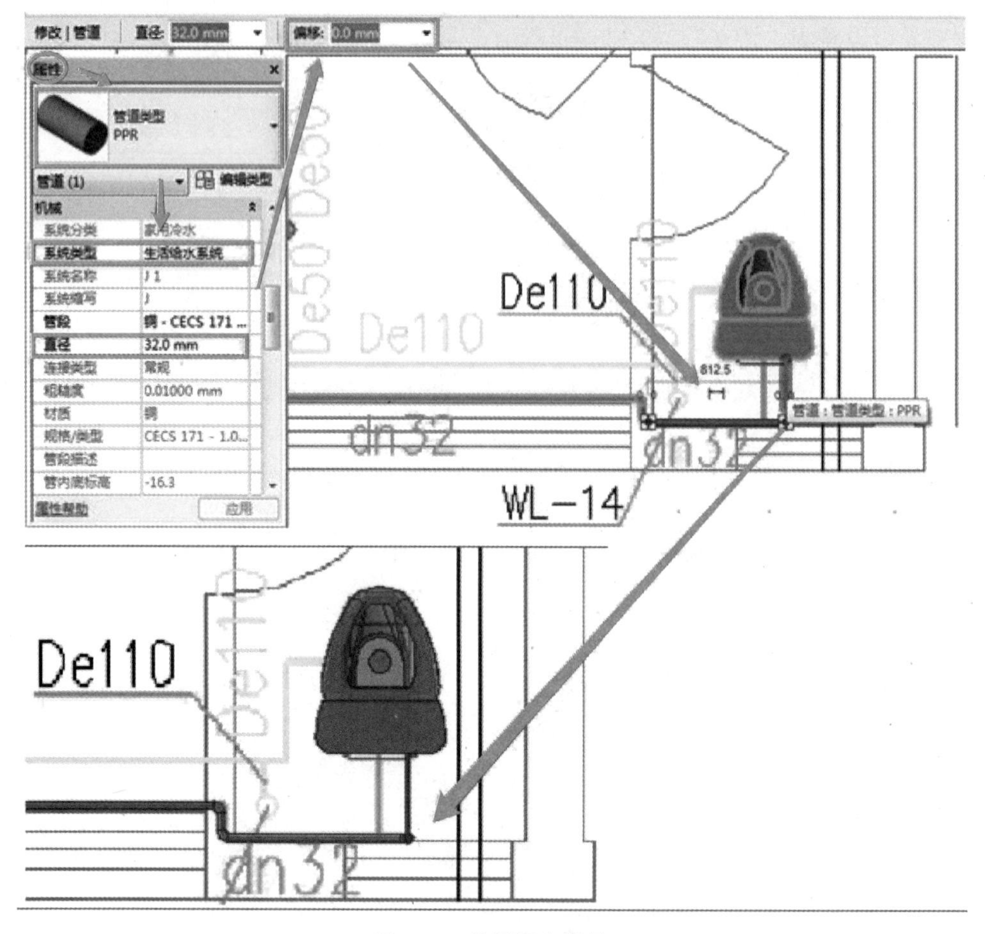

图 3-45 选择卫生器具

9. 生活污水系统设备放置连接

1）运用剖面视图辅助绘制：选择 CAD 底图单击右键在“在视图中隐藏”内“图元”，以便进行剖面操作；进入“视图”→“剖面”选项，在平面视图中，将光标放置在剖面的起点处，拖拽光标直至终点后单击。出现剖面线和裁剪区域，选中剖面线，可以拖曳四周的控制手柄调整可视范围以及可视深度，如图 3-48 所示。

2）进入在“项目浏览器”下拉列表窗口中“剖面”选项可选择下拉列表对剖面视图进行查看。单击剖面框，使用鼠标右键选择“转到视图”选项，可进入剖面视图中。进入剖面视图后，当前视图详细程度为粗略，可根据自己的实际情况对详细程度调整，如图 3-49 所示。

3）在激活“管道”命令状态下，在“属性”→“管道类型”为“PVC-U-排水”，“系统类型”为“生活污水系统”，“直径”为 100mm，“偏移量”可以不选择。将鼠标指针移动至出水口位置，出现捕捉点后单击选择起点位置，移动鼠标指针选择终点位置后单击，完成污水管绘制，如图 3-50 所示。

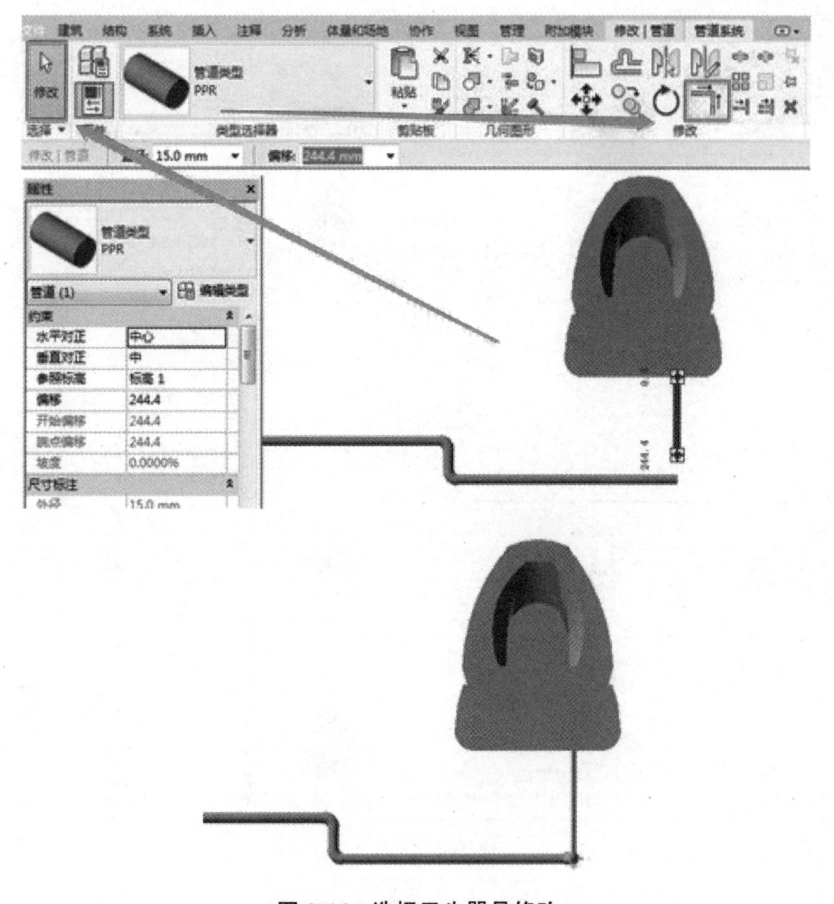

图 3-46　选择卫生器具修改

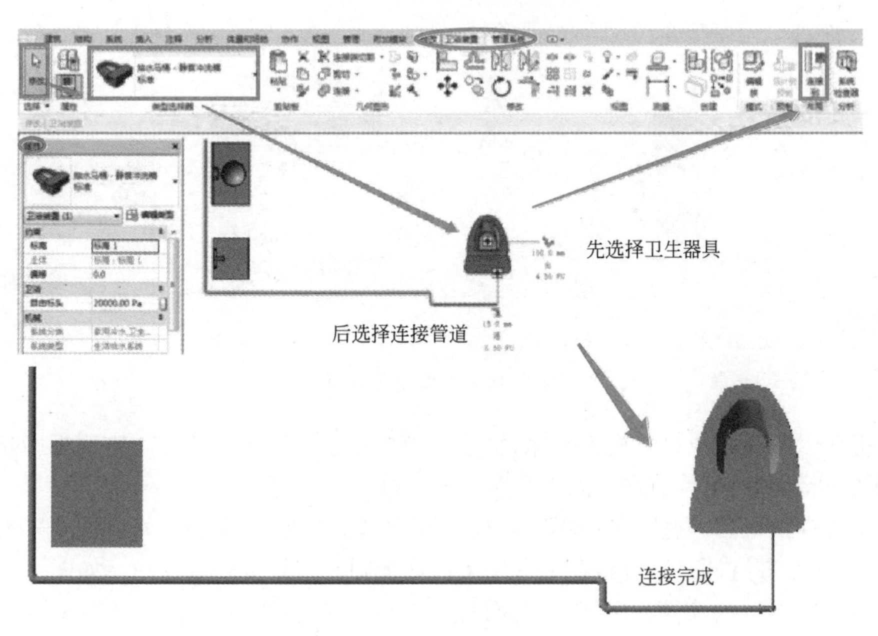

图 3-47　卫浴装置自动连接

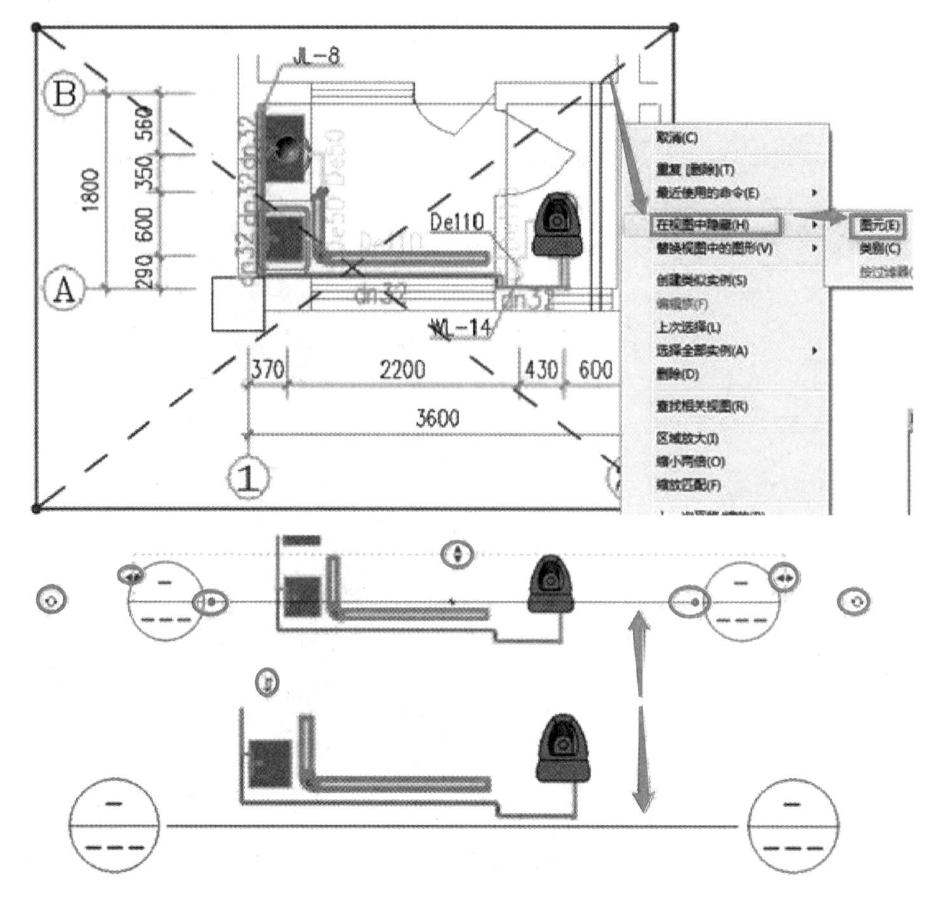

图 3-48　运用剖面视图辅助绘制

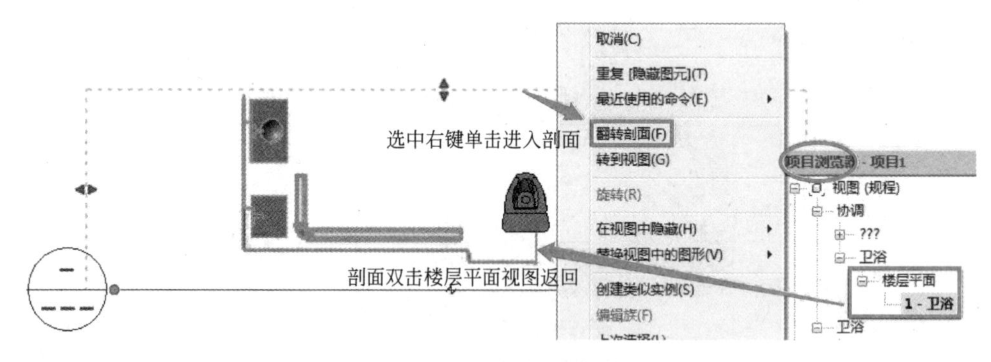

图 3-49　剖面视图查看

4）将存水弯载入项目，进入“系统”→“管路附件”→“属性”选项板中选择存水弯，将鼠标指针移动至管道底部附近直至出现“捕提”光标，如图 3-51 所示。

5）放置存水弯后，返回平面视图，检查存水弯放置是否准确，如果位置不合适，可以使用旋转命令进行调整，可将存水弯出水口作为圆心进行旋转或移动，如图 3-52 所示。

6）调整存水弯的位置后切换回剖面视图，确认存水弯放置是否已正确，如图 3-53 所示。

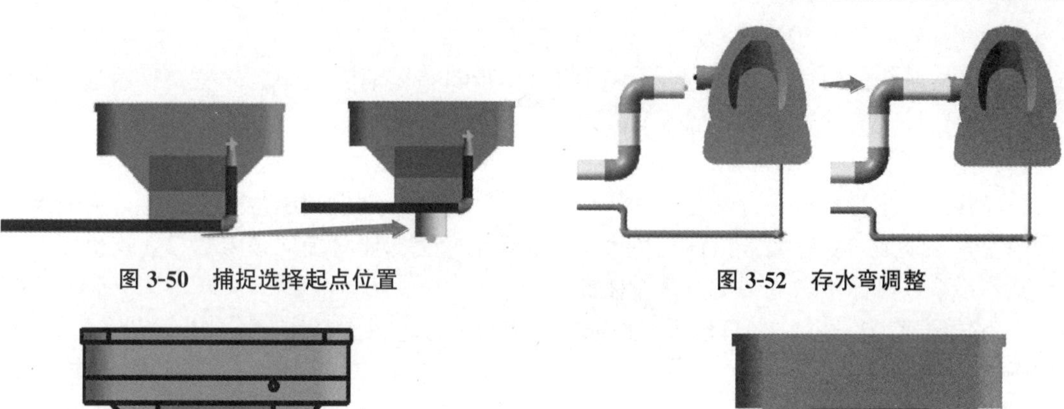

图 3-50　捕捉选择起点位置

图 3-52　存水弯调整

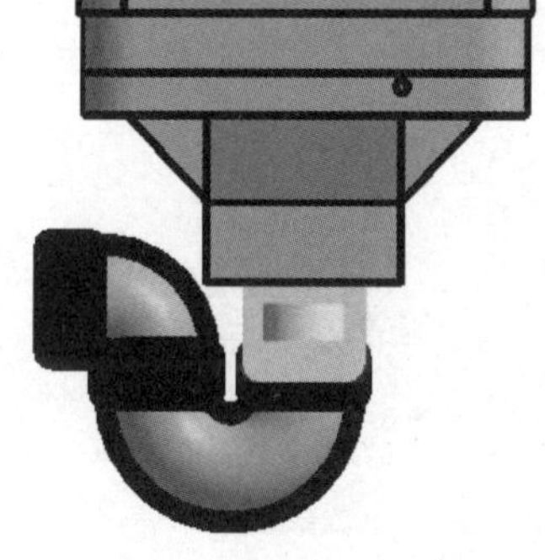

图 3-51　将存水弯载入项目

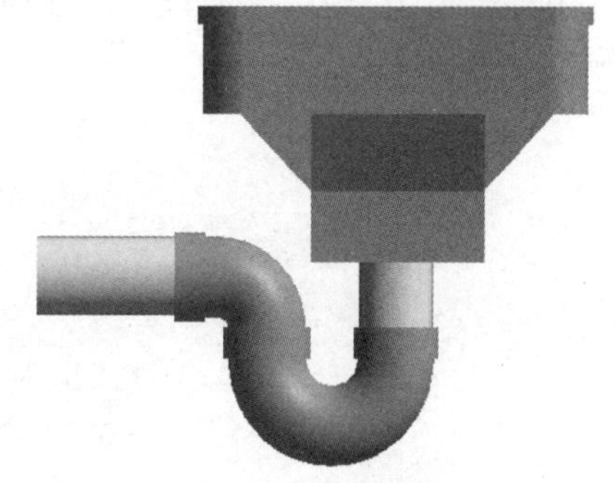

图 3-53　调整存水弯

7）绘制坡度为 2.6％的排水横管。手动将横管与存水弯出水口管段进行标高调整。然后再进入“修改”选项卡，单击“修剪、延伸单个图元”按钮 ，进行管道连接。连接后效果如图 3-54 所示。

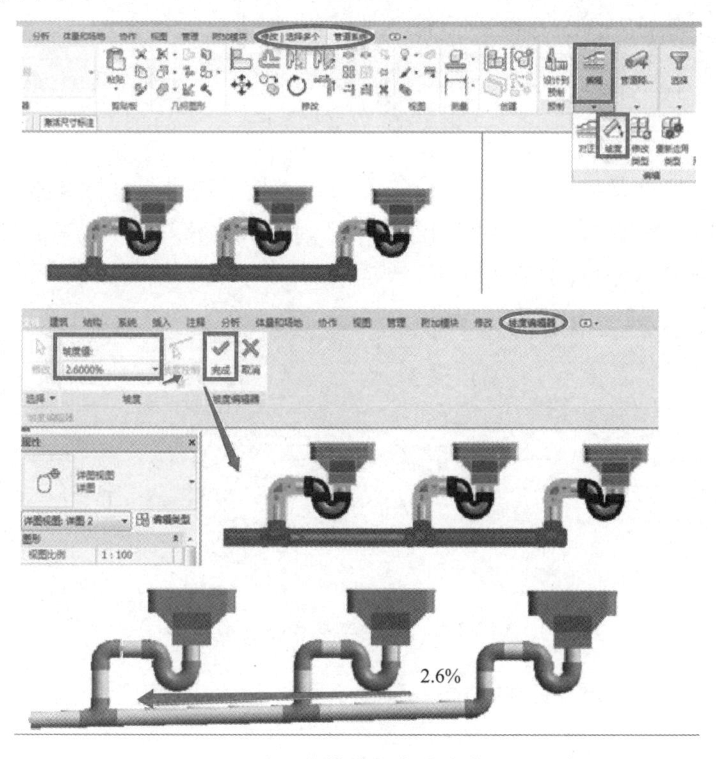

图 3-54　手动调整横管与存水弯出水口标高

10. 消火栓系统设备放置连接

消火栓系统翻模可参考 1F 楼层平面的操作步骤布置消防立管、标注立管信息、放置消火栓、连接消火栓、添加阀门等完成。

1）参照给水系统“插入”CAD 底图，根据 CAD 底图的位置放置消火栓立管。

2）Revit 本身没有立管标注选项栏，但是为了考虑后期立管编号标注，可以在绘制立管的同时，添加“立管编号”信息。为了在后续给管道标注时提取该参数，在这里新建一个共享参数。具体步骤见本学习情境任务 3。

3）根据 CAD 底图在 1F 楼层平面内放置消火栓。进入“系统”→“机械设备”选项，如图 3-55 所示。

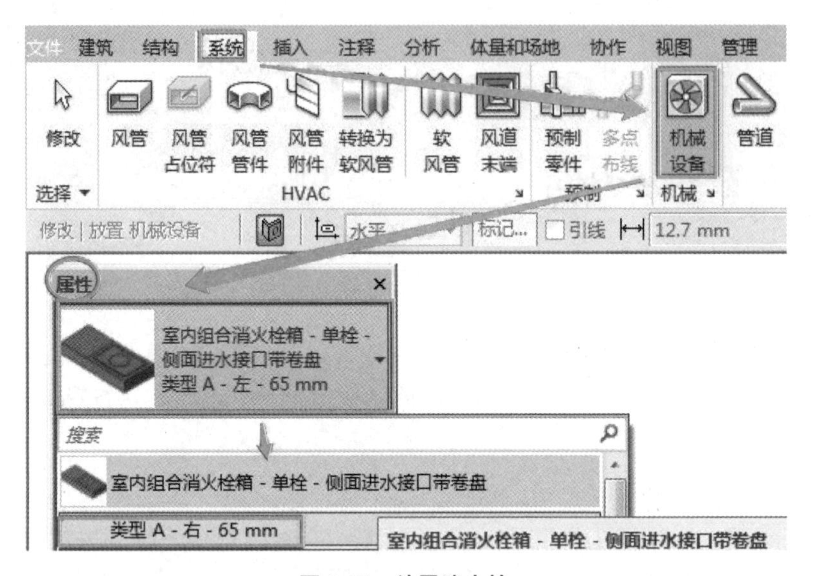

图 3-55 放置消火栓

4）在“属性”选项板中选择消火栓箱类型，或从系统自带的族中载入。并设置消火栓箱的放置高度（消火栓口中心参照当前楼层标高的“偏移量”为 1100.0mm，不同消火栓族定位原点不一样，放置前需要校核）如图 3-56 所示，在绘图区域合适位置进行放置。

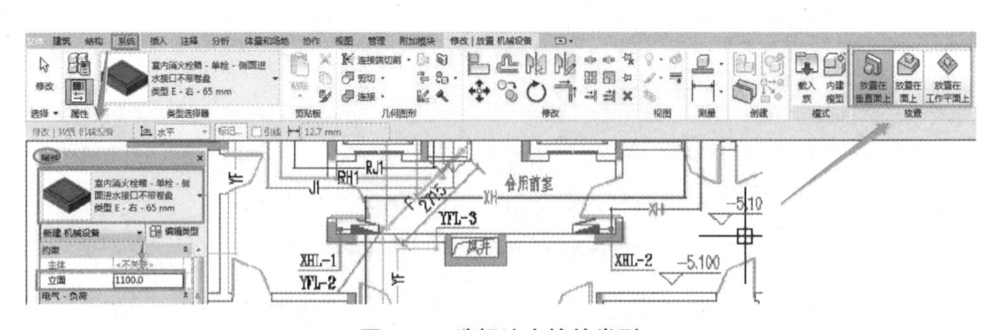

图 3-56 选择消火栓箱类型

5）根据 CAD 底图绘制 1F 的消防局部主干管。激活“管道”→“管道类型”→“内外热镀锌钢管”，“系统类型”→“消火栓系统”，“直径”为 150.0mm，“偏移量”暂定为 4000.0mm，如图 3-57 所示。

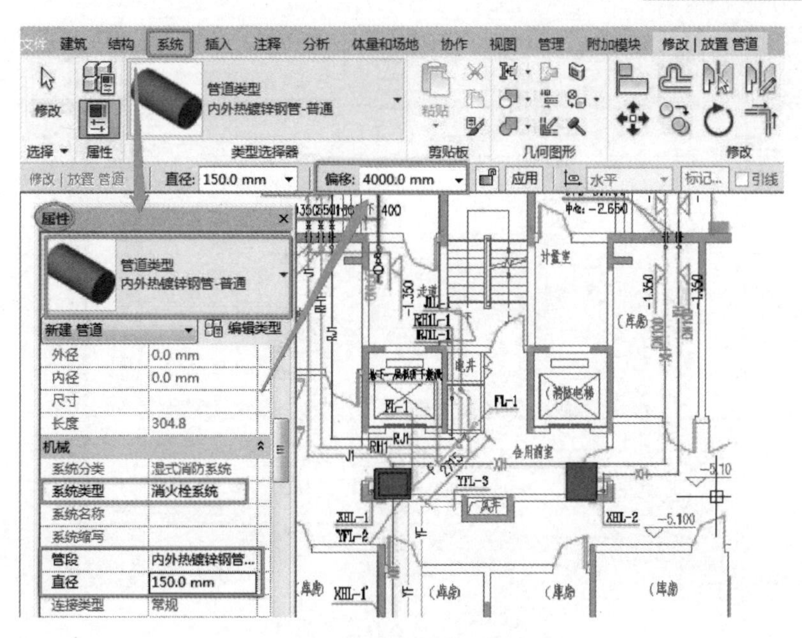

图 3-57　消防局部主干管类型

6）将主干管与消火栓箱进行连接。单击消火栓箱，进入“修改｜机械设备”→“连接到”→“选择连接件”对话框；选择其中一个连接件，完成后单击“确定”按钮，选择主干管，连接完成，如图 3-58 所示，或者直接拾取消火栓进水点后与主干管进行连接。

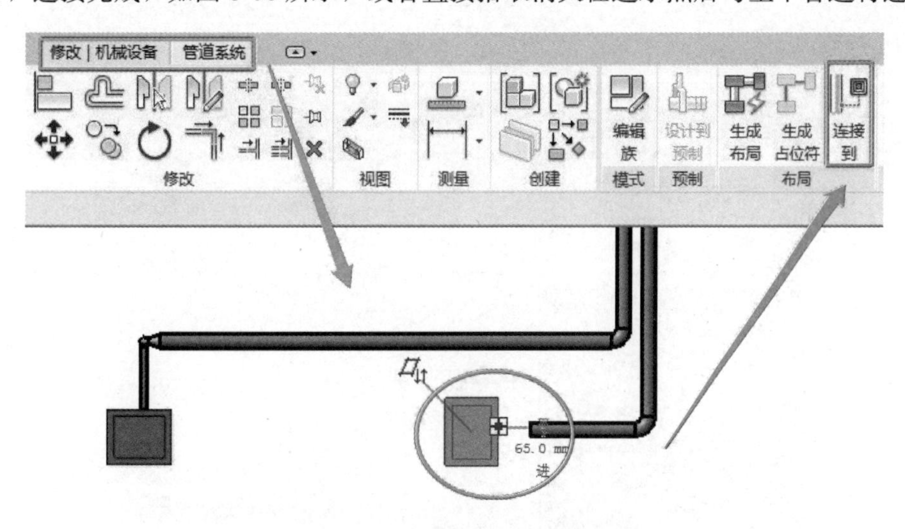

图 3-58　主干管与消火栓箱连接

7）绘制完成后的 1F 消火栓系统效果，如图 3-59 所示。

11. 自动喷水灭火系统

1）绘制喷头

在当前项目，进入 1F 平面视图，进入“系统”→“喷头”选项，如图 3-60 所示。

在“属性”选项板中选择合适喷头类型，在“偏移量”中输入 4150.0mm，后在绘图区域所需位置进行喷头放置，效果如图 3-61 所示。

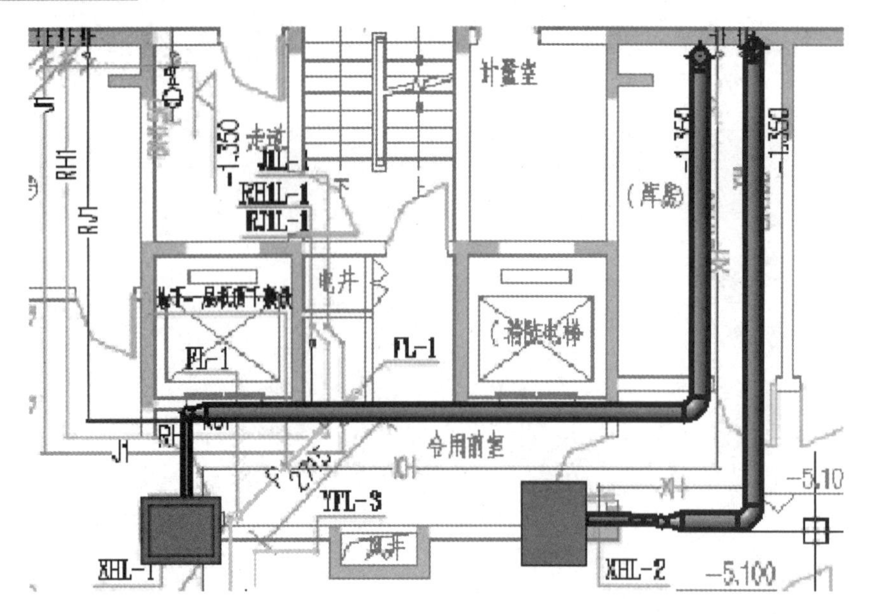

图 3-59 消火栓系统效果

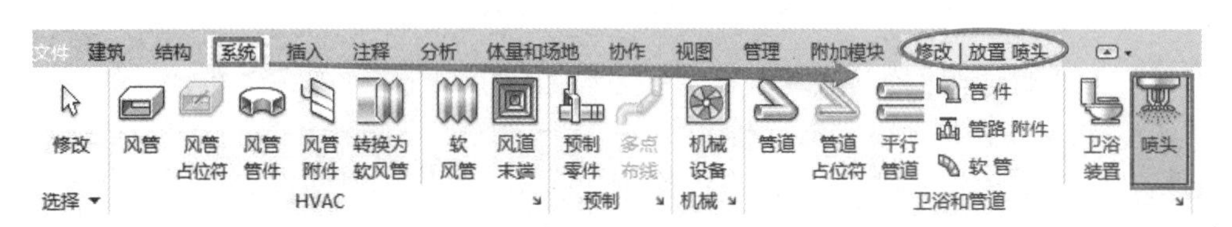

图 3-60 绘制喷头

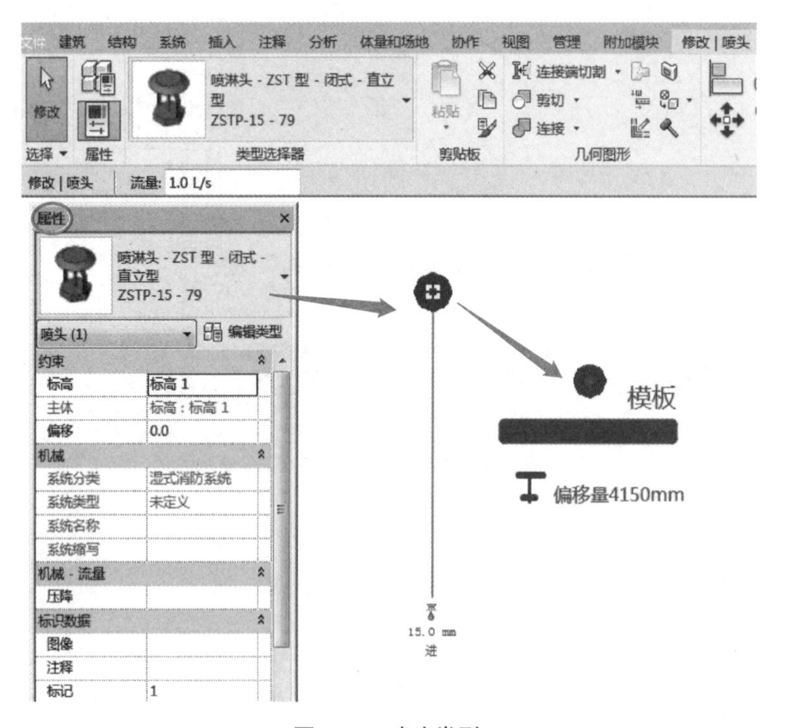

图 3-61 喷头类型

2）连接喷头与绘制管道

(1) 激活“管道”命令，选择相应参数（管道类型、系统类型、管道直径、管道偏移量），起点单击第一个喷头，终点单击最后一个喷头。系统自动连接第一个喷头与最后一个喷头，其余喷头利用剖面视图进行辅助，在剖面视图中进行管道连接，如图 3-62 所示。

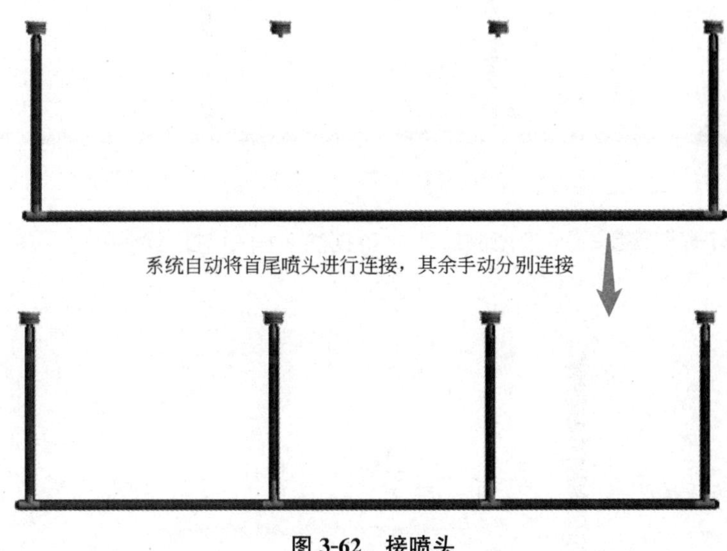

图 3-62 接喷头

(2) 可借助剖面框，直接在剖面框内进行横支管绘制及连接，然后再调整横支管偏移量，如图 3-63 所示。

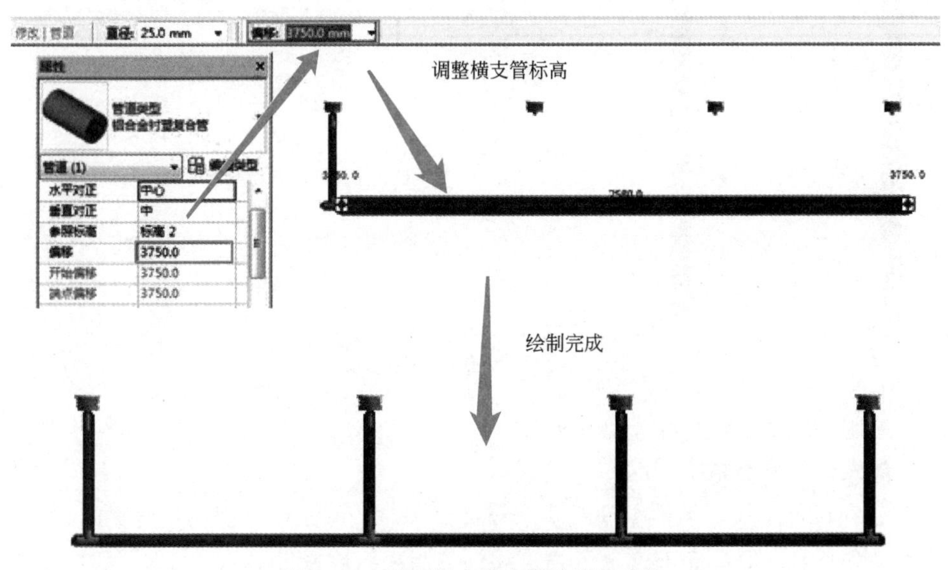

图 3-63 剖面框内横支管绘制及连接

使用“连接到”命令连接支管与喷头时，连接段自动生成的管道直径为 15mm，这是由所选喷头的入口直径确定。在这里需手动将直径 15mm 的管道修改为 25mm，如图 3-64 所示。

图 3-64　连接段自动生成

（3）管道与喷头绘制、连接完成后，可根据喷头间距对已绘制的管道和喷头进行批量复制，如图 3-65 所示。

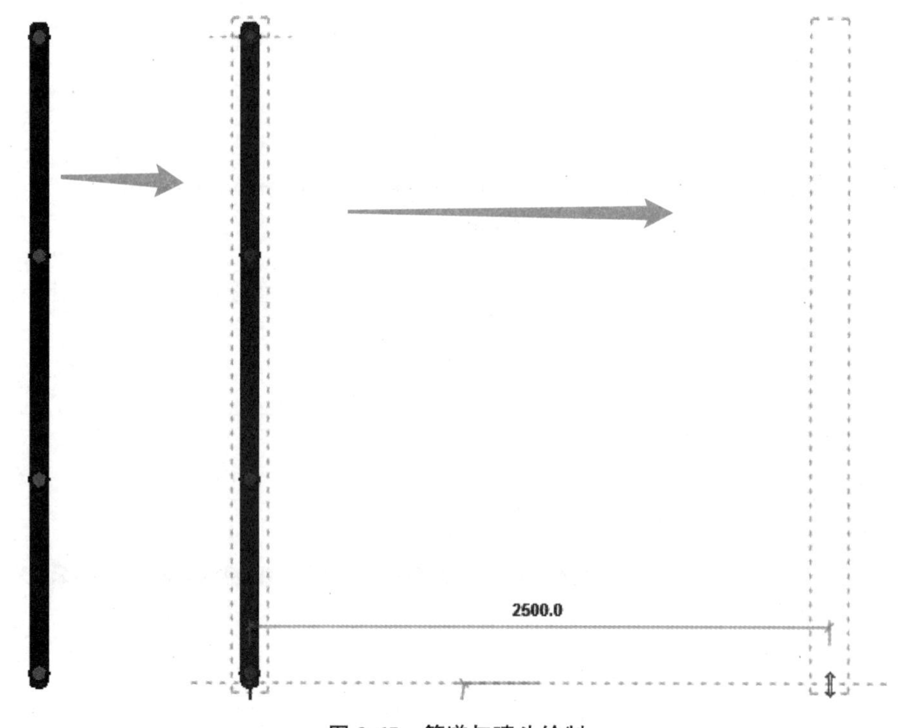

图 3-65　管道与喷头绘制

（4）绘制喷淋主干管与横支管相连接。

（5）插入相关喷淋系统阀门。

假设在设计阶段，需根据间距要求布置喷头时，可添加合适的参照平面，并将喷头锁定在水平和竖直参照平面上。这可通过移动参照平面快速批量修改喷头位置，同时有利于在自动布局模式下进行管路连接，避免因喷头没有对齐而使管道连接失败。

3）放置防排烟风机

进入“系统”→“机械设备”选项，将排烟风机载入项目中，在绘图区域所需位置放置排烟风机，如图 3-66 所示。

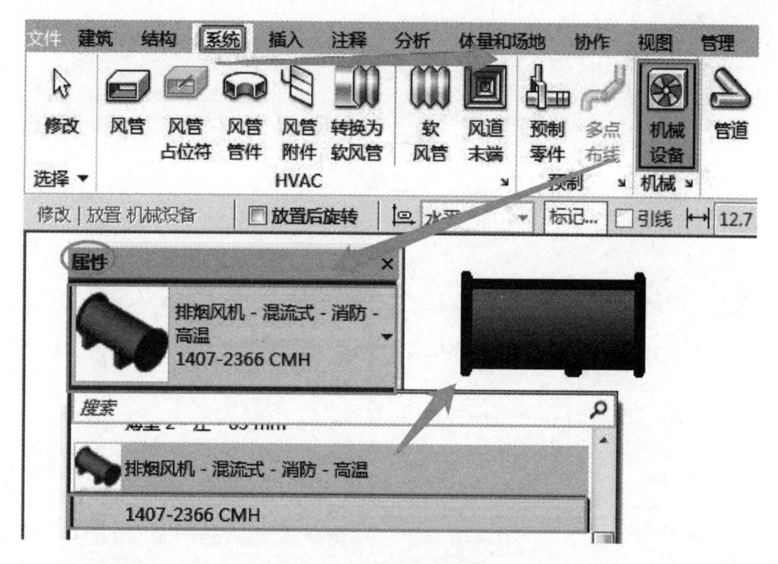

图 3-66　放置防排烟风机

3.4　建筑暖通空调 BIM 模型创建

本节学习完成后，读者将能对建筑设备风管与空调及通风系统建模充分认识，其中主要的操作包括：
① 建筑设备风管及空调水管设置；
② 建筑设备通风系统建模。

3.4.1　风管及空调水管设置

1. 风管类型设置

1）进入“系统”→“风管”选项，通过绘图区域左侧的“属性”面板选择和编辑风管的类型，风管类型与风管连接方式有关，如图 3-67 所示。

2）单击“编辑类型”→“类型属性”对话框，可以对风管类型进行复制添加、编辑管件、风管尺寸编辑、机械设置和转换设置，其中，送风、回风和排风三种通风系统可设置绘制时默认的风管类型。

❓在“送风”系统分类下，默认选择“矩形风管：半径弯头/T 形三通”绘制干管和支管，“偏移”为 2750，支管末端不使用软风管，如图 3-68 所示。可按要求自定义不同通风系统风管绘制默认值。

2. 风管尺寸设置

在 Revit 中，通过“机械设置”对话框查看、添加、删除当前项目文件中的风管尺寸信息。

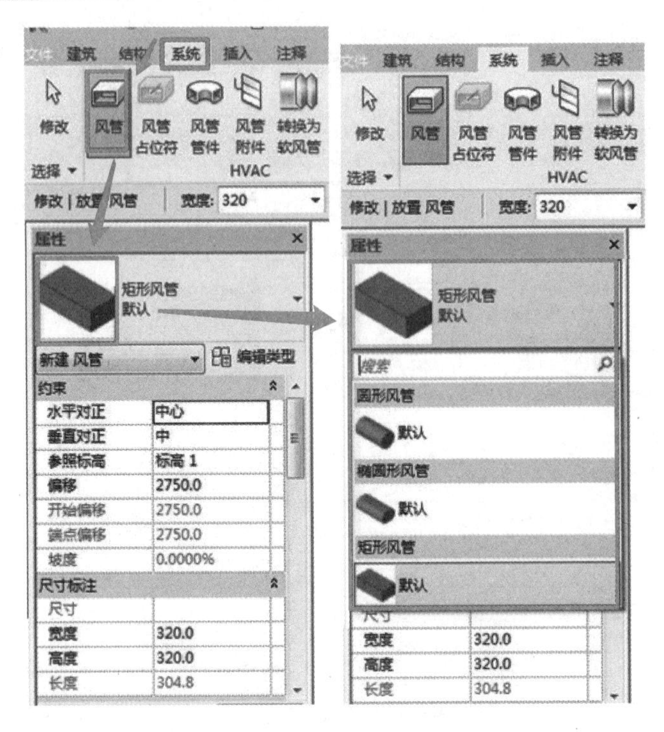

图 3-67　风管类型与风管连接方式

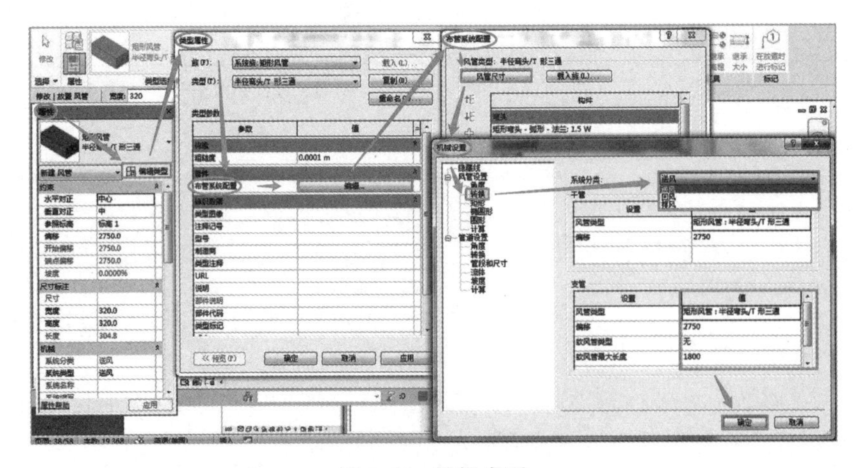

图 3-68　编辑类型

1）打开“机械设置”对话框方：进入“管理”→“MEP 设置”→“机械设置”选项，或者进入“系统”→“机械”选项，如图 3-69 所示。

2）添加、删除风管尺寸：打开“机械设置”→“矩形”“椭圆形”“圆形”选项可以分别定义对应形状的风管尺寸。单击“新建尺寸”或者“删除尺寸”按钮可以添加或删除风管的尺寸。

💡软件不允许重复添加列表中已有的风管尺寸。如果在绘图区域已绘制了某尺寸的风管，该尺寸在“机械设置”尺寸列表中将不能删除。如需删除该尺寸，可以先删除项目中的风管，再删除“机械设置”尺寸列表中的尺寸。

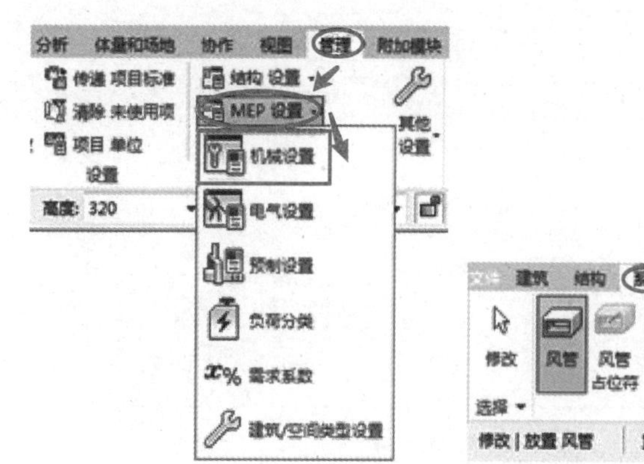

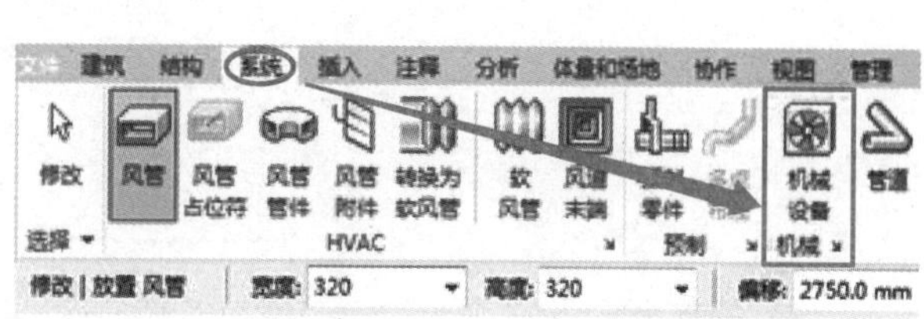

图 3-69　机械设置

3）尺寸应用：与给水排水、电气专业类似。

3. 风管角度设置 ⊙ *参见：第 3.3.1 节*

Revit 提供风管弯头、斜接三通、四通的任意角度、角度增量、特定角度三种"角度"选项卡设置方式。

4. 空调水管类型创建与设置 ⊙ *参见：第 3.3.1 节*

5. 风管系统创建与设置 ⊙ *参见：第 3.3.1 节*

在"项目浏览器"→"族"→"+"→"风管系统"选项，可以查看项目中的风管系统。

可以基于自带的三种系统分类（回风、排风和送风）来添加新的风管系统，所有风管系统创建后都隶属于自带的三种风管系统中的一种。可以添加属于"送风"分类下的风管系统类型；"防排烟"系统可使用"排风"系统分类。

选中风管系统单击鼠标右键，可以对当前风管系统进行复制添加、删除当前、重新命名、选择全部实例、类型属性设置等编辑，如图 3-70 所示。

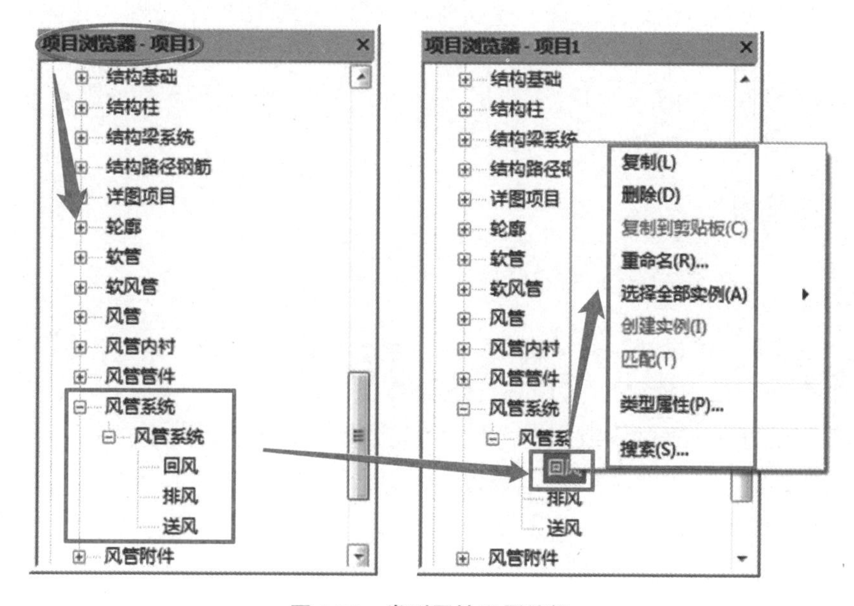

图 3-70　类型属性设置编辑

1）风管系统类型属性设置：选择“类型属性”选项，打开风管系统“类型属性”对话框，可对该风管系统进行图形替换、材质渲染、机械计算流量/系统分类、标识数据、上升/下降符号等设置，如图 3-71 所示。

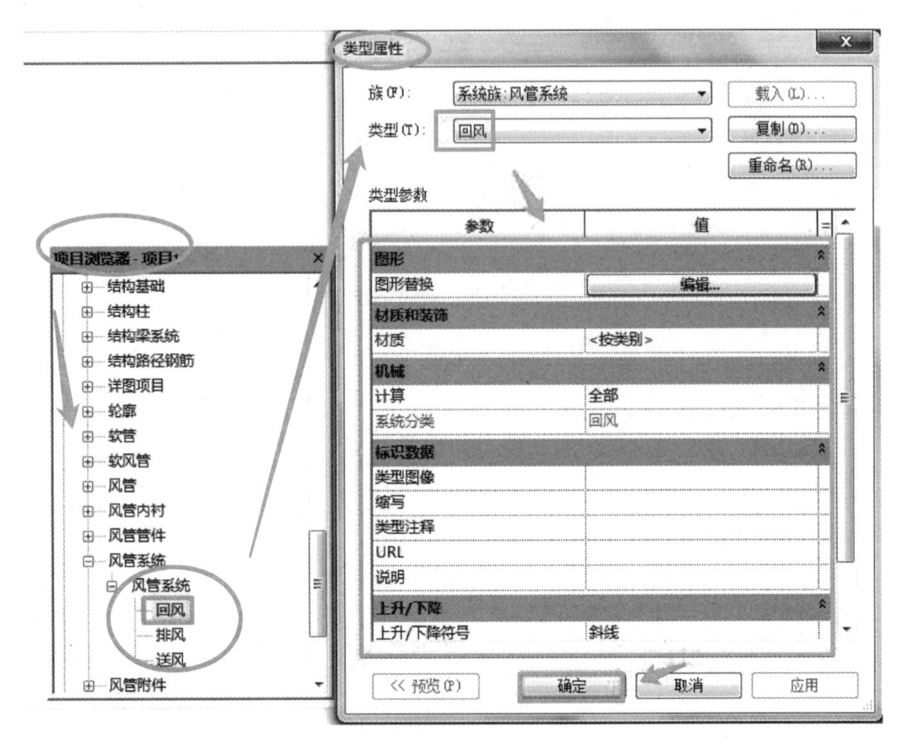

图 3-71　风管系统类型属性设置

在剖面或立面视图中对风管进行标注，有时可能无法捕捉到风管边界。需要在“可见性/图形替换”对话框中取消勾选风管的“升”和“降”子类别，才能捕捉到风管边界。

2）空调水管系统创建及设置：空调水系统通常包含冷冻水系统和冷却水系统两部分。不同空调水系统在 Revit 中对应的管道系统分类不同。

3.4.2　系统建模

1. 风管绘制

进入“系统”→“风管”→“属性”→“修改｜放置 风管”选项栏被同时被激活，如图 3-72 所示。与给水排水、电气专业管线绘制类似。

垂直风管可在立面视图或剖面视图中直接绘制；在平面视图绘制时，要在选项栏上改变将要绘制的下一段水平风管“偏移量”，就自动连接出一段垂直风管。

风管的放置方式与给水排水、电气专业类似。

1）对正：此功能在立面和剖面视图中不能用。选择“对正”→“对正设置”对话框，如图 3-73 所示。

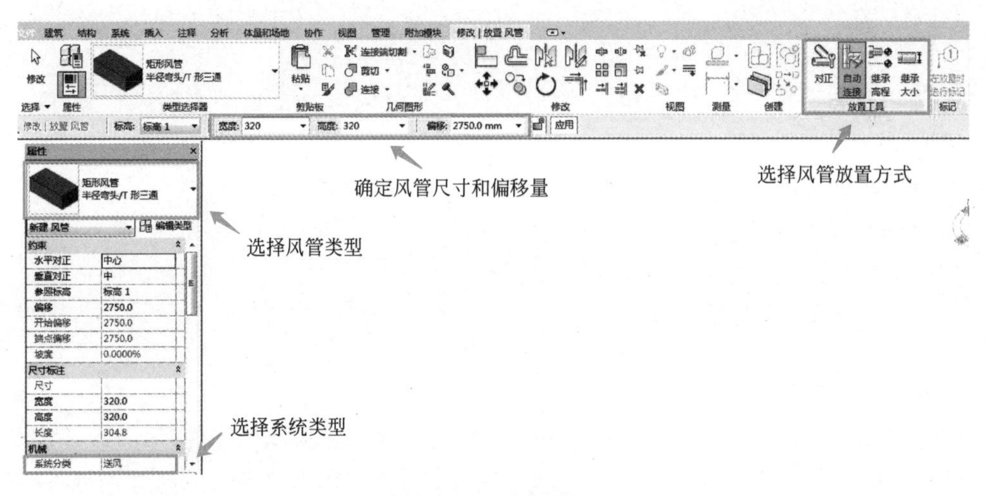

图 3-72　放置风管

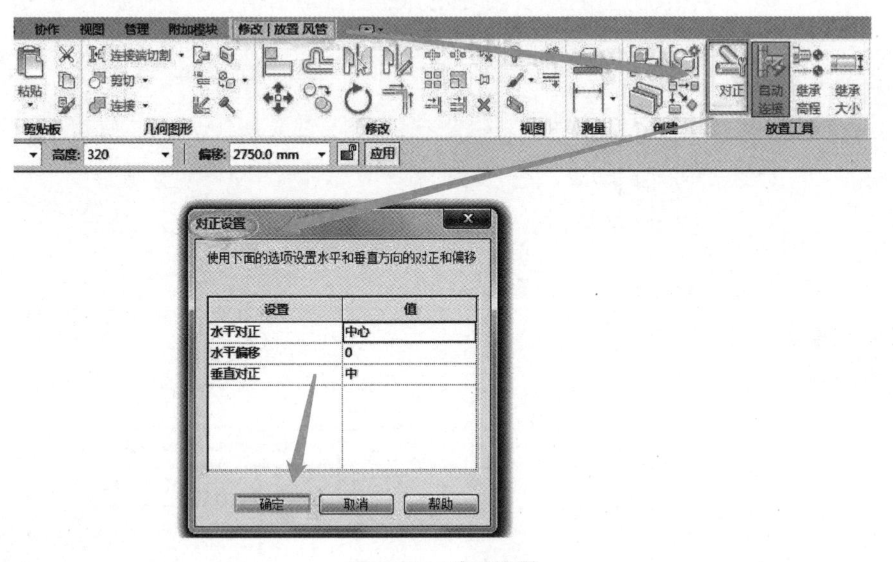

图 3-73　对正设置

水平对正：以风管的“中心”“左”“右”作为参照，将相邻两段风管进行水平对齐“水平对正”的效果与管绘制方向有关，自左至右绘制风管时，选择不同“水平对正”方式的绘制效果，如图 3-74 所示。水平偏移、垂直对正操作原理相似。

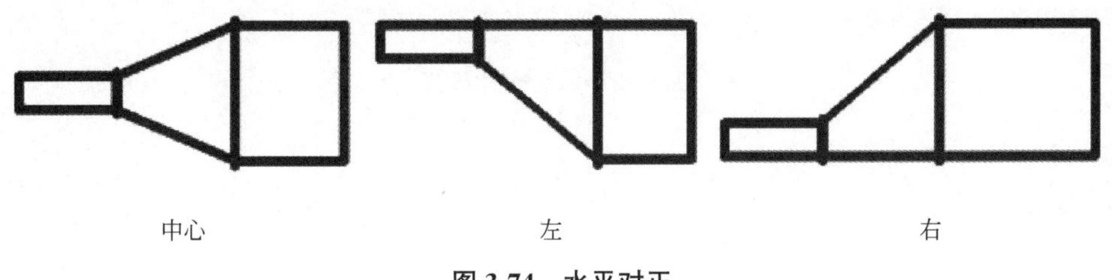

图 3-74　水平对正

2）自动连接：“放置工具”面板中的“自动连接”命令用于自动捕捉相交风管，并添加风管管件完成连接。在默认情况下，该功能处于激活的状态。

❓当“自动连接”命令激活时，绘制两段正交的风管，将自动添加风管管件完成连接。如果没有激活“自动连接”命令，则管件不会自动添加。

3）继承高程和大小：在默认情况下，这两项未处于激活状态。

2. 空调水管绘制 *参见：第 3.3.2 节*

3. 风管管件放置 *参见：第 3.3.2 节*

风管管件放置包括：添加风管管件、放置管帽、编辑风管管件。与建筑给水排水系统管道相同。

4. 风管附件放置

在平面视图、立面视图、剖面视图和三维视图中均可放置风管附件。

进入“系统”→“风管附件”→“属性”选项板中选择需要放置的风管附件，放置到风管中，如图 3-75 所示。也可在“项目浏览器”下拉列表窗口中，展开“族”→“风管附件”选项，直接以拖拽的方式将风管附件拖到绘图区域所需位置进行放置。

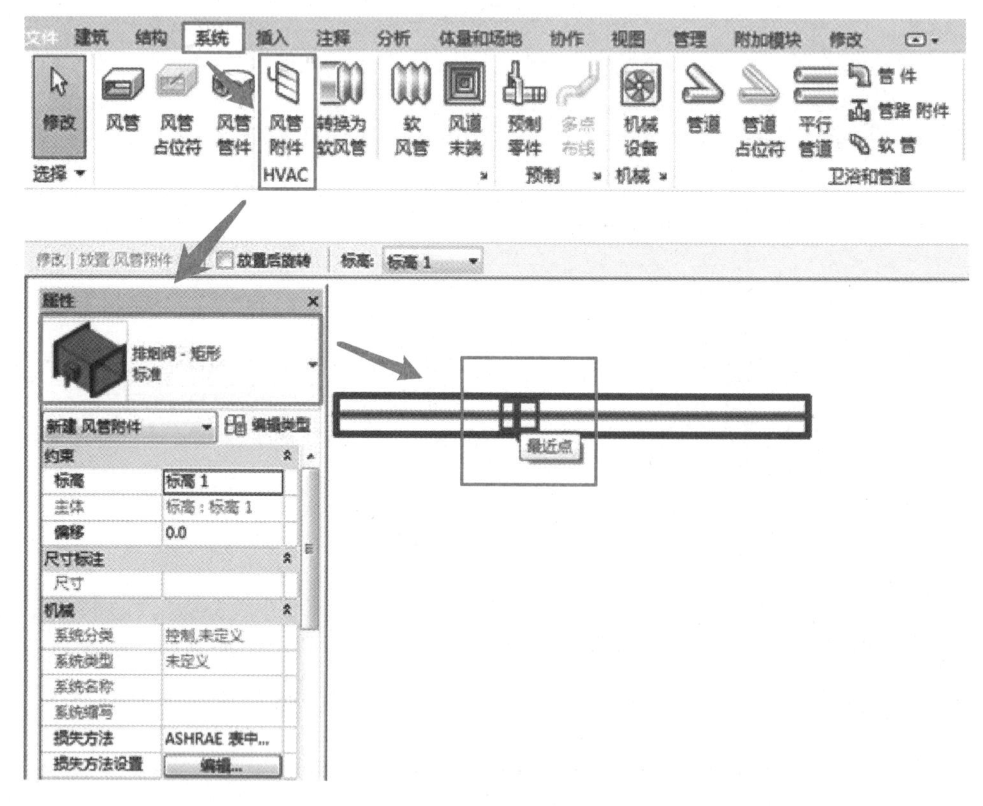

图 3-75　风管附件放置

5. 设备的放置 *参见：第 3.3.2 节*

6. 设备连管

设备风管连接件可以连接风管，设备连管的几种方法如下。

1）选中设备，单击设备的风管连接件进口或出口添加“⊞”按钮创建风管，如图 3-76 所示。或者选中设备，使用鼠标右键单击设备的风管连接件，选择“绘制风管”选项。

2）直接拖动已绘制的风管到相应设备的风管连接件，风管将自动捕捉设备上的风管连接件，完成连接，如图 3-77 所示。

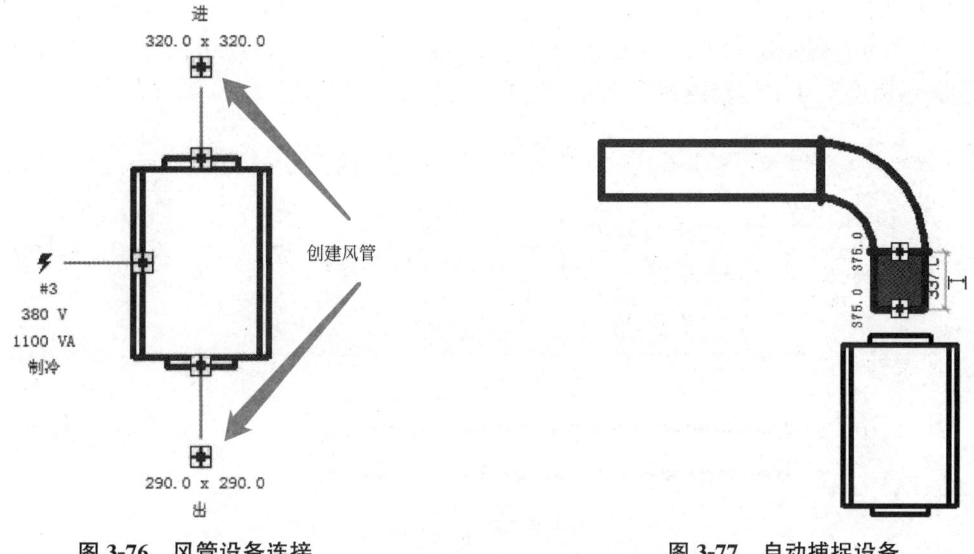

图 3-76　风管设备连接　　　　图 3-77　自动捕捉设备

3）使用“连接到”命令，与建筑给水排水系统管道相同。

不能使用“连接到”命令将设备连接到软风管上。

7. 风管的隔热层和内衬

1）添加风管隔热层和内衬

选中所要添加隔热层或内衬的管段，激活“修改｜风管”选项卡中“添加风管隔热层”“添加内衬”命令，如图 3-78 所示。

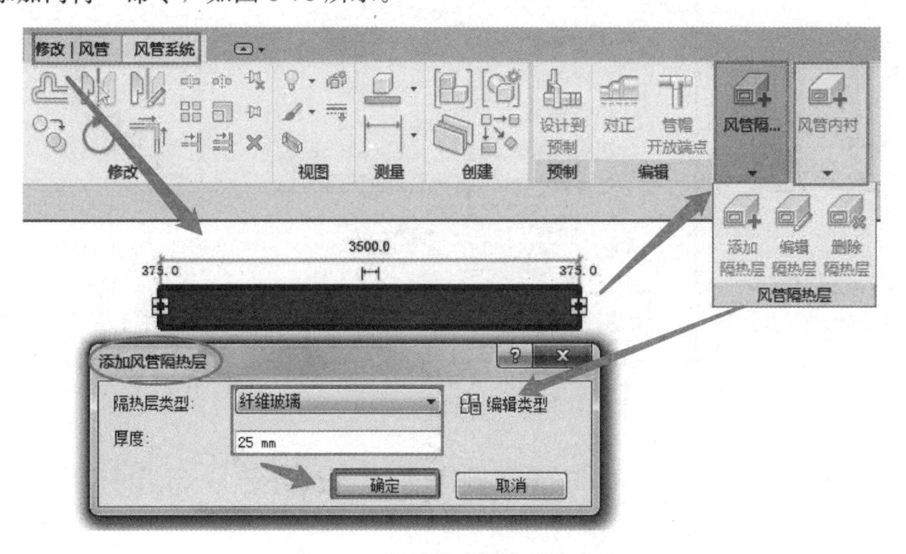

图 3-78　添加风管隔热层和内衬

（1）添加隔热层：单击“添加隔热层”按钮，打开“添加风管隔热层”对话框，选择需要能加的“隔热层类型”，输入需要添加的隔热层“厚度”，完成后单击“确定”按钮。

（2）添加内衬：单击“添加内衬”按钮，打开“添加风管内衬”对话框，选择需要添加的“内衬类型”，输入需要添加的内衬“厚度”，完成后单击“确定”按钮。

选中带有隔热层或内衬的风管后，进入“修改｜风管”选项卡，可以“编辑隔热层”“删除隔热层”或“编辑内衬”“删除内衬”，如图 3-79 所示。

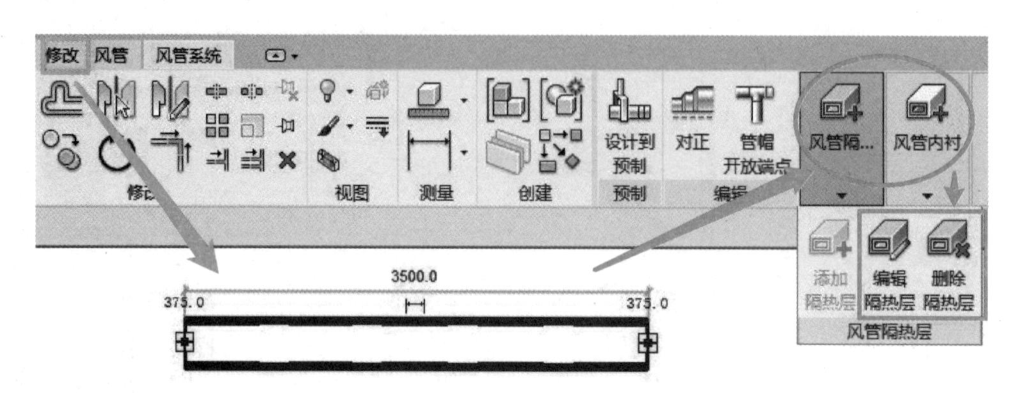

图 3-79 添加隔热层

2）设置隔热层和内衬

在“项目浏览器”下拉列表窗口中可以查看和编辑当前项目中风管隔热层和风管内衬类型，如图 3-80 所示。

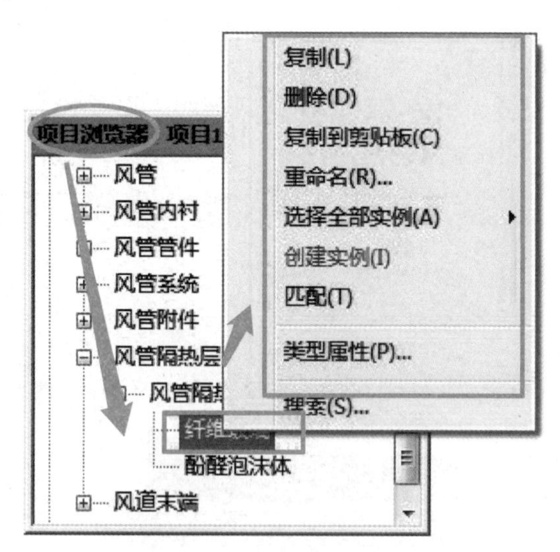

图 3-80 设置隔热层和内衬

使用鼠标右键单击风管隔热层或风管内衬的任一类型，可以对当前类型进行复制添加、删除当前、重新命名、选择全部实例、类型属性设置等编辑。

8. 空调水管管件、附件、设备的放置 参见：第 3.3.2 节

3.5 建筑电气 BIM 模型创建

本节学习完成后，读者将能对建筑设备电气桥架与管线及系统建模充分认识，其中主要的操作包括： ① 建筑设备桥架及线管设置； ② 建筑设备电气系统建模。

3.5.1　桥架及线管设置

1. 电缆桥架类型创建

1）进入“项目浏览器”→“族”→“+”→“电缆桥架”→“带配件的电缆桥架”选项，选择系统自带桥架选项，使用鼠标右键单击复制。选择新复制创建的桥架选项，使用鼠标右键单击，将之重命名为“强电金属桥架”，如图 3-81 所示。“弱电金属桥架”“消防金属桥架”“照明金属桥架”创建方法相同。

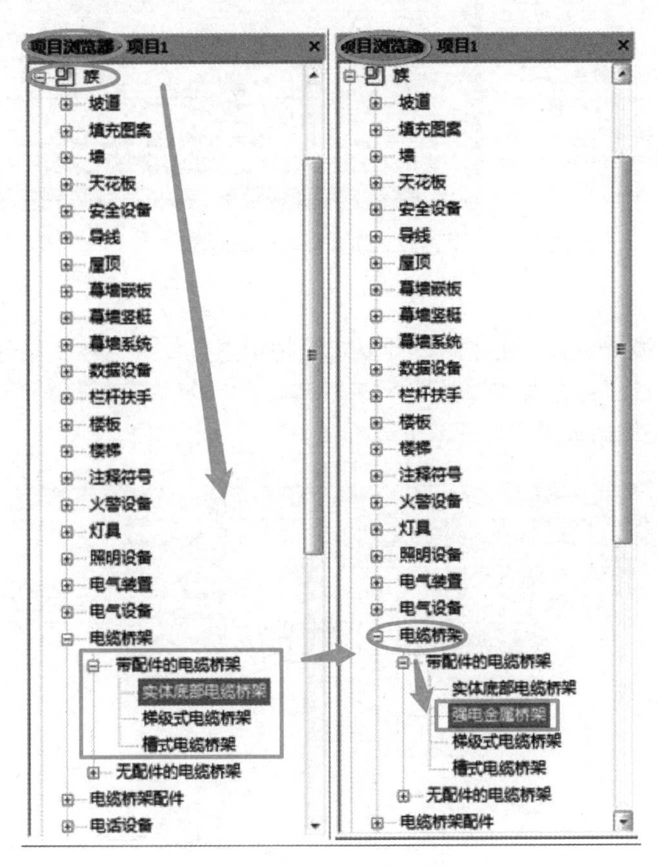

图 3-81　带配件的电缆桥架

2）双击“强电金属桥架”→“类型属性”对话框，可对其电气、管件、标识数据等参数进行设置，如图 3-82 所示。

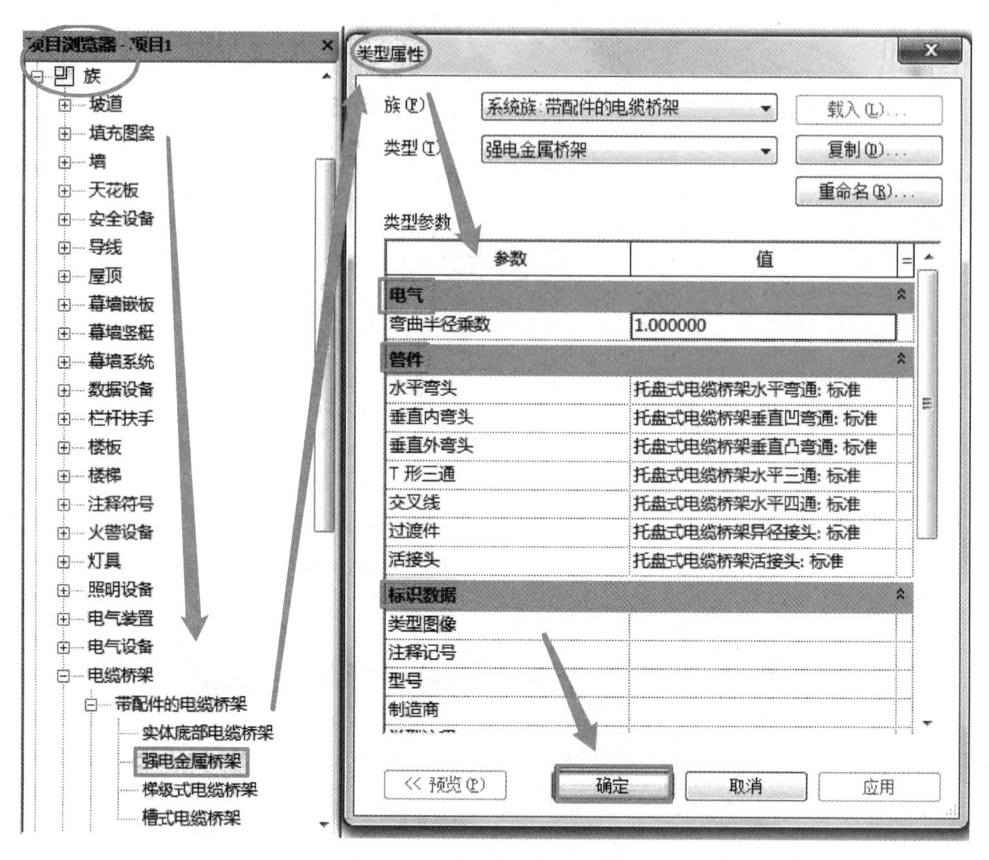

图 3-82　强电金属桥架设置

2. 电缆桥架设置

1）在绘制电缆桥架前，先按照设计要求对桥架进行设置。在“电气设置”对话框中定义“电缆桥架设置”：进入“管理”→“MEP 设置”→“电气设置”对话框，在“电气设置”对话框的左侧面板中，展开“电缆桥架设置”，如图 3-83 所示。

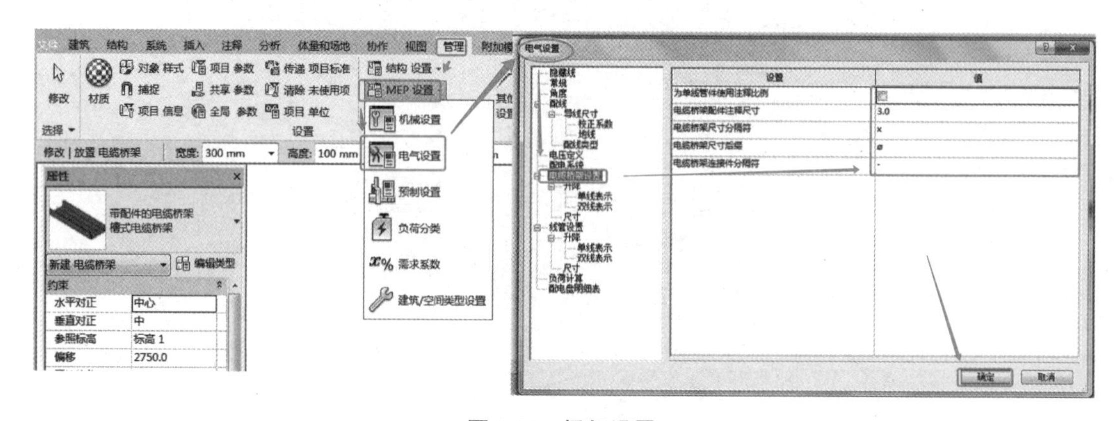

图 3-83　桥架设置

2）展开“电缆桥架设置”选项并设置“升降”和“尺寸”并设置。其他设置类似。

（1）设置升降：在左侧面板中，“升降”选项用来控制电缆桥架标高变化时的显示。单击“升降”选项，在右侧面板中，可指定电缆桥架升/降注释尺寸的值，如图 3-84 所示。该参数用于指定在单线视图中绘制的升/降注释的出图尺寸。无论图纸比例为多少，该注释尺寸始终保持不变，默认为 3.00mm。

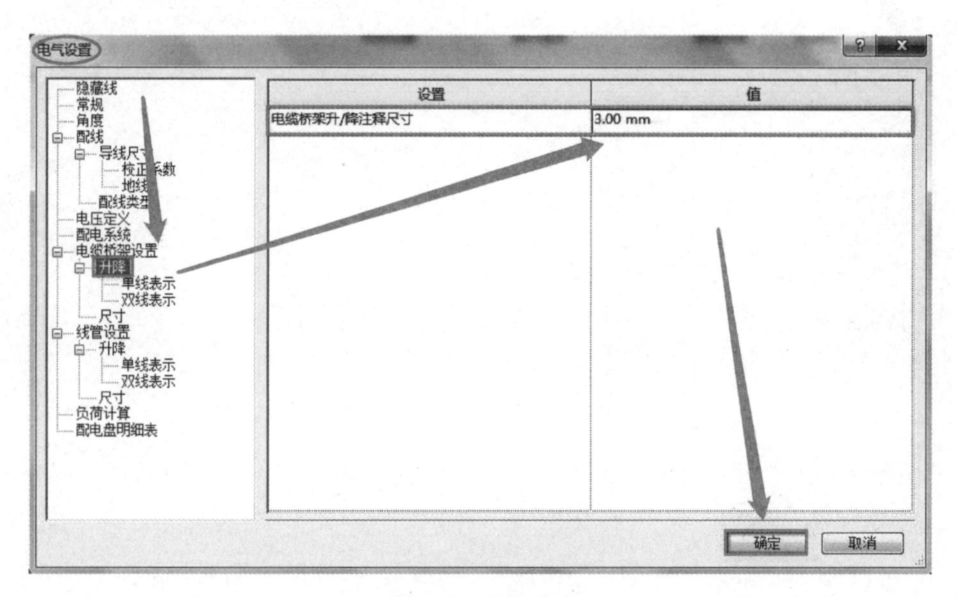

图 3-84　设置升降

在左侧面板中，展开“升降”→“单线表示”选项，可以在右侧面板中定义在单级图纸中显示的升符号、降符号。单击“值”列按钮，打开“选择符号”对话框选择相应的符号，如图 3-85 所示。“双线表示”设置方法相同。

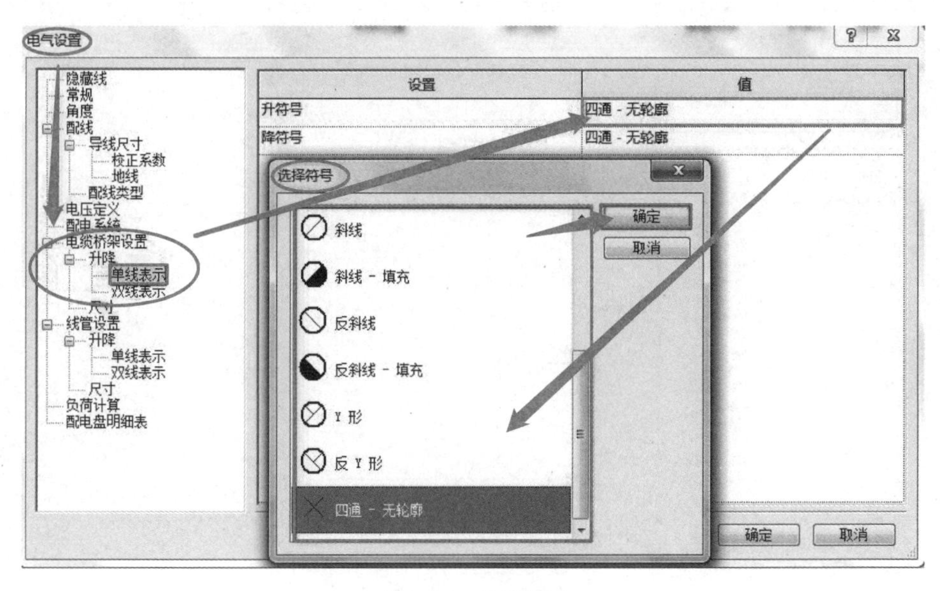

图 3-85　单线设置

（2）设置尺寸：选择“尺寸”选项，在右侧面板中会显示可在项目中使用的电缆桥架尺寸表，在表中可以进行查看、修改、新建和删除操作，如图 3-86 所示。

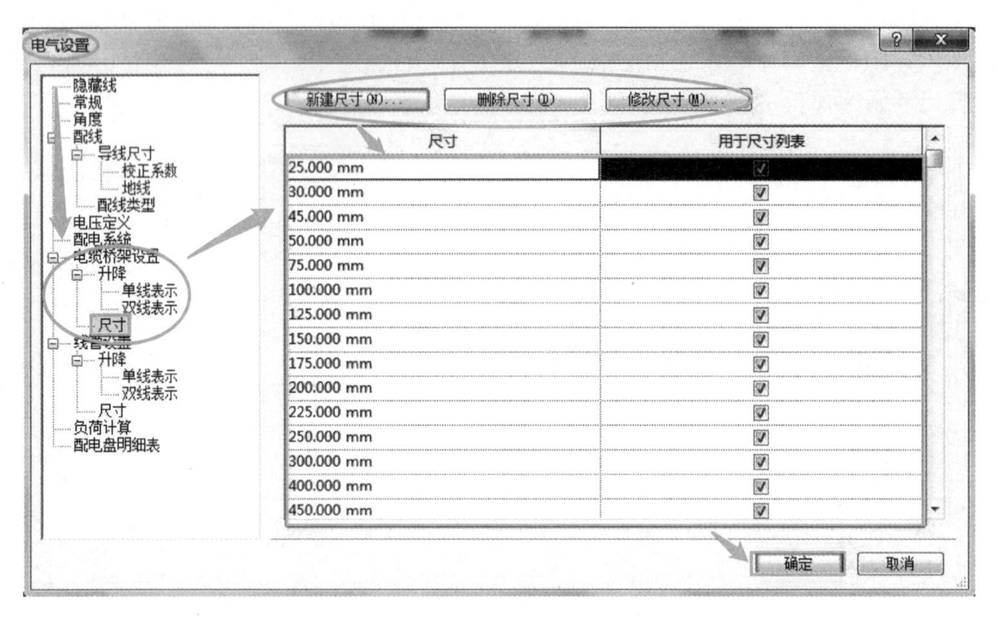

图 3-86　设置尺寸

用户可以选择特定尺寸并勾选“用于尺寸列表”：所选尺寸将在电缆桥架尺寸列表中显示，选项栏的尺寸下拉列表，如图 3-87 所示。如果不勾选该尺寸，将不会出现在尺寸下拉列表中。

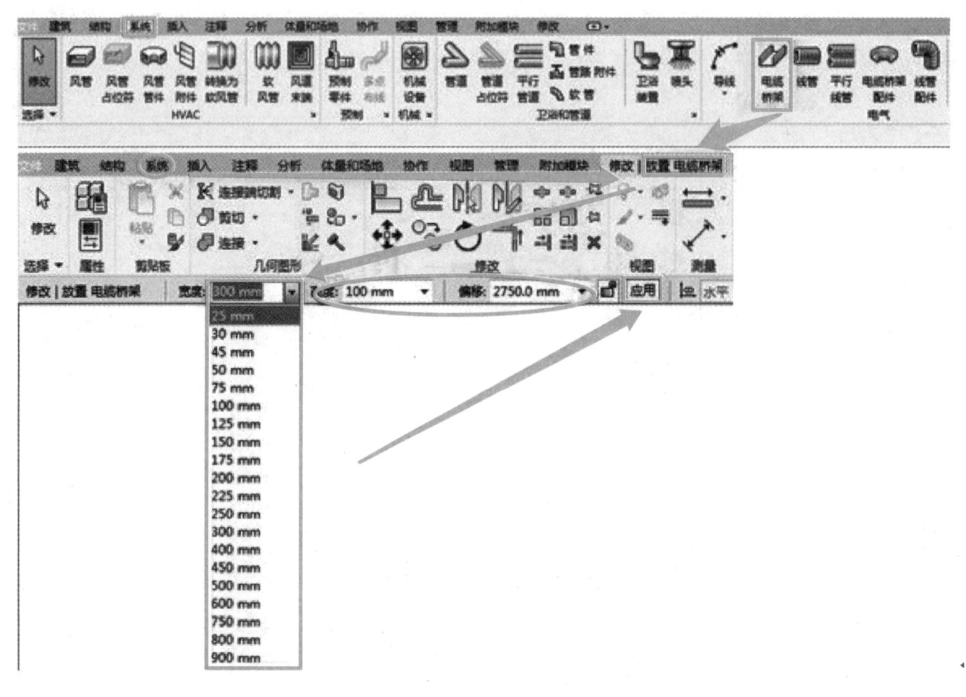

图 3-87　用于尺寸列表

3. 线管类型创建

1）进入“项目浏览器”→“族”→“+”→“线管”→“带配件的线管”选项，系统自带线管类型有“刚性非金属导管”（RNC 明细表 40）和“刚性非金属导管”（RNC 明细表 80）。创建方法与桥架类似。

2）双击“JDG 金属线管”→“类型属性”对话框，可对其电气、管件、标识数据等参数进行设置，如图 3-88 所示。

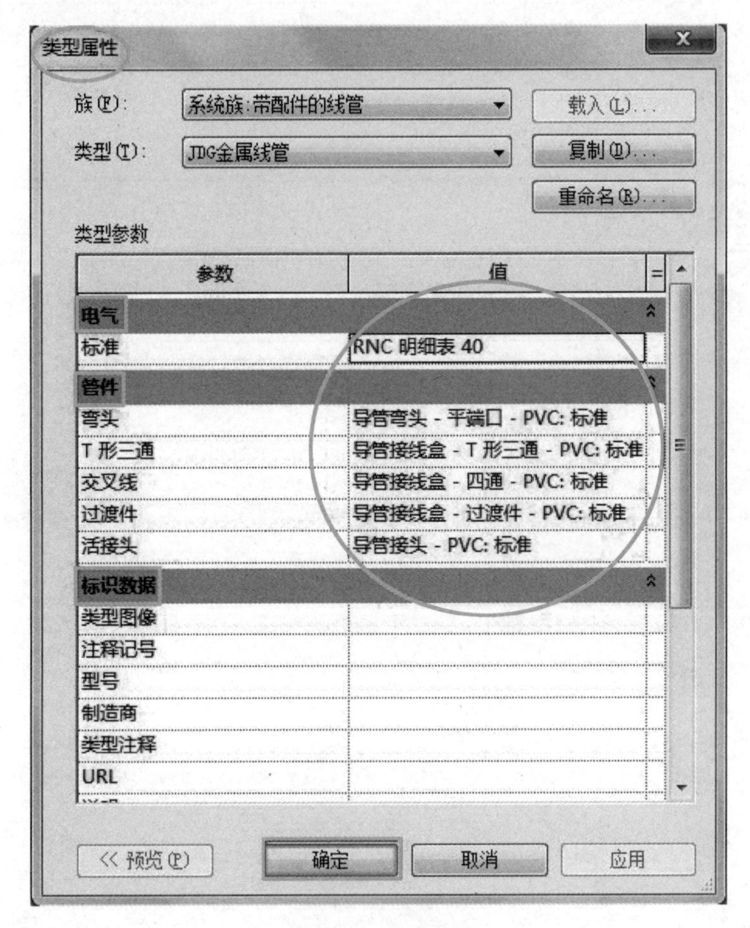

图 3-88 类型属性

4. 线管设置

进入“管理”→“MEP 设置”→“电气设置”选项，弹出“电气设置”对话框，在“电气设置”对话框的左侧面板中，展开“线管设置”选项，如图 3-89 所示。方法与桥架类似。

尺寸设置略有不同。单击“线管设置”→“尺寸”选项，如图 3-90 所示，右侧面板可以设置线管尺寸。首先针对不同“标准”，可创建不同的尺寸列表。单击右侧面板的“标准”下拉按钮，可以选择要编辑的“标准”；单击右侧的按钮，按钮可创建、删除当前尺寸列表。

新建的尺寸“规格”和现有列表不允许重复。如果在绘图区域已绘制了某尺寸的线管，该尺寸将不能被删除，需要先删除项目中的线管，才能删除尺寸列表中的尺寸。

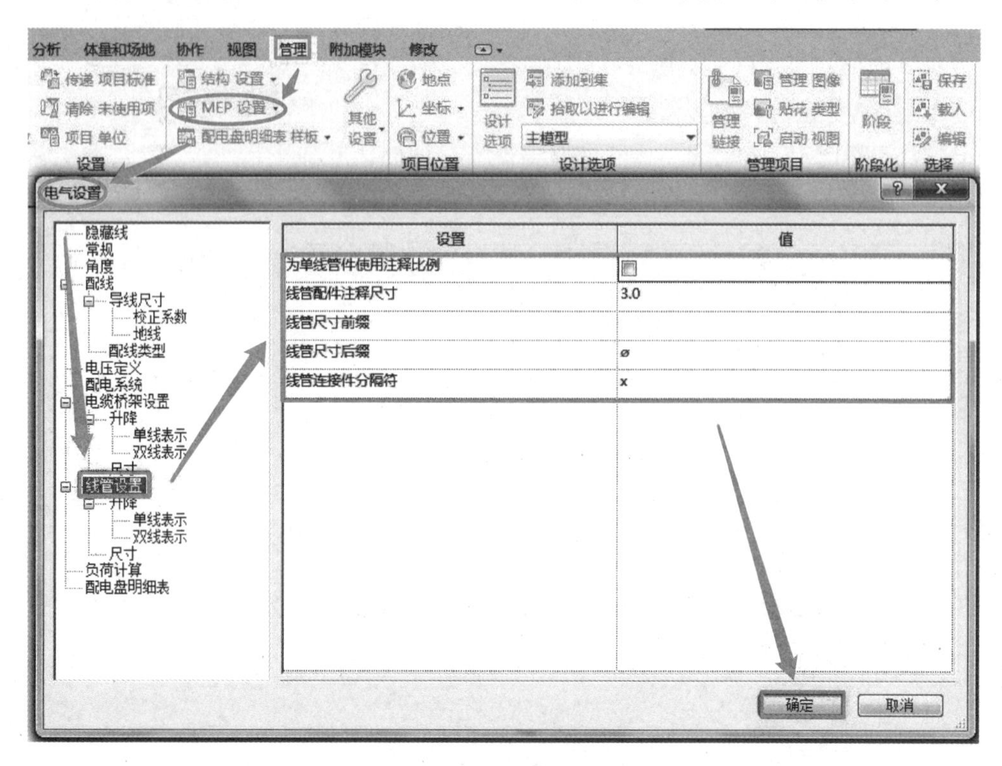

图 3-89　线管设置

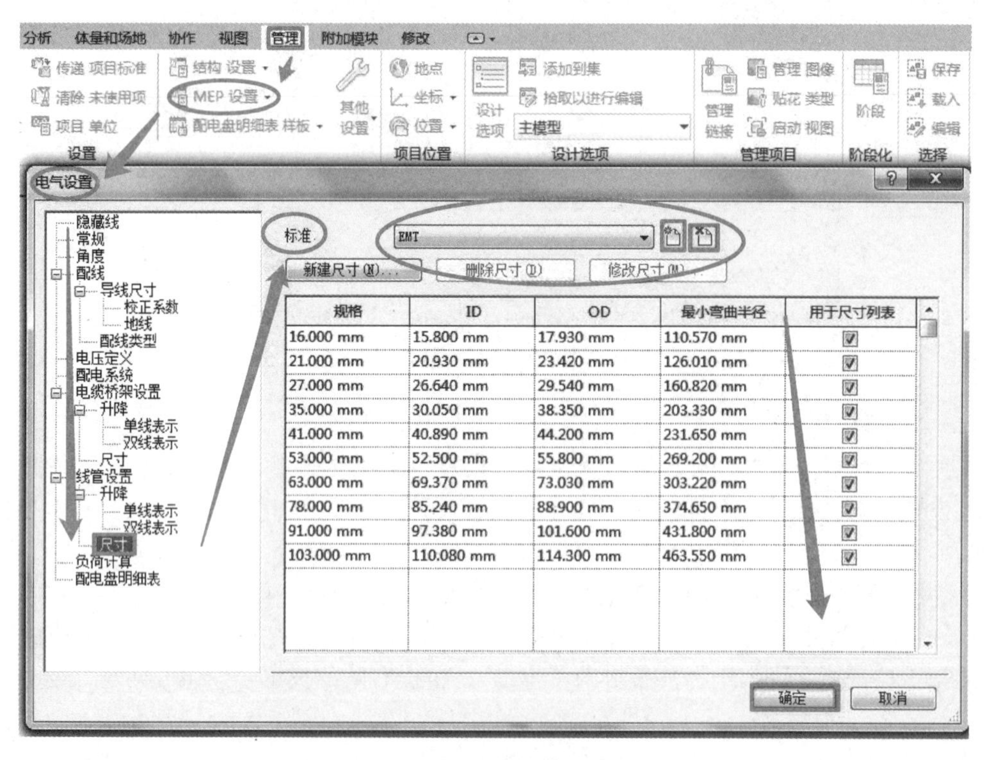

图 3-90　设置线管尺寸

3.5.2　系统建模

1. 桥架绘制

1）进入“系统”→“电缆桥架”选项，进入电缆桥架绘制模式，如图 3-91 所示。“属性”→“修改 | 放置电缆桥架”→“宽度”“高度”“偏移量”，默认单位为 mm。将鼠标指针移至绘图区域，单击鼠标指针指定电缆桥架起点，移动至终点位置再次单击，完成一段电缆桥架的绘制。

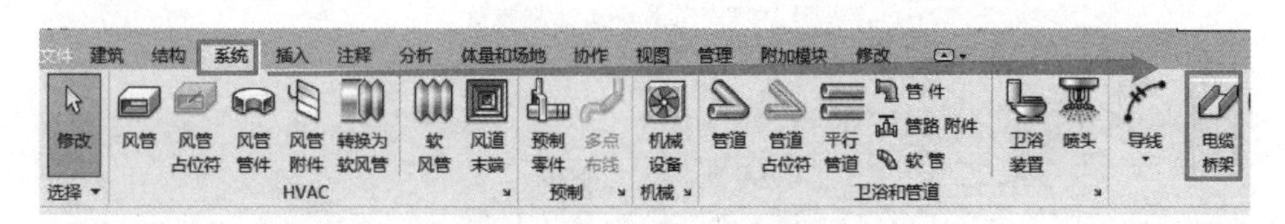

图 3-91　电缆桥架绘制模式

绘制垂直电缆桥架时，可在立面视图或剖面视图中直接绘制。在平面视图绘制时，在选项栏上改变将要绘制的下一段水平桥架的“偏移量”，就能自动连接出一段垂直桥架。

2）在绘制电缆桥架时，可使用“修改 | 放置电缆桥架”选项卡内“放置工具”面板上的命令指定电缆桥架放置方式。

（1）对正：此功能在立面和剖面视图中不能用。选择“对正”→“对正设置”对话框。

水平对正。以电缆桥架的“中心”“左”“右”作为参照，将相邻两段电缆桥架进行水平对齐。“水平对正”的效果与绘制方向有关，自左至右绘制电缆桥架时，选择不同“水平对正”方式的绘制效果，如图 3-92 所示。水平偏移、垂直对正操作原理相同。

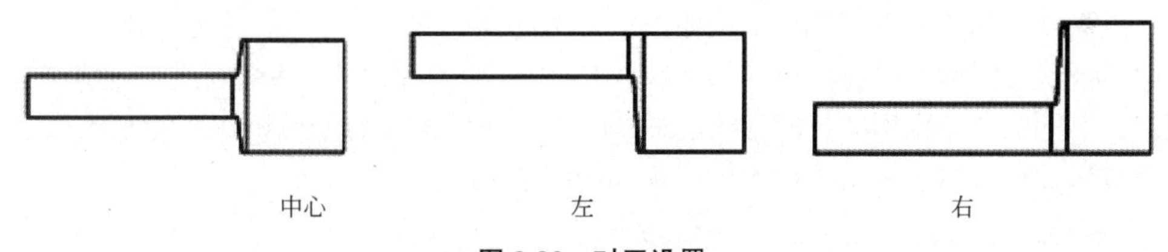

图 3-92　对正设置

电缆桥架绘制完成后，可以使用“对正”命令修改对齐方式。选中需要修改的电缆桥架，“单击”功能区中“对正”按钮，进入“对正编辑器”面板，选择需要的对齐方式和对齐方向，单击“完成”按钮，如图 3-93 所示。

（2）自动连接：“放置工具”面板中的“自动连接”命令用于自动捕捉相交电缆桥架，并添加电缆桥架配件完成连接。在默认情况下，该命令处于激活的状态，如图 3-94 所示。

当“自动连接”命令激活时，绘制两段正交的电缆桥架，将自动添加电缆桥架配件完成连接。如果未激活“自动连接”命令，则电缆桥架配件不会自动添加，如图 3-95 所示。

（3）继承高程和大小：这两个功能可在绘制时自动继承捕捉到图元的高程、大小。

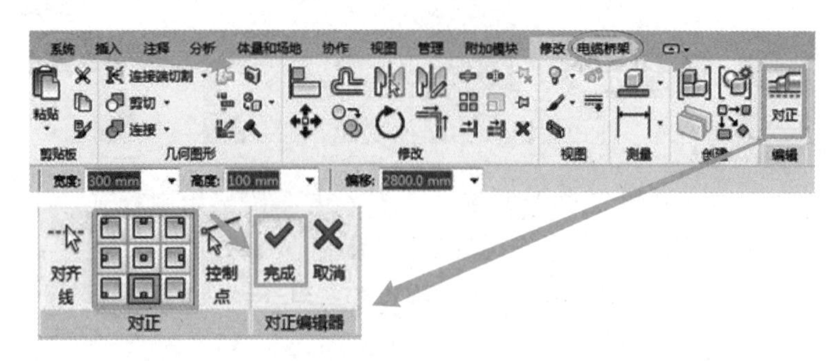

图 3-93　电缆桥架绘制修改

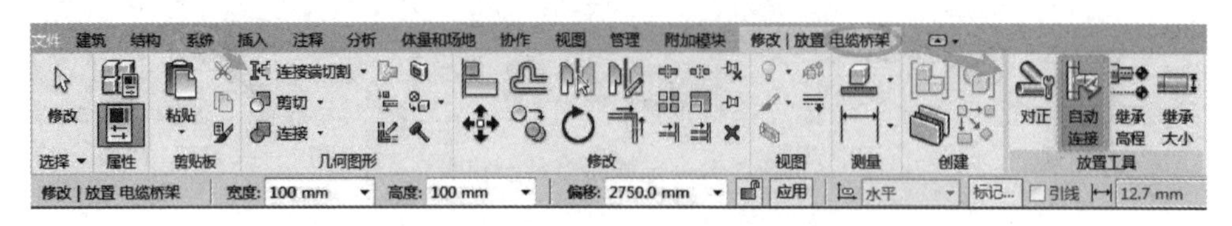

图 3-94　电缆桥架绘制自动连接

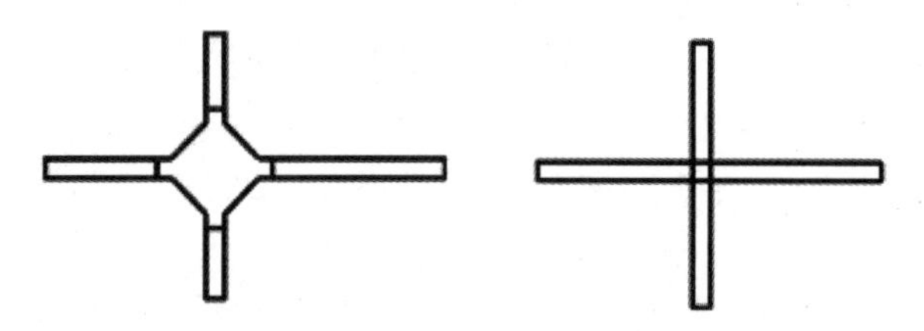

图 3-95　绘制两段正交电缆桥架

3）电缆桥架配件放置，电缆桥架的连接要使用电缆桥架配件，可在平面视图、立面视图、剖面视图和三维视图都可以放置电缆桥架配件。方法与给水排水专业类似。

4）带配件和无配件的电缆桥架：绘制“带配件的电缆桥架”和“无配件的电缆桥架”功能上是不同的。分别用“带配件的电缆桥架”和“无配件的电缆桥架”绘制出的电缆桥架，通过对比可以明显看出这两者的区别，如图 3-96 所示。

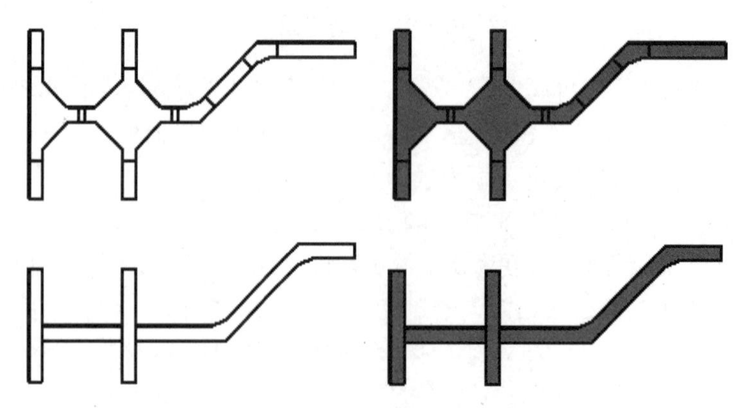

图 3-96　带配件和无配件的电缆桥架

2. 线管绘制

进入“系统”→“线管”选项，进入线管绘制模式，如图 3-97 所示。与电缆桥架绘制类似。

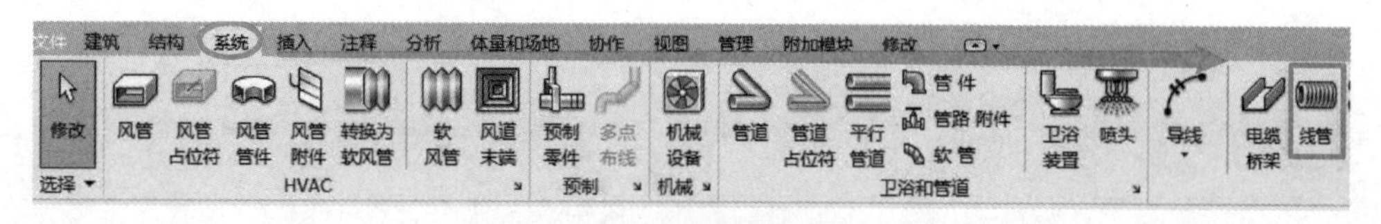

图 3-97　线管绘制模式

1）带配件和无配件的线管，绘制时要注意这两者的区别。“带配件的线管”和“无配件的线管”的显示对比，如图 3-98 所示。

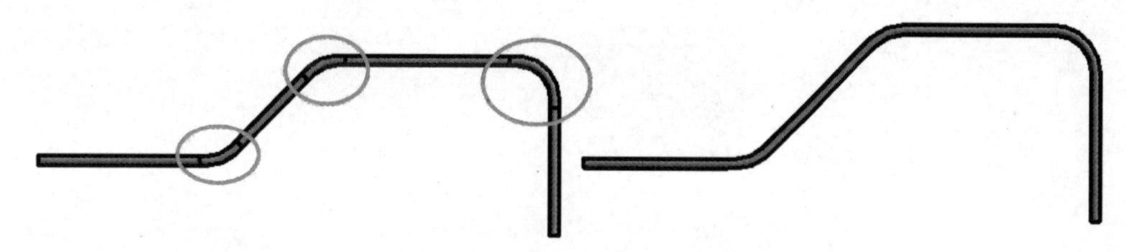

图 3-98　带配件和无配件的线管

默认初始值取的是“电气设置”→“线管设置”→“尺寸”中的“最小弯曲半径”，修改的弯曲半径值不能小于“最小弯曲半径”，否则将出现如图 3-99 所示的提示框。

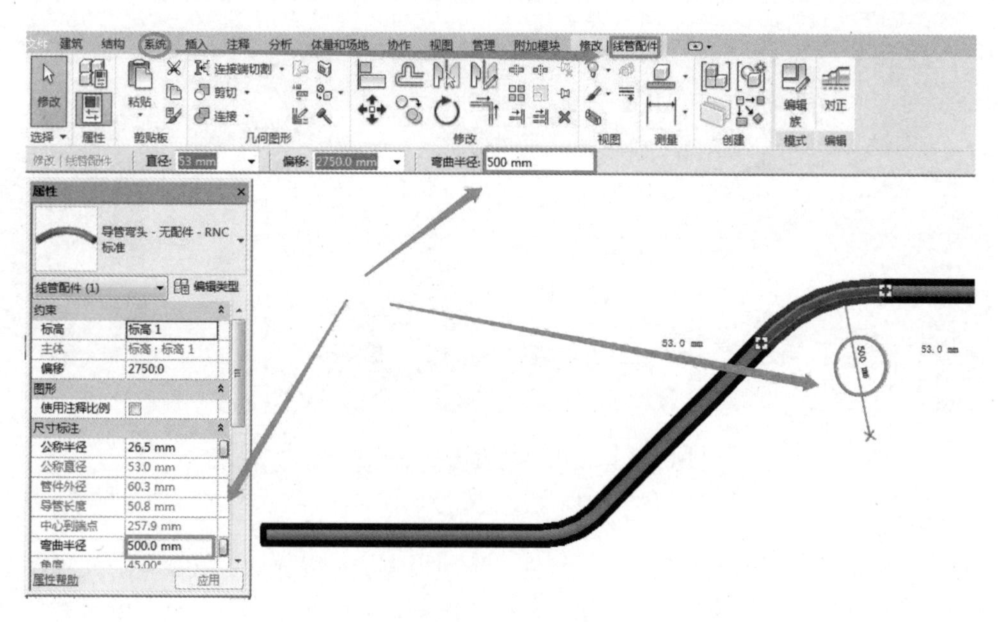

图 3-99　电气设置

2）“表面连接”绘制线管是针对线管创建的一个功能。通过在族的模型表面添加“表面连接件”，在项目中实现从该表面的任何位置绘制一根或多根线管。

❓在变压器表面、左右表面和后表面都添加了“线管表面连接件”。使用鼠标右键单击某一个表面连接件，选择弹出的快捷菜单中的“从面绘制线管”选项，可在该表面上移动线管连接件的位置，选择“完成连接”选项，某个面的某一位置引出线管，如图 3-100 所示。

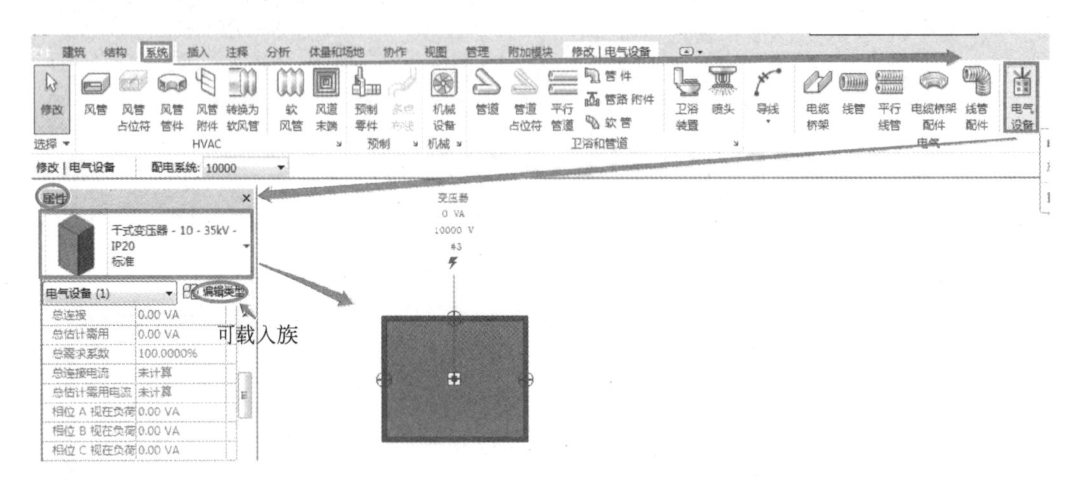

图 3-100　线管表面连接件

类似还可使用鼠标右键单击设备立面方向的线管表面连接件，选择弹出的快捷菜单中的“从面绘制线管”选项，进入设备的立面视图移动线管连接件位置，如图 3-101 所示。

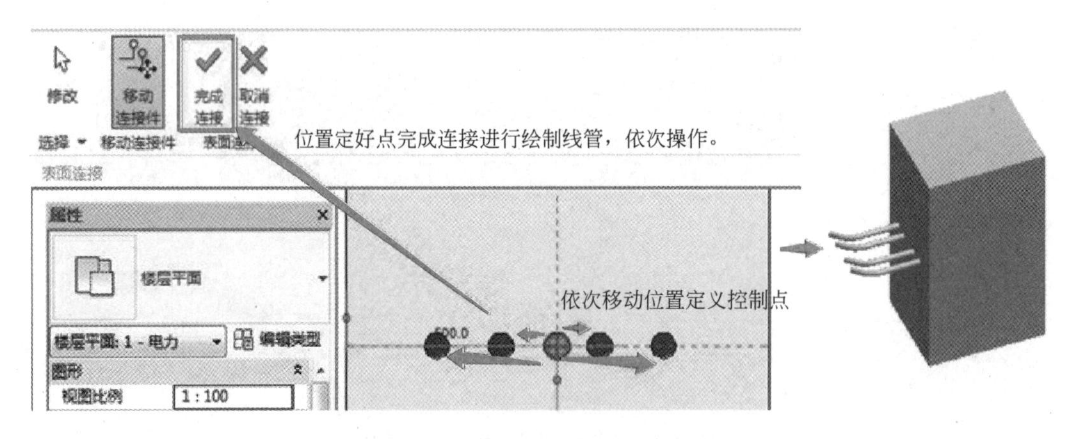

图 3-101　设备立面视图移动线管连接

3. 电气设备载入

进入“系统”→“电气设备”→“属性”选项板中选择需要的电气设备，放置在绘图区域所需位置。假如当前项目中没有所需的电气设备，可以在“属性”→“编辑类型”→“类型属性”→“载入”按钮，进行族的载入。

4. 电气设备放置方法

1）放置基于面的设备时（如基于工作平面、基于墙、基于天花板等）。进入“系统”

→“电气设备”→“属性”选项板中选择配电箱，默认“放置在垂直面上”，将光标定位到所要放置的内墙上，单击放置配电箱，如图 3-102 所示。

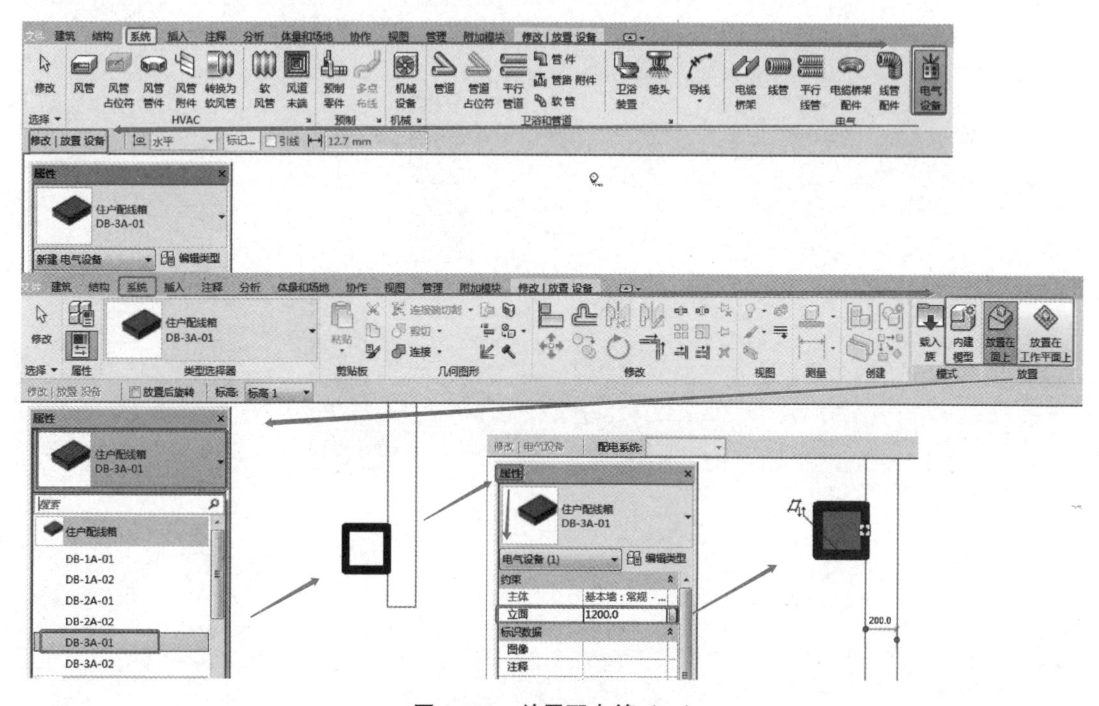

图 3-102　放置配电箱（一）

2）选择放置好的设备，修改“立面”值以编辑放置位置。例如选中已放置的配电箱，在“属性”选项板中指定“立面”值，如图 3-103 所示。

3）配电箱命名，需选中配电箱图元，在“属性”选项板中修改“配电盘名称”，如图 3-104 所示，如命名为“L-1”。

4）进入“注释”→“按类别标记”选项，单击需要标记的配电箱图元，可看到未命名的配电箱的标记在项目中显示为“?”。配电箱的命名，可在“属性”选项板中定义配电箱名称，也可双击“?”标记后直接输入配电箱名称，如“L-2”，如图 3-105 所示。

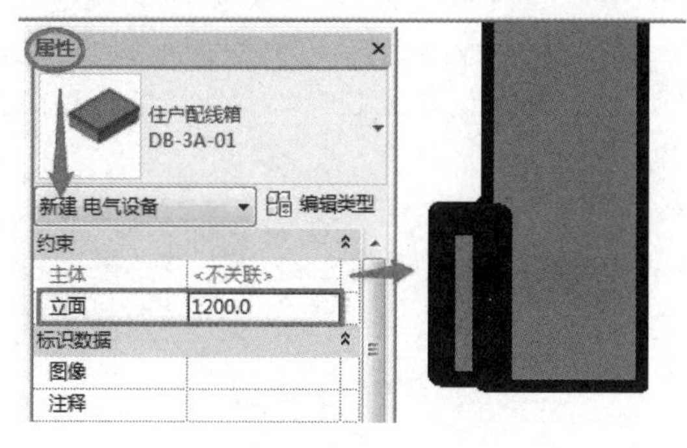

图 3-103　放置配电箱（二）

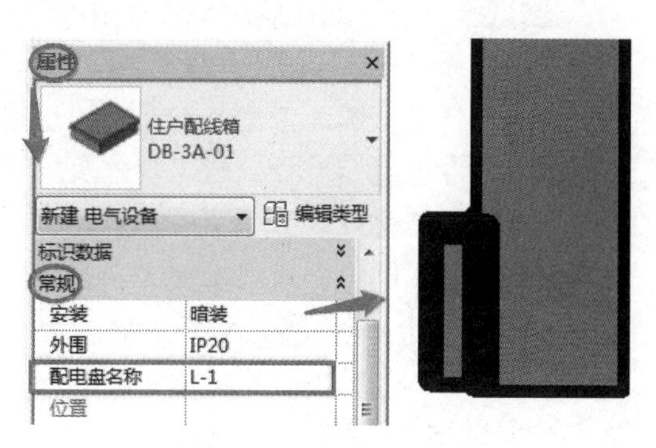

图 3-104　配电箱命名（一）

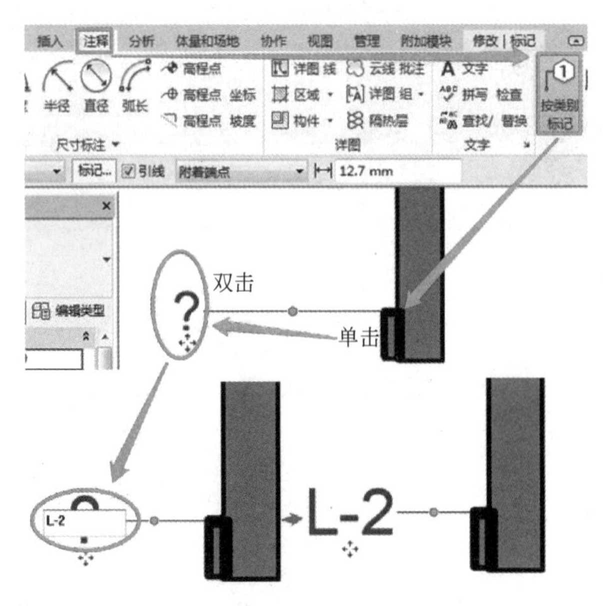

图 3-105　配电箱命名（二）

3.6 深化设计阶段应用

本节学习完成后，读者将能对建筑设备系统深化及管线综合优化充分认识，其中主要的操作包括：
① 建筑设备系统深化分析；
② 建筑设备系统管线综合优化。

3.6.1　深化分析

建筑设备设计 BIM 应用是基于 BIM 的建筑设备“水、暖、电”各专业系统设计。建筑设备深化设计 BIM 应用是由专业设计师利用三维建模软件综合完成特定区场的所有管线综合深化任务，统一考虑各专业系统（建筑、结构、建筑设备及装饰等专业）的合理排布及优化，同时遵循设计、施工规范及施工要求。

建筑设备深化设计 BIM 应用基本流程是基于建筑、结构、建筑设备及装饰各专业的设计文件和施工图，创建建筑设备深化设计模型，并进行模型综合、碰撞检查、模型校审、工程量统计，依据输出的碰撞检查分析报告、深化设计模型、工程量清单等，最终形成建筑设备管线综合图和建筑设备专业施工深化图，用于指导施工。

1. 分析控制净高

在进行建筑的房间净高分析时，首先需要汇总项目信息及各方要求，统计汇总各个功能区域底板净高、梁底标高、功能区的天花高程、建设方的特殊功能区净高要求，并制作功能需求汇总表。通过各功能区的净高汇总统计，分析出各功能区的控制净高，并将分析完的控制净高进行定义房间的净高，分配房间区域颜色方案。

在 Revit 中打开项目之后，进入“项目浏览器”→“楼层净高分析”。进入“建筑”选项卡，选择“房间”选项。Revit 将会自动切换至“修改 | 放置房间”选项卡，选择“在放置时进行标记”选项，在“属性”选项板的“名称”中输入“净高数值”，并移动至绘图区域中单击以放置房间，房间名称将会自动进行标注。依次完成后续相关操作。

2. 碰撞检查

1）Revit 碰撞检查

（1）在 Revit 中打开项目之后，进入“项目浏览器”→“三维视图”→“协作”→“碰撞检查”→“运行碰撞检查”→“碰撞检查”→“检查碰撞类别”→“确定”按钮。

（2）碰撞检查计算完成之后，弹出“冲突报告”对话框，单击其中碰撞点的“+”符号，下拉列表显示碰撞点的图元信息。要查看其中有冲突的图元，可在“冲突报告”对话框中选择该图元名称，然后单击“显示”按钮，当前视图会显示出碰撞问题。

（3）要解决冲突，需在视图内单击图元，然后进行修改。“冲突报告”对话框仍保持可见。解决问题后，在“冲突报告”对话框中单击“刷新”按钮。如果问题已解决，则会从冲突列表中删除之前发生冲突的图元消息。

（4）在“冲突报告”对话框中单击“导出”按钮。输入名称，定位保存报告的文件夹，然后单击“保存”按钮，将冲突报告保存为独立文件。

2）Navisworks 碰撞检查

Navisworks 也是 Autodesk 的 BIM 系列软件中的一款（参见：第 4.1.1 节），其在可视化、仿真、模型分析方面的功能显著。用 Navisworks 做碰撞检查的操作步骤与 Revit 碰撞检查操作类似，效果有一定差异。

3.6.2 管线综合优化

1. 管线优化调整

1）管线综合排布的主要原则

在深化设计阶段，需要考虑设备专业管线综合排布的规范要求、空间要求、安装与维护要求、功能空间装饰装修要求、结构安全要求、功能空间复核。

2）管线综合的避让原则

管线综合的避让遵循以下原则：①小管道避让大管道；②有压管道避让无压管道；③金属管道避让非金属管道；④低压管道避让高压管道；⑤临时管道避让长久管道；⑥电气避让蒸汽、热水管道；⑦冷水管道避让热水管道；⑧热水管道避让冷冻管道；⑨常温管道避让高温、低温管道；强弱电分设原则；⑩附件少避让附件多的管道；⑪工程量少、造价低管道避让工程量多、造价高管道。

3）管线综合优化排布的步骤

（1）确定管线综合深化设计小组组织架构，确保设计、施工的连续性。

（2）确定设备专业各管线的大致标高与位置，规划初步的空间管理方案。

（3）确定电气桥架、风管、管道平面的位置定位排布，以便进行管线综合。

（4）根据满足功能空间需求、安装需求，进行管线碰撞检查，优化调整冲突位置。

4）管线综合优化排布

（1）管线综合优化内容：根据管线综合的目标与设计依据、布置主要原则、避让原则、排布方法采用移位管线、改变管线截面尺寸、管线穿梁（需与结构工程师核验）、降低净高、管线避让等 BIM 优化调整措施。

（2）管线综合优化方法：在深化设计规划完成管线标高之后，通常会遇到局部碰撞，需要考虑对管线进行管道拆分、修改标高、编辑中间管道连接等措施，最终确定避让优化方案。

2. 支吊架布置

在支吊架安装的时候，常常需要考虑支吊架垂直槽钢的放置空间、支吊架类型、支吊架的生根点、锚固方式与锚栓。

1）支吊架精细管理排布内容

在已完成管线深化、碰撞优化后的管线综合 BIM 模型上进行支吊架排布，可在三维排布中直观地分析支吊架所需的空间、支吊架类型，确定支吊架的生根点，预先在安装位置的结构里放置预埋件，避免锚栓对结构的破坏。支吊架模型应能详细地反映出整个支架的组成部件，能较好地与设备管线进行模拟安装。

（1）支吊架用于地上架空敷设管道，作为管道支撑的一种结构件。管道支吊架又被称作管道支座、管部等。

（2）综合支吊架进行综合设计优化，整合各专业管线单独设置的支吊架，达到节约材料、节省安装空间且管线安装美观的目的。

（3）抗震支吊架是指当需要设置抗震支吊架时，应根据不同情况与计算进行抗震支吊架支撑选型设计。

2）支吊架精准放置排布方法

支吊架根据专业安装要求选型，并在 BIM 模型中，将支吊架按要求进行精准放置。放置时，可在剖面图放置管道末端支架，在平面视图中通过复制工具进行放置。

（1）确定支吊架放置位置：在 Revit 中打开项目之后，在“项目浏览器”下拉列表窗口中双击并打开需要放置支吊架的相关楼层平面视图，并创建风管位置的水平与垂直方向的剖面。

（2）放置支吊架：进入“建筑”→“构件”→“放置构件”选项，如图 3-106 所示。完成以上操作，界面将自动切换至“修改 | 放置构件”选项卡，在“属性”选项板中选择“吊架—风管”支吊架族，单击风管需放置支吊架处。

（3）修改支吊架数据：根据风管的宽度、支吊架与风管之间预留间距、支吊架长度、高度修改偏移量，支吊架立面的位置放置在风管底部。

（4）排布支吊架：确定支吊架间距为 2m 进行排布，在平面视图中选择已经放置完成的支吊架复制放置。重复以上操作，排布剩余的支吊架。

3. 预留预埋布置

1）预留预埋内容

在深化设计后，绘制预留套管图纸。在施工过程中，在楼板、梁、墙上预留孔、洞、槽和预埋件时，应由专人按设计图纸对管道及设备的位置、标高尺寸进行测定，标好孔洞

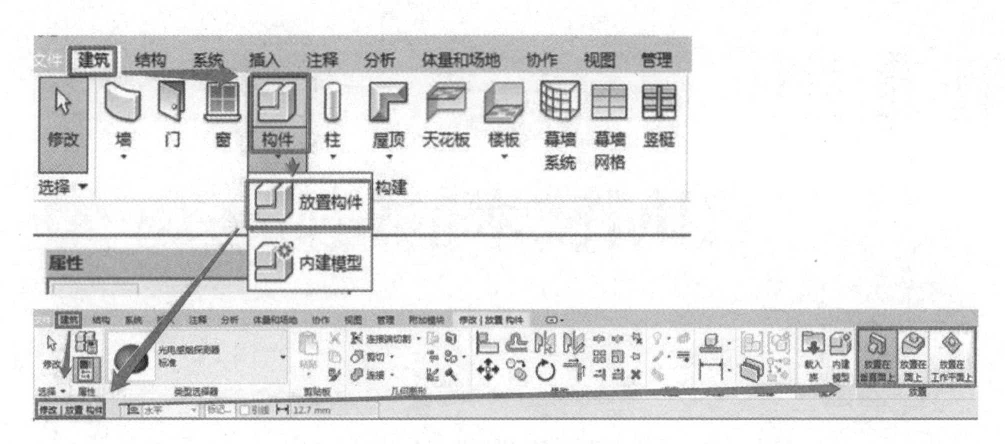

图 3-106　支吊架放置

的部位，将预制好的模盒、预埋件在绑扎钢筋前按标记固定，盒内塞入纸团等物。在浇筑混凝土过程中应有专人配合校对，以免模盒、预埋件移位。

❓设备管道穿梁开洞尺寸必须小于梁高度的$\frac{1}{3}$，且小于 250mm，剪力墙上穿洞大于 300mm×300mm 的洞口或遇到暗梁、暗柱，需经结构工程师确认后在结构图纸标注；结构楼板的柱帽范围不可穿洞；预埋套管管径需按技术规范确定，并预埋定位标注。

2）预留预埋方法

将设置好的预留孔、洞、槽和预埋件在 BIM 模型上进行放置，对墙、梁、板进行开洞操作。

（1）确定预埋套管放置位置：在 Revit 中打开项目之后，在“项目浏览器”下拉列表窗口中双击并打开需要放置预埋套管的相关楼层平面视图，并创建管道位置垂直方向剖面。

（2）放置预埋套管：进入“建筑”→“构件”→“放置构件”选项，与支吊架排布操作相同。完成以上操作后，界面将自动切换至“修改｜放置构件”选项卡，在“属性”选项板中选择“室内预埋套管”管道附件族，移动至管道处单击，套管自动拾取管道进行放置。

第4章 BIM技术的进阶

Chapter 04

通过前面的学习 Autodesk Revit 软件中集成了 Revit Architecture（Revit 建筑模块）、Revit Structure（Revit 结构模块）以及 Revit MEP（Revit 机电模块）的设计工具，可以实现各专业设计在同一建筑数据模型中的信息表达，然而 BIM 技术不仅仅是Revit。

BIM 概念的定义是：

Building information modeling (BIM) is a process supported by various tools, technologies and contracts involving the generation and management of digital representations of physical and functional characteristics of places. Building information models (BIMs) are computer files (often but not always in proprietary formats and containing proprietary data) which can be extracted, exchanged or networked to support decision-making regarding a built asset.

中文意思是：建筑信息建模（BIM）是一个由各种工具、技术和合同支持的过程，涉及生成和管理场所物理和功能特征的数字表示。建筑信息模型（BIMs）是可以被提取、交换、网络共享的一些计算机文件（用专有格式并包含专有数据，但也有例外）用于为建筑设施建设中的决策提供支持。

从这个定义中可以看出，BIM 是由多种软件来实施的过程，建筑信息模型是这些软件实施的中间成果。建模（BIM）和模型（BIMs）都是用于为建设提供支持服务。目前与 BIM 相关的软件和格式有几十种之多，怎样把这些软件进行梳理，并了解它们在行业中的作用呢？本章分别针对 BIM 的相关软件体系、工程项目 BIM 概况、工程项目各阶段的 BIM 应用以及 BIM 工程师岗位与职责四个方面来进行介绍。

4.1 BIM 相关软件体系介绍

BIM 相关软件体系庞大，本节的学习主要包括 BIM 应用软件的分类、BIM 基础软件和 BIM 工具软件。

	① 了解 AUTODESK 系列的 BIM 应用软件； ② 了解 BIM 应用软件的三种类型以及各自的应用功能； ③ 了解其他系列的 BIM 应用软件及各自特点。
	① AUTODESK 系列软件（见参考文献[1]）； ② Bentley 系列软件（见参考文献[2]）； ③ CATIA 介绍（见参考文献[3]）； ④ PKPM 软件（见参考文献[4]）； ⑤ 广联达软件（见参考文献[5]）； ⑥ 鲁班软件（见参考文献[6]）。

4.1.1　AUTODESK 系列 BIM 应用软件

从 1982 年正式推出 Autodesk CAD 到 2002 年收购 Revit 公司，继而到 2013 年将 Revit Architecture（Revit 建筑模块）、Revit Structure（Revit 结构模块）和 Revit MEP（Revit 机电模块）三个模块集成为 Autodesk Revit，AUTODESK 逐渐形成包括图形平台、专业三维应用、协同作业的全方位 BIM 系列产品软件，如三维图像软件 Autodesk 3ds Max、建筑工程管理软件 Autodesk Navisworks，以及基础设施设计软件 Civil 3D 和基础设施项目规划软件 Autodesk Infraworks 等。

Autodesk 3ds Max 原名 Autodesk 3D Studio Max，是 Discreet 公司开发的（后被 Autodesk 公司收购）基于 PC 系统的三维动画渲染和制作软件，具有强大的建模和纹理工具，出色的动态效果，渲染效果出色，能够轻松制作动画，可以通过智能数据实现灵活的工作流程，并具有自定义开发工具。

Autodesk Navisworks 是 Autodesk 产品的一个建筑工程管理软件套件，能够帮助建筑、工程设计和施工团队加强对项目成果的控制。在 BIM 应用中，Autodesk Navisworks Manage 软件的功能最为全面，可以提供项目查看、项目校审和分析、碰撞检查及协作等功能，能够帮助设计和施工专家在施工前预测和避免潜在问题；Autodesk Navisworks Simulate 能够帮助用户对项目信息进行校审、分析、仿真和协调（表 4-1）。完备的 4D 模拟、动画和照片级效果制作功能支持用户对设计意图进行演示，对施工流程进行仿真，从而帮助其加深项目理解，提高可预测性。实时漫游功能和审阅工具集能够共同提高项目团队之间的协作效率。

Autodesk Navisworks 软件介绍　　表 4-1

功能	软件	
	Navisworks Manage	Navisworks Simulate
项目查看	√	√
项目校审	√	√
项目分析	√	√
碰撞检查及协作	√	

Civil 3D 是 Autodesk 公司推出的一款面向基础设施行业的设计软件，它为基础设施行业的各类技术人员提供了强大的设计、分析，以及文档编制功能。Civil 3D 软件广泛适用于勘察测绘、岩土工程、交通运输、水利水电、市政给水排水、城市规划和总图设计等众多领域。能够帮助从事交通运输、土地开发和水利项目的土木工程专业人员保持协调一致，通过利用协调一致的数字模型，实现从设计、分析、可视化、文档制作到施工的集成流程。

Autodesk InfraWorks 是 Autodesk 公司推出的一款适用于基础设施项目的规划和方案阶段的应用软件，具有概念设计、真实环境建模、分析与模拟，以及可视化功能。能够在方案规划阶段，除了对建筑物本身进行量体设计外，还将量体融入于周遭地形地貌中，展示设计方案优势和特色。

Autodesk BIM 360 是 Autodesk 公司推出一个可以提供一系列广泛功能、云端服务和产品的云端计算平台。基于云的服务，使用者可以在项目的全生命周期中随时随地访问 BIM 项目信息。Autodesk BIM 360 可以与 BIM 设计、施工及运营软件配合使用。

4.1.2　BIM 应用软件的分类

如同 Autodesk 公司这种基于 BIM 技术的应用软件成为 BIM 应用软件，一般具备四个特征，即面向对象、基于三维几何模型、包含其他信息和支持开放式标准，最初按照功能分类可以分为 BIM 基础软件、BIM 工具软件以及 BIM 平台软件三种类型。

1. BIM 基础软件

BIM 基础软件是指可用于建立能为多个 BIM 应用软件所使用的 BIM 数据的软件，是 BIM 应用的基础，其主要功能是进行三维设计，为后续 BIM 应用生成模型基础。为此，BIM 基础软件一般具有以下三方面特征：①支持对三维实体创建和编辑的实现；②支持常见构件库；③支持三维数据交换标准，如 Autodesk 的 Revit 软件。

2. BIM 工具软件

BIM 工具软件是指利用 BIM 基础软件提供的 BIM 数据，开展各种工作的应用软件，是 BIM 软件的重要组成部分。常见 BIM 工具软件可以划分为 BIM 方案设计软件、BIM 接口的几何造型软件、BIM 可持续分析软件、BIM 机电分析软件、BIM 结构分析软件、BIM 可视化软件、二维绘图软件、BIM 发布审核软件、BIM 模型检查软件、BIM 深化设计软件、BIM 造价管理软件、协同平台软件、BIM 运营管理软件等。如 Autodesk 公司早期的 Ecotect Analysis 软件可以实现日光分析、日光和阴影研究、采光和照明、热性能、整体建筑能量分析等功能，属于 BIM 工具软件，自 2015 年起 Autodesk 将 Ecotect Analysis 等类似的功能整合至 Revit 产品系列中，旨在逐步实现软件的集成和整合。

3. BIM 平台软件

BIM 平台软件是指能对各类 BIM 基础软件及 BIM 工具软件产生的 BIM 数据进行有效地管理，以便支持建筑全生命周期 BIM 数据的共享应用的应用软件，如 Autodesk 的 BIM360。

4.1.3 其他系列的 BIM 应用软件概况

Autodesk 公司在民用建筑市场借助 AutoCAD 的优势，有较好的市场表现，目前在国内建筑市场基础软件中 Revit 的市场占有率较高，通用性较强。除此之外，国外的 Bentley 公司、Dassault 公司、Nemetschek AG 公司（Nemetschek AG 公司）、Tekla 公司也推出了适用于不同领域的 BIM 应用软件。

Bentley 公司的建筑、结构和设备系列产品在工厂设计（电力、医药、石油、化工等）和基础设施（道路、桥梁、市政、水利等）领域有无可争辩的优势。其中 Bentley 公司研发的 MicroStation 既是一款设计软件，又是一个平台，专门用于公用事业系统、公路、铁路、桥梁、建筑、通信网络、给水排水管网等类型的基础设施的建筑、工程、施工和运营。BIM 应用软件按照功能分类，涵盖地理信息和建模、场地勘测和建模、道路设计、建筑结构设计、机电设计、碰撞检查、进度模拟、浏览审查，以及管理发布等多种类型。

Dassault 公司的产品 CATIA，用于 PLM（Product Life-cycle Management，产品全生命周期管理）的协同解决软件，可以通过建模帮助制造厂商设计他们未来的产品，并支持从项目前阶段，具体的设计、分析、模拟、组装到维护在内的全部工业设计流程。主要应用于机械设计制造领域，在航空航天制造、机械设计等领域具有绝对优势。CATIA 的典型应用是北京奥运会主体育场鸟巢的设计。

Graphisoft 公司 1982 年首先推出了基于 BIM 概念的 ArchiCAD 软件，在 2007 年被 Nemetschek AG 公司收购，ArchiCAD 软件产品主要应用在房屋建筑领域，能够与多种软件实现连接并协同工作，在北美国家的房屋建筑领域较多应用于方案、结构、装饰及施工一体化比较多。

Tekla 公司是一家专门做钢结构软件研发的公司，拥有结构设计、绘图及制造等丰富经验。其中 Tekla Structure（Xsteel）是一款建筑结构 3D 实体模型专业软件，是世界上第一套涵盖从概念设计到细部设计再到车间制造、组装等整个建设过程的建筑信息模型系统。于 20 世纪 90 年代面世并迅速成长为世界范围内被广泛应用的钢结构深化设计软件，为顺应各国对于预制混凝土构件装配的需求，Tekla 公司将 Xsteel 的功能拓展到支持预制混凝土构件的详细设计，如结构分析，并与有限元分析具有互用性，可增加开放性的应用程序接口。

为满足 BIM 发展的需求，目前国内的软件公司主要围绕协作平台、建模插件、构件和族平台、实时渲染等方面推出特色产品，如 PKPM、广联达 BIM 以及鲁班 BIM 等。

PKPM 是中国建筑科学研究院建筑工程软件研究所研发的工程管理软件。它以国家级行业研发中心、规范主编单位、工程质检中心为依托，技术力量雄厚。软件研究所的主要研发领域集中在建筑设计 CAD 软件，绿色建筑和节能设计软件，工程造价分析软件，施工技术和施工项目管理系统，图形支撑平台，企业和项目信息化管理系统等方面。

广联达立足建筑产业，围绕工程项目的全生命周期，是提供以建设工程领域专业应用为核心基础支撑，以产业大数据、产业新金融等为增值服务的平台服务商。广联达 BIM5D 以 BIM 平台为核心，集成全专业模型，并以集成模型为载体，关联施工过程中的进度、合同、成本、质量、安全、图纸、物料等信息，为项目提供数据支撑，实现有效决策和精细管理，从而达到减少施工变更，缩短工期、控制成本、提升质量的目的。

鲁班 BIM，鲁班软件定位建造阶段 BIM 技术专家，为广大行业用户提供业内领先的工程基础数据、BIM 应用两大解决方案，形成了完整的两大产品线。鲁班软件围绕工程项目基础数据的创建、管理和应用共享，基于 BIM 技术和互联网技术为行业用户提供了业内领先的从工具级、项目级到企业级的完整解决方案。

4.2 BIM 技术与工程项目

BIM 技术的定义包括三层含义：第一层是以三维数字技术为基础对工程项目设施实体及功能特征实现数字化表达，也就是我们所谓的建模技术；第二层是实现工程项目的完整表述，连接建筑项目生命周期不同阶段的数据、过程和资源，提供实时工程数据的自动计算查询和拆分功能；第三层是具有单一工程数据源，实现了建设项目周期中动态的工程信息创建、管理和共享。基于三层含义，我们需要了解 BIM 技术中的模型信息的建模精度和标准，理解工程工程项目中应用 BIM 技术的信息特征与传递方式，理解 BIM 在项目全生命周期中的应用领域和优势。

	本节学习完成，将能够了解 BIM 技术与工程项目的关系。 ① 明确 BIM 技术的基本概念； ② 了解 BIM 技术中的模型信息的建模精度和标准； ③ 理解工程项目中应用 BIM 技术的信息特征与传递方式； ④ 理解 BIM 在项目全生命周期中的应用领域和优势。
	我国规范： ① 建筑信息模型应用统一标准：GBT 51212—2016（见参考文献[7]）； ② 建筑工程设计信息模型制图标准：JGJT 448—2018（见参考文献[8]）； ③ 建筑信息模型设计交付标准：GBT 51301—2018（见参考文献[9]）； ④ 建筑信息模型存储标准：GBT 51447—2021（见参考文献[10]）； ⑤ 英国规范：AEC（UK）BIM Protocol 2.0（见参考文献[11]）； ⑥ IFC 官网介绍（见参考文献[12]）； ⑦ IFC 认证软件列表（见参考文献[13]）。

4.2.1 BIM 的全生命周期

BIM 技术是一种多维（三维空间、四维时间、五维成本、N 维更多应用）模型信息集成技术，可以使建设项目的所有参与方（包括政府主管部门、业主设计、施工监理、造价运营管理、项目用户等）在项目从概念产生到完全拆除的整个生命周期内，都能够在模型中操作信息和在信息中操作模型，从而从根本上改变从业人员，依靠符号文字形式，图纸进行项目建设和运营管理的工作方式，实现建设项目全生命周期内提高工作效率和质量，减少错误和风险的目标。结合结构设计的发展历程，BIM 图示如图 4-1 所示。

由此可以看出 BIM 的含义包括以下三点：

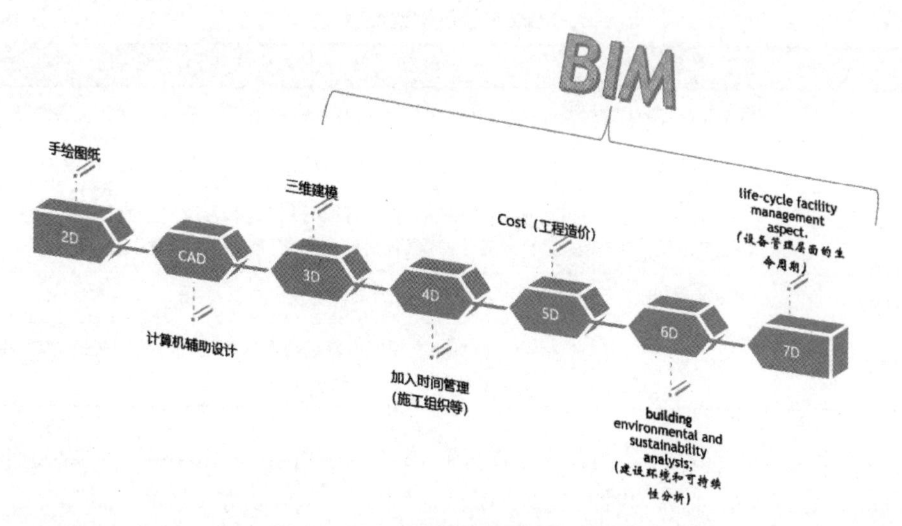

图4-1 BIM与结构设计的发展历程

① BIM是以三维数字技术为基础，对工程项目设施实体及功能特征实现数字化表达的信息化模型；

② BIM可以实现工程项目的完整表述，能够连接建筑项目生命周期不同阶段的数据、过程和资源，提供实时工程数据的自动计算查询和拆分功能，可被建设项目各参与方普遍使用；

③ BIM具有单一工程数据源，实现了建设项目周期中动态的工程信息创建、管理和共享。

4.2.2 BIM与模型信息

1. BIM精度与标准

1）BIM建模精度

（1）LOD理论

虚拟现实中场景的生成对实时性要求很高，LOD技术是一种有效的图形生成加速方法。在1976年，克拉克提出了细节层次（Levels of Detail，简称LOD）模型的概念，认为当物体覆盖屏幕较小区域时，可以使用该物体描述较粗的模型，并给出了一个用于可见面判定算法的集合层次模型，一边对复杂场景进行快速绘制。

LOD技术在不影响画面视觉效果的前提下，通过逐层简化景物的表面细节来减少场景的几何复杂性，进而提高绘制算法的效率。该技术通常对每一原始多面体模型建立几个不同精度的几何模型，与原模型相比，每个模型均保留了一定层次的细节。在绘制时，根据不同的标准选择适当的层次模型来表示物体。

（2）模型精度

模型的精细程度（Level of Detail，Level of Development，简称LOD）被定义为五个等级，从概念涉及竣工设计，已经足够来定义整个模型过程，考虑预留未来可能的等级插入空间，定义LOD为100～500，具体等级如表4-2所示。

LOD 等级及模型说明 表 4-2

LOD	等级	模型说明
LOD100	概念化设计阶段	表现建筑整体类型分析的建筑体量，分析包括体积、朝向、造价等
LOD200	方案设计	包含了普遍性系统包括的大致数量、大小、形状、位置以及方向等信息
LOD300	施工图及深化施工图设计	包括业主提交标准里规定的构件属性和参数等信息，能够很好地用于成本估算及施工协调（包括碰撞检查、施工进度计划以及可视化等）
LOD400	构件加工设计	可以用于模型单元的加工和安装
LOD500	竣工阶段	包括业主 BIM 提交说明中制定的完整的构件参数和属性，模型将作为中心数据库整合到运营和维修系统中

LOD 主要用于两种途径：确定模型阶段输出结果（Phase Outcomes），以及分配建模任务（Task Assignments），我们在实际 BIM 应用中，需要根据项目的不同阶段，以及项目的具体目的来确定 LOD 的等级，根据不同等级所概括的模型精度要求来确定建模精度。可以说 LOD 让 BIM 应用有据可依。

2）IFC 标准

在工程项目中通常需要多个软件协同完成任务，不同软件系统之间就会出现数据交换和共享的需求。为规范建设项目的数据存储、交互与管理过程，bSI（building SMART International，前身为 IAI，International Alliance for Interoperability）研究并发布了建筑领域的一系列标准，如 IFC（Industry Foundation Classes），IDM（Information Delivery Manual），MVD（Model View Definition），BCF（BIM Collaboration Format）等。其中，IFC 标准提供了一种标准、公开的数据表达和存储方法，使每个软件都能导入、导出这种格式的工程数据，进而实现项目工程中各业务的交互应用（图 4-2）。

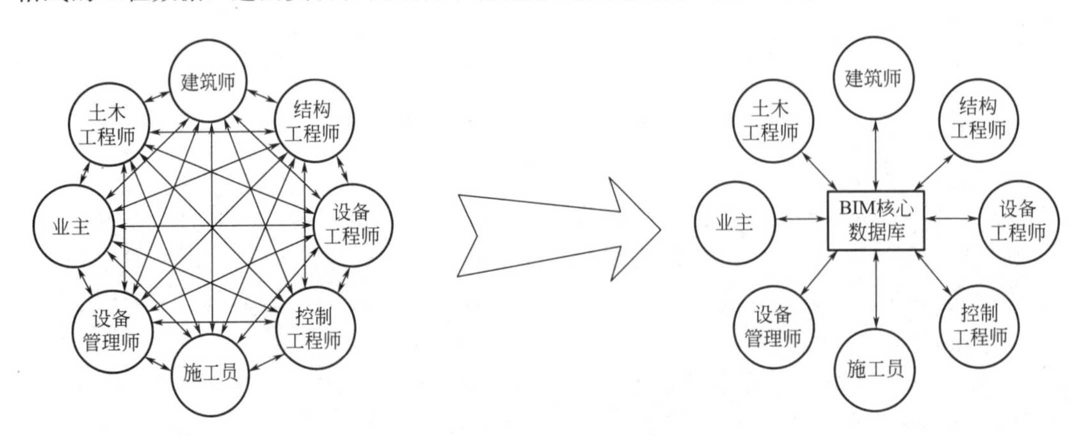

图 4-2 工程项目中各业务方的交互应用关系

IFC 标准的整体信息可以分为四个层次，从下到上依次为资源层、核心层、共享层和领域层，每个层次又按照模块进行划分（图 4-3）。

（1）资源层（Resource Layer）

IFC 资源层的类具有通用性，可以被 IFC 的模型结构的任意层类引用，包含了一些独立于具体木建筑的通用信息的实体，如材料、计量单位、尺寸、时间、价格等信息。

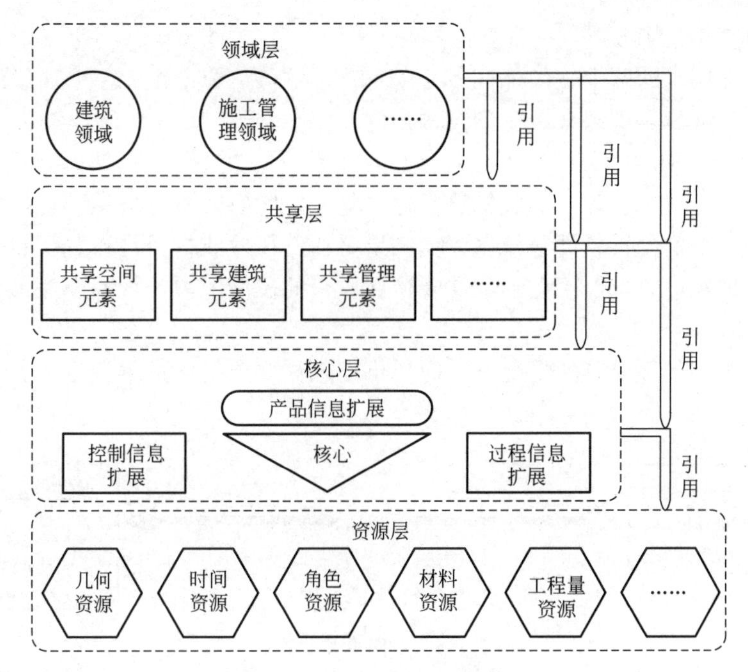

图 4-3　IFC 标准体系层次结构

(2) 核心层 (Core Layer)

核心层提炼定义了一些适用于整个建筑行业的抽象概念。比如一个建筑项目的空间、场地、建筑物、建筑构件、作业任务、工期、工序等。

(3) 共享层 (Interoperability Layer)

共享层定义了一些适用于建筑项目各领域的通用概念，以实现不同领域间的信息交换，例如墙、梁等。

(4) 领域层 (Domain Layer)

领域层包含了为独立的专业领域的概念定义的实体，如建筑工程、结构工程、设备管理等。这是 IFC 模型中的最高级别层，分别定义了一个建筑项目不同领域特有的概念和信息实体。比如结构工程领域中的桩、基础、支座等，暖通工程领域中的锅炉、冷却器等。

从上述描述中可以看出，IFC 并非用户直接使用，而是为软件之间的数据交互提供条件，特别在需要几种、十几种甚至更多的软件进行数据交互时，IFC 标准是实现交互的唯一选择。而用户在软件选择时需要关注软件是否支持 IFC 以及支持的版本和程度，经过 IFC 认证的软件清单可以查看 IFC 官网链接。

2. 项目信息的特征与传递

1) 项目信息的特征

在工程项目中，通过 BIM 创建和提交的信息具有状态、类型、保持时间三方面的状态。其中按照提交信息的版本，定义信息的状态和用途，根据是否需要被修改定义信息类型为静态或动态，根据需要在项目进程中保留的时间定义信息的保持时间。

2) 项目信息的传递

工程项目中信息的传递的方式主要有双向直接、单向直接、中间翻译和间接互用这四种方式。

（1）双向直接互用

双向直接互用，即两个软件之间的信息可相互转换及应用。这种信息互用方式效率高、可靠性强，但是实现起来也受到技术条件和水平的限制。

BIM 建模软件和结构分析软件之间信息互用是双向直接互用的典型案例。在建模软件中可以把结构的几何、物理、荷载信息都建立起来，然后把所有信息都转换到结构分析软件中进行分析，结构分析软件会根据计算结果对构件尺寸或材料进行调整以满足结构安全需要，最后再把经过调整修改后的数据转换回原来的模型中去，合并以后形成更新以后的 BIM 模型。

实际工作中在条件允许的情况下，应尽可能选择双项目信息互用方式。双向直接互用举例如图 4-4 所示。

图 4-4　双向直接互用图

（2）单向直接互用

单向直接互用及数据可以从一个软件输出到另外一个软件，但是不能转换回来。例如 BIM 建模软件和可视化软件之间的信息互用，可视化软件利用 BIM 模型的信息做好效果图之后，不能将数据返回到原来的 BIM 模型中（图 4-5）。

图 4-5　单向直接互用图

（3）间接互用

信息间接互用，即通过人工方式把信息从一个软件转换到另外一个软件，有时需要人工重新输入数据，或者需要重建几何形状。

根据碰撞检查结果对 BIM 模型的修改是一个典型的信息间接互用方式，目前大部分碰撞检查软件只能把有关碰撞的问题检查出来，而解决这些问题则需要专业人员根据碰撞检查报告在 BIM 建模软件里面人工调整，再输入检查直到问题彻底更正（图 4-6）。

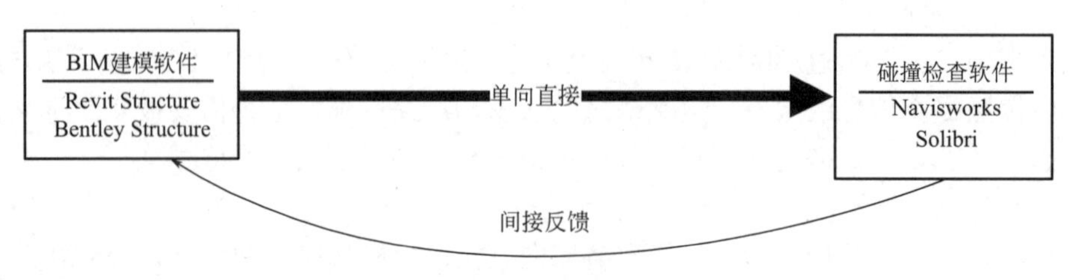

图 4-6　间接单项直接互用图

(4) 中间翻译互用

中间翻译互用，即两个软件之间的信息互用需要依靠一个双方都能识别的中间文件来实现。这种信息互用方式容易引起丢失、改变等问题，因此在使用转换后的信息之前，都是需要对信息进行校验。

例如 DWG 是目前最常用的中间文件格式，典型的中间翻译互用方式是设计软件和工程算量软件之间的信息互用，算量软件利用设计软件产生的 DWG 文件中的几个属性信息，进行算量模型的建立和工程量统计（图 4-7）。

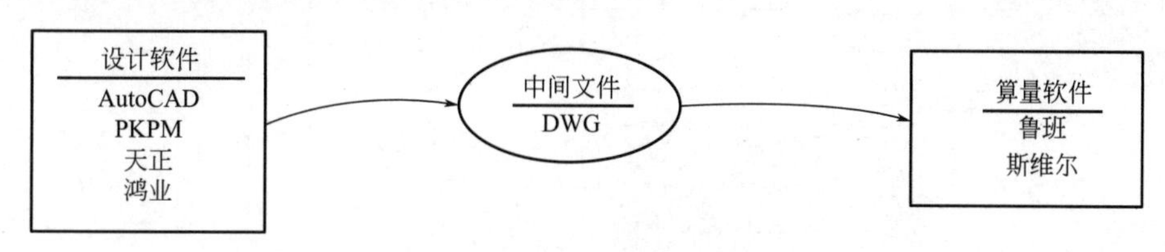

图 4-7　间接单项直接互用图

4.2.3　BIM 在项目全生命周期中的应用和优势

1. 工程项目 BIM 技术应用

在传统的项目建设模式下，基于图纸的交付模式使得跨阶段信息损失带来大量价值的损失，导致出错、遗漏，需要花费额外的精力来创建、补充精准的信息。而基于 BIM 模型的系统合作模型，可以利用三维可视化、数据信息丰富的模型，使各参与方获得更大的产出效益。项目全生命周期的信息，如图 4-8 所示。

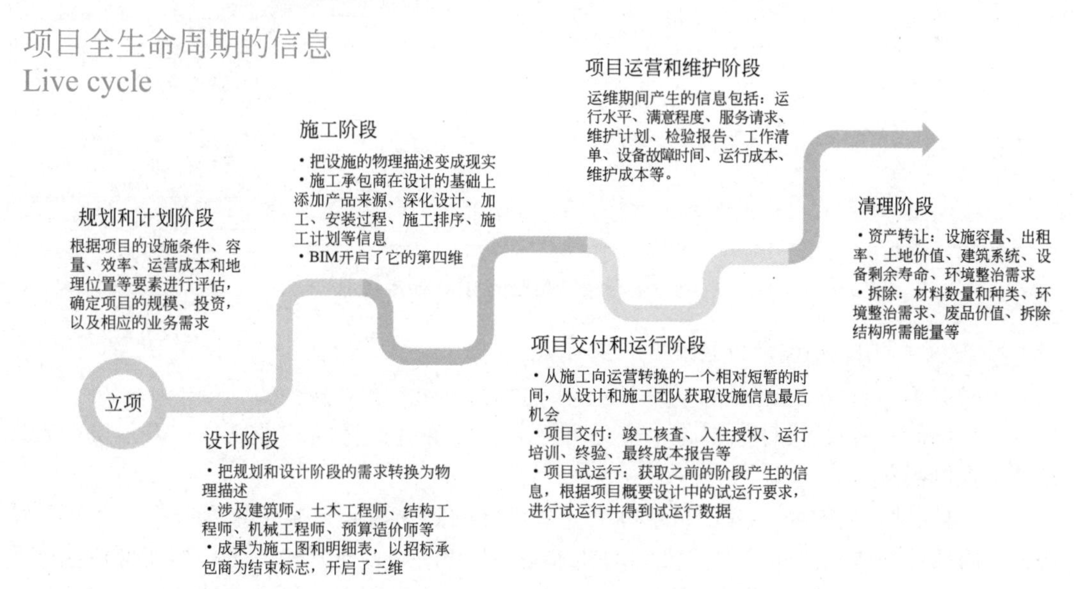

图 4-8　项目全生命周期的信息概况

美国 bSa（building SMART alliance）在“BIM Project Execution Planning Guide Version 2.1”中，根据当前美国工程建设领域的 BIM 使用情况总结了 BIM 的 20 多种主

要应用，如图 4-9 所示为 BIM 应用贯穿了建筑的规划、设计、施工与运营四大阶段，多项应用是跨阶段的，尤其是基于 BIM 的“现状建模”与“成本预算”贯穿了建筑的全生命周期，保证了建设项目信息传递的有效性和完整性。

图 4-9　工程建设领域的 BIM 使用情况

2. 工程项目 BIM 技术特点

BIM 具有可视性、协同性、模拟性、可追溯性、可出图性等特点。

1）可视性：包括设计可视化、施工可视化、设备可操作性、可视化，以及机电管线碰撞检查可视化。

2）协同性：一方面，BIM 技术可进行从设计到施工再到运营管理贯穿了工程项目的全生命周期的一体化协同管理。BIM 的技术核心是由一个由计算机三维模型所形成的数据库，不仅包含了建筑师的设计信息，而且还可以纳入从设计到建成使用甚至使用周期终止的全过程信息。另一方面 BIM 有机协同使用这些数据信息，实现设计协调整体进度，规划协调成本，预算工程量估算协调和运维协调等。

3）模拟性：包括建筑物性能分析、仿真施工、施工进度模拟和运维仿真。其中建筑物性能分析包括能耗分析、光照分析设备分析、绿色分析；施工仿真包括施工方案模拟优化工程量、自动计算消除现场施工过程干扰，或施工工艺冲突；运维仿真包括设备的运用型、监控能源的运行、监控，以及建筑空间管理。

4）可追溯性：BIM 通过参数（变量）而不是数字建立和分析模型，简单地改变模型中的参数值，就能够创建和分析新的模型。BIM 的参数化设计包括两个部分："参数化图元"和"参数化修改引擎"。"参数化图元"指的是 BIM 中的图元是以构件的形式出现，这些构件之间的不同通过参数的调整进行反馈；"参数化修改引擎"指的是参数更改技术，即用户对建筑设计或文档部分做的任何修改，都可以在其他相关联的部分自动地反映出来，高效实现工程项目中设计、施工、运营的全过程优化。

5）可出图性：运用 BIM 技术可以进行建筑平、立、剖及详图的输出。通过将建筑、结构、电器、给水排水、暖通等专业的 BIM 模型整合后，进行管线碰撞检测，可以出综合管线图、综合结构留洞图、碰撞检查报告和建议改进方案。

3. 工程项目 BIM 管理优势

在工程建设中，BIM 为全生命周期的协作与管理带来了很多方面的优势：

1）可视化平台更符合业主的需求

BIM 的可视化平台可以满足业主在全生命周期内随时了解项目的动态，且能够有效地缩短工期，在早期得到可靠的工程预算，得到高性能的项目结果，方便设备的管理与维护，等等。

2）一体化管理模式更具有竞争力

BIM 智能化应用背景下的建筑项目全生命期一体化管理（PLIM）模式，由业主单位牵头，专业咨询方全面负责，从各主要参与方中分别选出一至两名专家组成全生命期一体化项目管理组（PLMT），可以将全生命期中各主要参与方、各管理内容、各项目管理阶段有机结合起来，实现组织、资源、目标、责任和利益等一体化，实现相关参与方之间有效沟通和信息共享，可以大幅度地提升项目的管理水平，最大程度地提高项目的经济效益。

3）BIM 4D/5D 工具更便于施工管理

相对于传统 2D 图纸的施工管理模式，BIM 4D/5D 能够直观地模拟施工过程以检验施工进度计划是否合理有效；模拟施工现场，更合理地安排物料堆放、物料运输路径，以及大型机械位置；跟踪项目进程，可以快速辨别实际进度是否提前或滞后；使各参与方与各利益相关者更有效地沟通。

4）BIM 技术更便于服务绿色建筑

BIM 技术整合了建筑设计的流程，所涉及的建筑生命周期管理可以为绿色建筑设计提供强有力的支撑。其中 BIM 数据和丰富的构件信息给各种绿色分析软件以强大的数据支持，BIM 技术中的一体化协同工作团队为绿色环保理念的实施提供了有力保证。

4. 工程项目 BIM 与数字孪生建筑

数字孪生是充分利用物理模型、传感器更新、运行历史等数据，集成多学科、多物理量、多尺度、多概率的仿真过程，在虚拟空间中完成映射，从而反映相对应的实体装备的全生命周期过程。数字孪生可以被视为一个或多个重要的、彼此依赖的装备系统的数字映射系统。数字孪生是个普遍适应的理论技术体系，可以在众多领域应用，在产品设计、产品制造、医学分析、工程建设等领域应用较多。在国内应用最深入的是工程建设领域，关注度最高、研究最热的是智能制造领域。

数字孪生建筑是利用 BIM 和云计算、大数据、物联网、人工智能、虚拟仿真等数字孪生体技术，结合先进的精益建造项目管理理论方法，形成以数字孪生体技术驱动的业务发展战略。它集成了人员、流程、数据、技术、业务系统和应用场景，管理建筑物从规划、设计开始到施工、运维的全生命周期，包括全过程、全要素、全参与方的，以人为本的人居环境开发和美好生活体验的智慧化应用，从而实现项目、企业、产业和数字孪生城市应用的生态体系全新建立。

可见 BIM 是工程建设领域创建和使用数字孪生体技术的工具，其通过赋予各物理建筑构件特有的“身份属性”，将城市、建筑、产品和人员结合起来，实现整个城市人居环境开发的智慧化管理，同时为建筑业带来全面的数字化变革和转型升级。基于 BIM 技术和数字孪生城市的各应用场景融合，可辅助实现智慧社区、智慧治理、智慧交通、智慧安防、智慧应急、智慧规划等以人为本的综合体验服务。

数字孪生建筑是将数字孪生体智能技术应用于建筑工程的新技术，简单说就是利用物理建筑模型，使用各种传感器全方位获取数据的仿真过程，在虚拟空间中完成映射，以反映相对应的实体建筑的全生命周期过程。数字孪生建筑应该是能学习、会思考，可以与人自然地沟通和交互的智慧化建筑，具有对各种场景的自适应能力，并且作为数字孪生城市的一部分，可以在更高的结构层次上高度互联。

数字孪生建筑具有四大特点：精准映射、虚实交互、软件定义、智能干预。

1）精准映射：数字孪生建筑通过各层面的传感器布设，实现对建筑的全面数字化建模，以及对建筑运行状态的充分感知、动态监测，形成虚拟建筑在信息维度上对实体建筑的精准信息表达和映射。

2）虚实交互：未来数字孪生建筑中，在建筑实体空间可观察各类痕迹，在建筑虚拟空间可搜索各类信息，建筑规划、建设，以及民众的各类活动，不仅在实体空间，而且在虚拟空间得到极大扩充，虚实融合、虚实协同将定义建筑未来发展新模式。

3）软件定义：数字孪生建筑针对物理建筑建立相对应的虚拟模型，并以软件的方式模拟建筑人、事、物在真实环境下的行为，通过云端和边缘计算，软性指引和操控建筑的电热能源调度等。

4）智能干预：通过在“数字孪生建筑”上规划设计、模拟仿真等，将建筑可能产生的不良影响、矛盾冲突、潜在危险进行智能预警，并提供合理可行的对策建议，以未来视角智能干预建筑原有发展轨迹和运行，进而指引和优化实体建筑的规划、管理，改善服务。

4.3 工程项目各阶段的 BIM 应用

BIM 技术在各类建筑工程和基础设施建设工程中的应用广泛，本节分别从规划阶段、设计阶段、施工及竣工交付阶段以及运维阶段对 BIM 技术的应用进行描述。随着 BIM 技术应用的发展，更多的功能有待同学们进行研究和挖掘。

	本节学习完成，将能够了解 BIM 技术与在工程项目各阶段的应用。 ① 了解 BIM 技术在规划阶段的应用； ② 了解 BIM 技术在设计阶段的应用； ③ 了解 BIM 技术在施工及竣工交付阶段的应用； ④ 了解 BIM 技术在运维阶段的应用。
	① 上海中心大厦 BIM 技术的应用（见参考文献[14、15]）； ② 中国尊项目 BIM 技术的应用（见参考文献[16～18]）。

4.3.1　规划阶段

规划阶段中 BIM 技术的应用主要体现在项目整体规划阶段、方案策划阶段和招投标阶段三个环节。

1. 项目整体规划阶段

BIM 技术对项目的作用有很多方面，为了实现项目 BIM 实施的合理有效性，在项目整体规划阶段需要完成的任务可以分为以下三个方面。

1）制定明确的 BIM 实施目标

所谓 BIM 实施目标即在建设项目中将要实现的主要价值和相应的 BIM 任务。这里的 BIM 任务需要是具体的和可衡量的，确保能够促进建设项目的规划、设计、施工和运营成功进行。

2）制定项目 BIM 技术路线

制定项目 BIM 技术路线，其中的核心任务是确定选用什么样的 BIM 软件和使用流程，比选过程中需要依据 BIM 实施目标的具体内容，综合分析项目、团队，以及企业的实际情况而进行。

3）设置 BIM 实施保障措施

BIM 实施保障措施包括建立系统运行保障机制，以及建立模型维护与应用保障系统。其中建立系统运行保障机制包括组件系统人员配置保障体系，编制 BIM 系统运行工作计划，建立系统运行例会制度，以及建立系统运行检查机制四个方面。

2. 方案策划阶段

方案策划指的是在确定建设意图之后，项目管理者需要通过收集各类项目资料，对情况进行调查，研究项目的组织、管理、经济和技术等，进而得出科学、合理的项目案，为项目建设指明正确的方向和目标。

在方案策划阶段，信息是否准确、信息量是否充足成为管理者能否做出正确决策的关键。目前 BIM 技术能够帮助解决方案策划阶段所遇到的四类问题：现状建模、成本核算、场地分析和总体规划，如图 4-10 所示。

3. 招投标阶段

BIM 技术可以极大程度地提升招投标管理的精细化程度和管理水平。在招投标过程中，招标方根据 BIM 模型可以编制准确的工程量清单，达到清单完整、快速算量、精确

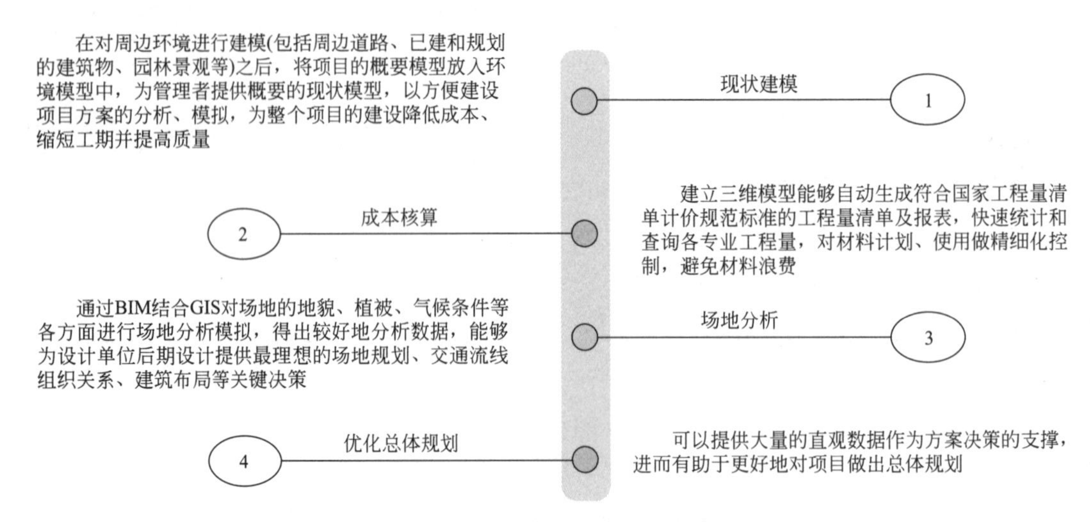

图 4-10　方案策划阶段的 BIM 应用

算量，有效地避免漏项和错算等情况，最大限度地减少施工阶段因工程量问题而引起的纠纷。投标方根据 BIM 模型快速获取正确的工程量信息，与招标文件的工程量清单比较，可以制定更好的投标策略。

1）BIM 在招标控制中的应用

在招标控制环节，准确和全面的工程量清单是核心和关键，而工程量计算是招投标阶段耗费时间和精力最多的重要工作。可以涵盖丰富工程信息的 BIM 技术可以真实地提供工程量计算所需要的物理和空间信息，从而实现对各种构件的快速统计和分析，大大减少根据图纸统计工程量带来的繁琐的人工操作和潜在错误，在提高效率的同时保证准确性。

2）BIM 在投标过程中的应用

借助 BIM 技术可以实现施工方案模拟、施工进度模拟以及施工阶段的资源优化与资金计划等，可以在投标过程中，让甲方直观地了解施工方案、施工安排合理性和经济性。利用 BIM 技术可以提高招标投标的质量和效率，有力地保障工程量清单的全面和精确，促进投标报价的科学、合理，加强招投标管理的精细化水平，减少风险，进一步促进招标投标市场的规范化、市场化、标准化的发展。

4.3.2　设计阶段

建设项目的设计阶段是整个生命周期内最为重要的环节，它直接影响着建设成本以及运维成本，对工程质量、工程投资、工程进度，以及建成后的使用效果、经济效益等方面都有着直接的联系。设计阶段需要实现将建设产品从粗糙到精致，这个进程中需要从性能、质量、功能、成本到设计标准、规程进行相应的、必要的管理和控制。

BIM 技术在设计阶段的应用主要体现在可视化设计交流、设计分析、协同设计与冲突检查、设计阶段造价控制、施工图生成五个方面，如图 4-11 所示。

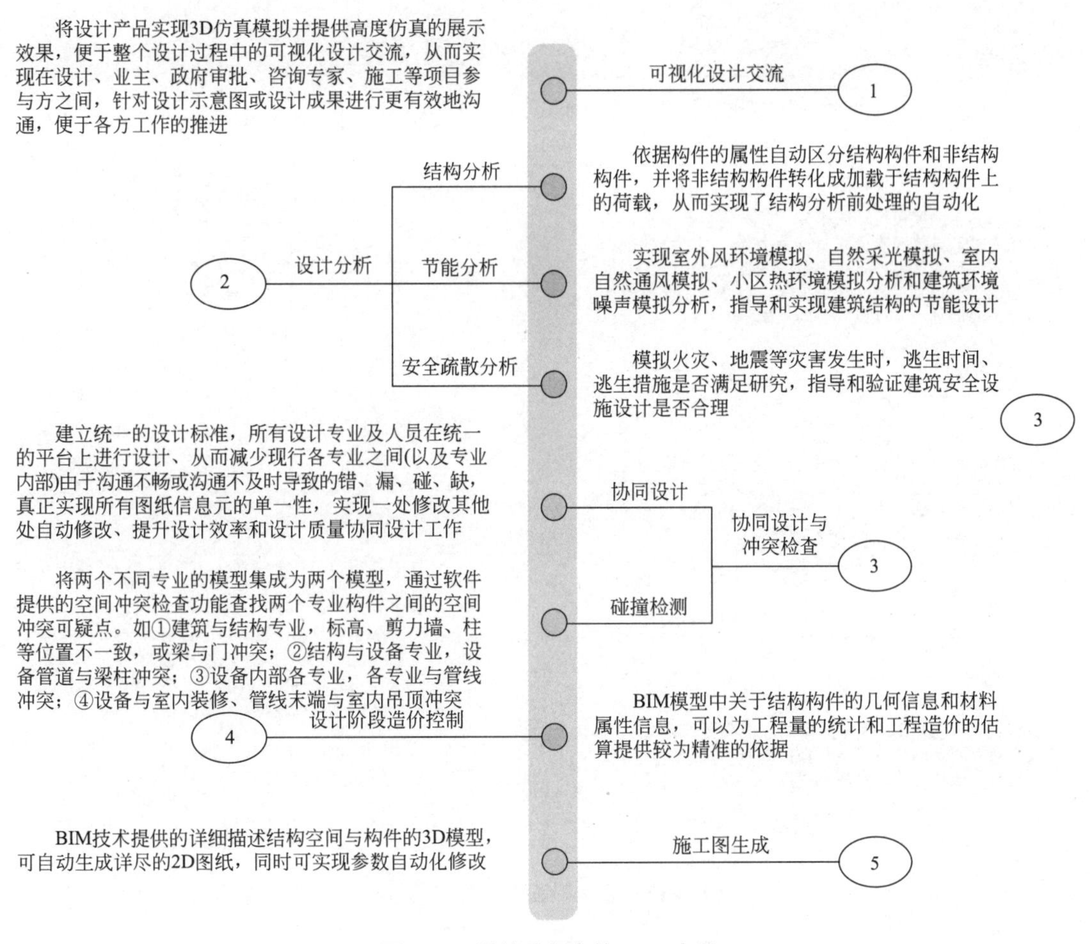

图 4-11 设计阶段中的 BIM 应用

4.3.3 施工及竣工交付阶段

1. 施工阶段

施工阶段实现和完成工程结构的建造，是建设工程的重要环节，也是周期最长的环节。这阶段的工作任务是如何保质保量按期地完成建设任务。BIM 技术在施工阶段具体应用主要体现在预制加工管理、虚拟施工管理、施工进度管理、施工质量管理、施工安全管理、施工成本管理、物料管理等方面，如图 4-12 所示。

此外，随着随环境保护的重视，绿色施工成为工程管理的要点，所谓绿色施工管理是指用绿色的观念和方式进行建筑的规划、设计。采用 BIM 技术在施工和运营阶段促进绿色指标的落实，促进整个行业的进一步资源优化整合。

BIM 技术通过场地分析、土方量计算、施工用地管理及空间管理功能可以促进场地和室外环境的目标。

BIM 技术通过协助土方量的计算、模拟土地沉降、场地排水设计、分析建筑的消防作业面、设置最经济合理的消防器材，以及设计规划每层排水地漏位置进而实现雨水等非传

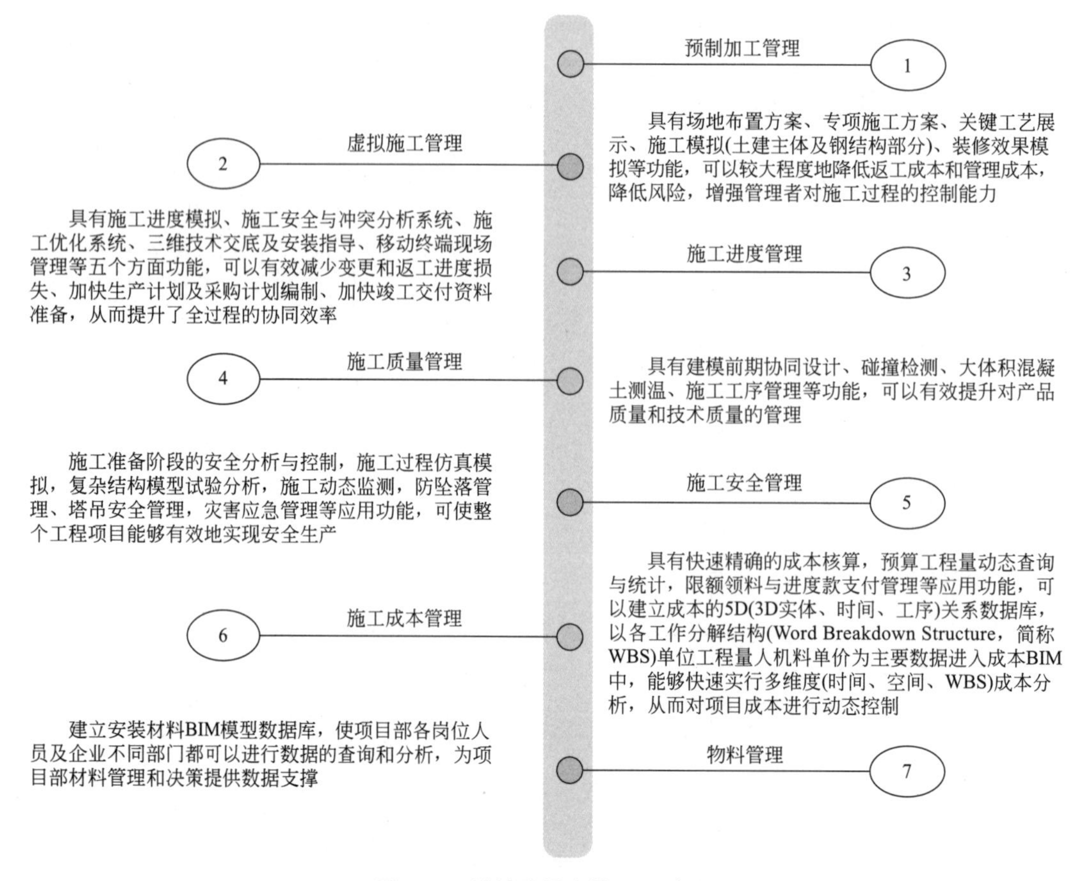

图 4-12　设计阶段中的 BIM 应用

统水源收集循环利用，可以促进节水与水资源利用的目标。

BIM 技术通过从钢材、混凝土、木材、模板、围护材料、装饰装修材料及生活办公用品材料七个主要方面进行施工节材与材料资源利用控制，通过 5DBIM 安排材料采购的合理化、建筑垃圾减量化，可循环材料的多次利用化、钢筋配料，钢构件下料，以及安装工程的预留、预埋、管线路径的优化等措施；同时根据设计的要求，结合施工模拟达到节约材料的目的。BIM 在施工节材中的主要应用内容有管线综合设计、复杂工程预加工预拼装、物料跟踪等。

BIM 可以对设计方案的布局、视野、照明、安全、人体工程学、声学、纹理、色彩等进行评估，从而达到节能目标；对施工场地废弃物的排放、放置进行模拟，以达到减排的目标。

2. 竣工交付阶段

竣工验收与移交是建设阶段的最后一道工序，目前在竣工阶段主要存在着以下问题：①验收人员仅仅从质量方面进行验收，对使用功能方面的验收关注不够；②验收过程中对整体项目的把控力度不大，譬如整体管线的排布是否满足设计、施工规范要求，是否美观，是否便于后期检修等，缺少直观的依据；③竣工图纸难以反映现场的实际情况给后期运维管理带来各种不可预见性，增加运营维护管理难度。

通过完整、有数据支撑、可视化竣工 BIM 模型与现场实际建成的建筑进行对比，可以较好地解决以上问题。BIM 技术在竣工阶段的具体应用包括智能化检查结算依据和核对工程数量。

4.3.4　运维阶段

BIM 技术可以保证工程产品的信息创建便捷、信息存储高效、信息错误率低、信息传递过程高精度等，通过整合设计阶段和施工阶段的关联基础数据，形成完整的信息数据库，解决传统运营管理过程中最严重的两大问题：数据之间的“信息孤岛”问题，以及运营阶段与前期的“信息断流”问题。方便运维信息的管理、修改、查询和调用，同时结合可视化技术，使得项目的运维管理更具操作性和可控性。

运维管理的范畴主要包括以下五个方面：空间管理、资产管理、维护管理、公共安全管理和能耗管理。BIM 在运维阶段应用具有全过程数据存储借鉴、设备维护高效信息化、物流信息丰富，数据关联同步等多方面的应用优势。

4.4　BIM 工程师岗位与职责

建筑信息模型（BIM）系列专业技能岗位是指工程建模、BIM 建造管理咨询和战略分析方面的相关岗位。从事 BIM 相关工程技术及其管理的人员，称为 BIM 工程师。

BIM 工程师通过参数模型整合各种项目的相关信息，实现在项目策划、运行和维护的全生命周期过程中的共享和传递，助力工程技术人员对各类建筑信息做出正确理解和高效应对，为工程项目的各参与方提供协同工作的基础，使 BIM 技术在提高生产效率、节约成本和缩短工期方面发挥重要作用。

本节学习完成后，读者将能够了解 BIM 工程师的岗位和职责，了解 BIM 市场现状和发展趋势。
① 了解 BIM 工程师岗位分类；
② 了解 BIM 工程师岗位职责；
③ 了解 BIM 技术的现状和发展趋势。

4.4.1　BIM 工程师岗位分类

1. 根据应用领域分类

根据应用领域不同可将 BIM 工程师主要分为 BIM 标准管理类、BIM 工具研发类、BIM 工程应用类及 BIM 教育类等。

BIM 标准管理类主要负责 BIM 研究管理的相关人员。

BIM 工具研发类主要负责 BIM 工具的实际开发工作人员。

BIM 工程应用类主要应用 BIM 支持和完成工程项目生命周期过程各类专业任务的专

业人员，包括业主和开发商的设计、施工、成本、采购、营销管理人员，设计单位的建筑、结构、给水排水、暖通空调、电气、消防、技术经济等设计人员，物业运维单位的运营、维护人员等。

BIM 教育类主要为高校或培训机构从事 BIM 教育和培训工作的相关人员。四类具体岗位分类如图 4-13 所示。

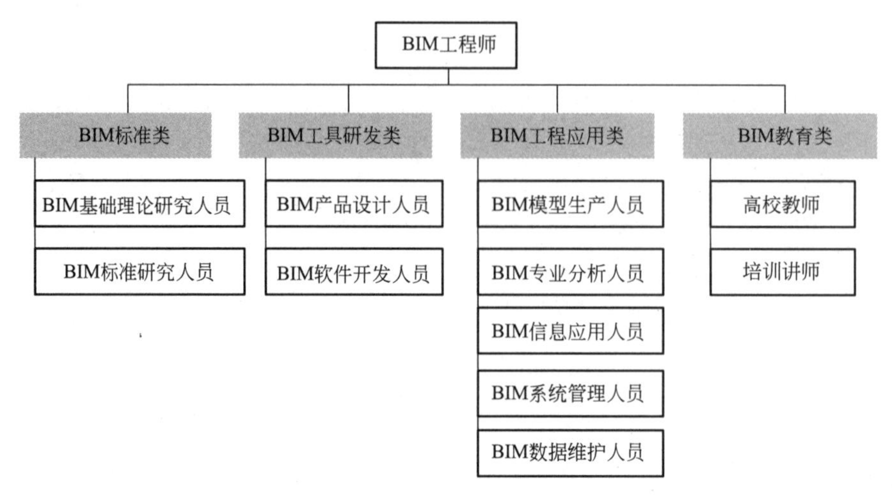

图 4-13　BIM 工程师分类图

2. 根据应用程度分类

根据 BIM 应用程度可将 BIM 工程师主要分为 BIM 操作人员、BIM 技术主管、BIM 项目经理、BIM 战略总监等。

1）BIM 操作人员

进行实际 BIM 建模及分析人员，属于 BIM 工程师职业发展的初级阶段。

2）BIM 技术主管

在 BIM 项目实施过程中负责技术指导及监督人员，属于 BIM 工程师职业发展的中级阶段。

3）BIM 项目经理

负责 BIM 项目实施管理人员，属于项目级的职位，是 BIM 工程师职业发展的高级阶段。

4）BIM 战略总监

负责 BIM 发展及应用战略指定人员，属于企业级的职位，可以是部门或者专业级的 BIM 专业应用人才或者企业各类技术主管等，是 BIM 工程师职业发展的高级阶段。

4.4.2　BIM 工程师的岗位职责

1. BIM 工程师基本素养

BIM 工程师基本素养是职业发展的基本要求，同时也是 BIM 工程师专业素质的基础，主要归纳为职业道德、健康素质、团队写作和沟通协调四个方面，如图 4-14 所示。

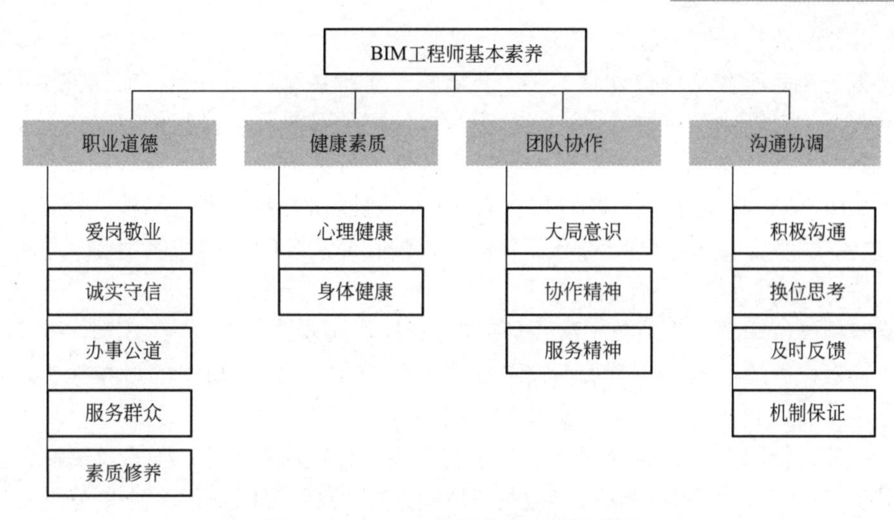

图 4-14　BIM 工程师基本素质要求图

2. 不同应用领域的 BIM 工程师岗位职责

BIM 标准管理类、BIM 工具研发类、BIM 工程应用类及 BIM 教育类 BIM 工程师的岗位职能各不相同。

1）BIM 标准管理类

BIM 基础理论研究人员岗位职责：负责了解国内外 BIM 发展动态，负责研究 BIM 基础理论，以及探索具有创新性的新理论。BIM 标准研究人员岗位职责：①负责收集、贯彻国际、国家及行业的相关标准；②负责编制企业 BIM 应用标准化工作计划及长远规划；③负责组织制定 BIM 应用标准与规范；④负责宣传及检查 BIM 应用标准与规范的执行；⑤负责根据实际应用情况组织 BIM 应用标准与规范的修订等。

2）BIM 工具研发类

BIM 产品设计人员岗位职责：①负责了解国内外 BIM 产品概况，包括产品设计、应用及发展等；②负责 BIM 产品概念设计；③负责 BIM 产品设计；④负责 BIM 产品投入时长的后期优化等。BIM 软件开发人员岗位职责：①负责 BIM 软件设计；②负责 BIM 软件开发及测试；③负责 BIM 软件维护工作等。

3）BIM 工程应用类

BIM 模型生产工程师岗位职责：负责根据项目需求建立相关的 BIM 模型，如场地模型、土建模型、机电模型、钢结构模型、幕墙模型、绿色模型及安全模型等。

BIM 专业分析工程师岗位职责：负责利用 BIM 模型对工程项目的整体质量、效率、成本、安全等关键指标进行分析、模拟、优化，从而对该项目承载体的 BIM 模型进行调整，以实现高效、优质、低价的项目总体实现和交付。如根据相关要求利用模型对项目工程进行性能分析及对项目进行虚拟建造模拟等。

BIM 信息应用工程师岗位职责：负责根据项目 BIM 模型完成各阶段的信息管理及应用的工作，如施工图出图、工程量估算、施工现场模拟管理、运营阶段的人员物业管理、设备管理及空间管理等。

BIM 系统管理工程师岗位职责：①负责 BIM 应用系统、数据协同及存储系统、构件库管理系统的日常维护备份等工作；②负责各系统的人员及权限的设置与维护；③负责各项目观景资源的准备与维护等。

BIM 数据维护工程师岗位职责：①负责收集、整理各部门、各项目的构件资源数据及模型、图纸、文档等项目交付数据；②负责对构件资源数据及项目交付数据进行标准化审核，并提交审核情况报告；③负责对构件资源数据进行结构化整理并导入构件库，并保证数据的良好检索能力；④负责对构件库中资源的一致性和时效性进行维护，保证构件库资源的可用性；⑤负责对数据信息的汇总和提取，供其他系统的应用和使用等。

4）BIM 教育类

高校教师岗位职责：①负责 BIM 研究（可分为不同领域）；②负责 BIM 相关教材的编制，以便课程教学的实施；③负责面向高校学生讲解 BIM 技术知识，培养学生运用 BIM 技术能力；④负责为社会系统地培养 BIM 技术专业人才等。

培训讲师岗位职责：①负责面向学院进行相关 BIM 软件培训，培养及提高学员 BIM 软件应用技能；②负责面向企业高层进行 BIM 概念培训，用以帮助企业更好地运用 BIM 技术提高公司效益。

4.4.3 BIM 市场现状与发展趋势

1. 当前 BIM 市场现状

1）BIM 技术应用覆盖面较窄

BIM 在当前市场中的应用还仅限于咨询和培训，而且参与 BIM 培训的以施工单位居多，覆盖面较小，没有达到推广和普及的层面。

2）涉及项目的实战较少

当前建设工程中只有部分项目采用了 BIM 技术，且只在项目中某个阶段选择性地应用，缺少项目全生命周期运用 BIM 技术的案例及经验。

3）缺少专业的 BIM 工程师

当前 BIM 技术培训对象多为新入职的应届毕业生，很多大型设计院以人才定向培养或直接到培训机构聘请学院的形式来进行设计院内部的 BIM 人才架构建设，对于一些有多年实际工程经验的设计师，他们对于 BIM 以及其软件，多存质疑。

4）前期投入高

运营 BIM 技术需要大量资金投入配备相应的软硬件设备，以及培训能够熟练掌握该项技术的人员，后期的维护也是价格高昂，虽然从已运营 BIM 技术的项目来看，BIM 项目取得了收益，但 BIM 项目的投资回报率低于基准收益率。

5）软件数据的传递问题

目前我国使用的 BIM 软件大部分为国外引进，缺少自主研发，国内外的软件之间存在交互性差和兼容性差的问题。软件之间数据转换的过程中，问题主要表现为两个方面：一方面是 BIM 软件之间转换后信息数据的丢失；另一方面是 BIM 软件与分析软件的数据接口不完善，直接增加了大量的重复性工作，降低了模型、数据的利用率，影响了建筑信息在整个生命周期的流畅度。

6）缺少统一 BIM 标准

BIM 技术由国外研发，相应标准也是依照国外情形而定，与国外相比，我国现有的建筑行业体制不统一，缺乏较完善的 BIM 应用标准，加之业界对于 BIM 的法律责任界限不明确，导致建筑行业推广 BIM 应用的环境不够成熟。现有的标准、行业体制及规范存在差异，所以制定出符合我国国情的统一的 BIM 标准是目前亟待解决的问题。

2. 未来 BIM 发展趋势

1）全方位应用

项目各参与方可能将会在各自的领域应用 BIM 技术进行相应的工作，包括政府、业主、设计单位、施工单位、造价咨询单位及监理单位等；BIM 技术可能将会在项目全生命周期中发挥重要作用，包括项目前期方案阶段、招投标阶段、涉及阶段、施工阶段、竣工阶段及运维阶段等；BIM 技术可能将会应用到各种建设工程项目，包括民用建筑、工业建设、公共建筑等。

2）市场细分

未来市场可能会根据不同的 BIM 技术需求及功能出现专业化的细分，BIM 市场将会更加专业化和秩序化，用户可以根据自身具体需求方便准确地选择相应市场模块进行应用。

3）个性化开发

基于建设工程项目的具体需求，可能会逐渐出现针对具体问题的各种个性化且具有创新型地新 BIM 软件、BIM 产品及 BIM 应用平台等。

4）多软件协调

未来 BIM 技术的应用过程可能出现多软件协调，各软件之间能够轻松实现信息传递与互用，项目在全生命周期过程中将会多软件协调工作。

BIM 技术在我国建设工程市场还存在较大的发展空间，未来 BIM 技术的应用将会呈现出普及化、多元化及个性化等特点，相关市场对 BIM 工程师的需求将更加广泛，BIM 工程师的职业发展还有很大空间，深入理解 BIM 理念的内涵，熟练掌握调用各系列不同类型的软件助力工程项目应用是 BIM 工程师需要不断探索的内容。

Chapter 05

第 5 章

Bentley入门

Autodesk 公司的 AutoCAD 不仅用计算机绘图替代手工绘图，还推进了计算机辅助设计的理念，并让这一理念在除机械设计外的领域深入和发展。在同一时期，另外一款计算机辅助软件不太引人关注，但它用不同的处理方式，也把计算机辅助设计理念进行了拓展，那就是 Bentley 公司的 MicroStation 软件。Autodesk 公司从 AutoCAD 开始，开发出很多系列的软件，同样 Bentley 公司基于 MicroStation 开发逐步开发出建造和管理公路、桥梁、机场、摩天大楼、工业厂房和电厂，以及公用事业网络各种系列软件。Autodesk 和 Bentley 在建设理念、基础架构、文件处理、市场策略等方面都不尽相同，但都在 BIM 行业都具有举足轻重的地位，使得 BIM 技术的发展呈现多样化，从而更具有生命力。本章介绍 Bentley 公司的建筑类软件 OpenBuildingsDesigner 软件，逐步走入 Bentley 的世界。

5.1 Bentley System

Bentley 的软件具有庞大的体系，应用深入到基础设施资产的整个生命周期，这些软件包括：

二维和三维 CAD 设计软件：MicroStation

协同管理平台：ProjectWise

土木工程：OpenBuildings Designer

渲染和图像获取：LumenRT/ContextCapture

模型漫游、浏览及批注：Bentley Navigator

桥梁：OpenBridge，BridgeMaster

道路与场地设计：OpenRail，OpenRoads，OpenX Designer，PowerCivil

数据互用二维和三维工厂设计软件：OpenPlant

电缆及管道：Bentley Raceway and Cable Management

变电站结构设计：Bentley Substation

水利和水文软件：OpenFlows

电气系统设计：OpenPlant Electrical CCK

地质分析：Plaxis
钢铁和混凝土结构设计软件：ProStructures
海工结构设计的标准软件：SACS
三维结构分析和设计软件：STAAD
基础设施建设管理：SYNCHRO
压力管道与压力容器应力分析：AutoPipe
Bentley 系列软件有以下特点：

1. 文件格式

Autodesk 旗下的各种软件都有不同的文件格式，在前面介绍的 Revit 中就有项目、样板、族不同的文件格式，甚至不同版本的 Revit 格式都有差异。而 Bentley 不同，它针对各行业的软件都是基于 MicroStation 平台开发的，跨专业协作不存在格式转换的问题，可以直接互相打开参考同一种文件格式“. dgn”。因此，Bentley 具有以下特点：

2. 文件处理方式

Bentley 软件处理文件时，把已经绘制好的图形写进硬盘里，从而将内存释放出来处理新的进程，另外，它放弃了一些进程间不必要的关联参数，换取了建模性能的提升，因此能够让同样的电脑胜任更为复杂和大型的项目。

3. 预制构件数量多

Bentley 每个专业都对应着一款独立的软件，在各专业应用中开发了相应的预制构件，每一款软件里都只有和这个专业相关的按钮（构件），大大提高专业建模的效率。

4. 软件之间的无缝连接

Bentley 公司对 MicroStation 的开发一直没有停止，几乎所有用于 BIM 的软件都是在 MicroStation 的基础上二次开发出来的。把 MicroStation 单纯的图形功能，针对不同行业制作专用预制构件，应用在专用软件中独立运行。文件格式采用同样的“dgn”格式，任何一个行业软件保存的文件都可以被 MicroStation 直接打开，行业软件之间也可以相互打开。

5.2 OBD 建筑设计概述

本节学习完成后，读者能够了解 OBD 软件的相关知识：
① OBD 软件的开发过程；
② OBD 软件的行业应用；
③ OBD 软件的应用介绍。

5.2.1 OBD 软件开发过程

针对基础设施行业中土建项目在建设项目周期中的业务特点和项目需求，Bentley 公司在 2012 年 3 月份正式推出新一代的建筑行业解决方案 AECOsim Building Designer（简称 ABD）及相应的能耗计算系统 AECOsim Energy simulator（简称 AES，并作为 ABD 的伴生软件），此平台基于 Bentley 公司的基础设计平台 MicroStation，能够更完美地解决土建项目的需求和应用标准。2015 年 Bentley 公司开始了 MicroStation 从 V8i 32 位版本升级到 Connect Edition（简称 CE）64 位版本的更新，相应地 AECOsim Building Designer 也开始了版本升级计划，并在 2017 年正式推出了第一个 CE 版本，在后续版本发布过程中，为了和 Bentley 公司的 Open 系列设计软件名称统一，Update5，正式改名为 OpenBuildings Designer（简称 OBD）。

OpenBuildings Designer 目前广泛应用于 Bentley 的各种行业的解决方案，例如：建筑园区、市政交通、电力能源、冶金工厂，同时还可以扩展应用于包括土建设计的其他行业。

5.2.2 OBD 软件应用介绍

OpenBuildings Designer 是一个基于 BIM 理念的解决方案，关注于土建项目整个生命周期。它是土建行业解决方案中重要的组成部分，涵盖了建筑、结构、建筑设备（暖通、给水排水及其他低压管道的设计功能）及建筑电气四个专业设计模块。

在软件架构上，OpenBuildings Designer 已经将三维设计平台 MicroStation 纳入其中，这样做的原因，一方面解决了分别安装时版本匹配的问题；另一方面是图形平台和专业设计模块直接地结合更加紧密。对于使用者来讲，它是一个整合、集中、统一的设计环境，可以完成四个专业从模型创建、图纸输出、统计报表、碰撞检测、数据输出等整个工作流程的工作。

OpenBuildings Designer 可以与 Bentley 公司协同工作平台 ProjectWise 进行集成，实现各专业之间的协同工作，并对工程成果分权限、分阶段进行控制。各个专业的应用软件符合 BIM 的设计理念，具有参数化的建模方式，智能化的编辑修改，以及精确的模型控制技术。还可以结合实景建模软件 ContextCapture 生成的真实环境模型，形成栩栩如生的项目设计，同时完成的专业模型可以与其他专业模型相互引用，协调工作，完成整体项目的后期交付成果和各种数据的重复利用。

5.3 OBD 软件的启动与界面

本节学习完成，通过实例案例练习，掌握 OBD 软件操作的技能要点：
① OBD 软件的启动；
② OBD 软件如何新建文件；
③ OBD 软件的界面；
④ OBD 软件的环境设置。

5.3.1 OBD 软件的启动

在程序组中，双击 OpenBuildings Designer 图标。或者在 Windows 资源管理器中，双击 DGN 文件图标（扩展名为 .dgn)。或者将 DGN 文件图标从 Windows 资源管理器拖到 OpenBuildings Designer 图标上。或者在 Windows 资源管理器中，双击文件的图标 OpenBuildings Designer. exe。

5.3.2 OBD 软件的新建文件

OBD 软件打开之后，进入新建文件的界面，如图 5-1 所示；选择界面左上部的工作空间，点击 Building _ Examples；工作集选择默认的 BuildingTemplate _ CN 或点击下拉菜单，创建新工作集。工作空间和工作集确定后，即可新建文件。输入新建文件名（*. DGN)，即可打开 OBD 软件界面（图 5-2)。

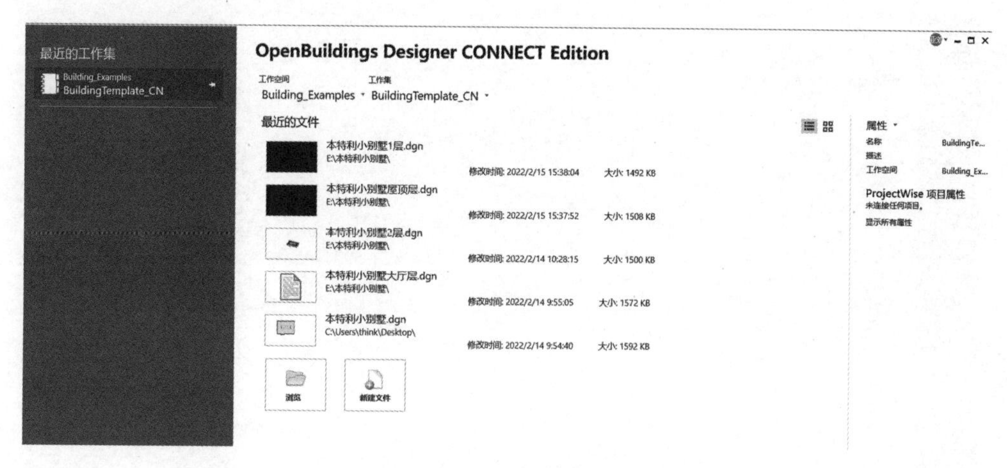

图 5-1 新建文件

5.3.3 OBD 软件的界面

打开 OBD 软件界面如图 5-2 所示，OpenBuildings Designer 的用户界面现在基于功能区设计。菜单、菜单项和“任务”对话框现在已替换为功能区界面。功能区可帮助用户以最少的点击次数轻松找到工具和命令。功能区按工作流程组织。每个工作流由多个选项卡组成，这些选项卡按任务组织。

OBD 软件界面共有 13 个分区，分别是文件选项卡、工作流、快速访问工具栏、功能组、功能区、功能区搜索、连接通知、帮助、登录标志符号、最小化、最大化、关闭、状态栏等。其中建筑设计功能区包含有常用工具、建筑元素、装配式生成器、修改等功能。

点击文件选项卡“文件”图标，进入后台页面，可对文件进行如下操作：“新建、打开、保存、另存为、关闭、设置、导入、导出、打印、属性”等（图 5-3)。

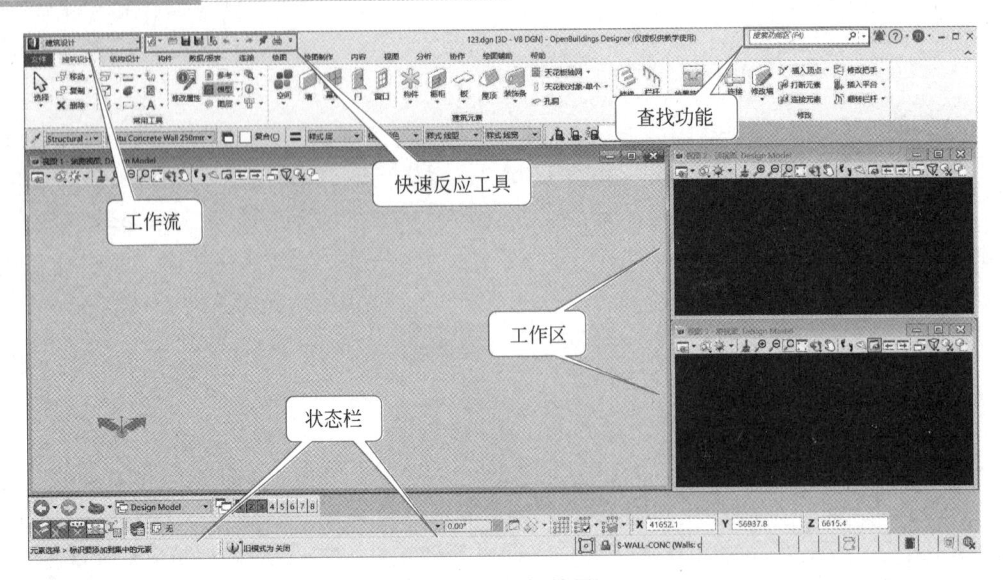

图 5-2　OBD 软件界面

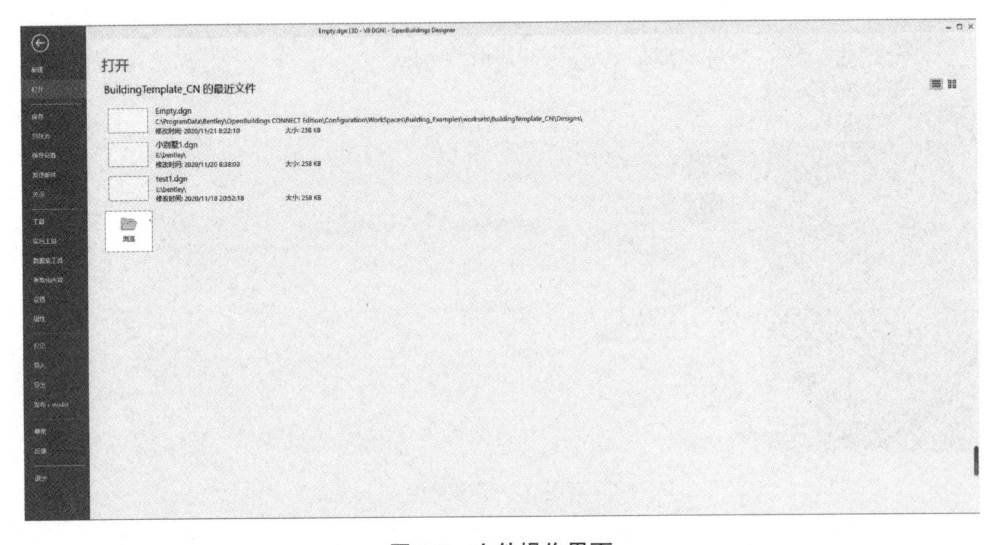

图 5-3　文件操作界面

5.3.4　OBD 软件的环境设置

建筑设计过程中，需要与建筑制图规则和习惯相适应，如项目图纸单位一般为 mm 等。因此在建筑设计建模之前，就应当把符合常规、满足习惯性的环境设置好。在后台页面（图 5-3）中点击“设置”→“文件”→“工作单位”，并设置为“MU、mm、mm”，如图 5-4 所示。

大多数软件中，Esc 键都用于退出当前操作，OBD 软件中需用户自行设置。方法同上，在后台页面中点击“设置”→“用户”→“首选项”→“输入”→Esc 退出命令，如图 5-5 所示。退出时保存设置，在后台页面中点击“设置”→“用户”→“首选项”→“操作”→退出时保存设置。

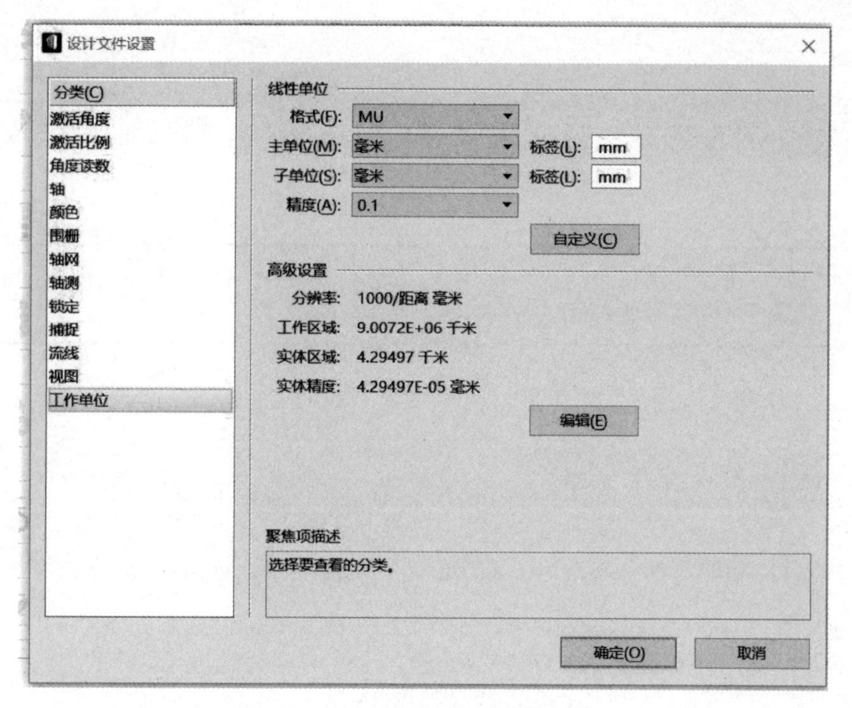

图 5-4　设置工作环境

图 5-5　Esc 退出命令设置

5.4 OBD 软件的建筑设计功能区详解

① 了解常用工具；
② 了解元素的是创建及修改方法。

建筑设计功能区包含有常用工具、建筑元素、装配式生成器、修改等功能。

5.4.1 常用工具

OBD 软件的功能组都含有常用工具功能，其功能一致，包括：

1. 编辑类

选择、移动、复制、删除等。

2. 修改类

缩放、旋转、镜像、阵列、按边对齐元素、拉伸、修改元素、打断元素、延伸到线、修剪到交点、修剪到元素、修剪多个、构造圆角、构造抛物线圆角、构造倒角、插入顶点、删除顶点等。

3. 绘图类

放置智能线、放置直线、放置弧、修改弧夹角、修改弧半径、构造角平分线、构造最短距离线、按激活角度构造直线等。

4. 属性类

测量（距离、半径、角度、长度、面积、体积）、更改元素特性、匹配元素特性、匹配特性等。

5. 创建类

放置（块、形状、正交形状、正多边形、圆、椭圆）、打散元素、打散复杂状态、创建复杂链、创建复制形状、创建区域、区域剖面线、区域交叉剖面线、区域图案填充、放置文本、放置批注等。

6. 管理类

匹配属性、尺寸标注、参考、光栅管理器、点云、连接实景网格、连接参考、卸载参考、剪切参考、删除参考、资源管理器、特性、楼层管理器、楼层选择器、ACS 平面、模型、创建设计模型、创建绘图模型、创建图纸模型、注释比例、图层、层显示、层管理器、建筑元素信息、属性、键入命令、开关精确绘图、辅助坐标、保存的视图、单元、标注、细节、窗口列表等。

如图 5-6 所示，常用工具功能区有很多功能都黑色三角符号，表示有多种方式实现该大类功能。

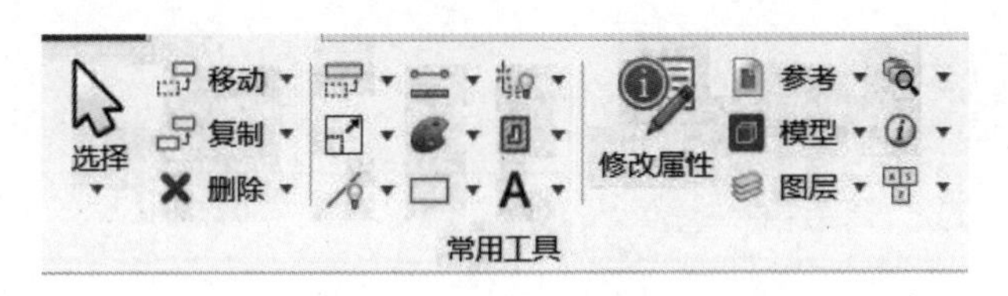

图 5-6 常用工具功能

5.4.2 建筑元素

OBD 软件的功能组中仅有建筑设计功能组列有建筑元素功能。建筑元素功能包括房屋建筑的各个组成部分，包括“空间、墙、门、窗口、栏杆、橱柜、板、屋顶、装饰条、天花板、孔洞、楼梯、栏杆”等常用建筑构件，如图 5-7 所示。

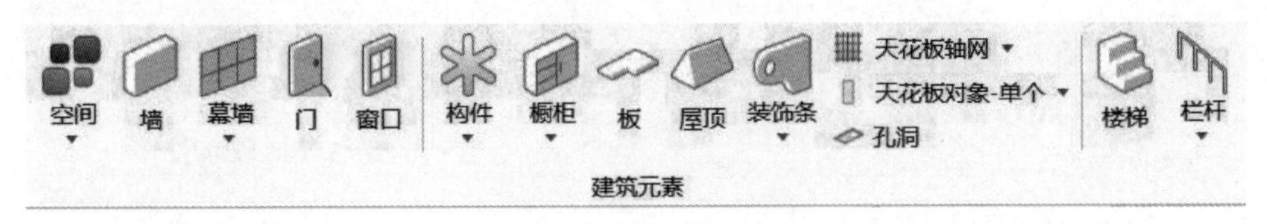

图 5-7 建筑元素功能

1. 空间

空间用于绘制、定位、识别和标记单个空间（例如房间）或逻辑相关空间（例如门）。空间是关联的。也就是说，如果移动墙壁（图形空间更新），标签中的面积测量值会更新，模型数据也会更新以用于报告和计划目的。空间关联性仅在使用边界方法创建空间时可用。标签放置可以是手动或自动的。自动放置时，标签位于房间的中心。

操作方法：“建筑设计”→“建筑”→“放置建筑元素”→“空间”。操作完成后，弹出创建空间对话框，如图 5-8 所示。

放置建筑元素时，放置选项卡会在功能区上打开。放置选项卡包含特定于正在放置的建筑元素的设置，这些设置用于定义正在放置的建筑元素的位置、方向或尺寸。放置选项卡上还提供了一组专门选择的建筑常用工具，因为它们与所放置的建筑元素相关。

如图 5-8 所示，首先设置好空间属性，即参数化。可根据建筑空间区域，选择合适的族，图中上部为窗口为“水平通道”，下部为空间预览，然后可设置空间的相关参数，如“房间属性”中的“高度、周长、规划面积”和“真实面积”，以及“材料、能力分析”等。

设置好空间属性后，可按建筑设计需求放置空间，如图 5-9 所示，放置空间的方式有

泛填区域—该空间是在可以被洪水淹没的区域中创建的。

选择形状—将通过选择现有形状来创建边界。

绘制形状—将通过绘制形状来创建边界。

绘制矩形—将通过绘制矩形来创建边界。

画圆—将通过画一个圆来创建边界。

绘制椭圆—将通过绘制椭圆来创建边界。

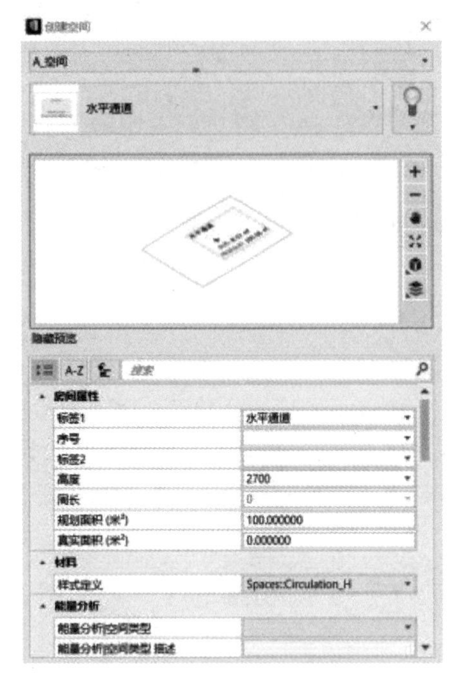

图 5-8　创建空间（空间属性）

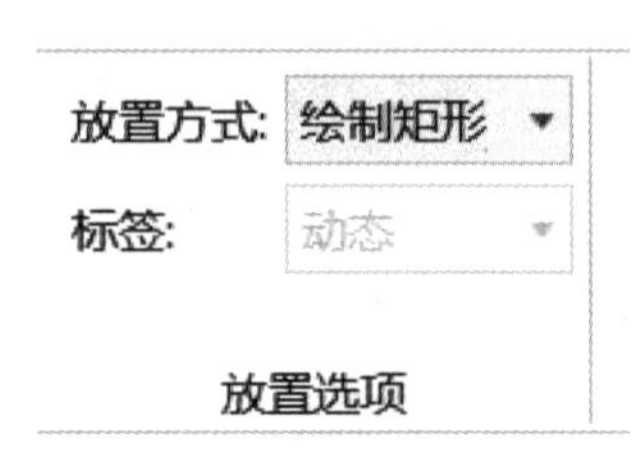

图 5-9　放置空间

2. 墙

<table>
<tr>
<td></td>
<td>① 参考文献[19]：→建筑结构和机动性仿真→OBD 进阶篇→建筑功能操作→3 创建外部墙体、8 创建内墙。
② 辅助学习视频链接：
</td>
</tr>
</table>

建筑墙是实心 3D 线性组件，默认情况下由矩形横截面（高度和宽度）和长度定义。它们通常放置在水平面（地板）上。它们的顶面可以选择性地延伸以跟随天花板或屋顶表面的轮廓。它们可以被门窗（单元）或封闭的形状（多边形）穿透。墙还具有影响它们在图纸中的显示方式的材料属性和中心线。在放置过程中，墙将会遵循绘制的路径或基线。可以选择沿其中心线、沿其内/外边缘放置墙，或将其与放置数据点偏移一定距离。

操作方法："建筑设计" → "建筑" → "放置建筑元素" → "墙"。操作完成后，弹出创建空间对话框，如图 5-10 所示。

如图 5-10 所示，首先设置好墙体属性，即参数化。可根据建筑设计需求，选择合适的族，图中上部窗口为"混凝土外墙"，下部为墙体三维预览，然后可设置墙体的相关参数，如"墙尺寸"中的"宽度、高度、顶部选项"，以及"墙参数、结构用量"等。

设置好墙体属性后，可按建筑设计需求放置墙体，如图 5-11 所示，放置空间的方式如下。

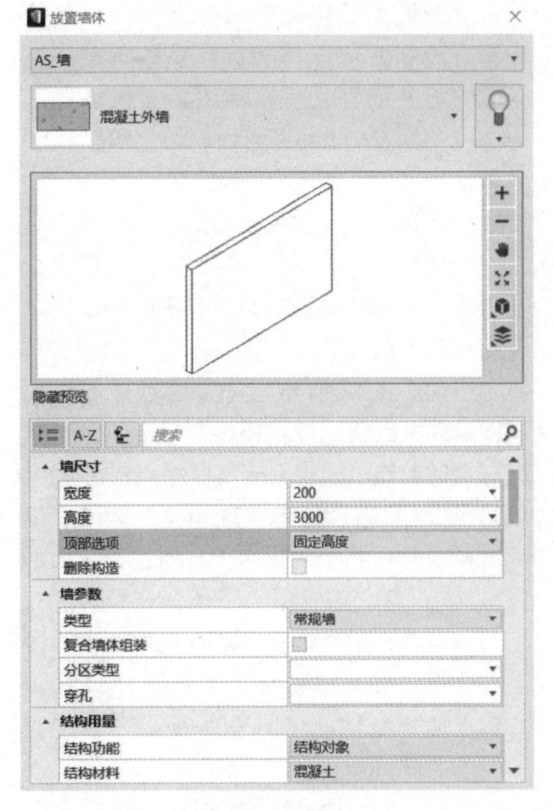

图 5-10　创建墙体

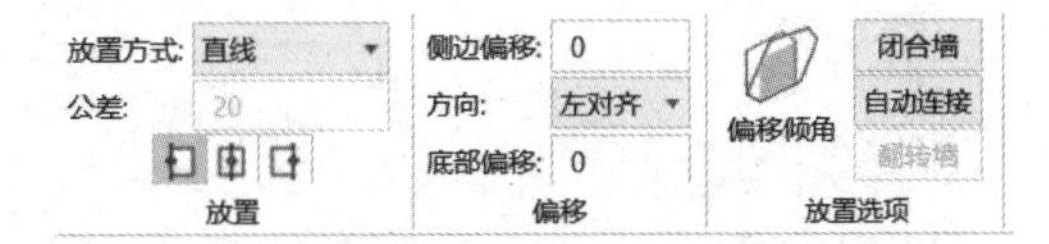

图 5-11　放置墙体

1）按直线：将墙类型设置为线性。墙由两个点定位：起点和终点。

2）按弧—按圆心：墙由三个点定位：端点、圆弧中心点和定义扫角的点。

3）按弧—按边：墙由弧边上的三个点定位。

4）按曲线：创建可以由各种曲线组成的分段多半径曲线墙。曲线由放置在每条曲线顶点的数据点控制：包含曲线段的平滑度或数量由“容差”值控制。

5）按轴网：设置沿选定轴网元素的墙放置。

6）按空间：设置沿选定空间元素的墙放置。

3. 幕墙

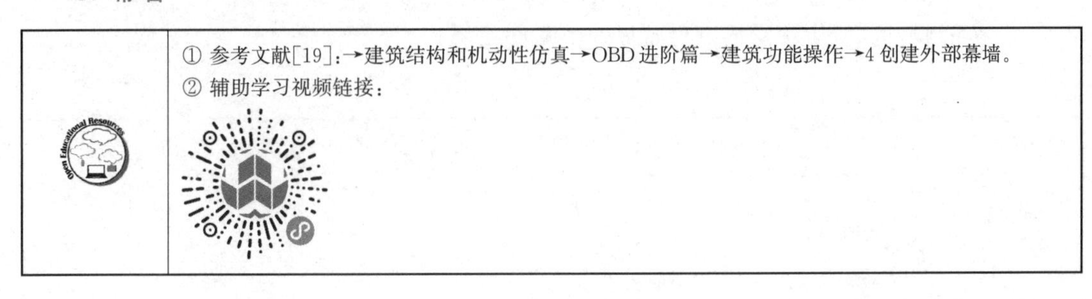
① 参考文献[19]:→建筑结构和机动性仿真→OBD 进阶篇→建筑功能操作→4 创建外部幕墙。
② 辅助学习视频链接：

幕墙是现代建筑设计中被广泛应用的一种建筑构件，由幕墙网格、竖梃和幕墙嵌板组成。在 OBD 中，根据幕墙的复杂程度分常规幕墙、带形和穿孔开口三种创建幕墙的方法。

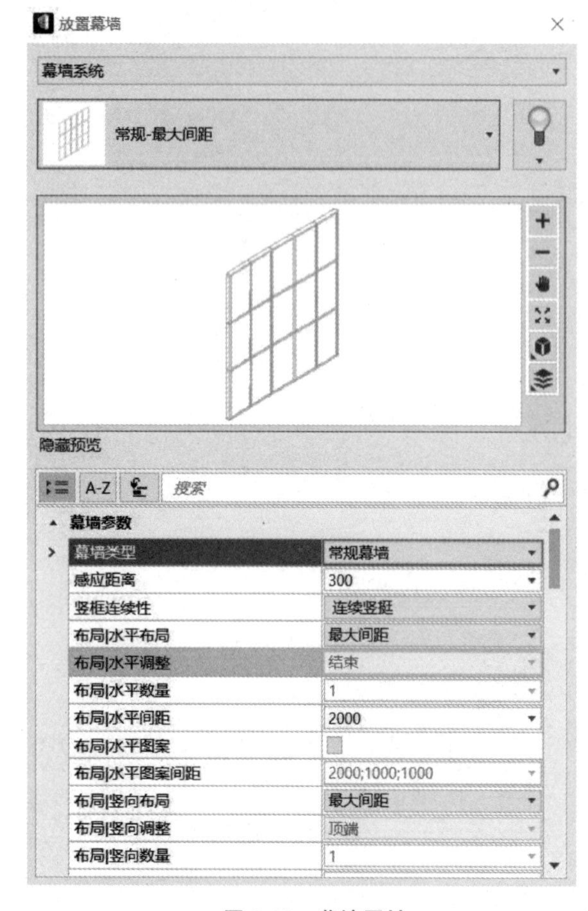

图 5-12　幕墙属性

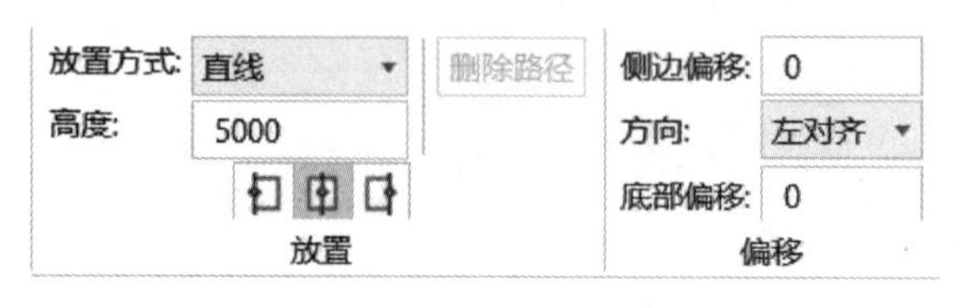

图 5-13　放置幕墙

常规幕墙是墙体的一种特殊类型，其绘制方法和常规墙体相同，并具有常规墙体的各种属性，可以像编辑常规墙体一样用“附着”“编辑立面轮廓”等命令编辑常规幕墙。

操作方法：“建筑设计”→“建筑”→“建筑元素”→“幕墙”（→幕墙）。操作完成后，弹出创建幕墙对话框，如图 5-12 所示。

如图 5-12 所示，首先设置好墙体属性，即参数化。可根据建筑设计需求，选择合适的族，图中上部窗口为“常规-最大间距”，下部为幕墙三维预览，然后可设置幕墙的相关参数，如“幕墙参数”中的“幕墙类型、感应距离、竖框连续性、布局｜水平布局、布局｜竖向布局”等。

设置好幕墙属性后，可按建筑设计需求放置幕墙，如图 5-13 所示，放置空间的方式如下。

1）按直线：将幕墙放置在由两个数据点定义的直线上：起点和终点。

2）按弧—按圆心：通过三个点定位幕墙：端点、圆弧中心点和定义扫角点。

3）按弧—按边：在弧边上放置三个点的幕墙。

4）按曲线：放置弯曲的幕墙系统。创建可以由各种曲线组成的分段多半径弯曲幕墙。曲线由放置在每条曲线顶点的数据点控制。

5）按元素：沿着选定的绘图元素放置幕墙系统，如直线或圆弧。该元素是幕墙的基线。

6）按形状：放置由选定绘图形状界定的幕墙系统。

4. 门窗

在三维模型中，门窗的模型与它们的平面表达并不是对应的剖切关系，这说明门窗模型与平立面表达可以相对独立。此外门窗在项目中可以通过修改类型参数如门窗的宽和高以及材质等，形成新的门窗类型。

门操作方法：“建筑设计”→“建筑”→“放置建筑元素”→“门”。操作完成后，弹出创建门对话框，如图 5-14 所示。

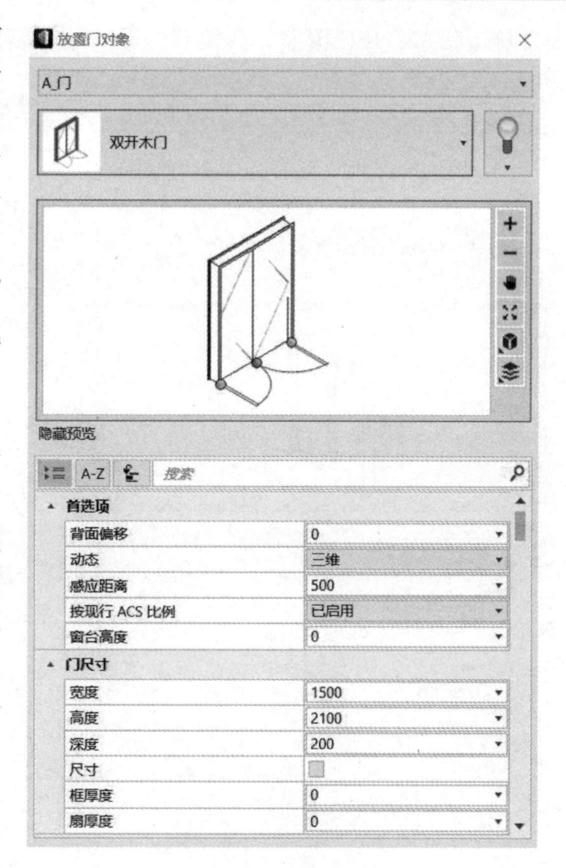

图 5-14　放置门对象

如图 5-14 所示，首先设置好门属性，即参数化。可根据建筑设计需求，选择合适的族，图中上部窗口为“双开木门”，下部为门三维预览，然后可设置门的相关参数，如门参数中的“门尺寸”中的“宽度、高度、深度、尺寸、框厚度、扇厚度”，以及“首选项、识别、厂商、施工状态、IFC 覆盖、PAZ 门、门窗洞、分类”。

设置好门属性后，可按建筑设计需求放置门，并可设置侧面偏移量，如图 5-15 所示。

窗口操作方法：“建筑设计”→“建筑”→“放置建筑元素”→“窗口”。操作完成后，弹出创建窗对话框，如图 5-16 所示。

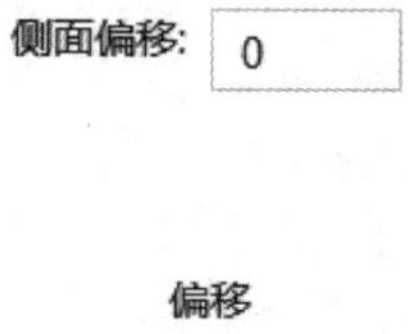

侧面偏移: 0

偏移

图 5-15　门窗侧面偏移设置

如图 5-16 所示，首先设置好窗属性，即参数化。可根据建筑设计需求，选择合适的族，图中上部窗口为不锈钢塑钢窗/双层内外平开窗，下部为窗三维预览，然后可设置窗的相关参数，如窗参数中的“窗尺寸”中的“宽度、高度、深度、尺寸、厚度”，以及“首选项、识别、厂商、施工状态、IFC 覆盖、门窗洞、分类”。

设置好窗属性后，可按建筑设计需求放置窗，并可设置侧面偏移量，如图 5-15 所示。

5. 构件

构件是主要建筑组外的一些常用构件，如百叶窗、车、厨房设施、安全设施、阳台、雨篷、集水井等构件。下面以百叶窗为例说明构件的放置流程。

百叶窗操作方法：“建筑设计”→“建筑”→“放置建筑元素”→“构件”。操作完成后，弹出创建构件对话框，在顶部下拉菜单中选择百叶窗，如图 5-17 所示。

如图 5-17 所示，首先设置好百叶窗属性，即参数化。可根据建筑设计需求，选择合适的族，图示上部窗口为水平分割百叶，下部为百叶窗三维预览，然后可设置百叶窗的相关参数，如百叶窗参数中的“首选项”的动态、感应距离，以及“尺寸、厚度、识别、厂商、施工状态、IFC 覆盖、门窗洞、A _ 百叶窗”。

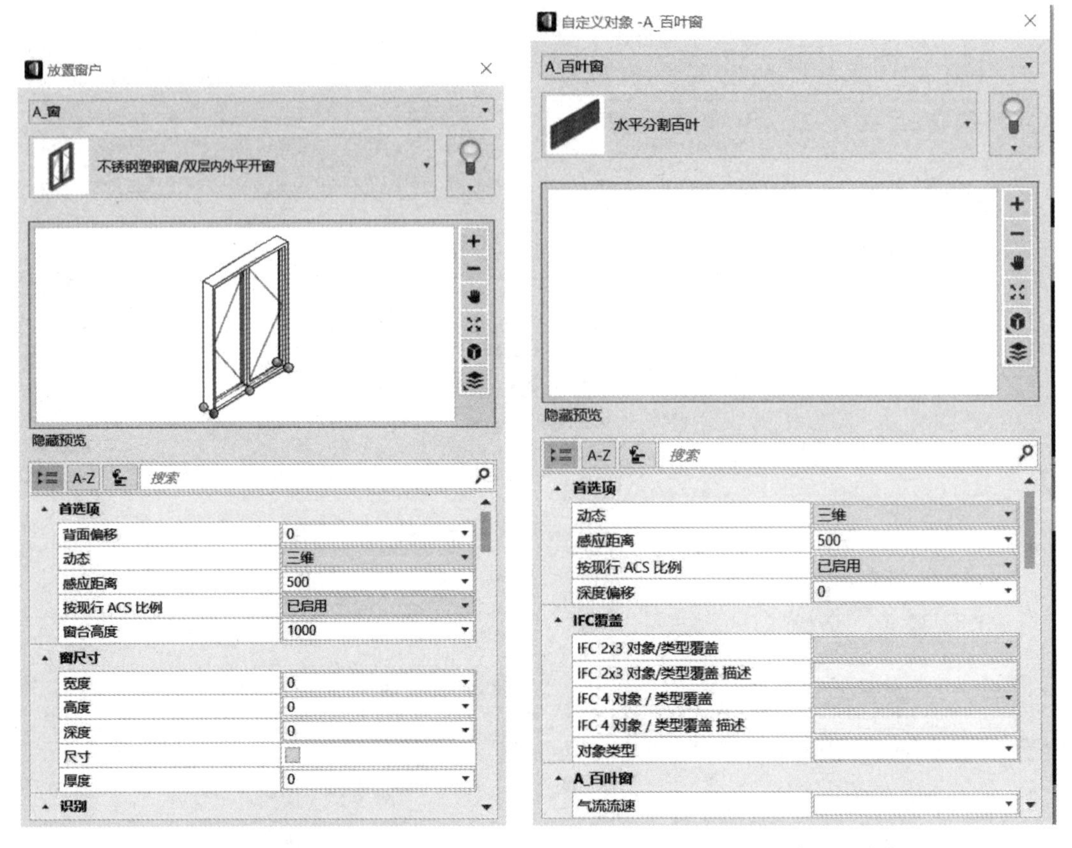

图 5-16 放置窗户　　　　图 5-17 放置百叶窗

设置好百叶窗属性后，可按建筑设计需求放置百叶窗，并可设置侧面偏移量，如图 5-18 所示。

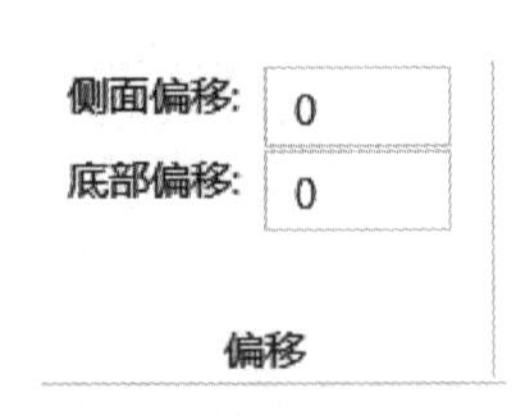

图 5-18 构件侧面偏移设置

6. 橱柜

用于布置橱柜的行和层与特定的橱柜单元。也用于放置与橱柜相关的物品，例如台面、底板和踢板。

橱柜操作方法：“建筑设计”→“建筑”→“放置建筑元素”→“橱柜”。操作完成后，弹出创建橱柜对话框，如图 5-19 所示。

如图 5-19 所示，首先设置好橱柜属性，即参数化。可根据建筑设计需求，选择合适的族，图中上部窗口为“橱柜 1”，下部为橱柜三维预览，然后可设置橱柜的相关参数，如橱柜参数中的“首选项”的“动态、感应距离”，以及“A _ 橱柜、橱柜属性、识别、厂商、施工状态、IFC 覆盖”。

设置好橱柜属性后，可按建筑设计需求放置橱柜，并可设置侧面偏移量，如图 5-20 所示。

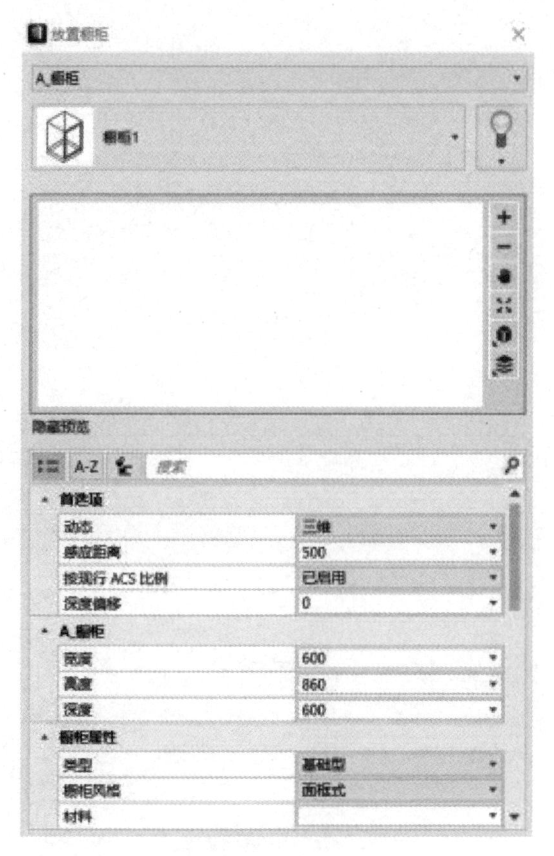

图 5-19　放置橱柜

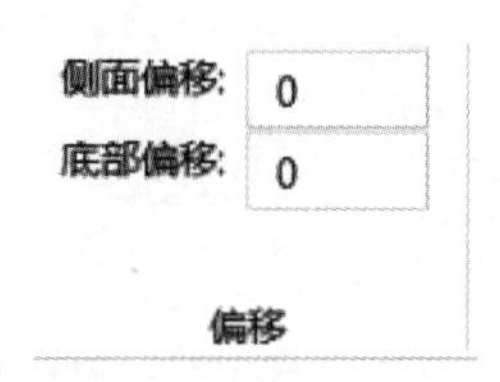

图 5-20　橱柜侧面偏移设置

7. 板

① 参考文献[19]:→建筑结构和机动性仿真→OBD 进阶篇→建筑功能操作→6 放置板装饰条。
② 辅助学习视频链接:

用于选择模型中的区域以创建和放置板。

板操作方法:“建筑设计”→“建筑”→“放置建筑元素”→“板”。操作完成后,弹出创建板对话框,如图 5-21 所示。

如图 5-21 所示,首先设置好板属性,即参数化。可根据建筑设计需求,选择合适的族,图中上部窗口为混凝土板,下部为板三维预览,然后可设置板的相关参数,如“板参数”中的“类型、厚度、方向、方向角度”,以及“结构用量、材料、热透射、识别、声学参数、构件耐火性、施工状态、IFC 覆盖”等。

设置好板属性后,可按建筑设计需求放置板,如图 5-22 所示,放置板的方式如下。

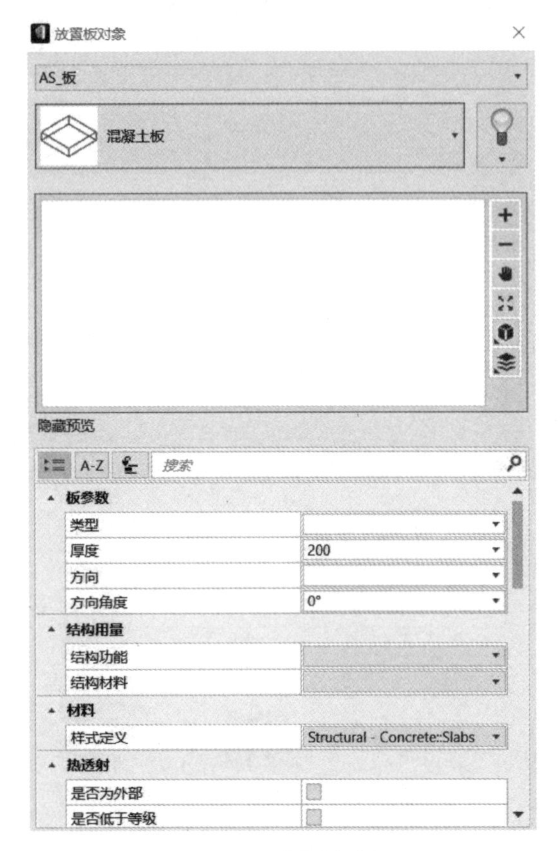

图 5-21 放置板对象

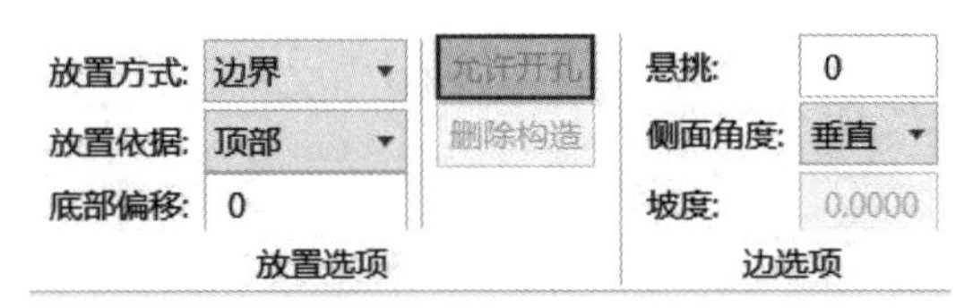

图 5-22 放置板方式

1）边界。

2）泛填。

3）形状。

4）结构构件。

8. 屋顶

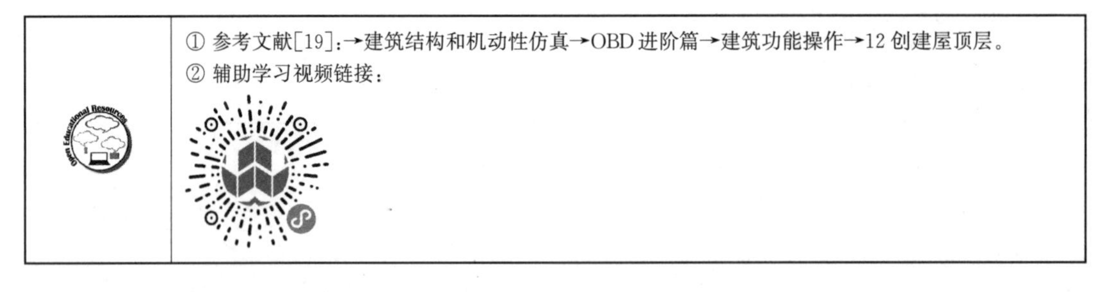

① 参考文献[19]：→建筑结构和机动性仿真→OBD 进阶篇→建筑功能操作→12 创建屋顶层。

② 辅助学习视频链接：

用于放置屋顶、修改屋顶坡度、修剪屋顶和放置屋顶。

板操作方法："建筑设计"→"建筑"→"放置建筑元素"→"屋顶"。操作完成后，弹出创建屋顶对话框，如图 5-23 所示。

如图 5-23 所示，首先设置好屋顶属性，即参数化。可根据建筑设计需求，选择合适的族，图中上部窗口为保温层，下部为屋顶三维预览，然后可设置屋顶的相关参数，如"屋顶”参数中的“厚度”，以及“坡度控制、斜率、对所有边应用坡度、结构用量、材料、热透射、识别、声学参数、构件耐火性、施工状态、空间边界、IFC 覆盖、分类”等。

设置好屋顶属性后，可按建筑设计需求放置屋顶，如图 5-24 所示，放置屋顶的方式有形状。

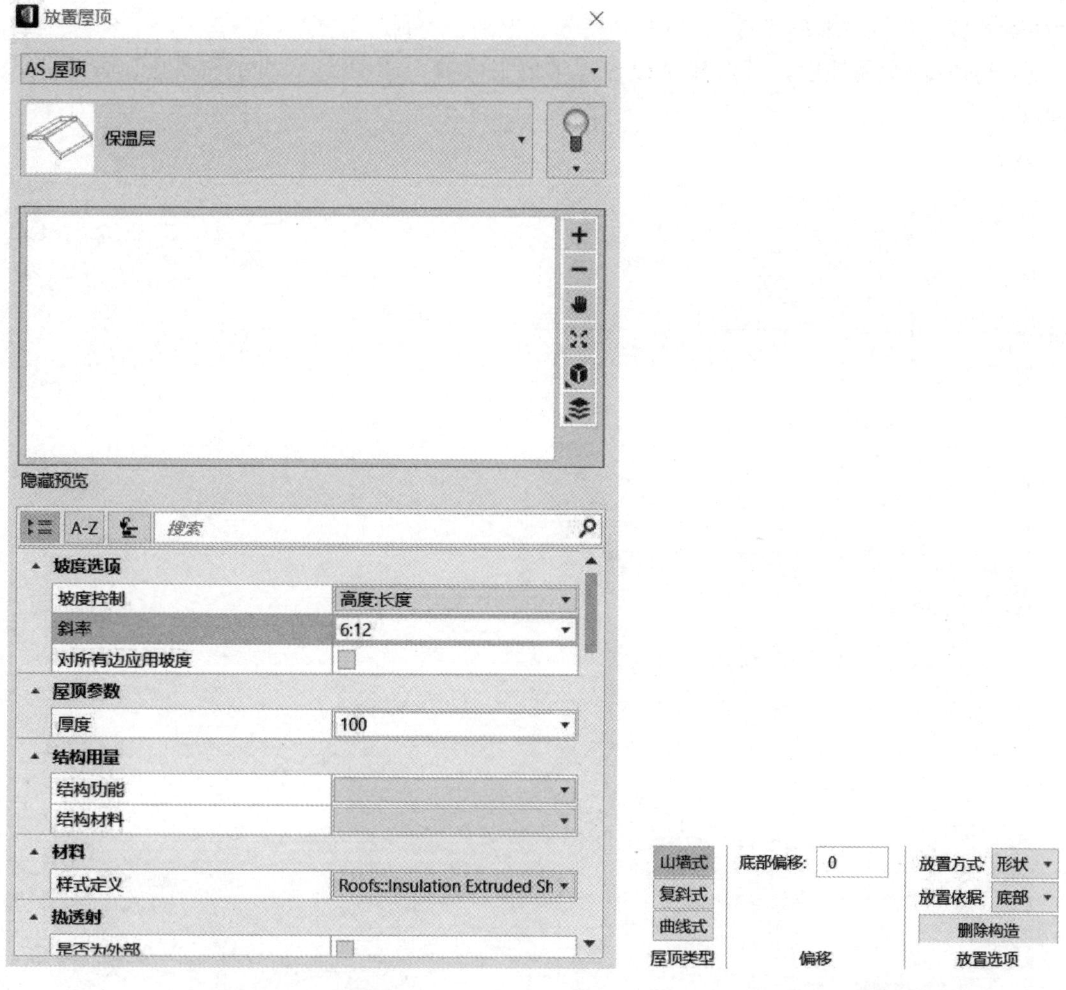

图 5-23　放置屋顶　　　　图 5-24　放置屋顶方式

创建屋顶时，首先绘制一个形状来定义屋顶覆盖区。通常这是在俯视图或等轴测视图中完成的。屋顶也使用 ACS，使能够将整个屋顶围护结构放置在一个角度上。

对于倾斜屋顶，可以确定足迹中的哪些线定义屋顶坡度，形成斜坡，直到它们与另一个屋顶的平面或屋顶足迹的边缘相交，形成一个脊。与其他基线相交的基线向侧面延伸以与相邻线形成的屋顶相遇。这在屋顶形成了臀部和山谷。

9. 装饰条

参考文献[19]：→建筑结构和机动性仿真→OBD 进阶篇→建筑功能操作→6 放置板装饰条。

用于放置门套、窗套、建筑外观装饰等构件。

装饰条操作方法："建筑设计"→"建筑"→"放置建筑元素"→"装饰条"。操作完成后，弹出创建装饰条对话框，如图 5-25 所示。

如图 5-25 所示，首先设置好窗套属性，即参数化。可根据建筑设计需求，选择合适的族，图中上部窗口为"窗套 1"，下部为窗套三维预览，然后可设置窗套的相关参数，如"轮廓参数"中的"旋转角度"，以及"厂商、识别、材料、分类"等。

设置好窗套属性后，可按建筑设计需求放置窗套，如图 5-26 所示，放置窗套的方式如下。

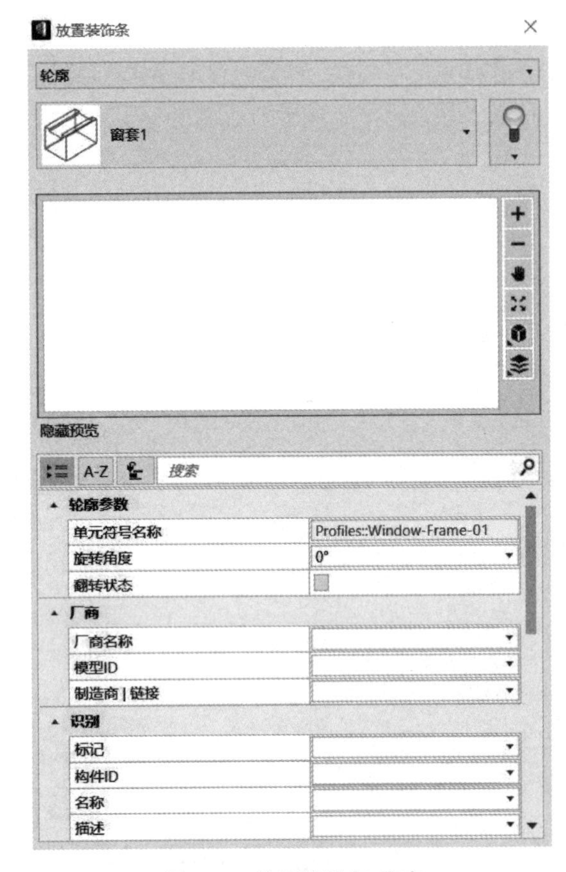

图 5-25　放置装饰条-窗套

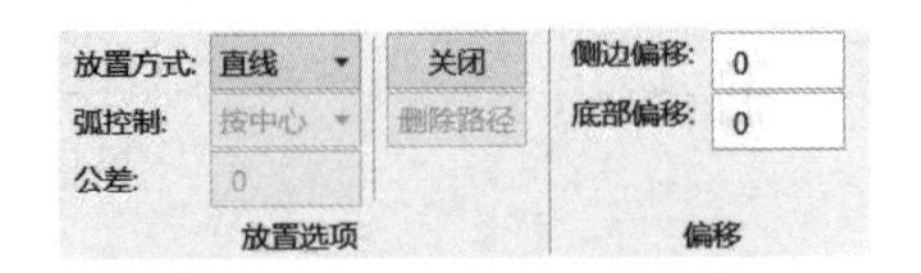

图 5-26　放置装饰条-窗套方式

1）按形状。

2）按弧。

3）按曲线。

4）按路径。

10. 天花板

参考文献[19]：→建筑结构和机动性仿真→OBD 进阶篇→建筑功能操作→10 放置内门天花板。

用于选择模型中的区域以创建和放置天花板。

操作方法："建筑设计"→"建筑"→"放置建筑元素"→"天花板"。操作完成后，弹出创建天花对话框，如图 5-27 所示。

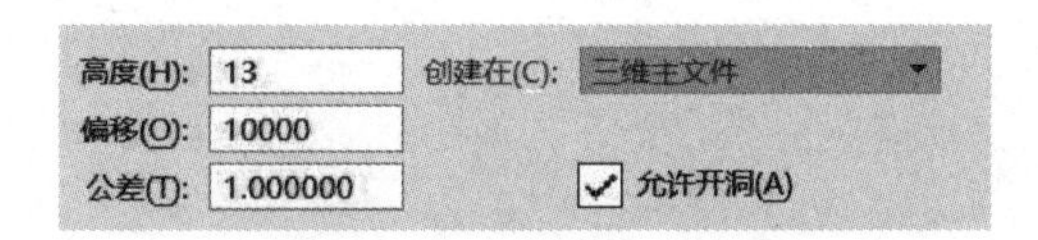

图 5-27　泛填放置天花板

11. 孔洞

建筑中存在一些需要留孔洞的位置，如楼梯井和电梯井。

孔洞操作方法："建筑设计"→"建筑"→"放置建筑元素"→"孔洞"。操作完成后，弹出创建孔洞对话框，在顶部下拉菜单中选择孔洞，如图 5-28 所示。

如图 5-28 所示，首先设置好孔洞属性，下部为孔洞三维预览，然后可设置孔洞的相关参数，如孔洞参数中的"首选项"的"动态、感应距离"，以及"识别、IFC 覆盖、门窗洞、AS _ 孔洞"。

设置好孔洞属性后，可按建筑设计需求放置孔洞，并可设置侧面偏移量，如图 5-29 所示。

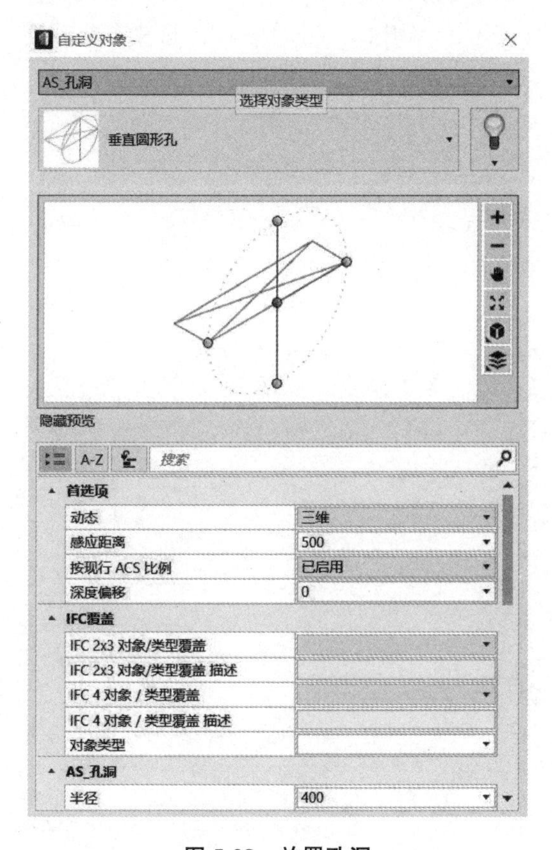

图 5-28　放置孔洞

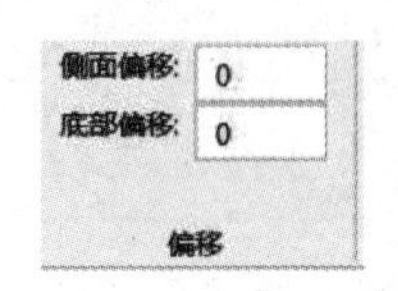

图 5-29　孔洞侧面偏移设置

12. 楼梯

	①参考文献[19]:→建筑结构和机动性仿真→OBD 进阶篇→建筑功能操作→9 楼梯扶手。 ②辅助学习视频链接： 

楼梯工具用于放置与在建筑楼层之间移动相关的建筑组件。

楼梯操作方法："建筑设计"→"建筑"→"放置建筑元素"→操作完成后，弹出创建楼梯对话框，如图 5-30 所示。

如图 5-30 所示，首先设置好楼梯属性，即参数化。可根据建筑设计需求，选择合适的族，图上部窗口为混凝土楼梯—阶梯式，下部为楼梯三维预览，然后可设置楼梯的相关参数，如"楼梯尺寸"中的"楼梯高度、楼梯实际坡度"，"楼梯参数"中的"楼梯宽度"，以及"识别、热透射、施工状态、IFC 覆盖、分类"等。

设置好楼梯属性后，可按建筑设计需求放置楼梯，如图 5-31 所示，先设置好放置楼梯的对齐方式，如左上方、中左、左下方、顶部中心、中间中心、底部中心、右上、中

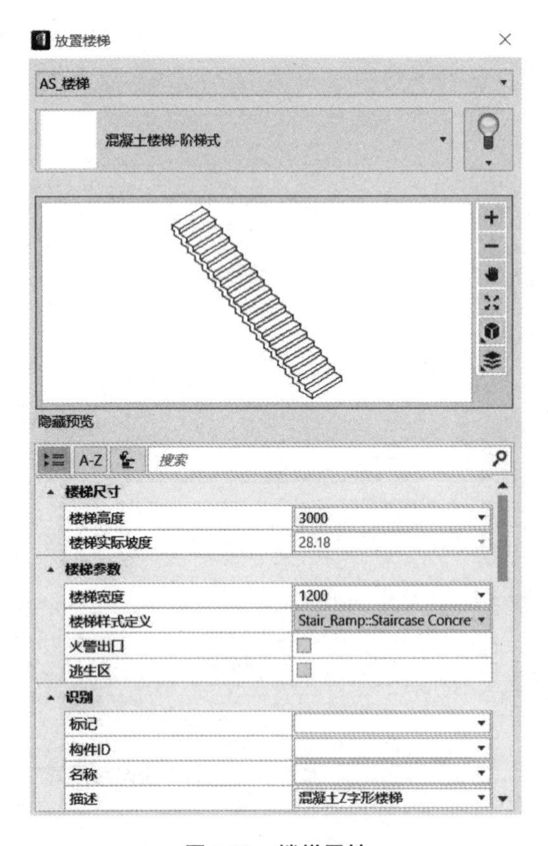

图 5-30　楼梯属性

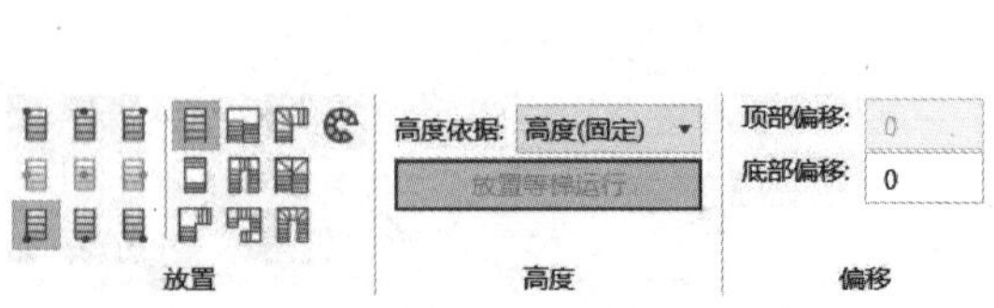

图 5-31　楼梯放置设置

右、右下角；然后选择楼梯类型，如直楼梯、带两条梯段的直楼梯、$\frac{1}{4}$转楼梯、半转楼梯、2 个$\frac{1}{4}$转楼梯、$\frac{1}{3}$转三转楼梯、$\frac{1}{4}$转绕线楼梯、半转绕线楼梯、2 个$\frac{1}{4}$转绕线楼梯、螺旋楼梯。并可设置侧面偏移量，如图 5-31 所示。

13. 扶手

用于创建扶手和护栏。既可以创建跟随楼梯坡度的栏杆，也可以在出口楼梯中创建并放置包含扶手和护栏的栏杆。沿着坡道创建并放置包含扶手和护栏的栏杆，沿着夹层和其他地板开口放置护栏，沿墙放置扶手，沿着楼梯塔的外侧，沿着一条走廊。

扶手操作方法："建筑设计"→"建筑"→"放置建筑元素"→"扶手"。操扶手作完成后，弹出创建扶手对话框，如图 5-32 所示。

如图 5-32 所示，首先设置好扶手属性，即参数化。可根据建筑设计需求，选择合适的族，图上部窗口为楼梯扶手 900mm，下部为扶手三维预览，然后可设置扶手的相关参数，如"栏杆参数"中的"样式定义、图形符号"，以及"识别、施工状态、IFC 覆盖、分类、构件专业"等。

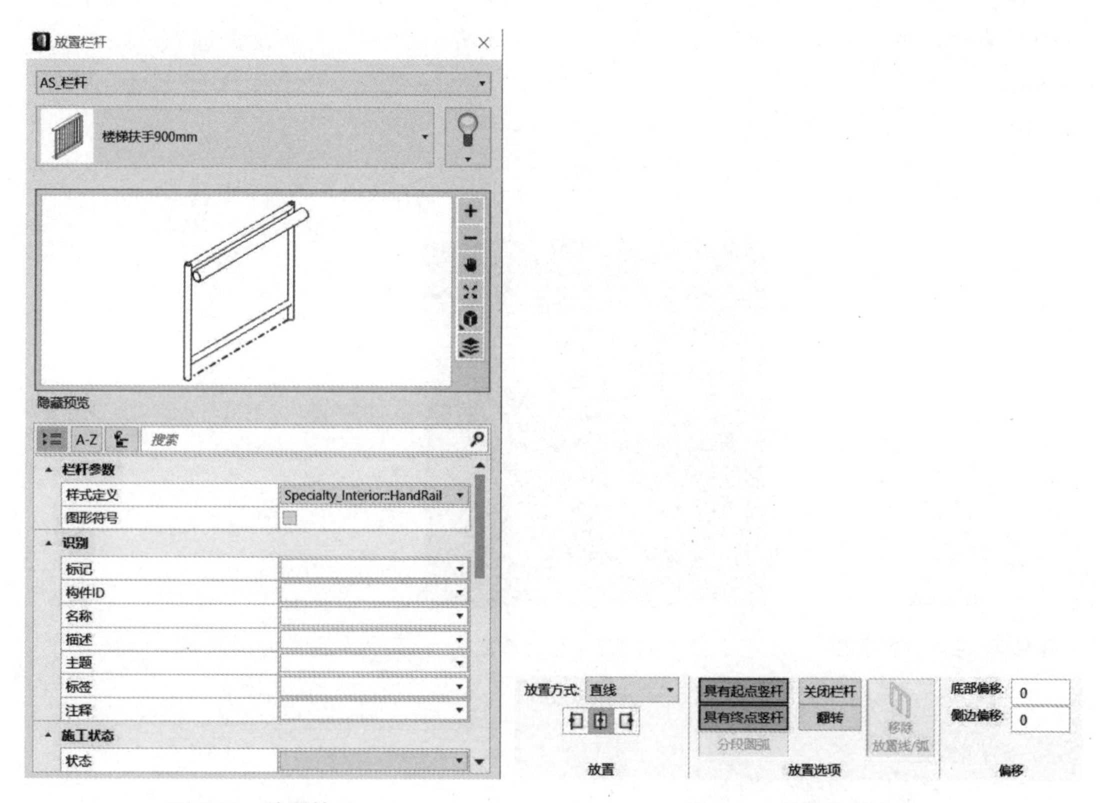

图 5-32　放置扶手

图 5-33　放置扶手方式

设置好扶手属性后，可按建筑设计需求放置扶手，如图 5-33 所示，放置扶手的方式如下。

1）直线。

2）按弧—按圆心。

3）按弧—按边。

4）从线。

5）从楼梯。

6）从楼板。

7）放置时对齐的方式有：

（1）左对齐——创建线左侧的栏杆位置。

（2）居中对齐——栏杆以创建线为中心。

（3）右对齐——创建线右侧的栏杆位置。

5.4.3 装配件生成器

OBD 软件的功能组都含有装配件生成器功能，其功能一致。均用于放置装配式构件，如图 5-34 所示。

装配件生成器操作方法："建筑设计"→"建筑"→"装配件生成器"。装配件生成器操作完成后，弹出放置装配件对话框，如图 5-35 所示。并可显示设置选项，如图 5-36 所示。

图 5-34 装配件生成器

图 5-35 装配件生成器

图 5-36 放置装配件选项

5.4.4 修改

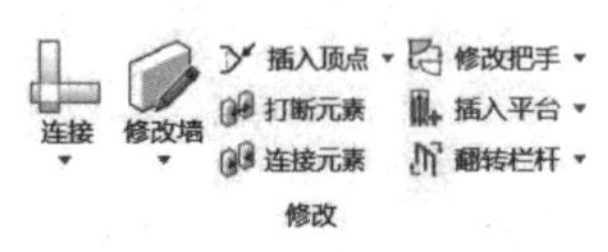

图 5-37 修改功能

OBD 软件的功能组都含有修改功能，其功能一致。均用于修改建筑元素属性和放置设置，如图 5-37 所示。

修改功能包含有连接、修改墙、插入顶点、打断元素、连接元素、修改把手、插入平台、翻转栏杆。

5.5 OBD 软件的建筑设计工作流程示例

5.5.1 新建文件设置

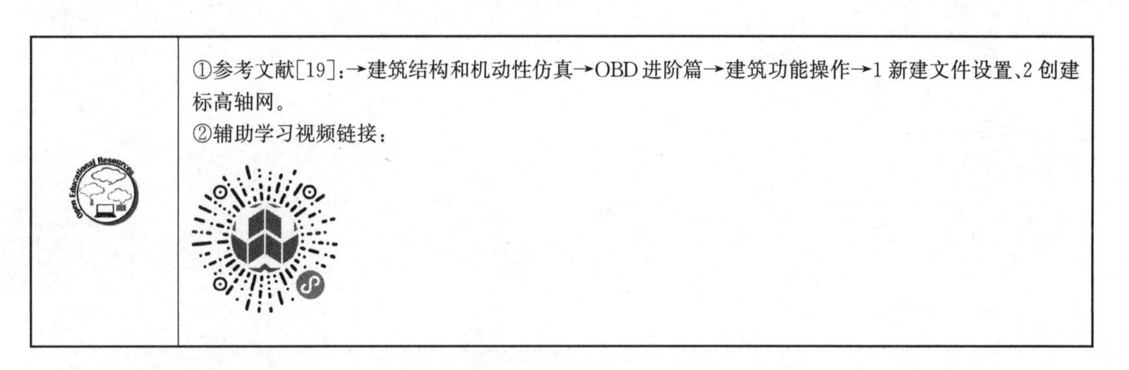

①参考文献[19]：→建筑结构和机动性仿真→OBD 进阶篇→建筑功能操作→1 新建文件设置、2 创建标高轴网。

②辅助学习视频链接：

打开 OBD 软件，打开后的软件界面（图 5-38）。按如图中方框标注进行操作，选择 Building _ Examples 工作空间，点击底部新建文件，弹出如图 5-39 所示的对话框，重命名新建文件为商业建筑，并设置文件保存位置，方便下次进行文件编辑。

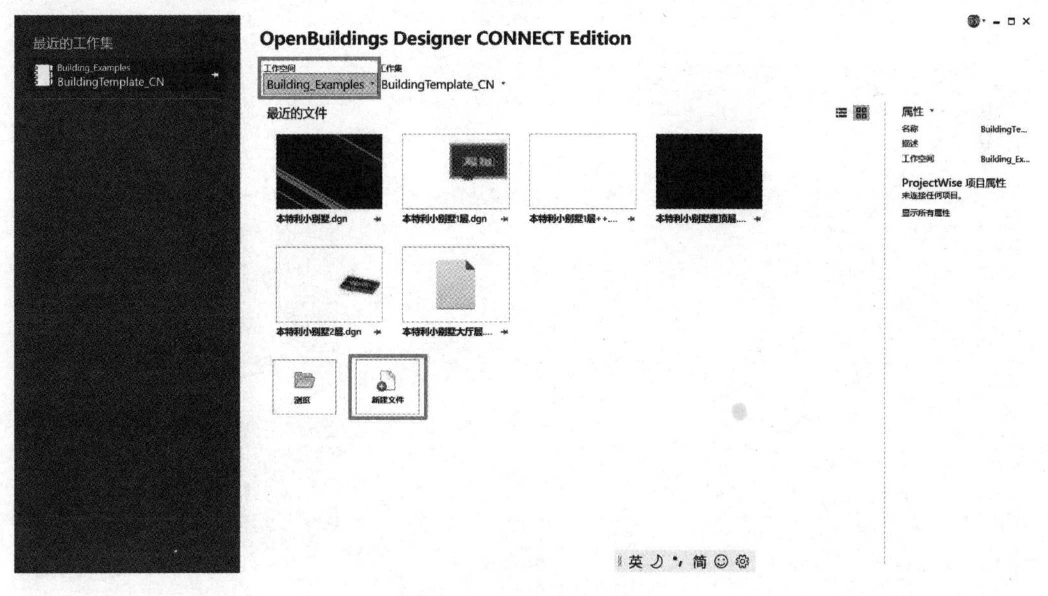

图 5-38　新建 OBD 文件

点击图 5-39 中的保存按钮，OBD 软件即带您进入主界面，如图 5-40 所示，点击左上角“文件”控制按钮，对软件操作环境和文件保存路径进行初始设置。打开的初始设置对话框如图 5-41 所示。

图 5-39　设置新建文件

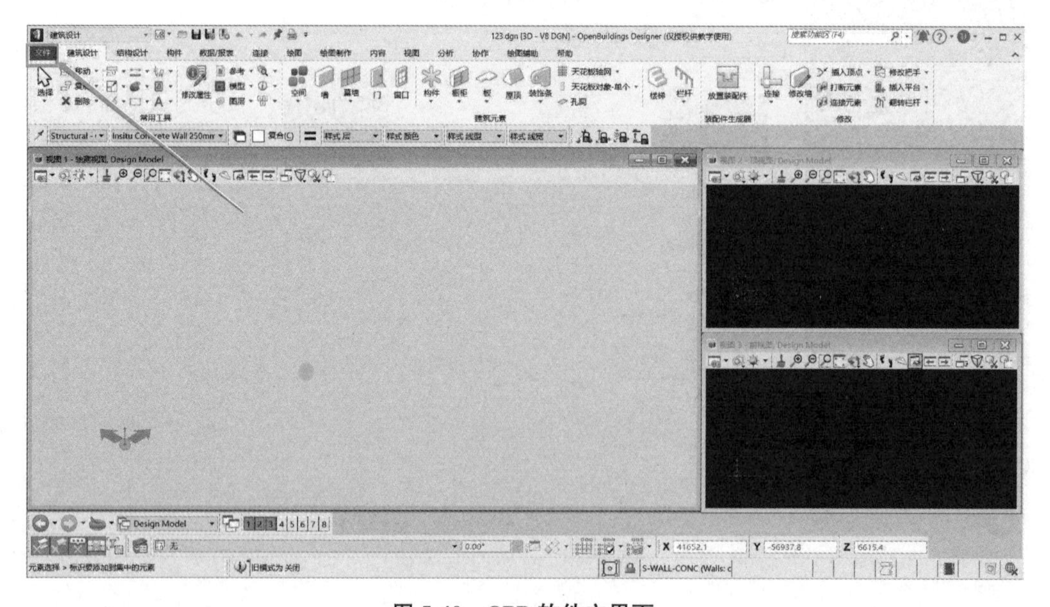

图 5-40　OBD 软件主界面

点击“设置”→“用户”→“首选项”→“输入”→“ESC 退出命令”，“打√”，即设置 ESC 退出操作命令，如图 5-42、图 5-43 所示。

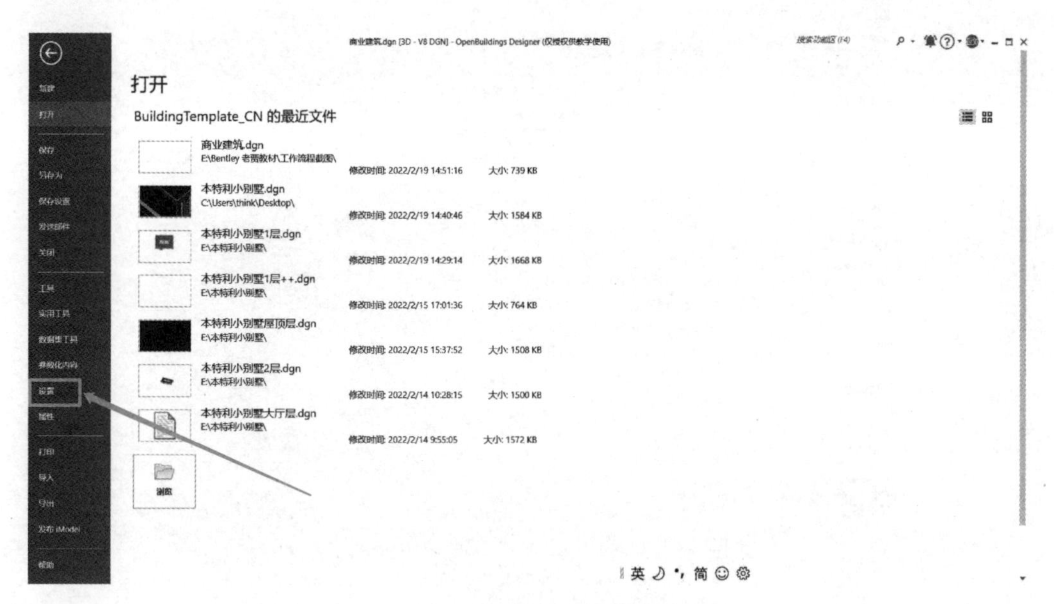

图 5-41　初始设置对话框

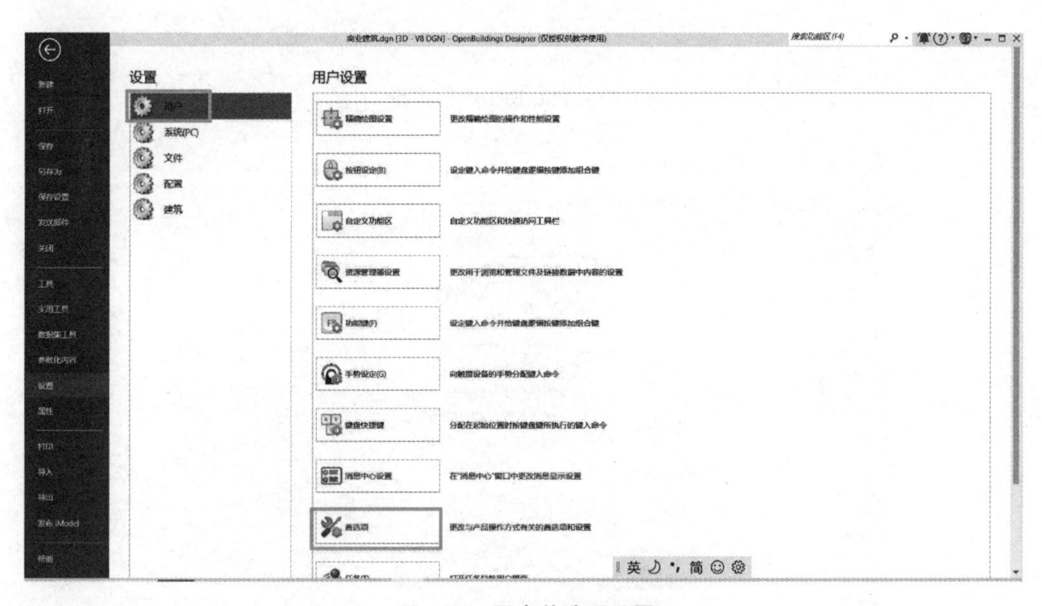

图 5-42　用户首选项设置

如图 5-44 所示，点击设置→用户→首选项→操作→“退出时保存设置”“自动保存设计更改”“退出时压缩文件”，“打√”，可完成相应初始设置。

如图 5-45 所示，点击“设置”→“用户”→“文件”→“文件设置”→“工作单位”→“格式：MU”“主单位：毫米”，可完成相应初始工作单位设置。

如图 5-46 所示，点击设置左上角返回按钮，即可回到软件主界面。

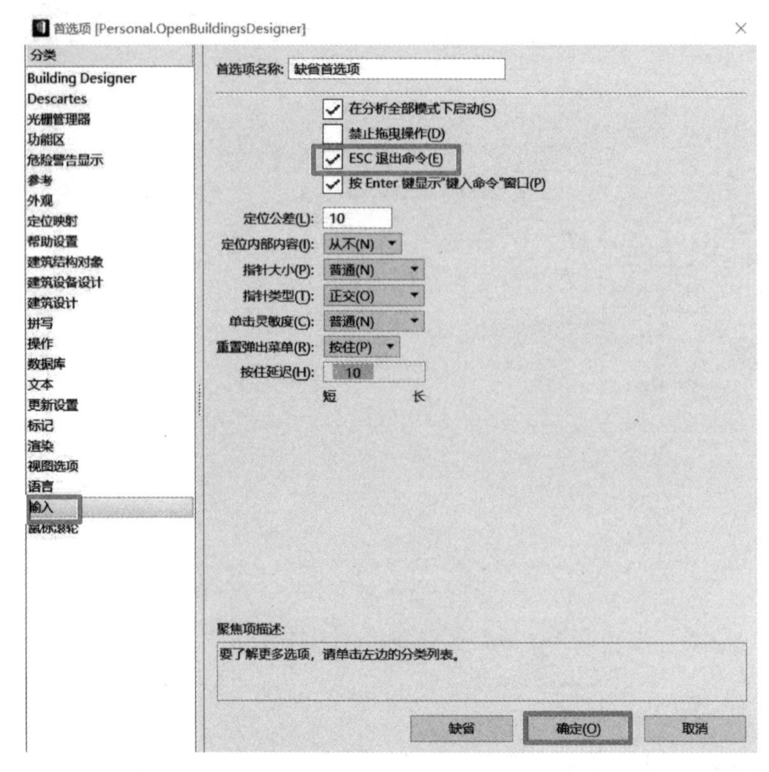

图 5-43　ESC 退出命令设置

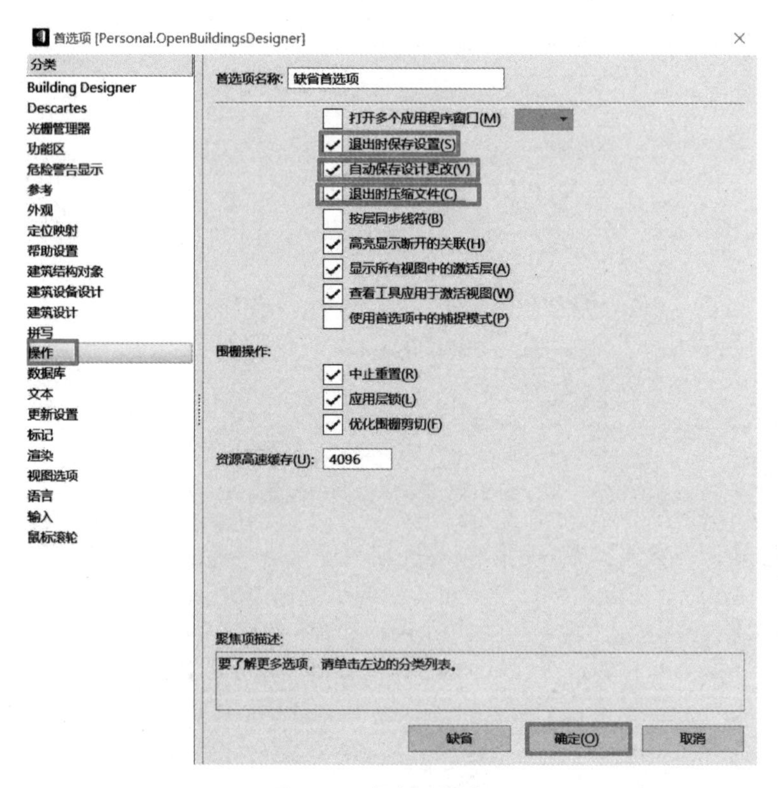

图 5-44　保存设置选项

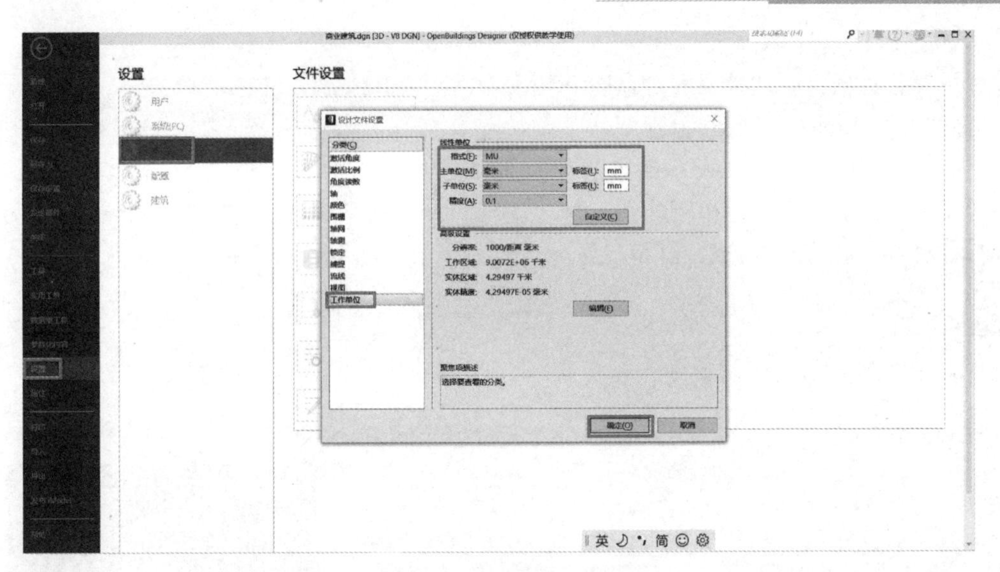

图 5-45　初始单位设置

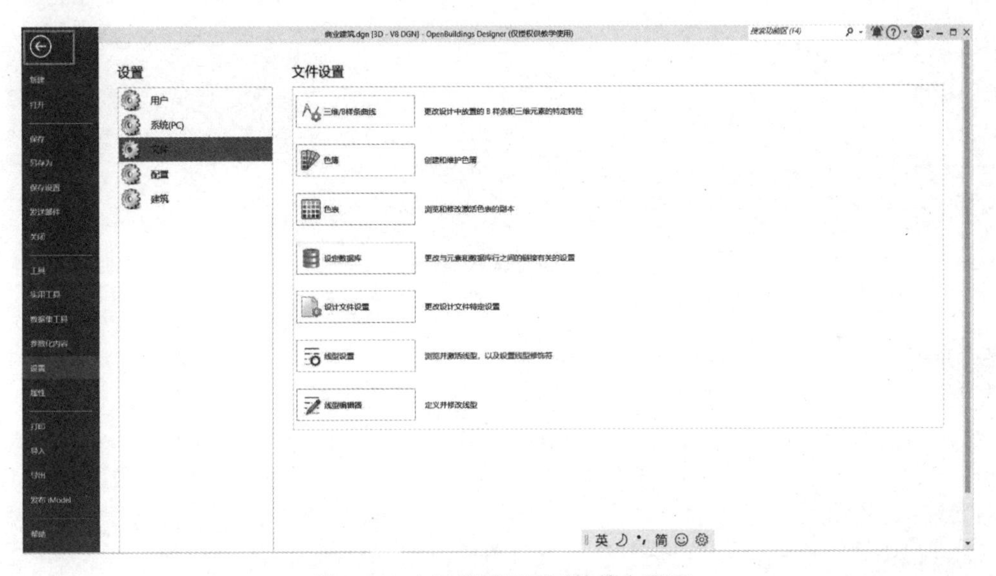

图 5-46　由设置界面回到软件主界面

5.5.2　新建项目、标高、轴网

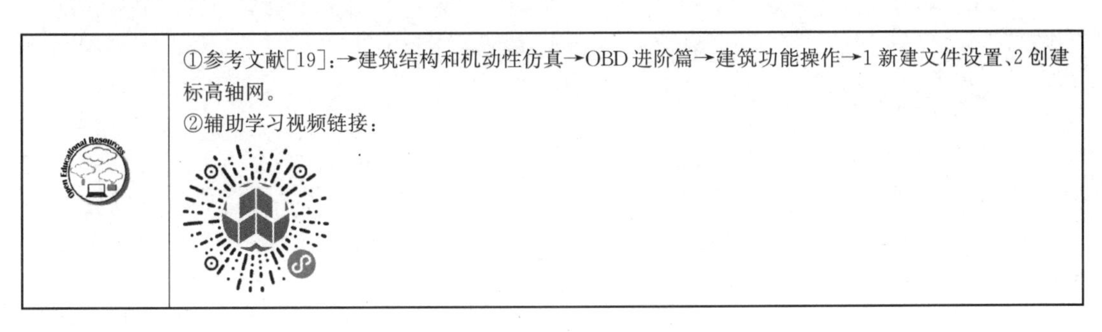

①参考文献[19]：→建筑结构和机动性仿真→OBD 进阶篇→建筑功能操作→1 新建文件设置、2 创建标高轴网。

②辅助学习视频链接：

1. 楼层管理器创建项目信息

“资源管理器”→“楼层管理器”→两次点击“BuildingTemplate _ CN”。

如图 5-47 所示的点击资源管理器下拉按钮，打开资源管理器下拉，选择楼层管理器（图 5-48），弹出如图 5-49 所示的楼层管理器对话框，分两次点击“BuildingTemplate _ CN”按钮，分别显示场地和新建筑。修改新建筑物名称为商业建筑，并按需求设置好商业建筑工程概况，如“国家、城市、区域、建造年份、标记”等，如图 5-50 所示。

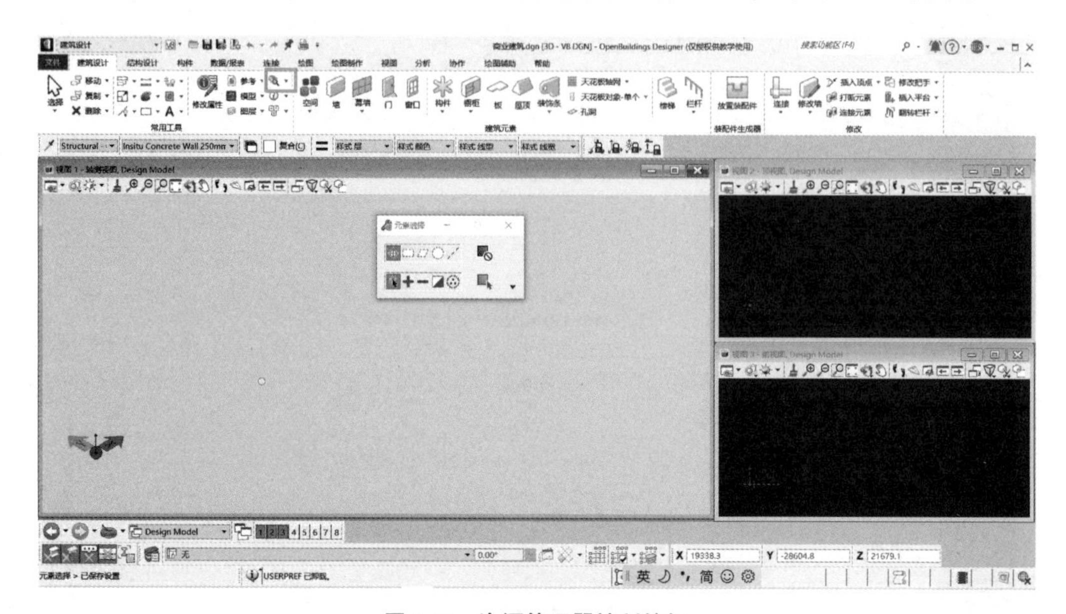

图 5-47 资源管理器控制按钮

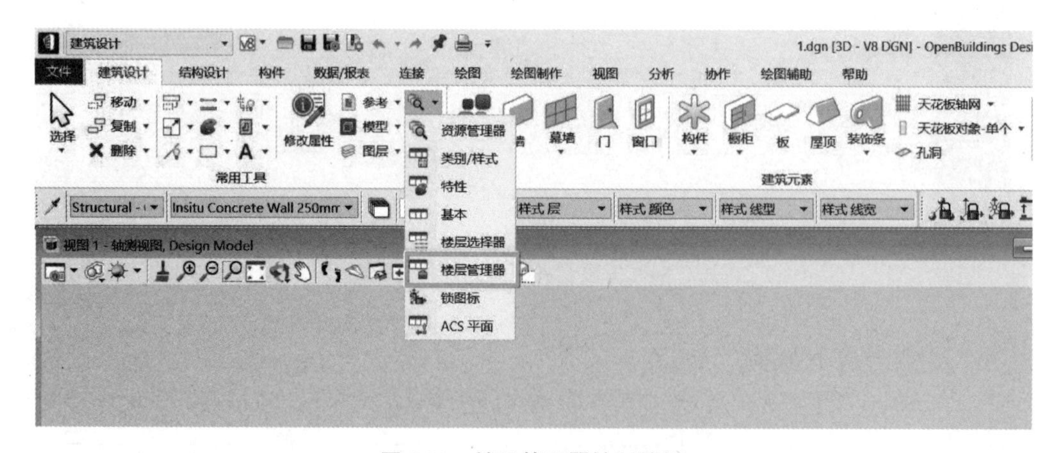

图 5-48 楼层管理器控制按钮

2. 楼层管理器创建标高、楼层信息

项目信息创建完成后，即可设置标高，形成建筑物高程系统。

如图 5-51 所示，在楼层管理器中，按照图纸信息，添加楼层，并分别修改楼层名称和相应层高，依次为“大厅、办公楼一层、办公楼二层、屋顶层”，层高 4500.0、4200.0、4200.0、4200.0mm，完成建筑物楼层的创建。

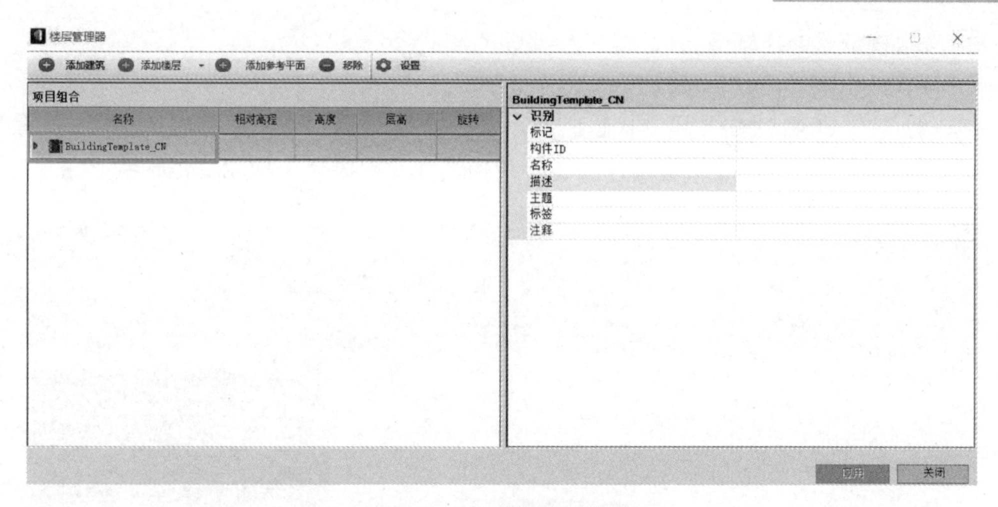

图 5-49 楼层管理器对话框

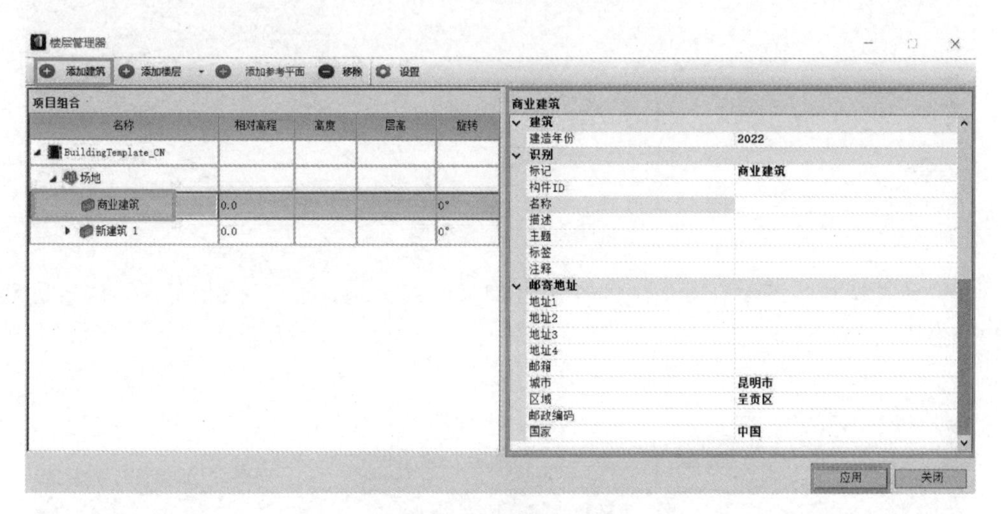

图 5-50 项目信息设置

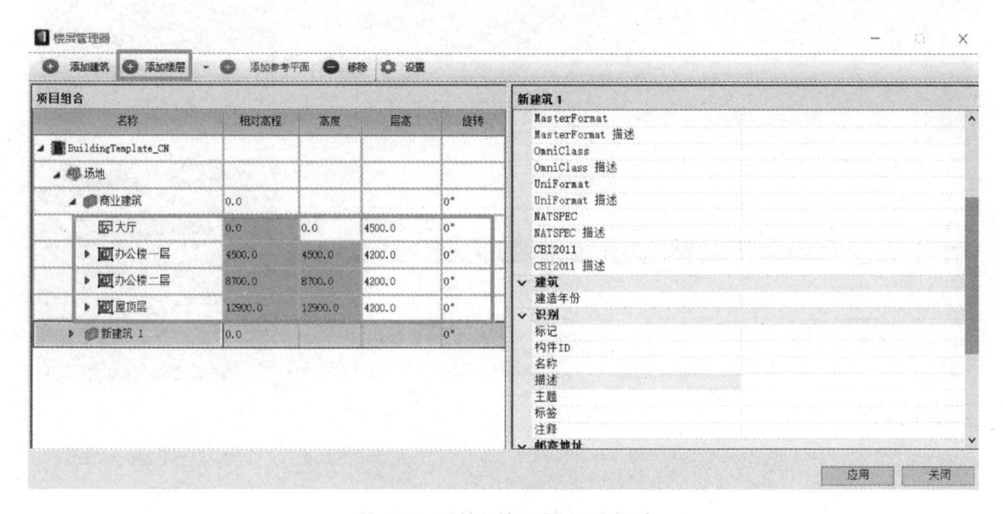

图 5-51 楼层管理器创建标高

3. 楼层管理器创建轴网

OBD 软件提供了两种创建建筑物轴网的方式：

第一种，在 OBD 软件下部的状态栏处，点击轴网按钮即可创建。

第二种，点击功能区处结构设计功能，结构设计元素第一个功能就是轴网（图 5-52）。

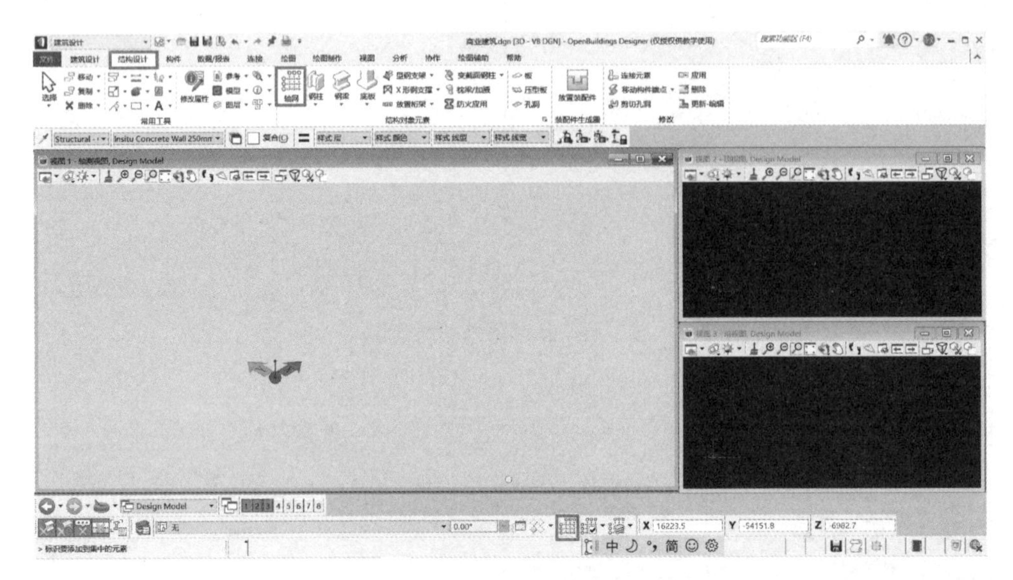

图 5-52 创建轴网

两种方式选其一操作后，系统即弹出轴网系统对话框，如图 5-53 所示。然后进行以下步骤操作：

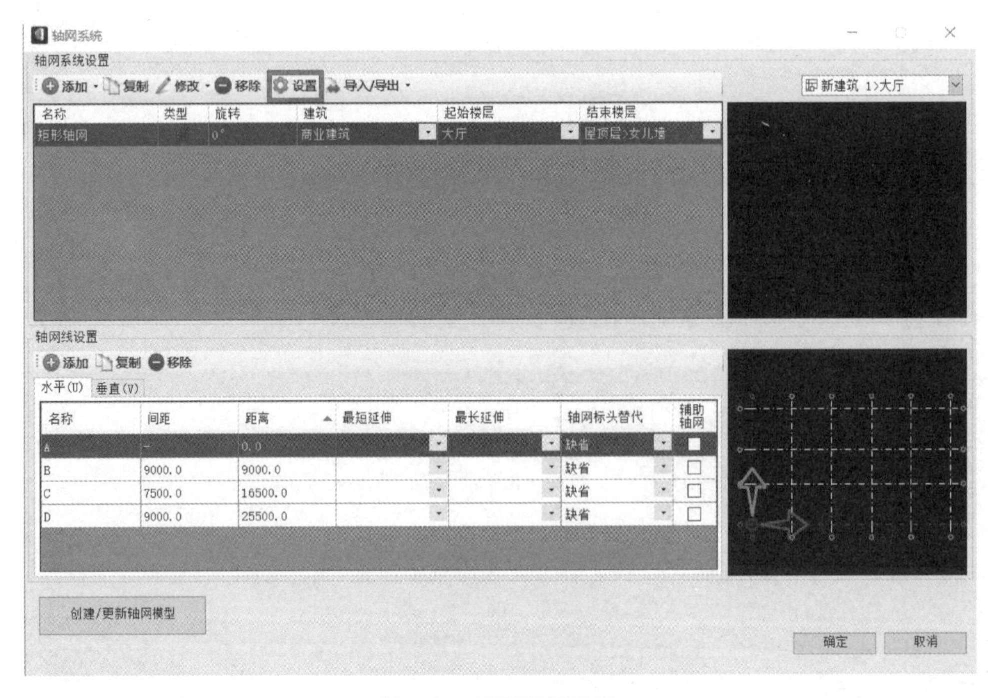

图 5-53 轴网设置按钮

1）为了便于创建的新轴网符合国内建筑行业习惯，需对轴网系统进行初始设置，点击设置按钮，即进入轴网初始设置，如图 5-54 所示，按图示标注进行轴网初始设置。

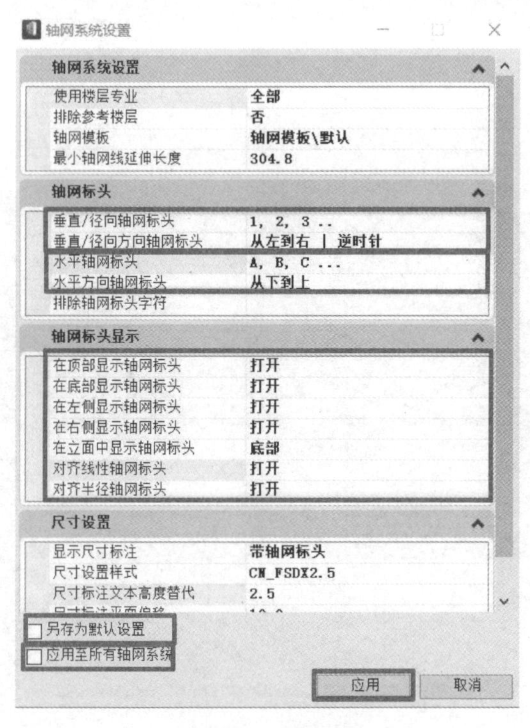

图 5-54　轴网设置

2）初始设置完成后，根据项目图纸信息，添加和删除水平轴（图 5-55）。

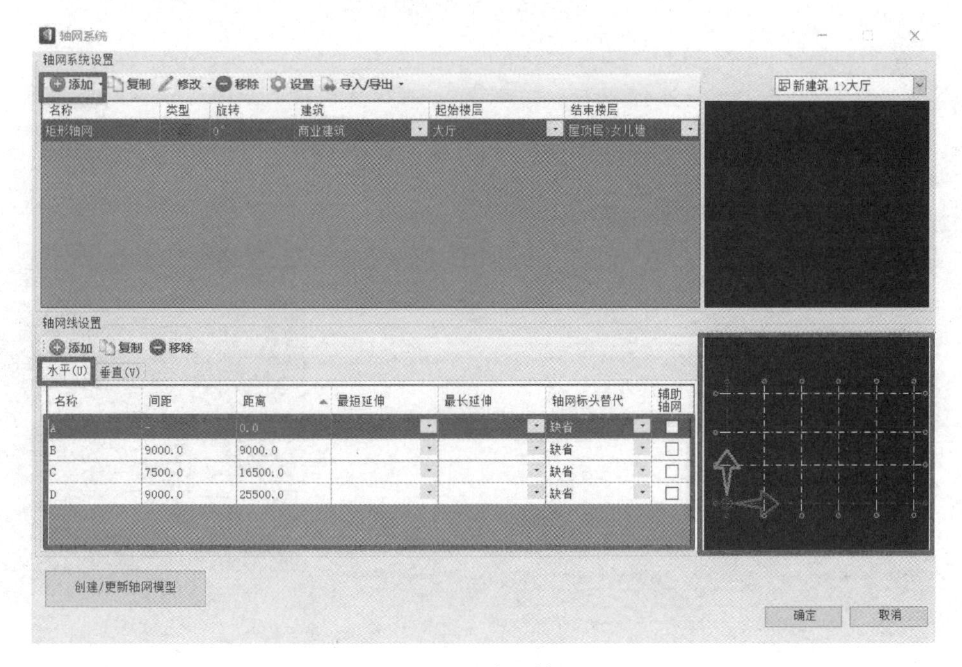

图 5-55　水平轴网

3）添加和删除垂直轴，如图 5-56 所示。

4）完成后，点击确定按钮，但仍然看不见轴网信息，如图 5-57、图 5-58 所示。

5）点击楼层管理器中的大厅层或者办公楼一、二层才能显示轴网信息，如图 5-59 所示。

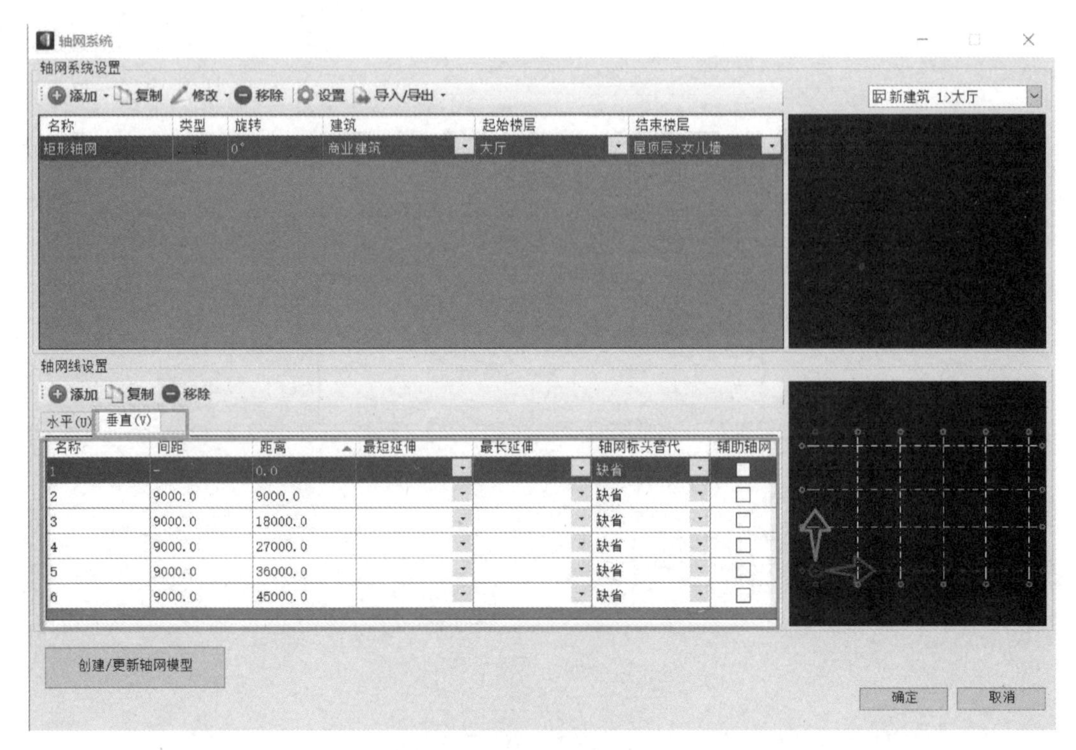

图 5-56 垂直轴网

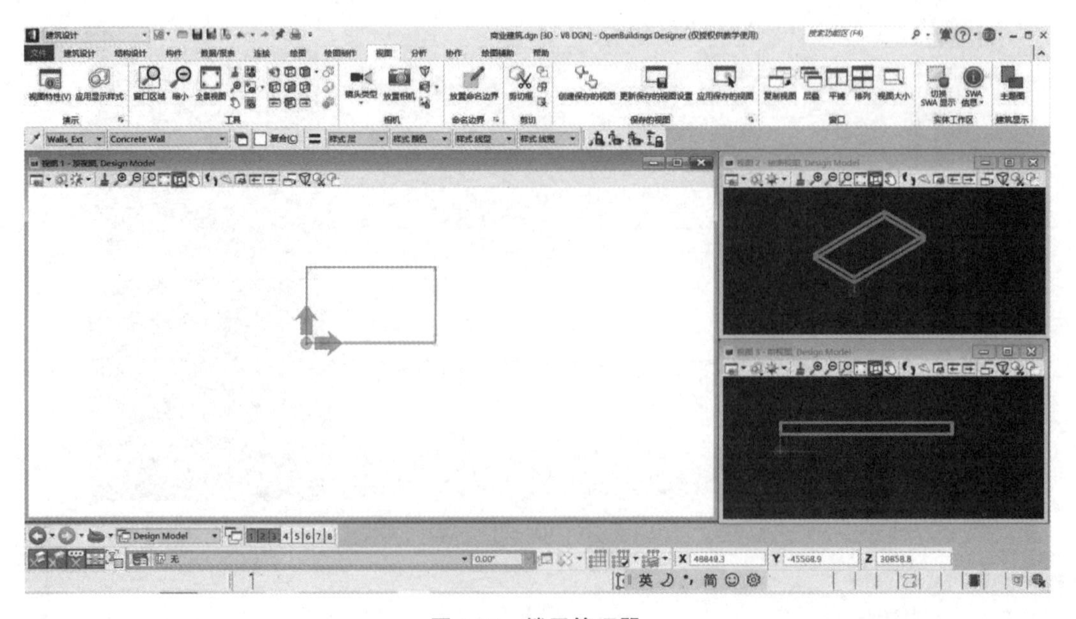

图 5-57 楼层管理器

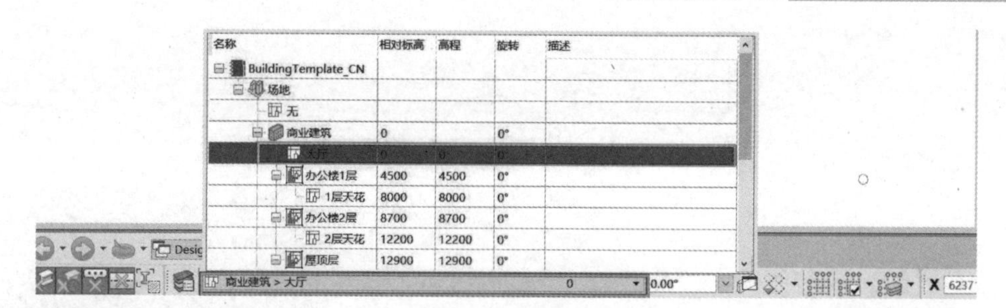

图 5-58　楼层信息

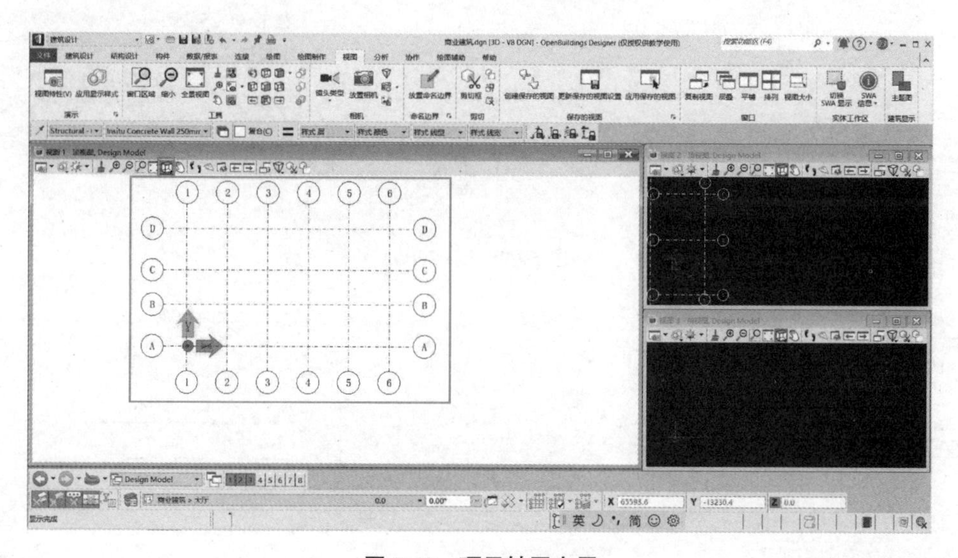

图 5-59　项目轴网布置

5.5.3　创建墙体

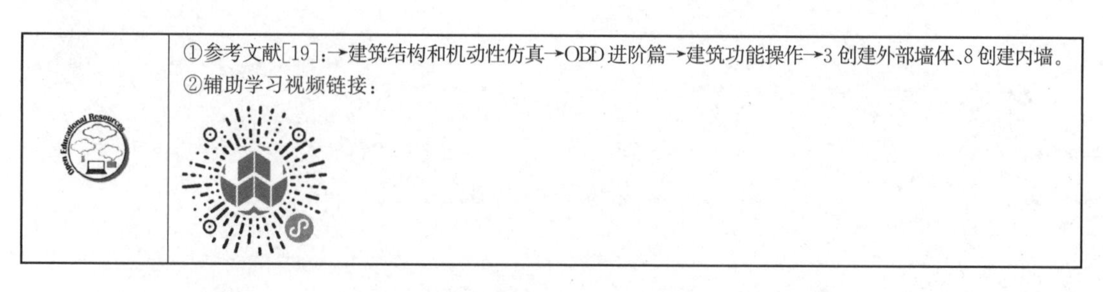

“建筑设计”→“建筑”→“放置建筑元素”→“墙”。

在如图 5-60 所示的界面点击建筑设计功能区的建筑元素中的墙按钮，进入如图 5-61 所示的墙体放置、设置界面。

按照项目图纸信息绘制墙体直线，并在第 2 视图中，将视图设置成轴测图（图 5-62）。

在第 1 视图中，按住 Shift+鼠标中键，即可查看三维立体模型（图 5-63）。按照项目图纸，完成商业建筑大厅层外墙、内墙创建。

点击鼠标右键，退出墙体创建命令。

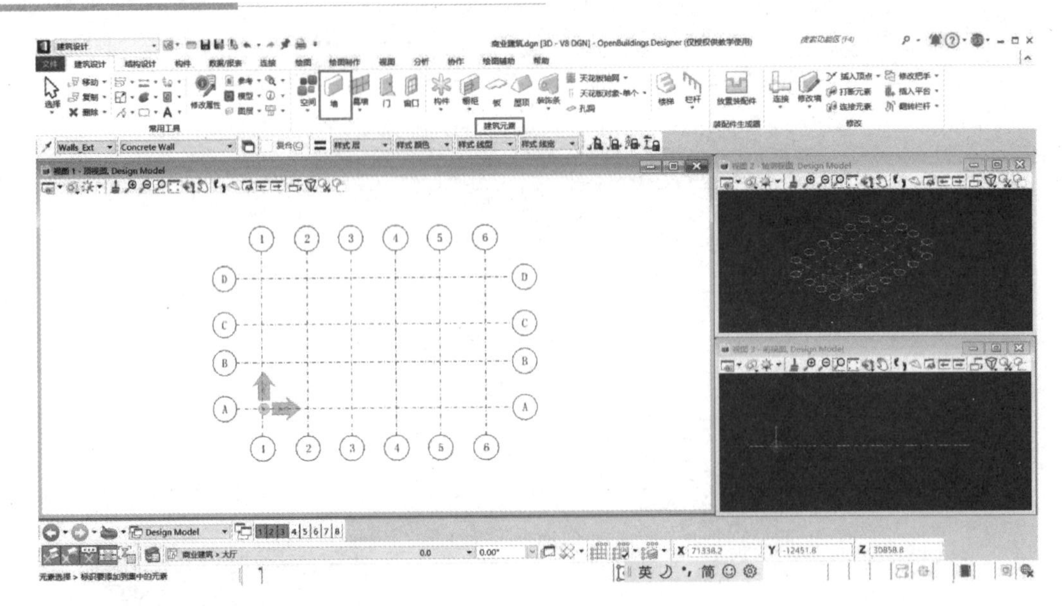

图 5-60　墙体命令

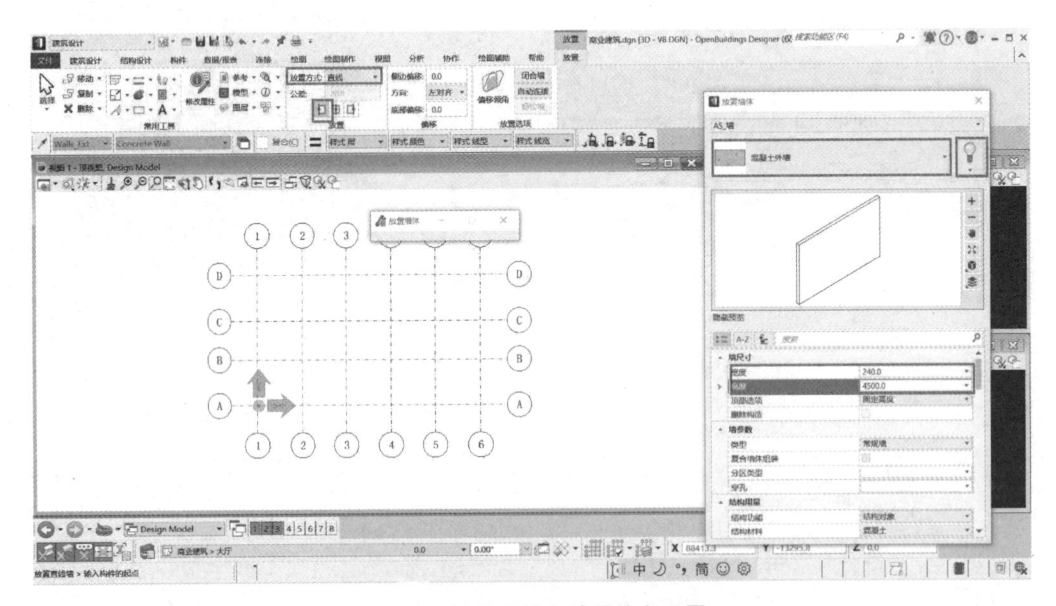

图 5-61　墙体属性和放置信息设置

5.5.4　创建门

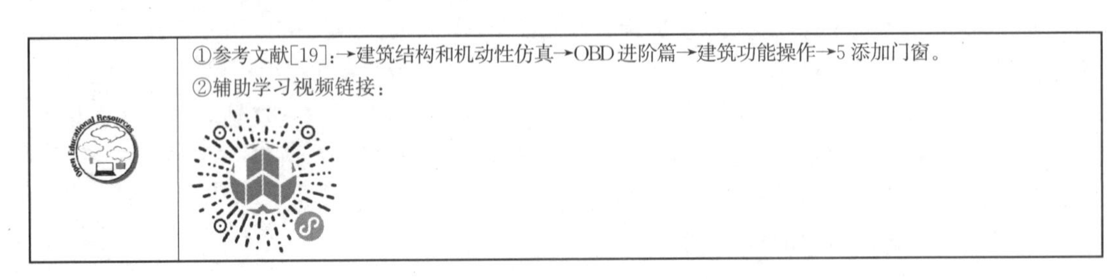

①参考文献[19]:→建筑结构和机动性仿真→OBD 进阶篇→建筑功能操作→5 添加门窗。

②辅助学习视频链接:

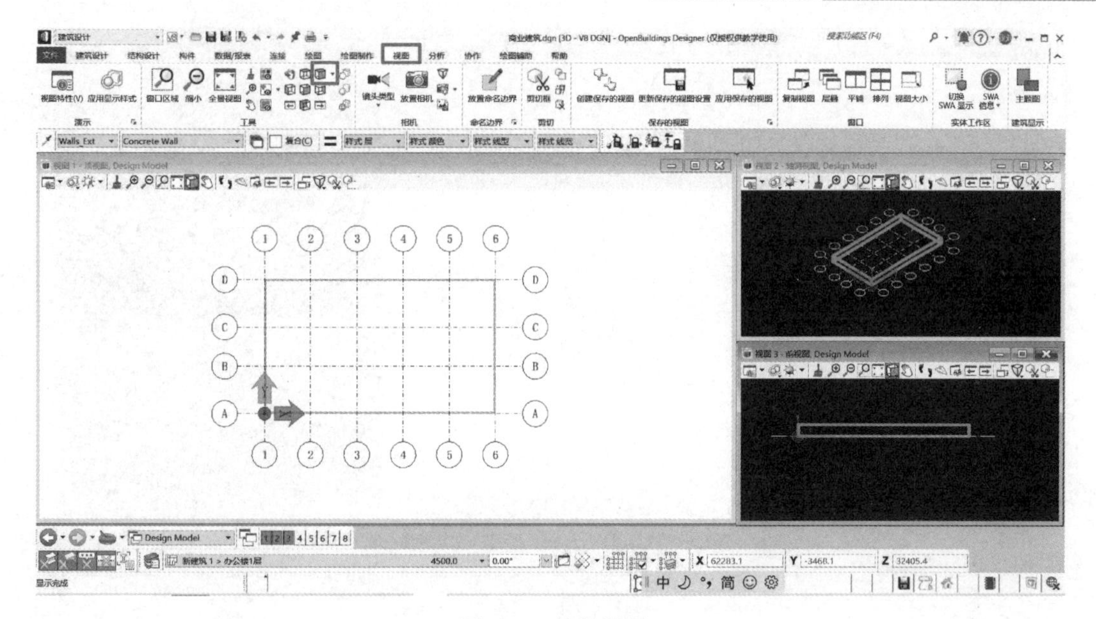

图 5-62　墙体放置

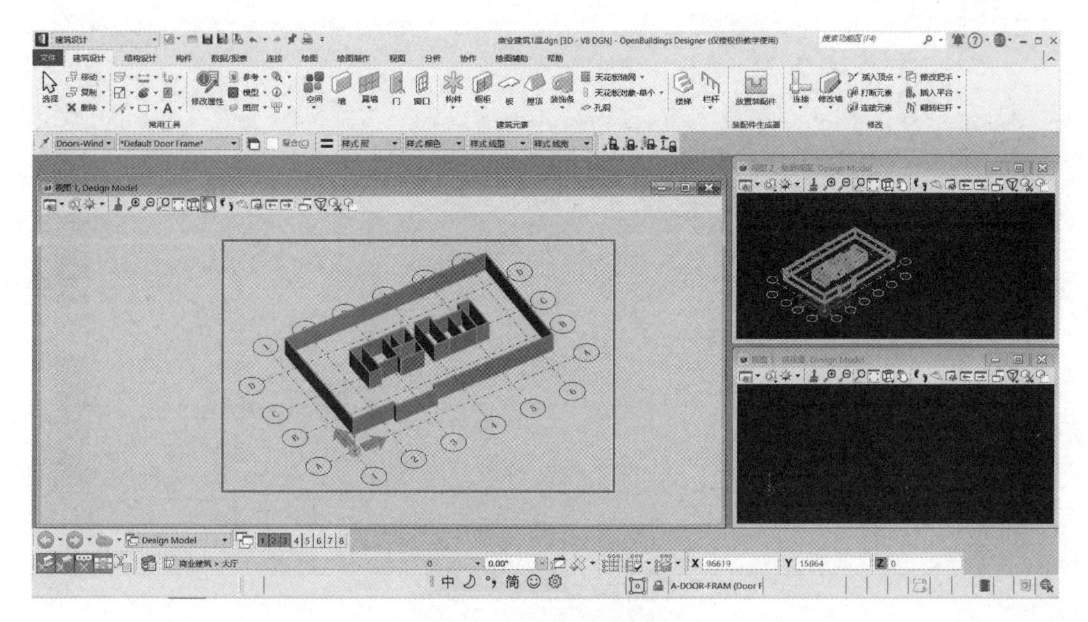

图 5-63　墙体三维查看

“建筑设计”→“建筑”→“放置建筑元素”→“门”。

在如图 5-64 所示的界面点击建筑设计功能区的建筑元素中的门按钮，进入如图 5-65 所示的门放置设置界面。

按照项目图纸信息放置门，先点击鼠标左键确定门大致位置，然后根据图纸信息输入确切尺寸，再次点击鼠标左键选择门开启方向（图 5-66）。

按照项目图纸，完成商业建筑大厅层其他门的创建。

点击鼠标右键，退出创建门命令。

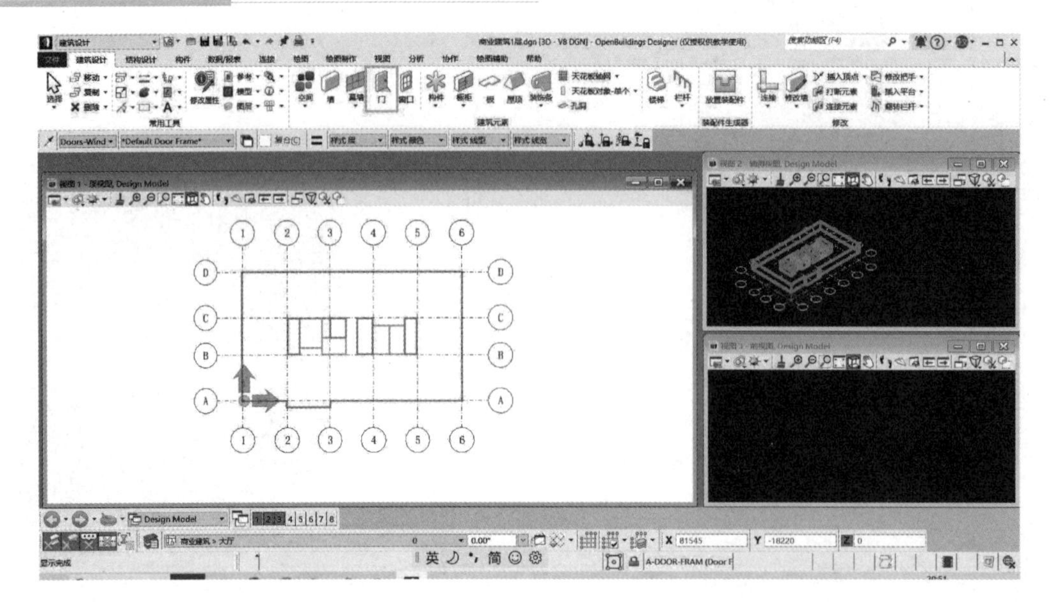

图 5-64　门命令

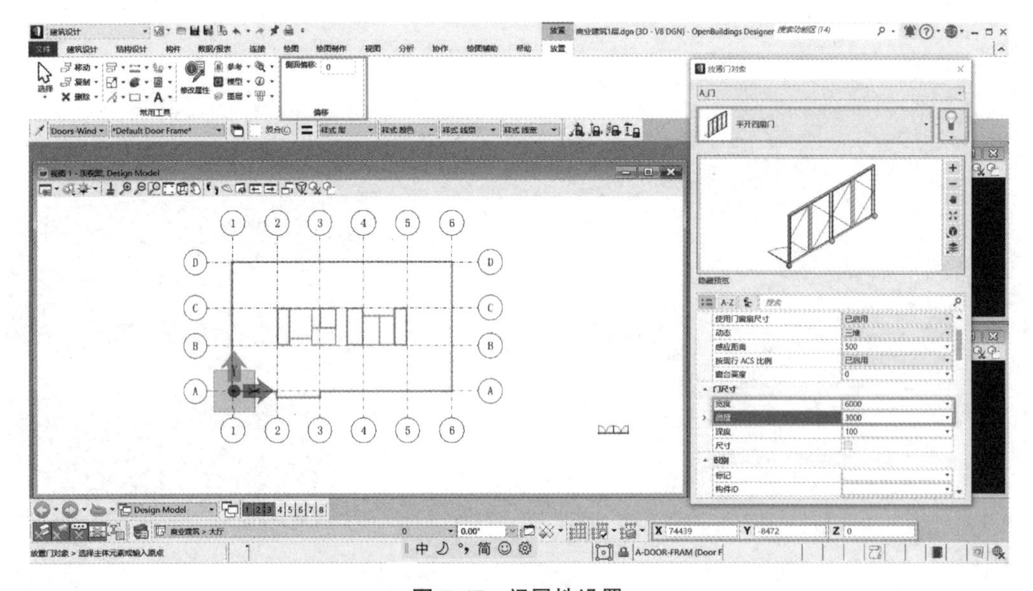

图 5-65　门属性设置

5.5.5　创建窗

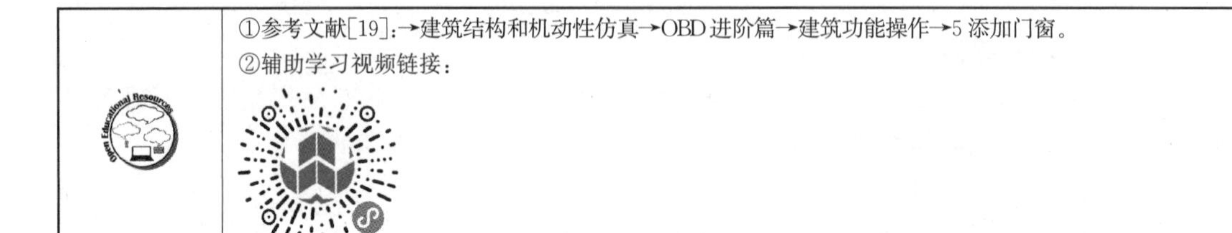

①参考文献[19]:→建筑结构和机动性仿真→OBD 进阶篇→建筑功能操作→5 添加门窗。

②辅助学习视频链接:

图 5-66　门放置

“建筑设计”→“建筑”→“放置建筑元素”→“窗”。

在如图 5-67 所示的界面，点击建筑设计功能区的建筑元素中的窗按钮，进入如图 5-68 所示的窗放置、属性设置界面。

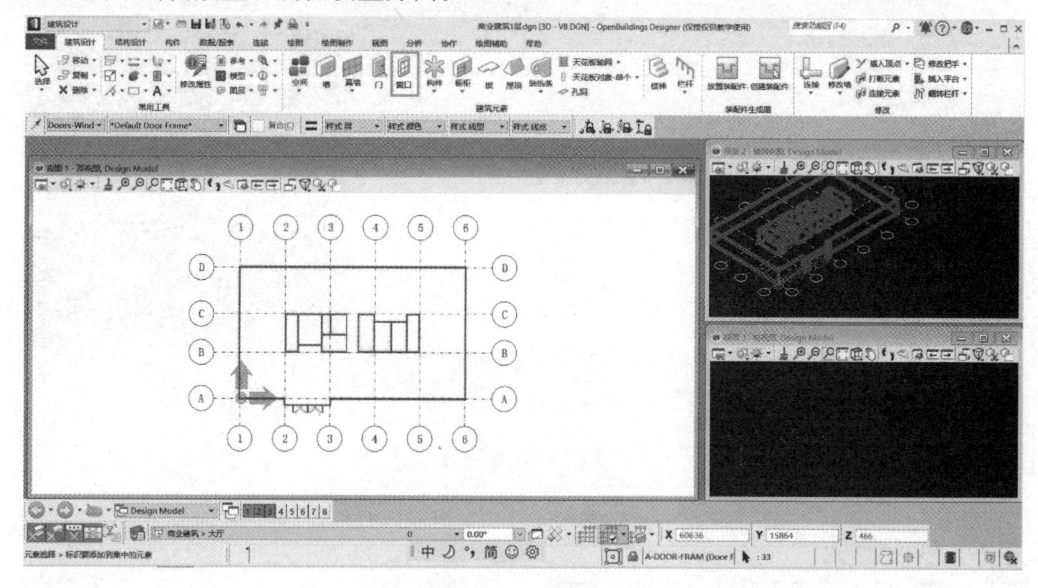

图 5-67　窗命令

按照项目图纸信息放置窗，先点击鼠标左键确定窗大致位置，然后根据图纸信息输入确切尺寸（图 5-69）。

在放置过程中，如若精确绘制门窗位置，应不断调整视图方向，在功能区选择视图按钮下的工具即可完成相应的视图设置。按照项目图纸，完成商业建筑大厅层其他窗的创建。

点击鼠标右键，退出创建窗命令。

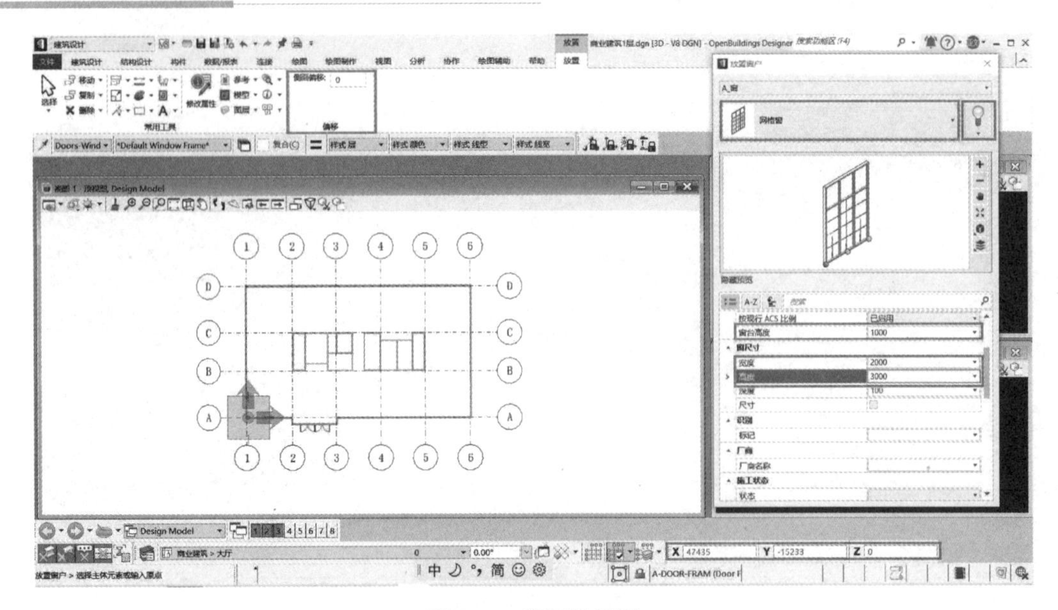

图 5-68　窗属性设置

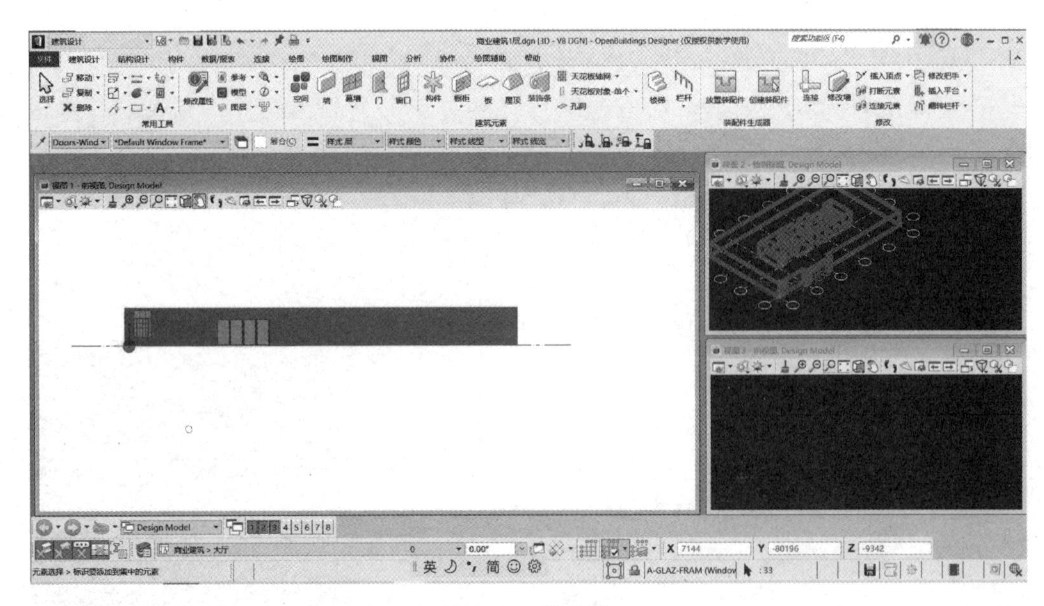

图 5-69　窗放置

5.5.6　创建楼板

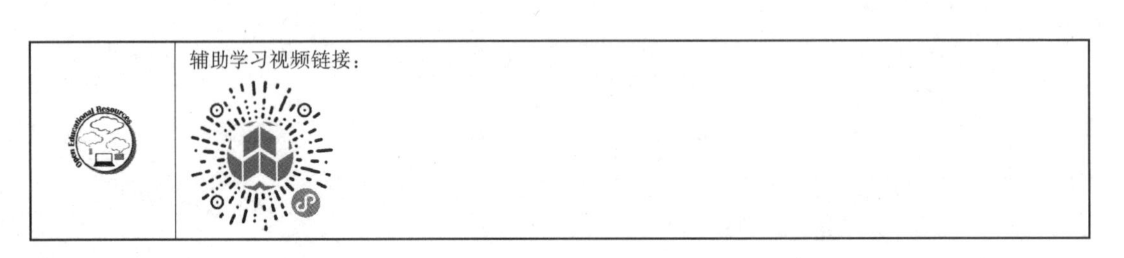

辅助学习视频链接：

“建筑设计” → “建筑” → “放置建筑元素” → “板”。

在如图 5-70 所示的界面点击建筑设计功能区的建筑元素中的“板”按钮，进入如图 5-71 所示的板放置、属性设置界面。

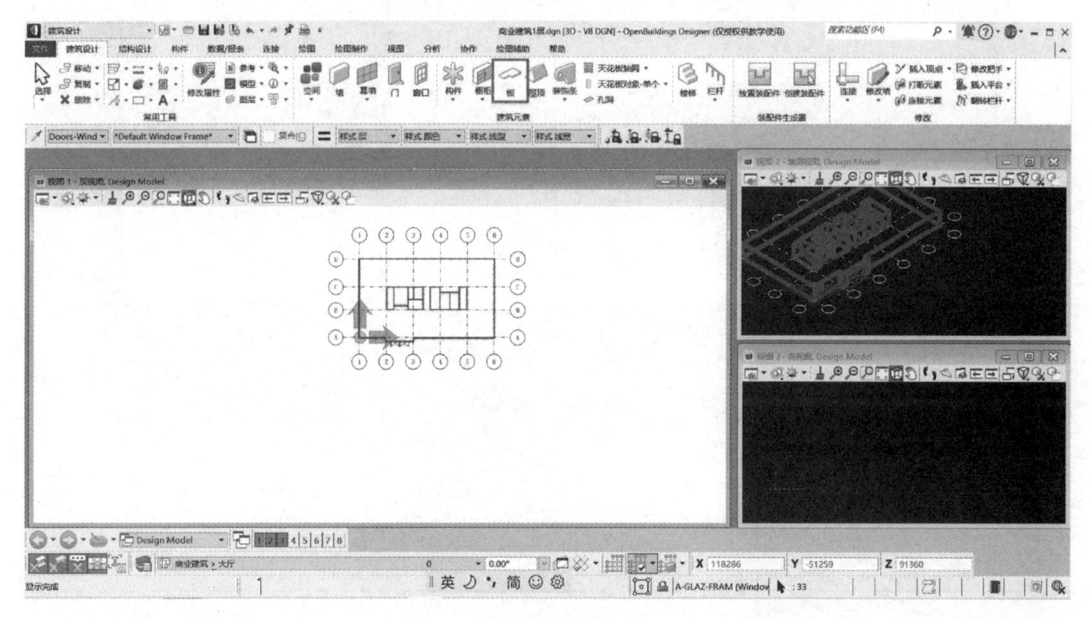

图 5-70　板命令

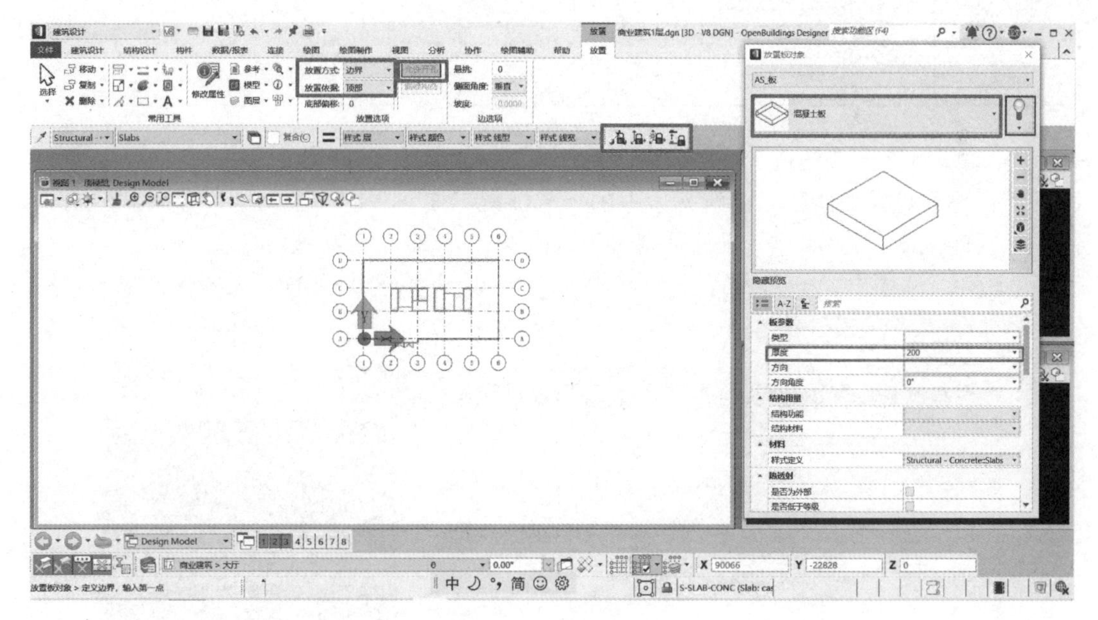

图 5-71　板属性设置

在放置程中，如若精确绘制门板位置，需锁定 ACS 锁，保证板放置在大厅层位置。按照项目图纸信息放置板（图 5-72）。

点击鼠标右键，退出创建板命令。

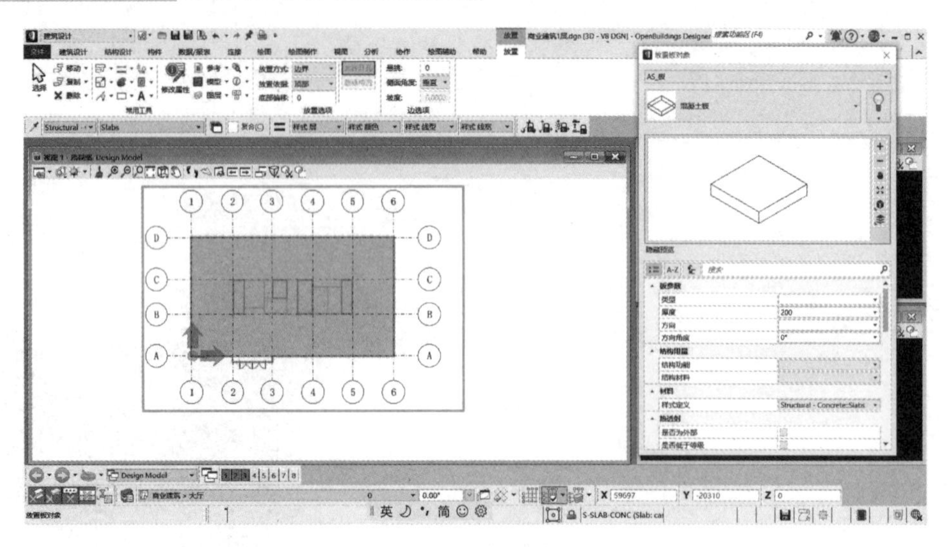

图 5-72 板放置

5.5.7 创建散水

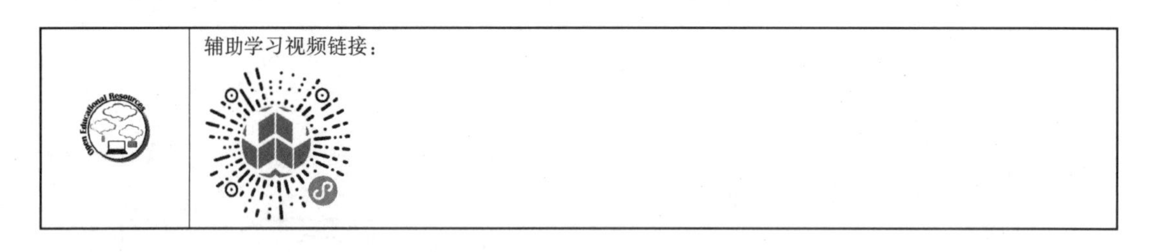

“建筑设计”→“建筑”→“放置建筑元素”→“散水”。

点击建筑设计功能区的建筑元素中的“装饰条”按钮（图 5-73），并下拉族菜单，选定散水功能（图 5-74），进入散水放置设置（图 5-75）。

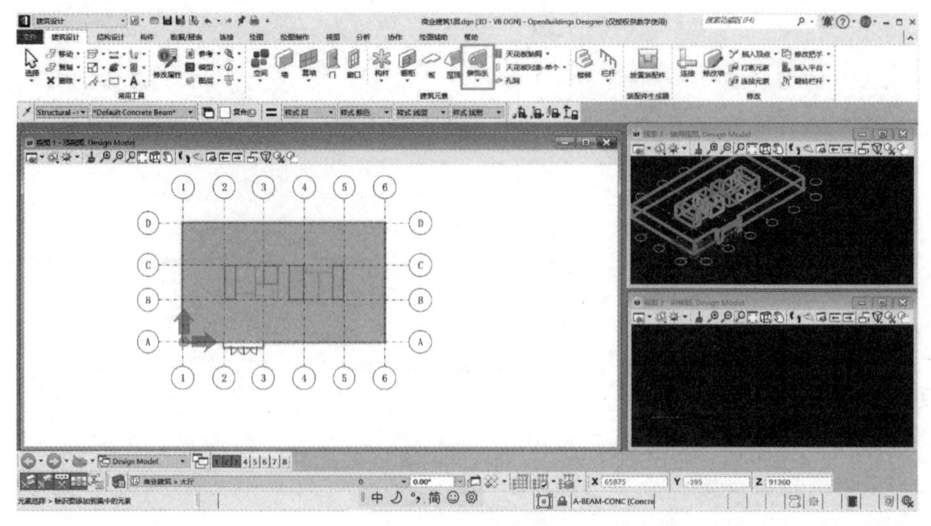

图 5-73 装饰条命令

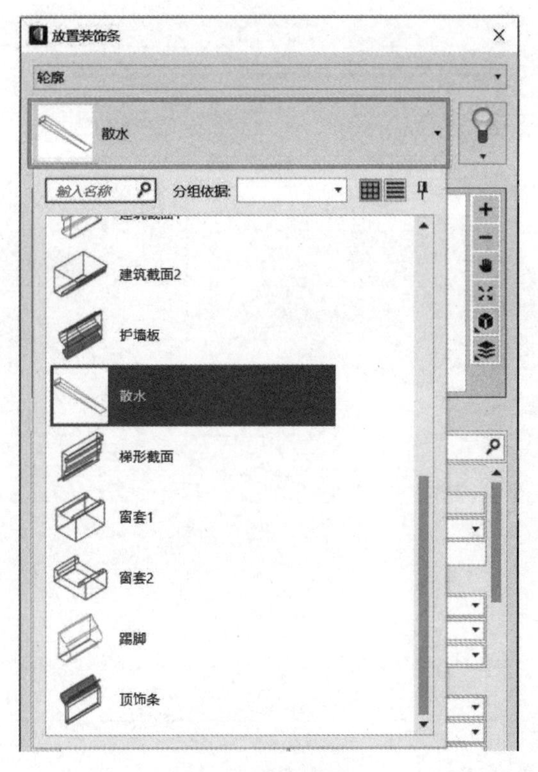

图 5-74　散水命令

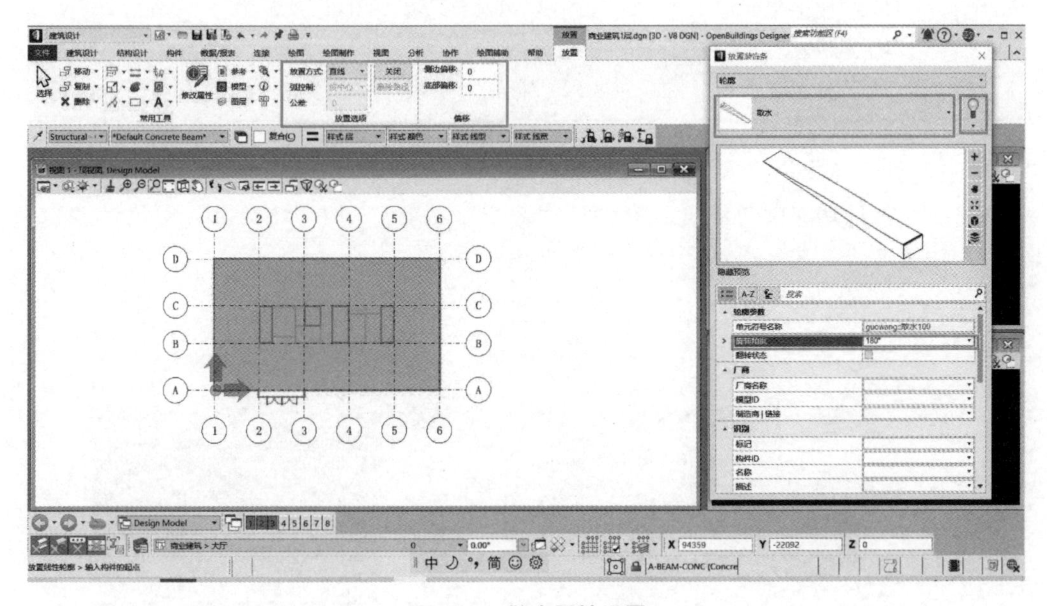

图 5-75　散水属性设置

在放置过程中，如若精确绘制门散水位置，需锁定 ACS 锁，保证散水放置在大厅层位置。按照项目图纸信息放置散水（图 5-76）。

点击鼠标右键，退出创建散水命令。

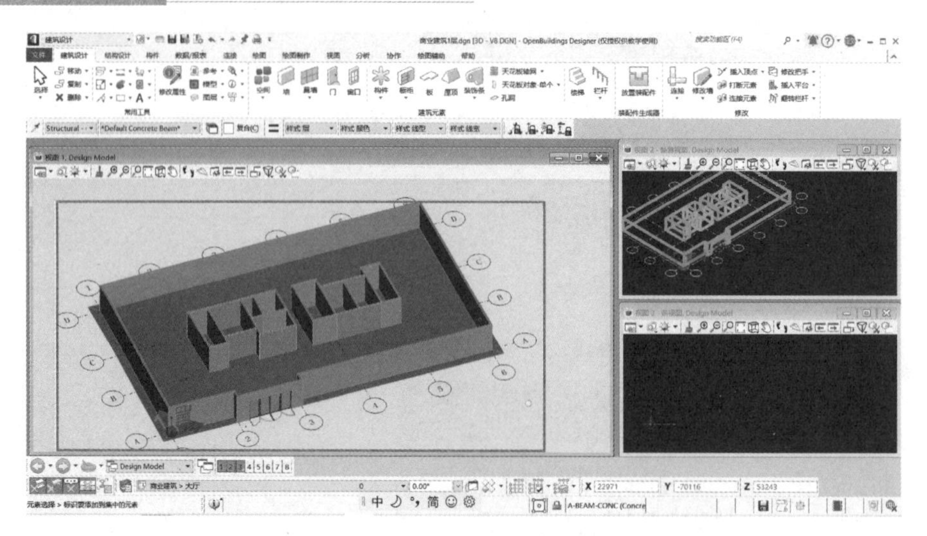

图 5-76　散水放置

5.5.8　创建楼梯

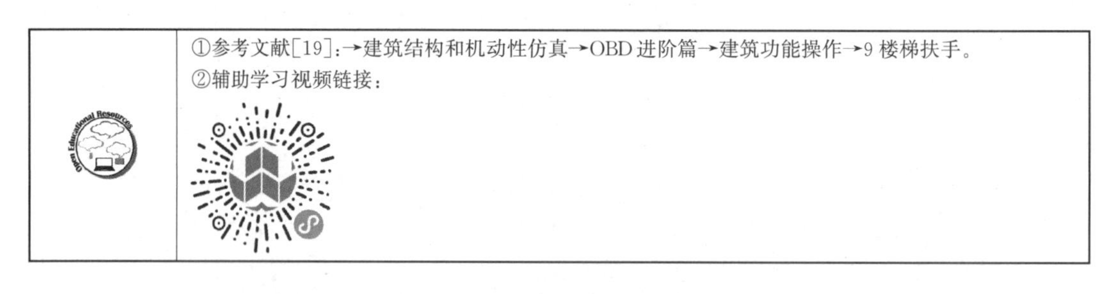

①参考文献[19]:→建筑结构和机动性仿真→OBD 进阶篇→建筑功能操作→9 楼梯扶手。

②辅助学习视频链接：

“建筑设计”→“建筑”→“放置建筑元素”→“楼梯”。

点击建筑设计功能区的建筑元素中的“楼梯”按钮（图 5-77），进入楼梯放置设置，选择左中放置方式，选择半转楼梯类型（图 5-78）。

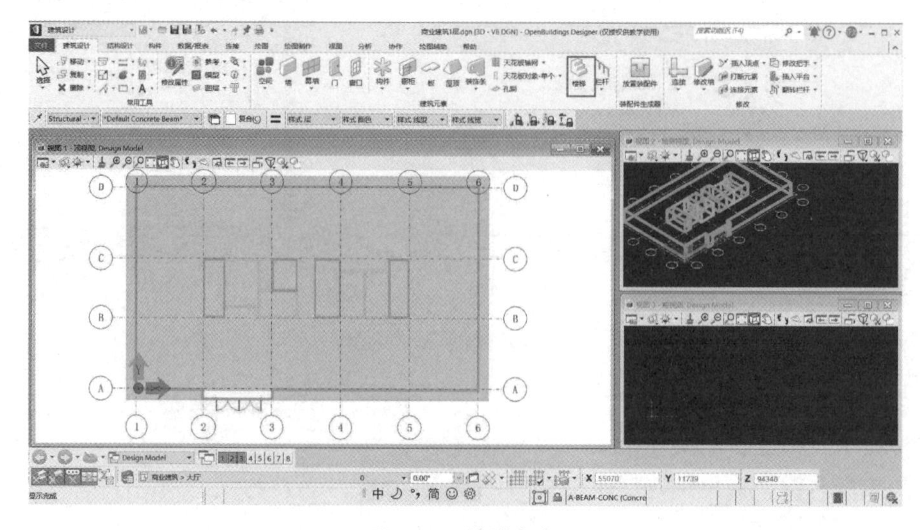

图 5-77　楼梯命令

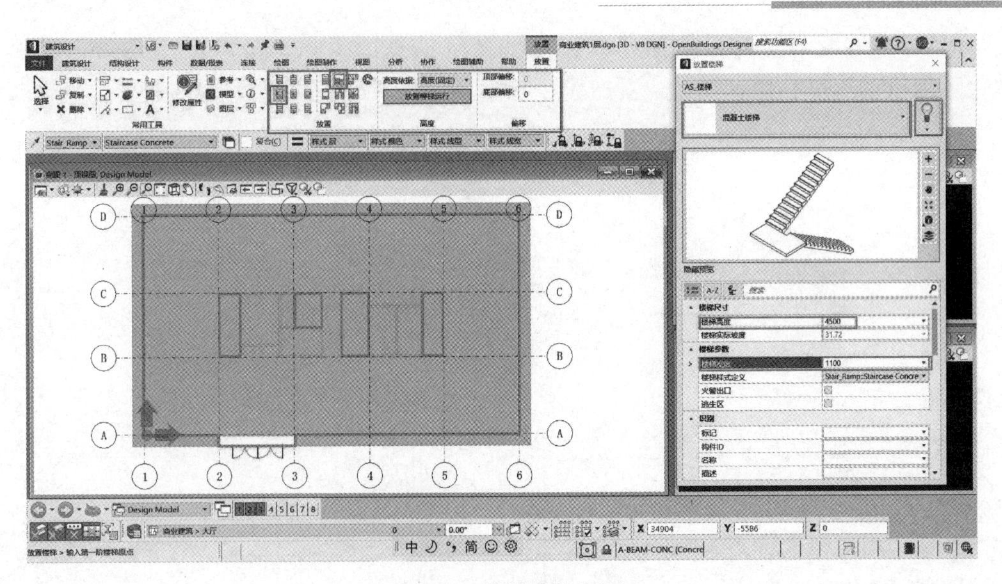

图 5-78 楼梯属性设置

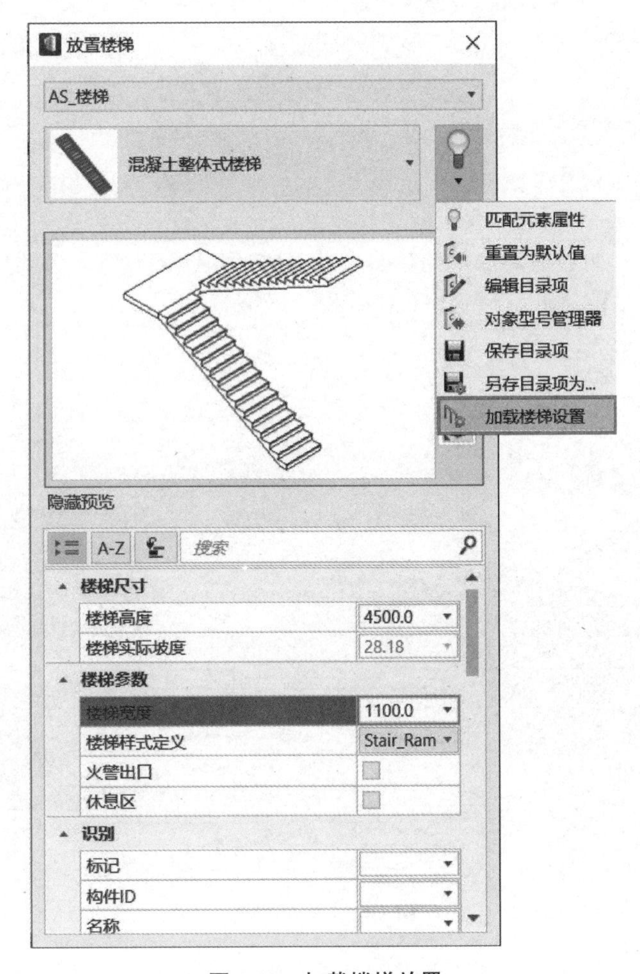

图 5-79 加载楼梯放置

因楼梯构造复杂还需设置踏步、休息平台等信息，因此点击如图 5-79 所示右侧的“黄色灯泡按钮”加载楼梯设置，并按图 5-80、图 5-81 所示进行楼梯构造设置。

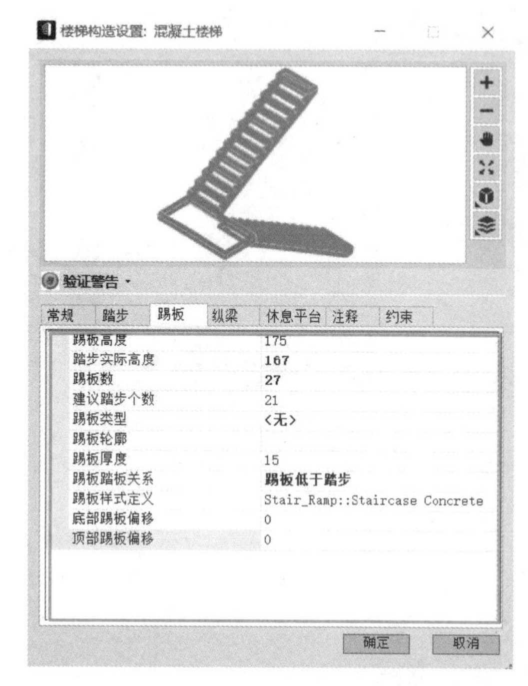

图 5-80　楼梯构造—踢板设置

图 5-81　楼梯构造—休息平台设置

在放置过程中，如若精确绘制门楼梯位置，需锁定 ACS 锁，保证楼梯放置在大厅层位置。按照项目图纸信息放置楼梯（图 5-82）。

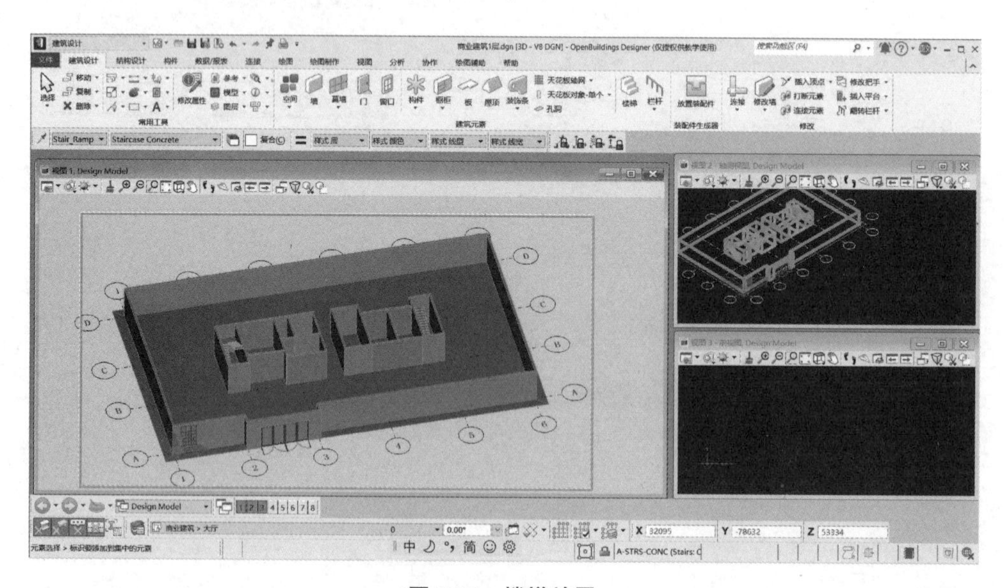

图 5-82　楼梯放置

点击鼠标右键，退出创建楼梯命令。

5.5.9 创建扶手

“建筑设计”→“建筑”→“放置建筑元素”→“扶手”。

点击建筑设计功能区的建筑元素中的“扶手”按钮（图 5-83），进入如图 5-84 所示的扶手放置、属性设置界面。

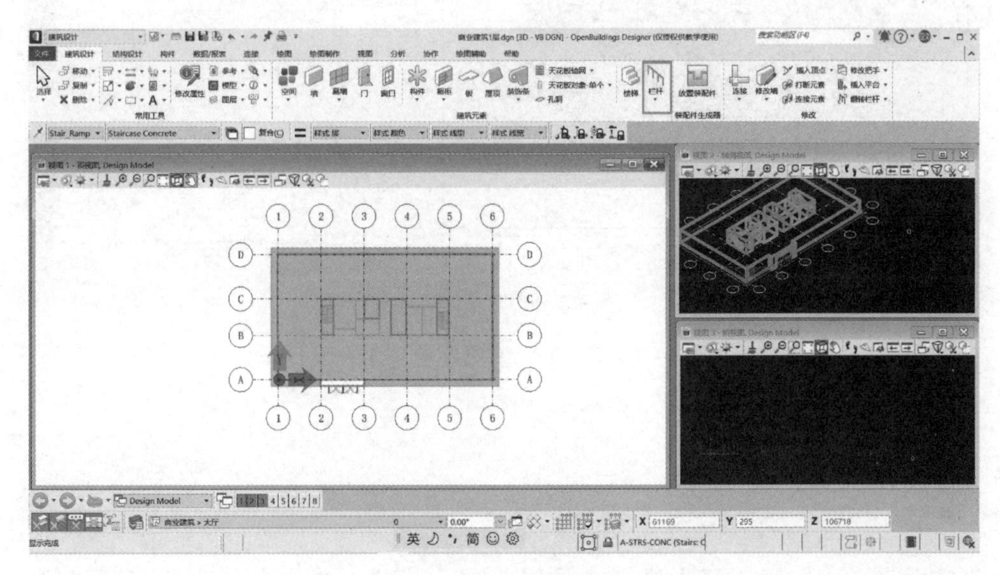

图 5-83 扶手命令

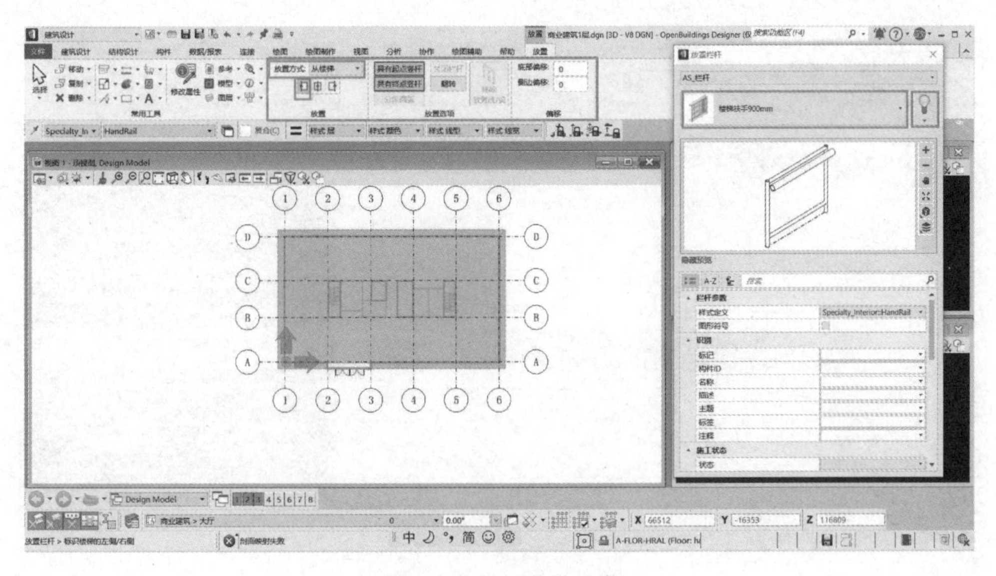

图 5-84 扶手属性设置

在放置过程中，如若精确绘制扶手位置，需锁定 ACS 锁，保证扶手放置在大厅层位置。按照项目图纸信息放置扶手（图 5-85）。

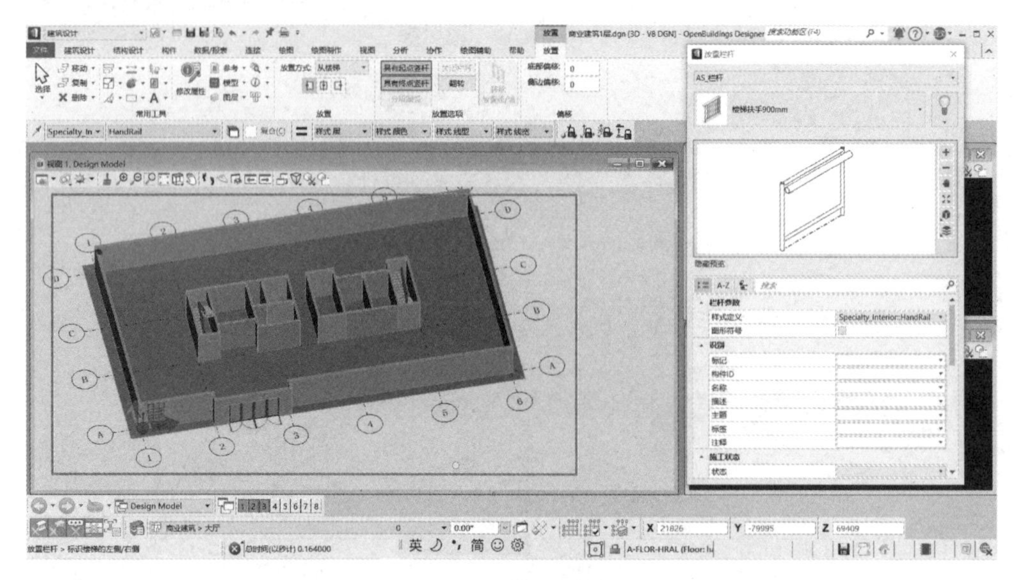
图 5-85　扶手放置

点击鼠标右键，退出创建扶手命令。

5.5.10　创建建筑一、二层

在文件夹中，复制“商业建筑大厅层 .dgn”文件，并重命名为“商业建筑一层 .dgn”，用楼层管理器将楼层设置为一层，将“视图”调整为“前视图”（图 5-86）。

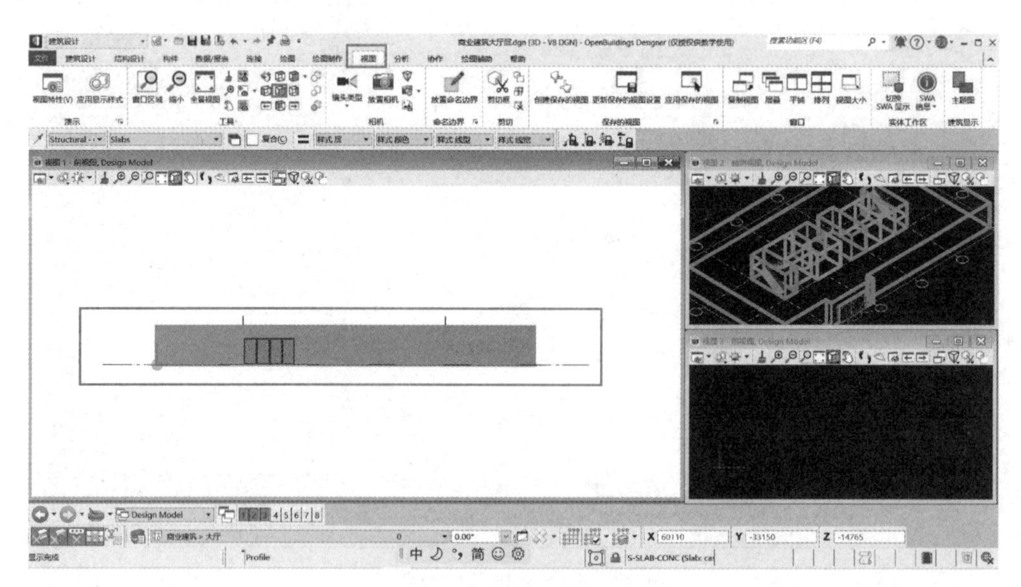
图 5-86　视图调整为前视图

在前视图下，框选商业建筑所有“一层”建筑元素，运用移动命令，将所有建筑元素向上移动 4500mm（图 5-87）。

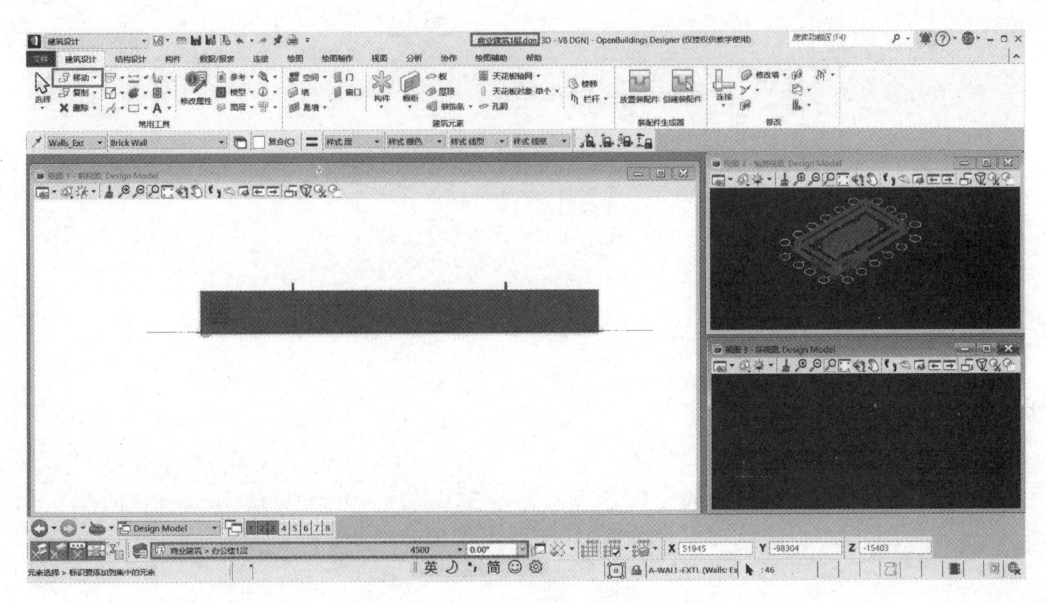

图 5-87　建筑元素向上移动 4500mm

打开数据报表工具（图 5-88），将所有墙体高度调整为 4200（图 5-89），并调整楼梯高度为 4200mm（图 5-90），删除楼梯扶手，并按 第 5.4.9 节中的步骤重新放置楼梯扶手，完成“商业建筑一层 . dgn”的创建（图 5-91）。

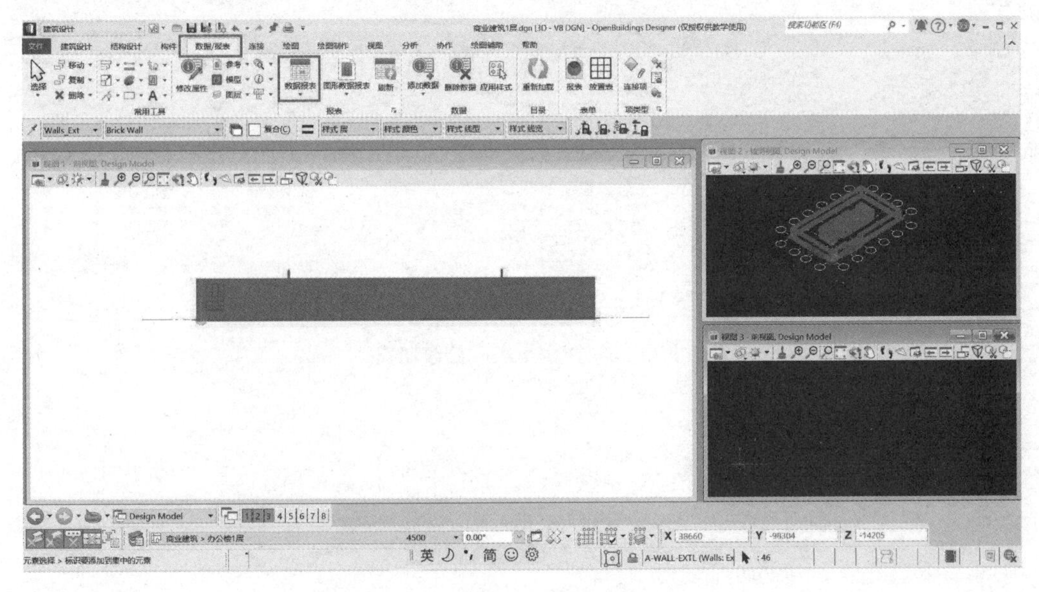

图 5-88　数据报表

同样的方法创建“商业建筑二层 . dgn”。

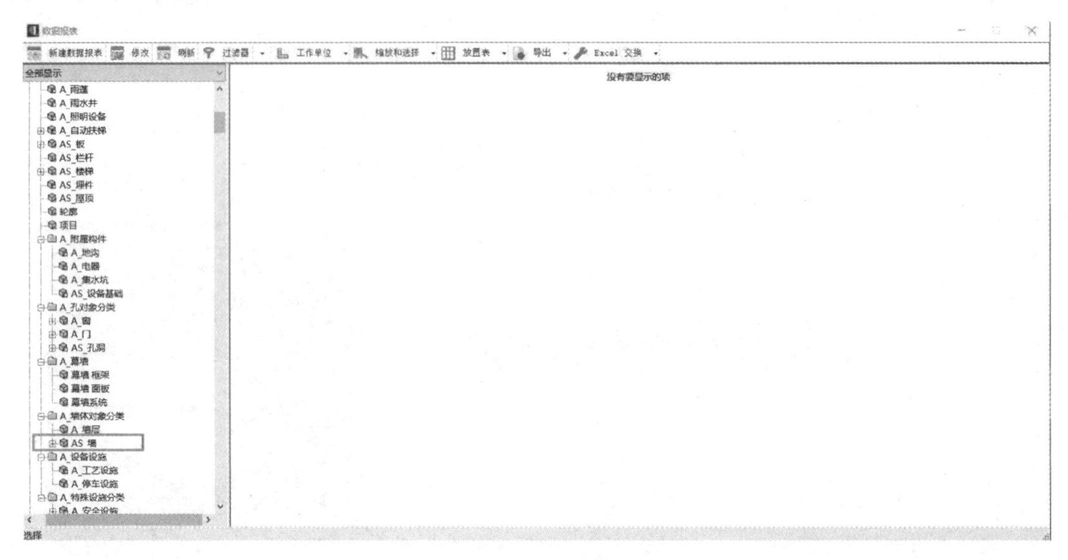

图 5-89　数据报表—墙

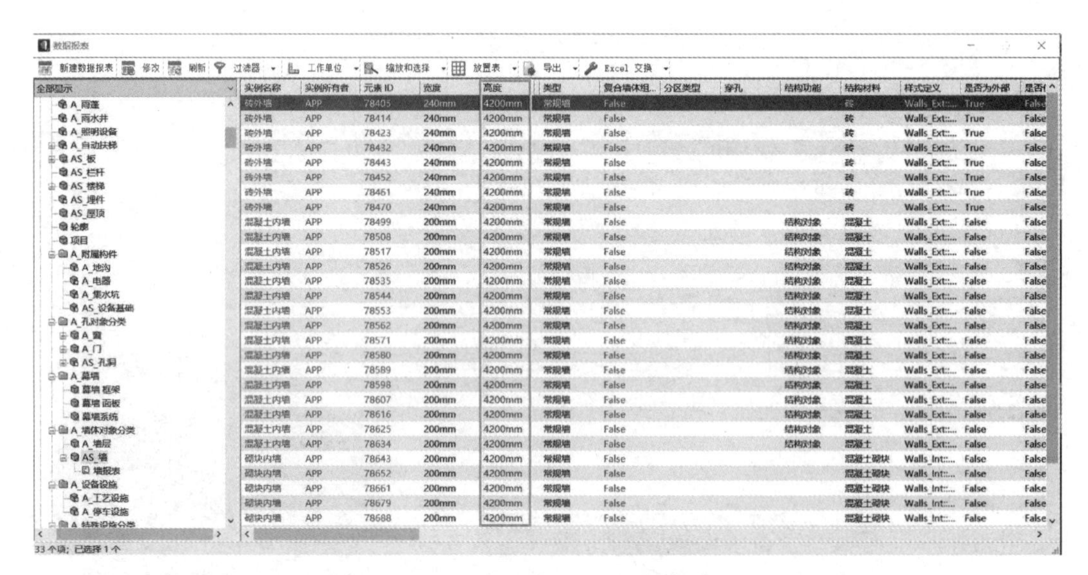

图 5-90　数据报表—修改墙高

5.5.11　创建建筑屋顶层

	①参考文献[19]：→建筑结构和机动性仿真→OBD 进阶篇→建筑功能操作→12 创建屋顶层。 ②辅助学习视频链接： 

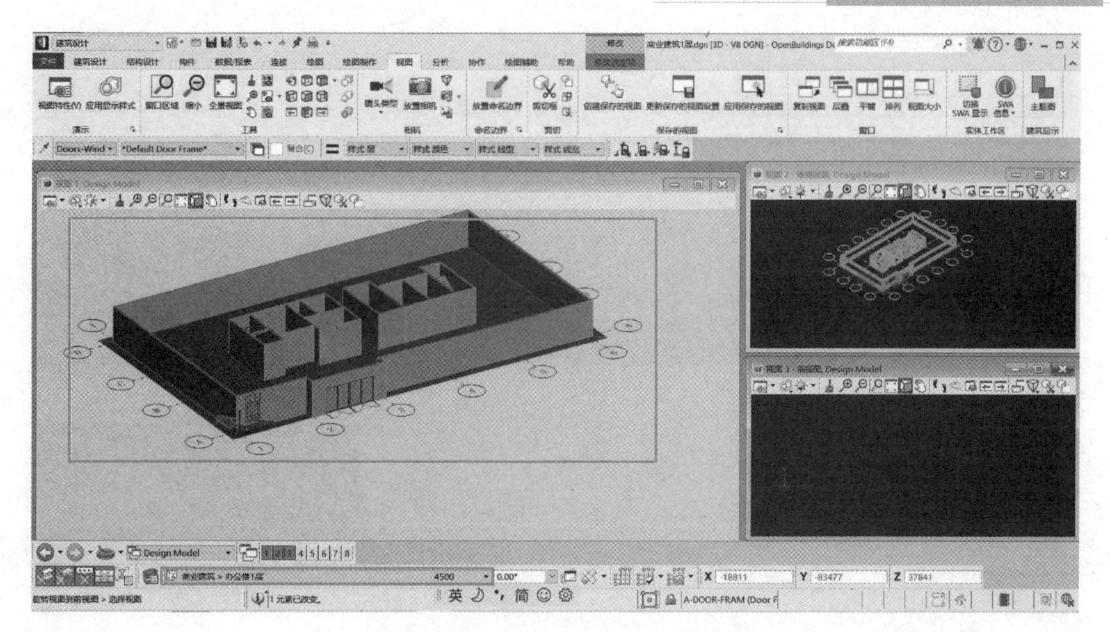

图 5-91　“商业建筑一层 . dgn”完成

1. 创建建筑屋顶层

在项目文件夹中，复制“商业建筑二层 . dgn”文件，并重命名为“商业建筑屋顶层 . dgn”，用楼层管理器将楼层设置为“屋顶层”（图 5-92）。

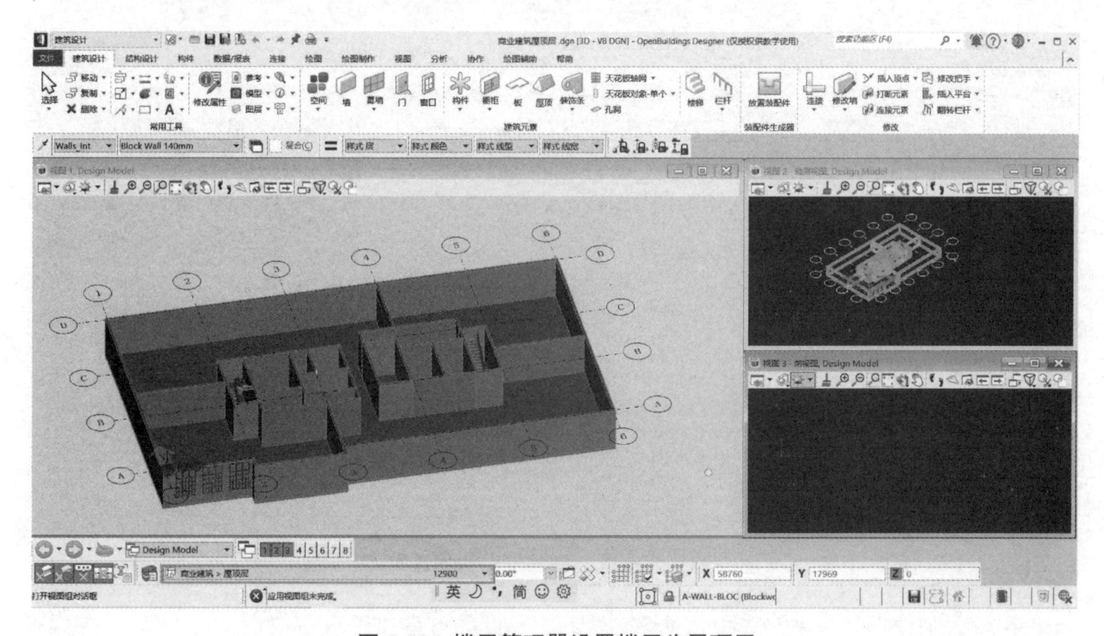

图 5-92　楼层管理器设置楼层为屋顶层

将“视图”调整为前视图，在前视图下，框选商业建筑所有“屋顶层”建筑元素，用移动命令，将所有建筑元素向上移动 4200mm（图 5-93）。

运用选择工具选择要删除的建筑元素，删除墙、楼梯、外墙、内墙等（图 5-94）。

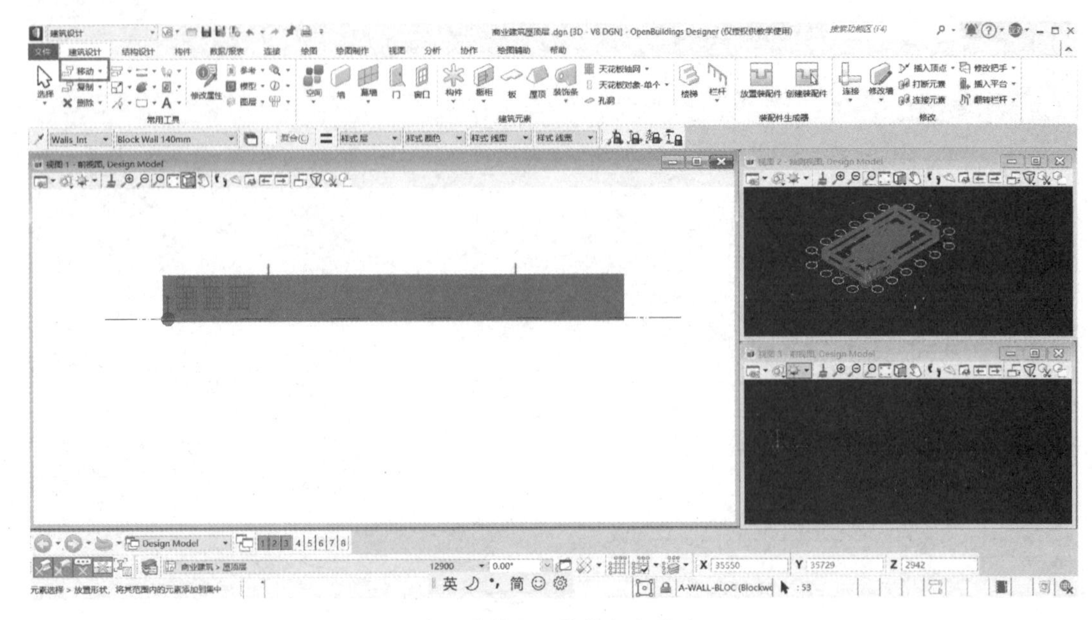

图 5-93　商业建筑二层整体向上移动 4200mm

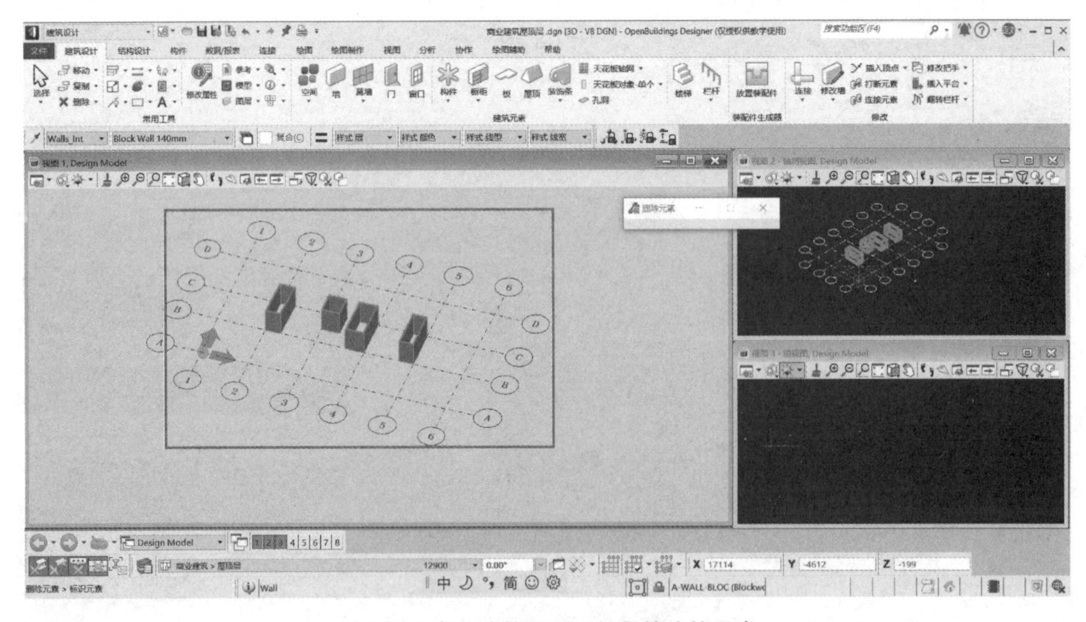

图 5-94　商业建筑屋顶层保留的建筑元素

分别运用“墙体”和“板”工具绘制屋顶层的女儿墙和楼板。绘制女儿墙时，要以建筑二层为基准，因此，在绘制女儿墙前，选择“参考”命令（图 5-95），选择“商业建筑屋二层 . dgn”（图 5-96）结构参考进屋顶层（图 5-97）。

用墙体命令绘制墙高 1200mm、宽 200mm、材质为混凝土的女儿墙（图 5-98）。

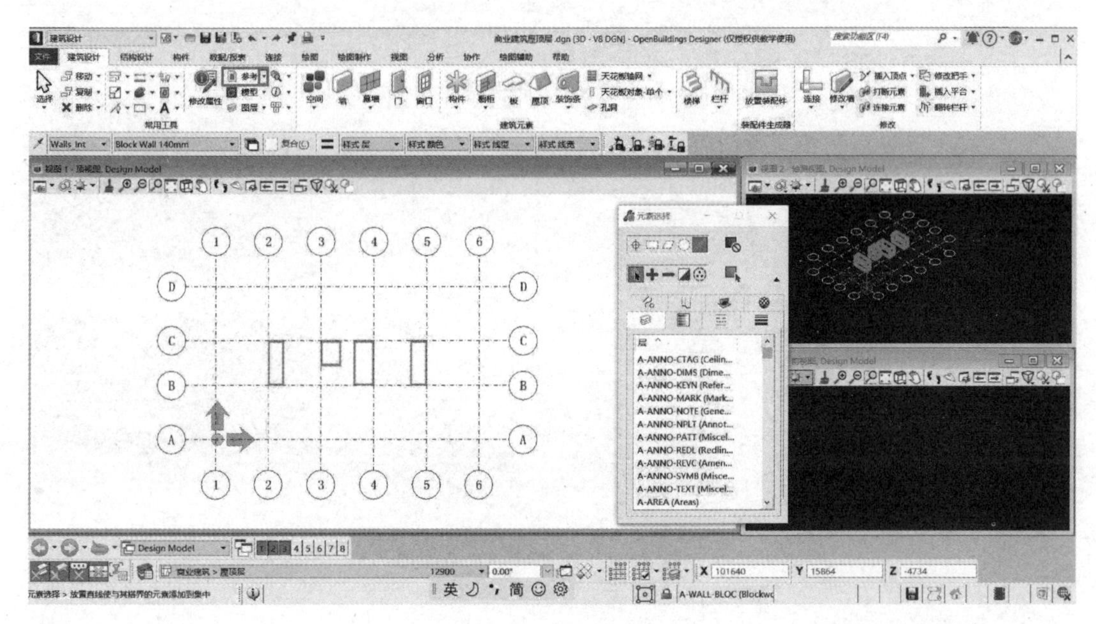

图 5-95　参考命令

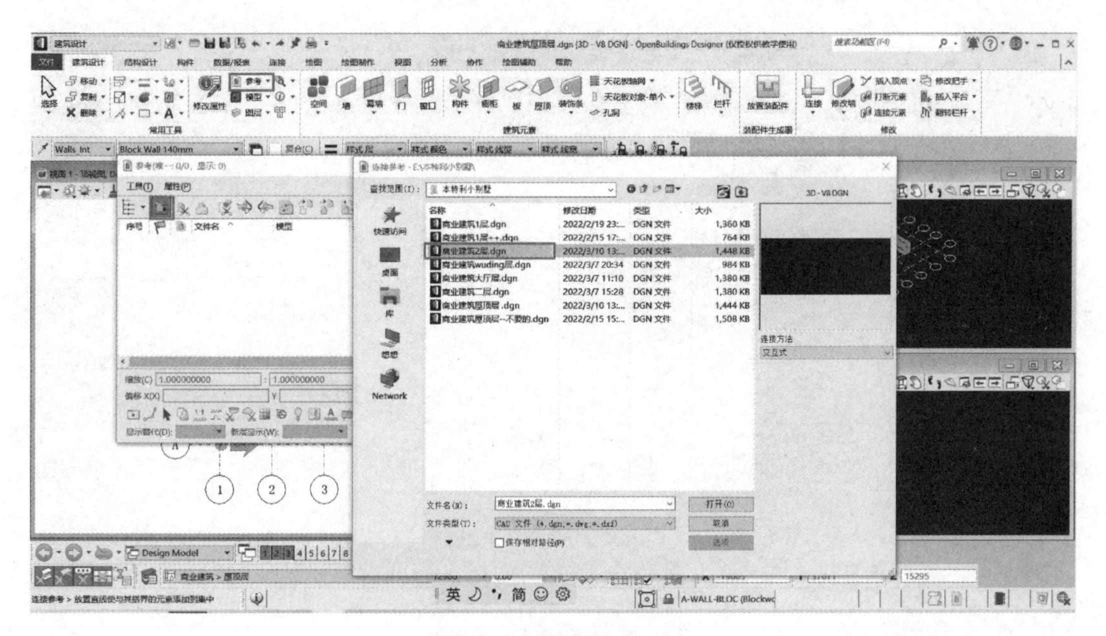

图 5-96　屋顶层参考二层

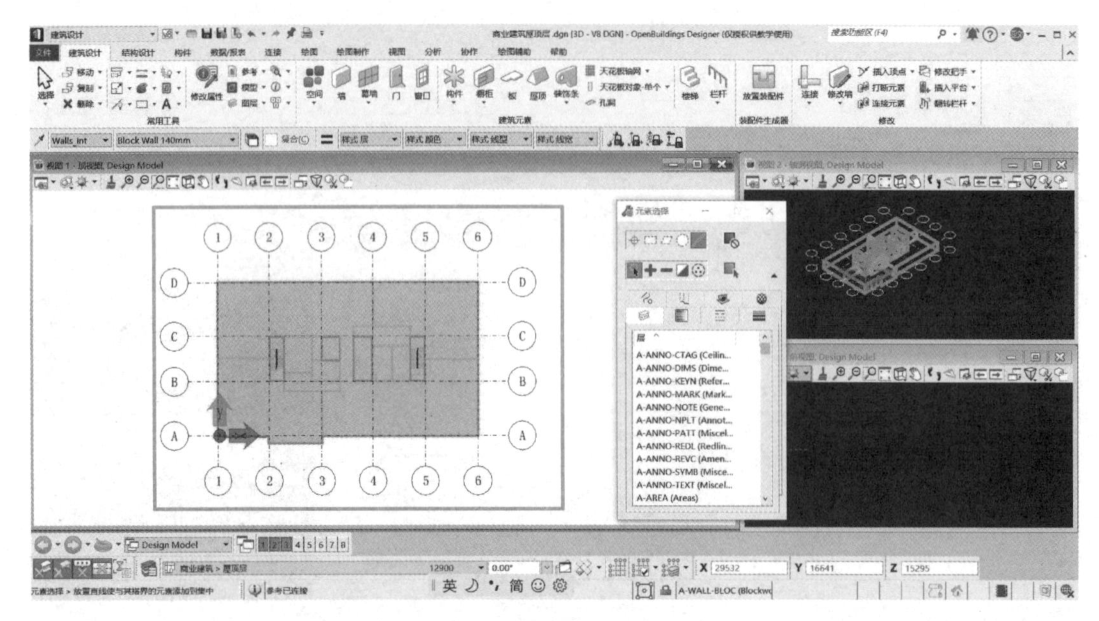

图 5-97　屋顶层参考二层结果

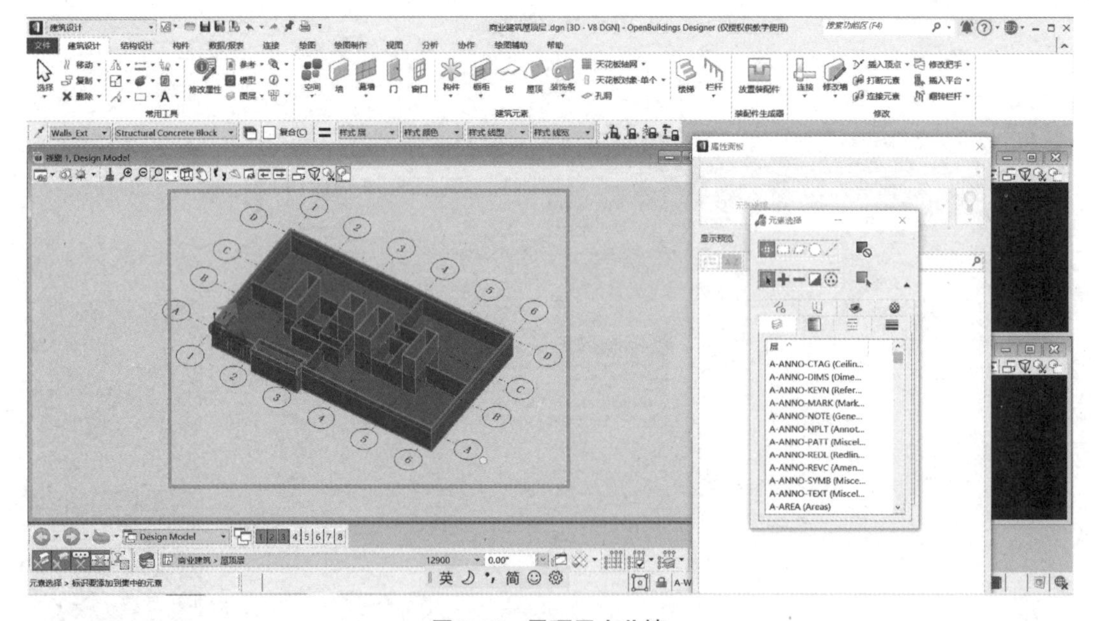

图 5-98　屋顶层女儿墙

然后，按参考命令的路径，删除二层参考（图 5-99）。

运用“板”工具，泛填放置方式绘制屋顶层 200mm 后的楼板（图 5-100），并绘制 4 个孔洞的顶板，底部偏移量为 4200mm。

2. 绘制屋顶层的坡屋顶

首先运用放置块命令中放置矩形块，绘制如图 5-101 所示的矩形区域块。并运用平行移动命令，选择矩形块（图 5-102），并平行移动 1000mm（图 5-103）。

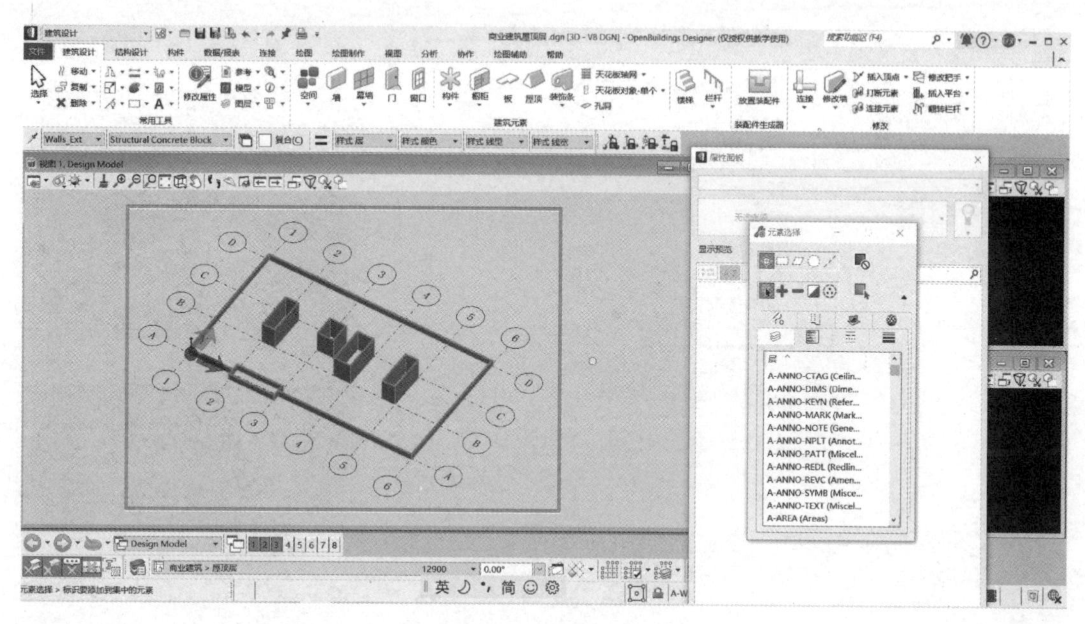

图 5-99　屋顶层

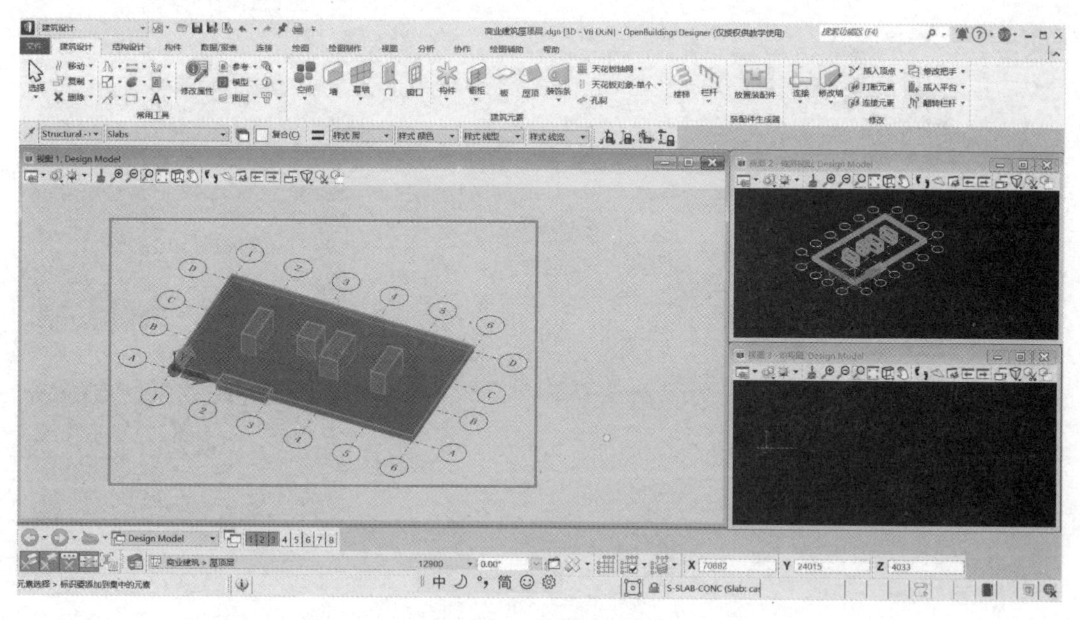

图 5-100　屋顶层楼板

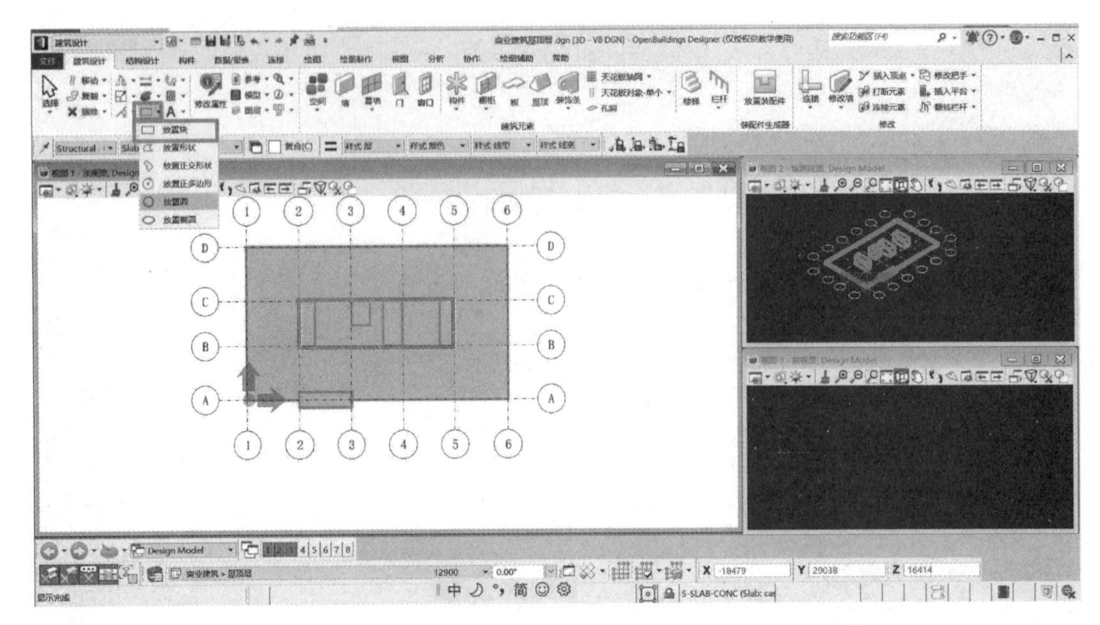

图 5-101　放置矩形块

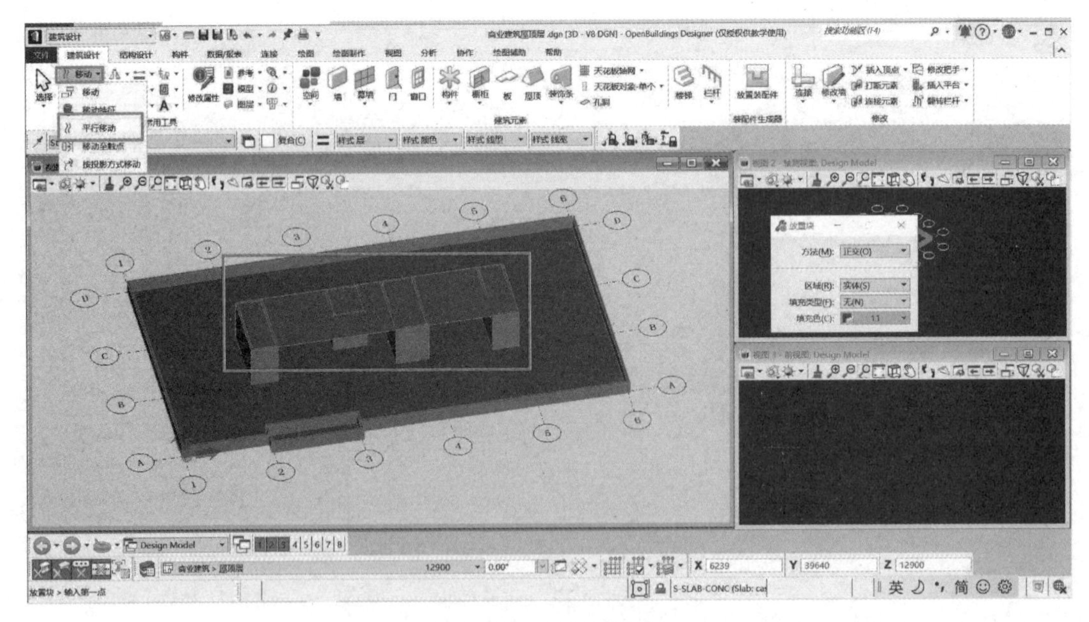

图 5-102　选择矩形块

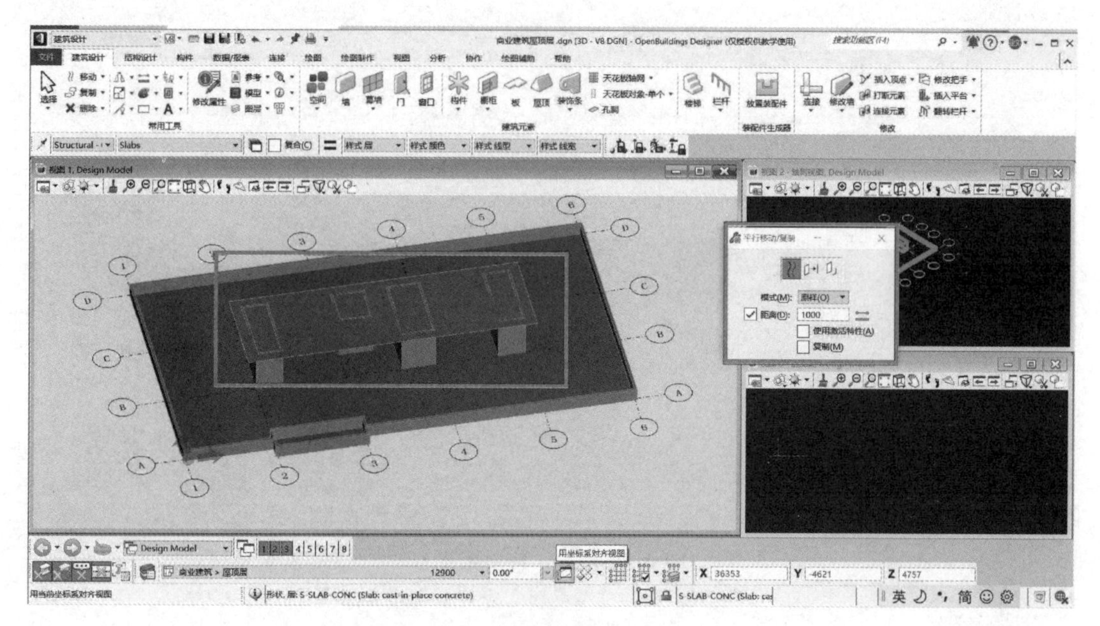

图 5-103　平行移动矩形块对话框

点击“屋顶”命令，按如图 5-104 所示的屋顶参数进行设置，屋顶类型为山墙式、放置方式为形状、放置选项删除构造、坡度控制选择角度、斜率 30°、对所有边运用坡度。

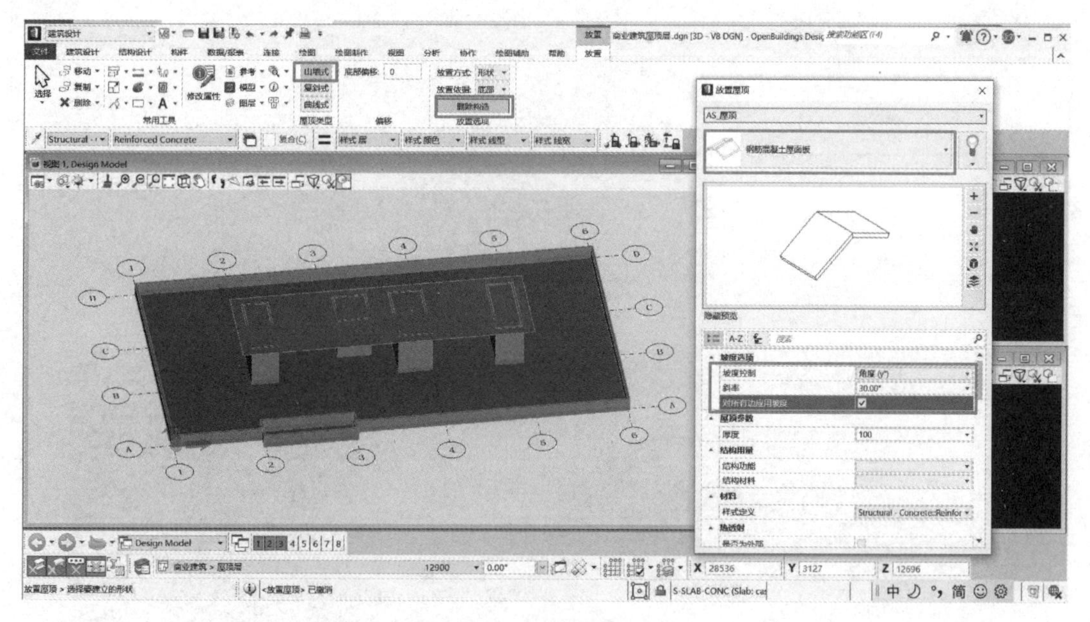

图 5-104　坡屋顶参数设置

点击刚刚绘制的扩大的矩形块，即可得到“四边放坡”的山墙式屋顶，如图 5-105 所示。

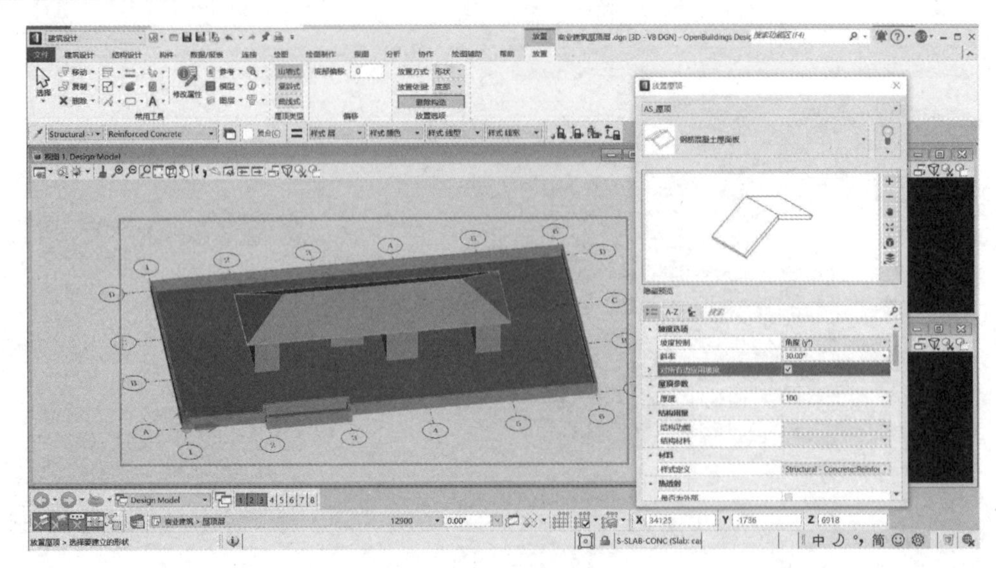

图 5-105　山墙式屋顶

5.5.12　建筑组合

	①参考文献[19]:→建筑结构和机动性仿真→OBD 进阶篇→建筑功能操作→13 模型组装。 ②辅助学习视频链接： 

如图 5-106 所示，点击“建筑设计”→“常用工具”→“参考”(→参考)。

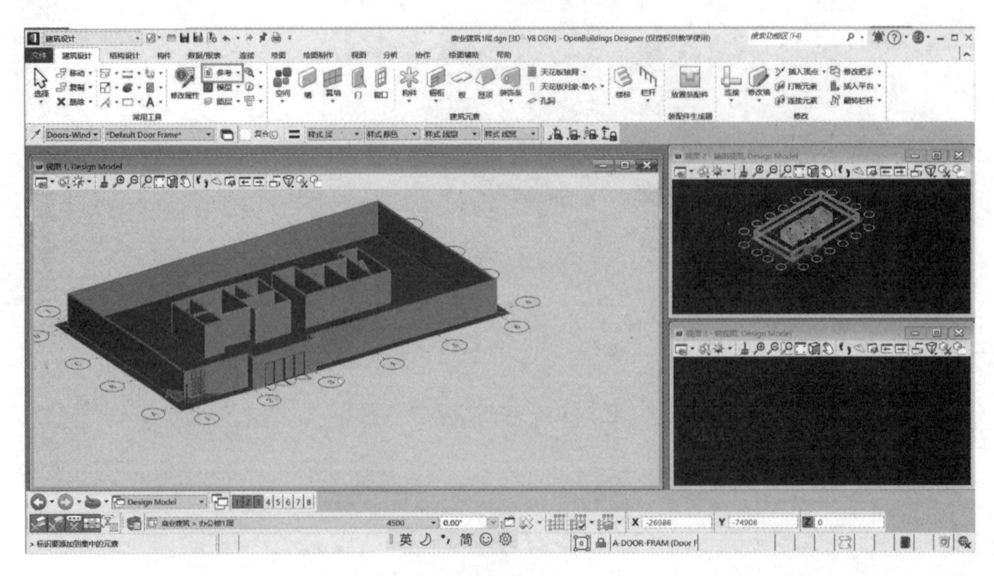

图 5-106　点击参考命令

进入在“参考”界面选择“参考命令”（图 5-107）、对商业建筑大厅层、一层、二层、屋顶层进行组合（图 5-108），即可完成整栋建筑物的组合（图 5-109）。

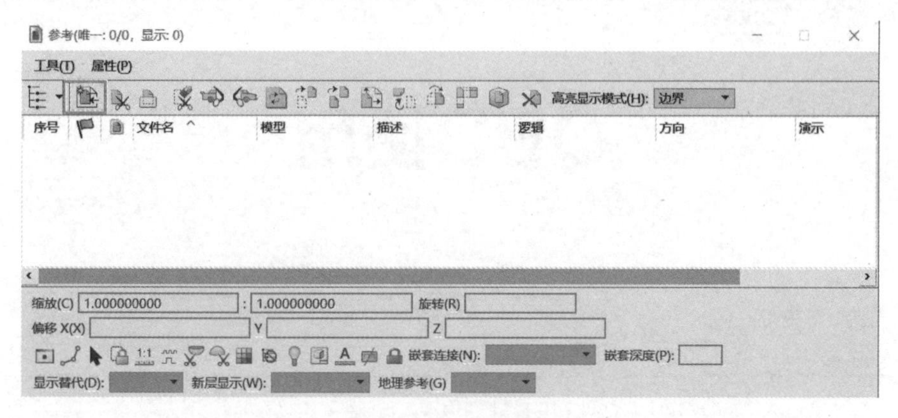

图 5-107　参考界面

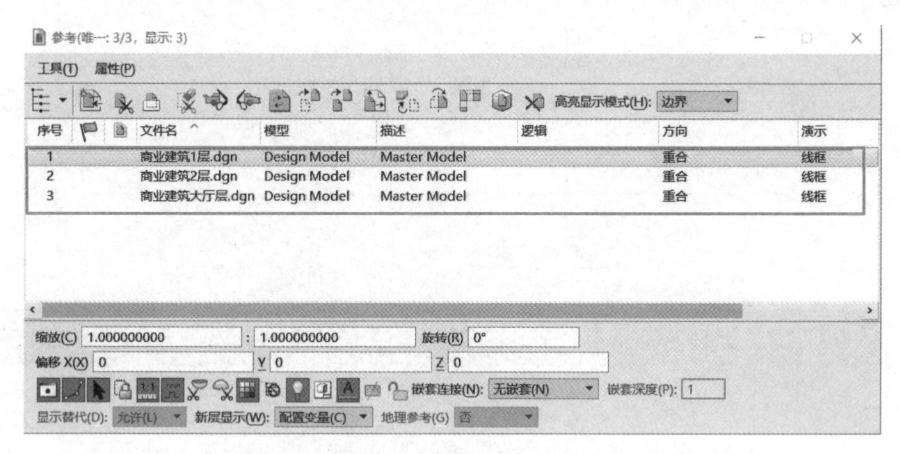

图 5-108　参考商业建筑一层、二层、大厅层

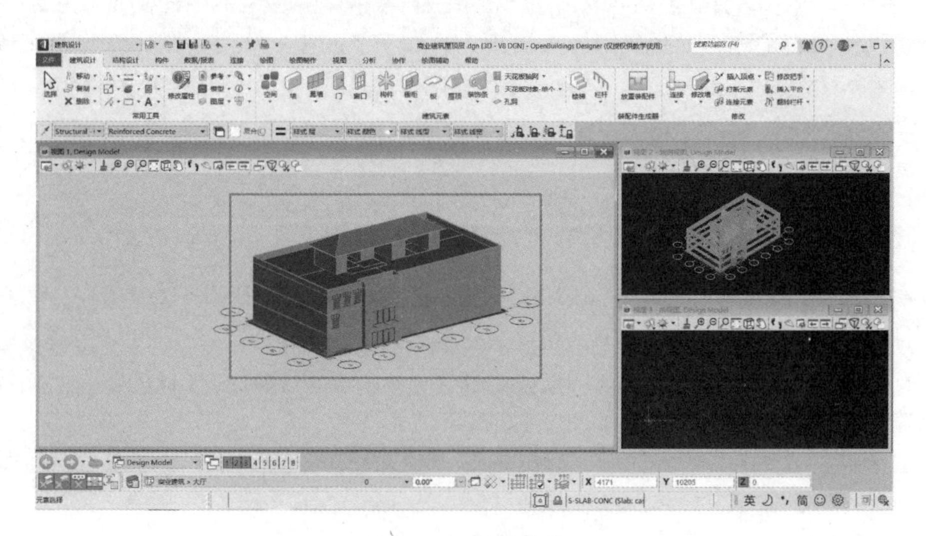

图 5-109　整栋建筑

第6章 OBD使用

Chapter 06

<table>
<tr><td rowspan="1"></td><td colspan="2">①进入 Bentley 管理平台，现在并安装 OBD 及其他软件；
②对软件使用进行授权；
③使用 OBD 进行小别墅建模；
④基本掌握 LumenRT 的使用。</td></tr>
<tr><td></td><td>①Bentley 学习网；
②Bentley 授权管理平台；
③Bentley 中国优先社区。</td><td>见参考文献[19]
见参考文献[20]
见参考文献[21]</td></tr>
</table>

6.1 OBD 授权、下载及安装

由于 Bentley 的独特架构理念，安全管理措施上也不一样，行业内 Bentley 的应用没有 Autodesk 广泛的原因除了市场运作策略不一样之外，还因为不一样的授权机制，授权信息通过网络受到检测，导致盗版较少出现。在购买 Bentley 软件时，通常提供了固定节点的版本和网络授权版本（Connection Edition）。本节着重介绍 CE 版本的授权及安装下载。

6.1.1 软件下载

在购买 Bentley 的软件后，公司为管理用户提供了管理账号用于管理授权。用户提供电子邮件地址后，管理员授权时，系统会发送验证信息到邮箱，用户通过邮箱提示进行操作。被授权的用户获得软件使用权的同时也获得了一个管理权限和授权的账号。访问管理网址，输入用户名和密码后进入如图 6-1 的管理界面。

一般用户进入图 6-1 的界面后，可以点击“下载”，进入图 6-2 界面选择具体的需要的软件，在如图 6-3 界面下载相应的软件。

图 6-1　Bentley 用户管理界面

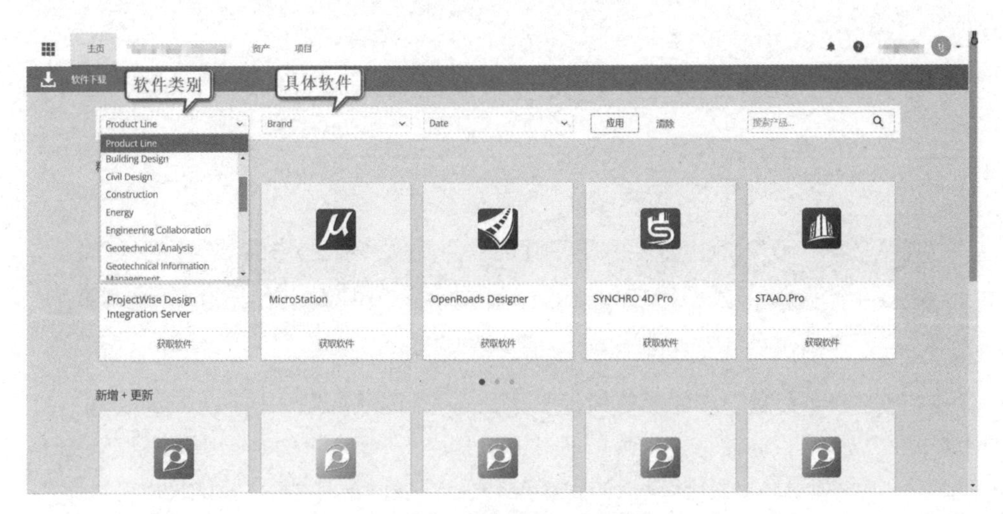

图 6-2　选择下载软件界面

图 6-3　OBD 软件下载界面

从图中可以看出，下载的软件只有 21M，只是网络安装软件，安装时由下载的软件到官网去下载相关数据进行安装。也可以到 Bentley 中国优先社区（技术资料）网站获取完整安装软件进行安装。但建议使用本书介绍的方法进行安装，完整安装软件是由已经安装好的软件打包生成并放在百度网盘上，非会员下载速度慢，且不一定是最新版本，也不一定适应本机的配置。

6.1.2 安装运行

运行下载的软件进入如图 6-4 安装界面进行安装。安装过程与其他软件一样。

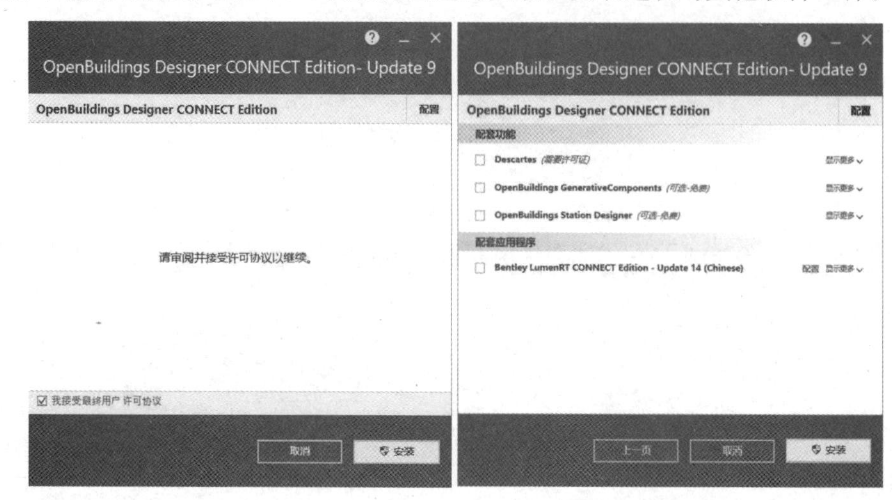

图 6-4　Bentley OBD 安装界面

安装完成后运行授权管理的通信软件 Connection Client 如图 6-5（a）所示，出现登录界面如图 6-5（b）所示，选择忘记密码，通过 Bentley 发送到授权的邮箱中的链接重新改密码登录如图 6-5（c）所示。通过授权认证后点击 OBD 就可以正常运行 OBD 及相关软件。

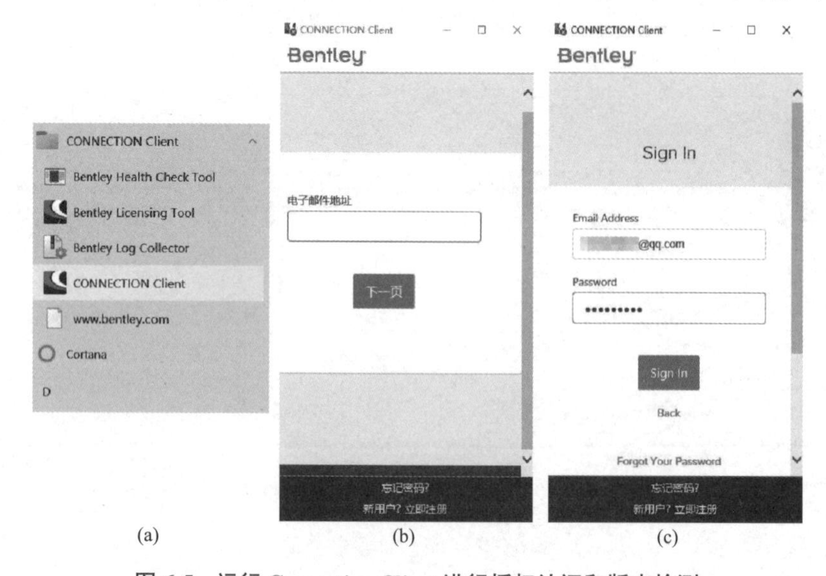

图 6-5　运行 Connection Client 进行授权认证和版本检测

6.1.3　授权

登录用户通常有两种权限：分配和授权，“授权”指获得授权使用软件，“分配”指有权添加用户，并对用户分配授权。

1. 对具有分配权限的用户，在图 6-1 的界面中点击“组”进入图 6-6 的界面，然后点击“添加组”，设置有相同权限的小组。注：组名不能是中文，组表述可以是中文。

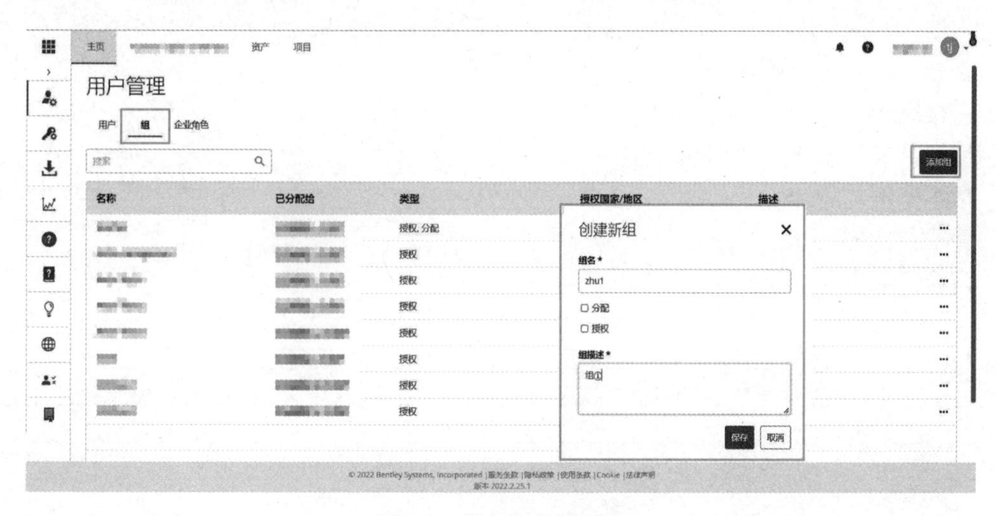

图 6-6　添加组分配权限

2. 点击“用户”进入图 6-7 界面添加用户，进行授权。

点击①跳出②“添加用户”窗口，在窗口中填写相关信息，选择具有相应权限的组，点击“保存”，单个用户授权完成。

点击③通过下载和上传“.csv”文件对用户进行批量处理操作。

在④处选择用户，点击⑤可进行删除。

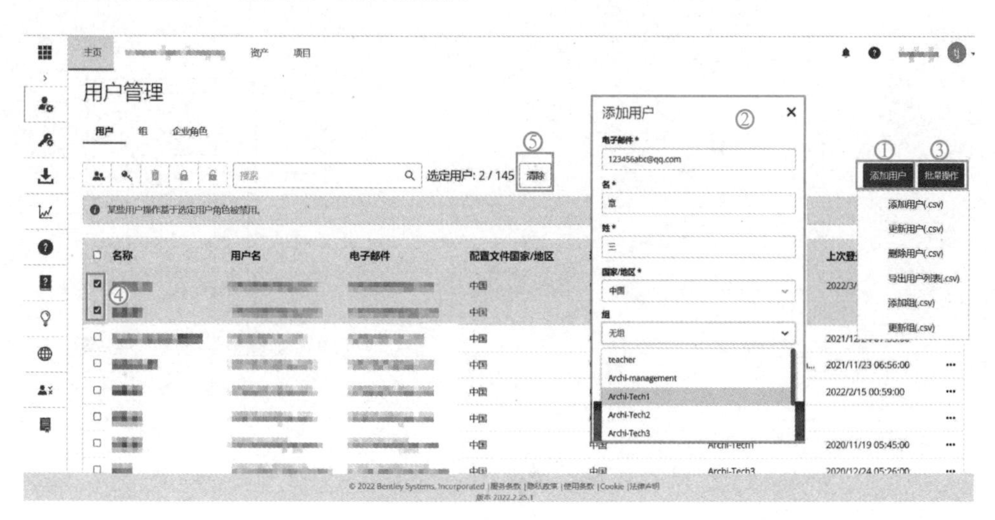

图 6-7　添加用户

6.2 OBD 建设小别墅模型案例

用 OBD 建设小别墅模型①，主要建筑构件参数：

外墙：240mm（10mm 厚灰色涂料、220mm 厚混凝土砌块、10mm 厚白色涂料）；

内墙：120mm（10mm 厚白色涂料、100m 厚混凝土砌块、10mm 厚白色涂料）；

楼板：150mm 厚混凝土；

一楼底板：450mm 厚混凝土；

屋顶：100mm 厚混凝土；

散水宽度：800mm；

柱子：300mm×300mm。

门窗：如表 6-1 所示。

门窗表 表 6-1

类型	设计编号	洞口尺寸(mm)	数量(个)
单扇木门	M0820	800×2000	2
单扇木门	M0921	900×2100	8
双扇木门	M1521	1500×2100	2
玻璃嵌板门	M2120	2100×2000	1
双扇窗	C1212	1200×1200	10
固定窗	C0512	500×1200	2

别墅图纸如图 6-8～图 6-12 所示。

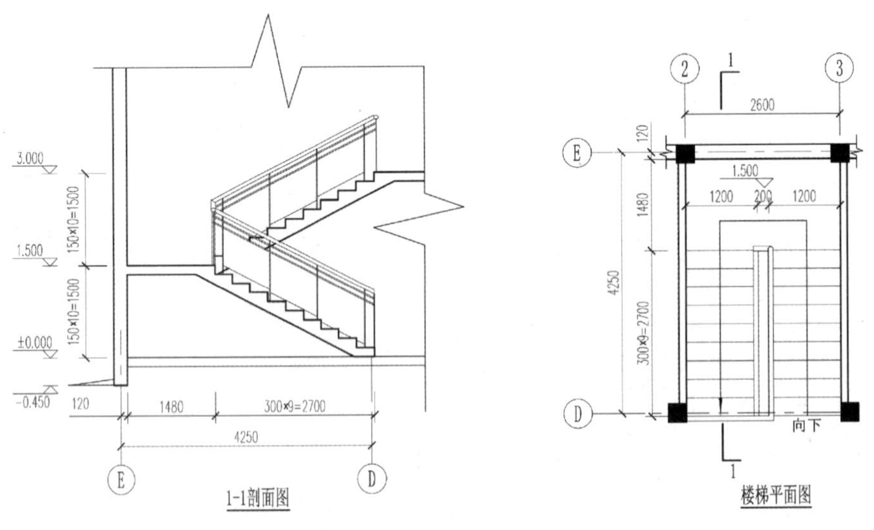

图 6-8 楼梯剖面、平面图

① 参考“1+X”建筑信息模型（BIM）职业技能等级考试初级 2021 年第一期实操题第一题。

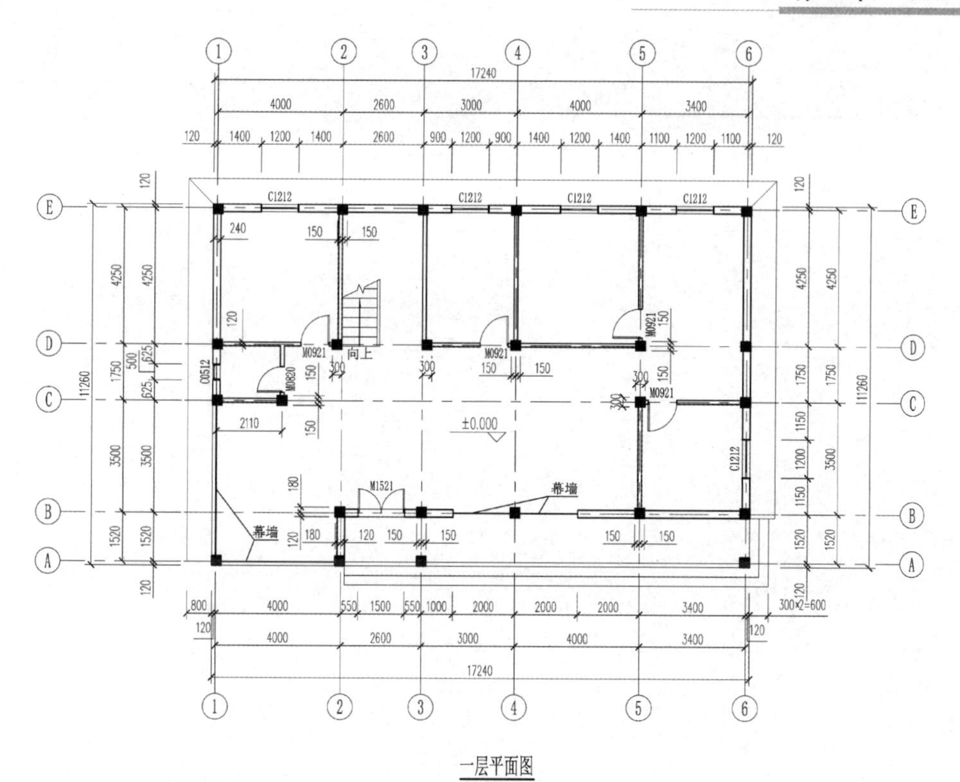

图 6-9　一层平面图

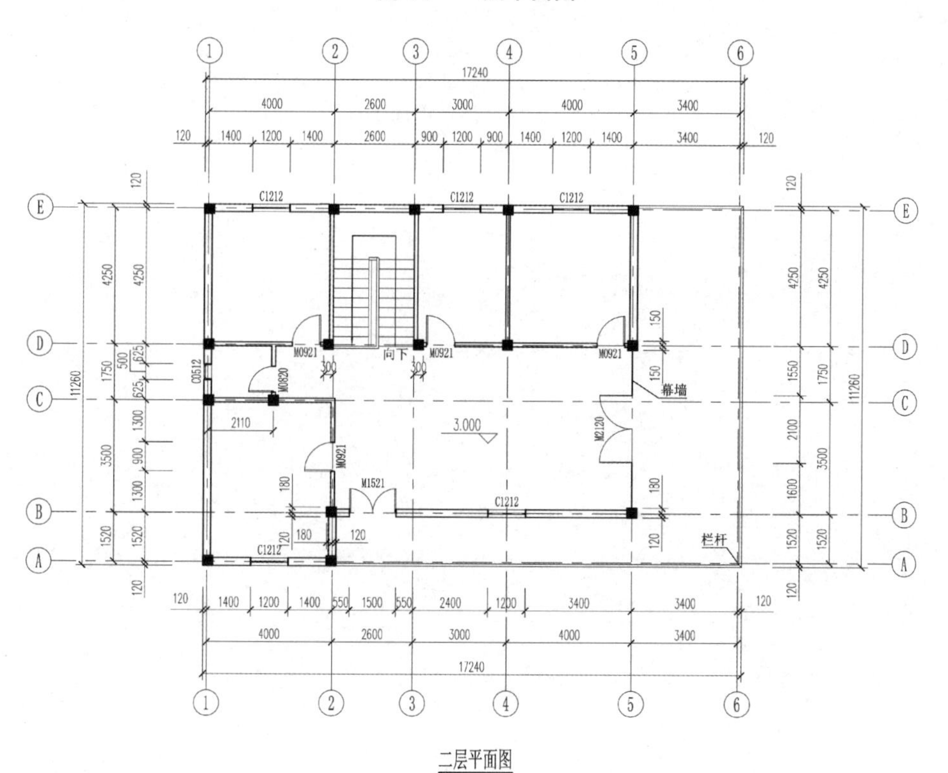

图 6-10　二层平面图

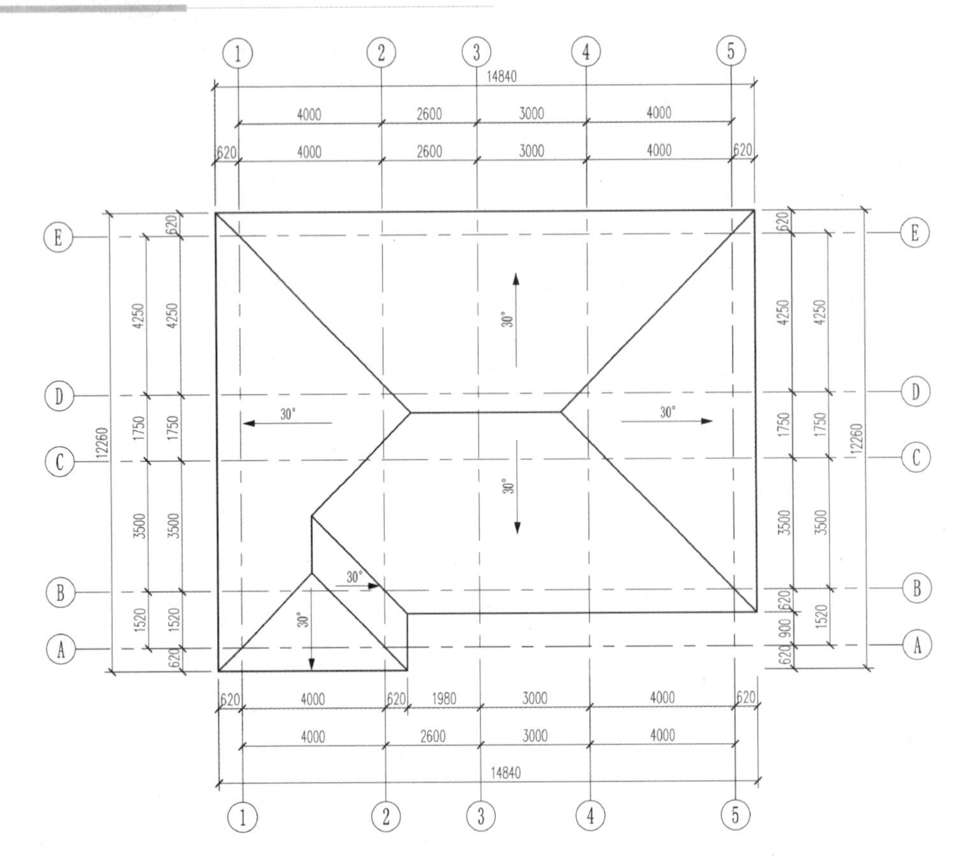

图 6-11 屋顶平面图

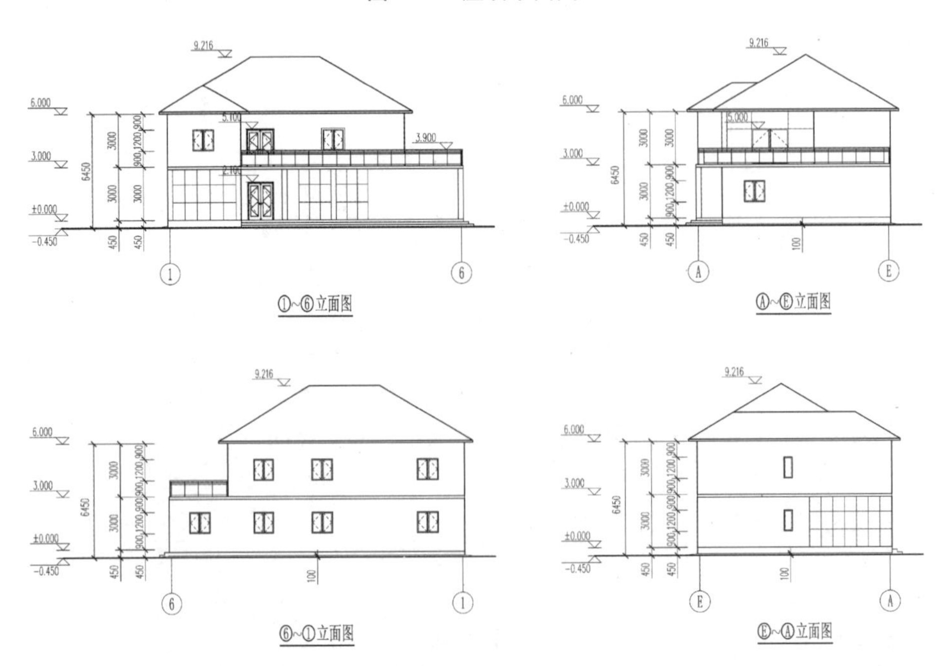

图 6-12 立面图

具体操作如下。

6.2.1 创建轴网文件

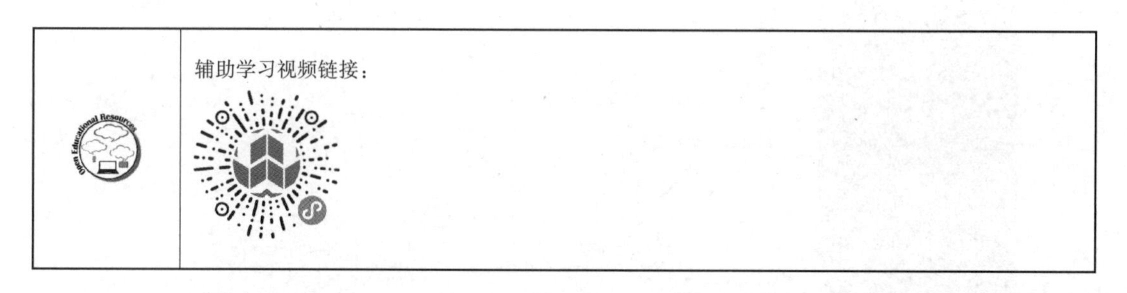

1. 在进入工作面板之后选择工作空间为“Building-Examples”，工作集“BuildingTemate-CN”然后点击新建文件（图 6-13）。

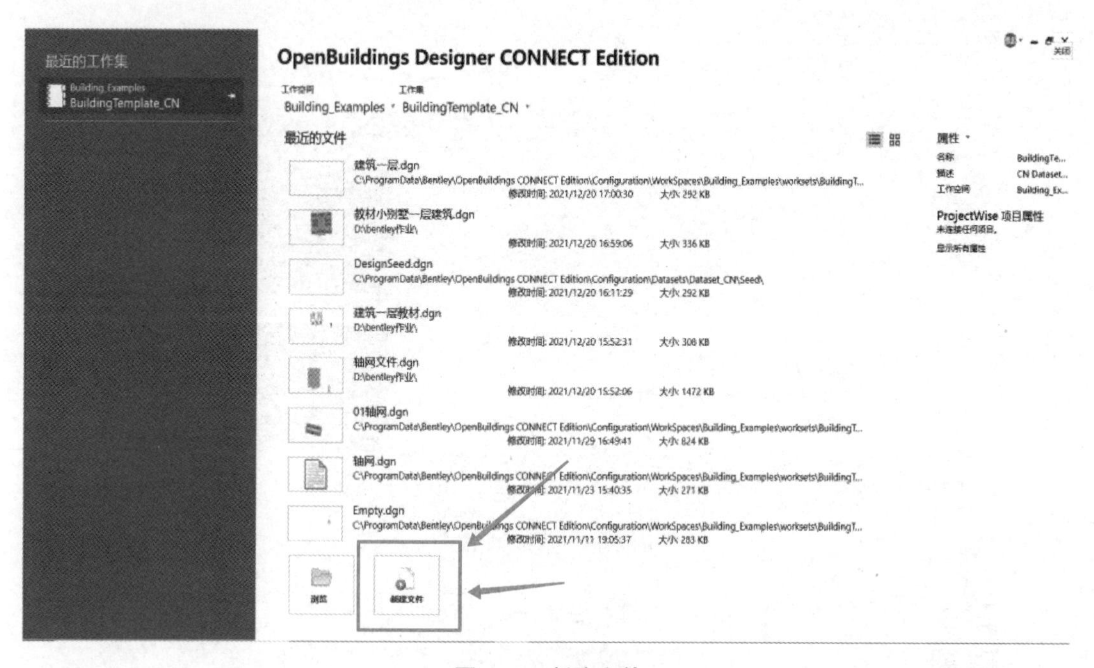

图 6-13 新建文件

2. 输入需要创建的项目＋轴网作为名称，创建“. dgn”格式的文件，并选择相应的种子格式，并保存到相应的电脑位置（图 6-14）。

3. 进入工作面板，进入左上角的下拉菜单中的工作流，选择建筑设计工作流（图 6-15）。

6.2.2 绘制轴网

1. 找到资源管理器，打开隐藏的文件，单击选择楼层管理器（图 6-16）

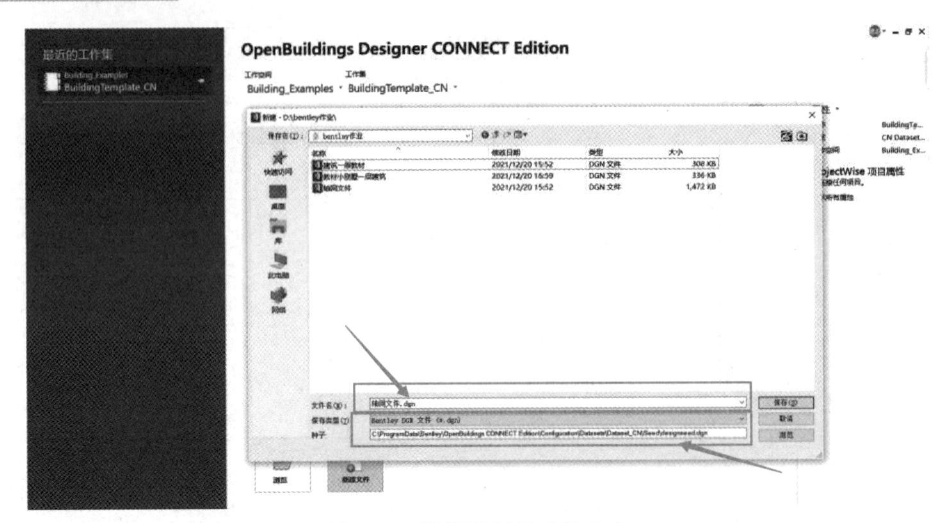

图 6-14　选择种子格式并保存

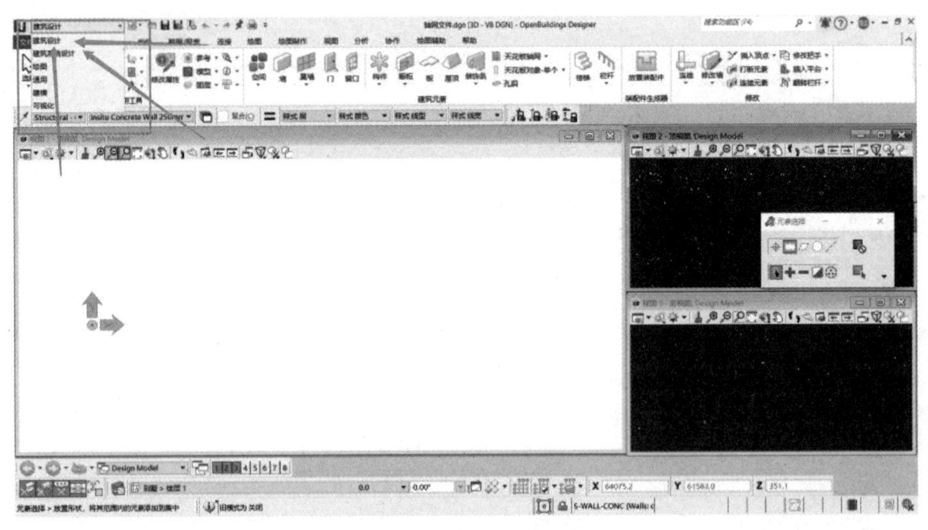

图 6-15　选择工作流

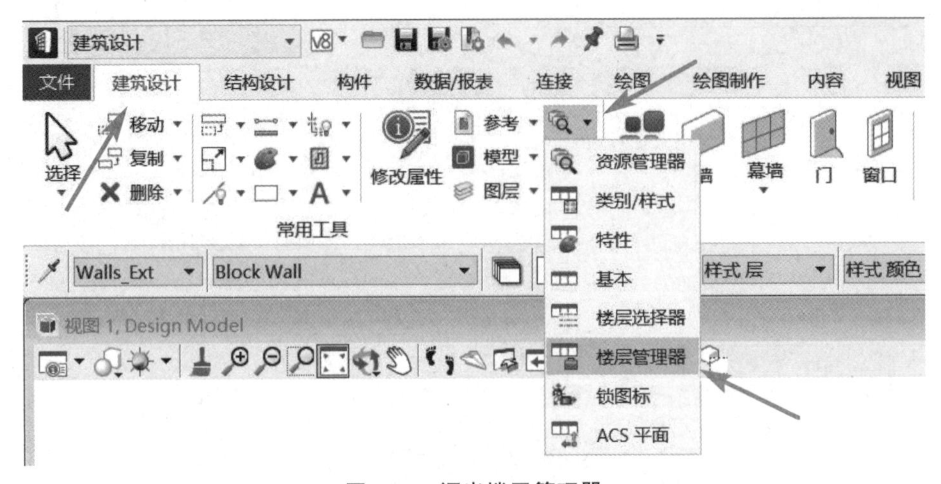

图 6-16　调出楼层管理器

2. 设置楼层高度（图 6-17）

1）单击场地。

2）添加建筑。

3）点击左键进入待编辑状态→修改建筑名称。

4）根据立面图添加楼层及添加参照平面（在楼层中如果每一层楼层的层高都是一样的则可以在添加楼层中点击添加典型楼层即可）。

5）在工作面板内添加和修改相应的参数，如：相对高程、高度、层高及旋转（灰色部分为不修改单元格，是根据上一楼层计算而来的）。

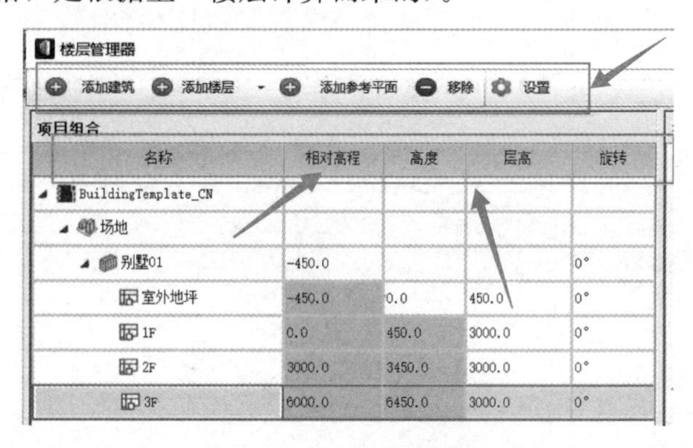

图 6-17　设置楼层高度

3. 绘制轴网

创建好楼层后，鼠标左击“完成”选项，进入到工作面板，如图 6-18 所示：

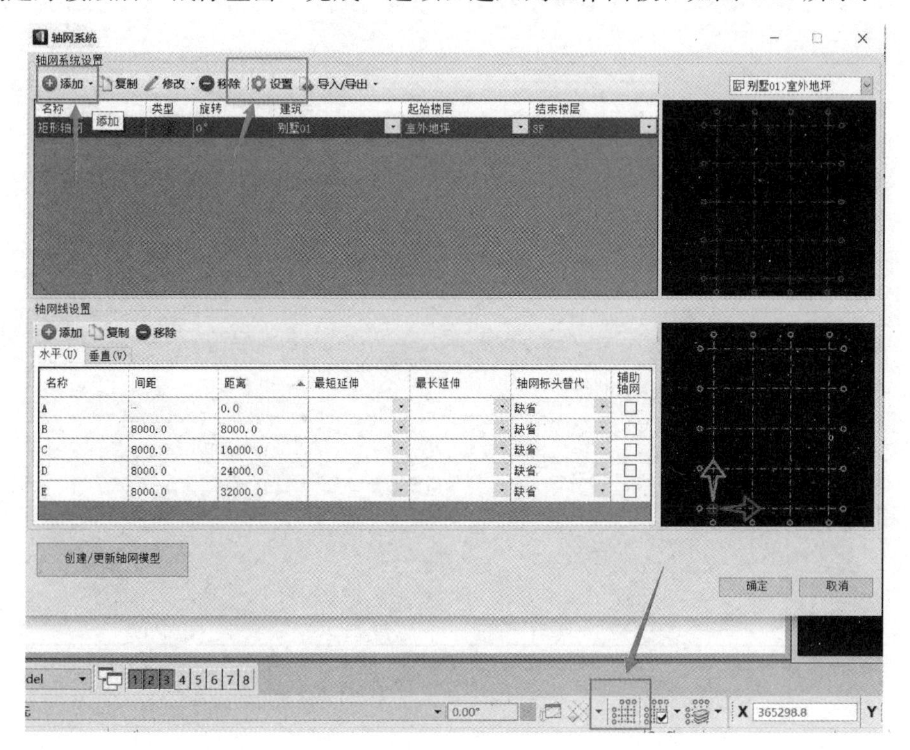

图 6-18　绘制轴网

1）单击轴网系统管理器，然后单击“设置”选项，进入设置。

2）根据一层平面图更改轴线之间的开间和进深（轴网系统设置、轴网标头、轴网标头显示、尺寸设置）并应用至所有轴网系统。

3）点击“添加”的正交轴网系统，设置所约束的起始楼层和结束楼层，然后在轴网线设置选项卡修改水平方向和垂直方向上的参数，修改完成后单击创建/更新轴网模型。

4）单击设置激活楼层选项→双击其中选择楼层或参照平面。

6.2.3 绘制一层

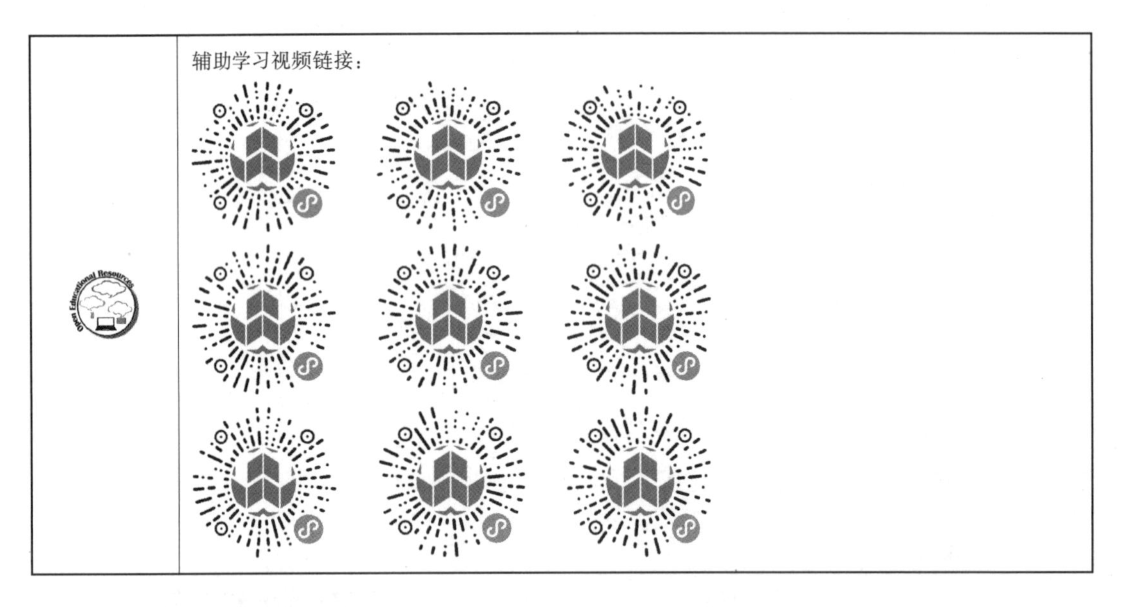

根据图纸，按以下步骤绘制出如图 6-19 所示的别墅一层。

1. 绘制墙体。
2. 绘制门窗。
3. 绘制柱子。

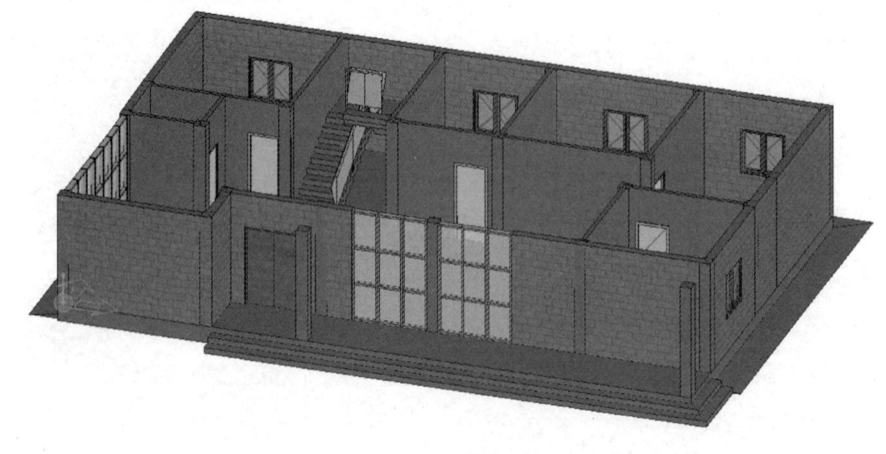

图 6-19 别墅一楼

4. 创建板。
5. 绘制楼梯。
6. 绘制散水。
7. 绘制室外台阶。

6.2.4　绘制二层

辅助学习视频链接：

一层绘制完成后，另存为“一层建筑”，返回至原来的文件，在楼层管理器中选择二层的楼层，然后将一层的所有元素给移动到二层，一样采取 F11+O 的精确绘制方式或者可以将一层的元素全部删除，来到二层的轴网重新绘制二层的构件。

在移动至二楼后，坐标原点将会自动识别到 ACS 平面上。移动至二层，根据图纸修改构件，在修改完成如图 6-20 的模型，该文件另存为二层建筑。

图 6-20　别墅二楼

6.2.5　绘制屋顶

1. 重新创建一个屋顶“. dgn”文件，选择“板”，修改板的厚度。
2. 在轴网上面根据图纸的尺寸根据屋顶最外面的尺寸线在轴网上面绘制。
3. 在建筑设计流里面找到屋顶修改屋顶的参数：将坡度控制改为角度，修改斜率和厚度。
4. 将放置方式改为山墙式，删除构造，然后点击创建好的板即可创建出屋顶。完成屋顶（图 6-21）。

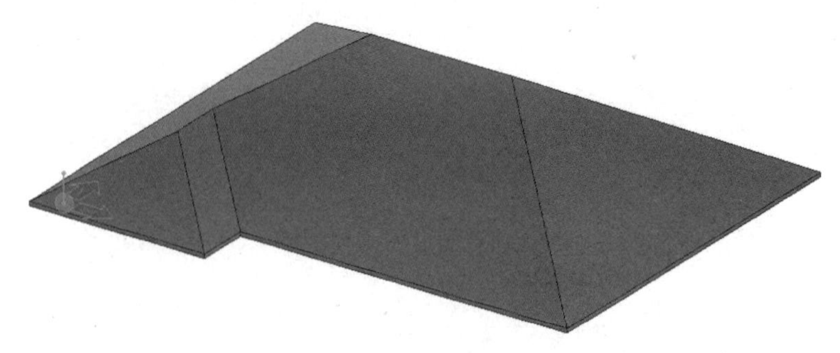

图 6-21　别墅屋顶

6.2.6　小别墅组装

新建一个文件，上面三个文件“参考”进来，完成如图 6-22 小别墅建模。

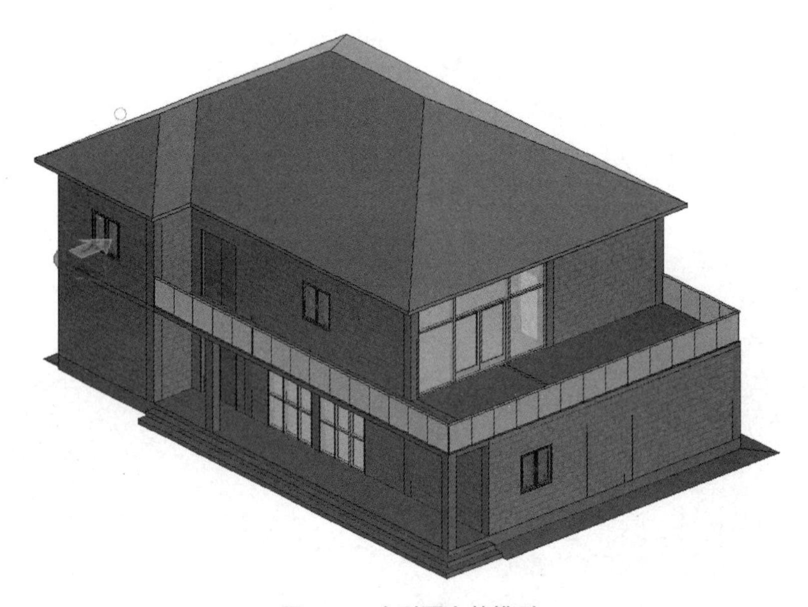

图 6-22　小别墅完整模型

6.3 Bentley LumenRT

使用 Bentley LumenRT 对已经完成的模型进行渲染，可以做到：

1. 运用包括各式车辆在内的运动元素，以及使用各类车辆、移动的人、随风而动的植物、在某个季节微风吹拂下摇曳的树木、云卷云舒、潺潺流水，以及更多元素模拟交通实况，让基础设施模型更有生气。

2. 轻松生成能吸引注意力、电影级别的图片和视频。

3. 使用 Bentley LumenRT LiveCubes 与所有利益相关方共享交互式、呈现三维虚拟实境的演示。

4. 在 MicroStation 中直接创建 Bentley LumenRT 场景，包含 V8i SELECTseries 和 CONNECT Edition、Autodesk Revit、Esri CityEngine、Graphisoft ArchiCAD、Trimble Sketchup，以及从更多领先的三维交换格式中引入元素。

5. 采集现有条件为设计提供背景的 Bentley 用户，将在由数字化特性激活的实景建模中收获更多。

LumenRT 的应用更像是使用一个仿真的游戏软件，而不是应用软件。一般在安装好 OBD 同时，也安装了 LumentRT。以下是使用 LumenRT 的基本步骤，更多应用参考 OERs。

6.3.1　LumenRT 场景

打开 LumenRT 进入如图 6-23 界面选择场景：

图 6-23　LumenRT 场景

6.3.2　应用界面

选择场景后进入如图 6-24 所示的应用界面。

和游戏软件相似：

1. 按鼠标左键右键、左键、滚轮键移动都可以旋转场景。

图 6-24　LumenRT 应用界面

2. 滚轮向前滚动镜头向前进，相反向后退。
3. 按键盘中的“上”或者“W”键，镜头向前。
4. 按键盘中的“下”或者“S”键，镜头后退。
5. 按键盘中的“左”或者“A”键，镜头左移。
6. 按键盘中的“右”或者“S”键，镜头右移。

更多快捷键如图 6-25 所示，按“F1”键调出查看。

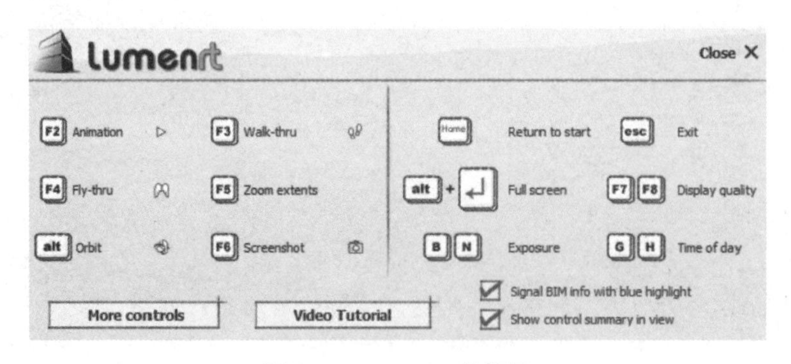

图 6-25　LumenRT 快捷键

6.3.3　模型渲染

如图 6-26 所示，在 OBD 中①选择“可视化”工作流→②点击 LumenRT，OBD 中的模型自动导入到如图 6-27 所示的 LumenRT 中，而且建模时设置的材质都带到了 LumenRT 中。

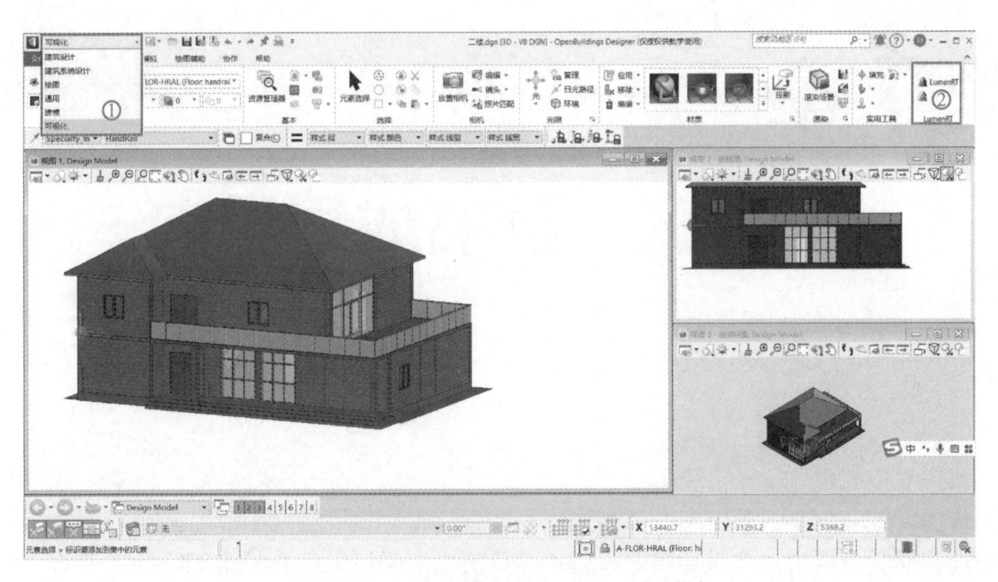

图 6-26　OBD 中选择 LumenRT 进行渲染

图 6-27　小别墅模型渲染结果

第7章 “1+X”证书成果导向

Chapter 07

成果导向教育（Outcome Based Education，简称 OBE）是以学习者的学习成果为导向的课程设计和教学活动组织。所谓“成果”是学生在一段特定的学习经历后所表现出的清楚的预期学习成果。成果导向课程设计的价值取向是追求所有学生能成功地获得学习成果。成果导向教育关键是要建构一个清晰的学习成果蓝图，确定学生的核心能力及能力指标，搭建合理的课程结构，设计好课程的教学目标及其他实现方式。

2019 年教育部启动“1＋X 证书”制度试点工作。“1＋X 证书”制度就是学历证书“＋”若干职业技能等级证书制度，其中“1”为学历证书，全面反映学校教育的人才培养质量。“X”为若干职业技能等级证书。这一制度的出台是国际先进的教育理念与中国的实际情况有机结合，既能调动高等职业院校的教学与学生资源，又能满足行业当前的需求。每一种职业等级证书标准的制定都是经过与行业沟通和调研得出，“1＋X”建筑信息模型（BIM）职业技能证书的标准能够体现行业的需要的核心能力，学习者以此为成果导向进行学习将对今后的就业大有帮助。本章主要介绍“1＋X”建筑信息模型（BIM）职业技能证书的初级和中级标准，结合前面章节进行学习，对获得证书有一定的促进作用。

7.1 “1+ X”建筑信息模型（BIM）职业技能证书概述

“1＋X”建筑信息模型（BIM）职业技能等级证书是由全国统一组织命题并进行考核，教育部职业技术教育中心研究所对 BIM 证书进行审批，发证机关是廊坊市中科建筑产业化创新研究中心。通过全国统一考试，由廊坊市中科建筑产业化创新研究中心为成绩合格者颁发统一印制的相应等级的《建筑信息模型（BIM）职业技能等级证书》。建筑信息模型（BIM）职业技能等级考核分为三个等级：初级、中级、高级。“1＋X”BIM 职业技能等级证书考核分类如图 7-1 所示。

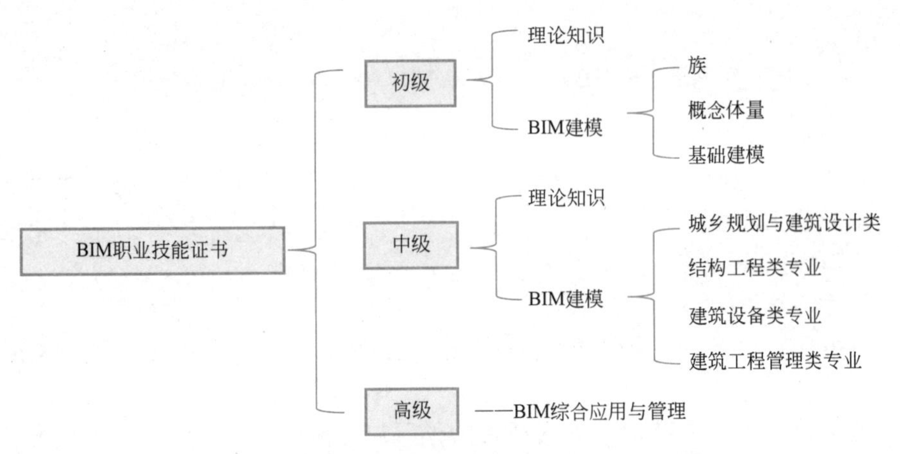

图7-1 “1+X”BIM职业技能等级证书考核分类

7.2 BIM职业技能初级

“1+X”建筑信息模型（BIM）职业技能等级考核（初级）考试分为基础知识和BIM建模两部分。BIM基础知识方面包括建筑信息模型的概念、特点、优势、价值和应用软件的分类，软件的基础操作、建模精度等级、相关标准及技术政策、文件管理等。BIM建模主要考核结构专业、建筑专业、设备安装专业可见三维实体模型的创建，族的创建及体量族的创建。初级考试多采用Revit软件

7.2.1 BIM基本知识（表7-1）

BIM基础知识考核要点及任务描述　　表7-1

考核要点	任务描述	知识点链接
掌握工程制图和识图的基本知识	能根据题目要求，熟读相应图纸	
熟悉建筑工程构造物的构造及材料相关知识	能根据题目要求熟读相应的构造要求及对构件材料的相应要求	
认识BIM技术	BIM概念：全名、含义	参见：第4.2、4.3节
	BIM技术的起源及各阶段的发展	
	BIM技术的现状与发展趋势	
	BIM技术的主要特征	
掌握BIM法律法规及行业标准	熟练应用BIM法律法规	
	熟练应用BIM行业标准	
熟悉BIM建模的软件、硬件环境设置	认识BIM的主流软件及其分类	
	认识BIM的平台及其应用领域	

7.2.2 BIM 构件（族）创建

族是具有相同类型属性的类的集合。所有添加到 Revit 项目中的图元都是使用族创建的。例如，用于建筑模型的墙、屋顶、窗和门，以及用于记录建筑模型的详图索引、装置、标记都是使用族创建。

Revit 将族分为三大类：

1. 系统族

保存在样板和项目中，使用者不能够删除、修改的族，例子：墙、楼板、天花板。

2. 可载入族

使用者可以通过载入族命令进行载入的外部族，例子：门、窗、桌子、图框、窗注释、轴网标头等。

3. 内建族

通过内建模型命令在项目内部创建在族图元。

“族”考核要点详如表 7-2 所示。

“族”考核要点及任务描述　　表 7-2

考核要点	任务描述	知识点链接
掌握构件样板的选择	根据题目要求正确的样板类型：公制常规模型、公制场地等	参见：第 1.3.1、1.3.2 节
掌握构件类型设置	根据题目要求选择正确的构件类型及其设置原则	
掌握构件创建方法	能够准确运用拉伸、融合、旋转、放样、放样融合与空心拉伸的方法创建构件	
掌握平立面的表达方式	利用项目浏览器中平面、立面表达方式完成题目要求	

7.2.3 BIM 概念体量

现代建筑的造型越来越复杂，异性曲面出现的频率越来越高，幕墙系统的应用也较广泛，基于这样的建筑趋势，在 revit2010 中出现了“概念体量”这一功能。“概念体量”在整个建筑设计过程中比较适合在概念设计阶段使用。

在 Revit 概念体量环境中，可以进行创建自由形状、编辑创建的形状、形状表面有理化处理等操作。BIM 概念体量考核要点详如表 7-3 所示。

BIM 概念体量考核要点及任务描述　　表 7-3

考核要点	任务描述	知识点链接
掌握概念体量的含义	BIM 建模创建的体量类型、体量参数的概念	参见：第 1.3.4 节

续表

考核要点	任务描述	知识点链接
掌握概念体量的创建与编辑	创建方法,包括内建体量与使用概念体量族样板	参见:第 1.3.5 节
	创建与编辑常规体量,包括选择创建样板、设置平面与创建现状	
	创建与编辑自使用体量,包括选择创建样板、设置平面、放置自适应点与创建形态	
掌握概念体量的应用	导入与导出体量	参见:第 1.3.6 节
	创建楼层	
	创建楼板	
	创建屋顶	
	创建墙体	
	创建幕墙系统	

7.2.4 BIM 建模准备

BIM 建模准备主要是学习 BIM 软件的运行环境要求及设置，了解软件的界面及基本操作等，考核要点如下。

1. 熟悉 BIM 软件的操作界面。 *参见：第 1.4.2 节*
2. 熟悉项目样板、项目设置方法。 *参见：第 1.4.1 至 1.4.3 节*
3. 掌握标高、轴网的创建方法。 *参见：第 1.4.4、1.4.5 节*
4. 熟悉各专业 BIM 建模的一般流程及合理建模顺序。
5. 熟练识读各专业图纸，如设计总说明、平面图、剖面图、立面图、大样详图等。
6. 掌握构件信息，如构件材质、尺寸等属性要求及构件的位置、标高等。
7. 掌握实体编辑方法，如移动、复制、旋转、偏移、阵列、镜像、删除、创建组、草图编辑等。

7.2.5 BIM 建模——建筑专业

建筑专业主要是以某工程项目为依据，进行建筑专业建模，（建筑专业建模思路如图 7-2 所示），重点考查学生对 BIM 建筑专业各部分的建模步骤，以及对建筑墙体及幕墙、柱、门窗、楼板和天花板、屋顶、楼梯等构件（建筑专业建模构件分类如图 7-3 所示）的创建和编辑方法的掌握，各构件考核要点如表 7-4～表 7-15 所示。

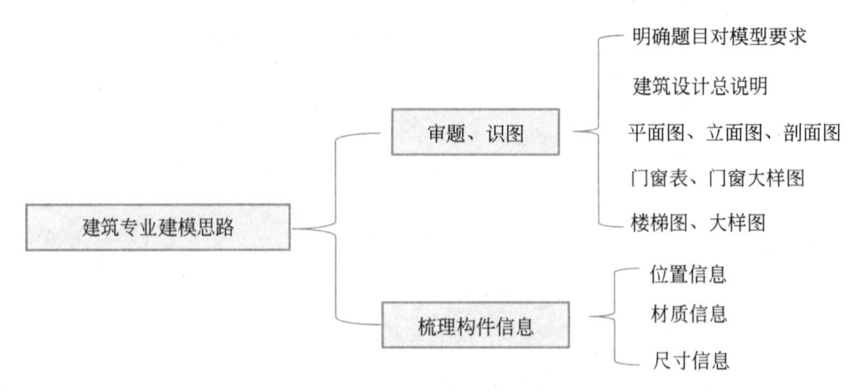

图 7-2　建筑专业建模思路图示

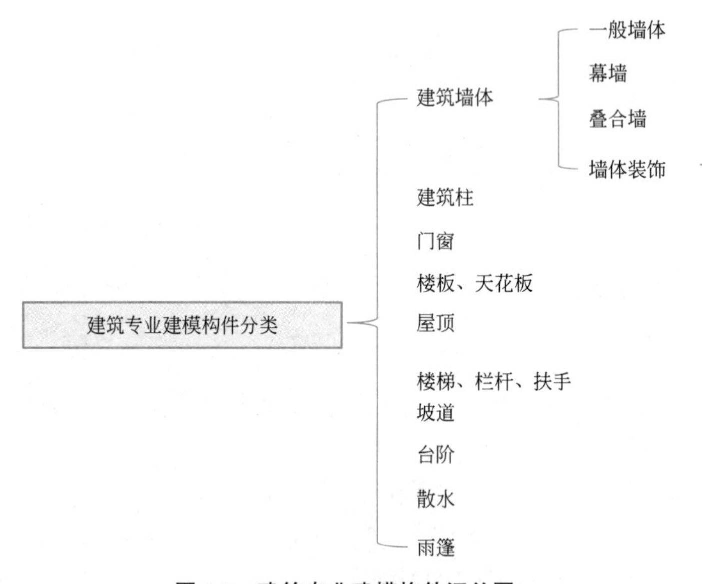

图 7-3　建筑专业建模构件汇总图

1. 建筑墙体

建筑墙体考核要点及任务描述　　表 7-4

分类	考核要点	任务描述	知识点链接
基本墙体	掌握基本墙体属性的编辑方法	编辑基本墙体厚度、墙体结构、墙体材质、墙体填充、规范命名、约束等属性	参见:第 1.4.9 节
	掌握基本墙体绘制方法	①确认基本墙体平面位置; ②熟悉基本墙体在模型中放置原则	
幕墙	掌握幕墙属性的编辑方法	①创建幕墙的网格; ②添加幕墙的竖梃及横梃; ③添加幕墙的嵌板、编辑幕墙约束	参见:第 1.4.10 节
	掌握幕墙绘制的基本方法	①编辑幕墙的长度和宽度; ②熟悉幕墙在模型中的放置原则	

续表

分类	考核要点	任务描述	知识点链接
叠层墙	掌握叠层墙属性编辑方法	①编辑子墙属性； ②创建叠层墙； ③按照题目要求命名	
	掌握叠层墙绘制方法	①确认叠层墙的平面位置； ②熟悉叠层墙体在模型中放置原则	
墙体装饰	掌握墙体装饰属性的编辑方法	内建墙体装饰轮廓，或者外建轮廓构件并载入、绘制墙体饰条或分隔条、绘制墙体踢脚线、设置墙体装饰层材质	
	掌握墙体装饰层绘制方法		

2. 建筑柱（表 7-5）

建筑柱考核要点及任务描述　　表 7-5

考核要点	任务描述	知识点链接
掌握柱属性的编辑方法	①选择建筑柱类型； ②编辑建筑柱截面尺寸、材质、填充、命名、约束等	参见：第 1.4.6 节
掌握建筑柱的绘制方法	①确认建筑柱平面位置； ②熟悉建筑柱在模型中放置原则	

3. 门（表 7-6）

门考核要点及任务描述　　表 7-6

考核要点	任务描述	知识点链接
掌握门属性的编辑方法	①选择建筑门类型； ②编辑门高度、宽度、材质、命名	参见：第 1.4.13 节
根据平面图纸放置门构件	①明确门在平面图纸上位置； ②熟悉门在模型中放置原则	

4. 窗（表 7-7）

窗考核要点及任务描述　　表 7-7

考核要点	任务描述	知识点链接
掌握窗属性的编辑方法	①选择建筑窗类型； ②编辑窗高度、宽度、材质、命名、约束	参见：第 1.4.13 节
掌握根据平面图纸放置门构件	①明确窗在平面图纸上位置； ②熟悉窗在模型中放置原则	

5. 楼板、天花板（表 7-8）

楼板、天花板考核要点及任务描述　　表 7-8

考核要点	任务描述	知识点链接
掌握楼板、天花板属性的编辑方法	编辑楼板或天花板的厚度、材质、结构、命名、约束等	参见：第 1.4.11、1.4.12 节
掌握楼板、天花板放置	按图纸要求确定楼板所在标高、悬挑长度等放置楼板	

6. 屋顶（表 7-9）

屋顶考核要点及任务描述　　表 7-9

分类	考核要点	任务描述	知识点链接
创建屋顶方式	掌握迹线屋顶的绘制方法	明确屋顶的边界线、明确屋顶的材质及厚度、自定义坡度	参见：第 1.4.14 节
	掌握拉伸屋顶的绘制方法	明确屋顶的边界线、明确屋顶的材质和厚度、设置工作平面	
平屋顶的创建方法	掌握屋顶的属性编辑方法	①编辑屋顶材质、厚度等熟悉； ②根据要求自定义坡度； ③根据要求确定平屋顶名称	
	掌握绘制平屋顶绘制	按图纸要求确定平屋顶所在标高、悬挑长度等放置屋顶	
坡屋顶的创建方法	掌握屋顶的属性的编辑方法	①编辑屋顶的属性，如材质、厚度； ②根据要求确定坡屋顶名称； ③根据要求设置工作平面	
	绘制坡屋顶	按图纸要求确定坡屋顶所在标高、悬挑长度等放置屋顶	

7. 创建楼梯（表 7-10）

楼梯考核要点及任务描述　　表 7-10

考核要点	任务描述	知识点链接
掌握楼梯属性的编辑方法	编辑楼梯平面及立面位置、踏步数量、踢面数量、踏面宽度、梯段类型、楼梯命名等	参见：第 1.4.17 节
掌握楼梯的绘制方法	根据图纸要求在相应标高及平面位置放置楼梯，明确每跑楼梯的踏步数量	

8. 栏杆、扶手（表 7-11）

栏杆、扶手考核要点及任务描述 表 7-11

考核要点	任务描述	知识点链接
掌握栏杆、扶手属性的编辑方法	①编辑栏杆、扶手属性； ②栏杆、扶手材质、嵌板、结构等属性	参见：第 1.4.18 节
掌握栏杆、扶手的绘制方法	在相应平面及标高位置放置栏杆、扶手	

9. 坡道（表 7-12）

坡道考核要点及任务描述 表 7-12

考核要点	任务描述	知识点链接
掌握坡道属性的编辑方法	编辑坡道底部标高、坡道厚度、材质、长度、命名等属性	参见：第 1.4.16 节
掌握坡道的绘制方法	在相应平面及标高位置放置坡道	

10. 散水（表 7-13）

散水考核要点及任务描述 表 7-13

考核要点	任务描述	知识点链接
掌握运用楼板绘制散水的方法	确定散水的边界位置、确定散水的材质及颜色、散水的厚度、散水的命名	参见：第 1.2.1 节
掌握运用内建模型创建散水的方法	运用拉伸、融合、旋转、放样、放样融合等方法创建	

11. 台阶（表 7-14）

台阶考核要点及任务描述 表 7-14

考核要点	任务描述	知识点链接
掌握台阶属性的编辑方法	编辑台阶厚度、踏步数、宽度、材质等属性	参见：第 1.2.1 节
掌握台阶的绘制方法	在相应平面及标高位置放置台阶	

12. 雨篷（表 7-15）

雨篷考核要点及任务描述 表 7-15

考核要点	任务描述	知识点链接
掌握雨篷属性的编辑方法	编辑雨篷位置、材质、顶部和底部约束标高、厚度、命名	参见：第 1.2.2 节
掌握雨篷的绘制方法	在相应平面及标高位置放置雨篷	

7.2.6 BIM 建模—结构专业

结构专业主要是以某工程项目为依据，进行结构专业基础建模（结构专业建模思路如图 7-4 所示），重点考查学生对 BIM 结构专业各部分的建模步骤，及对结构基础、结构柱、结构墙体、梁、结构板等 BIM 实体模型的编辑和创建（建筑专业建模构件分类如图 7-5 所示）。各构件考核要点详如表 7-16～表 7-20 所示。

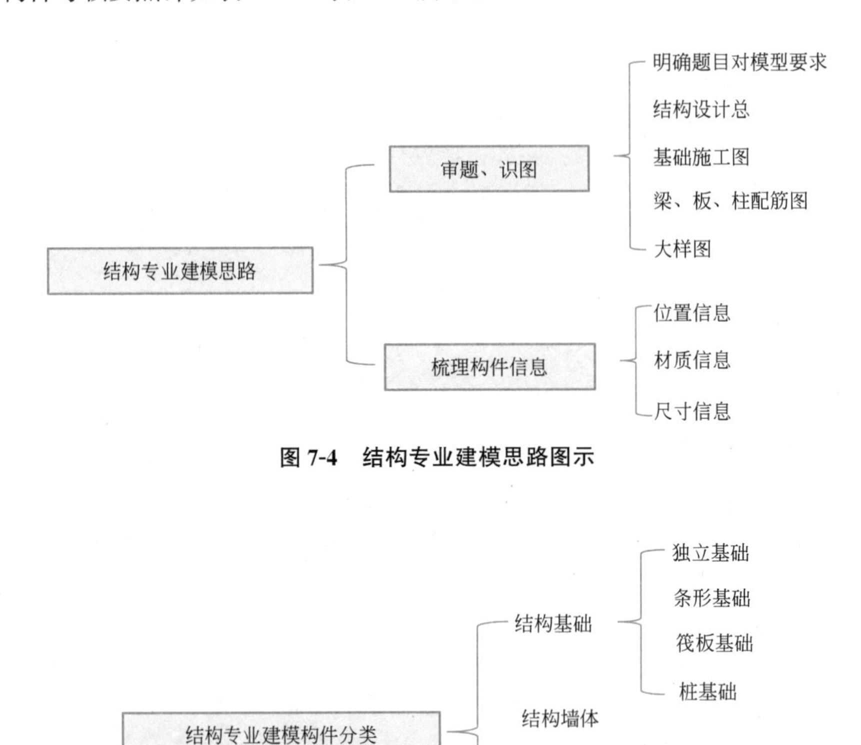

图 7-4 结构专业建模思路图示

图 7-5 结构专业建模构件汇总图

1. 基础（表 7-16）

基础考核要点及任务描述　　表 7-16

考核要点	任务描述	知识点链接
熟练掌握基础的分类	能够根据图纸要求明确基础的类型（独立基础、条形基础、筏板基础、桩基础）	参见：第 2.2.7 节
掌握基础属性的编辑方法	编辑基础尺寸、材质、混凝土强度等级、底标高	
布置基础	能够根据基础所在位置熟练放置基础	

2. 结构墙体（表 7-17）

结构墙体考核要点及任务描述 表 7-17

考核要点	任务描述	知识点链接
掌握结构墙属性的编辑方法	①编辑结构墙体厚度、结构墙体材质、结构墙体约束； ②规范命名	参见：第 2.2.5 节
掌握结构墙体绘制方法	①确认结构墙体平面位置； ②熟悉基本墙体在模型中放置原则	

3. 结构柱（表 7-18）

结构柱考核要点及任务描述 表 7-18

考核要点	任务描述	知识点链接
掌握结构柱属性的编辑方法	①编辑结构柱类型、截面尺寸、材质、混凝土强度等级、填充、约束等； ②规范命名	参见：第 2.2.3 节
掌握结构柱的绘制方法	①确认结构柱的平面位置； ②熟悉结构柱在模型中放置原则	

4. 梁（表 7-19）

梁考核要点及任务描述 表 7-19

考核要点	任务描述	知识点链接
掌握梁属性的编辑方法	①编辑梁类型、截面尺寸、材质、混凝土强度等级、填充、梁顶标高等； ②规范命名	参见：第 2.2.4 节
掌握梁的绘制方法	①确认梁平面位置； ②熟悉梁在模型中放置原则	

5. 结构板（表 7-20）

结构板考核要点及任务描述 表 7-20

考核要点	任务描述	知识点链接
掌握结构板属性的编辑方法	①编辑结构板类型、材质、混凝土强度等级、顶部标高； ②规范命名	参见：第 2.2.6 节
掌握结构板的绘制方法	①确定结构板的边界轮廓； ②确定板的跨板方向； ③熟悉板在模型中放置原则	

7.2.7　BIM 建模—设备安装专业

设备安装专业是以某工程项目为依据，进行设备安装专业基础建模（设备安装专业建模思路如图 7-6 所示），重点考查学生对 BIM 设备安装专业各部分的建模步骤，及对水管、风管、桥架及其他基础设备等 BIM 实体模型（建筑专业建模构件分类如图 7-7 所示）的创建和编辑方法的掌握，各构件考核要点如表 7-21～表 7-23 所示。

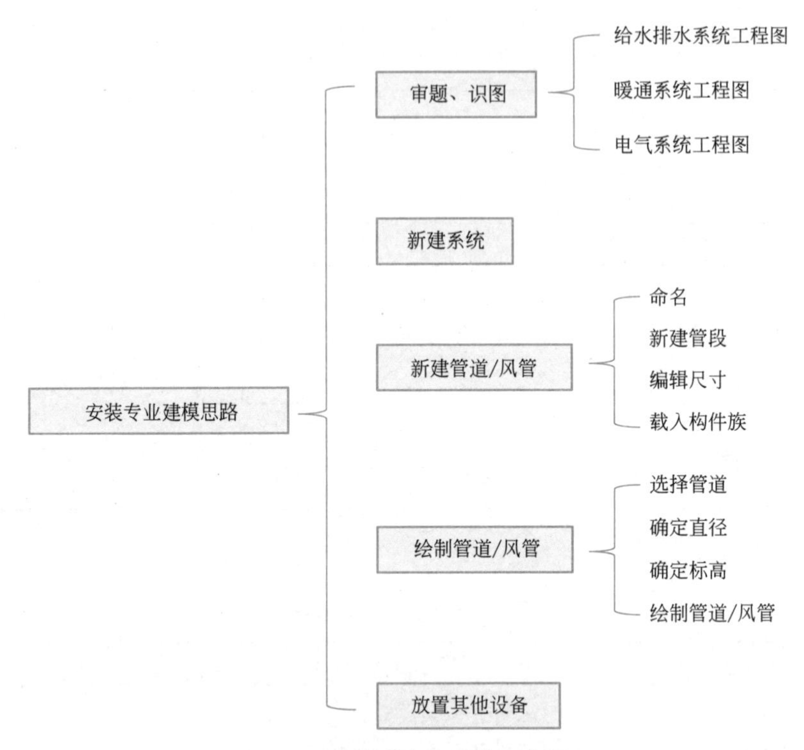

图 7-6　设备安装专业建模思路图示

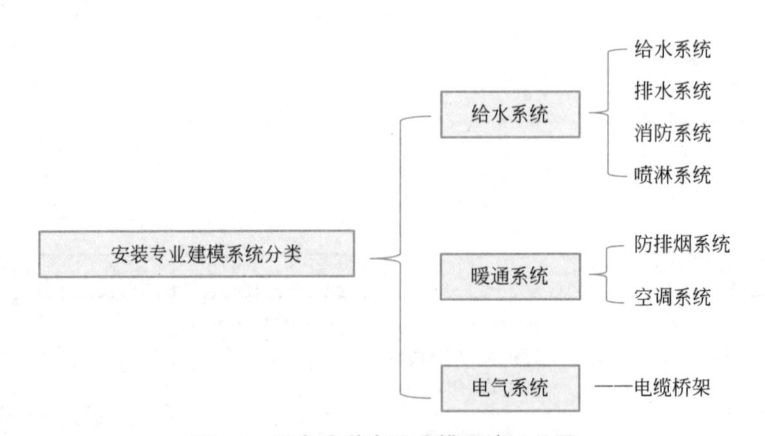

图 7-7　设备安装专业建模系统汇总图

1. 给水排水专业（表 7-21）

给水排水考核要点及任务描述 表 7-21

<table>
<tr><th>考核要点</th><th>任务描述</th><th>知识点链接</th></tr>
<tr><td>新建系统</td><td>给水系统、排水系统、污水系统、雨水系统、防排烟系统、送风系统、空调系统、电气系统</td><td rowspan="13">参见:第 3.3 节</td></tr>
<tr><td rowspan="4">新建管道/风管/桥架</td><td>命名:“管道名称-系统名称-连接方式”</td></tr>
<tr><td>新建管段:可以以材质为依据进行管段建立,并进行材质赋予</td></tr>
<tr><td>编辑尺寸:根据图纸要求添加建模过程中所需要的尺寸,定义 DN、ID、OD</td></tr>
<tr><td>载入族:根据建模需要载入构件族</td></tr>
<tr><td rowspan="5">绘制管道/风管/桥架</td><td>选择管道:根据图纸要求选择相应的管道</td></tr>
<tr><td>选择系统:根据管道所属系统选择相应系统</td></tr>
<tr><td>确定管道直径:根据平面图纸或系统图确定公称直径或外径</td></tr>
<tr><td>确定管道标高:根据平面图或系统图的要求确定标高,或者根据施工要求、梁高等确定管道的标高</td></tr>
<tr><td>绘制走向:根据平面图或详图确定绘制管道/风管/桥架的走向</td></tr>
<tr><td>放置附件及设备</td><td>根据管径或材质选择相应的管路附件,并修改附件属性,在图纸上相应的位置放置附件及设备</td></tr>
</table>

2. 暖通系统专业

暖通系统专业考核要点及任务描述 表 7-22

<table>
<tr><th>考核要点</th><th>任务描述</th><th>知识点链接</th></tr>
<tr><td>熟练掌握工作原理</td><td>明确空调系统工作原理、通风系统工作原理、确定管道和风管的敷设方法</td><td rowspan="5">参见:第 3.4 节</td></tr>
<tr><td rowspan="3">熟练编辑暖通系统的类型属性</td><td>系统命名:空调系统、新风系统、防排烟系统、送风系统等</td></tr>
<tr><td>确定图形表示的颜色和线型</td></tr>
<tr><td>确定空调系统/新风系统/防排烟系统/送风系统等</td></tr>
<tr><td>熟练编辑管道属性</td><td>管道命名</td></tr>
</table>

续表

考核要点	任务描述	知识点链接
	新建管段：根据材质确定管段名称；新建管段尺寸，确定其直径；载入弯头、三通、四通、法兰、活接头等构件族，选择首选类型	参见：第3.4节
熟练掌握管道的绘制方法	按照图纸确定管道尺寸、标高	
	绘制管道	
	根据管道尺寸，编辑管道附件尺寸	
	放置阀门、风机及管道附件	

3. 电缆桥架

电缆桥架考核要点及任务描述　　表7-23

考核要点	任务描述	知识点链接
熟练掌握电气系统分类	强电系统、弱电系统、消防系统、照明系统	参见：第3.5节
熟练编辑电气系统的类型属性	系统命名：强电桥架系统、弱电桥架系统、消费桥架系统、照明桥架系统等	
	确定图形表示的颜色和线型	
	确定强电系统、弱电系统、消防系统、照明系统的材质	
熟练编辑桥架属性	桥架命名	
	新建桥架：根据材质确定桥架名称； 新建桥架，确定桥架的尺寸； 载入弯头、三通、四通、法兰、活接头等构件族，选择首选类型	
熟练掌握桥架的绘制方法	按照图纸确定桥架的尺寸、标高	
	绘制电缆桥架	
	根据桥架尺寸，编辑桥架附件尺寸	
	放置配电箱、开关等电气附件	

7.2.8 BIM建模—BIM模型成果输出

BIM模型成果输出，要求学生能识读图纸，了解模型成果输出所需的标记、标注等类型及成果输出的要求及要点。BIM模型成果输出主要考核要点如下。

1. 标记、标注、注释 *参见：第1.4.20节*

1）掌握标记、标注、与注释的分类

（1）对齐、角度、高程等尺寸标注。

（2）面积、房间、空间标记、材质标记、类别标记等。

（3）符号标记、颜色实例填充等。
（4）详图线、云线标注等。
2）掌握标记、标注与注释的编辑方法
（1）标记、标注与注释样式的选择。
（2）标记、标注与注释样图形属性编辑：线形、线宽、颜色、中心线标注等。
（3）标记、标注与注释样图形属性编辑：文字大小、字体、背景、单位格式等。
（4）载入注释构件族就行。
3）掌握标记、标注与注释的创建方法

2. 明细表 参见：第1.4.22节

1）掌握明细表类型：面积明细表、结构柱、门窗数量明细表、幕墙明细表。
2）掌握明细表的编辑方法：参数编辑、标题和页眉的编辑，外观的编辑。
3）掌握明细表的创建方法：根据题目要求创建相应明细表、输出明细表。

3. 图纸的管理 参见：第1.4.23节

1）了解图纸的创建与输出的相关规范标准。
2）根据题目要求，了解图纸的具体要求。
3）选择相应图纸，放置视图。
4）编写图框内容：项目名称、图纸名称等。
5）图纸的输出：根据题目要求选择图纸格式、输出图纸。

4. 视图渲染 参见：第1.4.24节

1）调整输出质量。
2）修改照明设置。
3）更改背景设置。
4）调和智能曝光值。

7.3 BIM职业技能中级

7.3.1 城乡规划与建筑设计

考核要点：
1. 掌握城乡规划与建筑设计基本理论知识。
2. 掌握通过应用BIM软件进行建筑方案推敲及方案展示的方法。
3. 掌握建筑光环境模拟分析。
4. 掌握建筑日照模拟分析。
5. 掌握建筑节能模拟分析的BIM应用。
6. 了解建筑声环境、建筑室外环境、建筑室内空气质量等绿色建筑模拟分析。
7. 了解建筑暖通能耗模拟分析。

8. 了解总图设计中场地、视线及水力分析的 BIM 应用，BIM 与 GSI 在规划分析中的集成应用。

7.3.2 结构工程类专业

考核要点：

1. 掌握结构工程类基本知识。
2. 掌握结构建模的基本知识。
3. 应用 BIM 软件进行框架结构、剪力墙等结构体系的加载方法、内力计算及配筋设计等。
4. 掌握通过获取构件工程量、材质等明细等，为工程项目预算提供基础数据的方法。
5. 掌握模板设计的方法。
6. 掌握脚手架设计的方法。
7. 了解土方计算等 BIM 应用方法。

7.3.3 建筑设备类专业

1. 理论与专业知识

掌握建筑给水排水系统专业基本知识、建筑消防系统专业基本知识、建筑暖通与空调系统专业基本知识、建筑电气工程专业基本知识、建筑楼宇智能化工程专业基本知识等。

2. 掌握 BIM 建筑设备建模操作流程

3. 设备优化与性能分析知识点

1）掌握碰撞检查与碰撞报告。
2）掌握管线优化与计算调整。
3）掌握净高分析与净高分析报告。
4）掌握设计协同与成果导出。

4. 应用 BIM 软件进行施工方案模拟和施工工艺展示的方法

1）利用 BIM 软件进行工程漫游。
2）利用 BIM 软件进行 4D/5D 施工模拟。
3）施工模拟相关成果的要求。

7.3.4 建设工程管理类专业

考核要点：

1. BIM 建模

2. BIM 施工现场布置

1）掌握施工现场布置的依据、原则、内容、步骤。
2）掌握 BIM 施工现场布置的技术要点。
3）掌握应用施工现场布置软件建立施工现场模型的方法。

4）具备对现场布置进行合理性分析及方案调整的能力。

3. BIM 施工方案模拟

1）熟悉技术交底的形式。

2）掌握施工工艺三维可视化模拟动画制作工作流程。

3）掌握施工节点交底动画制作方法。

4）掌握专项施工模拟动画制作方法。

5）掌握模板工程施工方案模拟。

6）掌握脚手架工程施工方案模拟。

4. BIM 计量与计价

1）熟悉工程量清单的表达形式。

2）掌握设置工程量清单相关参数与格式的方法。

3）掌握利用模型（钢筋、土建、安装）按要求提取工程量数据的方法。

4）掌握根据工程量清单完成计价的方法。

5）掌握导出符合 BIM 协同管理要求的文档。

5. BIM 协同管理

1）掌握 BIM 施工协同管理的工作流程。

2）掌握模型与安全、质量、进度、成本等因素的关联方法。

3）掌握项目各参与方运用 BIM 模型进行进度管理的方法、安全质量管理的方法、成本管理的方法。

4）掌握运用 BIM 竣工模型进行竣工验收的方法。

5）了解基于 BIM 的绿色施工管控。

第 8 章 开放学习

Chapter 08

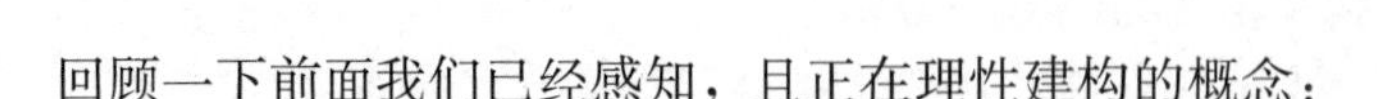

回顾一下前面我们已经感知，且正在理性建构的概念：

1. 建构主义

建构主义：学习者基于原有的知识经验生成意义、建构理解的过程，而这一过程常常是在社会文化互动中完成的。我们在掌握了建筑制图、CAD，以及建筑相关的一些基础知识后，逐步从两间房的建模建构对 Revit 基本操作的理解；通过建筑模型、结构模型、机电模型等，建构了 Revit 建模的能力；在具备一定的建模能力后，再来建构对 BIM 技术全面的理解；然后又学习 A 系 BIM 软件 Autodesk 后之外的 B 系 BIM 软件：Bentley。

2. 成果导向教育

成果导向教育：以学习者的学习成果为导向的课程设计和教学活动组织。通过阶段性的成果导向：两间房建模、整栋建筑、结构建模、机电建模、BIM 概念、Bentley 软件，最后的行业标准“1+X”成果导向。

本章将引入两个概念：开放学习、开源思维。

3. 开放学习

开放学习（Open Learning）注重的是学习全面开放，是从学习工具、学习资源、参与学习的机会、学习的课程、学习的方式等方面的开放，是一种不限制学习内容、不指定学习方式、不限定师生的教育观念。

在当今，随着信息技术的革命，学习的方式呈现多样化的趋势，使用网络平台、网络通信、虚拟现实等多种手段进行的开放学习越来越具有优势。BIM 技术的知识和技能涵盖面广，开放学习将使得学习的效率提高，满足行业的需求。

4. 开源思维

开源思维源于“开源代码”的自由软件开源运动，是指那些计算机软件源代码公开，可以被自由使用、复制、修改和再发布的一系列软件的集合，代表软件有 Linux、安卓系统，以及 GitHub 社区等等。

由于代码是公开的，任何 bug 和不利于使用的模块可能由有能力的人所攻克，因此开源代码的使用者都可以将自己所做的代码贡献到开源社区，成为代码的贡献者。因此，开源代码打破了基于知识产权保护的独占权形成的“商业壁垒”和垄断，避免了由于的重复开发造成的社会劳动力浪费，可以采取平行除错、平行研发的做法，将网络上潜在的无限开发者不受时间、地域的限制地聚集起来，针对具体软件问题找到最适合的解决方案。

在使用本书进行学习过程中，建议学习者使用本书推荐的开源平台辅助学习，一方面获取适合自己的学习资源，另一方面可以把学习经验进行分享，在获得成就感同时为其他学习者提供帮助。

建议学习组织者使用平台组织教学，一方面让学习者获得更加有效的学习资源；另一方面可以把个性化的学习资源投入平台，使自己的资源具备可优化的空间；再者，为 BIM 行业的发展作出贡献。

8.1 个性化开放学习

8.1.1 开放学习的概念

随着计算机和网络技术的发展，开放学习作为教育信息化和终身学习的重要组成部分，是信息化教育发展衍生的一个具有代表性的学习形式。开放学习起源于国外开放大学的建设，“开放学习”（Open Learning）、“远程学习”（Distance Learning）和“远程教育”（Distance Education）这些术语经常可以互换使用。虽然“开放”和“远程”并非同义词，但是在远程开放教育领域对于把两者结合在一起似乎已达成共识。很多学者更倾向于使用“远程开放学习”这个术语，因为虽然如上所述“开放”和“远程”是两个不同概念，但是它们联系紧密。分开使用的话，开放学习通常侧重于灵活性、获取（机会）和学习内容、时间、进度、地点和方式的选择。开放学习可以远程开展，也可以面对面或以混合模式进行。远程学习侧重的是教学方面，指一个结构化程度更大、正式的教育过程，其特点是师生时间和（或）空间的分离。

虽然远程教育可以追溯到 17 世纪初的函授教育，开放大学的创办被认为是远程教育历史发展进程的主要里程碑事件之一。随着英国开放大学（Open University UK）的创办，20 世纪 70 年代和 80 年代世界各地建设了很多开放大学。这些开放大学各自有自己开展远程开放学习的理由，但是这些理由可以被归为两大类——方便和必要。对于已经拥有足够数量传统面授教育机构的国家而言，远程开放学习是延伸教育机会的一种便捷方法，使由于个人或工作原因、经济窘迫、健康问题或残疾而不能参加面授学习的人士有机会接受教育。

由于国情不同，各国开放学习的特征不尽相同，和远距离教育是同时在 20 世纪 70 年代中期开始流行于国际上的两个密切相关的概念，远距离教育侧重在学生接受教育的机会和条件，即远距离教育的开放性；开放学习则内涵更完整、丰富。

开放学习（Open Learning）是指面向社会各类对象，不受传统教育机构常有的种种入学条件限制，采用多种形式和手段组织进行的有计划的学习。现如今的教育教学方式正由传统的课堂讲授转变为课堂教学与学生的网络开放学习并举。开放学习应该具备以下特征：

1. 对学生没有任何限制，开放各种机会和资源，取消任何特权。
2. 管理上具有满足各类学生各种需要的无限适应性。
3. 开放学习应用多种多样的教与学的方式方法，特别是现代教育技术的应用。
4. 充分重视和满足学生的各种学习需求。

5. 学习互动性高。

除了上述特点，一些人认为一个开放的系统还应具备如下特征：

6. 学生可以根据自身需要决定自己的学习方式。他们可以自由选择是单独学习，还是以学习小组形式学习；是讨论，还是静静地看书；是观看电视教学节目、视频、电影，还是听录音节目，如教学广播、教学录音带等。

7. 学生可以自主选择学习地点。他们可以在家、办公室、图书馆、学习中心或其他任何地方学习。

8. 学生也可自由选择学习时间，是上午、下午、傍晚还是夜间学习。对于在职的学生，他们可以选择是在上班前、午餐时间还是下班后学习。

开放教育学习者对学习需求不再局限于仅仅提供学习资料和面授课程的学习，而是由传统教育向远程开放教育学习观念快速转变，学习群体层次化、学习动机复杂化、学习方式多样化，使得与教学过程相关的要素：教师、教学内容、教学方法、教学媒体、教学环境等进行“与时俱进”的创新。

本书定义的开放学习也不仅仅是远程在线学习，还包括采用开放形式进行的课堂学习以及课堂延展学习的总和。

8.1.2 个性化支持服务

开放学习的开展离不开学习支持服务，学习支持服务是学校或者组织为远程学习者提供的，基于技术媒体的双向通信交流为主的，各种信息的、资源的、人员的和设施的支助服务总和，目的在于指导、帮助和促进学生的自主学习，提高远程学习的质量和效果。随着技术的发展，学习支持服务逐渐往个性化方向演化，即服务提供者根据学习者的个体特性，提供适合该个体的学习策略、学习资源及相关的支持服务。由于 BIM 行业的特殊性，不仅学习者需要个性化学习支持服务，教学服务提供者的内容也会根据需求发展变化，从而也需要个性化支持服务。

在本书筹划过程中，考虑到开放学习的需求，因此采用开源学习平台 Moodle 进行支持服务。学习者在使用教材、视频、H5P 等学习资源自主学习过程中，建构个性化的 BIM 知识和技能体系；教学组织者，可以通过平台获得教学资源同时，可以在平台上发布个性化的资源，也可以从其他教学组织者发布的资源获得个性化教学支持服务。

8.2 开放学习中的学习者

在学习理论中有三个“区域”，它们分别是：

“舒适区（Comfort Zone）”：学习者可能会觉得自己在学习，但实际上他们只是在从事一些他们可以轻松完成的活动，完成这些活动时学习者运用已经掌握的实施和技能进行。

“焦虑区（Anxiety Zone）”：即使有老师的指导，充足和完备的学习资源，学习者还是不知道如何继续，即使做完了老师要求的活动，也没有学习到任何新的东西。

“最近发展区（Zone of Proximal Development）”又称“学习区”，是介于“舒适区”和“焦虑区”之间的中间区域。学习的过程是一个扩大“舒适区”边界、缩小“焦虑区”范围的过程。

学习平台就是一个 BIM 学习的 ZPD，是根据 BIM 技术学习的规律，为学习者提供学习的“脚手架（Scaffolding）”，使得学习者逐步建构自己的 BIM 知识和技能体系。

本教材可以在 Moodle 开源学习平台上进行互动学习，学习者在获得课程的学习许可后，进入学习平台，输入账号和密码，进入如图 8-1 所示的首页，点击“我的课程”进入如图 8-2 所示的课程页面，选择“BIM 技术”课程后，进入到课程学习界面（图 8-3），左侧为目录索引，右侧为学习区域。

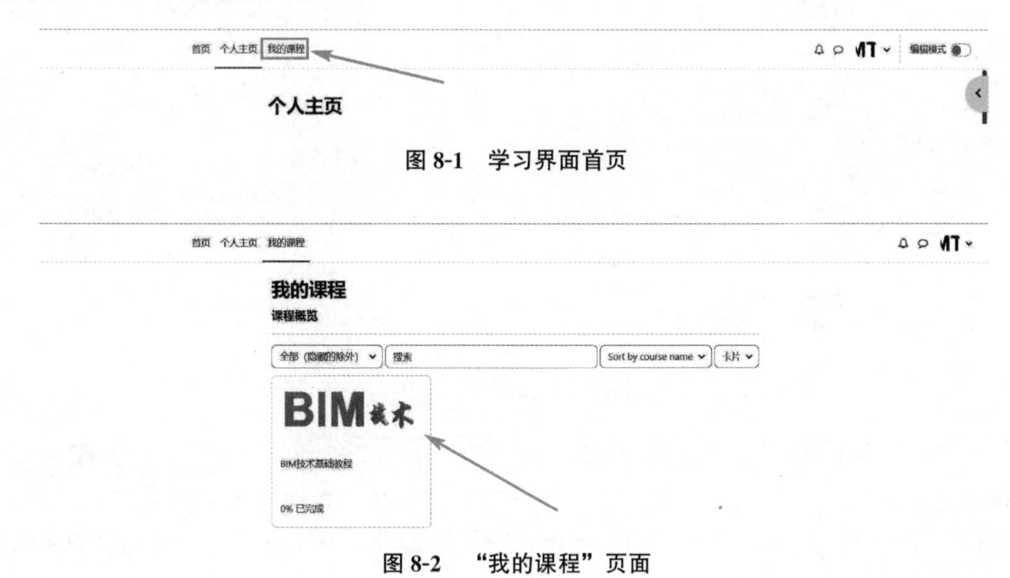

图 8-1　学习界面首页

图 8-2　“我的课程”页面

在学习区内点击链接，浏览相应的章节（图 8-3）。

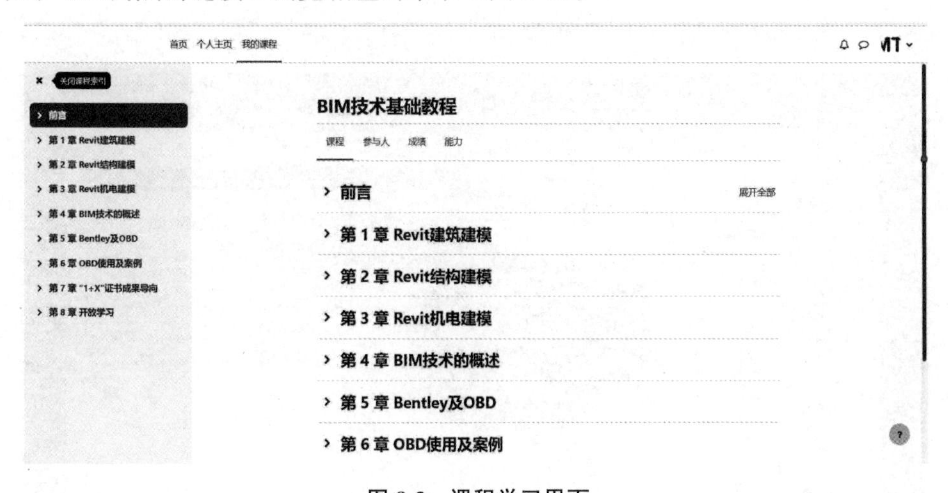

图 8-3　课程学习界面

进入课程的具体章节以后，通过点击各个小节即可进入各小节相对应的学习界面，里面会有和教材相一致的课程知识介绍和相关的开放教育资源，方便学习者直接查看相关的资源（图 8-4）。

这部分内容主要是操作介绍、辅助学习视频的链接、公众号图文链接等，供学习者开展形式多样化的自主学习。

图 8-4　具体章节学习内容

小节中的图书表示下面还有分节，页面表示是直接浏览的网页，H5P 表示可以进行交互操作的 H5P 文件。测试和 H5P 交互文件供学习者进行学习评估，一方面供学习者做学习的“反省（Reflection）”依据，以促进学习，另一方面也是教学组织者对学习进行终结性考核的依据。

H5P 文件提供了 50 多种与平台交互的操作，如互动视频、选择、填空、图片热点等具体的交互等。学习者可以通过使用如图 8-5 所示的“分支场景”了解“两间房”建模的流程。

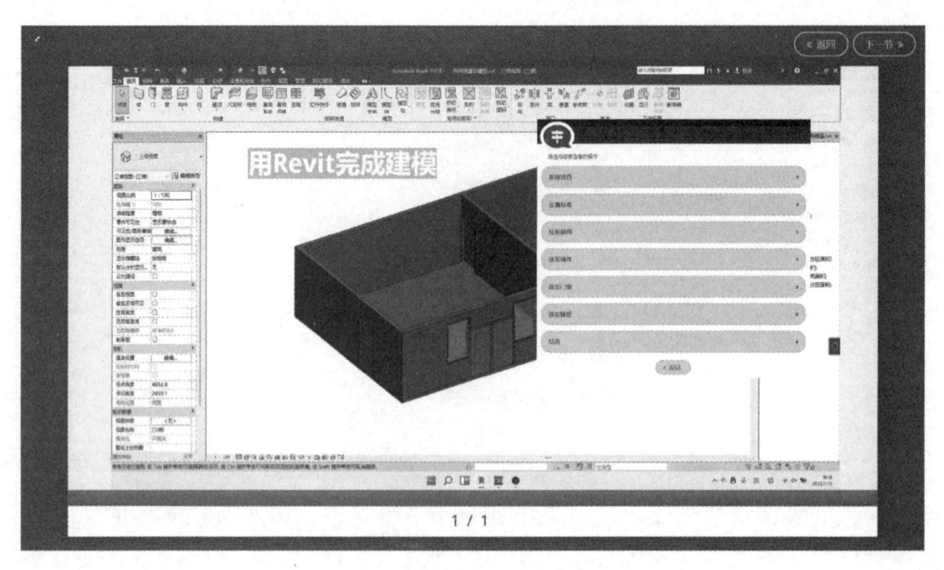

图 8-5　用“分支场景”浏览两间房建模流程

图 8-6 是用 Revit 进行两间房建模的互动视频，在观看视频过程中，还可以通过点击屏幕中出现的提示按钮回答相关问题。

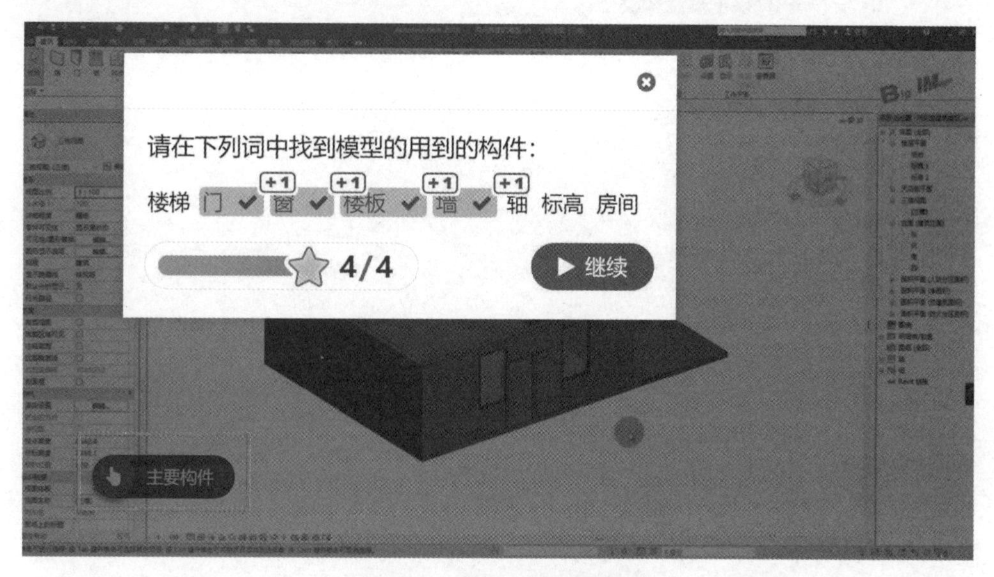

图 8-6　互动视频中进行答题

视频浏览完成后，向平台提交浏览互动视频中提交的做题的成果（图 8-7）。

图 8-7　提交答题成绩

点击“成绩”可以查看自己在各章节中进行测试和交互作业的成绩（图 8-8）。

学习者在完成一系列任务后可以获得数字勋章，以表示掌握了某些技能（图 8-9）。数字勋章，是一种经过验证的成就、技能、质量或兴趣指标，可以在各种学习环境中获得，有的数字勋章是平台赋予，有些数字勋章是国际通行。

每一节的标题栏下面有提示，以显示是否完成该节的任务，没有完成为灰色，完成后变绿（图 8-10）。

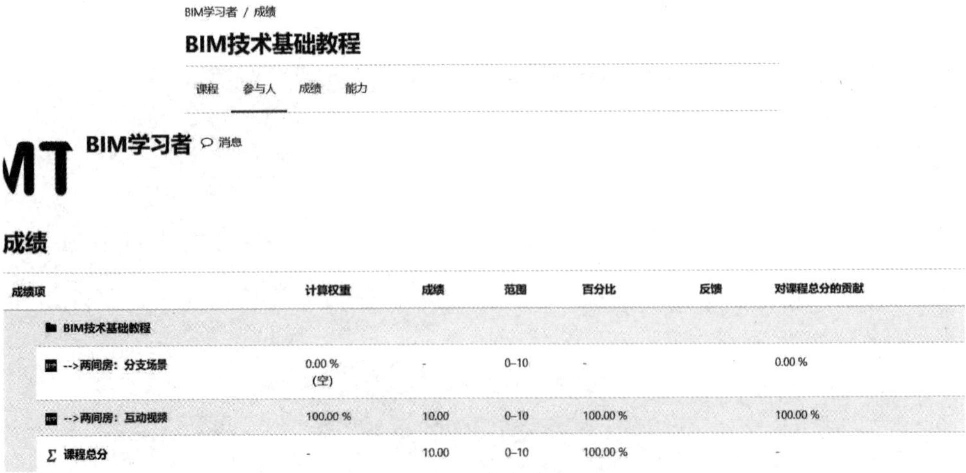

BIM学习者 / 成绩

BIM技术基础教程

课程　参与人　成绩　能力

BIM学习者 消息

成绩

成绩项	计算权重	成绩	范围	百分比	反馈	对课程总分的贡献
BIM技术基础教程						
-->两间房：分支场景	0.00 % (空)	-	0–10	-		0.00 %
-->两间房：互动视频	100.00 %	10.00	0–10	100.00 %		100.00 %
Σ 课程总分	-	10.00	0–10	100.00 %		-

图 8-8　查看成绩

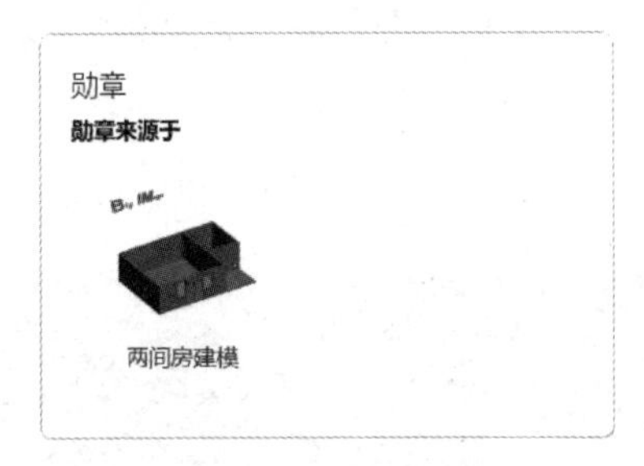

图 8-9　数字勋章

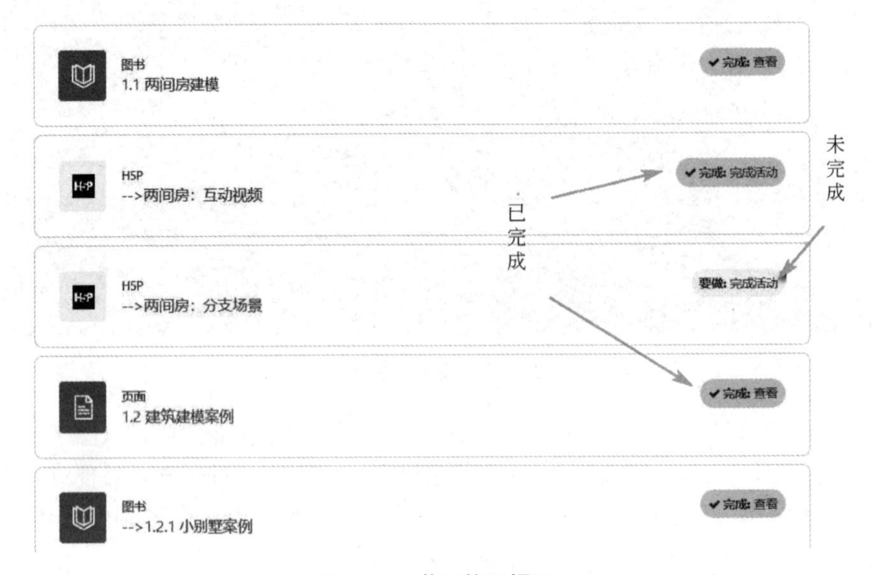

图 8-10　学习状况提示

在个人主页可以看到参与学习课程的学习进度。每次学习完成一些章节后，进度条会及时进行更新，直至完全部课程，进度条更新至 100%（图 8-11）。

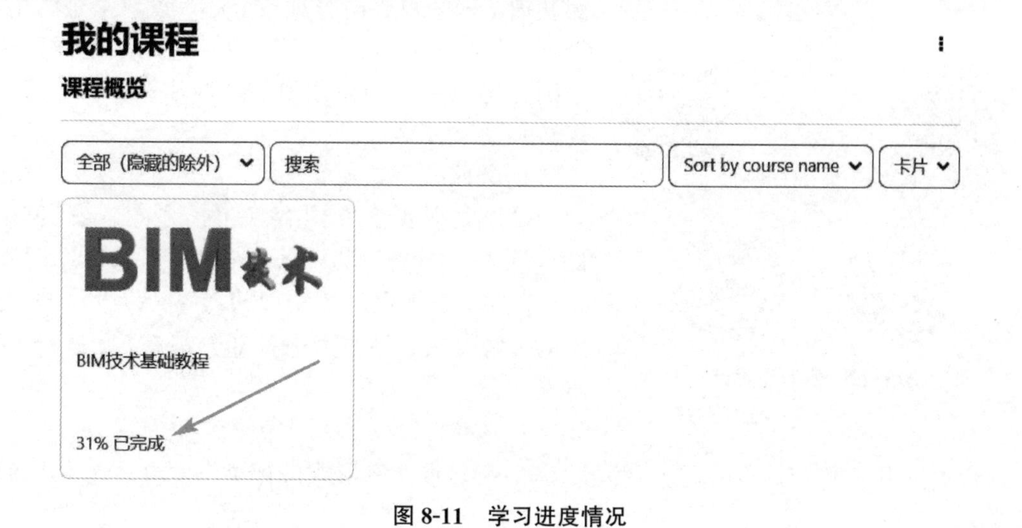

图 8-11　学习进度情况

8.3 开放学习的组织

	①学习模型化设计； ②搭建协作学习环境； ③Moodle 平台使用； ④H5P 交互工具。	
	①中国大学 MOOC；	参见参考文献[22]
	②学堂在线；	参见参考文献[23]
	③课堂派；	参见参考文献[24]
	④钉钉；	参见参考文献[25]
	⑤腾讯会议；	参见参考文献[26]
	⑥协作学习案例(用建族工具绘制篮球架)；	参见参考文献[27]
	⑦《BIM 技术》期末总结。	参见参考文献[28]

8.3.1　模型化设计

把课程按介绍、联系、应用、反映、扩展进行模型化设计（图 8-12）。

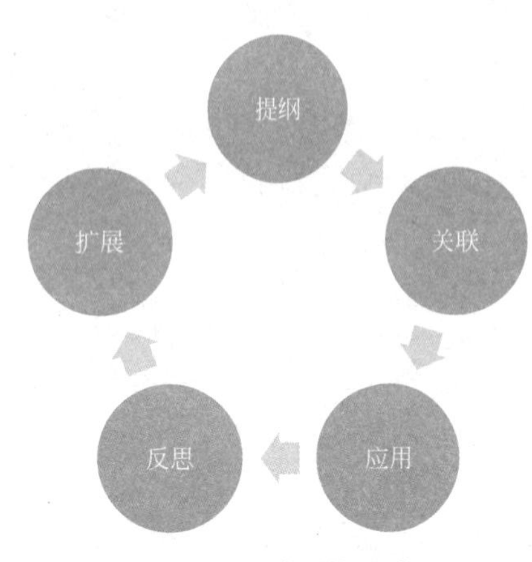

图 8-12 模型化设计

1. 提纲

学习者在不同的阶段掌握的知识和技能不一样，因此把课程的主要内容进行分解，设置渐进的学习提纲。如本书的提纲设置次序：为两个房间建模、小别墅建模和后勤楼建模、结构建模、机电建模、BIM 概念。

2. 关联

设计提纲要求的内容（包括概念、事实和技能），把内容分解成知识点，并提供知识的点关联关系，使学习者能够理清学习的内容，以及这些知识点的关联关系。如本书中各部分都有 ⊙ 进行关联提示。

3. 应用

设置应用案例，让学习者进行练习，设计翻转课堂等形式进行协作学习，进一步巩固所学。

4. 反思

设置一些过程性评估练习，让学习者对所学进行反思。

5. 扩展

为学习者提供扩展学习的机会。扩展学习包括有深度和广度两个维度。为学习者提供不同类型应用学习为广度扩展，让学习者为其他的学习者制作学习视频和其他的学习材料为深度扩展。

8.3.2 搭建协同学习环境

1. 整合教材及开各种平台资源，打造“线上仿真＋线下实操”智慧课堂

为了使学习者能够在理解课程相关概念和原理的同时，实操能力也能够得到相应地提高，使用中国大学 MOOC、学堂在线、课堂派、雨课堂等平台开展“线上仿真＋线下实操”的混合式教学模式。既可以加深对理论知识的理解，了解和掌握课本知识，又能让学习者提升自主学习的能力。不仅可以有效提高学生综合应用知识和创新方法的能力，提高学生的综合素质，而且还可以完善学历教育与培训并重的现代职业教育体系，助力学历教育与技能认证的深度融合。

2. 使用直播平台开展协同学习

不同的学习者学习偏好不一样，关注点也不一样，因此，尽管要求的学习成果一样，但学习者真正的获得也不一样。让学习者展示自己的学习成果的协同学习，一方面可以让学习者夯实自己的学习成果，另一方面把自己的优点和不足都进行展示，让同学规避不足，学习优点，再者，让共同学习者充分讨论，可以得出设计之外的学习成果。

本节 OERs 中的“协作学习案例”，充分展示了协同学习的优势。在这个案例中，让一位同学准备了“族”的一个案例，用钉钉平台在教师办公室进行直播，其他同学在

机房由教师带领进行观看，并跟随操作，最后进行充分讨论，所有参与者都获得了极好的学习成果。这样的协同学习设计既可以在课堂面授中使用，也可以在在线学习中使用。

3. 终结性学习评估

终结性学习评估的科学性，直接关系到学习的最终成果。对于教学组织来说，这是一轮学习的终结，也是另一轮学习的开始，因此关系到上一轮学习组织完整性，也能为下一轮学习组织提供优化的依据。

本节 OERs 中的“《BIM 技术》期末总结”，对课程进行了总结，并展示了所有学习者是否达到了课程的基本要求。在案例中，要求学习者按照“1＋X”考试的小别墅用 Revit 进行建模，并把建模过程用钉钉进行线上直播。直播完成后下载视频上传到“课堂派”的作业中，直观展示了每一位学习者的学习成果，并在公众号上进行总结，提供给下一轮学习者作为学习的资料，也可作为教学设计优化的依据。

8.3.3　Moodle 平台使用

8.2 节介绍了作为学习者使用 Moodle 的情况，其中用到的资源怎样组织在本节进行介绍。

1. 进入编辑状态

Moodle 平台的角色和权限设置中，把用户设置成为有“修改权限”的“教师”就能够使用 Moodle 平台组织教学资源。用被赋予了权限的用户登录后，点击右上角“打开编辑功能”进入如图 8-13 的编辑界面。“✥”表示可以拖动，“✎”表示可以修改，“✚”表示可以添加一个活动或资源，“编辑”表示可以对该活动或者资源进行编辑。

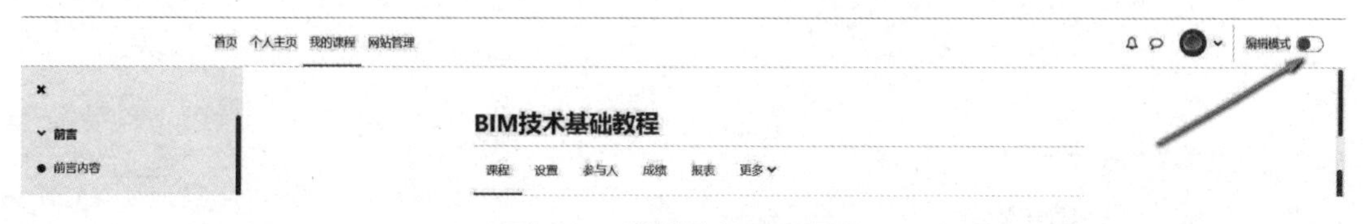

图 8-13　教学资源建设界面

2. 添加一个活动或资源

点击“添加一个活动或资源”跳出如图 8-14 所示的活动和资源的插件列表。本书只对图中①②③进行介绍，更多插件功能可以在获得授权后进入平台后进一步研究应用。

3. 添加网页

点击图 8-14 中的“③”网页后，进入网页编辑界面如图 8-15 所示。点击“↴”调出更多工具，点击“A▾”修改字体，点击“🔗”创建链接，点击“⛓”取消链接，点击“🖼”插入图片，点击“🎞”插入视频，点击“🎙”插入声音，点击“📹”进行录像，点击“🗐”管理上传的文件，点击“H5P”插入 H5P 交互文件，“❗”标识的项目为必填项。输入标题和相应内容，设置外观等参数后，点击“保存并返回课程”完成编辑。

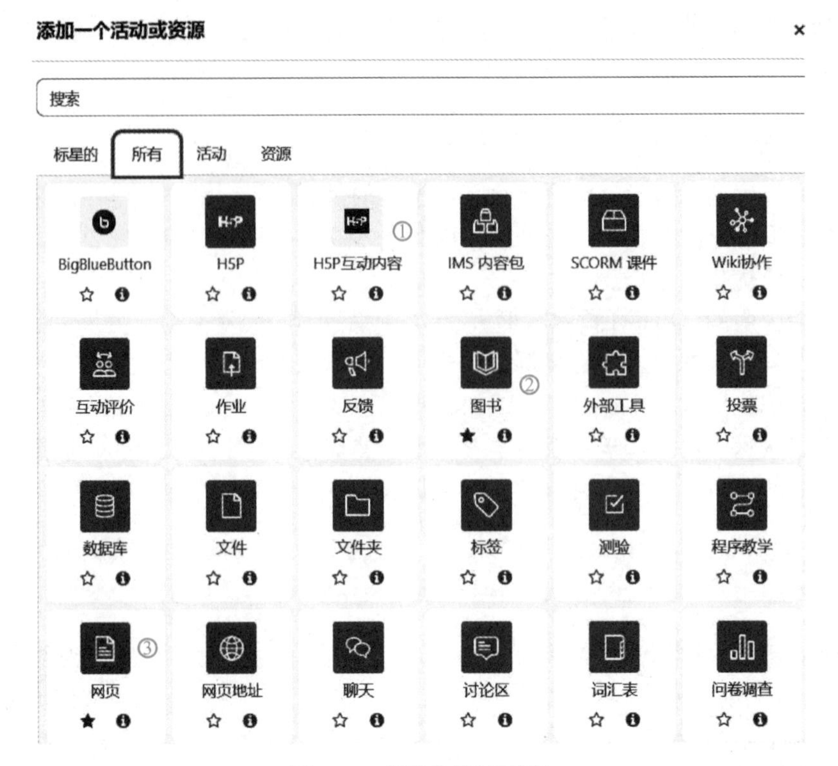

图 8-14　活动和资源列表

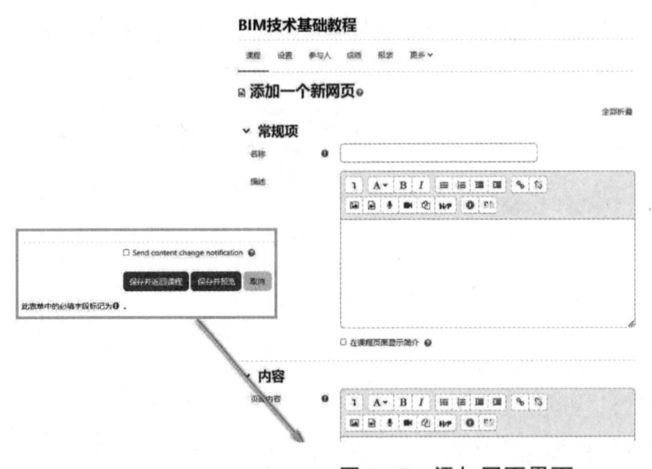

图 8-15　添加网页界面

4. 添加图书

“图书”是用于编辑有下级网页内容的集合，点击如图 8-14 所示中的“②”图书后进入如图 8-16 所示的图书编辑界面。功能按钮和“网页”中一致，点击“保存并返回课程”完成编辑。

添加图书资源后，在主页中出现如图 8-17 所示的图书资源。

点击该图书资源，进入编辑界面添加下一级网页内容，完成编辑后点击“保存更改”。

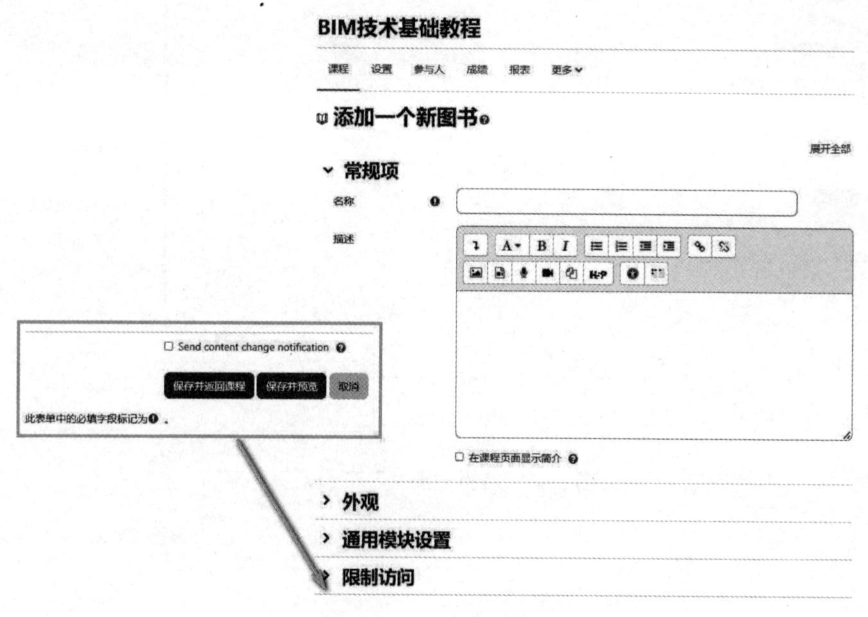

图 8-16　添加图书界面

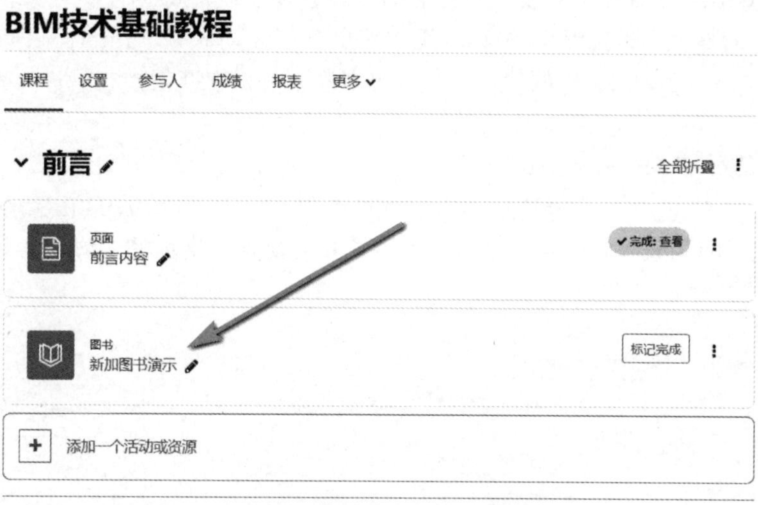

BIM技术基础教程

课程　设置　参与人　成绩　报表　更多

前言　　全部折叠

页面
前言内容　　✔完成: 查看

图书
新加图书演示　　标记完成

添加一个活动或资源

图 8-17　首页显示“图书资源”

进入如图 8-18 所示的下一级网页编辑界面，点击“✚”添加新的网页，点击“👁”隐藏该网页，点击“🗑”删除该网页，点击“⚙”修改该网页，点击“⬇”和“⬆”调整网页的顺序。

5. 教师的管理功能

教师用户除了可以进行课程的内容管理外，还可以进行用户的选课、小组、成绩、试题等管理。

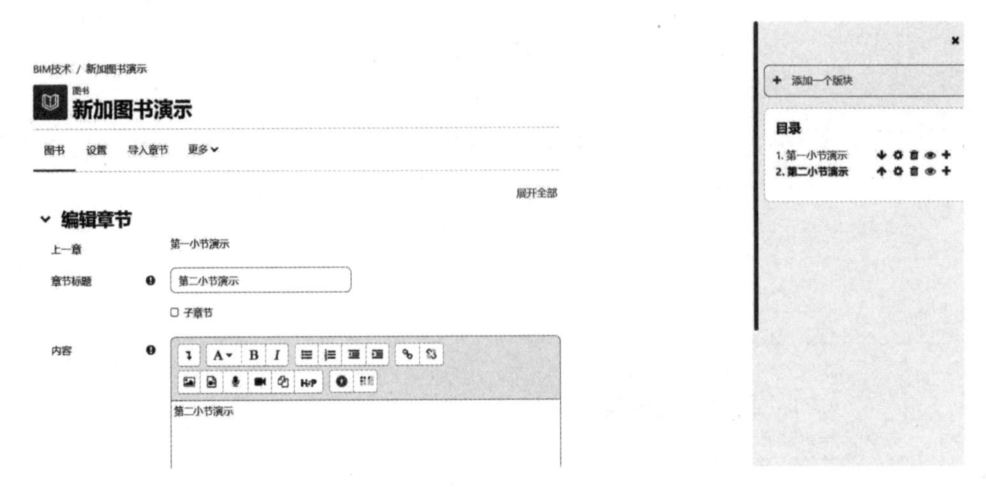

图 8-18 编辑“图书”下级网页

8.3.4 H5P 互动内容

H5P 互动内容是一个独立的插件，应用于 Moodle、WordPress、Drupal、Blackboard、Brightspace、Canvas 等发布系统的插件，它使系统能够创建交互式内容，如交互式视频、演示、游戏、测验等 50 多种应用。本书介绍互动视频（Interactive Video）和分支场景（Branching Scenario）的使用，其他更多应用可以在获得授权后进入平台后进一步研究。

1. 互动视频（Interactive Video）

点击图 8-14 中的“③”H5P 互动内容，进入如图 8-19 所示的 H5P 互动内容编辑界面，填写完成互动视频的介绍等信息后，点击“互动视频”指示的“详细信息”进入互动视频界面。

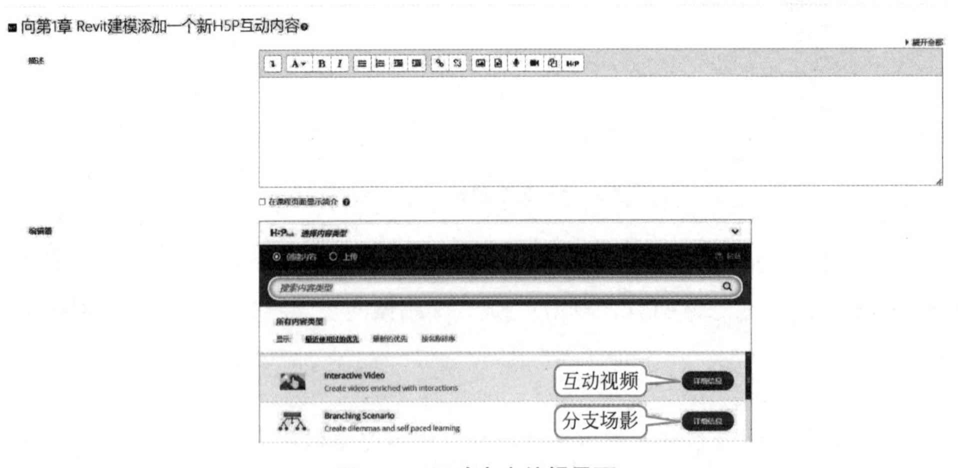

图 8-19 互动内容编辑界面

在互动视频界面点击“应用”，进入如图 8-20 所示的视频提交界面。

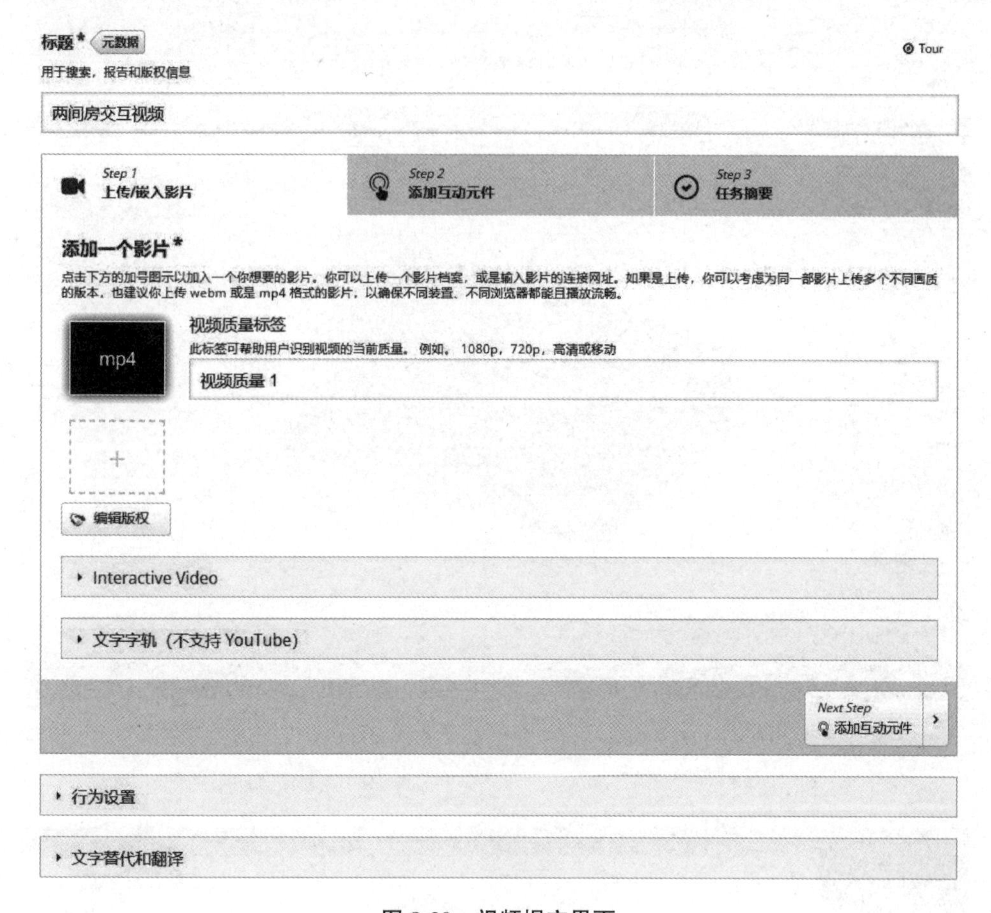

图 8-20　视频提交界面

提交视频后，填写图 8-20 的相关新信息，点击图中的“添加互动元件”进入图 8-21 所示的活动元件插入。

在图 8-21 界面中左下角的播放按钮，但视频播放到需要添加互动元件时，点击相应的互动元件添加互动。互动元件包括：文字、表格、链接、图片、陈述、单选、多选、判断、填空、排序、标记、拖词、十字路口、热点导航等。添加完成互动后点击“保存并返回课程”互动视频的制作。

2. 分支场景（Branching Scenario）

在图 8-19 所示的 H5P 互动内容编辑界面，填写完成互动视频的介绍等信息后，点击“分支场景”指示的“详细信息”进入分支场景界面。在分支场景界面点击“应用”，进入如图 8-22 所示的分支场景制作界面。

图 8-22 展示的是第 1.1 节中的两间房建模的分支场景，通过添加“课程呈现 Course Presentation”“文本 Text”“图像 Image”“热点图像 Image Hotspots”“交互视频 Interactive Video”“分支问题 Branching Question”完成分支场景的设置，在这个分支场景演示的分支场景是：两间房建模首页→分支问题→分支场景（新建项目、设置标高、绘制轴网、添加墙体、添加门窗、添加楼板、结束）。分支场景的关系，如图 8-23 所示。

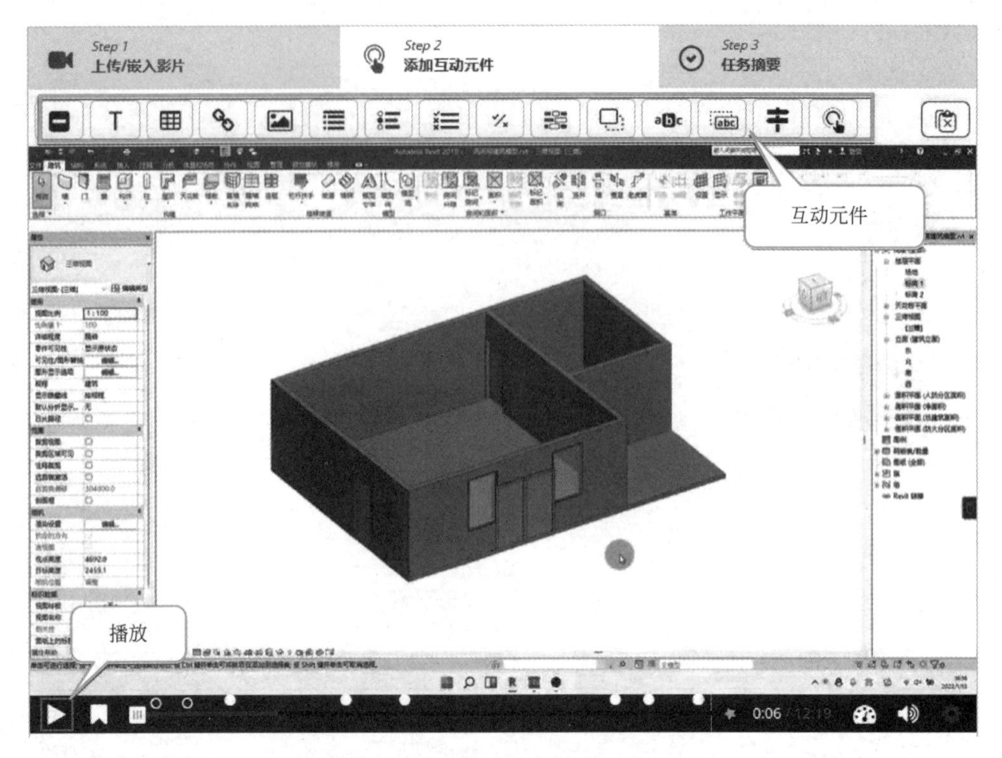

图 8-21　添加互动视频的添加互动元件

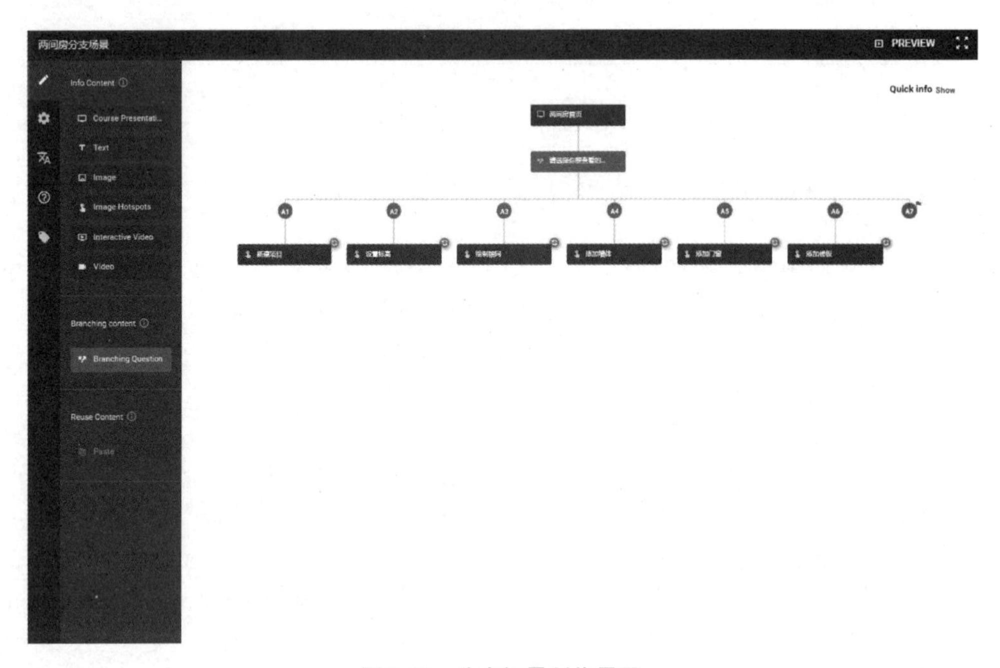

图 8-22　分支场景制作界面

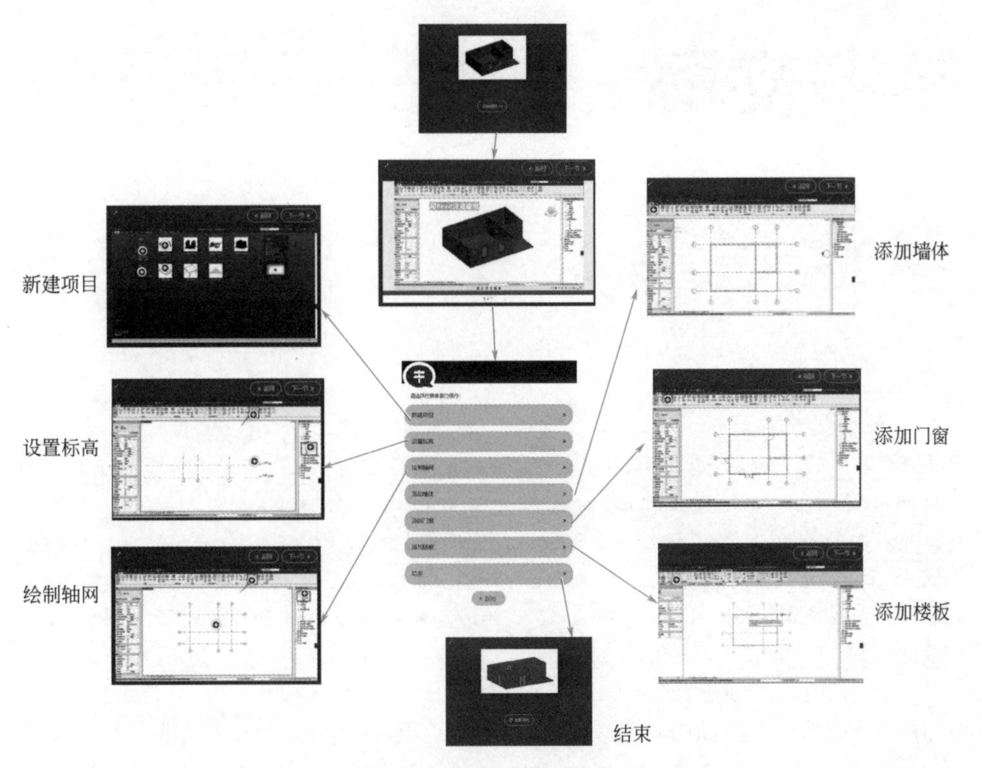

图 8-23　两间房建模分支场景演示拓扑图

参考文献

Reference

[1] 工程建设（AEC）软件集［EB/OL］. Autodesk 欧特克官网，2022. https：//www. autodesk. com. cn/collections/architecture-engineering-construction/included-software.

[2] Bentley：Advancing Infrastructure［EB/OL］. Bentley，2021. https：//www. bentley. com/en.

[3] CATIA［EB/OL］. 百度百科，2022. https：//baike. baidu. com/item/CATIA/382683？ fr＝aladdin.

[4] BIM 软件产品列表［EB/OL］. PKPM，2022. https：//www. pkpm. cn/product？ type＝5.

[5] 广联达 BIM［EB/OL］. 广联达，2022. https：//bim. glodon. com/.

[6] 产品中心［EB/OL］. 鲁班软件 . 2022. https：//www. lubansoft. com/.

[7] 住房城乡建设部关于发布国家标准《建筑信息模型应用统一标准》的公告［EB/OL］. 住房和城乡建设部，（2017-02-28）. https：//www. mohurd. gov. cn/gongkai/fdzdgknr/tzgg/201702/20170228_231182. html.

[8] 住房城乡建设部关于发布行业标准《建筑工程设计信息模型制图标准》的公告［EB/OL］. 住房和城乡建设部，（2019-04-08）. https：//www. mohurd. gov. cn/gongkai/fdzdgknr/tzgg/201904/20190408_240106. html.

[9] 住房和城乡建设部关于发布国家标准《建筑信息模型设计交付标准》的公告［EB/OL］. 住房和城乡建设部，（2019-04-10）. https：//www. mohurd. gov. cn/gongkai/fdzdgknr/tzgg/201904/20190410_240119. html.

[10] 住房和城乡建设部关于发布国家标准《建筑信息模型存储标准》的公告［EB/OL］. 住房和城乡建设部，（2021-10-25）. https：//www. mohurd. gov. cn/gongkai/fdzdgknr/zfhcxjsbwj/202110/20211025_762617. html.

[11] AEC（UK）BIM Protocol v2. 0［EB/OL］. BIMCommunity，2012. https：//www. bimcommunity. com/resources/load/166/aec-uk-bim-protocol-v2-0.

[12] Industry Foundation Classes（IFC）-An Introduction［EB/OL］. buildingSMART International，2022. https：//technical. buildingsmart. org/standards/ifc/.

[13] Software Implementations［EB/OL］. buildingSMART，2022. Internationalhttps：//technical. buildingsmart. org/resources/software-implementations/.

[14] 陈继良，张东升 . BIM 相关技术在上海中心大厦的应用［J］. 建筑技艺，2011（Z1）：104-107.

[15] 葛清，张强，吴彦俊 . 上海中心大厦运用 BIM 信息技术进行精益化管理的研究［J］. 时代建筑，2013（2）：52-55.

[16] 刘伟 . BIM 技术在建设工程项目管理中的应用研究［D］. 北京：北京交通大学，2015.

[17] 赵雪锋，姚爱军，刘东明，宋强 . BIM 技术在中国尊基础工程中的应用［J］. 施工技术，2015，44（6）：49-53.

[18] 高成，赵学鑫，高世昌，郭泰源，李鹏宇 . BIM 技术在中国尊建筑工程施工中的应用研究［J］. 钢结构，2016，31（06）：88-91.

[19] 产品分类视频［OL］. BENTLEY 软件，2022. https：//bentley-learn. com.
[20] 用户管理平台［OL］. BENTLEY 软件，2022. https：//usermanagement. bentley. com.
[21] Bentley 中国优先社区［OL］. BENTLEY 软件，2022. https：//communities. bentley. com/communities/other _ communities/chinafirst.
[22] 中国大学 MOOC［OL］. https：//www. icourse163. org.
[23] 在线［OL］. https：//www. xuetangx. com.
[24] 课堂派［OL］. https：//www. ketangpai. com.
[25] 钉钉［OL］. 阿里巴巴，2022. https：//www. dingtalk. com.
[26] 腾讯会议［OL］. 腾讯，2022. https：//meeting. tencent. com.
[27] 亦说雅影. 篮球架建族（过程及评论）［OL］.［2021-11-08］. https：//mp. weixin. qq. com/s/ukjq9GixA3JZULOc9vZoEw.
[28] 亦说雅影.《BIM 技术》期末总结［OL］.［2021-12-24］. https：//mp. weixin. qq. com/s/oeGoqWQ2e8Z-I1SOoxwtpg.
[29] 王明海，成果导向教育的高职课程设计［J］，中国职业技术教育，2017（5）：68-72.
[30] 彭红圃，王伟．建筑设备 BIM 技术应用［M］．北京：高等教育出版社，2020.
[31] 北京绿色建筑产业联盟．BIM 技术概论（第二版）［M］．北京：中国建筑工业出版社，2018.
[32] 廊坊市中科建筑产业化创新研究中心．"1＋X" 建筑信息模型（BIM）职业技能等级证书．教师手册［M］．北京：高等教育出版社，2019.
[33] 廊坊市中科建筑产业化创新研究中心，陈瑜．"1＋X" 建筑信息模型（BIM）职业技能等级证书．学生手册（初级）［M］．北京：高等教育出版社，2019.
[34] 廊坊市中科建筑产业化创新研究中心，史波，王伟．"1＋X" 建筑信息模型（BIM）职业技能等级证书．学生手册（中级）城乡规划与建筑设计［M］．北京：高等教育出版社，2019.
[35] 廊坊市中科建筑产业化创新研究中心，袁韶华．"1＋X" 建筑信息模型（BIM）职业技能等级证书．学生手册（中级）结构工程类［M］．北京：高等教育出版社，2019.
[36] 廊坊市中科建筑产业化创新研究中心，王琳．"1＋X" 建筑信息模型（BIM）职业技能等级证书．学生手册（中级）建筑设备类［M］．北京：高等教育出版社，2019.
[37] 廊坊市中科建筑产业化创新研究中心，杨小玉．"1＋X" 建筑信息模型（BIM）职业技能等级证书．学生手册（中级）建设工程管理类［M］．北京：高等教育出版社，2019.

作者简介

贾廷柏

云南开放大学（云南国防工业职业技术学院）副教授，承担“建筑制图与识图”“建筑CAD”“BIM技术”等课程的面授及开放教育的教学任务。在教学中使用微信公众号、B站的UP主账号“亦说雅影”辅助教学取得较好效果。曾到悉尼科技大学（UTS）、蒙纳士大学（Monash University）、南昆士兰大学（USQ）交流访问，进行人工智能与在线学习融合的研究。目前，致力于推动建构主义学习理念在建筑信息化方面的应用。

黄杨彬

云南开放大学（云南国防工业职业技术学院）高级工程师，云南省工程管理和工程造价教学指导分委会委员，“1＋X”专家库专家，研究方向主要为土木工程以及BIM技术，主持云南省教育厅课题两项，编写及参与编写3部教材，发表论文20余篇。

曹珊珊

国家开放大学讲师，研究方向主要为土建类课程远程开放教育教学设计研究。参与过多项国家级、省部级课题的研究工作，主持校级课题1项，北京成人协会课题1项，中国成人教育学会课题1项。累计发表SCI论文1篇，EI论文4篇，核心论文3篇，其他期刊和会议论文2篇，参编《桥梁工程（本）》教材。